U0158560

# 固体中的应力波导论

# Introduction to Stress Waves in Solid

高光发　编著

科学出版社

北　京

## 内 容 简 介

“固体中的应力波导论”是涉及爆炸与冲击动力学的相关专业，如爆炸力学、弹药工程、防护工程等的专业核心基础课程。本书主要针对一维简单弹塑性波的传播问题开展分析推导，主要包含应力波理论必备的数学与力学基础知识、一维线弹性杆中应力波的传播与相互作用、一维线弹性杆的共轴对撞与SHPB试验原理、一维弹塑性应力波的传播与相互作用、一维杆中应变间断面及内反射特性等方面的知识。本书的学习基础为高等数学与材料力学，因此适合理工科专业的学生学习。

本书可以作为爆炸力学、防护工程与弹药工程等相关专业的本科专业基础课程的教材，也可以作为采矿工程、安全工程、矿建工程、爆破工程等相关专业的研究生必修课程的教材，同时可以作为相关科研人员或工程技术人员学习应力波知识的入门教程或参考工具书。

图书在版编目(CIP)数据

固体中的应力波导论/高光发编著. —北京：科学出版社, 2022.6
ISBN 978-7-03-072214-0

Ⅰ. ①固… Ⅱ. ①高… Ⅲ. ①应力波 Ⅳ. ①O347.4

中国版本图书馆CIP数据核字(2022) 第076250号

责任编辑：李涪汁 高慧元 / 责任校对：王萌萌
责任印制：赵 博 / 封面设计：许 瑞

科学出版社出版
北京东黄城根北街16号
邮政编码：100717
http://www.sciencep.com
北京厚诚则铭印刷科技有限公司印刷
科学出版社发行 各地新华书店经销
*
2022年6月第 一 版 开本: 787×1092 1/16
2024年10月第三次印刷 印张: 23 1/4
字数: 550 000

**定价: 129.00元**

(如有印装质量问题，我社负责调换)

# 前　言

波是自然界中物质运动和扰动信号的最本质与最普适的行为，也是物理学中最核心且最基本的概念之一；波的概念涉及物理学中的各个尺度和各个层次，从宇宙空间中的引力波到量子空间的微观粒子波、从可见的水波到不可见的电磁波，等等，它是自然界中传播的最普遍和最重要的现象之一。宇宙万物皆在运动，这种运动可能是可见的运动，如宏观运动 (星球运动、子弹飞行运动)、细观运动 (物质内部粒子的运动)、微观粒子运动 (概率运动)，也可能是不可见的运动，如时空的变化、物质电磁性能的变化，等等。自然界中物质的运动不可能皆是完全相同且均匀而相互独立的，宇宙万物相互协调、相互作用或干扰，这些扰动不可避免地会造成物质某个或某些状态量的改变；从本质上讲，当介质中由于某种状态量出现变化时，会同时向相邻介质发出某种扰动信号，这种扰动信号也会引起相邻介质状态量发生改变，以此类推，这种扰动信号会由此及彼、由近及远传播，这种扰动信号的传播即形成波。根据波所传播的扰动信号的性质和特征，可以将其定义为不同类型的波，如光信号传播形成的光波、电磁扰动信号传播形成的电磁波、声压扰动信号传播形成的声波、爆炸产生的高温高压对周围物质作用导致的压力扰动信号形成的冲击波，等等；广义来讲还有：洪水产生的势能扰动信号传播形成的洪水波；由于交通信号控制和路面情况变化引起车流、人流扰动信号的传播形成的波，等等。这些波传播规律的物理定理可能不同，但其控制方程类似。顾名思义，应力波即扰动信号为应力的一种波，它是一种常见的波，它是指介质中应力扰动信号的传播而形成的波，地震波、爆炸冲击波、爆轰波、声波等都属于常见的应力波。应力扰动信号的传播与传播路径上质点的运动及质点间的相互作用力密切相关，因此应力波并不能在真空中传播。一般而言，根据介质的力学特征，应力波理论研究分为流体中的应力波理论和固体中的应力波理论两个方面，本书以固体中的应力波理论为研究对象。

物体的静止是相对的，而运动是绝对的；从本质上讲，任何力学问题实际上都是动力学问题，静态问题只是相对的，与时间完全无关的所谓静力学问题在严格意义上是不存在的。针对某一个特性体系而言，在没有外界扰动下，其一般处于某种稳定的静/动平衡态，任何材料都具有可变形性和惯性；当体系受到外部扰动后，会逐渐到达另一个稳定的静/动平衡态。然而，从受到扰动瞬间到重新达到另一个平衡态存在一个过程，不可能一蹴而就，因为没有任何扰动时速度是无穷大的，只是其在介质中由于传播速度的不同导致此过程持续时间的不尽相同而已。在以往所学习的经典力学 (如理论力学或材料力学) 中，我们所研究的或所观察的时间尺度相对于应力波传播持续时间已足够大，即介质中的应力可视为瞬间平衡或均匀，此时材料或结构中的力学问题主要发生在应力平衡后的阶段，因而，我们可以忽略应力波传播所带来的影响，而着眼于应力平衡后的力学问题，即将问题视为静力学问题进行分析。这种应力的瞬间均匀是相对的，是介质中应力波很多次传播、反射和相互作用的结果；以一般金属材料为例，其应力波波速为每秒数千米，当其加载时间尺度为秒时，若其空间尺度为米这一量级，此时在外载荷作用时，其应力波往返了数千次，材料受力的绝大部分过程中的应力基本均匀，其应力波传播的影响可以忽略而不予考虑，而且也可以利用更加简单的静力学分析方法得到足够准确的解。然而，对于很多物理现象而言，如爆炸载荷，其在毫秒、微秒甚至纳秒时间尺度上扰动信号极大，且总持续时间极短，此时应力波的传播所带来的影响不可忽视，反而起着关键作用。如钢中弹性纵波波速约为 5190m/s，假设爆炸脉冲加载时间约为 2μs，此时整个作用时间内，应力波传播路程仅仅约为 10mm，也就是说在相对较厚的装甲和防护工程中高达 GPa 级的脉冲荷载作用下，材料的主要力学响应在应力远没有均匀前已经完成，此时仅仅利用准静态力学相关知识进行分析很难得到准确的解，甚至无法解释一些现象。例如，碎甲弹对坦克装甲的破坏问题中，碎甲弹爆炸产生瞬间高压，其对装甲外表面所施加的作用力为压力，但我们明显可以看出，其破坏为内表面的拉伸破坏；又如，当我们以较高速度捶打钢杆一端时，我们可以看到钢杆并不像静力学所解出的均匀变形，而是在受力一端出现明显更大的塑性变形，等等。这类问题中，我们可以看到外载荷的作用时间尺度与介质中的应力波波速的乘积和材料或结构的空间尺度在一个量级或前者量级更高，此时应力波传播、演化与相互作用应予以考虑。

固体中的应力波理论在力学以及相关专业或学科的教学与科研工作中具有极其重要的地位，在爆炸与冲击动力学、防护工程和兵器科学与技术等学科中更是具有非常重要甚至不可或缺的作用；如同李永池教授在其《波动力学》一书中前言所述，从某种程度上讲，没有固体中的应力波知识，要解决任何爆炸与冲击动力学问题是根本不可能的。特别地，在兵器科学与技术、防护工程等国防科研和航空航天、新材料加工制备等高新技术领域，波动力学也有着非常重要的科学意义和应用价值。核爆炸、化学爆炸、物理爆炸等爆炸行为及其破坏效应，应力波传播与演化是其中关键的问题；高速冲击如穿甲弹、破甲弹、碎甲弹、钻地弹等对目标靶板的高速冲击问题也是以波动力学理论为基础进行研究分析的；防护工程如掘开式人防工程、机库顶板防护工程、地下人防工程、机场跑道加固工程等所涉及的问题更是波动力学理论直接应用的问题；装备防护工程如坦克装甲、轻型装甲车、运兵车、武装直升机等防护结构也离不开波动力学理论的指导；航空航天中太空垃圾对航天器的高速撞击破坏效应、飞鸟对飞机的碰撞损坏效应等，也涉及大量的应力波传播与破坏效应问题。在工业生产过程中，波动力学的应用也非常广泛，如煤矿地下地质构造断层的探测技术，就是基于爆炸产生的应力波在地质材料中的传播理论发展出来的；又如，煤矿地下冲击地压探测与防治技术也是由波动力学相关知识开发出来的；等等。事实上，应力波理论是材料动力学的理论基础，也是进行材料动态本构关系研究的理论基础。应力波传播问题与材料的动态本构关系紧密相关、互为因果，前者的精确预测或描述以后者为基础，而后者的科学获取又离不开前者所演化出的实用技术。

系统阐述固体中的应力波理论教程并不多，且大多以讲解典型线弹性介质中谐波的传播、演化与相互作用理论为主，国内早期最经典的固体中应力波理论可能是 1958 年科学出版社出版的译著《固体中的应力波》(H. 考尔斯基编著) 一书，该书思路清晰但内容相对基础和简单；当前国内爆炸与冲击动力学行业影响最广的应力波相关教程应该是《应力波基础》一书，它由中国科学技术大学王礼立教授根据其多年的授课成果整理并出版 (1985 年第 1 版，2005 年第 2 版)，该书系统相对完整；之后，2015 年中国科学技术大学李永池教授对其多年的讲义进行整理出版了《波动力学》。虽然《波动力学》与《应力波基础》皆是根据中国科学技术大学教学讲义整理并出版，但风格明显不同，《应力波基础》作为国内第一部系统讲解固体中的应力波理论的教材，兼顾系统全面和容易参考特性，而前者则更加偏重于理论，如应力波理论的数学描述、广义特征理论的内涵与应用等。

如同《波动力学基础》一书的前言所述，这两本教程对学生的数学与力学基础要求较高，对于其他专业或学科如弹药工程、兵器科学与技术、防护工程、安全科学与工程等而言，特别是这些学科的本科生而言，这两本教程皆偏深也偏难，因此，本人在以上三部教程的基础上，参考 Marc André Meyers 所著《材料的动力学行为》，形成初步讲义，并经过多年在南京理工大学本科与研究生教学过程中的修改与完善，于 2019 年出版了《波动力学基础》一书。事实上，该书只是一本简明教程，由于主要针对兵器科学等国防行业，因此补充了一维冲击波和爆轰波相关知识，虽然全却较浅显，深度和系统性不够，授课或学习对象也不甚明确。在新加坡国立大学 Shim P. W. Victor 教授和南京理工大学何勇副校长的鼓励与支持下，本人重新对固体中的应力波理论相关知识进行梳理和整合，综合考虑到该书的可能学习与参考对象，并考量教程的系统性、实用性以及可阅读性，整理出两部教程——《固体中的应力波导论》和《固体中的应力波理论与应用》，这两本教程一脉相承；前者即本书主要针对具有高等数学和材料力学基本知识的本科生，讲授一维杆中的弹塑性波传播理论、演化特征与相互作用规律相关知识，属于本科生教程；后者在前者的基础上更系统深入地讨论复杂条件下弹性波的传播与演化、弹塑性波、冲击波与爆轰波的传播、演化与相互作用等专业问题，可以作为研究生教程，也可以作为科研人员参考用书。

本书共 8 章，分为 3 个部分：第一部分包含第 1 章和第 2 章，主要讲授在高等数学和材料力学基础上应力波理论学习中所必须具备的数学与力学相关专业知识；第二部分包含第 3 章到第 6 章，主要讲授一维杆中质点运动的运动方程与波动方程的物理意义、一维杆中弹性波波阵面上的守恒方程、一维弹性波在交界面上的透反射问题及共轴对撞问题、SHPB 的试验原理等内容；第三部分包含第 7 章和第 8 章，主要讲授一维弹塑性波传播的“双波结构”特征与相互作用、一维弹塑性波传播过程中的应变间断面内涵及内反射机制等内容。

本书的编著过程中 Victor 教授提出了大量非常有建设性的建议与意见，也得到了何勇教授的大力支持，在此表示衷心的感谢。希望本书能够为相关专业的本科教学提供有效支撑，为提高我国爆炸力学学科、兵器科学与技术学科等相关学科所涉及专业的本科生培养水平有一定的推动作用。

最后，感谢国家自然科学基金项目 (12172179，11772160，11472008，11202206) 的资助和国防创新特区项目的支持。

高光发

2021 年 12 月

# 目　录

# 第 1 章　质点的运动及其波动传递

质点是对物体的一种理想简化模型，在中学阶段物理学的学习过程中，绝大部分物体的运动规律和定律皆是基于质点假设进行讲解。事实上，在物体运动性质的研究中，很多情况下可以将物体视为单个质点或很多个质点的系统组合来进行分析，这样所分析得出的结果相对科学准确而且分析过程简单得多。本章从质点刚体运动与相互作用知识出发，结合质点的简谐振动等中学阶段所学习的基础知识，分析物体运动过程中力与运动相关定理及其遵循的守恒定律；阐述质点简谐运动与简谐运动传播即简谐波的性质，在此基础上讨论波动方程的求解方法及其物理内涵。

## 1.1　质点的运动与守恒定律

牛顿运动定律是物体运动的基本规律，也是研究经典力学甚至物理学的核心基础。牛顿运动定律包括牛顿第一定律、牛顿第二定律和牛顿第三定律，因此常称为牛顿三大定律。在 1687 年于《自然哲学的数学原理》一书中：牛顿第一定律表述为“每个物体都保持其静止，或匀速直线运动的状态，除非有外力作用于它而迫使它改变原有的状态”，牛顿第二定律表述为“运动的变化正比于外力，变化的方向沿外力作用的直线方向”，牛顿第三定律表述为“每一种作用都有一个相等的反作用；或者，两个物体间的相互作用总是相等的，而且指向相反”。这三大定律相互独立且逻辑自洽，与其推论一起奠定了经典力学中力与运动的理论基础。

### 1.1.1　质点的平动与相互作用

物质的运动包括机械运动、物理运动等多类，本书所针对的运动特指物体的机械运动，如平动、转动、振动等。事实上，在中学阶段的学习中，经常将物体理想化地简化为质点或质点组合，即将物体或物体的某一部分简化为有质量却不考虑体积和形状大小的理想点，从而简化一些常规物体运动与相互作用等问题的分析过程。

在中学阶段我们就学过一些质点的运动与相互作用问题，最简单的一种情况如图 1.1 所示，一个完好的乒乓球从高为 $h$ 的空中从静止状态自由落下，落在刚性地板瞬间会垂直向上反弹。设乒乓球放置的高度有限，空气对乒乓球的阻力和乒乓球与地板撞击瞬间能量损失可以忽略不计。

在乒乓球撞击地板过程中，由于受到反作用力其速度会逐渐减小，直至静止从而反弹；同样，从静止反弹到完全脱离地板期间由于受到持续弹性作用力的加速，其速度逐渐增大。我们通过机械能守恒定律可以求解出乒乓球与地板接触瞬间的速度和反弹完成后的速度皆为

$$v = \sqrt{2gh} \tag{1.1}$$

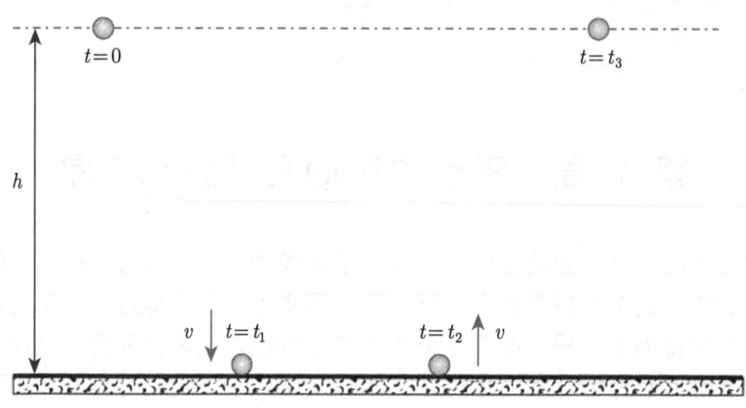

图 1.1　乒乓球落地反弹

机械能守恒定律的内容是：当封闭体系无外部作用力做功且与外部无热量交换、系统内能无变化，只有重力或弹性力做功时，即该封闭系统内只有动能和势能发生相互转化，此时机械能的总能量保持不变。

以上是一个刚性球与刚壁之间的相互作用问题，未知量少，因此只需要利用机械能守恒定律即可给出答案；对于更加复杂一点的问题，仅用该守恒定律是不够的。以两个完全相同的球共轴对撞为例，如图 1.2 所示，在光滑水平面上一个弹性球以速度 $v$ 向右水平匀速运动，在 $t=0$ 时刻该球正撞击到同轴且完全相同的球，在 $t=t_1$ 时刻两球分别达到稳定的速度 $v_1$ 和 $v_2$。

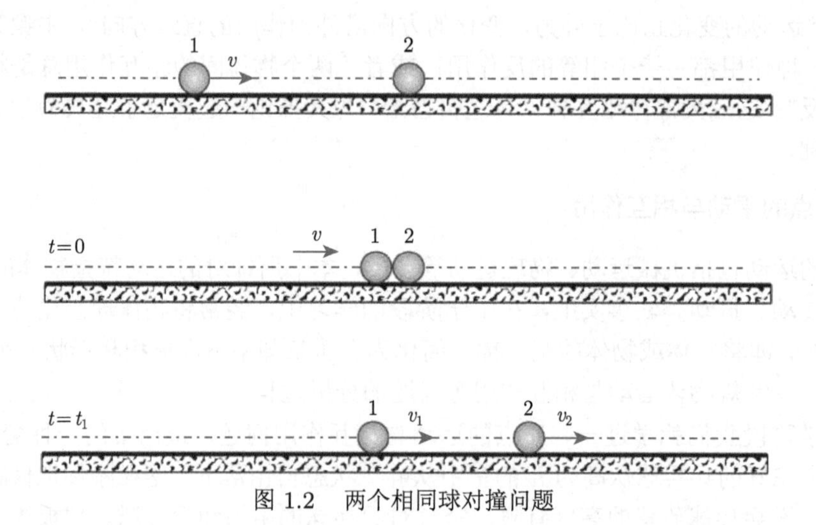

图 1.2　两个相同球对撞问题

根据机械能守恒定律可以得到

$$\frac{1}{2}mv^2=\frac{1}{2}mv_1^2+\frac{1}{2}mv_2^2 \tag{1.2}$$

即

$$v^2=v_1^2+v_2^2 \tag{1.3}$$

该问题涉及两个速度变量时，仅靠机械能守恒方程已不够；这里势必用到动量守恒定律。在不考虑物体的旋转时，动量守恒定律与动能守恒定律是力与运动过程中的两个基本守恒定律。动量守恒定律起初是牛顿第二定律和牛顿第三定律的推论，但后来发现它的适用范围远远广于牛顿定律，是比牛顿定律更基础的物理规律，是运动时空性质的反映。该定律可以描述为：对于一个封闭或孤立的系统而言，若外力和为零，则系统的动量保持不变。因此，可以得到

$$mv = mv_1 + mv_2 \tag{1.4}$$

即

$$v = v_1 + v_2 \tag{1.5}$$

联立式 (1.2) 和式 (1.4)，考虑到撞击后必有 $v_1$ 不大于 $v_2$，即可给出其速度解：

$$\begin{cases} v_1 = 0 \\ v_2 = v \end{cases} \tag{1.6}$$

即速度交换。著名的“牛顿摆”试验非常直观地呈现了这一现象。

容易计算出，当一个长度为 $L$ 以速度 $v$ 匀速水平运动的短圆柱杆共轴正撞击另一个相同材料相同直径且长度为 $L$ 的静止圆柱杆，此时也会出现速度交换现象。同理，当被撞击的静止圆柱杆长度为 $2L$ 时，撞击后两杆的速度可以通过以上两个守恒方程推导出，分别为

$$\begin{cases} v_1 = -\dfrac{1}{3}v \\ v_2 = \dfrac{2}{3}v \end{cases} \tag{1.7}$$

式 (1.7) 的物理意义是：此时质量轻的入射短杆会反弹，被撞击杆会向前运动，其速度如式 (1.7) 所示。

当一个球与两个完全相同的静止球进行碰撞时，如图 1.3 所示。设小球质量均为 $m$，入射速度为 $v$，撞击后第 1 个小球速度为 $v_1$、第 2 个小球速度为 $v_2$、第 3 个小球速度为 $v_3$。

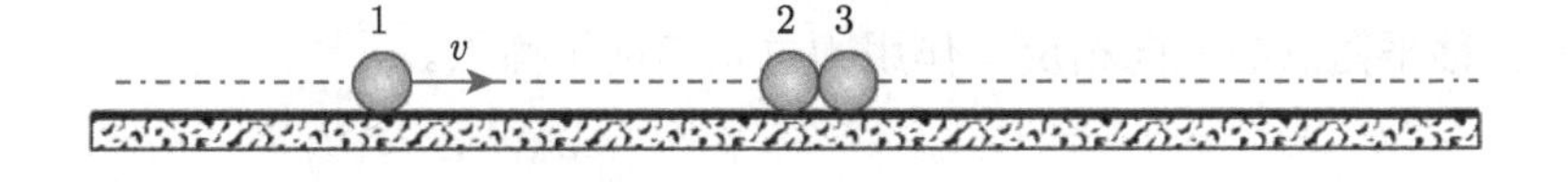


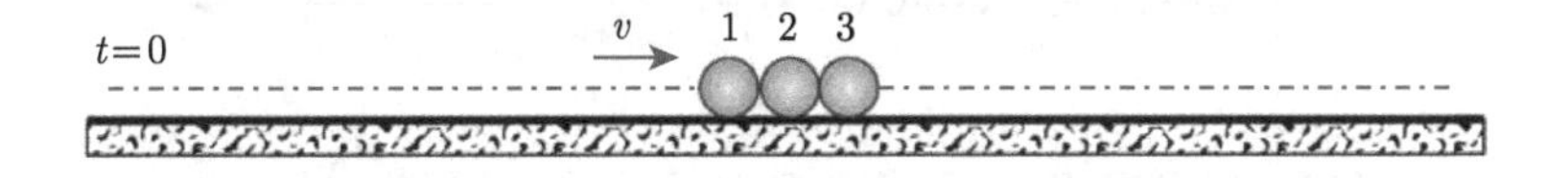


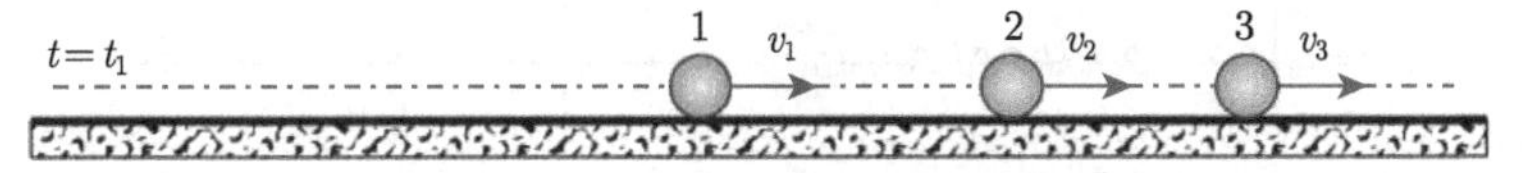


图 1.3 一个球撞击两个完全相同静止球问题

根据机械能守恒定律，可以得到

$$v^2 = v_1^2 + v_2^2 + v_3^2 \tag{1.8}$$

根据动量守恒定律，可以得到

$$v = v_1 + v_2 + v_3 \tag{1.9}$$

此时撞击后未知数有三个，而只有机械能守恒方程和动量守恒方程两个方程理论上很难解出该方程组，而从牛顿摆试验可以看出，此时球 2 静止不动，球 1 与球 3 实现速度交换。

### 1.1.2　质点的简谐振动与相互作用

以上刚性球对撞实例是简单的质点平动及其相互作用问题，对于振动问题则稍微复杂些。物体在一定位置附近所做的来回往复的运动称为机械运动或机械振动；振动是自然界中最常见的一种物质运动形式；广义地讲，任何一个物理量在某个定值附近反复变化而具有时间、空间上周期性的运动，都可称为振动。机械振动按照系统参数特征可以分为线性振动与非线性振动，按照振动位移可以分为角振动与线振动，按自由度分为单自由度系统振动与多自由度系统振动，按产生振动原因分为自由振动、受迫振动、自激振动与参变振动，按振动规律分为简谐振动、非简谐振动与随机振动。其中，简谐运动是最基本的也最简单的机械振动，是自然界中一种常见的运动，如钟摆的左右摆动、水中浮标的上下运动、射箭后弓弦的往返振动等，其最主要的特征是物体所受的力跟位移成正比且总是指向平衡位置。简谐运动在高中物理中已经初步介绍，除了涉及微分方程的求解属于大学内容，在问题求解过程中所使用的基本物理定律并没有本质不同。

首先，以弹簧振子的简谐运动为例，如图 1.4 所示，设左端与固壁连接、右端与金属球固连，在 $t = 0$ 时刻给原本静止的金属球赋予一个初速度 $V$，容易知道，金属球会向右运动，设整个运动过程中弹簧皆处于线弹性范围内，此时金属球受到的弹簧作用力为

$$F = -kx \tag{1.10}$$

式中，$x$ 表示偏离平衡点的距离；$k$ 表示弹簧的弹性系数；负号表示弹簧对金属球的作用力总是与其偏移平衡点的方向相反，作用力总是指向平衡点。

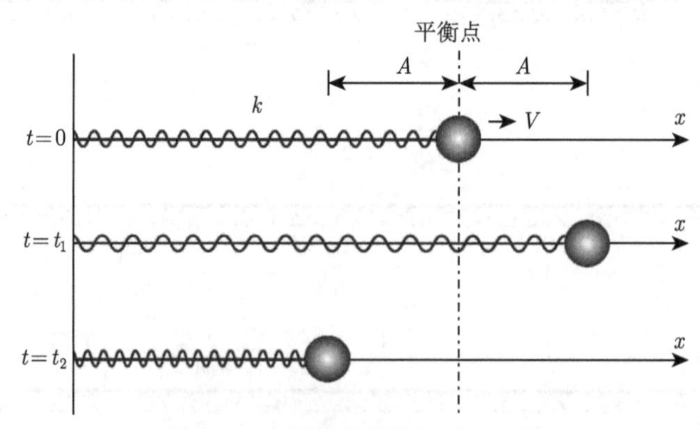


图 1.4　金属球的简谐运动示意图

第一阶段，金属球向右运动呈减速趋势，其加速度为

$$a=\frac{\mathrm{d}^2x}{\mathrm{d}t^2}=\frac{F}{m}=-\frac{kx}{m} \tag{1.11}$$

式中，$m$ 表示金属球的质量。在运动过程中，金属球的动能逐渐转换为弹簧的弹性势能，设弹簧到达距离平衡点为 $A$ 处停止，此时金属球的动能为 0 但弹簧的弹性势能达到最大值，弹簧所做的功全部转化为其弹性势能。任意位置 $x$ 处 $(0<x<A)$ 金属球的受力见式 (1.10)，则从平衡点到距离为 $A$ 处弹簧对金属球所做的功为

$$\int_0^A -kx\mathrm{d}x=-\frac{kA^2}{2} \tag{1.12}$$

若弹簧的质量远小于金属球的质量，可以忽略运动过程中和初始条件中弹簧的动能，根据机械能守恒条件，弹簧的弹性势能等于金属球的初始动能：

$$\frac{mV^2}{2}-\frac{kA^2}{2}\equiv 0 \tag{1.13}$$

即

$$A=\sqrt{\frac{m}{k}}\cdot V \tag{1.14}$$

第二阶段，金属球从最右端的静止状态逐渐向左加速运动，到达平衡点时其速度最大且为 $V$，只不过其方向向左。之后进入第三阶段，金属球向左减速运动，根据能量守恒条件，容易知道，金属球到达左端距离平衡点 $A$ 处停止。第四阶段，金属球从最左端向右加速运动，到达平衡点处速度为 $V$，方向向右。之后又开始从第一阶段到第四阶段往返重复运动，即简谐运动。

在任意一个循环过程四个阶段内，金属球的运动状态与弹簧的弹性势能皆不断变化，但始终满足牛顿第二定律：

$$m\frac{\mathrm{d}^2x}{\mathrm{d}t^2}=-kx \tag{1.15}$$

即

$$\frac{\mathrm{d}^2x}{\mathrm{d}t^2}+\frac{k}{m}x=0 \quad 或 \quad \ddot{x}+\frac{k}{m}x=0 \tag{1.16}$$

式 (1.16) 即为弹簧振子简谐振动的控制方程，事实上对于简谐运动而言，以上形式的控制方程皆成立。以单摆运动为例，如图 1.5 所示，一个刚性轻质细绳悬挂一个大密度质量球块，最初状态下系统是竖直且稳定静止的，质量球块的质量为 $m$，远大于细绳的质量，因此不考虑后者质量的影响；刚性细绳的长度为 $l$，远大于球块的直径，因此不考虑后者直径的影响。

设在 $t=0$ 瞬间给质量球施加一个向右的速度 $V$，小球势必向右做圆周运动。不考虑运动过程中系统的摩擦阻力和空气阻力，质量球受力情况如图 1.6 所示；在夹角为 $\theta$ 处，质

量球受到的力为细绳拉力与质量球重力的合力，其方向垂直于细绳。容易看出，质量球的受力与其运动方向相反，所以其在减速运动，直至停止。

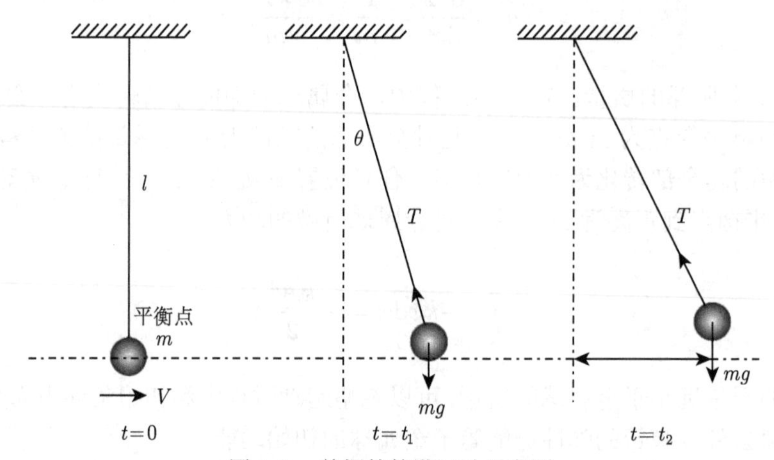


图 1.5　单摆的简谐运动示意图

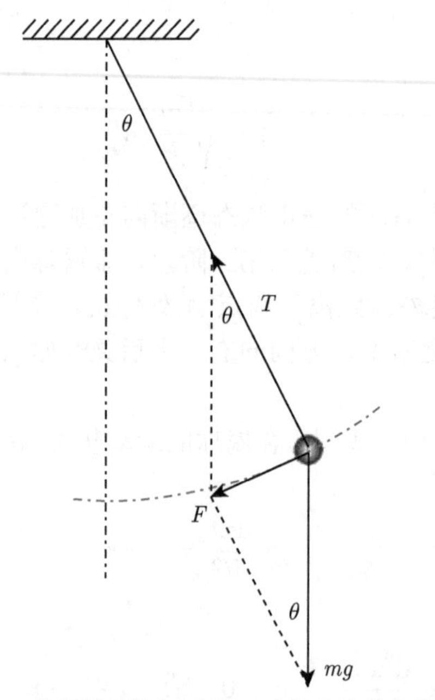


图 1.6　单摆的简谐运动瞬间质量球的受力情况

根据机械能守恒条件，可知：

$$\frac{1}{2}mV^2 = mgl\left(1-\cos\theta_{\max}\right) \tag{1.17}$$

即当细绳与竖直方向的夹角达到 $\theta_{\max}$ 时，小球静止。

第二阶段，起始小球静止，受力参考图 1.6 所示，会产生一个沿着圆周切线方向的加速度，即小球向左加速运动；如不考虑阻力，根据能量守恒条件，小球到达最底部时，其

速度为 $-V$，即与 $t=0$ 时刻速度相等，方向相反。类似地，第三阶段，小球向左减速运动，直至其角度为 $-\theta_{\max}$ 时停止。之后进入第四阶段，小球向右加速运动，到达最底部时速度为 $V$。依次类推，小球重复左右周期摆动。

在任意一个循环的四个阶段，小球的运动状态皆不尽相同；但从图 1.6 可知，在任意时刻，皆满足转动物体的牛顿第二定律：

$$I\frac{\mathrm{d}^2\theta}{\mathrm{d}t^2}=-mgl\sin\theta \tag{1.18}$$

式中，$I$ 为系统的转动惯量：

$$I=ml^2 \tag{1.19}$$

式 (1.18) 中右侧的负号表示力矩方向总是与运动方向相反。

根据以上公式，可以得到

$$\frac{\mathrm{d}^2\theta}{\mathrm{d}t^2}=-\frac{g}{l}\sin\theta \tag{1.20}$$

当单摆的最大摆动幅度足够小时，式 (1.20) 可近似为

$$\frac{\mathrm{d}^2\theta}{\mathrm{d}t^2}=-\frac{g}{l}\theta \tag{1.21}$$

即

$$\frac{\mathrm{d}^2\theta}{\mathrm{d}t^2}+\frac{g}{l}\theta=0\quad 或\quad \ddot{\theta}+\frac{g}{l}\theta=0 \tag{1.22}$$

对比式 (1.16) 和式 (1.22)，不难发现，弹簧振子与单摆的简谐运动皆满足相似形式的微分方程：

$$\ddot{x}+\kappa x=0 \tag{1.23}$$

式中，弹簧振子为

$$\kappa=\frac{k}{m} \tag{1.24}$$

单摆为

$$\kappa=\frac{g}{l} \tag{1.25}$$

式 (1.23) 是一个典型的二阶常微分方程，其特征方程为

$$r^2+\kappa=0 \tag{1.26}$$

其根为

$$r_{1,2}=\pm\mathrm{i}\sqrt{\kappa} \tag{1.27}$$

则式 (1.23) 所示二阶常微分方程的通解为

$$x=C_1\cos\left(\sqrt{\kappa}t\right)+C_2\sin\left(\sqrt{\kappa}t\right) \tag{1.28}$$

式中，$C_1$ 和 $C_2$ 为待定常数。

以上两个问题中，有初始条件

$$\begin{cases} t=0 \\ x=0 \end{cases} \tag{1.29}$$

将其代入式 (1.28)，即有

$$x = C_2 \sin\left(\sqrt{\kappa} t\right) \tag{1.30}$$

因此，简谐运动是一种由自身系统性质决定的周期性运动，它是一种正弦运动或余弦运动。根据边界条件可知，对于以上弹簧振子简谐运动而言，有

$$x = A \sin\left(\sqrt{\frac{k}{m}} t\right) \tag{1.31}$$

即其振幅为 $A$，周期为

$$T = 2\pi \Big/ \sqrt{\frac{k}{m}} = 2\pi \sqrt{\frac{m}{k}} \tag{1.32}$$

对于以上单摆简谐运动而言，有

$$\theta = \theta_{\max} \sin\left(\sqrt{\frac{g}{l}} t\right) \tag{1.33}$$

其振幅为 $\theta_{\max}$，周期为

$$T = 2\pi \Big/ \sqrt{\frac{g}{l}} = 2\pi \sqrt{\frac{l}{g}} \tag{1.34}$$

还是以弹簧振子的简谐振动为例，若 $t=0$ 时刻小球处于平衡点最右端，如图 1.7 所示。容易知道，此时其简谐运动方程及其通解也为式 (1.28)，只是初始条件不同。

将初始条件

$$\begin{cases} t=0 \\ x=A \end{cases} \tag{1.35}$$

代入式 (1.28)，即可得到

$$C_1 = A \neq 0 \tag{1.36}$$

此时式 (1.28) 可以进一步写为

$$x = \sqrt{C_1^2 + C_2^2} \cos\left(\sqrt{\kappa} t - \phi\right) \tag{1.37}$$

式中

$$\cos\phi = \frac{C_1}{\sqrt{C_1^2 + C_2^2}} \tag{1.38}$$

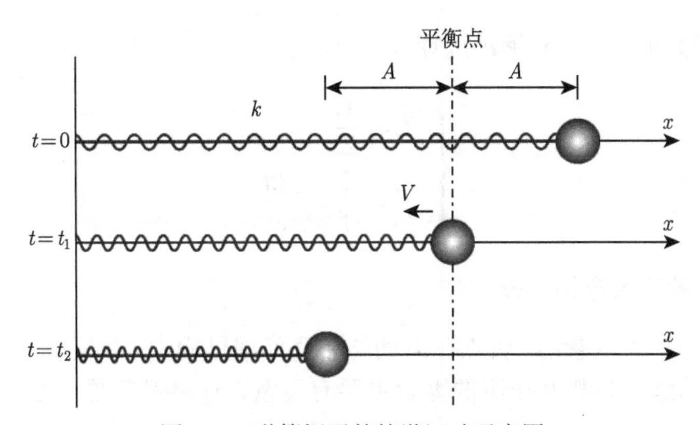


图 1.7 弹簧振子的简谐运动示意图

本问题中小球的最大振幅为 $A$，结合式 (1.36) 可知，此种情况下，式 (1.37) 可以具体写为

$$x = A\cos\left(\sqrt{\kappa}t\right) \tag{1.39}$$

同理，若 $t=0$ 时刻小球在最左端，即有初始条件：

$$\begin{cases} t=0 \\ x=-A \end{cases} \tag{1.40}$$

类似地，可以给出解：

$$x = -A\cos\left(\sqrt{\kappa}t\right) \tag{1.41}$$

若 $t=0$ 时刻小球在平衡位置，但速度方向向左，同上可以给出其解为

$$x = -A\sin\left(\sqrt{\kappa}t\right) \tag{1.42}$$

将以上四种情况皆写为余弦形式，分别为

$$\begin{cases} x = A\cos\left(\sqrt{\kappa}t - \dfrac{\pi}{2}\right) \\ x = A\cos\left(\sqrt{\kappa}t\right) \\ x = A\cos\left(\sqrt{\kappa}t + \pi\right) \\ x = A\cos\left(\sqrt{\kappa}t + \dfrac{\pi}{2}\right) \end{cases} \tag{1.43}$$

可以证明，初始位置在弹簧振子振幅内任意坐标时，皆有解：

$$x = A\cos\left(\omega t + \phi\right) \tag{1.44}$$

式中，$A$ 为振幅，表示小球振动时距离平衡点的最大位移；$\phi$ 为相位，与小球的初始位置相关，若弹簧在 $t=0$ 时刻从平衡点开始运动，则 $\phi = -\pi/2$；$\omega$ 为相频率，其值为

$$\omega = \sqrt{\kappa} = \sqrt{\frac{k}{m}} \tag{1.45}$$

容易得到其振动频率 $f$ 和振动周期 $T$ 分别为

$$\begin{cases} f = \dfrac{\omega}{2\pi} \\ T = \dfrac{1}{f} = \dfrac{2\pi}{\omega} \end{cases} \tag{1.46}$$

### 1.1.3　质点运动的三大守恒定律

从以上两类运动可以看出，质点在运动与相互作用过程中，必须满足某些基本定律。一般而言，影响物体运动与相互作用的因素主要有质量、速度及其导出量。

1. 动量、动量定理与动量守恒定律

质点的动量即为其质量 $m$ 与速度 $v$ 的乘积 $mv$。由于质点的速度为矢量，而质点的质量为标量，因此，质点的动量必为矢量，且其方向与速度完全一致，即可写为 $\boldsymbol{M} = m\boldsymbol{v}$。当质量为 $m$ 的质点初始速度为 $\boldsymbol{v}_0$，在 $t = t_0$ 时刻受到恒力 $\boldsymbol{F}$ 的作用做匀加速运动，则在 $t$ 时刻其速度应为

$$\boldsymbol{v} = \boldsymbol{v}_0 + \boldsymbol{a}(t - t_0) = \boldsymbol{v}_0 + \boldsymbol{a} \cdot \Delta t \tag{1.47}$$

根据牛顿第二定律有

$$\boldsymbol{a} = \frac{\boldsymbol{F}}{m} \tag{1.48}$$

根据以上两个公式可以给出

$$\boldsymbol{F} \cdot \Delta t = m(\boldsymbol{v} - \boldsymbol{v}_0) = m\boldsymbol{v} - m\boldsymbol{v}_0 = \boldsymbol{M} - \boldsymbol{M}_0 = \Delta\boldsymbol{M} \tag{1.49}$$

定义恒力的冲量 $\boldsymbol{I}$ 等于质点受力与其作用时间的乘积，上式的物理意义即是：质点的动量变化量等于其在此过程中所受的冲量；这就是质点运动的动量定理，也可以表达为

$$\boldsymbol{F} = m\frac{\Delta\boldsymbol{v}}{\Delta t} \tag{1.50}$$

需要指出的是，上式中力的方向与速度改变量对应的方向相同，而不一定与质点运动的初速度方向或终速度方向相同。

以上是理想情况下即恒力作用下的动量定理，若质点在运动过程中受力存在变化或一直变化，即不同时刻质点受力不尽相同 (受力大小发生变化或受力方向发生变化，或者两者都变化)，此时可以假设在某时刻 $t$ 处无限小的时间区域 $\mathrm{d}t$ 内，质点的受力为恒力，此时速度变化一般也为无限小量 $\mathrm{d}\boldsymbol{v}$，式 (1.50) 所示动量定理即可表达为更加普适的形式：

$$\boldsymbol{F}_t = m\frac{\mathrm{d}\boldsymbol{v}}{\mathrm{d}t} \tag{1.51}$$

事实上，根据加速度的定义有

$$\boldsymbol{a}_t = \frac{\mathrm{d}\boldsymbol{v}}{\mathrm{d}t} \tag{1.52}$$

因此，在此种情况下式 (1.51) 所示动量定理与牛顿第二定律本质上是相同的。若进一步考虑质点运动过程中其微团质量发生变化这一更加普适的情况，质点的动量定理可以更进一步表达为

$$\boldsymbol{F}_t = \frac{\mathrm{d}m\boldsymbol{v}}{\mathrm{d}t} = \frac{\mathrm{d}\boldsymbol{M}_t}{\mathrm{d}t} \tag{1.53}$$

由于物体可以视为无数质点或微团的组合即质点系，根据式 (1.53) 和牛顿第三定律，连续介质运动的动量定理可以描述为

$$\sum \boldsymbol{F}_i = \frac{\mathrm{d}\boldsymbol{M}_{\text{total}}}{\mathrm{d}t} \tag{1.54}$$

即物体运动或相互作用过程中，物体的动量变化率等于外力之和 (根据牛顿第三定律，内力之和为零，对应所造成的系统动量变化量之和也必为零，因此对于整个系统而言内力的影响可以忽略不计)。

若运动过程中质点系统所受的外力和为零，根据式 (1.54) 可知此时系统的动量变化量必为零：

$$\frac{\mathrm{d}\boldsymbol{M}_{\text{total}}}{\mathrm{d}t} = 0 \Leftrightarrow \boldsymbol{M}_{\text{total}} \equiv \text{const} \tag{1.55}$$

即如果一个系统不受外力或所受外力之和为零，那么这个系统的总动量保持不变。这就是三大基本守恒定律之一的动量守恒定律，它起初只是牛顿运动定律的推论，但后来发现它的适用范围远远广于牛顿运动定律，是比牛顿运动定律更基础、更普适的物理规律。

2. *角动量、角动量定理与角动量守恒定律*

动量定理说明介质受力的时间积累能够引起动量的变化，并给出其定理对应关系；而在物体的受力弯曲变形或旋转运动中，力矩的影响不可忽略，类似冲量的定义，一般定义物体承受力矩及其作用时间的乘积为角冲量。若质点相对参考点受到的力矩为恒力矩，则其角冲量可以表达为

$$\boldsymbol{J}_{\Delta t} = \boldsymbol{N} \cdot \Delta t = \boldsymbol{r} \times \boldsymbol{F} \cdot \Delta t \tag{1.56}$$

类似冲量能够引起质点动量的变化，角冲量能够导致角动量的变化。角动量或称为动量矩，其定义为

$$\boldsymbol{L} = \boldsymbol{r} \times \boldsymbol{M} \tag{1.57}$$

式中，$\boldsymbol{r}$ 为质点相对参考点的位置矢量。

若质点受到恒力矩作用，则其角动量的变化量等于此段过程中的角冲量，即

$$\boldsymbol{N} \cdot \Delta t = \Delta\left(\boldsymbol{r} \times \boldsymbol{M}\right) \Leftrightarrow \boldsymbol{J}_{\Delta t} = \Delta \boldsymbol{L} \tag{1.58}$$

式 (1.58) 即为角动量定理。如在受力过程中，质点所受的力矩并不是恒定不变的，可以考虑任意 $t$ 时刻无限小时间区域内的情况，即

$$\boldsymbol{N} \cdot \mathrm{d}t = \mathrm{d}\boldsymbol{L} \Leftrightarrow \boldsymbol{N} = \frac{\mathrm{d}\boldsymbol{L}}{\mathrm{d}t} \tag{1.59}$$

即质点的角动量变化率等于其所承受力矩。对于质点系统而言，结合角动量定理和牛顿第三定律，可以得到

$$\sum \boldsymbol{N}_i = \frac{\mathrm{d}\boldsymbol{L}_{\mathrm{total}}}{\mathrm{d}t} \tag{1.60}$$

即物体角动量的变化率等于其所受外力矩之和，这就是物体即质点系统运动的角动量定理。

若质点系统所受外力矩之和为零，式 (1.60) 即为

$$\frac{\mathrm{d}\boldsymbol{L}_{\mathrm{total}}}{\mathrm{d}t} = 0 \Leftrightarrow \boldsymbol{L}_{\mathrm{total}} \equiv \mathrm{const} \tag{1.61}$$

式 (1.61) 的物理意义是：一个系统不受外力矩或所受外力矩之和为零，这个系统的总角动量保持不变。此即为物体运动的三大守恒定律之二角动量守恒定律。

3. 动能、机械能与能量守恒定律

在 1.1.1 节和 1.1.2 节中，我们都利用到了机械能守恒定律；其中，机械能包含动能和势能，势能又包含重力势能和弹性势能，1.1.2 节中单摆中势能为重力势能、弹簧振子中势能为弹性势能。质点的动能是指由于质点的机械运动而具有的能量，一般可表达为

$$E_k = \frac{1}{2}mv^2 \tag{1.62}$$

它与质点的质量成线性正比，与质点速度的平方成正比。从式 (1.62) 不难发现，质点的动能恒为非负值，且是一个状态量和标量。

静止的质点受到恒力 $F$ 的作用做匀加速直线运动，经过时间 $t$ 后，力所做的功和质点的动能分别为

$$\begin{cases} W = F \cdot s = F \cdot \dfrac{1}{2}\dfrac{F}{m}t^2 = \dfrac{1}{2}\dfrac{F^2t^2}{m} \\ E_k = \dfrac{1}{2}mv^2 = \dfrac{1}{2}m\left(\dfrac{F}{m}t\right)^2 = \dfrac{1}{2}\dfrac{F^2t^2}{m} \end{cases} \tag{1.63}$$

从式 (1.63) 可以看出

$$W = E_k \tag{1.64}$$

当质点初始状态并不是理想的静止状态时，也可以得到

$$W = \Delta E_k \tag{1.65}$$

式 (1.65) 说明质点动能的变化量等于受力所做的功。对于质点系统而言，同理容易给出

$$\sum W = \Delta E_{k\mathrm{total}} \tag{1.66}$$

即物体运动过程中动能的变化量等于外力所做功之和；这就是物体运动的动能定理。

事实上，动能与势能能够相互转换，如 1.1.2 节中单摆和弹簧振子动能与势能在运动过程中不断转换，因此，式 (1.66) 可以写为更为普适的形式：

$$\sum W = \Delta E_{k\mathrm{total}} + \Delta P_{\mathrm{total}} = \Delta E_{\mathrm{total}} \tag{1.67}$$

当外力做功之和为零时，式 (1.67) 即简化为

$$\Delta E_{\text{total}} = 0 \Leftrightarrow E_{\text{total}} \equiv \text{const} \tag{1.68}$$

式 (1.68) 即为机械能守恒定律，其可描述为：一个系统不受外力做功或所受外力做功之和为零，或整个系统只有重力或弹力做功，系统的势能和动能可能发生相互转化，但其总机械能保持不变。

如在运动过程中，系统与外界存在热量交换或系统内能存在变化等情况，则系统的机械能并不保持守恒条件；但此时必定满足能量守恒条件。一个系统的总能量包含机械能、内能 (热能) 及除机械能和内能以外的任何形式能量。能量守恒定律指出：一个系统的总能量的改变只能等于传入或者传出该系统的能量的多少。其物理内涵是：能量既不会凭空产生，也不会凭空消失，它只会从一种形式转化为另一种形式，或者从一个物体转移到其他物体，而能量的总量保持不变。能量守恒定律是自然界普遍的基本定律之一，是物体的运动过程中必须遵循的根本条件。

## 1.2 质点简谐运动的传递与简谐波

根据 1.1.2 节中的内容可知，无论弹簧振子的简谐振动还是单摆的简谐运动，其位移函数皆可表达为

$$x = A\cos(\omega t + \phi) \tag{1.69}$$

式中，$A$ 为振幅，表示小球振动时距离平衡点的最大位移；$\phi$ 为相位，与小球的初始位置相关；$\omega$ 为相频率。

### 1.2.1 质点简谐运动能量特性

质点的简谐运动函数式 (1.69) 对应的位移曲线可绘制为图 1.8 所示带初始相位的余弦曲线 (或带初始相位的正弦曲线)。

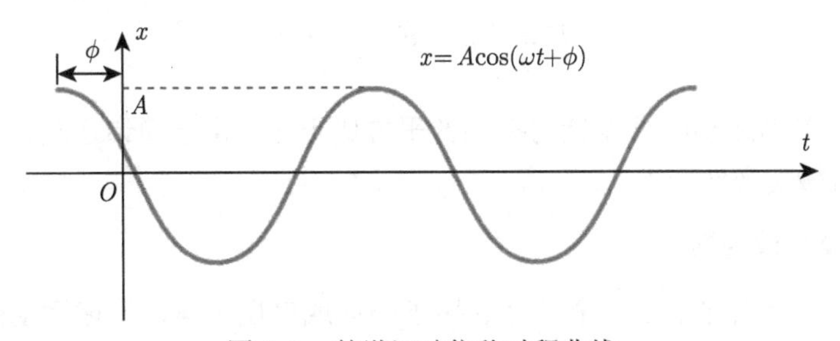


图 1.8 简谐运动位移时程曲线

从简谐运动的位移函数不难发现其与圆周运动具有某种联系，结合图 1.8，可以绘制出圆周运动与简谐运动之间的关系图，如图 1.9 所示。

从图 1.9 给出对比分析结论：如式 (1.69) 所示简谐运动质点运动位移变化与初始夹角为 $\phi$、转速为 $\omega$ 的逆时针匀速运动时圆周上点的纵坐标完全相等。

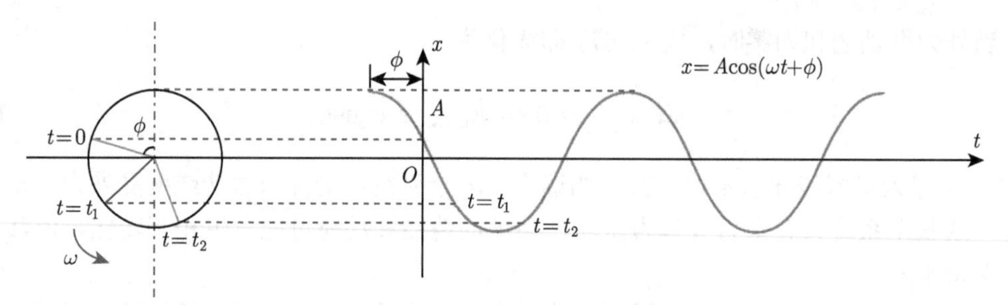


图 1.9　圆周运动与简谐运动

式 (1.69) 为简谐运动质点的位移函数，容易根据该式求出简谐运动时不同时刻质点的速度 $v$ 和加速度 $a$ 的表达式为

$$\begin{cases} v = -A\omega \sin(\omega t + \phi) \\ a = -A\omega^2 \cos(\omega t + \phi) \end{cases} \tag{1.70}$$

在弹簧振子的简谐运动过程中，任意 $t$ 时刻，振子的动能为

$$E_k = \frac{1}{2}mv^2 = \frac{1}{2}mA^2\omega^2 \sin^2(\omega t + \phi) \tag{1.71}$$

此时振子的势能为

$$E_p = \frac{1}{2}kx^2 = \frac{1}{2}kA^2 \cos^2(\omega t + \phi) \tag{1.72}$$

由此可以给出 $t$ 时刻弹簧振子的总机械能为

$$E = E_k + E_p = \frac{1}{2}A^2 \left[m\omega^2 \sin^2(\omega t + \phi) + k\cos^2(\omega t + \phi)\right] \tag{1.73}$$

将式 (1.45) 代入式 (1.73)，即有

$$E = E_k + E_p = \frac{1}{2}kA^2 \tag{1.74}$$

式 (1.74) 表明，简谐运动的总能量与振幅的平方成正比，由于简谐运动是等幅振动，因此简谐运动的总机械能必然守恒。

### 1.2.2　简谐波及其波函数

若简谐运动的质点并不是一个独立的振子小球或单摆小球，简谐运动会带动相邻的质点运动，使得简谐运动源会在介质中进行传播，一般而言，简谐运动源在线弹性介质传播过程中，路径上的质点也进行相应的简谐运动。

如果质点运动速度方向平行于波速方向，如弹簧中简谐波的传播、空气中声波的传播等，这种波称为纵波；当质点速度方向垂直于波速方向，如介质中剪切波的传播、抖动细绳引起简谐波的传播等，这种波称为横波。从某种意义上讲，不同性质的波皆可以分解为横波和纵波来分别研究。

波在介质中的传播可以由波线和波面来示意，这样，波的传播显得更为直观，如图 1.10 所示。其中，波线是指向波传播方向的带箭头的直线；波面是指波传播途径中相位相同的点组成的面。在各向同性介质中，波线垂直于波面；简谐波的传播过程中，不同波面相互平行；当波面为相互平行的平面时，该简谐波称为平面谐波，弹簧中的谐波就属于平面谐波；当波面为相互平行的球面时，该简谐波称为球面谐波。若定义沿波形方向最前方的波面为波阵面，则容易知道，波阵面前方介质还处于初始状态、后方介质质点按照简谐运动函数运动；因此，波速即为波阵面的运动速度。

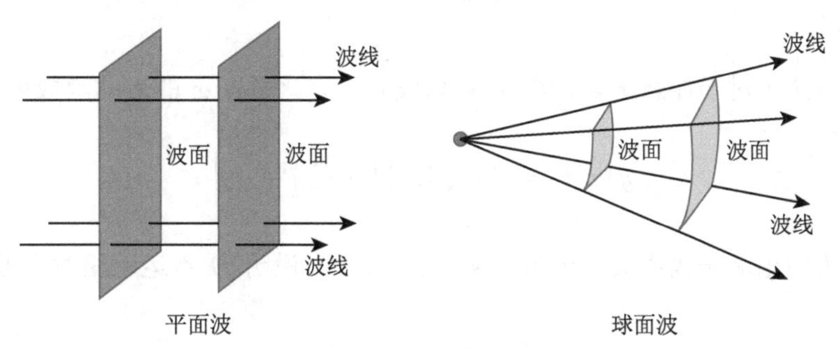


图 1.10 波线和波面示意图

以平面谐波为例，根据平面谐波的定义可知，其在传播过程中各质点都做相同频率的简谐运动，且任意时刻，各质点的振动相位角不尽相同，位移也是如此；而在同一个波阵面上各点振动具有相同的相位，相对各自的平衡位置也有相同的位移。

设平面谐波的振源简谐运动函数为

$$y\left(0,t\right)=A\cos\left(\omega t+\phi_0\right) \tag{1.75}$$

式中，$A$ 表示振幅；$\omega$ 表示相频率；$\phi_0$ 表示初始相位，如图 1.11 所示。需要说明的是，虽然振动位移写为 $y$，但实际上对于纵波的传播而言其振动位移是在 $x$ 方向上的，为了与式 (1.69) 所示简谐波的传播距离 $x$ 区分，此处将质点的振动位移设为 $y$。

根据简谐波的定义可知，在波线上，任意质点 $x$ 任意时刻 $t$ 质点 $B$ 的位移可写为

$$y\left(x,t\right)=A\cos\left(\omega t+\phi'\right) \tag{1.76}$$

式中，$\phi'$ 表示质点 $x$ 在 $t$ 时刻对应的相位，如图 1.11 所示。

设简谐波从波源传播到 $B$ 点花费的时间为 $\Delta t$，该简谐波的波速为 $C$，即有

$$\Delta t=\frac{x}{C} \tag{1.77}$$

因而，$t$ 时刻 $B$ 点的振动是由 $t-\Delta t$ 时刻波源的振动传播过来的，即

$$y\left(x,t\right)=A\cos\left[\omega\left(t-\Delta t\right)+\phi_0\right] \tag{1.78}$$

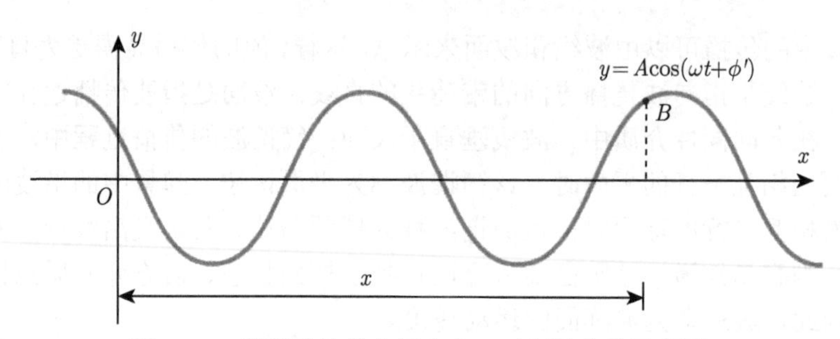


图 1.11　简谐波波线上质点在 $t$ 时刻的位移示意图

由于式 (1.78) 对于任意 $t \geqslant x/C$ 时刻都成立，因此质点 $x$ 的运动函数可写为

$$y\,(x,t) = A\cos\left[\omega\left(t - \frac{x}{C}\right) + \phi_0\right] \tag{1.79}$$

式 (1.79) 即为简谐波传播中质点的波函数。式 (1.79) 说明 $B$ 点运动相对于振源函数存在相位差：

$$\phi_0 - \phi' = \omega\frac{x}{C} \tag{1.80}$$

设简谐波的波长为 $\lambda$，则式 (1.79) 的波函数也可以写为以下形式：

$$y\,(x,t) = A\cos\left[2\pi\left(\frac{t}{T} - \frac{x}{\lambda}\right) + \phi_0\right] \tag{1.81}$$

$$y\,(x,t) = A\cos\left[2\pi\left(f\cdot t - \frac{x}{\lambda}\right) + \phi_0\right] \tag{1.82}$$

或

$$y\,(x,t) = A\cos\left(\omega t - kx + \phi_0\right) \tag{1.83}$$

式中

$$k = \frac{\omega}{C} = \frac{2\pi}{\lambda} \tag{1.84}$$

称为波数，其表示 $2\pi$ 的长度内所包含完整波的数量。波速 $C$ 也可以表达为

$$C = \lambda\cdot f = \frac{\lambda}{T} = \frac{\omega\lambda}{2\pi} \tag{1.85}$$

类似地，如果简谐波向左即 $x$ 轴负方向，则波函数应写为

$$y\,(x,t) = A\cos\left[\omega\left(t + \frac{x}{C}\right) + \phi_0\right] \tag{1.86}$$

平面谐波在介质中传播也是一种能量的波动形式，在波的传播过程中，能量从波源向波的运动方向传播。以平面简谐纵波在一维线弹性无限细长杆中的传播为例，如图 1.12 所示。

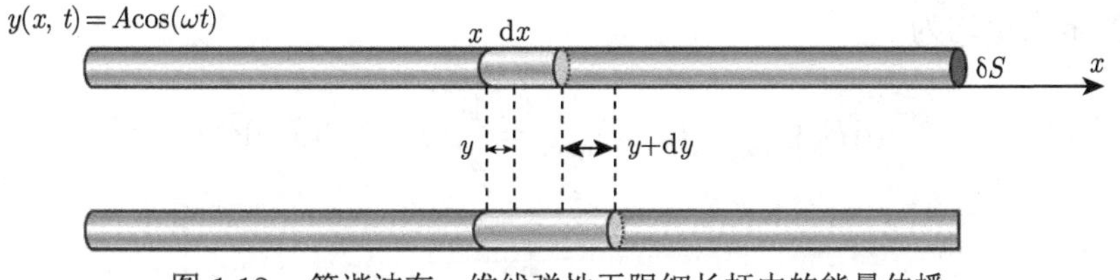


图 1.12 简谐波在一维线弹性无限细长杆中的能量传播

设在杆最左端波源的简谐运动方程为

$$y\,(0,t) = A\cos(\omega t) \tag{1.87}$$

则简谐波的波函数可写为

$$y\,(x,t) = A\cos\left[\omega\left(t-\frac{x}{C}\right)\right] \tag{1.88}$$

考虑简谐波波线上某个质点 $x$ 及对应无限薄 $\mathrm{d}x$ 的微元，设细长杆的截面积为 $\delta S$，介质的密度为 $\rho$，由于质点所在的微元厚度 $\mathrm{d}x \to 0$，因此可以认为在该微元的速度均为

$$v\,(x,t) = -A\omega\sin\omega\left(t-\frac{x}{C}\right) \tag{1.89}$$

则该微元具有动能 $\mathrm{d}E_k$：

$$\mathrm{d}E_k = \frac{1}{2}\rho\cdot\delta S\cdot\mathrm{d}x\cdot\left[A\omega\sin\omega\left(t-\frac{x}{C}\right)\right]^2 = \frac{1}{2}\rho A^2\omega^2\cdot\delta S\cdot\sin^2\omega\left(t-\frac{x}{C}\right)\cdot\mathrm{d}x \tag{1.90}$$

具有弹性势能 $\mathrm{d}E_p$：

$$\mathrm{d}E_p = \frac{1}{2}k\,(\mathrm{d}y)^2 \tag{1.91}$$

式中，$k$ 表示弹性系数，其定义为

$$k = \frac{\delta S\cdot E}{\mathrm{d}x} \tag{1.92}$$

且杨氏模量 $E$ 可以表达为

$$E = \rho C^2 \tag{1.93}$$

式 (1.93) 在第 3 章一维杆中弹性波的传播与演化中进行推导。

将式 (1.92) 和式 (1.93) 代入式 (1.91)，可以得到

$$\mathrm{d}E_p = \frac{1}{2}\frac{\delta S\cdot\rho C^2}{\mathrm{d}x}(\mathrm{d}y)^2 = \frac{1}{2}\rho A^2\omega^2\cdot\delta S\cdot\sin^2\omega\left(t-\frac{x}{C}\right)\cdot\mathrm{d}x \tag{1.94}$$

对比式 (1.90) 和式 (1.94)，不难看出，简谐波传播波线上质点的动能与势能在任意时刻都相等，即

$$\mathrm{d}E_p \equiv \mathrm{d}E_k \tag{1.95}$$

而且它们的最大值均为

$$(\mathrm{d}E_p)_{\max} \equiv (\mathrm{d}E_k)_{\max} = \frac{1}{2}\rho A^2\omega^2 \cdot \delta S \cdot \mathrm{d}x \tag{1.96}$$

此时有

$$\sin\omega\left(t-\frac{x}{C}\right) = \pm 1 \tag{1.97}$$

即

$$\cos\omega\left(t-\frac{x}{C}\right) = 0 \tag{1.98}$$

式 (1.98) 成立时，有

$$y(x,t) = A\cos\omega\left(t-\frac{x}{C}\right) = 0 \tag{1.99}$$

式 (1.99) 表明，当质点在平衡位置时，其动能和弹性势能皆达到其最大值。类似地，当

$$\cos\omega\left(t-\frac{x}{C}\right) = \pm 1 \tag{1.100}$$

或

$$|y(x,t)| = \left|A\cos\omega\left(t-\frac{x}{C}\right)\right| = A \tag{1.101}$$

即质点运动到最大振幅处，其动能与弹性势能

$$(\mathrm{d}E_p)_{\max} \equiv (\mathrm{d}E_k)_{\max} = 0 \tag{1.102}$$

达到最小值 0。也可以求出质点的总机械能为

$$\mathrm{d}E = \mathrm{d}E_p + \mathrm{d}E_k = \rho A^2\omega^2 \cdot \delta S \cdot \sin^2\omega\left(t-\frac{x}{C}\right) \cdot \mathrm{d}x \tag{1.103}$$

式 (1.103) 表明，在简谐波传播路径的波线上，任何质点的总机械能一直在变化，即每个质点都一直与周围介质交换能量；从最大振幅处向平衡位置运动时，它从相邻质点获取能量而导致总机械能增加；从平衡位置处向最大振幅运动时，它向相邻质点释放能量而导致总机械能减小。

设单位时间内通过垂直波速方向投影面积为 $S$ 的总机械能为简谐波的能流 $P$：

$$P = \frac{\mathrm{d}E}{\mathrm{d}t} = \frac{\rho A^2\omega^2 S\sin^2\omega\left(t-\dfrac{x}{C}\right)\cdot \mathrm{d}x}{\mathrm{d}t} = \rho C A^2\omega^2 S\sin^2\omega\left(t-\frac{x}{C}\right) \tag{1.104}$$

从而可以求出简谐波传播的平均能流：

$$\bar{P} = \frac{\displaystyle\int_0^T P\mathrm{d}t}{T} = \frac{\displaystyle\int_0^{2\pi/\omega} \rho C A^2\omega^2 S\sin^2\omega\left(t-\frac{x}{C}\right)\mathrm{d}t}{2\pi/\omega} = \frac{1}{2}\rho C A^2\omega^2 S \tag{1.105}$$

进一步可以给出垂直流速方向上单位面积简谐波传播的平均能流 $I$ 为

$$I = \frac{\bar{P}}{S} = \frac{1}{2}\rho C A^2 \omega^2 \tag{1.106}$$

定义单位体积介质的波动能量为简谐波的能量密度，可以得到

$$w = \frac{\mathrm{d}E}{\mathrm{d}V} = \frac{\mathrm{d}E}{SC\mathrm{d}t} = \frac{P}{SC} = \frac{\rho C A^2 \omega^2 S \sin^2 \omega \left(t - \dfrac{x}{C}\right)}{SC} = \rho A^2 \omega^2 \sin^2 \omega \left(t - \frac{x}{C}\right) \tag{1.107}$$

以及平均能量密度，即一个周期内能量密度的平均值为

$$\bar{w} = \int_0^{2\pi/\omega} \rho A^2 \omega^2 \sin^2 \omega \left(t - \frac{x}{C}\right) \mathrm{d}t = \frac{1}{2}\rho A^2 \omega^2 \tag{1.108}$$

### 1.2.3 质点运动与波动的联系与区别

对比 1.2.1 节和 1.2.2 节中简谐运动和简谐波函数可以看出，两者皆是正弦或余弦函数，波幅和频率也对应相同；初学者容易混淆两者，然而两者本质上是完全不同的物理行为。

首先，简谐运动与简谐波传播的能量特征完全不同。从 1.2.1 小节中的分析结论可知，简谐运动时动能与弹性势能并不总是相等，但质点总机械能一直保持不变，因此，简谐运动并不能传递能量。因此，简谐波传播的波动过程是一种能量传递方式，而简谐运动是一种能量转换方式。对比之下，在简谐波传播路径的波线上，任何质点的总机械能一直在变化，即每个质点都一直与周围介质交换能量。

其次，简谐运动的质点速度与简谐波的传播速度并不一致。从运动方向上看，纵波质点运动速度与波传播方向平行，可能相同也可能相反；而横波质点运动速度始终与波传播方向垂直。从运动速度大小上看，以简谐运动为例，质点运动速度为

$$v = -A\omega \sin(\omega t + \phi) \tag{1.109}$$

其值与波幅、频率等因素密切相关，且随着时间 $t$ 的改变而变化；而简谐波传播速度只与波长、频率等因素相关，与波幅和时间无关。

## 1.3 波动方程的求解与内涵

简谐波是一种最简单的弹性波，但结合 Fourier 变换基本原理容易知道，线弹性介质中大多数复杂振动及其复杂弹性波的传播问题可以视为简谐运动和简谐波或它们的积分线性组合；因此，虽然简谐波的传播是最简化的一种情况，但也是最本质、最普适的一种情况。

### 1.3.1 一维波动方程

从 1.2 节的推导结果可知

$$y(x,t) = A\cos\left[\omega\left(t - \frac{x}{C}\right) + \phi_0\right] \tag{1.110}$$

因此，对于简谐波传播路径即波线上的任意一个质点 $x$，其在 $t$ 时刻的质点速度可以根据式 (1.110) 给出：

$$v=\frac{\mathrm{d}y}{\mathrm{d}t}=-\omega A\sin\left[\omega\left(t-\frac{x}{C}\right)+\phi_0\right] \tag{1.111}$$

类似地，也可以给出其加速度函数：

$$a=\frac{\mathrm{d}v}{\mathrm{d}t}=-\omega^2 A\cos\left[\omega\left(t-\frac{x}{C}\right)+\phi_0\right] \tag{1.112}$$

对此平面谐波波函数求 $x$ 的二次偏导数，可以得到

$$\frac{\partial^2 y}{\partial x^2}=-\frac{\omega^2}{C^2}A\cos\left[\omega\left(t-\frac{x}{C}\right)+\phi_0\right] \tag{1.113}$$

对比式 (1.112) 和式 (1.113)，可以看出

$$\frac{\partial^2 y}{\partial x^2}=\frac{1}{C^2}\frac{\partial^2 y}{\partial t^2} \tag{1.114}$$

或

$$\frac{\partial^2 y}{\partial t^2}=C^2\cdot\frac{\partial^2 y}{\partial x^2} \tag{1.115}$$

式 (1.115) 被称为波动微分方程，常简称为波动方程。平面谐波波动方程的物理意义是：对于任何物理量 $y$，如果其满足式 (1.115) 中空间、时间的函数关系，则该物理量就按照波的形式进行传播，且其传播速度为 $C$。

波动方程是一个典型的二阶偏微分方程，直接求解该方程是比较困难的，通常情况下对此类二阶偏微分方程的求解方法有两个：Fourier 变换求解法和行波法 (或特征线积分法，常简称为特征线法)；后一种方法在第 3 章一维杆中弹性波传播部分进行讲解，在此不做详述。

### 1.3.2 Fourier 级数、积分及变换

简谐波是一种最简单但最常见的弹性波，简谐波波函数皆为正弦波 (或余弦波，两者在本质上一致)。正弦波是当前波信号处理中最常见的一种形态的波，与其他形态的波不同，正弦波在传播过程中虽然会出现波幅衰减或相位移动，但其波的形态和频率仍保持不变，而且波的传播与其频率密切相关，也就是说，方形波、三角形波等各类看起来很简单的波形，无法做到在传播过程中保持波形特征进行传播。然而，当前应力波波形特征多样，如矩形波、三角形波、指数形波、复合波等，正弦波只是最简单理想的一种波；将各种形态应力波分解为不同频率正弦波的线性组合，分析不同频率谐波在介质中的传播演化规律与机制，在不同时空域或终端将所接收的这些谐波进行线性组合，组合成新波形，从而我们可以获得不同形态波的传播演化特征；这种方法即为 Fourier 分析法，这是波传播与信号处理领域最重要的分析方法之一。

Fourier 在 1807 年投出了《热的传播》(*Mémoire sur la propagation de la chaleur*) 的论文并于 1810 年对该论文进行修改再次投出《热在固体中的运动理论》(*Theorie du mouvement de chaleur clansles corps solides*) 论文，在论文中 Fourier 提出一个著名的结论：任何连续周期信号可以由一组适当的正弦曲线组合而成。在此基础上，于 1822 年出版的专著《热的解析理论》中，Fourier 提出了 Fourier 级数和 Fourier 积分；Fourier 级数在应力波传播方面的物理意义比较明确，即表示应力波皆可以分解为一组不同频率的简谐波，以简谐波的传播理论分析不同频率波的传播，从而分析不同形状应力波传播规律与演化机制。

事实上，Fourier 所给出的结论比较容易证明，假设任意周期为 $2\pi$ 的周期函数 $f(x)$ 都能够分解为无数个不同频率的正弦函数和余弦函数之代数和，即此类函数皆能够展开成三角函数系的级数：

$$f(x)=\frac{a_0}{2}+\sum_{k=1}^{\infty}\left[a_k\cos(kx)+b_k\sin(kx)\right] \tag{1.116}$$

若可以求出三个待定系数 $a_0$、$a_k$ 和 $b_k$ 合理确定的表达式，且证明式 (1.116) 右端的级数是收敛的，且收敛于函数 $f(x)$，我们即可以证明 Fourier 所提出的结论是科学合理的。

假设函数 $f(x)$ 和式 (1.116) 右端级数中各项在 $[-\pi,\pi]$ 区间内可积，对式 (1.116) 积分可以得到

$$\int_{-\pi}^{\pi}f(x)\,\mathrm{d}x=\int_{-\pi}^{\pi}\frac{a_0}{2}\mathrm{d}x+\sum_{k=1}^{\infty}\int_{-\pi}^{\pi}\left[a_k\cos(kx)+b_k\sin(kx)\right]\mathrm{d}x \tag{1.117}$$

式 (1.117) 中右端第一项为

$$\int_{-\pi}^{\pi}\frac{a_0}{2}\mathrm{d}x=a_0\pi \tag{1.118}$$

式 (1.117) 右端第二项为

$$\sum_{k=1}^{\infty}\int_{-\pi}^{\pi}\left[a_k\cos(kx)+b_k\sin(kx)\right]\mathrm{d}x=\sum_{k=1}^{\infty}\left[a_k\int_{-\pi}^{\pi}\cos(kx)\mathrm{d}x+b_k\int_{-\pi}^{\pi}\sin(kx)\mathrm{d}x\right] \tag{1.119}$$

而

$$\begin{cases}\displaystyle\int_{-\pi}^{\pi}\cos(kx)\mathrm{d}x=0\\ \displaystyle\int_{-\pi}^{\pi}\sin(kx)\mathrm{d}x=0\end{cases} \tag{1.120}$$

将式 (1.120) 代入式 (1.119) 即有

$$\sum_{k=1}^{\infty}\int_{-\pi}^{\pi}\left[a_k\cos(kx)+b_k\sin(kx)\right]\mathrm{d}x=0 \tag{1.121}$$

因此，式 (1.117) 可以简化为

$$\int_{-\pi}^{\pi} f(x)\,\mathrm{d}x = a_0\pi \tag{1.122}$$

即

$$a_0 = \frac{1}{\pi}\int_{-\pi}^{\pi} f(x)\,\mathrm{d}x \tag{1.123}$$

利用余弦函数 $\cos(nx)(n=1,2,3,\cdots)$ 乘以式 (1.116) 两端，且在 $[-\pi,\pi]$ 区间内积分，可以得到

$$\int_{-\pi}^{\pi} f(x)\cos(nx)\mathrm{d}x = \int_{-\pi}^{\pi}\frac{a_0}{2}\cos(nx)\mathrm{d}x + \sum_{k=1}^{\infty}\int_{-\pi}^{\pi}[a_k\cos(kx)+b_k\sin(kx)]\cos(nx)\mathrm{d}x \tag{1.124}$$

式 (1.124) 右端第一项：

$$\int_{-\pi}^{\pi}\frac{a_0}{2}\cos(nx)\mathrm{d}x = \frac{a_0}{2}\int_{-\pi}^{\pi}\cos(nx)\mathrm{d}x = 0 \tag{1.125}$$

式 (1.124) 右端第二项：

$$\begin{aligned}&\sum_{k=1}^{\infty}\int_{-\pi}^{\pi}[a_k\cos(kx)+b_k\sin(kx)]\cos(nx)\mathrm{d}x\\ &=\sum_{k=1}^{\infty}\left[a_k\int_{-\pi}^{\pi}\cos(kx)\cos(nx)\mathrm{d}x + b_k\int_{-\pi}^{\pi}\sin(kx)\cos(nx)\mathrm{d}x\right]\end{aligned} \tag{1.126}$$

而

$$\begin{cases}\displaystyle\int_{-\pi}^{\pi}\cos(kx)\cos(nx)\mathrm{d}x = \int_{-\pi}^{\pi}\frac{1}{2}[\cos(k-n)x+\cos(k+n)x]\,\mathrm{d}x\\ \displaystyle\int_{-\pi}^{\pi}\sin(kx)\cos(nx)\mathrm{d}x = \int_{-\pi}^{\pi}\frac{1}{2}[\sin(k-n)x+\sin(k+n)x]\,\mathrm{d}x\end{cases} \tag{1.127}$$

式 (1.127) 中，当 $k\neq n$ 时，有

$$\begin{cases}\displaystyle\int_{-\pi}^{\pi}\cos(kx)\cos(nx)\mathrm{d}x = 0\\ \displaystyle\int_{-\pi}^{\pi}\sin(kx)\cos(nx)\mathrm{d}x = 0\end{cases} \tag{1.128}$$

当 $k=n$ 时，有

$$\begin{cases}\displaystyle\int_{-\pi}^{\pi}\cos(kx)\cos(nx)\mathrm{d}x = \pi\\ \displaystyle\int_{-\pi}^{\pi}\sin(kx)\cos(nx)\mathrm{d}x = 0\end{cases} \tag{1.129}$$

因此，式 (1.124) 可以简化为

$$\int_{-\pi}^{\pi} f(x)\cos(nx)\mathrm{d}x = a_n\pi \tag{1.130}$$

即

$$a_n = \frac{1}{\pi}\int_{-\pi}^{\pi} f(x)\cos(nx)\mathrm{d}x, \quad n = 1, 2, 3, \cdots \tag{1.131}$$

式 (1.131) 中，当 $n = 0$ 时，有

$$a_0 = \frac{1}{\pi}\int_{-\pi}^{\pi} f(x)\,\mathrm{d}x \tag{1.132}$$

式 (1.132) 与式 (1.123) 正好是相同的。

同理，用正弦函数 $\sin(nx)$ 乘以式 (1.116) 两端，且在 $[-\pi, \pi]$ 区间内积分，可以得到

$$b_n = \frac{1}{\pi}\int_{-\pi}^{\pi} f(x)\sin(nx)\mathrm{d}x, \quad n = 1, 2, 3, \cdots \tag{1.133}$$

从以上的分析可以看出，如果函数 $f(x)$、$f(x)\cos(nx)$ 和 $f(x)\sin(nx)$ 在 $[-\pi, \pi]$ 区间内可积，则式 (1.116) 是合理科学的。Dirichlet(狄利克雷) 也证明，当函数 $f(x)$ 满足 Dirichlet 条件时，级数

$$\frac{a_0}{2} + \sum_{k=1}^{\infty}[a_k\cos(kx) + b_k\sin(kx)] \tag{1.134}$$

收敛，且对于任意 $x \in [-\pi, \pi]$，式 (1.134) 所示级数收敛于

$$\frac{1}{2}[f(x+0) + f(x-0)] \tag{1.135}$$

即对于连续信号的波形函数而言，其必然满足 Dirichlet 条件，且式 (1.116) 是准确科学的；因此 Fourier 所给出的结论是正确的，该级数常称为 Fourier 级数。

由于函数 $\cos x$ 为偶函数、函数 $\sin x$ 是奇函数，因此若周期为 $2\pi$ 的连续函数 $f(x)$ 在 $[-\pi, \pi]$ 区间内是奇函数，则其 Fourier 级数应为

$$f(x) = \sum_{k=1}^{\infty} b_k\sin(kx) \tag{1.136}$$

同理，若其为偶函数，则 Fourier 级数应为

$$f(x) = \frac{a_0}{2} + \sum_{k=1}^{\infty} a_k\cos(kx) \tag{1.137}$$

**例 1.1** 设 $f(x)$ 是以 $2\pi$ 为周期的函数，它在 $[-\pi, \pi)$ 区间内表达式为 $f(x) = x$，试将函数 $f(x)$ 展开为 Fourier 级数。

由于 $f(x)$ 在 $[-\pi,\pi)$ 区间内是奇函数，且满足 Dirichlet 条件，因此有

$$f(x)=\sum_{k=1}^{\infty} b_k \sin(kx) \tag{1.138}$$

且

$$b_k=\frac{1}{\pi}\int_{-\pi}^{\pi} f(x)\sin(kx)\mathrm{d}x=\frac{1}{\pi}\int_{-\pi}^{\pi} x\sin(kx)\mathrm{d}x=(-1)^{k+1}\frac{2}{k},\quad k=1,2,3,\cdots \tag{1.139}$$

因此，函数 $f(x)$ 的 Fourier 级数为

$$\begin{aligned}f(x)&=2\sum_{k=1}^{\infty}\frac{(-1)^{k+1}\sin(kx)}{k}\\&=2\left[\sin x-\frac{1}{2}\sin(2x)+\frac{1}{3}\sin(3x)-\cdots+(-1)^{k+1}\frac{\sin(kx)}{k}+\cdots\right]\end{aligned} \tag{1.140}$$

式中，$x\in(-\infty,+\infty)$，$x\neq(2k+1)\pi$，$k=1,2,3,\cdots$。

若 $f(x)$ 是以 $2L$ 为周期且满足 Dirichlet 条件的函数，如令

$$z=\frac{\pi x}{L} \tag{1.141}$$

则 $f(z)$ 是以 $2\pi$ 为周期的函数，根据式 (1.116) 可知，其 Fourier 级数展开式为

$$f(z)=\frac{a_0}{2}+\sum_{k=1}^{\infty}\left[a_k\cos(kz)+b_k\sin(kz)\right] \tag{1.142}$$

式中

$$a_k=\frac{1}{\pi}\int_{-\pi}^{\pi} f(z)\cos(kz)\mathrm{d}z,\quad k=0,1,2,3,\cdots \tag{1.143}$$

$$b_k=\frac{1}{\pi}\int_{-\pi}^{\pi} f(z)\sin(kz)\mathrm{d}z,\quad k=1,2,3,\cdots \tag{1.144}$$

将式 (1.141) 代入式 (1.142) ~ 式 (1.144)，则可以得到

$$f(x)=\frac{a_0}{2}+\sum_{k=1}^{\infty}\left(a_k\cos\frac{k\pi x}{L}+b_k\sin\frac{k\pi x}{L}\right) \tag{1.145}$$

式中

$$a_k=\frac{1}{L}\int_{-L}^{L} f(x)\cos\frac{k\pi x}{L}\mathrm{d}x,\quad k=0,1,2,3,\cdots \tag{1.146}$$

$$b_k = \frac{1}{L}\int_{-L}^{L} f(x)\sin\frac{k\pi x}{L}\mathrm{d}x, \quad k=1,2,3,\cdots \tag{1.147}$$

当然，如定义在 $[-L,L]$ 区间的函数 $f(x)$ 并不是周期函数，如果其满足 Dirichlet 条件，我们可以将之以 $2L$ 为周期进行周期延拓，即可得到函数在 $[-L,L]$ 区间的 Fourier 级数展开式：

$$f(x) = \frac{a_0}{2} + \sum_{k=1}^{\infty}\left(a_k\cos\frac{k\pi x}{L} + b_k\sin\frac{k\pi x}{L}\right), \quad x\in[-L,L] \tag{1.148}$$

式中，$a_0$、$a_k$ 和 $b_k$ 的表达式参考式 (1.146) 和式 (1.147)。

同理，利用以上方法我们也可以给出任意区间 $[a,b]$ 上函数 $f(x)$ 的 Fourier 级数展开式，令

$$z = \frac{2L}{b-a}\left[x - \frac{1}{2}(a+b)\right], \quad x\in[a,b] \tag{1.149}$$

则展开式可写为

$$f(z) = \frac{a_0}{2} + \sum_{k=1}^{\infty}\left(a_k\cos\frac{k\pi z}{L} + b_k\sin\frac{k\pi z}{L}\right), \quad x\in[-L,L] \tag{1.150}$$

式中

$$a_k = \frac{1}{L}\int_{-L}^{L} f(z)\cos\frac{k\pi z}{L}\mathrm{d}z, \quad k=0,1,2,3,\cdots \tag{1.151}$$

$$b_k = \frac{1}{L}\int_{-L}^{L} f(z)\sin\frac{k\pi z}{L}\mathrm{d}z, \quad k=1,2,3,\cdots \tag{1.152}$$

将式 (1.149) 代入式 (1.150) ~ 式 (1.152)，即有

$$f(x) = \frac{a_0}{2} + \sum_{k=1}^{\infty}\left\{a_k\cos\frac{k\pi[2x-(a+b)]}{b-a} + b_k\sin\frac{k\pi[2x-(a+b)]}{b-a}\right\} \tag{1.153}$$

式中

$$a_k = \frac{2}{b-a}\int_{a}^{b} f(x)\cos\frac{k\pi[2x-(a+b)]}{b-a}\mathrm{d}x, \quad k=0,1,2,3,\cdots \tag{1.154}$$

$$b_k = \frac{2}{b-a}\int_{-L}^{L} f(x)\sin\frac{k\pi[2x-(a+b)]}{b-a}\mathrm{d}x, \quad k=1,2,3,\cdots \tag{1.155}$$

若 $f(x)$ 是以 $2L$ 为周期且满足 Dirichlet 条件的函数，则有

$$f_{2L}(x) = \frac{a_0}{2} + \sum_{k=1}^{\infty}\left(a_k\cos\frac{k\pi x}{L} + b_k\sin\frac{k\pi x}{L}\right) \tag{1.156}$$

式中

$$a_k = \frac{1}{L}\int_{-L}^{L} f(t)\cos\frac{k\pi t}{L}\mathrm{d}t, \quad k = 0,1,2,3,\cdots \tag{1.157}$$

$$b_k = \frac{1}{L}\int_{-L}^{L} f(t)\sin\frac{k\pi t}{L}\mathrm{d}t, \quad k = 1,2,3,\cdots \tag{1.158}$$

式 (1.156) 中函数 $f_{2L}(x)$ 是周期为 $2L$ 的周期函数。对于任意一个非周期函数 $f(x)$ 而言，若求解其在 $[-L,L]$ 区间内的值，可以认为在此区间内

$$f(x) = f_{2L}(x), \quad x \in [-L,L] \tag{1.159}$$

而在 $[-L,L]$ 区间外可以按周期延拓；当然如果该区间不对称，可以利用同上方法处理。当 $L = +\infty$ 时，则

$$f(x) \equiv f_{2L}(x) \tag{1.160}$$

也就是说，若函数 $f(x)$ 在 $(-\infty,+\infty)$ 上任一有限区间内皆满足 Dirichlet 条件的函数，且在 $(-\infty,+\infty)$ 区间内绝对可积并在 $x$ 处连续，则 Fourier 级数可写为

$$f(x) = \lim_{L\to\infty}\frac{a_0}{2} + \lim_{L\to\infty}\sum_{k=1}^{\infty}\left(a_k\cos\frac{k\pi x}{L} + b_k\sin\frac{k\pi x}{L}\right) \tag{1.161}$$

式中

$$a_k = \lim_{L\to\infty}\frac{1}{L}\int_{-L}^{L} f(t)\cos\frac{k\pi t}{L}\mathrm{d}t, \quad k = 0,1,2,3,\cdots \tag{1.162}$$

$$b_k = \lim_{L\to\infty}\frac{1}{L}\int_{-L}^{L} f(t)\sin\frac{k\pi t}{L}\mathrm{d}t, \quad k = 1,2,3,\cdots \tag{1.163}$$

其中，由于函数 $f(x)$ 在 $(-\infty,+\infty)$ 区间内绝对可积，因此

$$\frac{1}{2}\lim_{L\to\infty}\frac{\displaystyle\int_{-L}^{L} f(x)\,\mathrm{d}x}{L} = 0 \tag{1.164}$$

因此有

$$f(x) = \lim_{L\to\infty}\sum_{k=1}^{\infty}\left(a_k\cos\frac{k\pi x}{L} + b_k\sin\frac{k\pi x}{L}\right) \tag{1.165}$$

若令

$$\omega_k = \frac{k\pi}{L} \tag{1.166}$$

则有

$$f(x) = \lim_{L\to\infty}\sum_{k=1}^{\infty}\left[a_k\cos(\omega_k x) + b_k\sin(\omega_k x)\right] \tag{1.167}$$

式中

$$a_k = \lim_{L\to\infty} \frac{1}{L}\int_{-L}^{L} f(t)\cos(\omega_k t)\mathrm{d}t, \quad k=0,1,2,3,\cdots \tag{1.168}$$

$$b_k = \lim_{L\to\infty} \frac{1}{L}\int_{-L}^{L} f(t)\sin(\omega_k t)\mathrm{d}t, \quad k=1,2,3,\cdots \tag{1.169}$$

将式 (1.168) 代入式 (1.167) 中，可以得到式中右端余弦部分：

$$\begin{aligned}&\lim_{L\to\infty}\sum_{k=1}^{\infty}\frac{1}{L}\left[\int_{-L}^{L} f(t)\cos(\omega_k t)\mathrm{d}t\right]\cos(\omega_k x)\\ &=\frac{1}{\pi}\lim_{L\to\infty}\sum_{k=1}^{\infty}\left[\int_{-L}^{L} f(t)\cos(\omega_k t)\mathrm{d}t\right]\cos(\omega_k x)\Delta\omega_k\end{aligned} \tag{1.170}$$

式中

$$\Delta\omega_k = \omega_k - \omega_{k-1} = \frac{\pi}{L} \tag{1.171}$$

当 $L=+\infty$ 时，$\Delta\omega_k\to 0$，不连续的量 $\omega_k$ 就变成了连续的量，在此记为 $\omega$；此时式 (1.170) 可写为积分形式：

$$\lim_{L\to\infty}\sum_{k=1}^{\infty}\frac{1}{L}\left[\int_{-L}^{L} f(t)\cos(\omega_k t)\mathrm{d}t\right]\cos(\omega_k x) = \frac{1}{\pi}\int_{0}^{+\infty}\int_{-\infty}^{+\infty} f(t)\cos(\omega t)\cos(\omega x)\mathrm{d}t\mathrm{d}\omega \tag{1.172}$$

根据三角函数运算恒等式，式 (1.172) 可以简化为

$$\begin{aligned}&\lim_{L\to\infty}\sum_{k=1}^{\infty}\frac{1}{L}\left[\int_{-L}^{L} f(t)\cos(\omega_k t)\mathrm{d}t\right]\cos(\omega_k x)\\ &=\frac{1}{\pi}\int_{0}^{+\infty}\int_{-\infty}^{+\infty} f(t)\left[\cos\omega(t-x)+\cos\omega(t+x)\right]\mathrm{d}t\mathrm{d}\omega\end{aligned} \tag{1.173}$$

同理，将式 (1.169) 代入式 (1.167) 中，可以得到式中右端正弦部分：

$$\begin{aligned}&\lim_{L\to\infty}\sum_{k=1}^{\infty}\left[\frac{1}{L}\int_{-L}^{L} f(t)\sin(\omega_k t)\mathrm{d}t\right]\sin(\omega_k x)\\ &=\frac{1}{\pi}\int_{0}^{+\infty}\int_{-\infty}^{+\infty} f(t)\left[\cos\omega(t-x)-\cos\omega(t+x)\right]\mathrm{d}t\mathrm{d}\omega\end{aligned} \tag{1.174}$$

将式 (1.173) 和式 (1.174) 代入式 (1.167)，即可得到函数 $f(x)$ 的积分形式：

$$f(x) = \frac{1}{\pi}\int_{0}^{+\infty}\int_{-\infty}^{+\infty} f(t)\cos\omega(t-x)\mathrm{d}t\mathrm{d}\omega \tag{1.175}$$

式 (1.175) 即著名的 Fourier 积分公式。

利用 Euler 公式：

$$\cos\omega\left(t-x\right)=\frac{\mathrm{e}^{-\mathrm{i}\omega(t-x)}+\mathrm{e}^{\mathrm{i}\omega(t-x)}}{2} \tag{1.176}$$

则式 (1.175) 即可写为

$$f\left(x\right)=\frac{1}{2\pi}\int_{0}^{+\infty}\int_{-\infty}^{+\infty}f\left(t\right)\mathrm{e}^{-\mathrm{i}\omega(t-x)}\mathrm{d}t\mathrm{d}\omega+\frac{1}{2\pi}\int_{0}^{+\infty}\int_{-\infty}^{+\infty}f\left(t\right)\mathrm{e}^{\mathrm{i}\omega(t-x)}\mathrm{d}t\mathrm{d}\omega \tag{1.177}$$

式 (1.177) 中右端第二项通过换元，可以得到

$$f\left(x\right)=\frac{1}{2\pi}\int_{0}^{+\infty}\int_{-\infty}^{+\infty}f\left(t\right)\mathrm{e}^{-\mathrm{i}\omega(t-x)}\mathrm{d}t\mathrm{d}\omega+\frac{1}{2\pi}\int_{-\infty}^{0}\int_{-\infty}^{+\infty}f\left(t\right)\mathrm{e}^{-\mathrm{i}\omega(t-x)}\mathrm{d}t\mathrm{d}\omega \tag{1.178}$$

即

$$f\left(x\right)=\frac{1}{2\pi}\int_{-\infty}^{+\infty}\int_{-\infty}^{+\infty}f\left(t\right)\mathrm{e}^{-\mathrm{i}\omega t}\mathrm{e}^{\mathrm{i}\omega x}\mathrm{d}t\mathrm{d}\omega \tag{1.179}$$

如令

$$F\left(\omega\right)=\Phi\left[f\left(t\right)\right]=\int_{-\infty}^{+\infty}f\left(t\right)\mathrm{e}^{-\mathrm{i}\omega t}\mathrm{d}t \tag{1.180}$$

式中，$F\left(\omega\right)$ 或 $\Phi\left[f\left(t\right)\right]$ 称为函数 $f\left(t\right)$ 的 Fourier 变换，或称为函数 $f\left(t\right)$ 的像函数；式 (1.179) 即可写为

$$f\left(x\right)=\frac{1}{2\pi}\int_{-\infty}^{+\infty}F\left(\omega\right)\mathrm{e}^{\mathrm{i}\omega x}\mathrm{d}\omega \tag{1.181}$$

此时函数 $f\left(x\right)$ 称为 $F\left(\omega\right)$ 的 Fourier 逆变换，或称为 $F\left(\omega\right)$ 的像原函数；常记为

$$f\left(x\right)=\Phi^{-1}\left[F\left(\omega\right)\right] \tag{1.182}$$

根据定积分的线性形状，容易知道 Fourier 变换和逆变换皆具有线性形状，即对于任意常数 $k_1$ 和 $k_2$ 皆有

$$\Phi\left[k_1f_1\left(t\right)+k_2f_2\left(t\right)\right]=k_1\Phi\left[f_1\left(t\right)\right]+k_2\Phi\left[f_2\left(t\right)\right] \tag{1.183}$$

$$\Phi^{-1}\left[k_1F_1\left(\omega\right)+k_2F_2\left(\omega\right)\right]=k_1\Phi^{-1}\left[F_1\left(\omega\right)\right]+k_2\Phi^{-1}\left[F_2\left(\omega\right)\right] \tag{1.184}$$

根据 Fourier 变换及其逆变换的线性性质可知，若

$$k_1f_1\left(t\right)+k_2f_2\left(t\right)=k_3f_3\left(t\right) \tag{1.185}$$

则

$$k_1\Phi\left[f_1\left(t\right)\right]+k_2\Phi\left[f_2\left(t\right)\right]=k_3\Phi\left[f_3\left(t\right)\right] \tag{1.186}$$

根据定义，也容易证明 Fourier 变换的微分形式满足

$$\Phi\left[f^{(n)}\left(t\right)\right]=\left(\mathrm{i}\omega\right)^{n}\Phi\left[f\left(t\right)\right] \tag{1.187}$$

式中，上标 $(n)$ 表示函数的 $n$ 阶导数。

### 1.3.3 一维波动方程的解

可以将一维波动方程式 (1.115) 写为

$$\frac{\partial^2 u}{\partial t^2} = C^2 \cdot \frac{\partial^2 u}{\partial X^2}, \quad X \in (-\infty, +\infty) \tag{1.188}$$

令

$$U(\omega, t) = \Phi[u(X, t)] \tag{1.189}$$

则根据式 (1.187) 有

$$U(\omega, t) = \Phi\left[\frac{\partial^2 u(X, t)}{\partial X^2}\right] = -\omega^2 \Phi[u(X, t)] \tag{1.190}$$

根据式 (1.188)，并参考式 (1.186)，可有

$$U_{tt} + \omega^2 C^2 \cdot U = 0 \tag{1.191}$$

式中

$$\begin{cases} U_{tt} = \dfrac{\partial^2 U(\omega, t)}{\partial t^2} \\ U = U(\omega, t) \end{cases} \tag{1.192}$$

式 (1.191) 是一个包含参数 $\omega$ 且关于自变量 $t$ 的二阶常微分方程，其通解为

$$U(\omega, t) = K_1 \mathrm{e}^{\mathrm{i}\omega Ct} + K_2 \mathrm{e}^{-\mathrm{i}\omega Ct} \tag{1.193}$$

或

$$U(\omega, t) = K_1' \cos(\omega Ct) + K_2' \sin(\omega Ct) \tag{1.194}$$

式中，$K_1$ 和 $K_2$、$K_1'$ 和 $K_2'$ 为待定系数，皆为 $X$ 的函数或常数。

根据式 (1.193) 并利用式 (1.182)，可以得到

$$u(X, t) = \Phi^{-1}[U(\omega, t)] = \frac{1}{2\pi} \int_{-\infty}^{+\infty} U(\omega, t)\, \mathrm{e}^{\mathrm{i}\omega X} \mathrm{d}\omega \tag{1.195}$$

即

$$u(X, t) = \Phi^{-1}[U(\omega, t)] = \frac{1}{2\pi} \int_{-\infty}^{+\infty} \left[K_1 \mathrm{e}^{\mathrm{i}\omega(X+Ct)} + K_2 \mathrm{e}^{\mathrm{i}\omega(X-Ct)}\right] \mathrm{d}\omega \tag{1.196}$$

基于上例，如考虑初始条件：

$$\begin{cases} u(X, 0) = \phi(X) \\ \left.\dfrac{\partial u}{\partial t}\right|_{(X,0)} = \psi(X) \end{cases} \tag{1.197}$$

可以给出一维波动方程初值问题的解。

设初值条件对应的像函数为

$$
\left\{\begin{array}{l}
\Gamma(\omega)=\Phi[\phi(X)] \\
\Psi(\omega)=\Phi[\psi(X)]
\end{array}\right. \tag{1.198}
$$

此时即有

$$
\left\{\begin{array}{l}
U(\omega, 0)=\Gamma(\omega) \\
\dfrac{\partial U(\omega, 0)}{\partial t}=\Psi(\omega)
\end{array}\right. \tag{1.199}
$$

且 Fourier 逆变换为

$$
\left\{\begin{array}{l}
\phi(X)=\Phi^{-1}[\Gamma(\omega)] \\
\psi(X)=\Phi^{-1}[\Psi(\omega)]
\end{array}\right. \tag{1.200}
$$

将初始条件式 (1.199) 代入式 (1.192)，可以得到

$$
\left\{\begin{array}{l}
K_1'=\Gamma(\omega) \\
K_2'=\dfrac{1}{\omega C}\Psi(\omega)
\end{array}\right. \tag{1.201}
$$

由此我们可以给出一维波动方程初值问题的具体解为

$$
U(\omega, t)=\Gamma(\omega)\cos(\omega C t)+\frac{1}{\omega C}\Psi(\omega)\sin(\omega C t) \tag{1.202}
$$

根据 Fourier 逆变换的线性性质，有

$$
\Phi^{-1}[U(\omega, t)]=\Phi^{-1}[\Gamma(\omega)\cos(\omega C t)]+\Phi^{-1}\left[\frac{1}{\omega C}\Psi(\omega)\sin(\omega C t)\right] \tag{1.203}
$$

式中

$$
\Phi^{-1}[U(\omega, t)]=u(X, t) \tag{1.204}
$$

$$
\Phi^{-1}[\Gamma(\omega)\cos(\omega C t)]=\frac{1}{2\pi}\int_{-\infty}^{+\infty}\Gamma(\omega)\cos(\omega C t)\cdot\mathrm{e}^{\mathrm{i}\omega X}\mathrm{d}\omega \tag{1.205}
$$

$$
\Phi^{-1}\left[\frac{1}{\omega C}\Psi(\omega)\sin(\omega C t)\right]=\frac{1}{2\pi}\int_{-\infty}^{+\infty}\frac{1}{\omega C}\Psi(\omega)\sin(\omega C t)\cdot\mathrm{e}^{\mathrm{i}\omega X}\mathrm{d}\omega \tag{1.206}
$$

根据 Euler 公式，有

$$
\left\{\begin{array}{l}
\cos(\omega C t)=\dfrac{\mathrm{e}^{\mathrm{i}\omega C t}+\mathrm{e}^{-\mathrm{i}\omega C t}}{2} \\
\sin(\omega C t)=\dfrac{\mathrm{e}^{\mathrm{i}\omega C t}-\mathrm{e}^{-\mathrm{i}\omega C t}}{2\mathrm{i}}
\end{array}\right. \tag{1.207}
$$

将式 (1.207) 代入式 (1.205) 和式 (1.206)，并结合式 (1.200)，可以得到

$$
\begin{aligned}
\varPhi^{-1}\left[\varGamma(\omega)\cos(\omega Ct)\right] &= \frac{1}{4\pi}\int_{-\infty}^{+\infty}\varGamma(\omega)\left[\mathrm{e}^{\mathrm{i}\omega(X+Ct)}+\mathrm{e}^{\mathrm{i}\omega(X-Ct)}\right]\mathrm{d}\omega \\
&= \frac{1}{4\pi}\int_{-\infty}^{+\infty}\varGamma(\omega)\,\mathrm{e}^{\mathrm{i}\omega(X+Ct)}\mathrm{d}\omega+\frac{1}{4\pi}\int_{-\infty}^{+\infty}\varGamma(\omega)\,\mathrm{e}^{\mathrm{i}\omega(X-Ct)}\mathrm{d}\omega \\
&= \frac{1}{2}\left[\phi(X+Ct)+\phi(X-Ct)\right]
\end{aligned} \tag{1.208}
$$

和

$$
\begin{aligned}
\varPhi^{-1}\left[\frac{1}{\omega C}\varPsi(\omega)\sin(\omega Ct)\right] &= \frac{1}{4\pi}\int_{-\infty}^{+\infty}\frac{1}{\mathrm{i}\omega C}\varPsi(\omega)\left[\mathrm{e}^{\mathrm{i}\omega(X+Ct)}-\mathrm{e}^{\mathrm{i}\omega(X-Ct)}\right]\mathrm{d}\omega \\
&= \frac{1}{4\pi}\int_{-\infty}^{+\infty}\frac{1}{\mathrm{i}\omega C}\varPsi(\omega)\left[\mathrm{e}^{\mathrm{i}\omega(X+Ct)}-\mathrm{e}^{\mathrm{i}\omega(X-Ct)}\right]\mathrm{d}\omega \\
&= \frac{1}{4\pi C}\int_{-\infty}^{+\infty}\int_{X-Ct}^{X+Ct}\varPsi(\omega)\,\mathrm{e}^{\mathrm{i}\omega\xi}\mathrm{d}\xi\mathrm{d}\omega \\
&= \frac{1}{4\pi C}\int_{X-Ct}^{X+Ct}\int_{-\infty}^{+\infty}\varPsi(\omega)\,\mathrm{e}^{\mathrm{i}\omega\xi}\mathrm{d}\omega\mathrm{d}\xi \\
&= \frac{1}{2C}\int_{X-Ct}^{X+Ct}\psi(\xi)\mathrm{d}\xi
\end{aligned} \tag{1.209}
$$

因此一维波动方程初值问题的解为

$$
u(X,t)=\frac{1}{2}\left[\phi(X+Ct)+\phi(X-Ct)\right]+\frac{1}{2C}\int_{X-Ct}^{X+Ct}\psi(\xi)\mathrm{d}\xi \tag{1.210}
$$

式 (1.210) 称为 d′Alembert (达朗贝尔) 解公式，或称为波动方程初值问题的 d′Alembert 解。它表明一维波动方程意味着：波在传播过程中，任意质点 $X$ 在任意时刻 $t$ 的位移 $u(X,t)$ 完全由函数 $\phi$ 和 $\psi$ 在区间 $[X-Ct,X+Ct]$ 上的值唯一确定，与其他区间上质点的初值无关。

如令

$$
\begin{cases}
u_1=G_r(X-Ct)\\
u_2=G_l(X+Ct)
\end{cases} \tag{1.211}
$$

则

$$
u=u_1+u_2 \tag{1.212}
$$

即将一维线弹性波传播过程中质点位移分解为两个位移分量，将其视为两个位移分量的线性叠加。

对于位移分量 $u_1$ 而言，在初始 $t=0$ 时刻，质点 $X_0$ 处的位移分量为

$$
u_1|_0=G_r(X_0) \tag{1.213}
$$

在 $t$ 时刻，质点 $X_0+Ct$ 处的位移分量为

$$u_1|_t = G_r(X_0+Ct) \tag{1.214}$$

根据式 (1.211)，即可以得到

$$u_1|_t = G_r(X_0+Ct) = G_r(X_0+Ct-Ct) = G_r(X_0) = u_1|_0 \tag{1.215}$$

同理，在质点 $X_0+2Ct$ 处有

$$u_1|_{2t} = G_r(X_0+2Ct) = G_r(X_0+2Ct-Ct) = G_r(X_0+Ct) = G_r(X_0) = u_1|_0 \tag{1.216}$$

以此类推，可以得到

$$u_1|_{nt} = u_1|_0 \tag{1.217}$$

式中，$n$ 为任意正整数。对于任意一个线弹性波而言，式 (1.217) 意味着该波中任意一个质点的位移分量与向右平移 $nCt$ 距离处对应的位移分量相等，如图 1.13 所示。

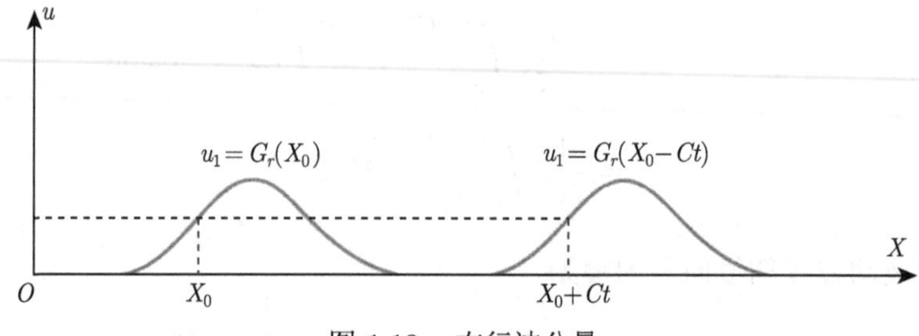


图 1.13　右行波分量

根据以上分析容易知道，对于任意一个应力波，将其向右平移距离 $nCt$，波形保持不变；即应力波以速度 $C$ 向右传播，其波形不变。因此，式 (1.211) 中第一式的物理意义即为：$t$ 时刻质点 $X$ 处的位移分量 $u_1(X,t)$ 是由于初始时刻在质点 $X_0-Ct$ 处的位移分量 $u_1(X_0-Ct)=G_r(X_0-Ct)$ 随着波以速度 $C$ 向右传播至该点而引起的，两者位移分量对应一致；因而，$G_r(X_0-Ct)$ 也称为右行波。

同理，对于位移分量 $u_2$ 也有

$$u_2|_{nt} = G_l(X_0-nCt) = G_l(X_0-nCt+Ct) = \cdots = G_l(X_0-Ct) = G_l(X_0) = u_2|_0 \tag{1.218}$$

如图 1.14 所示，这意味着：$t$ 时刻质点 $X$ 处的位移分量 $u_2(X,t)$ 是由于初始时刻在质点 $X_0+Ct$ 处的位移分量 $u_2(X_0+Ct)=G_l(X_0+Ct)$ 随着波以速度 $C$ 向左传播至该点而引起的，两者位移分量对应一致；因而，$G_l(X_0+Ct)$ 也称为左行波。

因此，一维波动方程的解 (1.210) 显示，波动方程的物理意义是：变量 $u$ 以速度 $C$ 在一维介质中进行传播，即弦中任意扰动总是以波的形式分别向左和向右两个方向传播，因此，该方程称为一维波动方程。

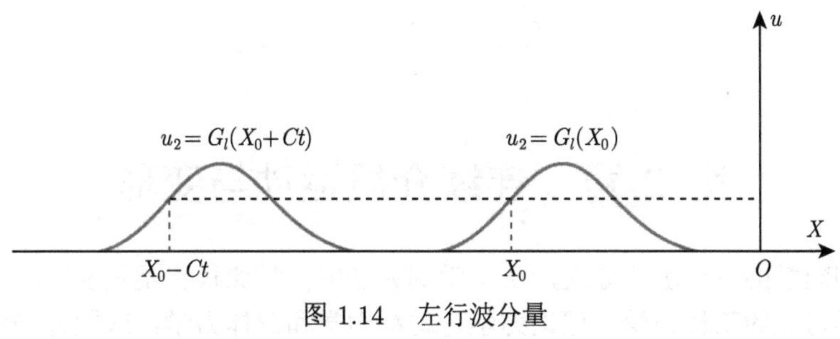


图 1.14 左行波分量

# 第 2 章　连续介质运动与变形

力学是物理学的一个重要分支，从中学到大学中力学课程皆是重要的基础课程；事实上，我们曾学习过的工程力学、理论力学、材料力学和流体力学，或固体与流体相关动力学，虽然研究对象的性质有所不同，但皆具有一个共同的特征，即认为物质在所占有的空间内可以近似认为是连续无空隙的“质点”的组合，而忽略物质本身所具备的微观结构，即宏观“连续介质”假设。介质中受力状态的变化以及应力或应变的产生、传播及相关问题与定律并不限于固体还是流体、弹性还是塑性等，因此其理论体系并不能仅基于弹性力学、塑性力学、流体力学等力学构架上，而是应该基于更深层次力学理论构架上，即基于“连续介质力学”理论构架。

连续介质力学最基本的假设即为宏观“连续介质”假设，需要说明的是，假设中“质点”与介质的原子或分子是完全不同的，它是一个人为定义的“微团”，其定义不仅涉及空间尺度上的假设，还涉及时间尺度上的假设。在空间尺度上：所谓“微”，是指它在宏观上“足够小”，远小于所研究的任何材料包括复合材料、最小材料、成分颗粒，小到在“连续介质”研究对象中“不可再分”，从而可以将其所包含介质的平均物理量 (如质量、速度、压力、温度等等) 看成均匀不变的，即认为其内部介质具有完全相同的物理量，从而可以将其近似地视为几何上的一个“点”；所谓“团”，是指它在微观上“足够大”，远大于介质原子或分子运动的尺度，其包含极大数量的原子或分子，使得在该尺度下大量分子或原子无序运动所给出的统计平均量相对稳定且确定，且能够保证材料在该尺度上可视为稳定连续的。在时间尺度上，所谓“微”，是指它“足够小”，小到其所对包含原子或分子运动即进行平均统计对应的宏观时间相对于所研究的问题时间特征而言可以忽略不计，以至于可以认为将其视为一个“瞬间”的行为；所谓“团”，是指它“足够大”，大到在这段时间内原子或分子的运动进行了非常多次，以至于在此期间对其进行统计平均能够给出稳定且确定的量。我们一般称这些“微团”为“质点”，其所具有的宏观物理量应满足所应该遵循的物理定律，如质量守恒定律、牛顿运动定律、能量守恒定律、热力学定律等。

本章从材料力学和弹性力学中的基础知识出发，分析受力作用下连续介质的应力状态、应变状态及应力应变关系，建立连续介质力学运动与变形的基本方程，为以下章节中应力波传播与演化内容奠定基础。

## 2.1　连续介质应力状态与应力平衡方程

力是物体运动状态改变的原因，也是连续介质产生变形的主要原因。在连续介质内或外截取一个平面，设平面的面积为 $\Delta S$，平面上受到合力的作用 $\Delta F$，定义平面上受到的应力为

$$\sigma = \frac{\Delta F}{\Delta S} \tag{2.1}$$

物体在复杂受力状态和变形时，考虑连续介质的应力状态比受力状态更加简单科学，因此材料的变形与其承受的应力呈正比关系，与其受力并不一定如此。

### 2.1.1 微元的主应力与最大剪切应力

考虑更加普适的非平面情况，可以在曲面上取一个无限小的面，其面积 $\mathrm{d}S \to 0$，可以将其视为平面，设该面上受到的合力为 $\mathrm{d}F$，则平面上或该点受到的应力为

$$\sigma = \frac{\mathrm{d}F}{\mathrm{d}S} \tag{2.2}$$

在三维空间中，该平面上的应力矢量可以分解为垂直于平面 (即平行于平面法线) 方向上的正应力和平行于平面方向上的剪切应力，而且该剪切应力也可以进一步分解为两个相互垂直的剪切应力分力。

从受力物体中取出任一个无穷小的四面体，见图 2.1，四面体的三个面分别与坐标轴平行，各个面上受到的应力均有一个正应力和两个相互垂直且分别与坐标轴平行的剪切应力。图中应力分量 $\sigma_{xy}$ 为微元中法线方向平行与 $x$ 轴的微元面上的平行于 $y$ 轴方向的应力分量，本书中后面章节如无特别说明，该应力分量符号的意义均是如此。

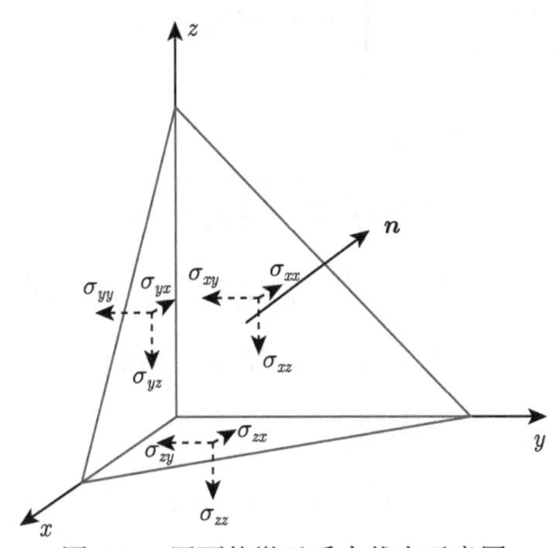


图 2.1 四面体微元受力状态示意图

设微元斜面的法线为 $\boldsymbol{n}$，其与 $x$ 轴、$y$ 轴和 $z$ 轴正向夹角的余弦分别为

$$\begin{cases} i = \cos(\boldsymbol{x}, \boldsymbol{n}) \\ j = \cos(\boldsymbol{y}, \boldsymbol{n}) \\ k = \cos(\boldsymbol{z}, \boldsymbol{n}) \end{cases} \tag{2.3}$$

设斜面上的应力为 $\boldsymbol{P}$，其在 $x$ 轴、$y$ 轴和 $z$ 轴方向上的应力分量分别为 $P_{nx}$、$P_{ny}$ 和 $P_{nz}$，如忽略体积力的影响，当微元处于平衡态时，根据力的平衡条件必有

$$\begin{cases} P_{nx} \cdot \mathrm{d}S_n = \sigma_{xx} \cdot \dfrac{1}{2}\mathrm{d}y\mathrm{d}z + \sigma_{yx} \cdot \dfrac{1}{2}\mathrm{d}x\mathrm{d}z + \sigma_{zx} \cdot \dfrac{1}{2}\mathrm{d}x\mathrm{d}y \\ P_{ny} \cdot \mathrm{d}S_n = \sigma_{xy} \cdot \dfrac{1}{2}\mathrm{d}y\mathrm{d}z + \sigma_{yy} \cdot \dfrac{1}{2}\mathrm{d}x\mathrm{d}z + \sigma_{zy} \cdot \dfrac{1}{2}\mathrm{d}x\mathrm{d}y \\ P_{nz} \cdot \mathrm{d}S_n = \sigma_{xz} \cdot \dfrac{1}{2}\mathrm{d}y\mathrm{d}z + \sigma_{yz} \cdot \dfrac{1}{2}\mathrm{d}x\mathrm{d}z + \sigma_{zz} \cdot \dfrac{1}{2}\mathrm{d}x\mathrm{d}y \end{cases} \tag{2.4}$$

式中，$\mathrm{d}S_n$ 表示微元斜面的面积，其与其他三个面面积之间满足关系：

$$\begin{cases} i\cdot \mathrm{d}S_n = \dfrac{1}{2}\mathrm{d}y\mathrm{d}z \\ j\cdot \mathrm{d}S_n = \dfrac{1}{2}\mathrm{d}x\mathrm{d}z \\ k\cdot \mathrm{d}S_n = \dfrac{1}{2}\mathrm{d}x\mathrm{d}y \end{cases} \tag{2.5}$$

联立式 (2.4) 和式 (2.5)，并写出矩阵形式，可以得到

$$\begin{cases} P_{nx} = i\sigma_{xx} + j\sigma_{yx} + k\sigma_{zx} \\ P_{ny} = i\sigma_{xy} + j\sigma_{yy} + k\sigma_{zy} \\ P_{nz} = i\sigma_{xz} + j\sigma_{yz} + k\sigma_{zz} \end{cases} \tag{2.6}$$

同理，根据微元的力矩平衡条件，可以给出剪切应力互等定理：

$$\begin{cases} \sigma_{xy} = \sigma_{yx} \\ \sigma_{yz} = \sigma_{zy} \\ \sigma_{xz} = \sigma_{zx} \end{cases} \tag{2.7}$$

可以得到法线为 $\boldsymbol{n}$ 斜面上的总应力 $P$：

$$P = \sqrt{P_{nx}^2 + P_{ny}^2 + P_{nz}^2} \tag{2.8}$$

其也可以分解为垂直于平面方向的正应力 $P_n$ 和平行于平面方向的剪切应力 $\tau_n$，且有

$$P_n = iP_{nx} + jP_{ny} + kP_{nz} \tag{2.9}$$

联立式 (2.6) ~ 式 (2.9)，并考虑到

$$i^2 + j^2 + k^2 = 1 \tag{2.10}$$

可以给出

$$\tau_n^2 = (jP_{nx} - iP_{ny})^2 + (kP_{ny} - jP_{nz})^2 + (iP_{nz} - kP_{nx})^2 \tag{2.11}$$

当式 (2.11) 的值为零时，该斜面上只有正应力的作用。在弹性力学中，称这个只存在正应力的微元面方向 $\boldsymbol{n}$ 为主方向，这个面上的正应力为主应力，该平面为主平面。在主平面上有

$$\begin{cases} P_n = P \\ \tau_n \equiv 0 \end{cases} \quad 和 \quad \begin{cases} P_{nx} = iP \\ P_{ny} = jP \\ P_{nz} = kP \end{cases} \tag{2.12}$$

将其代入式 (2.6)，即可得到

$$\begin{cases} i(\sigma_{xx} - P) + j\sigma_{yx} + k\sigma_{zx} = 0 \\ i\sigma_{xy} + j(\sigma_{yy} - P) + k\sigma_{zy} = 0 \\ i\sigma_{xz} + j\sigma_{yz} + k(\sigma_{zz} - P) = 0 \end{cases} \tag{2.13}$$

或

$$\begin{bmatrix} \sigma_{xx}-P & \sigma_{yx} & \sigma_{zx} \\ \sigma_{xy} & \sigma_{yy}-P & \sigma_{zy} \\ \sigma_{xz} & \sigma_{yz} & \sigma_{zz}-P \end{bmatrix}\begin{bmatrix} i \\ j \\ k \end{bmatrix}=\begin{bmatrix} 0 \\ 0 \\ 0 \end{bmatrix} \tag{2.14}$$

式 (2.13) 和式 (2.14) 本质完全相同，只是表达形式不同；该方程组存在非零解的充要条件是

$$\begin{vmatrix} \sigma_{xx}-P & \sigma_{yx} & \sigma_{zx} \\ \sigma_{xy} & \sigma_{yy}-P & \sigma_{zy} \\ \sigma_{xz} & \sigma_{yz} & \sigma_{zz}-P \end{vmatrix}=0 \tag{2.15}$$

展开后即可得到

$$P^3-I_1P^2+I_2P-I_3=0 \tag{2.16}$$

式中

$$\begin{cases} I_1=\sigma_{xx}+\sigma_{yy}+\sigma_{zz} \\ I_2=\sigma_{xx}\sigma_{yy}+\sigma_{yy}\sigma_{zz}+\sigma_{zz}\sigma_{xx}-\sigma_{xy}^2-\sigma_{yz}^2-\sigma_{zx}^2 \\ I_3=\sigma_{xx}\sigma_{yy}\sigma_{zz}+2\sigma_{xy}\sigma_{yz}\sigma_{zx}-\sigma_{xx}\sigma_{yz}^2-\sigma_{yy}\sigma_{zx}^2-\sigma_{zz}\sigma_{xy}^2 \end{cases} \tag{2.17}$$

式 (2.16) 有三个解，分别代表三个主应力值；对应的特征方向即为主方向；一般而言，任意一点所在微元存在三个相互垂直的主方向。一点的应力状态确定后，其主应力方向和主应力是确定的；因此，随着所选取的坐标系不同，式 (2.17) 中各应力分量会发生改变，但由于主应力不发生变化，所以方程 (2.16) 系数为不变量，一般将 $I_1$、$I_2$ 和 $I_3$ 分别称为第一、第二和第三应力不变量。

如在主应力坐标系中选取任意一个无限小的四面体，以上分析过程与结果将更加简单易懂，此时图 2.1 即可简化为图 2.2。

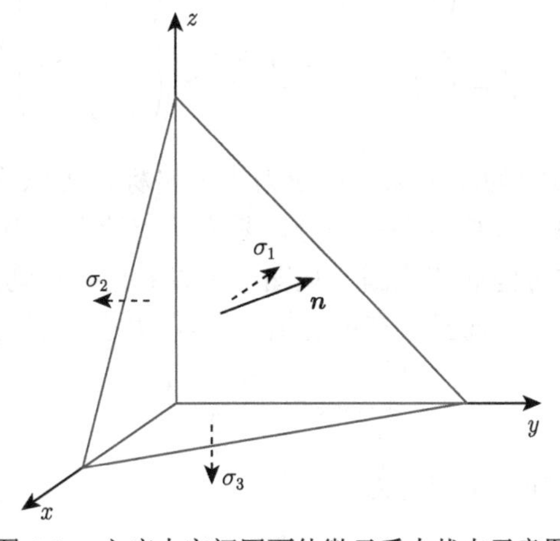


图 2.2 主应力空间四面体微元受力状态示意图

此时，微元斜面上的总应力、正应力与剪切应力即可分别表达为

$$P^2 = i^2\sigma_1^2 + j^2\sigma_2^2 + k^2\sigma_3^2 \tag{2.18}$$

和

$$P_n^2 = i^2\sigma_1 + j^2\sigma_2 + k^2\sigma_3 \tag{2.19}$$

和

$$\tau_n^2 = i^2\sigma_1^2 + j^2\sigma_2^2 + k^2\sigma_3^2 - \left(i^2\sigma_1 + j^2\sigma_2 + k^2\sigma_3\right) \tag{2.20}$$

联立式 (2.18) ~ 式 (2.20)，结合式 (2.10)，并消去斜面法线方向余弦分量，可以得到

$$\begin{cases} i^2 = \dfrac{\tau_n^2 + (P_n - \sigma_2)(P_n - \sigma_3)}{(\sigma_1 - \sigma_2)(\sigma_1 - \sigma_3)} \\ j^2 = \dfrac{\tau_n^2 + (P_n - \sigma_3)(P_n - \sigma_1)}{(\sigma_2 - \sigma_3)(\sigma_2 - \sigma_1)} \\ k^2 = \dfrac{\tau_n^2 + (P_n - \sigma_1)(P_n - \sigma_2)}{(\sigma_3 - \sigma_1)(\sigma_3 - \sigma_2)} \end{cases} \tag{2.21}$$

设三个主应力满足

$$\sigma_1 \geqslant \sigma_2 \geqslant \sigma_3 \tag{2.22}$$

则式 (2.21) 可表示为

$$\begin{cases} \tau_n^2 + (P_n - \sigma_2)(P_n - \sigma_3) \geqslant 0 \\ \tau_n^2 + (P_n - \sigma_3)(P_n - \sigma_1) \leqslant 0 \\ \tau_n^2 + (P_n - \sigma_1)(P_n - \sigma_2) \geqslant 0 \end{cases} \tag{2.23}$$

式 (2.23) 可以整理为

$$\begin{cases} \tau_n^2 + \left(P_n - \dfrac{\sigma_2 + \sigma_3}{2}\right)^2 \geqslant \left(\dfrac{\sigma_2 - \sigma_3}{2}\right)^2 \\ \tau_n^2 + \left(P_n - \dfrac{\sigma_1 + \sigma_3}{2}\right)^2 \leqslant \left(\dfrac{\sigma_1 - \sigma_3}{2}\right)^2 \\ \tau_n^2 + \left(P_n - \dfrac{\sigma_1 + \sigma_2}{2}\right)^2 \geqslant \left(\dfrac{\sigma_1 - \sigma_2}{2}\right)^2 \end{cases} \tag{2.24}$$

如以斜面上的剪切应力为纵坐标、正应力为横坐标，可以将式 (2.24) 绘制成图 2.3，式 (2.24) 所示区域即为图 2.3 中的阴影部分，其表示连续介质中一点应力状态在不同方向上的剪切应力与正应力的可能取值范围。从图中可以看出，剪切应力为零时横坐标上只有三个点，即主应力只有三个；而且，在所有情况中，剪切应力最大值为

$$\tau_{n\max} = \frac{\sigma_1 - \sigma_3}{2} \tag{2.25}$$

由图可知，此时该方向上正应力为

$$P_n = \frac{\sigma_1 + \sigma_3}{2} \tag{2.26}$$

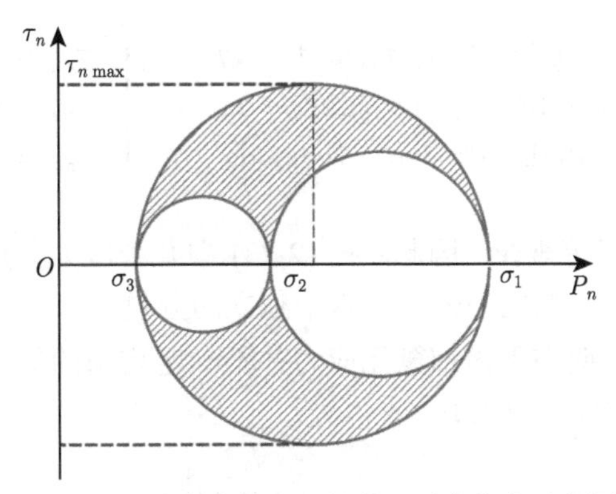


图 2.3 主应力空间四面体微元受力状态示意图

将其代入式 (2.21)，可以得到该法线方向的夹角余弦分量为

$$\begin{cases} j=0 \\ i=k=\pm\dfrac{\sqrt{2}}{2} \end{cases} \tag{2.27}$$

式 (2.27) 所代表的方向即为最大剪切应力平面上的法线方向。

### 2.1.2 应力张量分解与微元的应力平衡方程

在三维应力空间中平衡状态下的均匀受力连续介质内，任意一点应力状态如图 2.4 所示，如不考虑材料的体力密度 (重力与三阶小量体积相乘，而应力与二阶小量面积相乘，因此可以忽略体力)。在图 2.4 中的立方体中，由于微元相对平面的面积相等且受力中心对应在同一直线上，因此相对平面上的受力大小相等方向相反。

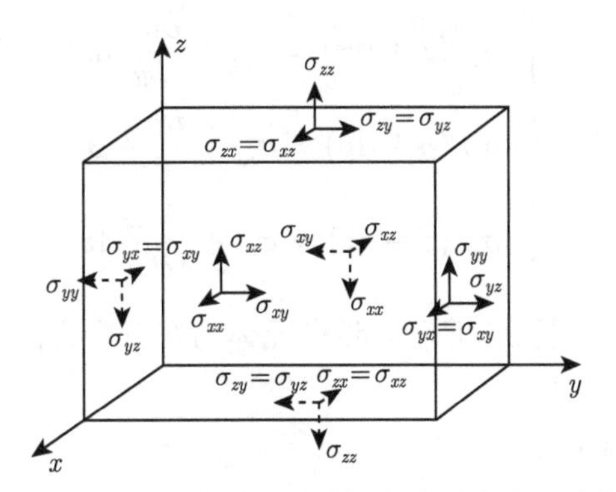


图 2.4 三维应力空间中平衡态均匀介质中微元受力状态

因此，一点应力状态可以由九个应力分量来表示

$$\sigma_{ij}=\begin{bmatrix} \sigma_{xx} & \sigma_{xy} & \sigma_{xz} \\ \sigma_{yx} & \sigma_{yy} & \sigma_{yz} \\ \sigma_{zx} & \sigma_{zy} & \sigma_{zz} \end{bmatrix} \tag{2.28}$$

根据力矩平衡条件，结合图 2.4 可以得到

$$
\left\{\begin{array}{l}
\sigma_{xy}\mathrm{d}y\mathrm{d}z\cdot\mathrm{d}x=\sigma_{yx}\mathrm{d}x\mathrm{d}z\cdot\mathrm{d}y\\
\sigma_{yz}\mathrm{d}x\mathrm{d}z\cdot\mathrm{d}y=\sigma_{zy}\mathrm{d}x\mathrm{d}y\cdot\mathrm{d}z\\
\sigma_{zx}\mathrm{d}y\mathrm{d}x\cdot\mathrm{d}z=\sigma_{xz}\mathrm{d}y\mathrm{d}z\cdot\mathrm{d}x
\end{array}\right.
\Rightarrow
\left\{\begin{array}{l}
\sigma_{xy}=\sigma_{yx}\\
\sigma_{yz}=\sigma_{zy}\\
\sigma_{zx}=\sigma_{xz}
\end{array}\right.
\tag{2.29}
$$

式 (2.29) 即为剪切应力互等规律。因此，式 (2.28) 中九个应力分量实际上有三个是重复的量，即三维应力空间中一点的应力张量有六个独立的分量。

当考虑连续介质在平衡态下内部微元应力并不一定均匀的更普适情况时，即微元的应力与质点所在的空间位置相互耦合：

$$
\sigma_{ij}\propto f\left(x,y,z\right)\tag{2.30}
$$

设空间位置 $(x,y,z)$ 处的应力为 $\sigma_{ij}$，则在 $(x+\mathrm{d}x,y,z)$ 处应力根据 Taylor 级数可展开为

$$
\sigma_{ij}\left(x+\mathrm{d}x,y,z\right)=\sigma_{ij}+\frac{\partial\sigma_{ij}}{\partial x}\mathrm{d}x+o\left(\mathrm{d}x\right)\tag{2.31}
$$

同理，也有

$$
\left\{\begin{array}{l}
\sigma_{ij}\left(x,y+\mathrm{d}y,z\right)=\sigma_{ij}+\dfrac{\partial\sigma_{ij}}{\partial y}\mathrm{d}y+o\left(\mathrm{d}y\right)\\
\sigma_{ij}\left(x,y,z+\mathrm{d}z\right)=\sigma_{ij}+\dfrac{\partial\sigma_{ij}}{\partial z}\mathrm{d}z+o\left(\mathrm{d}z\right)
\end{array}\right.
\tag{2.32}
$$

式中，$o(\mathrm{d}x)$ 表示无穷小量 $\mathrm{d}x$ 的高阶无穷小。忽略高阶无穷小量，式 (2.31) 和式 (2.32) 即可简化为

$$
\left\{\begin{array}{l}
\sigma_{ij}\left(x+\mathrm{d}x\right)=\sigma_{ij}+\dfrac{\partial\sigma_{ij}}{\partial x}\mathrm{d}x\\
\sigma_{ij}\left(y+\mathrm{d}y\right)=\sigma_{ij}+\dfrac{\partial\sigma_{ij}}{\partial y}\mathrm{d}y\\
\sigma_{ij}\left(z+\mathrm{d}z\right)=\sigma_{ij}+\dfrac{\partial\sigma_{ij}}{\partial z}\mathrm{d}z
\end{array}\right.
\tag{2.33}
$$

此时微元的受力状态如图 2.5 所示，设微元体力在三个方向上的分量分别为 $f_x$、$f_y$ 和 $f_z$。

微元在 $x$ 方向上的合力为

$$
\begin{aligned}
&\left[\left(\sigma_{xx}+\frac{\partial\sigma_{xx}}{\partial x}\mathrm{d}x\right)\mathrm{d}y\mathrm{d}z-\sigma_{xx}\mathrm{d}y\mathrm{d}z\right]+\left[\left(\sigma_{yx}+\frac{\partial\sigma_{yx}}{\partial y}\mathrm{d}y\right)\mathrm{d}x\mathrm{d}z-\sigma_{yx}\mathrm{d}x\mathrm{d}z\right]\\
&+\left[\left(\sigma_{zx}+\frac{\partial\sigma_{zx}}{\partial z}\mathrm{d}z\right)\mathrm{d}x\mathrm{d}y-\sigma_{zx}\mathrm{d}x\mathrm{d}y\right]+f_x\mathrm{d}x\mathrm{d}y\mathrm{d}z=0
\end{aligned}
\tag{2.34}
$$

简化后有

$$
\frac{\partial\sigma_{xx}}{\partial x}+\frac{\partial\sigma_{yx}}{\partial y}+\frac{\partial\sigma_{zx}}{\partial z}+f_x=0\tag{2.35}
$$

同理可以给出 $y$ 方向和 $z$ 方向上的平衡方程，这三个方程构成三维应力空间中微元在平衡态下的平衡微分方程：

$$\begin{cases} \dfrac{\partial \sigma_{xx}}{\partial x}+\dfrac{\partial \sigma_{yx}}{\partial y}+\dfrac{\partial \sigma_{zx}}{\partial z}+f_x=0 \\ \dfrac{\partial \sigma_{xy}}{\partial x}+\dfrac{\partial \sigma_{yy}}{\partial y}+\dfrac{\partial \sigma_{zy}}{\partial z}+f_y=0 \\ \dfrac{\partial \sigma_{xz}}{\partial x}+\dfrac{\partial \sigma_{yz}}{\partial y}+\dfrac{\partial \sigma_{zz}}{\partial z}+f_z=0 \end{cases} \tag{2.36}$$

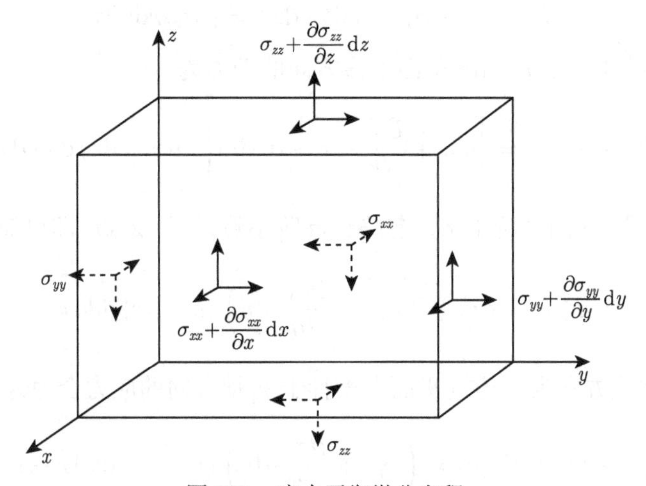


图 2.5　应力平衡微分方程

### 2.1.3　柱坐标与球坐标下的平衡微分方程

1. 柱坐标下的平衡微分方程

对于圆杆、圆盘和一些柱对称问题而言，有时利用柱坐标系进行求解更为直观和简单，例如，6.2.3 节中圆柱杆中弥散效应的相关分析过程中，就利用柱坐标系进行分析；取柱坐标系中任意一个三个坐标方向上长度分别为 $\mathrm{d}r$、$\mathrm{d}\theta$ 和 $\mathrm{d}x$ 的体微元作为研究对象，如图 2.6 所示。根据弹性力学知识可知，微元每个面有三个相互垂直的应力分量，图中 $\sigma_{r\theta}$ 表示法线方向为 $r$ 方向、微元面上作用方向为 $\theta$ 的应力，其他类同。

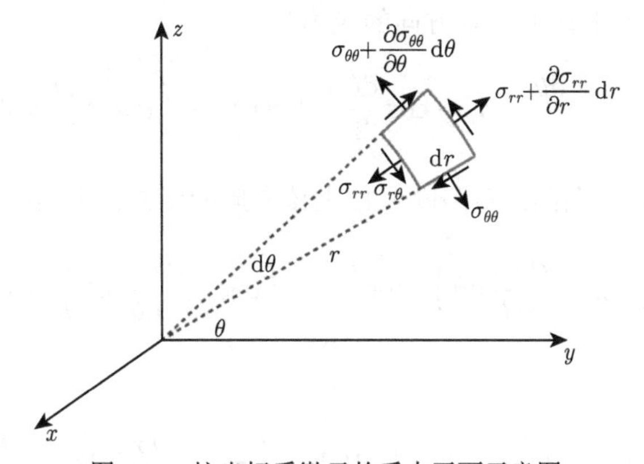


图 2.6　柱坐标系微元的受力平面示意图

一般而言，柱坐标与笛卡儿坐标之间的对应转换关系为

$$\begin{cases} y = r\cos\theta \\ z = r\sin\theta \\ x = x \end{cases} \tag{2.37}$$

考虑柱坐标系中微元的受力情况，以方向平行于 $r$ 轴上的应力为例，在 $r$ 平面上该方向的受力为

$$F_r(r) = -\sigma_{rr}\cdot(r\mathrm{d}\theta\cdot\mathrm{d}x) = -\sigma_{rr}r\mathrm{d}\theta\mathrm{d}x \tag{2.38}$$

根据 Taylor 级数展开，在 $r+\mathrm{d}r$ 平面上该方向的受力为

$$F_r(r+\mathrm{d}r) = \left[\sigma_{rr} + \frac{\partial\sigma_{rr}}{\partial r}\mathrm{d}r + o(\mathrm{d}r)\right]\cdot\left[(r+\mathrm{d}r)\,\mathrm{d}\theta\cdot\mathrm{d}x\right] \tag{2.39}$$

式中，$o(\mathrm{d}r)$ 表示量 $\mathrm{d}r$ 的高阶小量，忽略该高阶小量，式 (2.39) 即可简化为

$$F_r(r+\mathrm{d}r) = \left(\sigma_{rr} + \frac{\partial\sigma_{rr}}{\partial r}\mathrm{d}r\right)(r+\mathrm{d}r)\,\mathrm{d}\theta\mathrm{d}x \tag{2.40}$$

因此，可以给出法线方向为 $r$ 方向平面上平行于 $r$ 轴方向的应力合力为

$$\sum F_r^r = F_r(r+\mathrm{d}r) + F_r(r) = \left(\sigma_{rr} + \frac{\partial\sigma_{rr}}{\partial r}\mathrm{d}r\right)(r+\mathrm{d}r)\,\mathrm{d}\theta\mathrm{d}x - \sigma_{rr}r\mathrm{d}\theta\mathrm{d}x \tag{2.41}$$

式 (2.41) 简化后有

$$\sum F_r^r = \left(\sigma_{rr} + r\frac{\partial\sigma_{rr}}{\partial r}\right)\mathrm{d}r\mathrm{d}\theta\mathrm{d}x + \frac{\partial\sigma_{rr}}{\partial r}(\mathrm{d}r)^2\,\mathrm{d}\theta\mathrm{d}x \tag{2.42}$$

容易看出，式 (2.42) 中右端第二项是第一项的高阶小量，忽略此小量，式 (2.42) 即可进一步简化为

$$\sum F_r^r = \left(\sigma_{rr} + r\frac{\partial\sigma_{rr}}{\partial r}\right)\mathrm{d}r\mathrm{d}\theta\mathrm{d}x \tag{2.43}$$

同理，在 $\theta$ 平面上平行于 $r$ 轴方向的应力为

$$F_r(\theta) = -\left(\sigma_{\theta\theta}\cdot\sin\frac{\mathrm{d}\theta}{2} + \sigma_{\theta r}\cdot\cos\frac{\mathrm{d}\theta}{2}\right)\mathrm{d}r\mathrm{d}x \approx -\left(\sigma_{\theta\theta}\cdot\frac{\mathrm{d}\theta}{2} + \sigma_{\theta r}\right)\mathrm{d}r\mathrm{d}x \tag{2.44}$$

根据 Taylor 级数展开可以给出 $\theta+\mathrm{d}\theta$ 平面上该方向的受力并忽略高阶小量，即有

$$F_r(\theta+\mathrm{d}\theta) = \left[\left(\sigma_{\theta r} + \frac{\partial\sigma_{\theta r}}{\partial\theta}\mathrm{d}\theta\right)\cdot\cos\frac{\mathrm{d}\theta}{2} - \left(\sigma_{\theta\theta} + \frac{\partial\sigma_{\theta\theta}}{\partial\theta}\mathrm{d}\theta\right)\cdot\sin\frac{\mathrm{d}\theta}{2}\right]\mathrm{d}r\mathrm{d}x \tag{2.45}$$

简化后有

$$F_r(\theta+\mathrm{d}\theta) = \left[\left(\sigma_{\theta r} + \frac{\partial\sigma_{\theta r}}{\partial\theta}\mathrm{d}\theta\right) - \left(\sigma_{\theta\theta} + \frac{\partial\sigma_{\theta\theta}}{\partial\theta}\mathrm{d}\theta\right)\cdot\frac{\mathrm{d}\theta}{2}\right]\mathrm{d}r\mathrm{d}x \tag{2.46}$$

因此，我们可以给出法线方向为 $\theta$ 方向平面上平行于 $r$ 轴方向的应力合力，并简化后有

$$\sum F_r^\theta = F_r(\theta + \mathrm{d}\theta) + F_r(\theta) = \left(\frac{\partial \sigma_{\theta r}}{\partial \theta} - \sigma_{\theta\theta}\right)\mathrm{d}r\mathrm{d}\theta\mathrm{d}x - \frac{\partial \sigma_{\theta\theta}}{\partial \theta}\cdot\frac{\mathrm{d}\theta}{2}\mathrm{d}r\mathrm{d}\theta\mathrm{d}x \tag{2.47}$$

容易看出，式 (2.47) 中右端第二项是第一项的高阶小量，忽略此小量，式 (2.47) 即可进一步简化为

$$\sum F_r^\theta = \left(\frac{\partial \sigma_{\theta r}}{\partial \theta} - \sigma_{\theta\theta}\right)\mathrm{d}r\mathrm{d}\theta\mathrm{d}x \tag{2.48}$$

同理，在 $x$ 平面上平行于 $r$ 轴上的应力为

$$F_r(x) = -\sigma_{xr}\cdot r\mathrm{d}\theta\mathrm{d}r = -\sigma_{xr}\cdot r\mathrm{d}r\mathrm{d}\theta \tag{2.49}$$

根据 Taylor 级数展开可以给出 $x + \mathrm{d}x$ 平面上该方向的受力并忽略高阶小量，即有

$$F_r(x + \mathrm{d}x) = \left(\sigma_{xr} + \frac{\partial \sigma_{xr}}{\partial x}\mathrm{d}x\right)r\mathrm{d}\theta\mathrm{d}r = \left(\sigma_{xr} + \frac{\partial \sigma_{xr}}{\partial x}\mathrm{d}x\right)r\mathrm{d}r\mathrm{d}\theta \tag{2.50}$$

因此，我们可以给出法线方向为 $x$ 方向平面上平行于 $r$ 轴方向的应力合力：

$$\sum F_r^x = F_r(x + \mathrm{d}x) + F_r(x) = \left(\sigma_{xr} + \frac{\partial \sigma_{xr}}{\partial x}\mathrm{d}x\right)r\mathrm{d}r\mathrm{d}\theta - \sigma_{xr}\cdot r\mathrm{d}r\mathrm{d}\theta \tag{2.51}$$

简化后即可以得到

$$\sum F_r^x = \frac{\partial \sigma_{xr}}{\partial x}r\mathrm{d}r\mathrm{d}\theta\mathrm{d}x \tag{2.52}$$

因此，施加在微元上的 $r$ 方向合力为

$$\sum F|_r = \sum F_r^r + \sum F_r^\theta + \sum F_r^x = \left(\frac{\partial \sigma_{rr}}{\partial r} + \frac{1}{r}\frac{\partial \sigma_{\theta r}}{\partial \theta} + \frac{\partial \sigma_{xr}}{\partial x} + \frac{\sigma_{rr} - \sigma_{\theta\theta}}{r}\right)r\mathrm{d}r\mathrm{d}\theta\mathrm{d}x \tag{2.53}$$

考虑微元体力在三个方向上的分量 $f_r$、$f_\theta$ 和 $f_x$，当微元处于平衡状态时，即有微元的受力平衡微分方程：

$$\left(\frac{\partial \sigma_{rr}}{\partial r} + \frac{1}{r}\frac{\partial \sigma_{\theta r}}{\partial \theta} + \frac{\partial \sigma_{xr}}{\partial x} + \frac{\sigma_{rr} - \sigma_{\theta\theta}}{r}\right)r\mathrm{d}r\mathrm{d}\theta\mathrm{d}x + f_r\left(r + \frac{\mathrm{d}r}{2}\right)\mathrm{d}r\mathrm{d}\theta\mathrm{d}x = 0 \tag{2.54}$$

忽略高阶小量并简化后即有

$$\frac{\partial \sigma_{rr}}{\partial r} + \frac{1}{r}\frac{\partial \sigma_{\theta r}}{\partial \theta} + \frac{\partial \sigma_{xr}}{\partial x} + \frac{\sigma_{rr} - \sigma_{\theta\theta}}{r} + f_r = 0 \tag{2.55}$$

利用类似的方法，容易给出 $\theta$ 和 $x$ 方向上的平衡微分方程。因而，可以得到柱坐标下微元平衡微分方程组为

$$\begin{cases} \dfrac{\partial \sigma_{rr}}{\partial r} + \dfrac{1}{r}\dfrac{\partial \sigma_{\theta r}}{\partial \theta} + \dfrac{\partial \sigma_{xr}}{\partial x} + \dfrac{\sigma_{rr} - \sigma_{\theta\theta}}{r} + f_r = 0 \\ \dfrac{\partial \sigma_{r\theta}}{\partial r} + \dfrac{1}{r}\dfrac{\partial \sigma_{\theta\theta}}{\partial \theta} + \dfrac{\partial \sigma_{x\theta}}{\partial x} + \dfrac{2\sigma_{r\theta}}{r} + f_\theta = 0 \\ \dfrac{\partial \sigma_{rx}}{\partial r} + \dfrac{1}{r}\dfrac{\partial \sigma_{\theta x}}{\partial \theta} + \dfrac{\partial \sigma_{xx}}{\partial x} + \dfrac{\sigma_{rx}}{r} + f_x = 0 \end{cases} \tag{2.56}$$

特别地，当研究的问题可近似简化为轴对称问题时，式 (2.56) 即可简化为

$$\begin{cases} \dfrac{\partial \sigma_{rr}}{\partial r} + \dfrac{\partial \sigma_{xr}}{\partial x} + \dfrac{\sigma_{rr} - \sigma_{\theta\theta}}{r} + f_r = 0 \\ \dfrac{\partial \sigma_{rx}}{\partial r} + \dfrac{\partial \sigma_{xx}}{\partial x} + \dfrac{\sigma_{rx}}{r} + f_x = 0 \end{cases} \tag{2.57}$$

2. 球坐标下的平衡微分方程

对于球对称问题或无限各向同性介质中爆炸波的传播等问题而言，球坐标系的推导更为简单且直观。与柱坐标系与笛卡儿坐标系中坐标转换类似，球坐标系 $r\theta\varphi$ 与笛卡儿坐标系中对应坐标的转换关系为

$$\begin{cases} x = r\sin\theta\cos\varphi \\ y = r\sin\theta\sin\varphi \\ z = r\cos\theta \end{cases} \tag{2.58}$$

类似 2.1.2 节中笛卡儿坐标系中相关分析，取球坐标系中任意一个三个坐标方向上长度分别为 $\mathrm{d}r$、$\mathrm{d}\theta$ 和 $\mathrm{d}\varphi$ 的体微元作为研究对象，如图 2.7 所示。

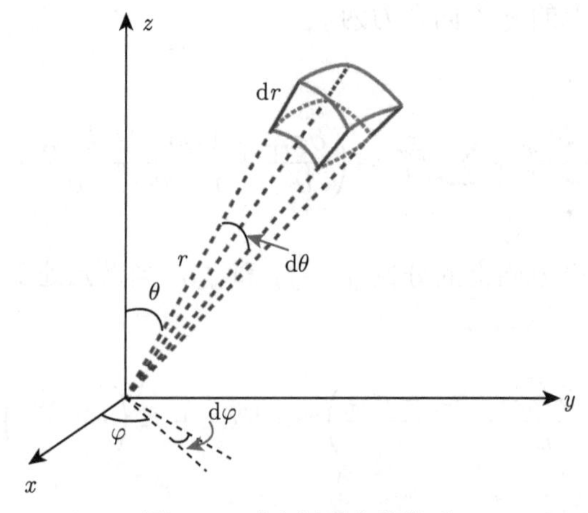


图 2.7 球坐标系中的微元

微元每个面有三个相互垂直的应力分量，类似前面的定义，这里以 $\sigma_{r\theta}$ 表示法线方向

为 $r$ 方向面上作用方向为 $\theta$ 的应力，其他类同。微元各侧面的面积分别为

$$\begin{cases} S_r(r) = r\mathrm{d}\theta \cdot r\sin\theta\mathrm{d}\varphi = r^2\sin\theta\mathrm{d}\theta\mathrm{d}\varphi \\ S_\theta(\theta) = S_\theta(\theta+\mathrm{d}\theta) = r\sin\theta\mathrm{d}\varphi \cdot \mathrm{d}r = r\sin\theta\mathrm{d}r\mathrm{d}\varphi \\ S_\varphi(\varphi) = S_\varphi(\varphi+\mathrm{d}\varphi) = r\mathrm{d}\theta \cdot \mathrm{d}r = r\mathrm{d}r\mathrm{d}\theta \end{cases} \tag{2.59}$$

式中，$S$ 表示面积；$S_r(r)$ 中下标 $r$ 表示垂直于 $r$ 轴的面，括号里面 $r$ 表明坐标为 $r$ 的面，其他类似。则坐标为 $r+\mathrm{d}r$ 的面元的面积为

$$S_r(r+\mathrm{d}r) = (r+\mathrm{d}r)\mathrm{d}\theta \cdot (r+\mathrm{d}r)\sin\theta\mathrm{d}\varphi = (r+\mathrm{d}r)^2\sin\theta\mathrm{d}\theta\mathrm{d}\varphi \tag{2.60}$$

以方向平行于 $r$ 轴上的应力为例，在 $r$ 平面上该方向的受力为

$$F_r(r) = -\sigma_{rr} \cdot \left(r^2\sin\theta\mathrm{d}\theta\mathrm{d}\varphi\right) = -\sigma_{rr}r^2\sin\theta\mathrm{d}\theta\mathrm{d}\varphi \tag{2.61}$$

根据 Taylor 级数展开，在 $r+\mathrm{d}r$ 平面上该方向的受力为

$$F_r(r+\mathrm{d}r) = \left[\sigma_{rr} + \frac{\partial\sigma_{rr}}{\partial r}\mathrm{d}r + o(\mathrm{d}r)\right] \cdot (r+\mathrm{d}r)^2\sin\theta\mathrm{d}\theta\mathrm{d}\varphi \tag{2.62}$$

式中，$o(\mathrm{d}r)$ 表示量 $\mathrm{d}r$ 的高阶小量，忽略该高阶小量，式 (2.62) 即可简化为

$$F_r(r+\mathrm{d}r) = \left(\sigma_{rr} + \frac{\partial\sigma_{rr}}{\partial r}\mathrm{d}r\right)(r+\mathrm{d}r)^2\sin\theta\mathrm{d}\theta\mathrm{d}\varphi \tag{2.63}$$

因此，我们可以给出法线方向为 $r$ 方向平面上平行于 $r$ 轴方向的应力合力为

$$\sum F_r^r = F_r(r+\mathrm{d}r) + F_r(r) = \left(\sigma_{rr} + \frac{\partial\sigma_{rr}}{\partial r}\mathrm{d}r\right)(r+\mathrm{d}r)^2\sin\theta\mathrm{d}\theta\mathrm{d}\varphi - \sigma_{rr}r^2\sin\theta\mathrm{d}\theta\mathrm{d}\varphi \tag{2.64}$$

式 (2.64) 简化后有

$$\sum F_r^r = \left(2\sigma_{rr} + r\frac{\partial\sigma_{rr}}{\partial r}\right)r\sin\theta\mathrm{d}r\mathrm{d}\theta\mathrm{d}\varphi + \left(2r\frac{\partial\sigma_{rr}}{\partial r} + \sigma_{rr} + \frac{\partial\sigma_{rr}}{\partial r}\mathrm{d}r\right)\sin\theta\mathrm{d}r\mathrm{d}r\mathrm{d}\theta\mathrm{d}\varphi \tag{2.65}$$

容易看出，式 (2.65) 中右端第二项是第一项的高阶小量，忽略此小量，式 (2.65) 即可进一步简化为

$$\sum F_r^r = \left(2\sigma_{rr} + r\frac{\partial\sigma_{rr}}{\partial r}\right)r\sin\theta\mathrm{d}r\mathrm{d}\theta\mathrm{d}\varphi \tag{2.66}$$

同理，在 $\theta$ 平面上平行于 $r$ 轴方向的应力为

$$F_r(\theta) = -\left(\sigma_{\theta\theta} \cdot \sin\frac{\mathrm{d}\theta}{2} + \sigma_{\theta r} \cdot \cos\frac{\mathrm{d}\theta}{2}\right)r\sin\theta\mathrm{d}r\mathrm{d}\varphi \approx -\left(\sigma_{\theta\theta} \cdot \frac{\mathrm{d}\theta}{2} + \sigma_{\theta r}\right)r\sin\theta\mathrm{d}r\mathrm{d}\varphi \tag{2.67}$$

根据 Taylor 级数展开可以给出 $\theta + \mathrm{d}\theta$ 平面上该方向的受力并忽略高阶小量，即有

$$F_r(\theta + \mathrm{d}\theta) = \left[\left(\sigma_{\theta r} + \frac{\partial \sigma_{\theta r}}{\partial \theta}\mathrm{d}\theta\right) \cdot \cos\frac{\mathrm{d}\theta}{2} - \left(\sigma_{\theta\theta} + \frac{\partial \sigma_{\theta\theta}}{\partial \theta}\mathrm{d}\theta\right) \cdot \sin\frac{\mathrm{d}\theta}{2}\right] r\sin(\theta + \mathrm{d}\theta)\,\mathrm{d}r\mathrm{d}\varphi \tag{2.68}$$

简化后有

$$F_r(\theta + \mathrm{d}\theta) = \left[\left(\sigma_{\theta r} + \frac{\partial \sigma_{\theta r}}{\partial \theta}\mathrm{d}\theta\right) - \left(\sigma_{\theta\theta} + \frac{\partial \sigma_{\theta\theta}}{\partial \theta}\mathrm{d}\theta\right) \cdot \frac{\mathrm{d}\theta}{2}\right] r(\sin\theta + \cos\theta\mathrm{d}\theta)\,\mathrm{d}r\mathrm{d}\varphi \tag{2.69}$$

因此，我们可以给出法线方向为 $\theta$ 方向平面上平行于 $r$ 轴方向的应力合力，并忽略高阶小量，简化后有

$$\sum F_r^{\theta} = \left(\frac{\partial \sigma_{\theta r}}{\partial \theta} - \sigma_{\theta\theta} + \sigma_{\theta r}\cot\theta\right) r\sin\theta\mathrm{d}r\mathrm{d}\theta\mathrm{d}\varphi \tag{2.70}$$

在 $\varphi$ 平面上平行于 $r$ 轴上的应力为

$$F_r(\varphi) = -\left(\sigma_{\varphi\varphi} \cdot \sin\theta \cdot \frac{\mathrm{d}\varphi}{2} + \sigma_{\varphi r}\right) \cdot r\mathrm{d}r\mathrm{d}\theta \tag{2.71}$$

根据 Taylor 级数展开可以给出 $\varphi + \mathrm{d}\varphi$ 平面上该方向的受力并忽略高阶小量，即有

$$F_r(\varphi + \mathrm{d}\varphi) = \left[\left(\sigma_{\varphi r} + \frac{\partial \sigma_{\varphi r}}{\partial \varphi}\mathrm{d}\varphi\right) - \left(\sigma_{\varphi\varphi} + \frac{\partial \sigma_{\varphi\varphi}}{\partial \varphi}\mathrm{d}\varphi\right) \cdot \sin\theta \cdot \frac{\mathrm{d}\varphi}{2}\right] \cdot r\mathrm{d}r\mathrm{d}\theta \tag{2.72}$$

因此，我们可以给出法线方向为 $\varphi$ 方向平面上平行于 $r$ 轴方向的应力合力：

$$\sum F_r^{\varphi} = \left(\frac{\partial \sigma_{\varphi r}}{\partial \varphi} - \sigma_{\varphi\varphi} \cdot \sin\theta\right) \cdot r\mathrm{d}r\mathrm{d}\theta\mathrm{d}\varphi - \left(\frac{\partial \sigma_{\varphi\varphi}}{\partial \varphi}\right) \cdot \sin\theta \cdot \frac{\mathrm{d}\varphi}{2} \cdot r\mathrm{d}r\mathrm{d}\theta\mathrm{d}\varphi \tag{2.73}$$

忽略式 (2.73) 右端第二项高阶小量并简化后即可以得到

$$\sum F_r^{\varphi} = \left(\frac{\partial \sigma_{\varphi r}}{\partial \varphi} - \sigma_{\varphi\varphi} \cdot \sin\theta\right) \cdot r\mathrm{d}r\mathrm{d}\theta\mathrm{d}\varphi \tag{2.74}$$

因此，施加在微元上的 $r$ 方向合力为

$$\sum F|_r = \left[\left(2\sigma_{rr} - \sigma_{\theta\theta} - \sigma_{\varphi\varphi} + r\frac{\partial \sigma_{rr}}{\partial r} + \frac{\partial \sigma_{\theta r}}{\partial \theta} + \sigma_{\theta r}\cot\theta\right)\sin\theta + \frac{\partial \sigma_{\varphi r}}{\partial \varphi}\right] r\mathrm{d}r\mathrm{d}\theta\mathrm{d}\varphi \tag{2.75}$$

如考虑体力的影响，即可给出微元在 $r$ 方向上的平衡微分方程：

$$\begin{aligned}&\left[\left(2\sigma_{rr} - \sigma_{\theta\theta} - \sigma_{\varphi\varphi} + r\frac{\partial \sigma_{rr}}{\partial r} + \frac{\partial \sigma_{\theta r}}{\partial \theta} + \sigma_{\theta r}\cot\theta\right)\sin\theta + \frac{\partial \sigma_{\varphi r}}{\partial \varphi}\right] \\ &\cdot r\mathrm{d}r\mathrm{d}\theta\mathrm{d}\varphi + f_r \cdot r^2\sin\theta\mathrm{d}r\mathrm{d}\theta\mathrm{d}\varphi = 0\end{aligned} \tag{2.76}$$

简化后即有

$$\frac{\partial \sigma_{rr}}{\partial r}+\frac{1}{r}\frac{\partial \sigma_{\theta r}}{\partial \theta}+\frac{1}{r\sin\theta}\frac{\partial \sigma_{\varphi r}}{\partial \varphi}+\frac{2\sigma_{rr}-\sigma_{\theta\theta}-\sigma_{\varphi\varphi}+\sigma_{\theta r}\cot\theta}{r}+f_r=0 \tag{2.77}$$

利用类似的方法，容易给出 $\theta$ 和 $\varphi$ 方向上的平衡微分方程分别为

$$\frac{\partial \sigma_{r\theta}}{\partial r}+\frac{1}{r}\frac{\partial \sigma_{\theta\theta}}{\partial \theta}+\frac{1}{r\sin\theta}\frac{\partial \sigma_{\varphi\theta}}{\partial \varphi}+\frac{3\sigma_{r\theta}+(\sigma_{\theta\theta}-\sigma_{\varphi\varphi})\cot\theta}{r}+f_\theta=0 \tag{2.78}$$

$$\frac{\partial \sigma_{r\varphi}}{\partial r}+\frac{1}{r}\frac{\partial \sigma_{\theta\varphi}}{\partial \theta}+\frac{1}{r\sin\theta}\frac{\partial \sigma_{\varphi\varphi}}{\partial \varphi}+\frac{3\sigma_{r\varphi}+2\sigma_{\theta\varphi}\cot\theta}{r}+f_\varphi=0 \tag{2.79}$$

特别地，当所研究的问题是球对称问题时，有 $\sigma_{\theta\theta}=\sigma_{\varphi\varphi}$ 和 $\sigma_{r\theta}=\sigma_{r\varphi}=\sigma_{\theta\varphi}=0$，且应力分量在 $\theta$ 和 $\varphi$ 方向上的梯度恒为零，此时，以上三个方向上的平衡微分方程即可简化为

$$\frac{\partial \sigma_{rr}}{\partial r}+\frac{2}{r}(\sigma_{rr}-\sigma_{\theta\theta})+f_r=0 \tag{2.80}$$

## 2.2 连续介质的小变形与应变协调方程

由理论力学可知，如第 1 章刚性小球这类刚体的运动可以分解为随任意选定极点的平移和绕极点的转动；在刚体的任何运动行为中，刚体内任意两个质点之间的距离皆保持不变，及刚体不存在变形行为。然而，实际上，连续介质一般皆是可变形的固体或流体，其运动除了整体平移和转动之外，介质内质点也可能存在相对运动即变形。

### 2.2.1 三维空间中微元的变形与位移

考虑在三维空间变形过程中质点 $P(x,y,z)$ 所在的微元，其 $x$、$y$ 和 $z$ 方向上的长度分别为 $\mathrm{d}x$、$\mathrm{d}y$ 和 $\mathrm{d}z$，如图 2.8 所示。在研究三维空间中微元的变形问题时，最简单且直观的方法是将三维空间中六面体投影到笛卡儿直角坐标系的三个坐标平面上，此时该三维问题即简化为二维平面问题进行分析。对于小变形而言，由于微元的长宽高 $\mathrm{d}x$、$\mathrm{d}y$ 和 $\mathrm{d}z$ 足够小，六面体任意两个平行面在坐标平面上投影的差别只是高阶的小量，可以忽略，因此任意两个平行面在坐标平面上的投影可以合并为一个投影面。

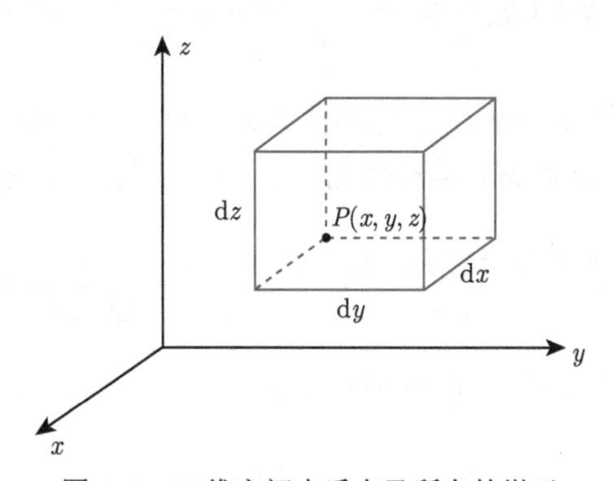


图 2.8 三维空间中质点及所在的微元

以微元在 $xoy$ 平面上的投影为例，设在介质参考构形中质点 $P$ 处无限小微元 $PACB$ 边长分别为 $\mathrm{d}x \to 0$ 和 $\mathrm{d}y \to 0$，其质点 $P$ 及微元投影面 $PACB$ 初始时刻投影面见图 2.9(a)，介质变形导致微元发生平移、变形和偏转变为微元 $P'A'C'B'$，见图 2.9(b)。设在此二维参考构形中质点 $P$ 的坐标为 $(x, y)$，则 $A$ 和 $B$ 的坐标分别为 $(x+\mathrm{d}x, y)$ 和 $(x, y+\mathrm{d}y)$；当介质变形使得质点 $P$ 产生位移时，设在 $t$ 时刻质点 $P$ 移动到 $P'$，位移在 $x$ 和 $y$ 两个坐标轴方向上的分量分别为 $u_x$ 和 $u_y$。

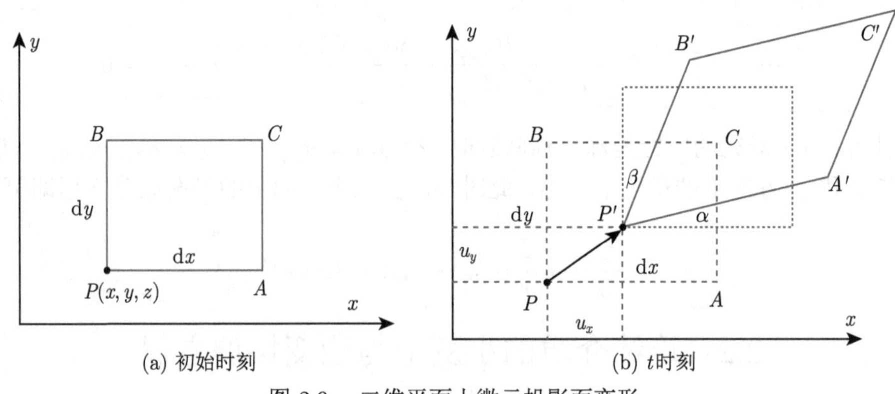


图 2.9　二维平面上微元投影面变形

根据 Taylor 级数展开公式容易给出同一时刻 $A$ 处的位移为

$$\begin{cases} u_x(A) = u_x(x+\mathrm{d}x, \mathrm{d}y) = u_x + \dfrac{\partial u_x}{\partial x}\mathrm{d}x + \dfrac{1}{2!}\dfrac{\partial^2 u_x}{\partial x^2}(\mathrm{d}x)^2 + o\left[(\mathrm{d}x)^2\right] \\ u_y(A) = u_y(x+\mathrm{d}x, \mathrm{d}y) = u_y + \dfrac{\partial u_y}{\partial x}\mathrm{d}x + \dfrac{1}{2!}\dfrac{\partial^2 u_y}{\partial x^2}(\mathrm{d}x)^2 + o\left[(\mathrm{d}x)^2\right] \end{cases} \tag{2.81}$$

$B$ 处的位移为

$$\begin{cases} u_x(B) = u_x(x, y+\mathrm{d}y) = u_x + \dfrac{\partial u_x}{\partial y}\mathrm{d}y + \dfrac{1}{2!}\dfrac{\partial^2 u_x}{\partial y^2}(\mathrm{d}y)^2 + o\left[(\mathrm{d}y)^2\right] \\ u_y(B) = u_y(x, y+\mathrm{d}y) = u_y + \dfrac{\partial u_y}{\partial y}\mathrm{d}y + \dfrac{1}{2!}\dfrac{\partial^2 u_y}{\partial y^2}(\mathrm{d}y)^2 + o\left[(\mathrm{d}y)^2\right] \end{cases} \tag{2.82}$$

式中，$o[(\mathrm{d}x)^2]$ 和 $o[(\mathrm{d}y)^2]$ 分别表示无穷小量 $(\mathrm{d}x)^2$ 和 $(\mathrm{d}y)^2$ 的高阶无穷小。

因此我们可以计算出介质变形导致微元在 $x$ 方向上的正应变 $\varepsilon_{xx}$ 为

$$\varepsilon_{xx} = \frac{u_x(x+\mathrm{d}x, y) - u_x(x, y)}{\mathrm{d}x} = \frac{\partial u_x}{\partial x} + \frac{1}{2!}\frac{\partial^2 u_x}{x^2}\mathrm{d}x + o(\mathrm{d}x) \tag{2.83}$$

由于 $\mathrm{d}x \to 0$，忽略无穷小量后，式 (2.83) 可简化为

$$\varepsilon_{xx} = \frac{\partial u_x}{\partial x} \tag{2.84}$$

同理，我们也可以计算出微元在 $y$ 方向上的正应变 $\varepsilon_{yy}$ 为

$$\varepsilon_{yy}=\frac{\partial u_y}{\partial y} \tag{2.85}$$

容易知道，微元的剪应变也会导致其变形，如图 2.9 所示，其剪应变 $\gamma_{xy}$ 为

$$\gamma_{xy}=\gamma_{yx}=\alpha+\beta \tag{2.86}$$

从图 2.9 中可以看出，切变角 $\alpha$ 满足

$$\tan\alpha=\frac{u_y\left(x+\mathrm{d}x,y\right)-u_y\left(x,y\right)}{u_x\left(x+\mathrm{d}x,y\right)-u_x\left(x,y\right)}=\frac{\dfrac{\partial u_y}{\partial x}\mathrm{d}x+\dfrac{1}{2!}\dfrac{\partial^2 u_y}{\partial x^2}\left(\mathrm{d}x\right)^2+o\left[\left(\mathrm{d}x\right)^2\right]}{\mathrm{d}x\left(1+\varepsilon_{xx}\right)} \tag{2.87}$$

忽略高阶无穷小量，并考虑到切变角 $\alpha$ 是一个极小量，式 (2.87) 可近似简化为

$$\alpha\approx\tan\alpha=\frac{\dfrac{\partial u_y}{\partial x}\mathrm{d}x+\dfrac{1}{2!}\dfrac{\partial^2 u_y}{\partial x^2}\left(\mathrm{d}x\right)^2+o\left[\left(\mathrm{d}x\right)^2\right]}{\mathrm{d}x\left(1+\varepsilon_{xx}\right)}\approx\frac{\partial u_y}{\partial x} \tag{2.88}$$

同理，我们也可以计算得到

$$\beta=\frac{\partial u_x}{\partial y} \tag{2.89}$$

因此，我们可以给出介质变形导致微元的剪应变 $\gamma_{xy}$ 为

$$\gamma_{xy}=\gamma_{yx}=\frac{\partial u_x}{\partial y}+\frac{\partial u_y}{\partial x} \tag{2.90}$$

式 (2.84)、式 (2.85) 和式 (2.90) 即为二维线弹性介质中变形的几何方程；同理我们可以给出三维空间介质变形在另外两个平面 $yoz$ 和 $xoz$ 上投影对应的几何方程，将之推广到三维情况也容易给出，三维空间中介质变形的几何方程为

$$\begin{cases}\varepsilon_{xx}=\dfrac{\partial u_x}{\partial x}\\[2ex]\varepsilon_{yy}=\dfrac{\partial u_y}{\partial y}\\[2ex]\varepsilon_{zz}=\dfrac{\partial u_z}{\partial z}\end{cases} \tag{2.91}$$

和

$$\begin{cases}\gamma_{xy}=\gamma_{yx}=\dfrac{\partial u_x}{\partial y}+\dfrac{\partial u_y}{\partial x}\\[2ex]\gamma_{yz}=\gamma_{zy}=\dfrac{\partial u_y}{\partial z}+\dfrac{\partial u_z}{\partial y}\\[2ex]\gamma_{xz}=\gamma_{zx}=\dfrac{\partial u_x}{\partial z}+\dfrac{\partial u_z}{\partial x}\end{cases} \tag{2.92}$$

从图 2.9 中也可以看出，在介质变形中，微元的轴线也发生了偏转，即位移在膨胀或收缩、变形的同时也发生偏转，同上容易给出偏转量为

$$\omega_{xy} = \omega_{yx} = \frac{1}{2}(\alpha - \beta) \tag{2.93}$$

即

$$\omega_{xy} = \omega_{yx} = \frac{1}{2}\left(\frac{\partial u_y}{\partial x} - \frac{\partial u_x}{\partial y}\right) \tag{2.94}$$

同理，也可以计算出另外两个投影面上微元的偏转量，从而可以推广到三维情况下，即有

$$\begin{cases} \omega_{xy} = \omega_{yx} = \dfrac{1}{2}\left(\dfrac{\partial u_y}{\partial x} - \dfrac{\partial u_x}{\partial y}\right) \\ \omega_{yz} = \omega_{zy} = \dfrac{1}{2}\left(\dfrac{\partial u_z}{\partial y} - \dfrac{\partial u_y}{\partial z}\right) \\ \omega_{xz} = \omega_{zx} = \dfrac{1}{2}\left(\dfrac{\partial u_z}{\partial x} - \dfrac{\partial u_x}{\partial z}\right) \end{cases} \tag{2.95}$$

从以上的分析可以看出，微元的运动方向能够由 $x$、$y$ 和 $z$ 三个方向组合独立的控制，其位移、变形等空间物理量也只有三个独立的分量；因此，由于受到连续性条件限制，应变的这六个独立的应变分量不可能完全独立，它们之间应该存在耦合关系，这种关系称为几何相容关系；变形过程中几何相容关系所对应的数学表达形式称为几何相容方程，也简称为应变协调方程：

$$\begin{cases} \dfrac{\partial^2 \varepsilon_{xx}}{\partial y^2} + \dfrac{\partial^2 \varepsilon_{yy}}{\partial x^2} = \dfrac{\partial^2 \gamma_{xy}}{\partial x \partial y} \\ \dfrac{\partial^2 \varepsilon_{yy}}{\partial z^2} + \dfrac{\partial^2 \varepsilon_{zz}}{\partial y^2} = \dfrac{\partial^2 \gamma_{yz}}{\partial y \partial z} \\ \dfrac{\partial^2 \varepsilon_{zz}}{\partial x^2} + \dfrac{\partial^2 \varepsilon_{xx}}{\partial z^2} = \dfrac{\partial^2 \gamma_{zx}}{\partial z \partial x} \end{cases} \tag{2.96}$$

或

$$\begin{cases} \dfrac{\partial}{\partial x}\left(\dfrac{\partial \gamma_{xy}}{\partial z} + \dfrac{\partial \gamma_{xz}}{\partial y} - \dfrac{\partial \gamma_{yz}}{\partial x}\right) = 2\dfrac{\partial^2 \varepsilon_{xx}}{\partial y \partial z} \\ \dfrac{\partial}{\partial y}\left(\dfrac{\partial \gamma_{xy}}{\partial z} + \dfrac{\partial \gamma_{yz}}{\partial x} - \dfrac{\partial \gamma_{xz}}{\partial y}\right) = 2\dfrac{\partial^2 \varepsilon_{yy}}{\partial x \partial z} \\ \dfrac{\partial}{\partial z}\left(\dfrac{\partial \gamma_{yz}}{\partial x} + \dfrac{\partial \gamma_{xz}}{\partial y} - \dfrac{\partial \gamma_{xy}}{\partial z}\right) = 2\dfrac{\partial^2 \varepsilon_{zz}}{\partial x \partial y} \end{cases} \tag{2.97}$$

在连续介质的运动变形过程中，若应变分量之间的关系不满足应变协调方程，则将不会保证介质的连续性。另外，容易给出微元的体应变即为

$$\varDelta \approx \varepsilon_{xx} + \varepsilon_{yy} + \varepsilon_{zz} = \frac{\partial u_x}{\partial x} + \frac{\partial u_y}{\partial y} + \frac{\partial u_z}{\partial z} \tag{2.98}$$

### 2.2.2 柱坐标系中连续介质小变形

对于圆杆、圆盘和一些柱对称问题而言，有时利用柱坐标进行求解更为直观和简单，如图 2.10 所示柱坐标系 $r\theta x$。容易看出柱坐标系中坐标与笛卡儿坐标之间的对应转换关系为

$$\begin{cases} y = r\cos\theta \\ z = r\sin\theta \\ x = x \end{cases} \tag{2.99}$$

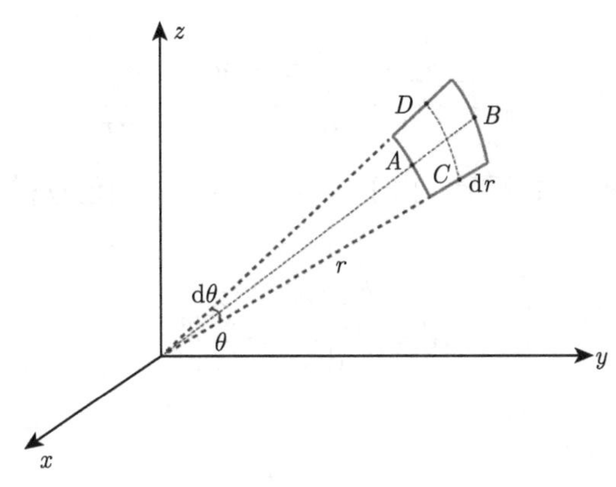


图 2.10 柱坐标系

类似 2.2.1 节中笛卡儿坐标系中相关分析，取柱坐标系中任意一个三个坐标方向上长度分别为 $\mathrm{d}r$、$\mathrm{d}\theta$ 和 $\mathrm{d}x$ 的体微元作为研究对象，其在三个方向上的位移分别为 $u_r$、$u_\theta$ 和 $u_x$。由图 2.10 中可以看出，以 $r$ 轴方向上的应变为例，设在 $r$ 处 $A$ 点的位移为 $u_r$，则根据 Taylor 级数展开，在 $r+\mathrm{d}r$ 处 $B$ 点的位移为

$$u_r(r+\mathrm{d}r) = u_r + \frac{\partial u_r}{\partial r}\mathrm{d}r + o(\mathrm{d}r) \tag{2.100}$$

式中，$o(\mathrm{d}r)$ 表示量 $\mathrm{d}r$ 的高阶小量，忽略该高阶小量，式 (2.100) 即可简化为

$$u_r(r+\mathrm{d}r) = u_r + \frac{\partial u_r}{\partial r}\mathrm{d}r \tag{2.101}$$

因此，我们可以给出 $r$ 方向的正应变为

$$\varepsilon_{rr} = \frac{u_r(r+\mathrm{d}r) - u_r(r)}{\mathrm{d}r} = \frac{u_r + \dfrac{\partial u_r}{\partial r}\mathrm{d}r - u_r}{\mathrm{d}r} = \frac{\partial u_r}{\partial r} \tag{2.102}$$

类似地，也可以计算出 $\theta$ 轴方向上的正应变，设 $\theta$ 处 $C$ 点的位移为 $u_\theta$，则在 $\theta+\mathrm{d}\theta$ 处 $D$ 点的位移忽略高阶小量后为

$$u_\theta(\theta+\mathrm{d}\theta) = u_\theta + \frac{\partial u_\theta}{\partial \theta}\mathrm{d}\theta \tag{2.103}$$

而同时由于径向位移，使得曲线 $CD$ 发生膨胀：

$$\Delta u_{CD} = (r + u_r)\,\mathrm{d}\theta - r\mathrm{d}\theta = u_r\mathrm{d}\theta \tag{2.104}$$

因此，我们可以给出 $\theta$ 方向的正应变为

$$\varepsilon_{\theta\theta} = \frac{u_r\mathrm{d}\theta + u_\theta + \dfrac{\partial u_\theta}{\partial \theta}\mathrm{d}\theta - u_\theta}{r\mathrm{d}\theta} = \frac{u_r\mathrm{d}\theta + \dfrac{\partial u_\theta}{\partial \theta}\mathrm{d}\theta}{r\mathrm{d}\theta} = \frac{1}{r}\frac{\partial u_\theta}{\partial \theta} + \frac{u_r}{r} \tag{2.105}$$

同理，容易计算出 $x$ 方向的正应变为

$$\varepsilon_{xx} = \frac{u_x + \dfrac{\partial u_x}{\partial x}\mathrm{d}x - u_x}{\mathrm{d}x} = \frac{\partial u_x}{\partial x} \tag{2.106}$$

在 $r\theta$ 平面上，如图 2.11 所示，由于 $r$ 面和 $r+\mathrm{d}r$ 面位移梯度引起的图中线 $AB$ 到 $CD$ 的旋转角为

$$\alpha' = \frac{\dfrac{\partial u_\theta}{\partial r}\mathrm{d}r}{\mathrm{d}r} = \frac{\partial u_\theta}{\partial r} \tag{2.107}$$

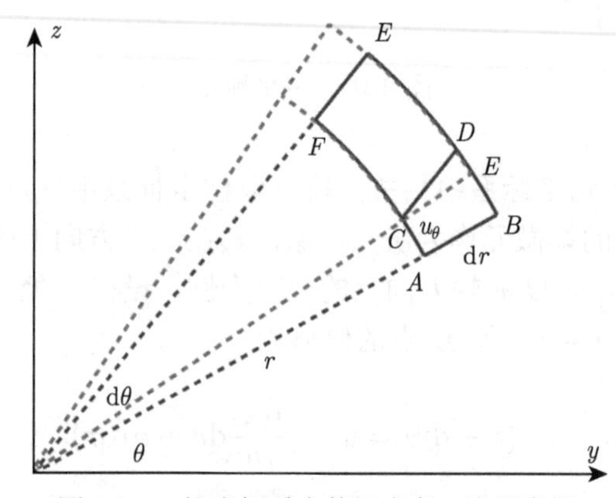


图 2.11 柱坐标系内剪切应变二维示意图

如图 2.11 所示，微元整体位移使得基线 $CD$ 到 $CE$ 的旋转角为

$$\alpha'' = \frac{u_\theta}{r} \tag{2.108}$$

因此，实际上由于 $r$ 面和 $r+\mathrm{d}r$ 面位移梯度引起的夹角 $\angle BAF$ 到 $\angle DCF$ 的变化量为

$$\alpha = \alpha' - \alpha'' = \frac{\partial u_\theta}{\partial r} - \frac{u_\theta}{r} \tag{2.109}$$

类似地，由于 $\theta$ 面和 $\theta+\mathrm{d}\theta$ 面位移梯度引起的旋转变形为

$$\beta = \frac{u_r + \dfrac{\partial u_r}{\partial \theta}\mathrm{d}r - u_r}{r\mathrm{d}\theta} = \frac{1}{r}\frac{\partial u_r}{\partial \theta} \tag{2.110}$$

因此 $r\theta$ 平面上旋转应变为

$$\gamma_{r\theta} = \alpha + \beta = \frac{\partial u_\theta}{\partial r} - \frac{u_\theta}{r} + \frac{1}{r}\frac{\partial u_r}{\partial \theta} = \frac{1}{r}\frac{\partial u_r}{\partial \theta} + \frac{\partial u_\theta}{\partial r} - \frac{u_\theta}{r} \tag{2.111}$$

同理，容易给出 $rx$ 平面和 $\theta x$ 平面上的旋转应变分别为

$$\begin{cases} \gamma_{rx} = \dfrac{\partial u_r}{\partial x} + \dfrac{\partial u_x}{\partial r} \\ \gamma_{\theta x} = \dfrac{1}{r}\dfrac{\partial u_x}{\partial \theta} + \dfrac{\partial u_\theta}{\partial x} \end{cases} \tag{2.112}$$

即柱坐标系中微元几何方程整体上写为

$$\begin{cases} \varepsilon_{rr} = \dfrac{\partial u_r}{\partial r} \\ \varepsilon_{\theta\theta} = \dfrac{1}{r}\dfrac{\partial u_\theta}{\partial \theta} + \dfrac{u_r}{r} \\ \varepsilon_{xx} = \dfrac{\partial u_x}{\partial x} \end{cases} \tag{2.113}$$

和

$$\begin{cases} \gamma_{r\theta} = \dfrac{1}{r}\dfrac{\partial u_r}{\partial \theta} + \dfrac{\partial u_\theta}{\partial r} - \dfrac{u_\theta}{r} \\ \gamma_{rx} = \dfrac{\partial u_r}{\partial x} + \dfrac{\partial u_x}{\partial r} \\ \gamma_{\theta x} = \dfrac{1}{r}\dfrac{\partial u_x}{\partial \theta} + \dfrac{\partial u_\theta}{\partial x} \end{cases} \tag{2.114}$$

根据式 (2.113) 和式 (2.114)，类似地可以推导出柱坐标系下连续介质变形的应变协调方程，在此不作详述，读者可以试推之。此时，微元的体应变即为

$$\varDelta = \varepsilon_{rr} + \varepsilon_{\theta\theta} + \varepsilon_{xx} = \frac{1}{r}\frac{\partial (ru_r)}{\partial r} + \frac{1}{r}\frac{\partial u_\theta}{\partial \theta} + \frac{\partial u_x}{\partial x} \tag{2.115}$$

### 2.2.3 球坐标系中连续介质小变形

对于球对称问题或无限各向同性介质中爆炸波的传播等问题而言，球坐标系的推导更为简单且直观。与柱坐标系和笛卡儿坐标系中坐标转换类似 (由于内容安排的需要，本书中个别公式会涉及前后重复引用)，图 2.7 所示球坐标系 $r\theta\varphi$ 与笛卡儿坐标系中对应坐标的转换关系为

$$\begin{cases} x = r\sin\theta\cos\varphi \\ y = r\sin\theta\sin\varphi \\ z = r\cos\theta \end{cases} \tag{2.116}$$

类似 2.2.1 节中笛卡儿坐标系中相关分析，取球坐标系中任意三个坐标方向上长度分别为 $\mathrm{d}r$、$\mathrm{d}\theta$ 和 $\mathrm{d}\varphi$ 的体微元作为研究对象，其在三个方向上的位移分别为 $u_r$、$u_\theta$ 和 $u_\varphi$。

容易给出微元各侧面的面积分别为

$$\begin{cases} S_r(r) = r\mathrm{d}\theta \cdot r\sin\theta\mathrm{d}\varphi = r^2\sin\theta\mathrm{d}\theta\mathrm{d}\varphi \\ S_\theta(\theta) = S_\theta(\theta+\mathrm{d}\theta) = r\sin\theta\mathrm{d}\varphi \cdot \mathrm{d}r = r\sin\theta\mathrm{d}r\mathrm{d}\varphi \\ S_\varphi(\varphi) = S_\varphi(\varphi+\mathrm{d}\varphi) = r\mathrm{d}\theta \cdot \mathrm{d}r = r\mathrm{d}r\mathrm{d}\theta \end{cases} \tag{2.117}$$

式中，$S$ 表示面积；$S_r(r)$ 中下标 $r$ 表示垂直于 $r$ 轴的面，括号里面 $r$ 表明坐标为 $r$ 的面，其他类似。则坐标为 $r+\mathrm{d}r$ 的面元的面积为

$$S_r(r+\mathrm{d}r) = (r+\mathrm{d}r)\mathrm{d}\theta \cdot (r+\mathrm{d}r)\sin\theta\mathrm{d}\varphi = (r+\mathrm{d}r)^2\sin\theta\mathrm{d}\theta\mathrm{d}\varphi \tag{2.118}$$

由图 2.7 可以看出，以 $r$ 轴方向上的应变为例，设在 $r$ 处的位移为 $u_r$，则根据 Taylor 级数展开，在 $r+\mathrm{d}r$ 处的位移为

$$u_r(r+\mathrm{d}r) = u_r + \frac{\partial u_r}{\partial r}\mathrm{d}r + o(\mathrm{d}r) \tag{2.119}$$

忽略该高阶小量，式 (2.119) 即可简化为

$$u_r(r+\mathrm{d}r) = u_r + \frac{\partial u_r}{\partial r}\mathrm{d}r \tag{2.120}$$

因此，我们可以给出 $r$ 方向的正应变为

$$\varepsilon_{rr} = \frac{u_r(r+\mathrm{d}r) - u_r(r)}{\mathrm{d}r} = \frac{u_r + \dfrac{\partial u_r}{\partial r}\mathrm{d}r - u_r}{\mathrm{d}r} = \frac{\partial u_r}{\partial r} \tag{2.121}$$

剖取 $r\theta$ 平面进行分析，如图 2.12 所示。与 2.2.2 节中柱坐标系中的推导类似，可以给出 $\theta$ 方向上的正应变为

$$\varepsilon_{\theta\theta} = \frac{u_r\mathrm{d}\theta + u_\theta + \dfrac{\partial u_\theta}{\partial\theta}\mathrm{d}\theta - u_\theta}{r\mathrm{d}\theta} = \frac{u_r\mathrm{d}\theta + \dfrac{\partial u_\theta}{\partial\theta}\mathrm{d}\theta}{r\mathrm{d}\theta} = \frac{1}{r}\frac{\partial u_\theta}{\partial\theta} + \frac{u_r}{r} \tag{2.122}$$

类似地，也可以计算出 $\varphi$ 方向上的正应变，同上，假设正应变近似分解为三部分：其一，由于 $\varphi$ 和 $\varphi+\mathrm{d}\varphi$ 面上的正位移梯度导致的应变：

$$\varepsilon'_{\varphi\varphi} = \frac{u_\varphi + \dfrac{\partial u_\varphi}{\partial\varphi}\mathrm{d}\varphi - u_\varphi}{r\mathrm{d}\varphi'} = \frac{\dfrac{\partial u_\varphi}{\partial\varphi}\mathrm{d}\varphi}{r\mathrm{d}\varphi'} \tag{2.123}$$

式中，$\mathrm{d}\varphi'$ 表示微元投影平面角 $\mathrm{d}\varphi$ 对应的空间夹角。当夹角足够小时，有

$$r\mathrm{d}\varphi' = r\sin\theta\mathrm{d}\varphi \tag{2.124}$$

即

$$\mathrm{d}\varphi' = \sin\theta\mathrm{d}\varphi \tag{2.125}$$

因此，式 (2.123) 可以进一步写为

$$\varepsilon'_{\varphi\varphi} = \frac{\dfrac{\partial u_\varphi}{\partial \varphi}\mathrm{d}\varphi}{r\sin\theta\mathrm{d}\varphi} = \frac{1}{r\sin\theta}\frac{\partial u_\varphi}{\partial \varphi} \tag{2.126}$$

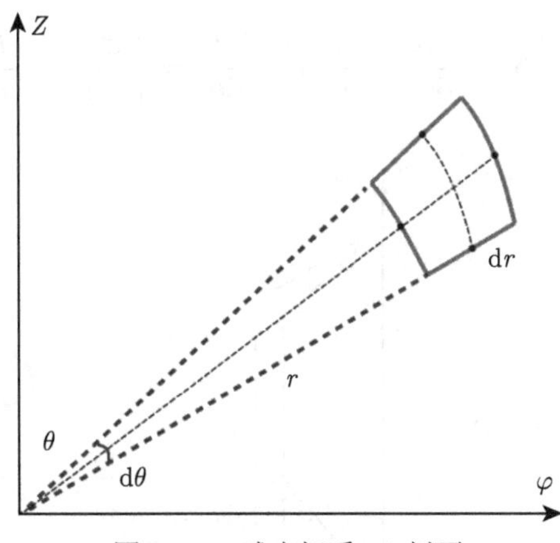


图 2.12 球坐标系 $r\theta$ 剖面

其二，由于径向位移产生的环向应变：

$$\varepsilon''_{\varphi\varphi} = \frac{(r+u_r)\,\mathrm{d}\varphi' - r\mathrm{d}\varphi'}{r\mathrm{d}\varphi'} = \frac{u_r}{r} \tag{2.127}$$

其三，如图 2.13 所示，由于 $\theta$ 方向位移 $u_\theta$ 产生 $\varphi$ 方向的正应变：

$$\varepsilon'''_{\varphi\varphi} = \frac{(r\sin\theta + u_\theta\cos\theta)\,\mathrm{d}\varphi - r\sin\theta\mathrm{d}\varphi}{r\sin\theta\mathrm{d}\varphi} = \frac{u_\theta}{r}\cot\theta \tag{2.128}$$

因此，可以得到 $\varphi$ 方向上总的正应变为

$$\varepsilon_{\varphi\varphi} = \varepsilon'_{\varphi\varphi} + \varepsilon''_{\varphi\varphi} + \varepsilon'''_{\varphi\varphi} = \frac{1}{r\sin\theta}\frac{\partial u_\varphi}{\partial \varphi} + \frac{u_r}{r} + \frac{u_\theta}{r}\cot\theta = \frac{1}{r}\left(\frac{1}{\sin\theta}\frac{\partial u_\varphi}{\partial \varphi} + u_r + u_\theta\cot\theta\right) \tag{2.129}$$

参考柱坐标系中相关分析，在 $r\theta$ 平面上，由于 $r$ 面和 $r+\mathrm{d}r$ 面位移梯度引起的旋转角为

$$\alpha' = \frac{\dfrac{\partial u_\theta}{\partial r}\mathrm{d}r}{\mathrm{d}r} = \frac{\partial u_\theta}{\partial r} \tag{2.130}$$

同时微元整体旋转角为

$$\alpha'' = \frac{u_\theta}{r} \tag{2.131}$$

可以给出实际由于 $r$ 面和 $r+\mathrm{d}r$ 面位移梯度引起的旋转最终角为

$$\alpha = \alpha' - \alpha'' = \frac{\partial u_\theta}{\partial r} - \frac{u_\theta}{r} \tag{2.132}$$

由于 $\theta$ 面和 $\theta+\mathrm{d}\theta$ 面位移梯度引起的旋转变形为

$$\beta=\frac{u_r+\dfrac{\partial u_r}{\partial \theta}\mathrm{d}r-u_r}{r\mathrm{d}\theta}=\frac{1}{r}\frac{\partial u_r}{\partial \theta} \tag{2.133}$$

因此 $r\theta$ 平面上旋转应变为

$$\gamma_{r\theta}=\alpha+\beta=\frac{\partial u_\theta}{\partial r}-\frac{u_\theta}{r}+\frac{1}{r}\frac{\partial u_r}{\partial \theta}=\frac{1}{r}\frac{\partial u_r}{\partial \theta}+\frac{\partial u_\theta}{\partial r}-\frac{u_\theta}{r} \tag{2.134}$$

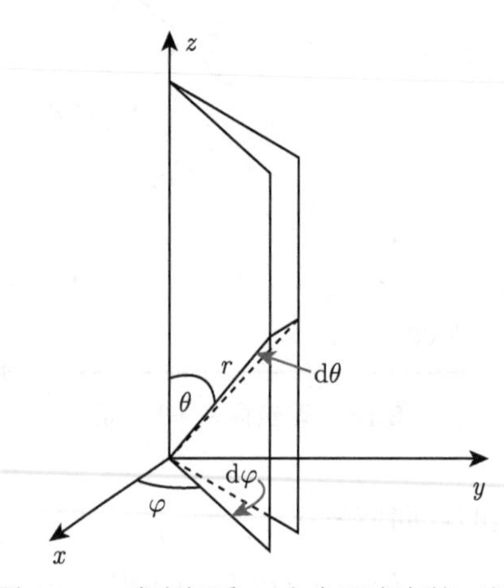


图 2.13 球坐标系 $\varphi$ 方向正应变第三部分

在 $r\varphi$ 平面内，可以给出由 $r$ 面和 $r+\mathrm{d}r$ 面位移梯度引起的旋转角为

$$\alpha'=\frac{\dfrac{\partial u_\varphi}{\partial r}\mathrm{d}r}{\mathrm{d}r}=\frac{\partial u_\varphi}{\partial r} \tag{2.135}$$

同时微元整体旋转角为

$$\alpha''=\frac{u_\varphi}{r} \tag{2.136}$$

即由于 $r$ 面和 $r+\mathrm{d}r$ 面位移梯度引起的旋转角为

$$\alpha=\alpha'-\alpha''=\frac{\partial u_\varphi}{\partial r}-\frac{u_\varphi}{r} \tag{2.137}$$

由于 $\varphi$ 面和 $\varphi+\mathrm{d}\varphi$ 面位移梯度引起的旋转变形为

$$\beta=\frac{u_r+\dfrac{\partial u_r}{\partial \varphi}\mathrm{d}r-u_r}{r\sin\theta\mathrm{d}\varphi}=\frac{1}{r\sin\theta}\frac{\partial u_r}{\partial \varphi} \tag{2.138}$$

因此 $r\varphi$ 平面上旋转应变为

$$\gamma_{r\varphi}=\alpha+\beta=\frac{\partial u_\varphi}{\partial r}-\frac{u_\varphi}{r}+\frac{1}{r\sin\theta}\frac{\partial u_r}{\partial \varphi}=\frac{1}{r\sin\theta}\frac{\partial u_r}{\partial \varphi}+\frac{\partial u_\varphi}{\partial r}-\frac{u_\varphi}{r} \tag{2.139}$$

在 $\theta\varphi$ 球面内，可以给出由 $\theta$ 面和 $\theta+\mathrm{d}\theta$ 面位移梯度引起的旋转角为

$$\alpha' = \frac{\dfrac{\partial u_\varphi}{\partial \theta}\mathrm{d}\theta}{r\mathrm{d}\theta} = \frac{1}{r}\frac{\partial u_\varphi}{\partial \theta} \tag{2.140}$$

同时微元的整体旋转角为

$$\alpha'' = \frac{\dfrac{u_\varphi}{r\sin\theta}\cdot r\cos\theta\mathrm{d}\theta}{r\mathrm{d}\theta} = \frac{u_\varphi}{r\sin\theta}\cdot\cos\theta = \frac{u_\varphi}{r}\cdot\cot\theta \tag{2.141}$$

即由 $\theta$ 面和 $\theta+\mathrm{d}\theta$ 面位移梯度引起的旋转角为

$$\alpha = \alpha' - \alpha'' = \frac{1}{r}\left(\frac{\partial u_\varphi}{\partial \theta} - u_\varphi\cot\theta\right) \tag{2.142}$$

由 $\varphi$ 面和 $\varphi+\mathrm{d}\varphi$ 面位移梯度引起的旋转角为

$$\beta = \frac{\dfrac{\partial u_\theta}{\partial \varphi}\mathrm{d}\varphi}{r\sin\theta\mathrm{d}\varphi} = \frac{1}{r\sin\theta}\frac{\partial u_\theta}{\partial \varphi} \tag{2.143}$$

因此 $\theta\varphi$ 球面上旋转应变为

$$\gamma_{\theta\varphi} = \alpha + \beta = \frac{1}{r}\left(\frac{\partial u_\varphi}{\partial \theta} - u_\varphi\cot\theta\right) + \frac{1}{r\sin\theta}\frac{\partial u_\theta}{\partial \varphi} \tag{2.144}$$

即球坐标系中微元几何方程整体上写为

$$\begin{cases} \varepsilon_{rr} = \dfrac{\partial u_r}{\partial r} \\ \varepsilon_{\theta\theta} = \dfrac{1}{r}\dfrac{\partial u_\theta}{\partial \theta} + \dfrac{u_r}{r} \\ \varepsilon_{\varphi\varphi} = \dfrac{1}{r}\left(\dfrac{1}{\sin\theta}\dfrac{\partial u_\varphi}{\partial \varphi} + u_r + u_\theta\cot\theta\right) \end{cases} \tag{2.145}$$

和

$$\begin{cases} \gamma_{r\theta} = \dfrac{1}{r}\dfrac{\partial u_r}{\partial \theta} + \dfrac{\partial u_\theta}{\partial r} - \dfrac{u_\theta}{r} \\ \gamma_{r\varphi} = \dfrac{1}{r\sin\theta}\dfrac{\partial u_r}{\partial \varphi} + \dfrac{\partial u_\varphi}{\partial r} - \dfrac{u_\varphi}{r} \\ \gamma_{\theta\varphi} = \dfrac{1}{r}\left(\dfrac{\partial u_\varphi}{\partial \theta} - u_\varphi\cot\theta\right) + \dfrac{1}{r\sin\theta}\dfrac{\partial u_\theta}{\partial \varphi} \end{cases} \tag{2.146}$$

此时，微元的体应变即为

$$\varDelta = \varepsilon_{rr} + \varepsilon_{\theta\theta} + \varepsilon_{\varphi\varphi} = \frac{\partial u_r}{\partial r} + \frac{1}{r}\frac{\partial u_\theta}{\partial \theta} + 2\frac{u_r}{r} + \frac{1}{r}\left(\frac{1}{\sin\theta}\frac{\partial u_\varphi}{\partial \varphi} + u_\theta\cot\theta\right) \tag{2.147}$$

式 (2.147) 可以简写为

$$\Delta = \frac{1}{r^2}\frac{\partial\left(r^2 u_r\right)}{\partial r} + \frac{1}{r}\left(\frac{\partial u_\theta}{\partial \theta} + \frac{1}{\sin\theta}\frac{\partial u_\varphi}{\partial \varphi} + u_\theta \cot\theta\right) \tag{2.148}$$

## 2.3　弹性固体材料与广义 Hooke 定律

准静态单轴拉伸与准静态单轴压缩是给出材料准静态应力应变关系的最基础也是最常用的材料性能试验，其试验原理示意图见图 2.14。

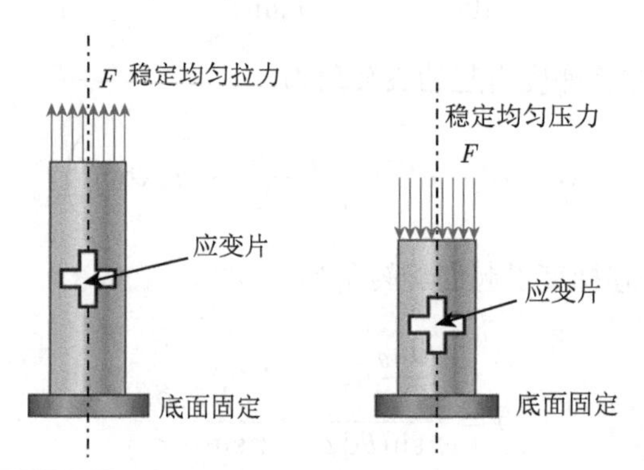


图 2.14　准静态单轴拉伸和准静态单轴压缩试验示意图

试验中试件下端固定，通过试验机控制上端拉伸力或压缩力缓慢增加，或者以缓慢稳定的速度向上拉伸或向下压缩。通常我们在试件上牢固地贴上水平和竖直一对垂直的应变片，用来测量准静态单轴拉伸或压缩过程中力的作用方向和垂直于力作用方向的应变。

### 2.3.1　材料的准静态拉伸与压缩试验

以准静态单轴拉伸试验为例，设试件中均匀受力部分为细长圆柱形杆 (一般拉伸试件为“狗骨头”状，我们取其中均匀受力阶段进行分析)，其初始截面积为 $A_0$，初始长度为 $L_0$。我们定义应力为材料内某截面上质点所在无穷小区域单位面积上所承受的内力；对于准静态单轴拉伸而言，可以不考虑惯性效应，根据牛顿第三定律，此时该面积无穷小区域 $\delta A$ 所承受的内力应等于外部拉力 $\delta F$，即应力为

$$\sigma = \frac{\delta F}{\delta A} \tag{2.149}$$

式中，$\delta A$ 表示质点所在无穷小区域的面积；$\delta F$ 表示该区域所受到的力。对于准静态单轴拉伸试验而言，我们近似认为垂直于作用力方向截面上受力均匀，即

$$\sigma = \frac{F}{A} \tag{2.150}$$

式中，$A$ 表示受力截面某时刻的瞬时面积。在试验数据处理和工程中，为简化计算，我们取截面初始面积 $A_0$ 为参考量，此时应力计算表达式为

$$\sigma \approx \frac{F}{A_0} \tag{2.151}$$

式 (2.151) 中所计算得到的应力我们一般将其称为工程应力。

类似弹簧受力分析情况，我们定义固体材料在受力时单位长度的变形量为应变，即

$$\varepsilon=\frac{\delta l}{l} \tag{2.152}$$

式中，$l$ 表示材料某时刻的瞬时长度；$\delta l$ 表示此时刻无穷小时间内材料的变形量。在试验数据处理和工程中，为简化计算，我们取初始长度 $L_0$ 为参考量，此时该长度材料的应变可简写为

$$\varepsilon\approx\frac{\sum\delta l}{L_0}=\frac{\Delta l}{L_0} \tag{2.153}$$

式中，$\Delta l$ 表示受力过程中初始长度 $L_0$ 的材料的总变形量。我们常称式 (2.153) 计算得到的应变为工程应变。

以金属材料细杆准静态单轴试验为例，如图 2.15 所示，在 $t=0$ 初始时刻长度为 $L_0$ 杆受到平行于杆轴线方向 ($z$ 轴方向) 的拉力作用，在拉伸过程中金属杆势必会在受力方向产生一个拉伸变形，设在 $t=t_1$ 时刻拉力为 $F_1$，此时刻杆的长度为 $l_1$，此时杆的伸长量为 $\Delta l=l_1-L_0$。

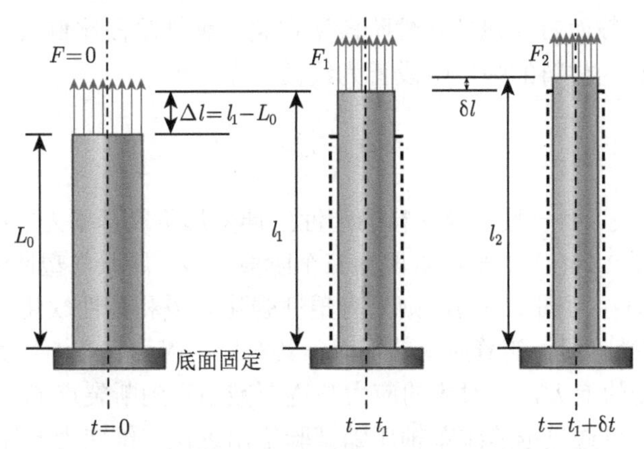


图 2.15 准静态单轴拉伸和单轴压缩试验示意图

根据式 (2.153) 容易计算出此时刻材料的拉伸工程应力和拉伸工程应变分别为

$$\begin{cases}\sigma_1=\dfrac{F_1}{A_0}\\ \varepsilon_1=\dfrac{\Delta l}{L_0}=\dfrac{l_1-L_0}{L_0}\end{cases} \tag{2.154}$$

其中，试验过程中不同时刻对应杆在拉伸方向上的应变可以通过应变片直接测量得到，杆中作用力方向的应力 $\sigma_z$ 也可以通过式 (2.154) 计算得到；因而，我们可以通过准静态单轴拉伸得到材料在近似一维应力条件下的应力应变曲线，典型金属材料的准静态单轴拉伸应力应变曲线示意图见图 2.16。

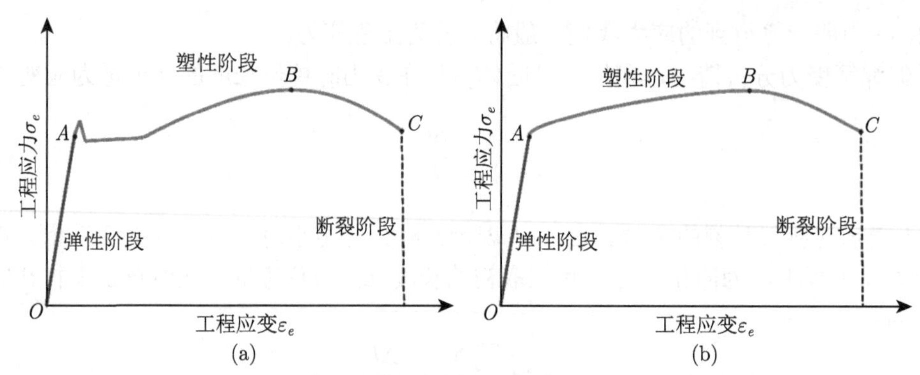


图 2.16　典型金属材料准静态单轴拉伸应力应变曲线示意图

以图 2.16(b) 为例，我们可以看到：当拉伸应变逐渐增大时，杆中材料的应力整体上也逐渐增大；从曲线特征来看，一般金属材料的准静态单轴拉伸试验应力应变曲线分为两个阶段，即线性关系阶段和非线性关系阶段；从应变特征来看，如不考虑断裂阶段，应力应变曲线可以分为弹性阶段 (卸载后无残余应变) 和塑性阶段 (卸载后存在残余应变)；以上两种划分标准不同，准确来讲，它们之间的关系也不是一一对应的关系，事实上，一般金属材料的准静态单轴拉伸试验所得到的应力应变曲线弹性阶段也分为线性弹性阶段和非线性弹性阶段，只是一般而言非线性弹性阶段所占整个弹性阶段比例较小，我们经常忽略这一部分，因此近似认为材料的弹性阶段皆为线性关系，即

$$\sigma = E \cdot \varepsilon \tag{2.155}$$

即图 2.16 中的 $OA$ 段。而一般金属材料的塑性拉伸变形阶段基本为非线性，其塑性阶段的特征也不尽相同。图 2.16(a) 中塑性阶段由三个阶段组成：屈服与塑性流动阶段、塑性强化阶段和塑性软化阶段；而图 2.16(b) 则只有塑性强化阶段和塑性软化阶段两个阶段。以图 2.16(b) 为例，在塑性阶段，随着应变的增大，其对应的应力也逐渐增大，直到达到峰值点 $B$；之后，随着应变的增大，其对应的应力却逐渐减小直到断裂点 $C$。

同理，我们也可以通过准静态单轴压缩试验给出近似一维应力条件下的应力应变曲线，典型金属杆准静态单轴压缩应力应变曲线示意图见图 2.17。

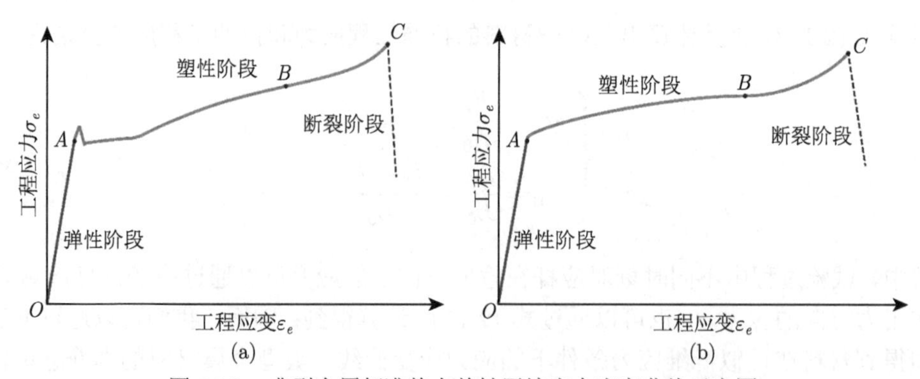


图 2.17　典型金属杆准静态单轴压缩应力应变曲线示意图

从以上分析也可以看出，如不考虑非线性弹性阶段，准静态单轴压缩试验所得到的应力应变曲线也主要分为线性弹性阶段和非线性塑性阶段。对比图 2.17 和图 2.16，我们可以明显看到，单轴拉伸与单轴压缩在塑性加载的 $AB$ 阶段基本特征类似，但在单轴拉伸试验中，存在峰值点 $B$，当应变超过该点对应的应变值后塑性应力会逐渐减小；而在单轴压缩试验中，并未出现峰值点和之后的应力减小阶段，而是应力随着应变的增大继续增大，直至断裂。

对比以上一般金属材料准静态单轴拉伸和单轴压缩试验所得到的应力应变曲线，容易发现，此类材料拉伸与压缩性能在弹性阶段非常相近，但在塑性阶段却存在差异，而且随着应变的增大，这种差异更加明显。然而，这并不能说明金属材料准静态单轴压缩强度在塑性阶段大于对应的拉伸强度，或这些试验结果并不能表明金属材料准静态单轴压缩与单轴拉伸性能明显不同这个结论。事实上，对于多数金属材料而言，其准静态单轴拉伸性能与准静态单轴压缩性能基本相同，即属于各向同性材料。从图 2.16 和图 2.17 可以看出，曲线对应的纵坐标和横坐标分别为工程应力和工程应变，是材料真应力和真应变对应的近似值。以准静态单轴拉伸试验为例，如图 2.15 所示，设在 $t = t_1$ 时刻试件所受到的拉力为 $F_1$，试件中心截面积为 $A_1$，此时材料的瞬时应力即真应力 $\sigma_t$ 应为

$$\sigma_t|_{t=t_1} = \frac{F_1}{A_1} \tag{2.156}$$

而根据式 (2.154)，此时材料的工程应力 $\sigma_e$ 应为

$$\sigma_e|_{t=t_1} = \frac{F_1}{A_0} \tag{2.157}$$

在拉伸过程中，试件长度 $l$ 由初始长度 $L_0$ 增大到 $t = t_1$ 时刻的 $l_1$，其增加量为

$$\Delta l = l_1 - L_0 > 0 \tag{2.158}$$

同时，在材料拉伸过程中，在拉伸方向 (设其方向为 $z$) 会产生一个应变 $\varepsilon_z$ 的同时，会在 $x$ 方向和 $y$ 方向产生应变 $\varepsilon_x$ 和 $\varepsilon_y$，且满足

$$\nu = -\frac{\varepsilon_x}{\varepsilon_z} = -\frac{\varepsilon_y}{\varepsilon_z} \Rightarrow \varepsilon_x = \varepsilon_y = -\nu \cdot \varepsilon_z \tag{2.159}$$

式中，定义拉伸应变为正、压缩应变为负；$\nu$ 为 Poisson 比，它是一个弹性系数，容易看出，该物理量为无量纲量，对于一般材料而言，其取值范围为 0~0.5。固体力学中，对于一般金属材料而言，可以近似认为其在通常条件 (非极端条件) 下“塑性不可压”，即塑性阶段材料的体积保持不变，这也是金属材料塑性屈服准则的基本假设之一。“塑性不可压”即意味着塑性阶段材料体应变 $\theta$ 为零。容易知道，变形量较小时，有

$$\theta = \frac{\Delta V}{V} \approx \varepsilon_x + \varepsilon_y + \varepsilon_z \equiv 0 \tag{2.160}$$

如果将 Poisson 比的概念推广到塑性阶段，对于圆柱金属杆的拉伸或压缩问题，设拉伸方向为 $z$ 轴方向，此时有

$$\varepsilon_x \equiv \varepsilon_y = -\nu \cdot \varepsilon_z \tag{2.161}$$

根据式 (2.160) 和式 (2.161) 可以计算出

$$\varepsilon_z \equiv 0.5 \tag{2.162}$$

即在“塑性不可压”假设的前提下，此时不同金属材料的塑性 Poisson 比均为 0.5，是一个常数，因此该值并算不上一个材料常数。

因此，可以计算出 $t = t_1$ 时刻试件受力截面的面积为

$$A_1 = A_0 - \Delta A = (1 + \varepsilon_x + \varepsilon_y) A_0 = (1 - |\varepsilon_x| - |\varepsilon_y|) A_0 < A_0 \tag{2.163}$$

根据式 (2.156) 和式 (2.157)，并结合式 (2.163)，容易得到

$$\sigma_t|_{t=t_1} > \sigma_e|_{t=t_1} \tag{2.164}$$

一般金属材料 Poisson 比约为 0.3，此时有

$$\sigma_t|_{t=t_1} \approx \frac{F_1}{(1 - |\varepsilon_x| - |\varepsilon_y|) A_0} = \frac{F_1}{(1 - 0.6\varepsilon_z) A_0} = \frac{\sigma_e|_{t=t_1}}{1 - 0.6\varepsilon_z} \tag{2.165}$$

考虑到弹性阶段材料的拉伸阶段应变极小而可以忽略不计，此时可近似认为

$$\sigma_t \approx \sigma_e \tag{2.166}$$

然而，从图 2.16 容易看出材料的塑性阶段其变形量比较大，两者之间的差距随着变形量的增大逐渐增大，需要考虑两者的差别。根据“塑性不可压”条件，有

$$A_0 L_0 = A_1 l_1 \tag{2.167}$$

此时

$$\sigma_t|_{t=t_1} = \frac{F_1}{A_1} = \frac{F_1}{A_0} \cdot \frac{l_1}{L_0} = \frac{F_1}{A_0} \cdot \left(1 + \frac{\Delta l}{L_0}\right) = \sigma_e|_{t=t_1} \cdot \left(1 + \varepsilon_e|_{t=t_1}\right) \tag{2.168}$$

对于整个塑性阶段，式 (2.168) 所示关系皆存在，即在塑性阶段有

$$\sigma_t = \sigma_e \cdot (1 + \varepsilon_e) \tag{2.169}$$

式中，下标 $e$ 表示对应的量分别为工程应力和工程应变；下标 $t$ 表示对应的量分别为真应力和真应变 (后面内容中使用该量)。

从图 2.15 中可以看出，在 $t = t_1$ 时刻后无限小的时间段 $\delta t$ 内，拉力从 $F_1$ 增大到 $F_2$，此时试件的伸长量 $\delta l$ 为

$$\delta l = l_2 - l_1 \tag{2.170}$$

此时可以计算出 $t = t_1$ 瞬间试件的真应变增量 $\delta\varepsilon_t$ 为

$$\delta\varepsilon_t = \frac{\delta l}{l_1} \tag{2.171}$$

对式 (2.171) 在 $t=0$ 到 $t=t_1$ 时间区间内积分，可以得到 $t=t_1$ 时刻真应变为

$$\varepsilon_t\big|_{t=t_1}=\int_{t=0}^{t=t_1}\delta\varepsilon_t=\int_{L_0}^{l_1}\frac{\delta l}{l}=\ln\frac{l_1}{L_0}=\ln\left(1+\frac{\Delta l}{L_0}\right)=\ln\left(1+\varepsilon_e|_{t=t_1}\right) \tag{2.172}$$

式 (2.172) 对于整个加载阶段皆成立，即

$$\varepsilon_t=\ln\left(1+\varepsilon_e\right) \tag{2.173}$$

在弹性拉伸阶段，由于工程应变值 $\varepsilon_e$ 极小，此时

$$\varepsilon_t=\ln\left(1+\varepsilon_e\right)=\varepsilon_e-\frac{\varepsilon_e^2}{2}+o\left(\varepsilon_e^2\right)\approx\varepsilon_e \tag{2.174}$$

式中，$o\left(\varepsilon_e^2\right)$ 表示 $\varepsilon_e^2$ 的高阶无穷小量。而对于塑性变形而言，由于工程应变值 $\varepsilon_e$ 相对较大，通常需要利用式 (2.173) 进行转换。

从式 (2.169) 和式 (2.174) 可以看出，对于准静态单轴拉伸试验而言，在加载过程中，有

$$\begin{cases}\sigma_t>\sigma_e\\ \varepsilon_t<\varepsilon_e\end{cases} \tag{2.175}$$

同理，在准静态单轴压缩试验中，如不考虑代数符号，我们也可以得到，此时工程应力、工程应变与真应力、真应变之间的关系为

$$\begin{cases}\sigma_t=\sigma_e\cdot\left(1-\varepsilon_e\right)\\ \varepsilon_t=\ln\left(1-\varepsilon_e\right)\end{cases} \tag{2.176}$$

同样，容易看到，对于准静态单轴压缩而言，有

$$\begin{cases}\sigma_t<\sigma_e\\ \varepsilon_t>\varepsilon_e\end{cases} \tag{2.177}$$

以图 2.16(b) 和图 2.17(b) 为例，我们对其进行转换，可以得到图 2.18。

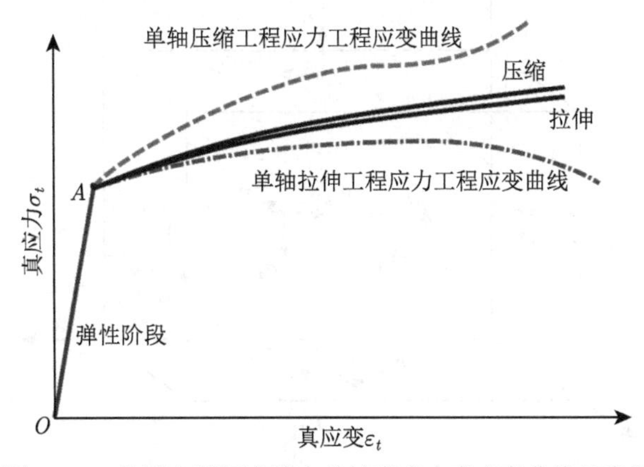


图 2.18 典型金属杆准静态单轴真应力真应变曲线示意图

图 2.18 显示，经过转换后，一般金属材料的准静态单轴拉伸和准静态单轴压缩曲线弹性阶段基本重合、塑性阶段非常接近，考虑到压缩试验和拉伸试验试验条件的不理想和误差，我们可以近似认为其基本重合，此类材料即为各向同性金属材料，即无论对于单轴拉伸还是单轴压缩，其材料的应力应变关系 (即一维条件下的简单本构关系) 具有相同的函数形式：

$$\sigma_t = \sigma_t\left(\varepsilon_t\right) \tag{2.178}$$

通常简写为

$$\sigma = \sigma\left(\varepsilon\right) \tag{2.179}$$

也就是说，材料的本构方程中对应的应力和应变应分别为真应力与真应变。

### 2.3.2 三维空间广义的 Hooke 定律

力学问题中，如介质的受力状态始终处于弹性阶段，材料的本构只涉及弹性本构关系；线弹性本构关系是其中最简单的固体本构关系之一。对于线弹性介质中的一维应力问题而言，由于任意一个微单元只受到一个方向的应力作用，也只有一个方向上存在应变，因此其应力与应变关系满足简单的线性关系即 Hooke 定律：

$$\sigma = E\varepsilon \tag{2.180}$$

式中，$E$ 表示杨氏模量。

而在三维空间中，如图 2.19 所示，根据 2.1 节中应力和应变的对称性容易知道，介质中任意微元 (或质点) 受到的应力可由六个应力分量 $\sigma_{xx}$、$\sigma_{yy}$、$\sigma_{zz}$、$\sigma_{xy}$、$\sigma_{yz}$、$\sigma_{xz}$ 表示，其应变也相应地有六个应变分量 $\varepsilon_{xx}$、$\varepsilon_{yy}$、$\varepsilon_{zz}$、$\varepsilon_{xy}$、$\varepsilon_{yz}$、$\varepsilon_{xz}$；同前面，$\sigma_{xx}$ 下标 “$xx$” 中第一个 “$x$” 表示应力分量所在微元面的法线方向平行于 $x$ 轴、第二个 “$x$” 表示应力分量的方向平行于 $x$ 轴，$\sigma_{xy}$ 下标 “$xy$” 中第一个 “$x$” 表示应力分量所在微元面的法线方向平行于 $x$ 轴、第二个 “$y$” 表示应力分量的方向平行于 $y$ 轴。

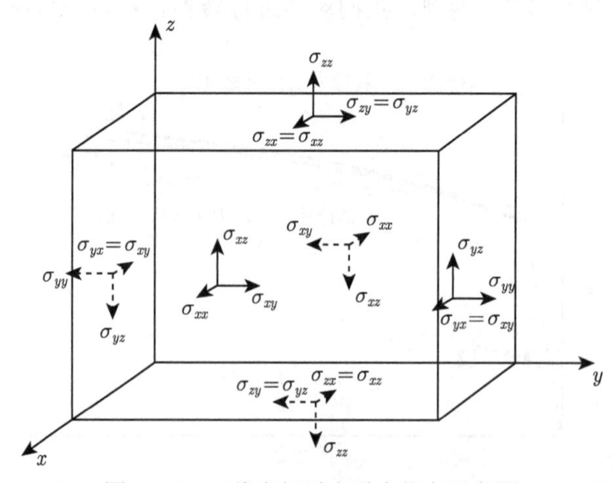


图 2.19 三维空间质点受力状态示意图

而且，对于线弹性材料而言，应力分量与应变之间满足

$$\begin{bmatrix} \sigma_{xx} \\ \sigma_{yy} \\ \sigma_{zz} \\ \sigma_{xy} \\ \sigma_{yz} \\ \sigma_{xz} \end{bmatrix} = \begin{bmatrix} c_{11} & c_{12} & c_{13} & c_{14} & c_{15} & c_{16} \\ c_{21} & c_{22} & c_{23} & c_{24} & c_{25} & c_{26} \\ c_{31} & c_{32} & c_{33} & c_{34} & c_{35} & c_{36} \\ c_{41} & c_{42} & c_{43} & c_{44} & c_{45} & c_{46} \\ c_{51} & c_{52} & c_{53} & c_{54} & c_{55} & c_{56} \\ c_{61} & c_{62} & c_{63} & c_{64} & c_{65} & c_{66} \end{bmatrix} \begin{bmatrix} \varepsilon_{xx} \\ \varepsilon_{yy} \\ \varepsilon_{zz} \\ \varepsilon_{xy} \\ \varepsilon_{yz} \\ \varepsilon_{xz} \end{bmatrix} \tag{2.181}$$

式中，$c_{11} \sim c_{66}$ 共 36 个量为刚度系数。或

$$\begin{bmatrix} \varepsilon_{xx} \\ \varepsilon_{yy} \\ \varepsilon_{zz} \\ \varepsilon_{xy} \\ \varepsilon_{yz} \\ \varepsilon_{xz} \end{bmatrix} = \begin{bmatrix} c'_{11} & c'_{12} & c'_{13} & c'_{14} & c'_{15} & c'_{16} \\ c'_{21} & c'_{22} & c'_{23} & c'_{24} & c'_{25} & c'_{26} \\ c'_{31} & c'_{32} & c'_{33} & c'_{34} & c'_{35} & c'_{36} \\ c'_{41} & c'_{42} & c'_{43} & c'_{44} & c'_{45} & c'_{46} \\ c'_{51} & c'_{52} & c'_{53} & c'_{54} & c'_{55} & c'_{56} \\ c'_{61} & c'_{62} & c'_{63} & c'_{64} & c'_{65} & c'_{66} \end{bmatrix} \begin{bmatrix} \sigma_{xx} \\ \sigma_{yy} \\ \sigma_{zz} \\ \sigma_{xy} \\ \sigma_{yz} \\ \sigma_{xz} \end{bmatrix} \tag{2.182}$$

式中，$c'_{11} \sim c'_{66}$ 共 36 个量为刚度系数。

式 (2.181) 和式 (2.182) 称为广义的 Hooke 定律。对于各向同性线弹性材料而言，上述两式可以进一步简化为

$$\begin{bmatrix} \sigma_{xx} \\ \sigma_{yy} \\ \sigma_{zz} \\ \sigma_{xy} \\ \sigma_{yz} \\ \sigma_{xz} \end{bmatrix} = \begin{bmatrix} c_{11} & c_{12} & c_{13} & 0 & 0 & 0 \\ c_{21} & c_{22} & c_{23} & 0 & 0 & 0 \\ c_{31} & c_{32} & c_{33} & 0 & 0 & 0 \\ 0 & 0 & 0 & c_{44} & 0 & 0 \\ 0 & 0 & 0 & 0 & c_{55} & 0 \\ 0 & 0 & 0 & 0 & 0 & c_{66} \end{bmatrix} \begin{bmatrix} \varepsilon_{xx} \\ \varepsilon_{yy} \\ \varepsilon_{zz} \\ \varepsilon_{xy} \\ \varepsilon_{yz} \\ \varepsilon_{xz} \end{bmatrix} \tag{2.183}$$

或

$$\begin{bmatrix} \varepsilon_{xx} \\ \varepsilon_{yy} \\ \varepsilon_{zz} \\ \varepsilon_{xy} \\ \varepsilon_{yz} \\ \varepsilon_{xz} \end{bmatrix} = \begin{bmatrix} c'_{11} & c'_{12} & c'_{13} & 0 & 0 & 0 \\ c'_{21} & c'_{22} & c'_{23} & 0 & 0 & 0 \\ c'_{31} & c'_{32} & c'_{33} & 0 & 0 & 0 \\ 0 & 0 & 0 & c'_{44} & 0 & 0 \\ 0 & 0 & 0 & 0 & c'_{55} & 0 \\ 0 & 0 & 0 & 0 & 0 & c'_{66} \end{bmatrix} \begin{bmatrix} \sigma_{xx} \\ \sigma_{yy} \\ \sigma_{zz} \\ \sigma_{xy} \\ \sigma_{yz} \\ \sigma_{xz} \end{bmatrix} \tag{2.184}$$

容易根据 Poisson 比的定义和叠加原理给出式 (2.184) 的具体表达形式为

$$
\begin{bmatrix} \varepsilon_{xx} \\ \varepsilon_{yy} \\ \varepsilon_{zz} \\ \varepsilon_{xy} \\ \varepsilon_{yz} \\ \varepsilon_{xz} \end{bmatrix} = \begin{bmatrix} 1/E & -\nu/E & -\nu/E & 0 & 0 & 0 \\ -\nu/E & 1/E & -\nu/E & 0 & 0 & 0 \\ -\nu/E & -\nu/E & 1/E & 0 & 0 & 0 \\ 0 & 0 & 0 & 1/2G & 0 & 0 \\ 0 & 0 & 0 & 0 & 1/2G & 0 \\ 0 & 0 & 0 & 0 & 0 & 1/2G \end{bmatrix} \begin{bmatrix} \sigma_{xx} \\ \sigma_{yy} \\ \sigma_{zz} \\ \sigma_{xy} \\ \sigma_{yz} \\ \sigma_{xz} \end{bmatrix} \tag{2.185}
$$

式中，$\nu$ 表示 Poisson 比；部分常用材料的杨氏模量 $E$ 和 Poisson 比 $\nu$ 参考值见表 2.1。

**表 2.1　部分常用材料杨氏模量和 Poisson 比参考值**

| 材料 | 密度 $\rho/(\mathrm{g/cm^3})$ | 杨氏模量 $E$/GPa | Poisson 比 $\nu$ |
|---|---|---|---|
| 银 | 10.49 | 71.0 | 0.37 |
| 铅 | 11.34 | 14.0 | 0.40 |
| 金 | 19.32 | 78.0 | 0.42 |
| 铜 | 8.93 | 129.8 | 0.343 |
| 铀 | 18.95 | 172.0 | 0.30 |
| 铝 | 2.70 | 70.3 | 0.345 |
| 铁 | 7.85 | 211.4 | 0.293 |
| 1100 系铝合金 | 2.71 | 68.9 | 0.33 |
| 2024 系铝合金 | 2.73 | 72.4 | 0.33 |
| 5052 系铝合金 | 2.68 | 70.0 | 0.33 |
| 6061 系铝合金 | 2.75 | 69.0 | 0.33 |
| 6063 系铝合金 | 2.69 | 69.0 | 0.33 |
| 7075 系铝合金 | 2.81 | 72.0 | 0.33 |
| 软铁 | 7.87 | 120.0 | 0.31 |
| 灰铸铁 (HT100-350) | 7.00 ~ 7.30 | 108.0 ~ 145.0 | 0.12 ~ 0.31 |
| 可锻铸铁 | 7.30 | 66.2 | 0.27 |
| 45# 钢 | 7.85 | 209.0 | 0.30 |
| Q235 钢 | 7.83 ~ 7.86 | 208.0 ~ 212.0 | 0.27 ~ 0.29 |
| 304 不锈钢 | 7.93 | 190.0 | 0.29 |
| 4340 钢 | 7.85 | 205.0 | 0.29 |
| 黄铜 | 8.50 | 100.0 | 0.33 |
| ABS 塑料 | 1.10 | 2.4 | 0.39 |
| 尼龙 610 | 1.07 | 8.3 | 0.28 |
| 橡胶 | 1.00 | 0.0061 | 0.49 |
| 玻璃 | 2.46 | 55.0 ~ 68.9 | 0.23 ~ 0.25 |

同理也可以根据式 (2.185) 推导出式 (2.183) 的具体形式为

$$
\begin{bmatrix} \sigma_{xx} \\ \sigma_{yy} \\ \sigma_{zz} \\ \sigma_{xy} \\ \sigma_{yz} \\ \sigma_{xz} \end{bmatrix} = \begin{bmatrix} \lambda+2G & \lambda & \lambda & 0 & 0 & 0 \\ \lambda & \lambda+2G & \lambda & 0 & 0 & 0 \\ \lambda & \lambda & \lambda+2G & 0 & 0 & 0 \\ 0 & 0 & 0 & 2G & 0 & 0 \\ 0 & 0 & 0 & 0 & 2G & 0 \\ 0 & 0 & 0 & 0 & 0 & 2G \end{bmatrix} \begin{bmatrix} \varepsilon_{xx} \\ \varepsilon_{yy} \\ \varepsilon_{zz} \\ \varepsilon_{xy} \\ \varepsilon_{yz} \\ \varepsilon_{xz} \end{bmatrix} \tag{2.186}
$$

式中，$\lambda$ 表示 Lamé 第一常量；$G$ 表示剪切模量，其与 Lamé 第二常量 $\mu$ 相等；且有

$$\begin{cases} \lambda = \dfrac{\nu E}{(1+\nu)(1-2\nu)} \\ G = \mu = \dfrac{E}{2(1+\nu)} \end{cases} \tag{2.187}$$

其中，$\sigma_{xx}$、$\sigma_{yy}$、$\sigma_{zz}$ 表示正应力，$\sigma_{xy}$、$\sigma_{yz}$、$\sigma_{xz}$ 表示剪应力，为与正应力区分，三个剪应力分量也常写为 $\tau_{xy}$、$\tau_{yz}$、$\tau_{xz}$；$\varepsilon_{xx}$、$\varepsilon_{yy}$、$\varepsilon_{zz}$ 表示正应变，$\varepsilon_{xy}$、$\varepsilon_{yz}$、$\varepsilon_{xz}$ 表示剪应变，为统一形式，三个剪应变也常写为 $\gamma_{xy}$、$\gamma_{yz}$、$\gamma_{xz}$，且

$$\begin{cases} \gamma_{xy} = 2\varepsilon_{xy} \\ \gamma_{yz} = 2\varepsilon_{yz} \\ \gamma_{xz} = 2\varepsilon_{xz} \end{cases} \tag{2.188}$$

因此，式 (2.185) 和式 (2.186) 常写为

$$\begin{bmatrix} \varepsilon_{xx} \\ \varepsilon_{yy} \\ \varepsilon_{zz} \\ \gamma_{xy} \\ \gamma_{yz} \\ \gamma_{xz} \end{bmatrix} = \begin{bmatrix} 1/E & -\nu/E & -\nu/E & 0 & 0 & 0 \\ -\nu/E & 1/E & -\nu/E & 0 & 0 & 0 \\ -\nu/E & -\nu/E & 1/E & 0 & 0 & 0 \\ 0 & 0 & 0 & 1/G & 0 & 0 \\ 0 & 0 & 0 & 0 & 1/G & 0 \\ 0 & 0 & 0 & 0 & 0 & 1/G \end{bmatrix} \begin{bmatrix} \sigma_{xx} \\ \sigma_{yy} \\ \sigma_{zz} \\ \tau_{xy} \\ \tau_{yz} \\ \tau_{xz} \end{bmatrix} \tag{2.189}$$

或

$$\begin{bmatrix} \sigma_{xx} \\ \sigma_{yy} \\ \sigma_{zz} \\ \tau_{xy} \\ \tau_{yz} \\ \tau_{xz} \end{bmatrix} = \begin{bmatrix} \lambda+2G & \lambda & \lambda & 0 & 0 & 0 \\ \lambda & \lambda+2G & \lambda & 0 & 0 & 0 \\ \lambda & \lambda & \lambda+2G & 0 & 0 & 0 \\ 0 & 0 & 0 & G & 0 & 0 \\ 0 & 0 & 0 & 0 & G & 0 \\ 0 & 0 & 0 & 0 & 0 & G \end{bmatrix} \begin{bmatrix} \varepsilon_{xx} \\ \varepsilon_{yy} \\ \varepsilon_{zz} \\ \gamma_{xy} \\ \gamma_{yz} \\ \gamma_{xz} \end{bmatrix} \tag{2.190}$$

### 2.3.3 弹性体应变与弹性系数

如图 2.19 所示，对于线弹性材料而言，三个方向边长分别为 $\mathrm{d}x$、$\mathrm{d}y$、$\mathrm{d}z$ 的微元体应变 $\theta$ 应为

$$\theta = \frac{\mathrm{d}V}{V} = \frac{(\mathrm{d}x + \varepsilon_{xx}\mathrm{d}x)(\mathrm{d}y + \varepsilon_{yy}\mathrm{d}y)(\mathrm{d}z + \varepsilon_{zz}\mathrm{d}z) - \mathrm{d}x\mathrm{d}y\mathrm{d}z}{\mathrm{d}x\mathrm{d}y\mathrm{d}z} \tag{2.191}$$

当边长 $\mathrm{d}x$、$\mathrm{d}y$、$\mathrm{d}z$ 为无穷小量时，式 (2.191) 忽略高阶无穷小量，可以得到

$$\theta = \varepsilon_{xx} + \varepsilon_{yy} + \varepsilon_{zz} \tag{2.192}$$

结合式 (2.189)，式 (2.192) 也可以写为

$$\theta=\frac{1-2\nu}{E}\left(\sigma_{xx}+\sigma_{yy}+\sigma_{zz}\right) \tag{2.193}$$

若定义平均主应力 $\sigma_m$ 为

$$\sigma_m=\frac{\sigma_{xx}+\sigma_{yy}+\sigma_{zz}}{3} \tag{2.194}$$

则式 (2.193) 可以进一步简化为

$$\theta=\frac{3\left(1-2\nu\right)}{E}\sigma_m \tag{2.195}$$

或

$$\sigma_m=\frac{E}{3\left(1-2\nu\right)}\theta \tag{2.196}$$

如定义体积模量 $K$ 为

$$K=\frac{E}{3\left(1-2\nu\right)} \tag{2.197}$$

则式 (2.196) 可简写为

$$\sigma_m=K\theta \tag{2.198}$$

从式 (2.198) 可以看出，体应变 $\theta$ 只与平均主应力 $\sigma_m$ 相关，剪切应力导致的形变以及主应力之间的比例关系不会影响体积改变，而且两者之间呈正比关系；式 (2.198) 也称为体积 Hooke 定律。

此时，式 (2.190) 也可以写为以下形式：

$$\left\{\begin{array}{l}\sigma_{xx}=\lambda\theta+2G\varepsilon_{xx}\\ \sigma_{yy}=\lambda\theta+2G\varepsilon_{yy}\\ \sigma_{zz}=\lambda\theta+2G\varepsilon_{zz}\end{array}\right.,\quad \left\{\begin{array}{l}\tau_{xy}=G\gamma_{xy}\\ \tau_{yz}=G\gamma_{yz}\\ \tau_{xz}=G\gamma_{xz}\end{array}\right. \tag{2.199}$$

从以上分析过程可以看出，线弹性材料弹性系数有很多，如 Lamé 第一常量 $\lambda$、Lamé 第二常量 $\mu$、杨氏模量 $E$、剪切模量 $G$、体积模量 $K$、Poisson 比 $\nu$ 等，但实际上它们之间并不是独立的，只有两个独立的弹性系数，它们之间的关系见表 2.2。

根据表 2.2，我们根据其中两个弹性系数 (除同时选取 $\mu$ 和 $G$ 外)，即可求出其他弹性系数。例如，金属铀的 Poisson 比 $\nu$ 为 0.3，杨氏模量 $E$ 为 172.0GPa，可以计算出其他弹性系数为

$$\left\{\begin{array}{l}G=\mu=\dfrac{E}{2\left(1+\nu\right)}=66.2\text{GPa}\\ K=\dfrac{E}{3\left(1-2\nu\right)}=143.3\text{GPa}\\ \lambda=\dfrac{\nu E}{\left(1+\nu\right)\left(1-2\nu\right)}=99.2\text{GPa}\end{array}\right. \tag{2.200}$$

表 2.2 弹性系数之间的转换关系

| 弹性系数 | $(E,\nu)$ | $(G,\nu)$ | $(\lambda,\mu)$ | $(K,G)$ | $(K,\nu)$ |
|---|---|---|---|---|---|
| $E$ | $E$ | $2G(1+\nu)$ | $\dfrac{\mu(3\lambda+2\mu)}{\lambda+\mu}$ | $\dfrac{9KG}{3K+G}$ | $3K(1-2\nu)$ |
| $G$ | $\dfrac{E}{2(1+\nu)}$ | $G$ | $\mu$ | $G$ | $\dfrac{3K(1-2\nu)}{2(1+\nu)}$ |
| $\nu$ | $\nu$ | $\nu$ | $\dfrac{\lambda}{2(\lambda+\mu)}$ | $\dfrac{3K-2G}{2(3K+G)}$ | $\nu$ |
| $K$ | $\dfrac{E}{3(1-2\nu)}$ | $\dfrac{2G(1+\nu)}{3(1-2\nu)}$ | $\lambda+\dfrac{2}{3}\mu$ | $K$ | $K$ |
| $\lambda$ | $\dfrac{\nu E}{(1+\nu)(1-2\nu)}$ | $\dfrac{2\nu G}{1-2\nu}$ | $\lambda$ | $K-\dfrac{2}{3}G$ | $\dfrac{3K\nu}{1+\nu}$ |
| $\mu$ | $\dfrac{E}{2(1+\nu)}$ | $G$ | $\mu$ | $G$ | $\dfrac{3K(1-2\nu)}{2(1+\nu)}$ |

特别地，在一维应力状态 (设只受到 $x$ 方向的应力) 下，由于

$$\sigma_{yy}=\sigma_{zz}=\tau_{xy}=\tau_{yz}=\tau_{xz}=0 \tag{2.201}$$

所以，式 (2.190) 即可简化为

$$\sigma_{xx}=(\lambda+2G)\,\varepsilon_{xx}+\lambda\varepsilon_{yy}+\lambda\varepsilon_{zz}=\lambda\theta+2G\varepsilon_{xx} \tag{2.202}$$

即

$$\sigma_{xx}=\frac{2G}{1-\dfrac{\lambda}{3K}}\varepsilon_{xx} \tag{2.203}$$

结合表 2.2，式 (2.203) 可以简化为

$$\sigma_{xx}=\frac{\mu(3\lambda+2\mu)}{\lambda+\mu}\varepsilon_{xx}=E\varepsilon_{xx} \tag{2.204}$$

容易看出，式 (2.204) 即为常用的一维应力状态下的 Hooke 定律。

在一维应变状态 (设只有 $x$ 方向存在应变) 下，由于

$$\varepsilon_{yy}=\varepsilon_{zz}=\varepsilon_{xy}=\varepsilon_{yz}=\varepsilon_{xz}=0 \tag{2.205}$$

此时，式 (2.199) 可简化为

$$\left\{\begin{array}{l}\sigma_{xx}=(\lambda+2\mu)\,\varepsilon_{xx}\\ \sigma_{yy}=\lambda\varepsilon_{xx}\\ \sigma_{zz}=\lambda\varepsilon_{xx}\end{array}\right.,\quad\left\{\begin{array}{l}\tau_{xy}=0\\ \tau_{yz}=0\\ \tau_{xz}=0\end{array}\right. \tag{2.206}$$

对比式 (2.206) 和式 (2.204)，结合表 2.2，不难发现

$$\lambda+2\mu=\frac{(1-\nu)}{(1+\nu)(1-2\nu)}E=\frac{(1-\nu)}{(1-\nu)-2\nu^2}E>E \tag{2.207}$$

对于相同的 $x$ 方向应变，一维应变状态下对应的正应力 $\sigma_{xx}|_{\text{strain}}$ 明显大于一维应力状态下的正应力 $\sigma_{xx}|_{\text{stress}}$；且两者之比为

$$\frac{\sigma_{xx}|_{\text{strain}}}{\sigma_{xx}|_{\text{stress}}} = \frac{\lambda + 2\mu}{E} = \frac{(1-\nu)}{(1+\nu)(1-2\nu)} \tag{2.208}$$

式 (2.208) 表明，一维应变和一维应力状态下对应的正应力之比只与材料的 Poisson 比 $\nu$ 相关。以 45# 钢为例，其 Poisson 比 $\nu$ 为 0.3，因此，该比值为 1.35，即相同应变条件下，前者比后者大 35%。

事实上，一维应力和一维应变状态是两种理想的极端介质受力状态，通常力学问题中介质的受力状态处于两者之间，即对应的应力 $\sigma$ 处于两者之间：

$$\sigma_{xx}|_{\text{stress}} < \sigma < \sigma_{xx}|_{\text{strain}} \tag{2.209}$$

# 第 3 章 连续介质运动方程与典型简单应力波波速

以上第 1 章和第 2 章内容中首先介绍了高中物理中质点运动定律 (守恒定律)、简谐振动与简谐波知识，进而利用大学高等数学基础知识对简谐波与波动方程进行进一步分析；其次，介绍了弹性力学中一些应力与应变状态的基础知识、材料力学中弹性 Hooke 定律基础知识。这些基础知识是了解、理解和分析固体中弹性波传播与演化的必要前提，相关知识的深入内容读者可参考相关力学课程教程，本书不做详述。

从牛顿摆实验可以看出，当不考虑摩擦耗能和空气阻力耗能，球 1 撞击 $n$ 个水平共轴接触且与撞击球完全相同的球时，撞击球与最右端的球实现速度交换，而中间的球静止不动，即

$$\begin{cases} v_1 = v_2 = \cdots = v_n = 0 \\ v_{n+1} = v \end{cases} \tag{3.1}$$

如图 3.1 所示。

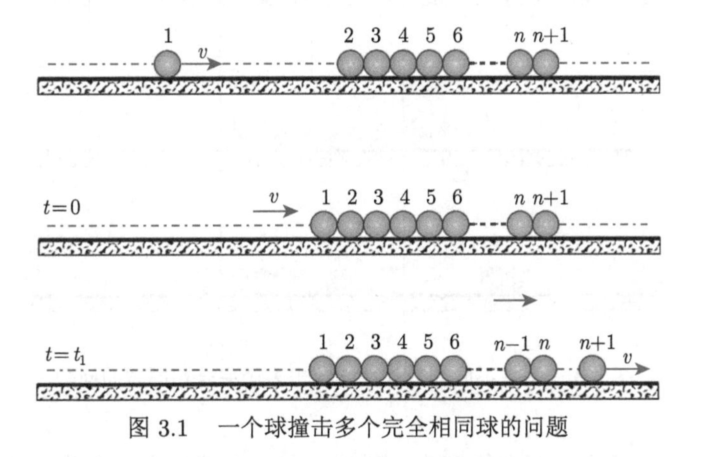


图 3.1 一个球撞击多个完全相同球的问题

根据对牛顿摆试验的仿真可知，当被撞击球数量很多时，最右端的球弹出的时间比较明显地晚于撞击时间，也就是说撞击带来的“扰动”从左端到右端存在一个传播过程。

在牛顿摆试验中也发现如图 3.2 所示的规律：当撞击球为两个紧贴在一起的两个完全相同的球、它们均以相同的速度 $v$ 撞击多个紧贴在一起且完全相同的球时，此时最右端会以相同的速度 $v$ 弹出两个球。

同样，当我们以三个球撞击完全相同多个球时，也发现被撞击球组合最右端有三个球以相同速度的速度弹出；四个球撞击时右端等速弹出四个球 …… 这些现象意味着：在不考虑摩擦和空气阻力等能耗时，任意特定数量球撞击形成的“扰动”信号“宽度”被“记忆”下来，且在传播过程中这个“记忆”几乎没有“衰减”；而且，不同数量球撞击后形成的“扰动”信号“宽度”并不相同。

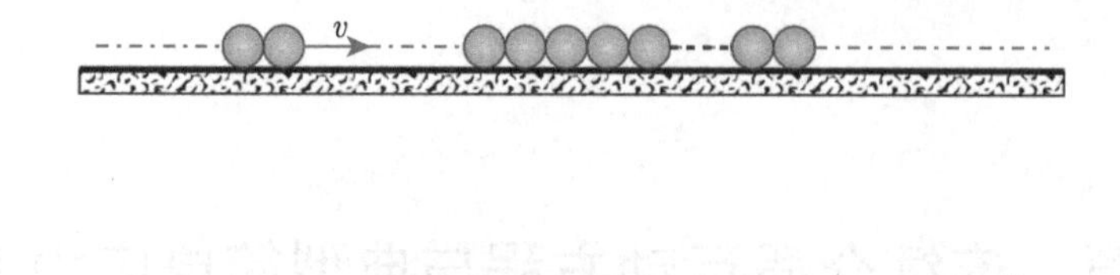


图 3.2　两个球撞击多个完全相同球的问题

综上现象，我们可以看出，这种撞击过程非常像机械波的传播，在完全弹性碰撞阶段，其波峰 (对应与撞击速度成正比) 几乎保持不变，其波长 (对应与撞击球的个数或总体长度成正比) 几乎保持不变，利用机械波的特征以上现象完全能解释。容易看出，这种类似 “机械波” 传播的 “扰动” 是 “应力”。

同样是参考牛顿摆试验，我们设在多个紧贴球左端和右端分别受到一个球和两个球的撞击，其速度分别为 $v_1$ 和 $v_2$，两个速度并不一定相等，见图 3.3。

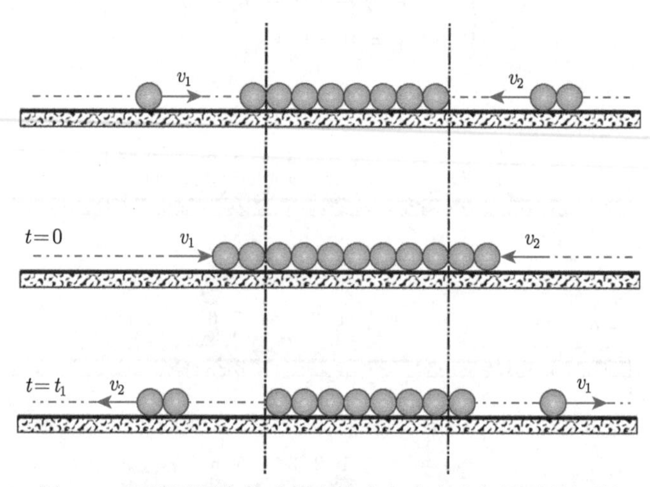


图 3.3　两端不同个数球相向撞击多个完全相同球的问题

试验和模拟发现撞击后两端均有小球弹出，其中右端弹出一个球，其速度与左端小球撞击速度相同；左端弹出两个球，两球的速度与右端撞击速度相同；也就是说右端弹出球的动量与左端撞击球的动量实现交换，左端弹出球的动量与右端撞击球的动量实现交换。从波的角度上看，就是左端入射波等量传播到右端，而右端入射波等量传播到左端，两波并没有出现相互干扰效应。从机械波理论可以看出，这两个波应该是线性波。

综上所述，可以看出在不同撞击情况下，虽然宏观上显示的是动量守恒定律和动能守恒定律，但在空间细观尺度上或时间更小尺度上其作用和影响过程是一种应力波的作用与传播过程；对于弹性球的撞击行为而言，其是一种线性应力波的作用与传播过程。从本质上讲，任何力学问题实际上都是动力学问题，静态问题只是相对的，与时间完全无关的静力学问题在严格意义上是不存在的。任何材料都具有可变形性和惯性，当其受到外部载荷的扰动时，其变形并不是一蹴而就的，而是材料中介质之间应力的传播和相互作用的结果，这种介质中应力扰动信号所产生的波通常被称为应力波。

## 3.1 无限线弹性连续介质中典型简单波的传播

容易理解，任何应力扰动速度不可能是无限的，其在介质中的传播过程是有一个时间过程的，只是传播速度的快慢和持续时间的长短不同而已。事实上，在中学阶段的实验中，就可以观察到弹簧中应力波传播的行为；以图 3.4 所示弹簧扰动的传播为例，设初始时刻在弹簧左端瞬加一个小扰动，在 $t > 0$ 时刻该简谐振动会在弹簧中向右传播。

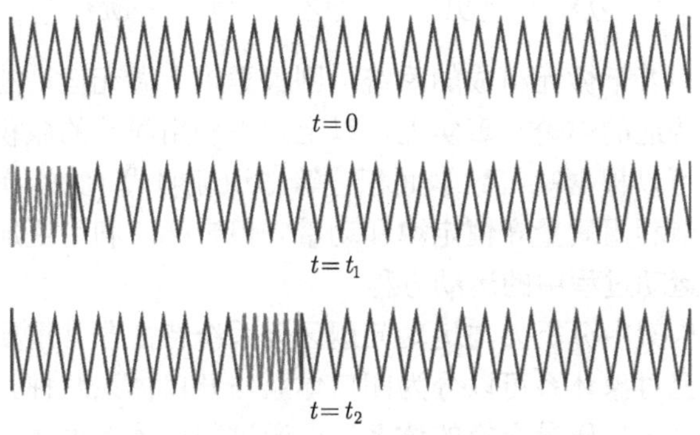


图 3.4 弹簧中简谐纵波的传播示意图

只是由于一般固体材料中应力波波速极快，我们所研究的或所观察的时间尺度相对足够大，此时介质中的应力可视为瞬间平衡或均匀，此时可以忽略应力波传播所带来的影响，将其视为静力学问题进行分析。

例如，对于一般金属材料而言，其应力波波速为每秒数千米，当其加载时间尺度为秒时，若其空间尺度为米这一量级，此时在外载荷作用时，其应力波往返了数千次，此时材料受力的绝大部分过程中的应力基本均匀，其应力波传播的影响可以忽略而不予考虑，而且也可以利用更加简单的静力学分析方法得到足够准确的解。然而，对于很多物理现象而言，如爆炸载荷，其在毫秒、微秒甚至纳秒时间尺度上扰动信号极大，但总持续时间极短，此时应力波的传播所带来的影响不可忽视，反而起着关键作用；此时仅仅利用准静态力学相关知识进行分析很难得到准确的解，甚至无法解释一些现象。例如，碎甲弹对坦克装甲的破坏问题中，碎甲弹爆炸产生瞬间高压，其对装甲外表面所施加的作用力为压力，但我们明显可以看出，其破坏为内表面的拉伸破坏；又如，当我们以较高速度捶打钢杆一端时，我们可以看到钢杆并不像静力学所解出的均匀变形，而是在受力一端明显出现更大的塑性变形等。这类问题中，我们可以看到外载荷的作用时间尺度与介质中的应力波波速 (包含弹性波和塑性波及相关应力波等) 的乘积和材料或结构的空间尺度在一个量级或前者量级更高，此时应力波传播、演化与相互作用应予以考虑。

从本质上讲，应力波理论是基于传统力学知识体系的，应力波的传播与演化推导也是基于质量守恒条件、动量守恒条件、能量守恒条件和介质本构方程或状态方程完成的。

### 3.1.1 连续介质守恒定律的内涵及其数学描述

若考虑连续介质运动过程中微元的加速度，根据牛顿第二定律，2.1.2 节中微元的平衡微分方程可以进一步写为

$$\begin{cases} \dfrac{\partial \sigma_{XX}}{\partial X}+\dfrac{\partial \sigma_{YX}}{\partial Y}+\dfrac{\partial \sigma_{ZX}}{\partial Z}+f_X=\dfrac{\partial^2 u_{XX}}{\partial t^2} \\ \dfrac{\partial \sigma_{XY}}{\partial X}+\dfrac{\partial \sigma_{YY}}{\partial Y}+\dfrac{\partial \sigma_{ZY}}{\partial Z}+f_Y=\dfrac{\partial^2 u_{YY}}{\partial t^2} \\ \dfrac{\partial \sigma_{XZ}}{\partial X}+\dfrac{\partial \sigma_{YZ}}{\partial Y}+\dfrac{\partial \sigma_{ZZ}}{\partial Z}+f_Z=\dfrac{\partial^2 u_{ZZ}}{\partial t^2} \end{cases} \tag{3.2}$$

如考虑连续介质中若干微元组成的系统，则根据以上微元运动的牛顿第二定律和质量守恒定律，给出更加普适的结论。事实上，以上知识利用简单的微积分基础知识给出微元的运动方程，我们也可以根据高等数学面积分等知识证明式 (3.2) 在任意连续介质体系运动中都普遍存在，本节利用质量守恒定律和动量守恒定律，利用更加普适科学且准确的方法给出连续介质体系运动过程中的运动方程。

在连续介质力学构架中分析力与运动问题区分系统特征非常重要，一般在连续介质运动问题分析过程中研究对象体系可以分为闭口体系与开口体系两种。闭口体系是指由一群固定粒子组成而与外界没有质量交换的体系，即通过闭口体系表面外界流入体系的质量流为零。因此，对于闭口体系的质量随时间的变化率即质量的随体导数为零。开口体系是指所观察的体系不是由固定粒子组成而与外界存在质量交换，即通过开口体系的表面外界向体系有质量流入或流出，开口体系中介质质量随时间的变化率等于外界向体系的介质质量纯流入率。开口体系与闭口体系的区分并不是以体系在空间上静止或运动为标志的，它们在空间上所占有的区域及其区域的表面都是可以运动的，即都是时间的函数。当开口体系取空间中静止的某一固定区域时，这种静止的开口体系即为静止控制体，也就是一般流体力学中最常用的开口体系。

本书中主要讲授固体中的弹塑性波的传播与演化问题，主要研究对象采用闭口体系，如无特殊情况，后面不做强调；事实上，开口体系与闭口体系只是采用的方法与过程不同，其对应的问题本质与结论是完全相同的，读者若感兴趣，可以参考本书的进阶教程。

1. 质量守恒定律及其数学描述

在连续介质力学运动过程中，质量守恒定律是体系中参数演化过程中必须遵守的基本定律，其数学表达形式常称为连续方程。连续介质运动的质量守恒定律可表达为任意闭口体系的质量随时间的变化即体系质量 $M$ 的随体导数为零：

$$\dot{M}=\frac{\mathrm{d}M}{\mathrm{d}t}\equiv 0 \tag{3.3}$$

设体积为 $\mathrm{d}V(\mathrm{d}V\to 0)$ 微元的密度为 $\rho$，该微元的质量为 $\rho\mathrm{d}V$，则质量守恒定律可以写为

$$\frac{\mathrm{d}M}{\mathrm{d}t}=\frac{\mathrm{d}}{\mathrm{d}t}\int_V \rho\mathrm{d}V=\int_V \frac{\mathrm{d}\left(\rho\mathrm{d}V\right)}{\mathrm{d}t}=\int_V\left[\dot{\rho}\mathrm{d}V+\rho\frac{\mathrm{d}\left(\mathrm{d}V\right)}{\mathrm{d}t}\right]\equiv 0 \tag{3.4}$$

根据 2.2 节中体应变 $\theta$ 的表达式可知

$$\theta \approx \varepsilon_{XX} + \varepsilon_{YY} + \varepsilon_{ZZ} = \frac{\partial u_X}{\partial X} + \frac{\partial u_Y}{\partial Y} + \frac{\partial u_Z}{\partial Z} \tag{3.5}$$

根据式 (3.5) 有

$$\mathrm{d}(\mathrm{d}V) = \mathrm{d}V \cdot \theta = \mathrm{d}V \cdot \left( \frac{\partial u_X}{\partial X} + \frac{\partial u_Y}{\partial Y} + \frac{\partial u_Z}{\partial Z} \right) \tag{3.6}$$

进而可以得到

$$\frac{\mathrm{d}(\mathrm{d}V)}{\mathrm{d}t} = \mathrm{d}V \cdot \left( \frac{\partial v_X}{\partial X} + \frac{\partial v_Y}{\partial Y} + \frac{\partial v_Z}{\partial Z} \right) \tag{3.7}$$

式中

$$\begin{cases} v_X = \dfrac{\mathrm{d}u_X}{\mathrm{d}t} \\ v_Y = \dfrac{\mathrm{d}u_Y}{\mathrm{d}t} \\ v_Z = \dfrac{\mathrm{d}u_Z}{\mathrm{d}t} \end{cases} \tag{3.8}$$

表示 $X$、$Y$ 和 $Z$ 方向上的速度分量。

式 (3.7) 可以简写为

$$\mathrm{d}(\mathrm{d}V) = \mathrm{div}\boldsymbol{v} \cdot \mathrm{d}V \cdot \mathrm{d}t \tag{3.9}$$

式中，div 表示散度，即

$$\mathrm{div}\boldsymbol{v} = \frac{\partial v_X}{\partial X} + \frac{\partial v_Y}{\partial Y} + \frac{\partial v_Z}{\partial Z} \tag{3.10}$$

将式 (3.10) 代入式 (3.4)，可以给出简化形式的连续方程：

$$\int_V [\dot{\rho} + \rho \mathrm{div}\boldsymbol{v}] \mathrm{d}V \equiv 0 \tag{3.11}$$

即体系的连续方程可写为

$$\dot{\rho} + \rho \mathrm{div}\boldsymbol{v} = 0 \tag{3.12}$$

或

$$\dot{\rho} + \rho \left( \frac{\partial v_X}{\partial X} + \frac{\partial v_Y}{\partial Y} + \frac{\partial v_Z}{\partial Z} \right) = 0 \tag{3.13}$$

式中，左端第一项表示不考虑体积变化的等容导数；第二项表示由于体积膨胀或缩小而引起的胀缩导数。式 (3.12) 和式 (3.13) 的一个重要意义是将介质的瞬时质量密度与运动学量质点速度联系起来了。

2. 动量守恒定律及其数学描述

动量守恒定律是牛顿第二定律与牛顿第三定律的推论，闭口体系的动量守恒定律可表达为：闭口体系在任意时刻的动量增加率等于该瞬时作用于该闭口体系上的外力矢量和。动量守恒定律的数学形式常称为运动方程。

设闭口体系内微元的体积为 $\mathrm{d}V(\mathrm{d}V \to 0)$，对应的密度为 $\rho$，微元所承受的体积力在 $X$、$Y$ 和 $Z$ 轴方向上的分量分别为 $f_X$、$f_Y$ 和 $f_Z$，体系表面受力在 $X$、$Y$ 和 $Z$ 轴方向上的分量 $\sum F_X$、$\sum F_Y$ 和 $\sum F_Z$ 分别为

$$\left\{\begin{array}{l} \sum F_X = \oint_S \sigma_{XX}\mathrm{d}Y\mathrm{d}Z + \sigma_{YX}\mathrm{d}X\mathrm{d}Z + \sigma_{ZX}\mathrm{d}X\mathrm{d}Y \\ \sum F_Y = \oint_S \sigma_{XY}\mathrm{d}Y\mathrm{d}Z + \sigma_{YY}\mathrm{d}X\mathrm{d}Z + \sigma_{ZY}\mathrm{d}X\mathrm{d}Y \\ \sum F_Z = \oint_S \sigma_{XZ}\mathrm{d}Y\mathrm{d}Z + \sigma_{YZ}\mathrm{d}X\mathrm{d}Z + \sigma_{ZZ}\mathrm{d}X\mathrm{d}Y \end{array}\right. \tag{3.14}$$

式中，$\sigma_{XY}$ 表示法线为 $X$ 平面上方向为 $Y$ 的应力分量，其他依次类推；$S$ 表示体系外表面。

根据动量守恒定律和式 (3.14)，可以给出 $X$、$Y$ 和 $Z$ 轴三个方向上的运动方程：

$$\left\{\begin{array}{l} \frac{\mathrm{d}}{\mathrm{d}t}\int_V \rho v_X \mathrm{d}V = \int_V f_X \mathrm{d}V + \oint_S \sigma_{XX}\mathrm{d}Y\mathrm{d}Z + \sigma_{YX}\mathrm{d}X\mathrm{d}Z + \sigma_{ZX}\mathrm{d}X\mathrm{d}Y \\ \frac{\mathrm{d}}{\mathrm{d}t}\int_V \rho v_Y \mathrm{d}V = \int_V f_Y \mathrm{d}V + \oint_S \sigma_{XY}\mathrm{d}Y\mathrm{d}Z + \sigma_{YY}\mathrm{d}X\mathrm{d}Z + \sigma_{ZY}\mathrm{d}X\mathrm{d}Y \\ \frac{\mathrm{d}}{\mathrm{d}t}\int_V \rho v_Z \mathrm{d}V = \int_V f_Z \mathrm{d}V + \oint_S \sigma_{XZ}\mathrm{d}Y\mathrm{d}Z + \sigma_{YZ}\mathrm{d}X\mathrm{d}Z + \sigma_{ZZ}\mathrm{d}X\mathrm{d}Y \end{array}\right. \tag{3.15}$$

根据 Gauss 定理，式 (3.15) 可转换为

$$\left\{\begin{array}{l} \frac{\mathrm{d}}{\mathrm{d}t}\int_V \rho v_X \mathrm{d}V = \int_V f_X \mathrm{d}V + \int_V \left(\frac{\partial \sigma_{XX}}{\partial X} + \frac{\partial \sigma_{YX}}{\partial Y} + \frac{\partial \sigma_{ZX}}{\partial Z}\right)\mathrm{d}V \\ \frac{\mathrm{d}}{\mathrm{d}t}\int_V \rho v_Y \mathrm{d}V = \int_V f_Y \mathrm{d}V + \int_V \left(\frac{\partial \sigma_{XY}}{\partial X} + \frac{\partial \sigma_{YY}}{\partial Y} + \frac{\partial \sigma_{ZY}}{\partial Z}\right)\mathrm{d}V \\ \frac{\mathrm{d}}{\mathrm{d}t}\int_V \rho v_Z \mathrm{d}V = \int_V f_Z \mathrm{d}V + \int_V \left(\frac{\partial \sigma_{XZ}}{\partial X} + \frac{\partial \sigma_{YZ}}{\partial Y} + \frac{\partial \sigma_{ZZ}}{\partial Z}\right)\mathrm{d}V \end{array}\right. \tag{3.16}$$

式中

$$\left\{\begin{array}{l} \frac{\mathrm{d}}{\mathrm{d}t}\int_V \rho v_X \mathrm{d}V = \int_V \frac{\mathrm{d}}{\mathrm{d}t}(\rho v_X \mathrm{d}V) = \int_V \rho \dot{v}_X \mathrm{d}V + \int_V v_X \frac{\mathrm{d}}{\mathrm{d}t}(\rho \mathrm{d}V) \\ \frac{\mathrm{d}}{\mathrm{d}t}\int_V \rho v_Y \mathrm{d}V = \int_V \frac{\mathrm{d}}{\mathrm{d}t}(\rho v_Y \mathrm{d}V) = \int_V \rho \dot{v}_Y \mathrm{d}V + \int_V v_Y \frac{\mathrm{d}}{\mathrm{d}t}(\rho \mathrm{d}V) \\ \frac{\mathrm{d}}{\mathrm{d}t}\int_V \rho v_Z \mathrm{d}V = \int_V \frac{\mathrm{d}}{\mathrm{d}t}(\rho v_Z \mathrm{d}V) = \int_V \rho \dot{v}_Z \mathrm{d}V + \int_V v_Z \frac{\mathrm{d}}{\mathrm{d}t}(\rho \mathrm{d}V) \end{array}\right. \tag{3.17}$$

根据质量守恒定律，对于闭口体系而言式 (3.17) 中右端第二项恒为零，式 (3.17) 即可简化为

$$\left\{\begin{array}{l} \frac{\mathrm{d}}{\mathrm{d}t}\int_V \rho v_X \mathrm{d}V = \int_V \rho \dot{v}_X \mathrm{d}V \\ \frac{\mathrm{d}}{\mathrm{d}t}\int_V \rho v_Y \mathrm{d}V = \int_V \rho \dot{v}_Y \mathrm{d}V \\ \frac{\mathrm{d}}{\mathrm{d}t}\int_V \rho v_Z \mathrm{d}V = \int_V \rho \dot{v}_Z \mathrm{d}V \end{array}\right. \tag{3.18}$$

将式 (3.18) 代入式 (3.16) 并简化，即可得到

$$\begin{cases} \rho \dot{v}_X = f_X + \left(\dfrac{\partial \sigma_{XX}}{\partial X} + \dfrac{\partial \sigma_{YX}}{\partial Y} + \dfrac{\partial \sigma_{ZX}}{\partial Z}\right) \\ \rho \dot{v}_Y = f_Y + \left(\dfrac{\partial \sigma_{XY}}{\partial X} + \dfrac{\partial \sigma_{YY}}{\partial Y} + \dfrac{\partial \sigma_{ZY}}{\partial Z}\right) \\ \rho \dot{v}_Z = f_Z + \left(\dfrac{\partial \sigma_{XZ}}{\partial X} + \dfrac{\partial \sigma_{YZ}}{\partial Y} + \dfrac{\partial \sigma_{ZZ}}{\partial Z}\right) \end{cases} \tag{3.19}$$

式 (3.19) 即为闭口体系的运动方程，其中左端项表示瞬时单位体积介质的惯性力、右端第一项表示瞬时单位体积介质的体积力、右端括号内表示瞬时单位体积介质的面积力。

3. 能量守恒定律及其数学描述

能量守恒定律的一个特例就是机械能守恒定律，后者不考虑体系与外界的能量交换及体系内能的改变；如涉及热现象则能量守恒定律可表达为热力学第一定律，即闭口体系内能的增加率等于体系所受到的外力功率与外界对其的供热率之和。综合两者我们可以将能量守恒定理表达为：闭口体系的总能量 (动能与内能) 的增加率等于该时刻外力功率与外界对体系的供热率之和。其数学表示形式即为能量方程。

对于纯力学问题而言，不考虑热交换，则能量方程可表述为：闭口体系总能量的增加率等于该时刻外力的功率。连续介质力学中介质的总能量包含动能和内能，若分别以 $k$ 与 $u$ 表示介质的比动能和比内能，则闭口体系的纯力学能量方程可写为

$$\frac{\mathrm{d}}{\mathrm{d}t}\int_V \rho\,(k+u)\,\mathrm{d}V = \int_V \boldsymbol{v}\cdot\rho\boldsymbol{b}\mathrm{d}V + \oint_S (\boldsymbol{v}\cdot\boldsymbol{\sigma}\cdot\boldsymbol{n})\,\mathrm{d}a \tag{3.20}$$

式 (3.20) 为了简便起见，将其写为张量的形式，否则形式复杂得多。其物理意义很明显。左端表示闭口体系总能量的增加率，右端第一项表示体力的功率，第二项表示面力的功率。

式 (3.20) 中，左端可以进一步展开：

$$\frac{\mathrm{d}}{\mathrm{d}t}\int_V \rho\,(k+u)\,\mathrm{d}V = \int_V (k+u)\,\frac{\mathrm{d}\,(\rho\mathrm{d}V)}{\mathrm{d}t} + \int_V \frac{\mathrm{d}\,(k+u)}{\mathrm{d}t}\rho\mathrm{d}V \tag{3.21}$$

根据闭口体系的质量守恒定律，式 (3.21) 中右端第一项恒为零，因此，可以得到

$$\frac{\mathrm{d}}{\mathrm{d}t}\int_V \rho\,(k+u)\,\mathrm{d}V = \int_V \frac{\mathrm{d}\,(k+u)}{\mathrm{d}t}\rho\mathrm{d}V = \int_V \rho\left(\dot{k}+\dot{u}\right)\mathrm{d}V \tag{3.22}$$

根据 Gauss 定理，式 (3.20) 中右端第二式可以写为

$$\oint_S (\boldsymbol{v}\cdot\boldsymbol{\sigma}\cdot\boldsymbol{n})\,\mathrm{d}a = \int_V \mathrm{div}\,(\boldsymbol{v}\cdot\boldsymbol{\sigma})\,\mathrm{d}V \tag{3.23}$$

因此，纯力学情况的能量方程可写为

$$\int_V \rho\left(\dot{k}+\dot{u}\right)\mathrm{d}V = \int_V \boldsymbol{v}\cdot\rho\boldsymbol{b}\mathrm{d}V + \int_V \mathrm{div}\,(\boldsymbol{v}\cdot\boldsymbol{\sigma})\,\mathrm{d}V \tag{3.24}$$

即

$$\rho\left(\dot{k}+\dot{u}\right) = \boldsymbol{v}\cdot\rho\boldsymbol{b} + \mathrm{div}\,(\boldsymbol{v}\cdot\boldsymbol{\sigma}) \tag{3.25}$$

### 3.1.2　无限线弹性连续介质中体波的传播及其内涵

三维空间内应力波的传播与演化非常复杂，绝大多数问题我们无法给出准确的解析解；姑且不论固体材料弹塑性本构或损伤断裂的复杂性，即是对于弹性介质而言，三维空间中应力波的传播与演化也是非常复杂的。然而，有几种理想条件下如球对称问题等情况时，可以根据相关方程给出应力波传播中某些关键量的精确解析解。

根据式 (3.19) 并忽略体积力的影响,可以得到三维应力空间连续介质微元的运动方程为

$$\begin{cases} \rho\dfrac{\partial^2 u_X}{\partial t^2}=\dfrac{\partial\sigma_{XX}}{\partial X}+\dfrac{\partial\sigma_{YX}}{\partial Y}+\dfrac{\partial\sigma_{ZX}}{\partial Z} \\ \rho\dfrac{\partial^2 u_Y}{\partial t^2}=\dfrac{\partial\sigma_{XY}}{\partial X}+\dfrac{\partial\sigma_{YY}}{\partial Y}+\dfrac{\partial\sigma_{ZY}}{\partial Z} \\ \rho\dfrac{\partial^2 u_Z}{\partial t^2}=\dfrac{\partial\sigma_{XZ}}{\partial X}+\dfrac{\partial\sigma_{YZ}}{\partial Y}+\dfrac{\partial\sigma_{ZZ}}{\partial Z} \end{cases} \tag{3.26}$$

由 3.1.1 节可知，式 (3.26) 运动方程是闭口体系在质量守恒定律和动量守恒定律的前提下推导出来的，它给出了应力分量与位移分量之间的解析关系。理想条件下，可以根据连续介质变形关系 (2.2 节) 内容给出介质应变分量与位移分量之间的关系、根据材料的本构模型如 (2.3 节) 中线弹性模型给出应力分量与应变分量之间的关系，从而给出只关于位移分量之间的微分方程，进而解出位移分量和其他分量的函数表达式，下面根据这个思路对体应变扰动信号的传播即体波传播问题进行分析。

根据 2.3 节中弹性介质的 Hooke 定律可知

$$\begin{cases} \sigma_{XX}=\lambda\theta+2G\varepsilon_{XX} \\ \sigma_{YY}=\lambda\theta+2G\varepsilon_{YY} \\ \sigma_{ZZ}=\lambda\theta+2G\varepsilon_{ZZ} \end{cases},\quad \begin{cases} \sigma_{XY}=G\gamma_{XY} \\ \sigma_{YZ}=G\gamma_{YZ} \\ \sigma_{XZ}=G\gamma_{XZ} \end{cases} \tag{3.27}$$

或

$$\begin{cases} \sigma_{XX}=\lambda\theta+2\mu\varepsilon_{XX} \\ \sigma_{YY}=\lambda\theta+2\mu\varepsilon_{YY} \\ \sigma_{ZZ}=\lambda\theta+2\mu\varepsilon_{ZZ} \end{cases},\quad \begin{cases} \sigma_{XY}=\mu\gamma_{XY} \\ \sigma_{YZ}=\mu\gamma_{YZ} \\ \sigma_{XZ}=\mu\gamma_{XZ} \end{cases} \tag{3.28}$$

式中，弹性系数 $\lambda$ 和 $\mu$ 即为材料的 Lamé 常量

$$\theta=\varepsilon_{XX}+\varepsilon_{YY}+\varepsilon_{ZZ} \tag{3.29}$$

表示微元的体应变。此时，方程组 (3.26) 中第一式可写为

$$\rho\frac{\partial^2 u_X}{\partial t^2}=\frac{\partial}{\partial X}\left(\lambda\theta+2\mu\varepsilon_{XX}\right)+\mu\frac{\partial\gamma_{YX}}{\partial Y}+\mu\frac{\partial\gamma_{ZX}}{\partial Z} \tag{3.30}$$

根据 2.2 节中所推导出的几何方程，可知

$$\begin{cases} \varepsilon_{XX} = \dfrac{\partial u_X}{\partial X} \\ \gamma_{YX} = \dfrac{\partial u_X}{\partial Y} + \dfrac{\partial u_Y}{\partial X} \\ \gamma_{ZX} = \dfrac{\partial u_X}{\partial Z} + \dfrac{\partial u_Z}{\partial X} \end{cases} \tag{3.31}$$

将其代入式 (3.30) 并简化，即可得到

$$\rho\frac{\partial^2 u_X}{\partial t^2} = \lambda\frac{\partial \theta}{\partial X} + \mu\left(2\frac{\partial^2 u_X}{\partial X^2} + \frac{\partial^2 u_X}{\partial Y^2} + \frac{\partial^2 u_X}{\partial Z^2} + \frac{\partial^2 u_Y}{\partial X\partial Y} + \frac{\partial^2 u_Z}{\partial X\partial Z}\right) \tag{3.32}$$

考虑到

$$\theta = \frac{\partial u_X}{\partial X} + \frac{\partial u_Y}{\partial Y} + \frac{\partial u_Z}{\partial Z} \tag{3.33}$$

和

$$\frac{\partial \theta}{\partial X} = \frac{\partial^2 u_X}{\partial X^2} + \frac{\partial^2 u_Y}{\partial X\partial Y} + \frac{\partial^2 u_Z}{\partial X\partial Z} \tag{3.34}$$

则式 (3.32) 可进一步简化为

$$\rho\frac{\partial^2 u_X}{\partial t^2} = (\lambda+\mu)\frac{\partial \theta}{\partial X} + \mu\left(\frac{\partial^2 u_X}{\partial X^2} + \frac{\partial^2 u_X}{\partial Y^2} + \frac{\partial^2 u_X}{\partial Z^2}\right) \tag{3.35}$$

或

$$\rho\frac{\partial^2 u_X}{\partial t^2} = (\lambda+\mu)\frac{\partial \theta}{\partial X} + \mu\Delta u_X \tag{3.36}$$

式中，$\Delta$ 为 Laplace 算子，其形式为

$$\Delta u_X = \frac{\partial^2 u_X}{\partial X^2} + \frac{\partial^2 u_X}{\partial Y^2} + \frac{\partial^2 u_X}{\partial Z^2} \tag{3.37}$$

同理，结合 Hooke 定律，方程组 (3.26) 后两式可以写为

$$\begin{cases} \rho\dfrac{\partial^2 u_Y}{\partial t^2} = \mu\dfrac{\partial \gamma_{XY}}{\partial X} + \dfrac{\partial}{\partial Y}(\lambda\theta + 2\mu\varepsilon_{YY}) + \mu\dfrac{\partial \gamma_{ZY}}{\partial Z} \\ \rho\dfrac{\partial^2 u_Z}{\partial t^2} = \mu\dfrac{\partial \gamma_{XZ}}{\partial X} + \mu\dfrac{\partial \gamma_{YZ}}{\partial Y} + \dfrac{\partial}{\partial Z}(\lambda\theta + 2\mu\varepsilon_{ZZ}) \end{cases} \tag{3.38}$$

结合几何方程：

$$\begin{cases} \varepsilon_{YY} = \dfrac{\partial u_Y}{\partial Y} \\ \varepsilon_{ZZ} = \dfrac{\partial u_Z}{\partial Z} \end{cases}, \quad \begin{cases} \gamma_{XY} = \dfrac{\partial u_X}{\partial Y} + \dfrac{\partial u_Y}{\partial X} \\ \gamma_{YZ} = \gamma_{ZY} = \dfrac{\partial u_Y}{\partial Z} + \dfrac{\partial u_Z}{\partial Y} \\ \gamma_{XZ} = \dfrac{\partial u_X}{\partial Z} + \dfrac{\partial u_Z}{\partial X} \end{cases} \tag{3.39}$$

式 (3.38) 可以写为

$$\begin{cases} \rho \dfrac{\partial^2 u_Y}{\partial t^2} = \lambda \dfrac{\partial \theta}{\partial Y} + \mu \left( \dfrac{\partial^2 u_Y}{\partial X^2} + 2\dfrac{\partial^2 u_Y}{\partial Y^2} + \dfrac{\partial^2 u_Y}{\partial Z^2} + \dfrac{\partial^2 u_X}{\partial X \partial Y} + \dfrac{\partial^2 u_Z}{\partial Y \partial Z} \right) \\ \rho \dfrac{\partial^2 u_Z}{\partial t^2} = \lambda \dfrac{\partial \theta}{\partial Z} + \mu \left( \dfrac{\partial^2 u_Z}{\partial X^2} + \dfrac{\partial^2 u_Z}{\partial Y^2} + 2\dfrac{\partial^2 u_Z}{\partial Z^2} + \dfrac{\partial^2 u_X}{\partial X \partial Z} + \dfrac{\partial^2 u_Y}{\partial Y \partial Z} \right) \end{cases} \tag{3.40}$$

考虑到

$$\begin{cases} \dfrac{\partial \theta}{\partial Y} = \dfrac{\partial^2 u_X}{\partial X \partial Y} + \dfrac{\partial^2 u_Y}{\partial Y^2} + \dfrac{\partial^2 u_Z}{\partial Y \partial Z} \\ \dfrac{\partial \theta}{\partial Z} = \dfrac{\partial^2 u_X}{\partial X \partial Z} + \dfrac{\partial^2 u_Y}{\partial Y \partial Z} + \dfrac{\partial^2 u_Z}{\partial Z^2} \end{cases} \tag{3.41}$$

并简化，分别可得到

$$\begin{cases} \rho \dfrac{\partial^2 u_Y}{\partial t^2} = (\lambda + \mu) \dfrac{\partial \theta}{\partial Y} + \mu \Delta u_Y \\ \rho \dfrac{\partial^2 u_Z}{\partial t^2} = (\lambda + \mu) \dfrac{\partial \theta}{\partial Z} + \mu \Delta u_Z \end{cases} \tag{3.42}$$

将式 (3.36) 对 $X$ 求偏导数，可有

$$\rho \frac{\partial^2}{\partial t^2} \left( \frac{\partial u_X}{\partial X} \right) = (\lambda + \mu) \frac{\partial^2 \theta}{\partial X^2} + \mu \Delta \left( \frac{\partial u_X}{\partial X} \right) \tag{3.43}$$

即

$$\rho \frac{\partial^2 \varepsilon_{XX}}{\partial t^2} = (\lambda + \mu) \frac{\partial^2 \theta}{\partial X^2} + \mu \Delta \varepsilon_{XX} \tag{3.44}$$

类似地，将方程组 (3.42) 中第一式对 $Y$ 求偏导数，可有

$$\rho \frac{\partial^2 \varepsilon_{YY}}{\partial t^2} = (\lambda + \mu) \frac{\partial^2 \theta}{\partial Y^2} + \mu \Delta \varepsilon_{YY} \tag{3.45}$$

将方程组 (3.42) 中第二式对 $Z$ 求偏导数，可有

$$\rho \frac{\partial^2 \varepsilon_{ZZ}}{\partial t^2} = (\lambda + \mu) \frac{\partial^2 \theta}{\partial Z^2} + \mu \Delta \varepsilon_{ZZ} \tag{3.46}$$

将式 (3.44) ~ 式 (3.46) 相加，可以得到

$$\begin{aligned} &\rho \left( \frac{\partial^2 \varepsilon_{XX}}{\partial t^2} + \frac{\partial^2 \varepsilon_{YY}}{\partial t^2} + \frac{\partial^2 \varepsilon_{ZZ}}{\partial t^2} \right) \\ &= (\lambda + \mu) \left( \frac{\partial^2 \theta}{\partial X^2} + \frac{\partial^2 \theta}{\partial Y^2} + \frac{\partial^2 \theta}{\partial Z^2} \right) + \mu \left( \Delta \varepsilon_{XX} + \Delta \varepsilon_{YY} + \Delta \varepsilon_{ZZ} \right) \end{aligned} \tag{3.47}$$

即

$$\rho \frac{\partial^2 \left( \varepsilon_{XX} + \varepsilon_{YY} + \varepsilon_{ZZ} \right)}{\partial t^2} = (\lambda + \mu) \left( \frac{\partial^2 \theta}{\partial X^2} + \frac{\partial^2 \theta}{\partial Y^2} + \frac{\partial^2 \theta}{\partial Z^2} \right) + \mu \Delta \left( \varepsilon_{XX} + \varepsilon_{YY} + \varepsilon_{ZZ} \right) \tag{3.48}$$

将体应变的定义式 (3.29) 代入式 (3.48)，则式 (3.48) 可以进一步简化得到

$$\rho\frac{\partial^2\theta}{\partial t^2}=(\lambda+\mu)\,\Delta\theta+\mu\Delta\theta=(\lambda+2\mu)\,\Delta\theta \tag{3.49}$$

即

$$\frac{\partial^2\theta}{\partial t^2}=C_\theta^2\Delta\theta \tag{3.50}$$

式中

$$C_\theta=\sqrt{\frac{\lambda+2\mu}{\rho}} \tag{3.51}$$

式 (3.50) 是一个典型的三维波动方程，其形式上与第 1 章中一维波动方程比较相似，但其点的坐标依赖于三个变量，当考虑具有球对称特征的应力波传播时，三维波动方程即可转化为一维情况，从而利用一维波动方程的解来描述。如同 2.1.3 节所给出的说明与推导，对于球对称问题，利用球坐标系进行分析更为简单而物理意义更加明显，为了与后面内容球坐标中 $\theta$ 区分，后面将用 $\varDelta$ 表示体应变，其他符号的物理意义同前面内容；即式 (3.50) 可写为

$$\frac{\partial^2\varDelta}{\partial t^2}=C_\varDelta^2\cdot\left(\frac{\partial^2\varDelta}{\partial X^2}+\frac{\partial^2\varDelta}{\partial Y^2}+\frac{\partial^2\varDelta}{\partial Z^2}\right) \tag{3.52}$$

式中

$$C_\varDelta=\sqrt{\frac{\lambda+2\mu}{\rho}} \tag{3.53}$$

参考 2.1 节中球坐标系与笛卡儿坐标系之间的关系，有

$$\begin{cases}X=r\sin\theta\cos\varphi\\ Y=r\sin\theta\sin\varphi\\ Z=r\cos\theta\end{cases},\quad 0\leqslant\theta\leqslant\pi,0\leqslant\varphi\leqslant2\pi,r\geqslant0 \tag{3.54}$$

即

$$\begin{cases}r=\sqrt{X^2+Y^2+Z^2}\\ \theta=\arccos\dfrac{Z}{\sqrt{X^2+Y^2+Z^2}}\\ \varphi=\arctan\dfrac{Y}{X}\end{cases} \tag{3.55}$$

对式 (3.55) 分别求 $X$、$Y$ 和 $Z$ 的偏导数，可有

$$\begin{cases}\dfrac{\partial r}{\partial X}=\sin\theta\cos\varphi\\ \dfrac{\partial\theta}{\partial X}=\dfrac{\cos\theta\cos\varphi}{r}\\ \dfrac{\partial\varphi}{\partial X}=-\dfrac{\sin\varphi}{r\sin\theta}\end{cases},\quad\begin{cases}\dfrac{\partial r}{\partial Y}=\sin\theta\sin\varphi\\ \dfrac{\partial\theta}{\partial Y}=\dfrac{\cos\theta\sin\varphi}{r}\\ \dfrac{\partial\varphi}{\partial Y}=\dfrac{\cos\varphi}{r\sin\theta}\end{cases},\quad\begin{cases}\dfrac{\partial r}{\partial Z}=\cos\theta\\ \dfrac{\partial\theta}{\partial Z}=-\dfrac{\sin\theta}{r}\\ \dfrac{\partial\varphi}{\partial Z}=0\end{cases} \tag{3.56}$$

结合式 (3.56) 和式 (3.54)，可以得到

$$\left\{\begin{aligned}\frac{\partial\varDelta}{\partial X}&=\frac{\partial\varDelta}{\partial r}\sin\theta\cos\varphi+\frac{\partial\varDelta}{\partial\theta}\frac{\cos\theta\cos\varphi}{r}-\frac{\partial\varDelta}{\partial\varphi}\frac{\sin\varphi}{r\sin\theta}\\\frac{\partial\varDelta}{\partial Y}&=\frac{\partial\varDelta}{\partial r}\sin\theta\sin\varphi+\frac{\partial\varDelta}{\partial\theta}\frac{\cos\theta\sin\varphi}{r}+\frac{\partial\varDelta}{\partial\varphi}\frac{\cos\varphi}{r\sin\theta}\\\frac{\partial\varDelta}{\partial Z}&=\frac{\partial\varDelta}{\partial r}\cos\theta-\frac{\partial\varDelta}{\partial\theta}\frac{\sin\theta}{r}\end{aligned}\right.\tag{3.57}$$

和

$$\left\{\begin{aligned}\frac{\partial^2\varDelta}{\partial X^2}&=\frac{\partial}{\partial X}\left(\frac{\partial\varDelta}{\partial X}\right)=\frac{\partial}{\partial r}\left(\frac{\partial\varDelta}{\partial X}\right)\sin\theta\cos\varphi+\frac{\partial}{\partial\theta}\left(\frac{\partial\varDelta}{\partial X}\right)\frac{\cos\theta\cos\varphi}{r}-\frac{\partial}{\partial\varphi}\left(\frac{\partial\varDelta}{\partial X}\right)\frac{\sin\varphi}{r\sin\theta}\\\frac{\partial^2\varDelta}{\partial Y^2}&=\frac{\partial}{\partial Y}\left(\frac{\partial\varDelta}{\partial Y}\right)=\frac{\partial}{\partial r}\left(\frac{\partial\varDelta}{\partial Y}\right)\sin\theta\sin\varphi+\frac{\partial}{\partial\theta}\left(\frac{\partial\varDelta}{\partial Y}\right)\frac{\cos\theta\sin\varphi}{r}+\frac{\partial}{\partial\varphi}\left(\frac{\partial\varDelta}{\partial Y}\right)\frac{\cos\varphi}{r\sin\theta}\\\frac{\partial^2\varDelta}{\partial Z^2}&=\frac{\partial}{\partial Z}\left(\frac{\partial\varDelta}{\partial Z}\right)=\frac{\partial}{\partial r}\left(\frac{\partial\varDelta}{\partial Z}\right)\cos\theta-\frac{\partial}{\partial\theta}\left(\frac{\partial\varDelta}{\partial Z}\right)\frac{\sin\theta}{r}\end{aligned}\right.\tag{3.58}$$

联立式 (3.57) 和式 (3.58) 所示两个方程组中的第一式，有

$$\begin{aligned}&\frac{\partial^2\varDelta}{\partial X^2}\\&=\left(\frac{\partial^2\varDelta}{\partial r^2}\sin^2\theta\cos^2\varphi+\frac{\partial^2\varDelta}{\partial\theta^2}\frac{\cos^2\theta\cos^2\varphi}{r^2}+\frac{\partial^2\varDelta}{\partial\varphi^2}\frac{\sin^2\varphi}{r^2\sin^2\theta}\right)\\&\quad+\left(2\frac{\partial^2\varDelta}{\partial r\partial\theta}\frac{\sin\theta\cos\theta\cos^2\varphi}{r}-2\frac{\partial^2\varDelta}{\partial r\partial\varphi}\frac{\sin\varphi\cos\varphi}{r}-2\frac{\partial^2\varDelta}{\partial\theta\partial\varphi}\frac{\sin\varphi\cos\theta\cos\varphi}{r^2\sin\theta}\right)\\&\quad+\left(\frac{\partial\varDelta}{\partial r}\frac{\cos^2\theta\cos^2\varphi+\sin^2\varphi}{r}+\frac{\partial\varDelta}{\partial\theta}\frac{\cos\theta\sin^2\varphi-2\sin^2\theta\cos\theta\cos^2\varphi}{r^2\sin\theta}+\frac{\partial\varDelta}{\partial\varphi}\frac{\sin2\varphi}{r^2\sin^2\theta}\right)\end{aligned}\tag{3.59}$$

联立式 (3.57) 和式 (3.58) 所示两个方程组中的第二式，有

$$\begin{aligned}&\frac{\partial^2\varDelta}{\partial Y^2}\\&=\left(\frac{\partial^2\varDelta}{\partial r^2}\sin^2\theta\sin^2\varphi+\frac{\partial^2\varDelta}{\partial\theta^2}\frac{\cos^2\theta\sin^2\varphi}{r^2}+\frac{\partial^2\varDelta}{\partial\varphi^2}\frac{\cos^2\varphi}{r^2\sin^2\theta}\right)\\&\quad+\left(2\frac{\partial^2\varDelta}{\partial r\partial\theta}\frac{\sin\theta\cos\theta\sin^2\varphi}{r}+2\frac{\partial^2\varDelta}{\partial r\partial\varphi}\frac{\sin\varphi\cos\varphi}{r}+2\frac{\partial^2\varDelta}{\partial\theta\partial\varphi}\frac{\cos\theta\sin\varphi\cos\varphi}{r^2\sin\theta}\right)\\&\quad+\left(\frac{\partial\varDelta}{\partial r}\frac{\cos^2\varphi+\cos^2\theta\sin^2\varphi}{r}+\frac{\partial\varDelta}{\partial\theta}\frac{\cos\theta\cos^2\varphi-2\sin^2\theta\cos\theta\sin^2\varphi}{r^2\sin\theta}-\frac{\partial\varDelta}{\partial\varphi}\frac{\sin2\varphi}{r^2\sin^2\theta}\right)\end{aligned}\tag{3.60}$$

联立式 (3.57) 和式 (3.58) 所示两个方程组中的第三式，有

$$\frac{\partial^2 \Delta}{\partial Z^2}=\left(\frac{\partial^2 \Delta}{\partial r^2}\cos^2\theta+\frac{\partial^2 \Delta}{\partial \theta^2}\frac{\sin^2\theta}{r^2}\right)-2\frac{\partial^2 \Delta}{\partial r\partial \theta}\frac{\sin\theta\cos\theta}{r}+\left(\frac{\partial \Delta}{\partial r}\frac{\sin^2\theta}{r}+2\frac{\partial \Delta}{\partial \theta}\frac{\sin\theta\cos\theta}{r^2}\right) \tag{3.61}$$

将式 (3.59) ~ 式 (3.61) 代入式 (3.52)，计算并简化得到

$$\frac{\partial^2 \Delta}{\partial t^2}=C_\Delta^2\cdot\left(\frac{\partial^2 \Delta}{\partial r^2}+\frac{\partial \Delta}{\partial r}\frac{2}{r}+\frac{\partial^2 \Delta}{\partial \theta^2}\frac{1}{r^2}+\frac{\partial \Delta}{\partial \theta}\frac{\cos\theta}{r^2\sin\theta}+\frac{\partial^2 \Delta}{\partial \varphi^2}\frac{1}{r^2\sin^2\theta}\right) \tag{3.62}$$

或

$$\frac{1}{C_\Delta^2}\frac{\partial^2 \Delta}{\partial t^2}=\frac{1}{r^2}\frac{\partial}{\partial r}\left(r^2\frac{\partial \Delta}{\partial r}\right)+\frac{1}{r^2\sin\theta}\frac{\partial}{\partial \theta}\left(\sin\theta\frac{\partial \Delta}{\partial \theta}\right)+\frac{1}{r^2\sin^2\theta}\frac{\partial^2 \Delta}{\partial \varphi^2} \tag{3.63}$$

式中

$$\Delta=\Delta(r,\theta,\varphi,t) \tag{3.64}$$

对于球对称问题而言，体应变 $\Delta$ 应与 $\theta$ 和 $\varphi$ 无关，即

$$\Delta=\Delta(r,t) \tag{3.65}$$

此时，式 (3.63) 即可简化为

$$\frac{1}{C_\Delta^2}\frac{\partial^2 \Delta}{\partial t^2}=\frac{1}{r^2}\frac{\partial}{\partial r}\left(r^2\frac{\partial \Delta}{\partial r}\right)=\frac{\partial^2 \Delta}{\partial r^2}+\frac{2}{r}\frac{\partial \Delta}{\partial r} \tag{3.66}$$

结合

$$\begin{cases}\dfrac{\partial^2(r\Delta)}{\partial t^2}=r\dfrac{\partial^2 \Delta}{\partial t^2}\\ \dfrac{\partial^2(r\Delta)}{\partial r^2}=r\dfrac{\partial^2 \Delta}{\partial r^2}+2\dfrac{\partial \Delta}{\partial r}\end{cases} \tag{3.67}$$

式 (3.66) 即可进一步简化为

$$\frac{\partial^2(r\Delta)}{\partial t^2}=C_\Delta^2\frac{\partial^2(r\Delta)}{\partial r^2} \tag{3.68}$$

对比 1.3.3 节相关内容易知，式 (3.68) 即为一维波动方程，其通解为

$$r\Delta=G_r(r-C_\Delta t)+G_l(r+C_\Delta t) \tag{3.69}$$

即

$$\Delta(r,t)=\frac{G_r(r-C_\Delta t)+G_l(r+C_\Delta t)}{r} \tag{3.70}$$

式 (3.70) 的物理意义是：在球对称条件下，三维波的传播是以球心为中心，沿着半径 $r$ 传播的球面波，其传播速度为 $C_\Delta$；且同一球面下，波幅相同，沿着半径方向向外传播时，波幅逐渐减小且与半径 $r$ 成反比。

以上的推导结论意味着，三维线弹性介质中体应变波的波速为

$$C_{\Delta} = \sqrt{\frac{\lambda + 2\mu}{\rho}} = \sqrt{\frac{K + \frac{4}{3}\mu}{\rho}} = \sqrt{\frac{1 - \nu}{(1 + \nu)(1 - 2\nu)}}\sqrt{\frac{E}{\rho}} \tag{3.71}$$

从体应变的物理意义可知，体应变波即为体积膨胀引起的应力波传播，换个角度看，体应变波的传播会引起所经过介质的体积变化，因而，体应变波也常被称为膨胀波。从式 (3.71) 可以看出，体应变波波速中不仅包含体积模量：

$$K = \left|\frac{P}{\Delta}\right| = \lambda + \frac{2}{3}\mu = \lambda + \frac{2}{3}G \tag{3.72}$$

还包含剪切模量 $G$，这意味着体应变引起的应力扰动在传播过程中不仅产生体积变形，同时也引起畸变，因此将体应变波称为膨胀波只是工程上直观的称呼，在理论上并不严谨。结合式 (3.71)，我们可以看出，体应变波这类纵波的传播皆会引起畸变，这是因为在无限介质中，一般 $\varepsilon_{XX} \neq \varepsilon_{YY} \neq \varepsilon_{ZZ}$，即纵波传播过程中介质应变也存在剪切分量。

### 3.1.3 无旋波与等容波的传播

除了 3.1.2 节体波的传播，无旋波和等容波这两类理想的特殊情况，也可以利用类似以上方法给出其波动方程。从 2.2 节中的推导可以知道，在介质变形中，微元的轴线也发生旋转，即位移在膨胀或收缩、变形的同时也发生旋转，其旋转量为

$$\begin{cases} \omega_{XY} = \dfrac{1}{2}\left(\dfrac{\partial u_Y}{\partial X} - \dfrac{\partial u_X}{\partial Y}\right) \\ \omega_{YZ} = \dfrac{1}{2}\left(\dfrac{\partial u_Z}{\partial Y} - \dfrac{\partial u_Y}{\partial Z}\right) \\ \omega_{ZX} = \dfrac{1}{2}\left(\dfrac{\partial u_X}{\partial Z} - \dfrac{\partial u_Z}{\partial X}\right) \end{cases} \tag{3.73}$$

1. 无旋波的传播

设在无限线弹性介质中，应力波传播并不引起微元的旋转，即介质中传播的是无旋波，此时式 (3.73) 中旋转量皆为 0，可有

$$\begin{cases} \dfrac{\partial u_Y}{\partial X} = \dfrac{\partial u_X}{\partial Y} \\ \dfrac{\partial u_Z}{\partial Y} = \dfrac{\partial u_Y}{\partial Z} \\ \dfrac{\partial u_X}{\partial Z} = \dfrac{\partial u_Z}{\partial X} \end{cases} \tag{3.74}$$

根据动量守恒条件、Hooke 定律和几何方程可得到 $X$ 轴上的运动方程为

$$\rho\frac{\partial^2 u_X}{\partial t^2} = \lambda\left(\frac{\partial^2 u_X}{\partial X^2} + \frac{\partial^2 u_Y}{\partial X \partial Y} + \frac{\partial^2 u_Z}{\partial X \partial Z}\right)$$

$$+\mu\left(2\frac{\partial^2 u_X}{\partial X^2}+\frac{\partial^2 u_X}{\partial Y^2}+\frac{\partial^2 u_X}{\partial Z^2}+\frac{\partial^2 u_Y}{\partial X\partial Y}+\frac{\partial^2 u_Z}{\partial X\partial Z}\right) \tag{3.75}$$

根据式 (3.74) 可以给出：

$$\begin{cases}\dfrac{\partial^2 u_Y}{\partial X\partial Y}=\dfrac{\partial}{\partial Y}\left(\dfrac{\partial u_Y}{\partial X}\right)=\dfrac{\partial}{\partial Y}\left(\dfrac{\partial u_X}{\partial Y}\right)=\dfrac{\partial^2 u_X}{\partial Y^2}\\ \dfrac{\partial^2 u_Z}{\partial X\partial Z}=\dfrac{\partial}{\partial Z}\left(\dfrac{\partial u_Z}{\partial X}\right)=\dfrac{\partial}{\partial Z}\left(\dfrac{\partial u_X}{\partial Z}\right)=\dfrac{\partial^2 u_X}{\partial Z^2}\end{cases} \tag{3.76}$$

将式 (3.76) 代入式 (3.75)，即可对其简化为

$$\rho\frac{\partial^2 u_X}{\partial t^2}=(\lambda+2\mu)\left(\frac{\partial^2 u_X}{\partial X^2}+\frac{\partial^2 u_X}{\partial Y^2}+\frac{\partial^2 u_X}{\partial Z^2}\right) \tag{3.77}$$

根据前面球对称问题的三维波动方程的推导及其物理意义可知，式 (3.77) 表明在球对称问题中 $X$ 轴方向上应力波传播速度为

$$C_X=\sqrt{\frac{\lambda+2\mu}{\rho}} \tag{3.78}$$

类似地，将式 (3.74) 代入 $Y$ 轴方向和 $Z$ 轴方向上的运动方程中，也可得到

$$\rho\frac{\partial^2 u_Y}{\partial t^2}=(\lambda+2\mu)\left(\frac{\partial^2 u_Y}{\partial X^2}+\frac{\partial^2 u_Y}{\partial Y^2}+\frac{\partial^2 u_Y}{\partial Z^2}\right) \tag{3.79}$$

$$\rho\frac{\partial^2 u_Z}{\partial t^2}=(\lambda+2\mu)\left(\frac{\partial^2 u_Z}{\partial X^2}+\frac{\partial^2 u_Z}{\partial Y^2}+\frac{\partial^2 u_Z}{\partial Z^2}\right) \tag{3.80}$$

即在 $Y$ 和 $Z$ 轴方向上的应力波波速也为

$$C_Y=C_Z=C_X=\sqrt{\frac{\lambda+2\mu}{\rho}} \tag{3.81}$$

以上的推导结果意味着：无限线弹性介质中，无旋波的传播速度与体应变波的传播速度相同，均为式 (3.81) 所示结果。事实上，无旋波在传播过程中体现出来的特征就是体应变波的传播，在传播途径中，介质只出现变形而不会旋转，因此体应变波、膨胀波和无旋波在表象上是同一种波，只是在体应变波的传播过程中，虽然无旋，但微元的变形不仅仅只是简单的压缩或拉伸变形，还包含剪切变形，因此其引起的变形并不只是体积膨胀，因此将其称为无旋波在理论上更为准确严谨。

2. 等容波的传播

根据 3.1.2 节可知应力波传播过程中 $X$ 轴、$Y$ 轴和 $Z$ 轴方向上的运动方程分别为

$$\rho\frac{\partial^2 u_X}{\partial t^2}=(\lambda+\mu)\frac{\partial\theta}{\partial X}+\mu\varDelta u_X \tag{3.82}$$

$$\rho\frac{\partial^2 u_Y}{\partial t^2} = (\lambda+\mu)\frac{\partial\theta}{\partial Y} + \mu\Delta u_Y \tag{3.83}$$

$$\rho\frac{\partial^2 u_Z}{\partial t^2} = (\lambda+\mu)\frac{\partial\theta}{\partial Z} + \mu\Delta u_Z \tag{3.84}$$

式 (3.82) ~ 式 (3.84) 中

$$\Delta = \frac{\partial^2}{\partial X^2} + \frac{\partial^2}{\partial Y^2} + \frac{\partial^2}{\partial Z^2} \tag{3.85}$$

将式 (3.83) 对 $X$ 求偏导并减去式 (3.82) 对 $Y$ 求偏导，结合式 (3.73) 即可得到

$$\rho\frac{\partial^2 \omega_{XY}}{\partial t^2} = \mu\Delta\omega_{XY} \tag{3.86}$$

类似地，容易计算出

$$\rho\frac{\partial^2 \omega_{YZ}}{\partial t^2} = \mu\Delta\omega_{YZ} \tag{3.87}$$

$$\rho\frac{\partial^2 \omega_{XZ}}{\partial t^2} = \mu\Delta\omega_{XZ} \tag{3.88}$$

式 (3.86) ~ 式 (3.88) 的物理意义是物理量 $\omega_{XY}$、$\omega_{YZ}$ 和 $\omega_{XZ}$ 在无限线弹性介质中以速度

$$C_\omega = \sqrt{\frac{\mu}{\rho}} \tag{3.89}$$

传播，即微元各个方向上的旋转是以速度 $\sqrt{\mu/\rho}$ 在介质中传播的；也就是说无限线弹性介质中旋转波总是以速度 $\sqrt{\mu/\rho}$ 传播。

假设应力波传播过程中，无限线弹性介质中微元的体积保持不变，即

$$\frac{\partial\theta}{\partial X} = \frac{\partial\theta}{\partial Y} = \frac{\partial\theta}{\partial Z} \equiv 0 \tag{3.90}$$

则式 (3.82) ~ 式 (3.84) 可简化为

$$\rho\frac{\partial^2 u_X}{\partial t^2} = \mu\Delta u_X \tag{3.91}$$

$$\rho\frac{\partial^2 u_Y}{\partial t^2} = \mu\Delta u_Y \tag{3.92}$$

$$\rho\frac{\partial^2 u_Z}{\partial t^2} = \mu\Delta u_Z \tag{3.93}$$

式 (3.91) ~ 式 (3.93) 是三维波动方程，它表示在无限线弹性介质球对称问题中，体积保持不变的条件下应力波的传播速度为

$$C_{\theta\equiv 0} = \sqrt{\frac{\mu}{\rho}} \tag{3.94}$$

其物理意义是对于传播过程中不引起介质体积变化的应力波，即常称为等容波的应力波，其波速为 $\sqrt{\mu/\rho}$。

从 2.2 节中几何方程的推导可知无限线弹性介质中，剪切应变为

$$\gamma_{XY} = \frac{\partial u_X}{\partial Y} + \frac{\partial u_Y}{\partial X} \tag{3.95}$$

$$\gamma_{YZ} = \frac{\partial u_Y}{\partial Z} + \frac{\partial u_Z}{\partial Y} \tag{3.96}$$

$$\gamma_{XZ} = \frac{\partial u_X}{\partial Z} + \frac{\partial u_Z}{\partial X} \tag{3.97}$$

将式 (3.92) 对 $X$ 求偏导并加上式 (3.91) 对 $Y$ 求偏导，可有

$$\rho\frac{\partial^2 \gamma_{XY}}{\partial t^2} = \mu\varDelta\gamma_{XY} \tag{3.98}$$

类似地，可以得到

$$\rho\frac{\partial^2 \gamma_{YZ}}{\partial t^2} = \mu\varDelta\gamma_{YZ} \tag{3.99}$$

$$\rho\frac{\partial^2 \gamma_{XZ}}{\partial t^2} = \mu\varDelta\gamma_{XZ} \tag{3.100}$$

式 (3.98) ~ 式 (3.100) 的物理意义是无限线弹性介质中，纯剪切波的传播速度为

$$C_s = \sqrt{\frac{\mu}{\rho}} \tag{3.101}$$

前面的分析中，我们求出了无限线弹性介质中一维应变波、剪切波、扭转波、旋转波、膨胀波、无旋波、等容波等弹性波的波速；综合来看，无限线弹性介质中只存在两个波速：

$$\begin{cases} C_1 = \sqrt{\dfrac{\lambda+2\mu}{\rho}} \\ C_2 = \sqrt{\dfrac{\mu}{\rho}} \end{cases} \tag{3.102}$$

事实上，以上这些无限线弹性介质中不同种类的波从其特征而言也只包含两类波：从应力波传播方向与质点运动方向的关系看，分为纵波和横波，其中一维应变波、体应变波和无旋波属于纵波，其波速为

$$C_l = \sqrt{\frac{\lambda+2\mu}{\rho}} \tag{3.103}$$

剪切波、扭转波、旋转波和等容波属于横波，其波速为

$$C_t = \sqrt{\frac{\mu}{\rho}} \tag{3.104}$$

从应力波传播过程中微元的形态变化上看，分为无旋波和等容波，其中一维应变波、膨胀波等也属于无旋波，剪切波、扭转波与旋转波属于等容波。

需要指出的是，等容波是指不引起介质体积变化的扰动在弹性介质中以 $\sqrt{\mu/\rho}$ 的速度传播的一种弹性波，在工程上很多情况下为区分等容波和膨胀波，将其称为畸变波，但事实上该称法在理论上也是不准确的，因为无旋波也能引起畸变。

从上面的分析和推导可以看出，等容波的传播速度只依赖介质的剪切模量和密度，而体应变扰动引起的无旋波的传播并不仅仅依赖体积模量和密度，还依赖于剪切模量。事实上，在各向同性线弹性均质材料中，任何一个位移扰动都可以分解为无旋波和等容波，并分别以各自的波速独立传播，这些波在介质内部的传播与其边界效应无关，统称为体波。在此需要强调的是，虽然无旋波和等容波分别独立传播，且等容波是一个畸变波，但无旋波也能够引起畸变，只是其中畸变与膨胀 (缩小) 行为相互耦合。理论上讲，无旋波是纵波，等容波是横波，容易看出此纵波的波速明显大于其横波的波速，前者传播的速度快，因此，在地震监测过程中，我们首先观察到的是纵波，其后才是横波，前者我们一般称为 P 波，后者称为 S 波。如 S 波位移扰动方向平行于自由表面则称为 SH 波，如位移扰动方向垂直于自由表面则称为 SV 波。表 3.1 是无限介质条件下几种常见材料的无旋波波速和等容波波速。

**表 3.1　无限介质条件下几种常见材料的无旋波波速和等容波波速**

| 材料 | 无旋波波速/(m/s) | 等容波波速/(m/s) |
|---|---|---|
| 铝 | 6150 | 3100 |
| 钢 | 5710 | 3160 |
| 铅 | 2120 | 740 |
| 铍 | 10000 | — |
| 镁 | 6440 | 3090 |
| 铜 | 4270 | 2150 |
| 铁 | 5060 | 3190 |
| 镍 | 5590 | 2930 |
| 锡 | 2960 | 1490 |
| 锌 | 3860 | 2560 |
| 钨 | 4780 | 2640 |
| 银 | 3450 | 1570 |
| 黄铜 | 4240 | 2140 |
| 玻璃 | 6800 | 3300 |
| 树脂玻璃 | 2600 | 1200 |
| 聚苯乙烯 | 2300 | 1200 |

根据弹性理论可知

$$\begin{cases} \lambda + 2\mu = \dfrac{1-\nu}{(1+\nu)(1-2\nu)}E > E \\ \mu = \dfrac{E}{2(1+\nu)} < E \end{cases} \tag{3.105}$$

式中，$E$ 与 $\nu$ 分别表示杨氏模量和 Poisson 比。无限介质条件下几种常见材料的弹性系数如表 3.2 所示。

表 3.2 无限介质条件下几种常见材料的弹性系数

| 材料 | $E$/GPa | $\rho$/(kg/m$^3$) | $\lambda$/GPa | $\mu$/GPa | $\nu$ |
|---|---|---|---|---|---|
| 铀 | 172.0 | 18950.0 | 99.2 | 66.1 | 0.3 |
| 铜 | 129.8 | 8930.0 | 105.6 | 48.3 | 0.343 |
| 铝 | 70.3 | 2700.0 | 58.2 | 26.1 | 0.345 |
| 铁 | 211.4 | 7850.0 | 115.7 | 81.6 | 0.293 |
| 氧化铝陶瓷 | 365.0 | 3900.0 | 210.6 | 140.4 | 0.3 |

对比以上三种波速表达式，容易看出

$$\mu < E < \lambda + 2\mu \Leftrightarrow C_\omega < C < C_\Delta \tag{3.106}$$

从表 3.2 可以看出，一般金属材料 Poisson 比约为 0.3，因此

$$\begin{cases} \dfrac{\lambda + 2\mu}{E} \approx 1.35 \\ \dfrac{\mu}{E} \approx 0.38 \end{cases} \tag{3.107}$$

即有

$$\begin{cases} \dfrac{C_\Delta}{C} \approx 1.16 \\ \dfrac{C_\omega}{C} \approx 0.62 \end{cases} \tag{3.108}$$

也就是说，一维杆中弹性纵波波速 (相关内容见 3.2 节) 大于无限介质中的等容波波速但小于无限介质中无旋波波速。值得注意的是，结合一维杆中有关扭转波传播推导 (相关内容见 3.2 节)，可以看出，无旋波波速与边界条件相关，如无限介质中的波速与一维杆中的波速明显不同，但剪切波波速或扭转波波速却在两种情况下相同。

几种常用材料中无旋波波速和等容波波速见表 3.3。

表 3.3 两种条件下几种常见材料的无旋波波速和等容波波速

| 材料 | 无旋波波速/(m/s) | | 等容波波速/(m/s) |
|---|---|---|---|
| | 一维杆 | 无限介质 | 无限介质 |
| 铀 | 3012.7 | 3494.4 | 1867.6 |
| 铜 | 3812.5 | 4758.4 | 2325.6 |
| 铝 | 5102.6 | 6394.4 | 3109.1 |
| 铁 | 5189.4 | 5960.6 | 3224.1 |
| 氧化铝陶瓷 | 9674.2 | 11225.0 | 6000.0 |

从上面的推导过程可知，对于各向同性均质材料而言，可以根据测量一维杆介质中的纵波波速和 Poisson 比推导出其在无限介质中的无旋波和等容波；反之，也可以根据测量不同波速反推出杨氏模量、Poisson 比、剪切模量等。

**例 3.1** 利用不同波速求解 Poisson 比。

由本节分析可知，无限线弹性介质中等容波的波速 $C_\omega$ 和无旋波的波速 $C_\Delta$ 之比为

$$\zeta = \frac{C_\omega}{C_\Delta} = \sqrt{\frac{\mu}{\lambda + 2\mu}} \tag{3.109}$$

结合弹性系数之间的联系表，式 (3.109) 可表达为

$$\zeta=\frac{C_\omega}{C_\Delta}=\sqrt{\frac{1-2\nu}{2(1-\nu)}} \tag{3.110}$$

已知金属铝的等容波波速为 3100m/s，无旋波波速为 6150m/s，根据式 (3.110) 可以得到

$$\zeta=\frac{C_\omega}{C_\Delta}=0.504 \tag{3.111}$$

即

$$\sqrt{\frac{1-2\nu}{2(1-\nu)}}=0.504 \tag{3.112}$$

可以求出其 Poisson 比为 0.33。同理，我们可以根据表 3.1 所示几种金属材料的两种波速值求解其 Poisson 比，见表 3.4。

**表 3.4　根据波速求几种金属材料的 Poisson 比**

| 材料 | 无旋波/(m/s) | 等容波/(m/s) | Poisson 比 |
|---|---|---|---|
| 铝 | 6150 | 3100 | 0.33 |
| 钢 | 5710 | 3160 | 0.28 |
| 铅 | 2120 | 740 | 0.43 |
| 镁 | 6440 | 3090 | 0.35 |
| 铜 | 4270 | 2150 | 0.33 |
| 铁 | 5060 | 3190 | 0.17 |
| 镍 | 5590 | 2930 | 0.31 |
| 锡 | 2960 | 1490 | 0.33 |
| 锌 | 3860 | 2560 | 0.11 |
| 钨 | 4780 | 2640 | 0.28 |
| 银 | 3450 | 1570 | 0.37 |
| 黄铜 | 4240 | 2140 | 0.33 |

**例 3.2**　利用弹性波理论测量地质溶洞和断层位置。

在工程中，如勘探地下断层和含水层时，我们就可以通过不同性质的波具有不同速度这一特点，反推出其空间位置，根据相关文献中的实例我们可以更清晰地了解不同波速的工程使用方法。

在煤矿开采或地下工程施工时，地质构造如断层或溶洞的准确探测对于防范地下空间水灾、瓦斯突出等有着极其重要的作用，利用爆炸产生的地质材料中应力波传播差异法测量地质溶洞是当前一种较准确的使用方法。如图 3.5 所示二维问题，在 $A$ 点处放置一定当量的高能炸药用来发射应力波，在 $B$ 点处放置地震仪用来接收应力波；设两点之间的距离为 1000m；需要测量溶洞点 $C$ 的位置。

地质主要介质为岩石，通过测量可以得到其杨氏模量为 100GPa，Poisson 比为 0.4，密度为 2.6g/cm$^3$。在无限介质中，当 $A$ 点炸药发生爆炸时，在近爆点会产生强烈的冲击波，但随着冲击波在岩石中的传播很快会衰减为准弹性波，而且相对于弹性波在岩石介质中的传播，冲击波的传播距离小得多，可以忽略不计；因此可以近似将爆炸波在岩石中的传播

皆视为弹性波来开展计算。在爆炸发生后，瞬间会在岩石介质中产生纵波 (P 波)、横波 (S 波) 和近地面的表面波 (Rayleigh 波，第 4 章对此波进行推导和分析)，如图 3.6 所示。

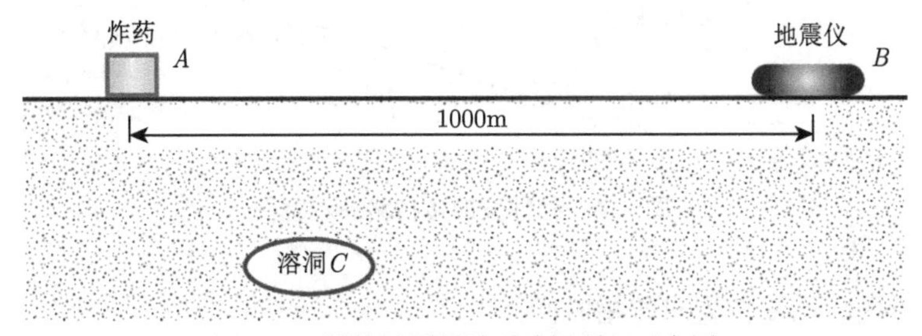


图 3.5 爆炸法测量地质溶洞原理示意图

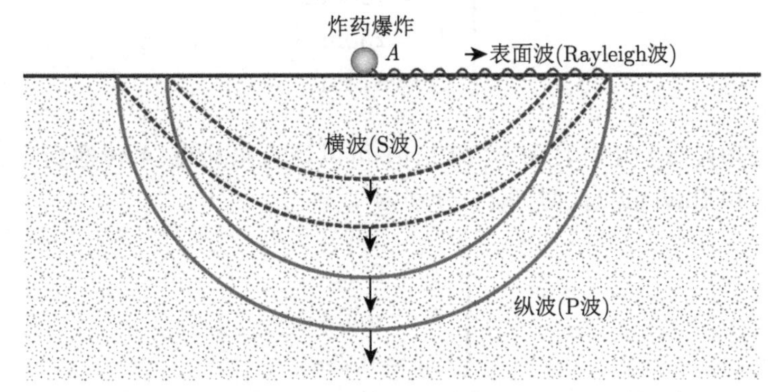


图 3.6 应力波在半无限介质中传播的三种主要弹性波

可以根据上文中无限线弹性介质中弹性波波速计算公式给出其纵波波速为

$$C_l = \sqrt{\frac{1-\nu}{(1+\nu)(1-2\nu)}\frac{E}{\rho}} = 9078\text{m/s} \tag{3.113}$$

横波波速为

$$C_t = \sqrt{\frac{E}{2(1+\nu)\rho}} = 3706\text{m/s} \tag{3.114}$$

表面波 (Rayleigh 波) 波速 $C_{\mathrm{R}}$ 为横波波速的 0.9422 倍，即有

$$C_{\mathrm{R}} = 0.9422 \cdot C_t = 3492\text{m/s} \tag{3.115}$$

因此，在图 3.5 所示问题中，从点 $A$ 到点 $B$ 传播的弹性波有纵波、横波和 Rayleigh 波；从点 $A$ 到点 $C$ 传播的弹性波有纵波和横波；而从点 $C$ 到点 $B$ 传播的弹性波为反射纵波、反射横波，如图 3.7 所示；需要说明的是，从点 $C$ 反射的横波有两组，一组为由点 $A$ 传播到点 $C$ 的纵波在交界面上斜反射而产生的横波 (同时也会反射纵波)，另一组为由点 $A$ 传播到点 $C$ 的横波在交界面上反射的横波。

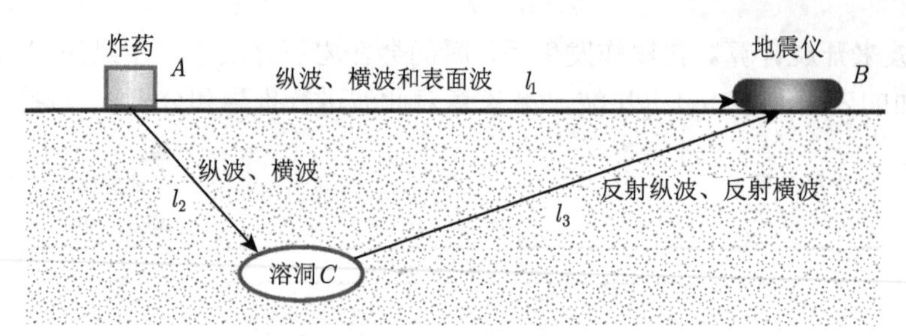


图 3.7　弹性波的传播路径示意图

(1) 正向问题：已知位置求传播时间。

设 $AB$、$AC$ 和 $BC$ 的长度分别为

$$\begin{cases} l_1 = 1000\text{m} \\ l_2 = 250\text{m} \\ l_3 = 873\text{m} \end{cases} \tag{3.116}$$

根据式 (3.113)、式 (3.114) 和式 (3.115) 可以计算出从点 $A$ 传播到点 $B$ 的纵波时间 $t_l$、横波时间 $t_t$ 和 Rayleigh 波时间 $t_{\mathrm{R}}$ 分别为

$$\begin{cases} t_l = 0.11\text{s} \\ t_t = 0.27\text{s} \\ t_{\mathrm{R}} = 0.29\text{s} \end{cases} \tag{3.117}$$

纵波从点 $A$ 传播到点 $C$，然后从点 $C$ 反射纵波到点 $B$，其总时间为

$$t_{lr} = \frac{l_2 + l_3}{C_l} = 0.12\text{s} \tag{3.118}$$

纵波传播到点 $C$ 后反射横波到点 $B$，其总时间为

$$t_{lrt} = \frac{l_2}{C_l} + \frac{l_3}{C_t} = 0.26\text{s} \tag{3.119}$$

横波从点 $A$ 传播到点 $C$，然后从点 $C$ 反射横波到点 $B$，其总时间为

$$t_{tr} = \frac{l_2 + l_3}{C_t} = 0.30\text{s} \tag{3.120}$$

不同弹性波的传播时间分别为表 3.5 所示值。

**表 3.5　地震仪所测得波到达时间**

| 弹性波 | 时间/s | 弹性波 | 时间/s | 弹性波 | 时间/s |
|---|---|---|---|---|---|
| 纵波 | 0.11 | 反射横波 1 | 0.26 | 反射横波 2 | 0.30 |
| 反射纵波 | 0.12 | 横波 | 0.27 | Rayleigh 波 | 0.29 |

(2) 反向问题：根据地震仪所接收的波求溶洞的位置。

反而言之，我们也可以通过地震仪上各类波的传播时间反算出溶洞的位置。一般而言，同一弹性介质中纵波波速大于横波波速、横波波速大于 Rayleigh 波波速，因此相同距离条件下其传播时间正好相反；可以通过式 (3.121) 求出传播时间：

$$C_l t_l = C_t t_t = C_{\mathrm{R}} t_{\mathrm{R}} = l_1 \tag{3.121}$$

且理论上，地震仪首先接收到的波应为纵波，因此该波传播的时间容易确定；结合式 (3.121)，我们可以确定地震仪上的横波和 Rayleigh 波，从而可以求出点 $A$ 到点 $B$ 的距离。

一般而言，反射纵波的波速大于反射横波 1 的波速、反射横波 1 的速度大于反射横波 2 的波速，因此可以根据此特征区分地震仪上的接收波，从而给出此三种波的传播时间；根据方程：

$$\begin{cases} t_{lr} = \dfrac{l_2 + l_3}{C_l} \\ t_{tr} = \dfrac{l_2 + l_3}{C_t} \end{cases} \tag{3.122}$$

可以对岩体中介质的纵波波速和横波波速进行适当的校正，然后再联立

$$t_{lrt} = \frac{l_2}{C_l} + \frac{l_3}{C_t} \tag{3.123}$$

即可计算出 $AC$ 和 $BC$ 的长度 $l_2$ 和 $l_3$，再结合式 (3.121)，即可定位溶洞的坐标。

## 3.2 连续介质的一维运动方程与波动方程

事实上，“波”并不是一个新概念，也不是某种高深而远离日常生活的名词。反之，波是自然界中最普遍和最重要的现象之一，也是最基本的概念之一，如声波、电磁波、微波等。从本质上讲，当介质中某种状态量出现变化时，会同时向相邻介质发出某种扰动信号，这种扰动信号也会引起相邻介质状态量发生改变，以此类推，这种扰动信号会由此及彼、由近及远传播，这种扰动信号的传播即形成波，常见的如光信号的传播形成的光波、电磁扰动信号传播形成的电磁波、声压扰动信号传播形成的声波、爆炸产生的高温高压对周围物质作用导致的压力扰动信号形成的冲击波等；广义地讲，还有洪水产生的势能扰动信号传播形成的洪水波、交通信号控制和路面情况变化引起车流与人流扰动信号的传播形成的波等。这些波传播规律的物理定律可能不同，但其控制方程类似。应力波也是一种常见的波，它是指介质中应力扰动信号的传播而形成的波，爆炸冲击波、爆轰波、声波等都属于常见的应力波。

固体中应力波的传播是一个复杂的过程，它受许多因素的影响，包括材料物理力学性能相关因素，而且，这些因素有些相互耦合，因此，直接对复杂条件下应力波的传播演化进行解析分析是非常困难的，而且绝大部分是当前无法给出解析解的。然而，应力波在不同介质和环境下的传播演化物理内涵是相近的，可以通过对简单问题的分析给出应力波传播演化相关结论，这些结论能够较好地定性分析复杂条件下的对应问题。值得庆幸的是，在

爆炸与冲击动力学相关领域，一维应力波理论在大多数情况下能够给出指导性的结论甚至给出足够准确的结果，而且一维应力波理论所推导的解析解及其推导过程能够让读者更深刻地理解相关知识。本节主要讲解三种典型的一维应力波的传播波动方程及其声速的推导过程，所谓一维应力波其实是一种理想情况，在应力扰动传播过程中，应力波传播路径上介质中的质点物理量 $\phi$ 只是轴向方向的坐标和时间 $t$ 的函数，取其轴向方向为 $X$ 方向，即有

$$\phi = F(X, t) \tag{3.124}$$

式中，$F(\cdot)$ 表示某个函数关系。

### 3.2.1　一维应变状态下线弹性介质中运动方程与纵波声速

先以一维应变状态为例，当纵波传播过程中，介质中的质点始终处于一维应变状态时，我们称此类波为一维应变纵波。垂直于无限平板表面的应力波在板中的传播就是一种典型的一维应变纵波，与一维应力状态不同的是，一维应变状态介质仍处于三维应力状态，而前者只是一维应力状态。

参考笛卡儿坐标系的相关推导结论，设平板的无限表面平行于 $YOZ$ 平面，方向 $X$ 为平板厚度方向即应力波传播方向。此时，对于一维应变状态有

$$\gamma_{XY} = \gamma_{YZ} = \gamma_{XZ} = \varepsilon_{YY} = \varepsilon_{ZZ} \equiv 0 \tag{3.125}$$

此时体应变即为

$$\theta = \varepsilon_{XX} + \varepsilon_{YY} + \varepsilon_{ZZ} \equiv \varepsilon_{XX} \tag{3.126}$$

根据弹性介质的 Hooke 定律 (3.28)，可知

$$\begin{cases} \sigma_{XX} = (\lambda + 2\mu)\,\varepsilon_{XX} \\ \sigma_{YY} = \lambda\varepsilon_{XX} \\ \sigma_{ZZ} = \lambda\varepsilon_{XX} \end{cases}, \quad \begin{cases} \sigma_{XY} = \mu\gamma_{XY} \equiv 0 \\ \sigma_{YZ} = \mu\gamma_{YZ} \equiv 0 \\ \sigma_{XZ} = \mu\gamma_{XZ} \equiv 0 \end{cases} \tag{3.127}$$

即

$$\begin{cases} \sigma_{XX} = (\lambda + 2\mu)\,\varepsilon_{XX} \\ \sigma_{YY} = \sigma_{ZZ} = \lambda\varepsilon_{XX} \\ \sigma_{XY} = \sigma_{YZ} = \sigma_{XZ} \equiv 0 \end{cases} \tag{3.128}$$

此时，笛卡儿坐标系中运动方程即可简化为

$$\begin{cases} \rho\dfrac{\partial^2 u_X}{\partial t^2} = \dfrac{\partial \sigma_{XX}}{\partial X} = (\lambda + 2\mu)\,\dfrac{\partial \varepsilon_{XX}}{\partial X} \\ \rho\dfrac{\partial^2 u_Y}{\partial t^2} = \dfrac{\partial \sigma_{YY}}{\partial Y} \equiv 0 \\ \rho\dfrac{\partial^2 u_Z}{\partial t^2} = \dfrac{\partial \sigma_{ZZ}}{\partial Z} \equiv 0 \end{cases} \tag{3.129}$$

即

$$\rho\frac{\partial^2 u_X}{\partial t^2} = \frac{\partial \sigma_{XX}}{\partial X} = (\lambda + 2\mu)\frac{\partial \varepsilon_{XX}}{\partial X} \tag{3.130}$$

将几何方程代入式 (3.130)，即有

$$\rho\frac{\partial^2 u_X}{\partial t^2} = (\lambda + 2\mu)\frac{\partial^2 u_X}{\partial X^2} \tag{3.131}$$

即

$$\frac{\partial^2 u_X}{\partial t^2} = \left(\frac{\lambda + 2\mu}{\rho}\right)\frac{\partial^2 u_X}{\partial X^2} \tag{3.132}$$

根据波动方程的物理意义，式 (3.132) 表明其纵波波速为

$$C_L = \sqrt{\frac{\lambda + 2\mu}{\rho}} \tag{3.133}$$

结合弹性系数之间的关系，式 (3.133) 可以推广写为

$$C_L = \sqrt{\frac{K + \frac{4}{3}\mu}{\rho}} \tag{3.134}$$

或

$$C_L = \sqrt{\frac{1-\nu}{(1+\nu)(1-2\nu)}}\sqrt{\frac{E}{\rho}} \tag{3.135}$$

根据式 (3.133) ～ 式 (3.135)，可以通过测量材料的杨氏模量、密度和 Poisson 比计算出其一维应变条件下的纵波波速。几种常见材料的一维应变弹性纵波波速见表 3.6。

**表 3.6 几种常见材料的一维应变弹性纵波波速**

| 材料 | $\lambda$/GPa | $\mu$/GPa | $C_L$/(km/s) | 材料 | $\lambda$/GPa | $\mu$/GPa | $C_L$/(km/s) |
|---|---|---|---|---|---|---|---|
| 钢 | 112 | 81 | 5.94 | 玻璃 | 28 | 28 | 5.80 |
| 铜 | 95 | 45 | 4.56 | 橡胶 | 10 | $7.0\times10^{-4}$ | 1.04 |
| 铝 | 56 | 26 | 6.32 | | | | |

类似地，利用柱坐标下的相关推导结论也可以更直观地得出以上结论。以 $X$ 方向为平板的法线方向即纵波的传播方向，此时有

$$\gamma_{r\theta} = \gamma_{rX} = \gamma_{\theta X} = \varepsilon_{rr} = \varepsilon_{\theta\theta} \equiv 0 \tag{3.136}$$

此时体应变即为

$$\theta = \varepsilon_{rr} + \varepsilon_{\theta\theta} + \varepsilon_{XX} \equiv \varepsilon_{XX} \tag{3.137}$$

根据弹性介质的 Hooke 定律可知

$$\begin{cases} \sigma_{rr} = \lambda \varDelta + 2\mu\varepsilon_{rr} \equiv \lambda\varepsilon_{XX} \\ \sigma_{\theta\theta} = \lambda \varDelta + 2\mu\varepsilon_{\theta\theta} \equiv \lambda\varepsilon_{XX} \\ \sigma_{XX} = \lambda \varDelta + 2\mu\varepsilon_{XX} \equiv (\lambda + 2\mu)\,\varepsilon_{XX} \end{cases}, \quad \begin{cases} \sigma_{r\theta} = \mu\gamma_{r\theta} \equiv 0 \\ \sigma_{\theta X} = \mu\gamma_{\theta X} \equiv 0 \\ \sigma_{rX} = \mu\gamma_{rX} \equiv 0 \end{cases} \tag{3.138}$$

即

$$\begin{cases} \sigma_{XX} = (\lambda + 2\mu)\,\varepsilon_{XX} \\ \sigma_{rr} = \sigma_{\theta\theta} = \lambda\varepsilon_{XX} \\ \sigma_{r\theta} = \sigma_{rX} = \sigma_{\theta X} \equiv 0 \end{cases} \tag{3.139}$$

此时，柱坐标系中的运动方程即可简化为

$$\begin{cases} \rho\dfrac{\partial^2 u_r}{\partial t^2} \equiv 0 \\ \rho\dfrac{\partial^2 u_\theta}{\partial t^2} \equiv 0 \\ \rho\dfrac{\partial^2 u_X}{\partial t^2} = (\lambda + 2\mu)\,\dfrac{\partial \varepsilon_{XX}}{\partial X} \end{cases} \tag{3.140}$$

即

$$\rho\frac{\partial^2 u_X}{\partial t^2} = (\lambda + 2\mu)\,\frac{\partial \varepsilon_{XX}}{\partial X} = (\lambda + 2\mu)\,\frac{\partial^2 u_X}{\partial X^2} \tag{3.141}$$

或

$$\frac{\partial^2 u_X}{\partial t^2} = \left(\frac{\lambda + 2\mu}{\rho}\right)\frac{\partial^2 u_X}{\partial X^2} \tag{3.142}$$

式 (3.142) 与笛卡儿坐标系中所推导的结果完全一致，其物理意义不做赘述。对比式 (3.142) 和式 (3.71) 可以发现体应变波的波速与一维应变波的波速相等：

$$C_\varDelta \equiv C_L \tag{3.143}$$

这也说明，体应变波和一维应变波这类纵波的传播皆会引起畸变。

### 3.2.2 一维应力状态下线弹性介质中运动方程与纵波声速

同理，我们可以根据 3.1.1 节的内容，类似 3.1.2 节体波的推导方法，对问题进行简化，给出一维应力状态下连续介质中应力波传播的波动方程。对于线弹性波在一维应力状态下的传播即应力波在一维线弹性杆中纵波传播问题而言，应力波传播过程中，介质中质点始终处于一维应力状态；此时，在笛卡儿坐标系中，有边界条件：

$$\begin{cases} \sigma_{YX} = \sigma_{XY} \equiv 0 \\ \sigma_{ZX} = \sigma_{XZ} \equiv 0 \\ \sigma_{ZY} = \sigma_{YZ} \equiv 0 \\ \sigma_{YY} = \sigma_{ZZ} \equiv 0 \end{cases} \tag{3.144}$$

此时，笛卡儿坐标系中的运动方程可简化为

$$\begin{cases} \rho\dfrac{\partial^2 u_X}{\partial t^2} = \dfrac{\partial \sigma_{XX}}{\partial X} \\ \rho\dfrac{\partial^2 u_Y}{\partial t^2} \equiv 0 \\ \rho\dfrac{\partial^2 u_Z}{\partial t^2} \equiv 0 \end{cases} \tag{3.145}$$

即

$$\rho\frac{\partial^2 u_X}{\partial t^2} = \frac{\partial \sigma_{XX}}{\partial X} \tag{3.146}$$

将一维应力状态下弹性介质的 Hooke 定律代入式 (3.146)，并结合几何方程，即可得到

$$\rho\frac{\partial^2 u_X}{\partial t^2} = E\frac{\partial \varepsilon_{XX}}{\partial X} = E\frac{\partial^2 u_X}{\partial X^2} \tag{3.147}$$

即

$$\frac{\partial^2 u_X}{\partial t^2} = \frac{E}{\rho}\frac{\partial^2 u_X}{\partial X^2} \tag{3.148}$$

类似地，我们也可以利用柱坐标系中的相关结论推导出一维应力状态下线弹性纵波的传播波动方程。此时有边界条件：

$$\begin{cases} \sigma_{r\theta} = \sigma_{\theta r} \equiv 0 \\ \sigma_{rX} = \sigma_{Xr} \equiv 0 \\ \sigma_{X\theta} = \sigma_{\theta X} \equiv 0 \\ \sigma_{rr} = \sigma_{\theta\theta} \equiv 0 \end{cases} \tag{3.149}$$

此时，柱坐标系中的运动方程即可简化为式 (3.148)。

以上是根据三维状态下的运动方程简化而得到的一维波动方程，不是很直观，由于后面内容皆是基于一维应力状态下的应力波传播理论，因此，这里，我们对一维应力状态下的应力波波动方程的推导过程进行详细讲授，其过程和结论对后面内容皆有参考价值，更利于以下内容的学习。

一般利用细长杆中应力波的传播近似分析一维应力状态下的应力波传播，这类经过理论简化的细长杆可称为一维杆，如图 3.8 所示。

图 3.8 细长杆等效一维杆示意图

当杆直径与长度之比足够小时，其中应力波的传播可近似为一维应力波的传播。设图 3.8 中杆沿 $X$ 方向足够长，垂直 $X$ 方向的面积为 $\delta A$；杆介质密度为 $\rho$。取杆中任

意一个质点 $X$，并考虑一个基于此点无限短的微元 $\mathrm{d}X \to 0$ 进行分析，当一维杆受到轴线方向的应力脉冲 (压缩或拉伸，以拉伸为正，下同) 扰动时，微元受到沿着坐标轴方向的作用力和反向作用力的影响，如图 3.9 所示；需要说明的是，在一维波的传播过程中不考虑体力等因素的影响，下同。

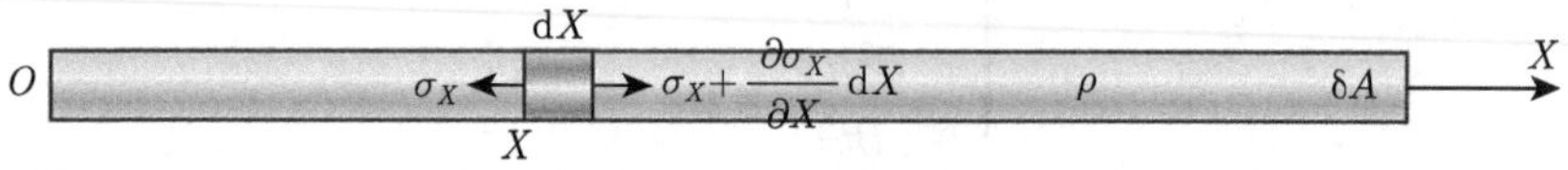

图 3.9　一维杆中的质点运动方程

1. *运动方程*

参考 2.1 节中微元的平衡微分方程推导，设质点 $X$ 受到的应力为 $\sigma_X$，则根据 Taylor 级数展开即可给出质点 $X+\mathrm{d}X$ 受到的应力为

$$\sigma_X(X+\mathrm{d}X)=\sigma_X+\frac{\partial \sigma_X}{\partial X}\mathrm{d}X+o(\mathrm{d}X) \tag{3.150}$$

式中，$o(\mathrm{d}X)$ 表示无穷小量 $\mathrm{d}X$ 的高阶无穷小。忽略高阶无穷小量，式 (3.150) 即可简化为

$$\sigma_X(X+\mathrm{d}X)=\sigma_X+\frac{\partial \sigma_X}{\partial X}\mathrm{d}X \tag{3.151}$$

因此，微元在 $X$ 方向上的合力为

$$\sum F_X=\left(\sigma_X+\frac{\partial \sigma_X}{\partial X}\mathrm{d}X\right)-\sigma_X\cdot\delta A=\frac{\partial \sigma_X}{\partial X}\mathrm{d}X\cdot\delta A \tag{3.152}$$

如不考虑介质体力的影响，此时，杆中微元受力满足动平衡，根据牛顿第二定律，即可给出质点的运动方程为

$$\sum F_X=ma=(\rho\mathrm{d}X\cdot\delta A)\cdot\frac{\partial^2 u_X}{\partial t^2} \tag{3.153}$$

式中，$u_X$ 表示质点 $X$ 的位移。式 (3.153) 本质上也是微元运动的动量定理，严格来讲是闭口体系或微元运动的动量定理。

将式 (3.152) 代入式 (3.153) 并简化，可以得到

$$\frac{\partial \sigma_X}{\partial X}=\rho\cdot\frac{\partial^2 u_X}{\partial t^2} \tag{3.154}$$

或写为

$$\rho\frac{\partial^2 u_X}{\partial t^2}=\frac{\partial \sigma_X}{\partial X} \tag{3.155}$$

式 (3.155) 即为一维线弹性杆中质点的运动方程。

2. 本构方程与几何方程

如不考虑材料本构的热效应和黏性效应，可以设该弹性固体材料的本构形式为

$$\sigma_X = \sigma_X\left(\varepsilon_X\right) \tag{3.156}$$

即轴向应力只是轴向应变的函数，与温度、应变率等无关。根据式 (3.156)，可以给出

$$\frac{\partial \sigma_X}{\partial X} = \frac{\mathrm{d}\sigma_X}{\mathrm{d}\varepsilon_X} \cdot \frac{\partial \varepsilon_X}{\partial X} \tag{3.157}$$

参考图 3.9 中的微元，设某时刻质点 $X$ 的位移为 $u_X$，则根据 Taylor 级数展开即可以给出该时刻质点 $X + \mathrm{d}X$ 的位移为

$$u_X\left(X + \mathrm{d}X\right) = u_X + \frac{\partial u_X}{\partial X}\mathrm{d}X + o\left(\mathrm{d}X\right) \tag{3.158}$$

式 (3.158) 忽略高阶无穷小量，即可简化为

$$u_X\left(X + \mathrm{d}X\right) = u_X + \frac{\partial u_X}{\partial X}\mathrm{d}X \tag{3.159}$$

因此，根据弹性变形的几何方程，微元的应变 $\varepsilon_X$ 可表达为

$$\varepsilon_X = \frac{u_X\left(X + \mathrm{d}X\right) - u_X}{\mathrm{d}X} = \frac{\partial u_X}{\partial X} \tag{3.160}$$

将式 (3.160) 所示几何方程代入式 (3.157) 所示本构方程推导结果，即可以得到

$$\frac{\partial \sigma_X}{\partial X} = \frac{\mathrm{d}\sigma_X}{\mathrm{d}\varepsilon_X} \cdot \frac{\partial^2 u_X}{\partial X^2} \tag{3.161}$$

将式 (3.161) 代入运动方程式 (3.155)，即可得到

$$\rho\frac{\partial^2 u_X}{\partial t^2} = \frac{\mathrm{d}\sigma_X}{\mathrm{d}\varepsilon_X} \cdot \frac{\partial^2 u_X}{\partial X^2} \tag{3.162}$$

或

$$\frac{\partial^2 u}{\partial t^2} = \left(\frac{1}{\rho}\frac{\mathrm{d}\sigma_X}{\mathrm{d}\varepsilon_X}\right) \cdot \frac{\partial^2 u}{\partial X^2} \tag{3.163}$$

如令

$$C = \sqrt{\frac{1}{\rho}\frac{\mathrm{d}\sigma_X}{\mathrm{d}\varepsilon_X}} \tag{3.164}$$

则有

$$\frac{\partial^2 u}{\partial t^2} = C^2\frac{\partial^2 u}{\partial X^2} \tag{3.165}$$

对比式 (3.165) 和 1.3 节中简谐波的传播分析结果容易看到，式 (3.165) 是一个典型的波动方程，式 (3.165) 表明，在一维弹性介质中该应力扰动以

$$C = \sqrt{\frac{1}{\rho}\frac{\mathrm{d}\sigma_X}{\mathrm{d}\varepsilon_X}} \tag{3.166}$$

的速度进行传播，即其应力波波速为 $C$。容易看出，此情况下振动方向平行于应力波传播方向，其是一个典型的纵波；同时，从式 (3.166) 可知，一维弹性介质中纵波的波速只与材料的密度 $\rho$ 及本构关系相关，即只与介质本身物理力学性能相关，对于相同的弹性材料而言，其纵波的声速与扰动大小、振动源的频率等无关。

特别地，对于线弹性材料而言，其本构关系满足 Hooke 定律，参考 2.3 节的内容，即

$$\sigma_X = E\varepsilon_X \tag{3.167}$$

式中，$E$ 为材料的杨氏模量。此时，式 (3.166) 即可具体写为

$$C = \sqrt{\frac{E}{\rho}} \tag{3.168}$$

对于任意特定的线弹性材料而言，其密度 $\rho$ 和杨氏模量 $E$ 是其材料常数，因此，其纵波的声速也是一个常数；由此可以认为纵波的声速也是材料本身的一个属性，一般称为材料的纵波声速。部分常用材料的一维弹性纵波声速见表 3.7。

**表 3.7 几种材料一维弹性纵波声速表**

| 材料 | $C/(\mathrm{m/s})$ | 材料 | $C/(\mathrm{m/s})$ | 材料 | $C/(\mathrm{m/s})$ |
|---|---|---|---|---|---|
| 铝 | 5102 | 金刚石 | 16879 | 氧化铝陶瓷 | 9674 |
| 钢 | 5190 | 橡胶 | 46 | 氮化硼陶瓷 | 6063 |
| 铁 | 5189 | 玻璃 | 5300 | 碳化钨陶瓷 | 5852 |
| 铜 | 3812 | 碳化钛陶瓷 | 8780 | | |
| 铀 | 3012 | 氮化硅陶瓷 | 9942 | | |

值得注意的是，如同本章前面所述，以上推导的前提是假设杆是一维的，一般对应现实世界中的长杆，但并没有说明杆一定是圆截面的，只要沿着长度方向杆的截面相同就行，但必须保证在应力波传播过程中杆的截面保持平面，截面上应力分布均匀，从而可以不考虑杆的直径和由此带来的横向效应，然而，事实上，随着杆介质微元受压缩或拉伸作用力，必会导致其缩短或伸长，也必定伴随着横向收缩和膨胀，横向变形与纵向运动变形之比即为介质材料的 Poisson 比，这使得在横向运动过程中杆截面应力分布并不均匀而波阵面变得歪曲了；另外，以上推导过程中杆介质材料的本构选用率无关弹性本构模型，且并没有考虑其率效应，也就是说，我们假设杆材料在弹性阶段是没有率效应的，这对大多数材料而言，是近似成立且准确的。

一维杆中的纵向振动最直观的例子就是螺旋状弹簧中扰动的传播，设弹簧常数为 $k$，单位长度上的密度为 $\rho$，根据以上分析方法可以得到波动方程：

$$\frac{\partial^2 u}{\partial t^2}=C^2\frac{\partial^2 u}{\partial X^2} \tag{3.169}$$

从而给出此弹簧中的纵波波速为

$$C=\sqrt{\frac{k}{\rho}} \tag{3.170}$$

式 (3.170) 给出了弹簧中振动的传播速度，也说明弹簧中纵波波速与所施加的力大小无关，只与弹簧常数 $k$ 和密度 $\rho$ 相关。

事实上，类似弹簧的形态，我们也可以把一个一维弹性杆等效为图 3.10 的形式来进行分析。

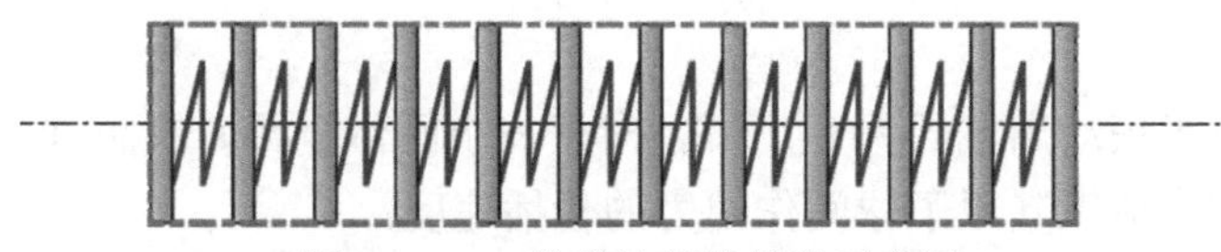

图 3.10 一维弹性杆的等效示意图

假设将一维弹性杆放大很多倍，以至于我们可以将之视为由一个个连续的“微团”组合而成，“微团”之间是连续的，且其压缩和拉伸行为类似弹簧是纯线弹性的。这种假设与连续介质力学中“连续”假设基本一致，因此利用上述示意图来对一维弹性杆的碰撞问题进行分析是符合理论的。此时如果将时间放大很多倍，一维弹性固体材料中应力波的传播可以视为在一端施加一个应力，如在左端施加一个压缩扰动，瞬时最左端的“微团”立刻受力而产生加速度向右运动，压缩第一个“弹簧”，弹簧由于受到压力会压缩第二个“微团”，以此类推，这个“压缩应力”信号就一直向右传播下去，这就是应力波传播的微观原理，该“应力”信号的传播速度称为应力波波速。

利用式 (3.168)，我们很容易通过材料的杨氏模量 $E$ 和密度 $\rho$ 求出材料中一维纵波的波速 $C$。以 45# 钢为例，其密度为 $7.85\text{g/cm}^3$、杨氏模量为 209GPa，其纵波波速为

$$C=\sqrt{\frac{E}{\rho}}=5160\text{m/s} \tag{3.171}$$

从式 (3.168) 也容易看出，相同密度条件下，材料的杨氏模量越大，其一维纵波波速就越大；对于相同杨氏模量的不同材料而言，密度越小其纵波波速就越大。因此，一般而言，“软”而“重”的材料中一维纵波波速相对较小，如表 3.7 中材料铜和铀的纵波波速明显小于钢和铁的纵波波速；反之，“硬”而“轻”的材料中一维纵波波速相对较大，如表 3.7 中几类陶瓷的纵波波速明显大于钢和铁的纵波波速。

当然，我们也可以将物质放大很多倍，从原子尺度层面进行近似分析。假设这个一维杆中原子排列是有规律的，如图 3.11 所示，原子之间存在斥力和引力，这两种力与原子层

之间的间距变化呈线性关系，即类似弹性行为。当最左端突然施加了一个压缩力时，最左端的原子层会产生一个向右的加速度，当每个原子被加速到一定速度以后，就把它的全部或部分动量传递给相邻原子，质量、原子间距、原子间的引力和斥力决定了应力脉冲从一点传播到另一点的方式。

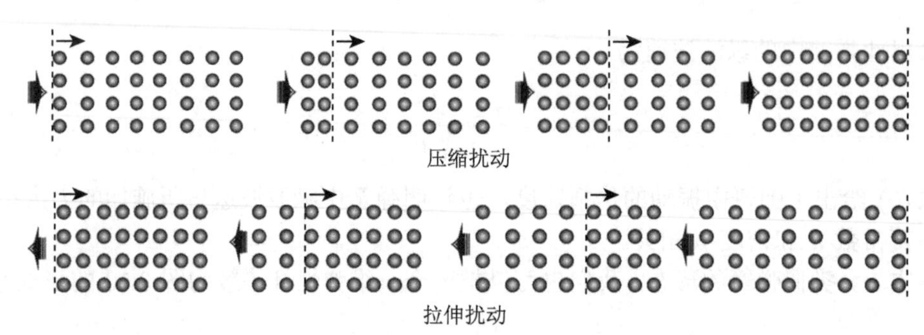


图 3.11　理想排列原子球中振动的传播

一般而言，原子振动周期约为 $10^{-13}$s，对于一个固体金属如铁而言，原子间的距离约为 0.3nm，可以初步估算其原子球间作用力的传播速度：

$$V \doteq \frac{3\times10^{-10}}{10^{-13}} \doteq 3000(\mathrm{m/s}) \tag{3.172}$$

这个速度与固体中的弹性波速的传播在一个量级，比较接近。当然，当前应力波理论建立在连续介质力学框架上，但对于分析应力波理论中一些比较抽象的现象而言，姑且将之想象成原子球间类弹簧力的传播更方便理解。

对比一维应变状态下应力波波速和一维应力状态下应力波波速可以看到，由于

$$\frac{1-\nu}{(1+\nu)(1-2\nu)} = \frac{1-\nu}{(1-\nu)-2\nu^2} > 1 \tag{3.173}$$

因此，一般情况下，一维应变弹性纵波波速 $C_L$ 总是大于一维应力弹性纵波波速 $C$：

$$C_L > C \tag{3.174}$$

对于一般金属材料而言，其 Poisson 比约为 0.30，此时有

$$C_L = \sqrt{\frac{1-\nu}{(1+\nu)(1-2\nu)}}\sqrt{\frac{E}{\rho}} \approx 1.16C \tag{3.175}$$

即一维应变纵波波速比一维应力弹性纵波波速大 16%。

### 3.2.3　一维线弹性介质中扭转扰动与扭转 (剪切) 声速

图 3.9 所示为微元受到纵向拉伸或压缩扰动时的应力状态，其振动源 (或扰动源) 是单纯的压缩或拉伸振动，因此杆中传播的应力波为纵波。当杆端受到纯扭转扰动时，如

图 3.12 所示，杆截面上会存在由于扭转而产生的纯剪切应力，此时会向杆中传播一个扭转波 (本质上是剪切扰动的传播)，由于扭转波传播路径上质点运动方向与轴线方向垂直，因此，该应力波是一种横波。

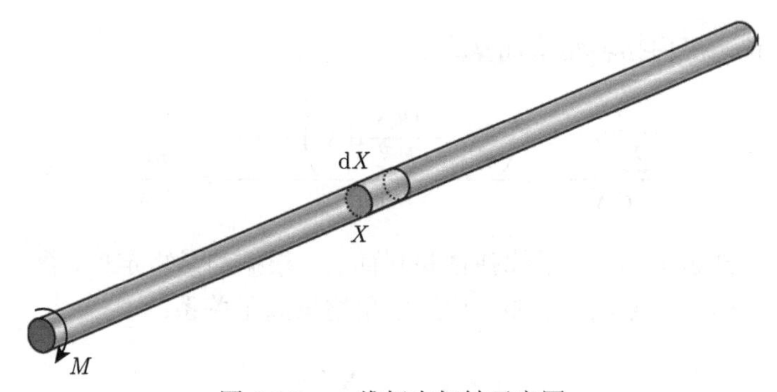


图 3.12 一维杆中扭转示意图

设扭转角度较小，且扭转扰动在杆中的传播过程中杆截面始终保持平面，此时这个扰动的传播也属于一维杆中应力波的传播。设在某时刻质点 $X$ 处杆截面的扭转角为 $\theta_X$，扭转力矩为 $M_X$，如图 3.13 所示，容易判断，此扭转力矩的方向为平行于杆轴线的正方向。

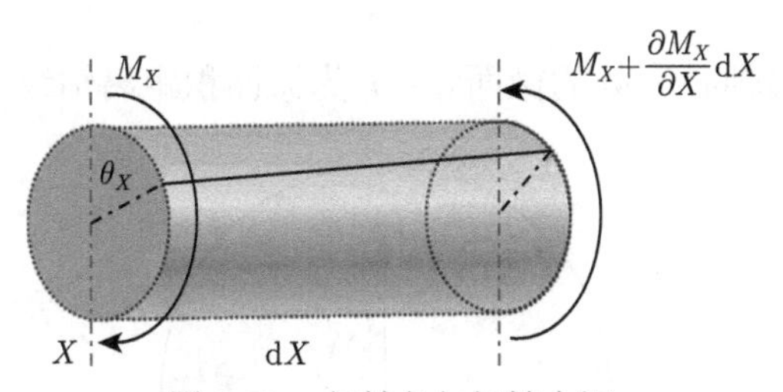


图 3.13 扭转角与扭转力矩

根据 Taylor 级数展开即可以给出质点 $X+\mathrm{d}X$ 处杆截面受到的扭转力矩为

$$M_X\left(X+\mathrm{d}X\right)=M_X+\frac{\partial M_X}{\partial X}\mathrm{d}X+o\left(\mathrm{d}X\right) \tag{3.176}$$

忽略高阶无穷小量，式 (3.176) 即可简化为

$$M_X\left(X+\mathrm{d}X\right)=M_X+\frac{\partial M_X}{\partial X}\mathrm{d}X \tag{3.177}$$

容易判断，质点 $X+\mathrm{d}X$ 处力矩方向为 $X$ 轴负方向；因此，微元在 $X$ 方向上的合力矩为

$$\sum M_X=M_X-\left(M_X+\frac{\partial M_X}{\partial X}\mathrm{d}X\right)=-\frac{\partial M_X}{\partial X}\mathrm{d}X \tag{3.178}$$

根据 Taylor 级数展开即可以给出质点 $X+\mathrm{d}X$ 处的扭转角为

$$\theta_X\left(X+\mathrm{d}X\right)=\theta_X+\frac{\partial \theta_X}{\partial X}\mathrm{d}X+o\left(\mathrm{d}X\right) \tag{3.179}$$

忽略高阶无穷小量，式 (3.179) 即可简化为

$$\theta_X (X + \mathrm{d}X) = \theta_X + \frac{\partial \theta_X}{\partial X} \mathrm{d}X \tag{3.180}$$

因此，微元在单位长度内扭转角增加量为

$$\frac{\sum \theta_X}{\mathrm{d}X} = \frac{\left(\theta_X + \dfrac{\partial \theta_X}{\partial X} \mathrm{d}X\right) - \theta_X}{\mathrm{d}X} = \frac{\partial \theta_X}{\partial X} \tag{3.181}$$

根据材料力学知识可知，对于线弹性材料而言，根据动量矩定理，微元的扭转力矩 (取微元两端力矩平均值并忽略高阶小量) 与扭转角增量满足关系：

$$M_X = G I_p \frac{\sum \theta_X}{\mathrm{d}X} \tag{3.182}$$

式中，$G$ 为材料的剪切模量；$I_p$ 为截面的极惯性矩：

$$I_p = \int r^2 \mathrm{d}A \tag{3.183}$$

其中，$\mathrm{d}A$ 为截面上距离轴心 $r$ 处的微面积；$r$ 为微面积距离轴线的距离，如图 3.14 所示。

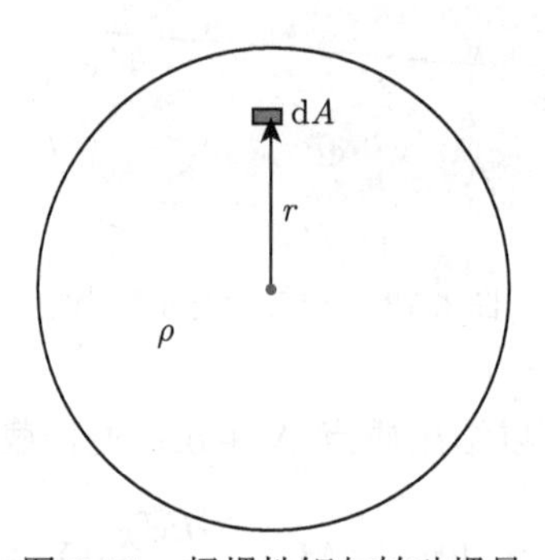


图 3.14　极惯性矩与转动惯量

由式 (3.181) 和式 (3.182) 即可得到

$$M_X = G I_p \frac{\partial \theta_X}{\partial X} \tag{3.184}$$

从图 3.13 中可以看出，质点 $X$ 处截面扭转的角速度为 (以逆时针旋转为正)

$$\omega = -\frac{\partial \theta_X}{\partial t} \tag{3.185}$$

根据角动量定理：单位时间内角动量的变化量等于外力矩之和；对于一维杆的扭转而言，由于其截面在扭转过程中保持平面而不扭曲，而且截面积可以忽略不计，因此可以参

考刚体定轴转动时的角动量定理，即有

$$I_{\mathrm{d}X} \cdot \frac{\partial \omega}{\partial t} = \sum M_X \tag{3.186}$$

式中，$I_{\mathrm{d}X}$ 表示圆截面细长杆中长度 $\mathrm{d}X$ 微元的转动惯量

$$I_{\mathrm{d}X} = \rho \mathrm{d}X \cdot \int r^2 \mathrm{d}A \tag{3.187}$$

即

$$\sum M_X = \rho \mathrm{d}X \cdot \int r^2 \mathrm{d}A \cdot \frac{\partial \omega}{\partial t} \tag{3.188}$$

将式 (3.178) 和式 (3.185) 代入式 (3.188) 并简化后有

$$\frac{\partial M_X}{\partial X} = \rho \cdot \int r^2 \mathrm{d}A \cdot \frac{\partial^2 \theta_X}{\partial t^2} \tag{3.189}$$

将式 (3.183) 和式 (3.184) 代入式 (3.189)，即可得到

$$\rho \frac{\partial^2 \theta_X}{\partial t^2} = G \frac{\partial^2 \theta_X}{\partial X^2} \tag{3.190}$$

即

$$\frac{\partial^2 \theta_X}{\partial t^2} = \frac{G}{\rho} \cdot \frac{\partial^2 \theta_X}{\partial X^2} \tag{3.191}$$

对比式 (3.191) 和 1.3 节中简谐波的传播分析结果容易看到，式 (3.191) 是一个典型的波动方程，其求解方法在 3.3 节中具体阐述；式 (3.191) 表明，在一维线弹性介质中该扭转扰动以

$$C_T = \sqrt{\frac{G}{\rho}} \tag{3.192}$$

的速度进行传播，即一维杆中扭转波波速为 $C_T$。容易看出，一维弹性介质中扭转波波速 (即横波波速) 只与材料的密度 $\rho$ 及剪切模量 $G$ 相关，即只与介质本身物理力学性能相关，对于相同的弹性材料而言，其纵波的波速与扰动大小、振动源的频率等无关。几种常见材料扭转波波速见表 3.8。

**表 3.8 几种常见材料一维杆中弹性扭转波波速**

| 材料 | $G$/GPa | $C_T$/(m/s) | 材料 | $G$/GPa | $C_T$/(m/s) |
|---|---|---|---|---|---|
| 钢 | 81 | 3220 | 玻璃 | 28 | 3350 |
| 铜 | 45 | 2250 | 橡胶 | 0.0007 | 27 |
| 铝 | 26 | 3100 | | | |

事实上，扭转只是一种施力方式，其扰动传播信号的本质其实是剪切应力，因此扭转波的传播在某种意义上其实就是剪切波的传播，因此，我们可以认为一维应力状态下，剪

切波的传播速度为

$$C_s = C_T = \sqrt{\frac{G}{\rho}} \tag{3.193}$$

在相关章节中，我们将会对剪切波传播进行验证和进一步分析。从质点运动方向和应力波传播方向容易看出，剪切波和扭转波皆为横波，可以认为一维杆线弹性介质中横波波速均为

$$C_T = \sqrt{\frac{G}{\rho}} \tag{3.194}$$

根据弹性力学知识可知，剪切模量 $G$ 与杨氏模量 $E$ 之间满足如下关系：

$$G = \frac{E}{2(1+\nu)} \tag{3.195}$$

式中，$\nu$ 的取值一般为 0~0.5。根据式 (3.195) 我们可以给出同一种介质一维杆中扭转波波速与纵波波速之间的关系：

$$\frac{C_T}{C} = \sqrt{\frac{1}{2(1+\nu)}} \in \left(\sqrt{\frac{1}{3}}, \sqrt{\frac{1}{2}}\right) \approx (0.58, 0.71) \tag{3.196}$$

式 (3.196) 说明一维杆中扭转波波速小于纵波波速。

从式 (3.196) 我们可以看出，对于一维线弹性材料而言，横波波速与纵波波速并不是相互独立的，而是具有确定的关系，且两者之间的关系只与 Poisson 比相关；考虑到对于一般常用金属材料而言，其 Poisson 比近似为 0.30，因此，对于一般常用金属材料而言，也可以近似利用式 (3.197) 估算两者之间的关系：

$$\frac{C_T}{C} = \sqrt{\frac{1}{2(1+\nu)}} \approx 0.62 \Rightarrow C_T \approx 0.62C \tag{3.197}$$

以 45# 钢为例，其密度为 $7.85\text{g/cm}^3$，剪切模量为 80GPa，Poisson 比为 0.30；根据式 (3.194) 可以给出其一维横波波速为

$$C_T = \sqrt{\frac{G}{\rho}} = 3192\text{m/s} \tag{3.198}$$

也可以通过式 (3.197) 进行计算，从 3.2.2 节的计算结果可知，其一维纵波波速为 5160m/s，因此，其一维横波波速为

$$C_T = 0.62 \times 5160\text{m/s} = 3199\text{m/s} \tag{3.199}$$

可以看出两种方法计算结果相近，区别只是测量和计算误差而已。

**例 3.3** 利用一维应力波纵波波速、剪切波波速和一维应变纵波波速测量弹性系数，从以上分析可知相同介质中一维应力波、一维应变波和剪切波的波速求解公式分别为

$$C=\sqrt{\frac{E}{\rho}} \tag{3.200}$$

$$C_L=\sqrt{\frac{1-\nu}{(1+\nu)(1-2\nu)}}\sqrt{\frac{E}{\rho}}=\sqrt{\frac{1-\nu}{(1+\nu)(1-2\nu)}}\cdot C \tag{3.201}$$

$$C_s=\sqrt{\frac{\mu}{\rho}} \tag{3.202}$$

假设介质的密度和三种声速值已知，则根据式 (3.200) 可以得到杨氏模量值：

$$E=\rho C^2 \tag{3.203}$$

根据式 (3.202)，可以计算出剪切模量值：

$$G=\mu=\rho C_s^2 \tag{3.204}$$

根据式 (3.201)，可以计算出 Poisson 比值：

$$\nu=\frac{1-C^{*2}+\sqrt{(9C^{*2}-1)(C^{*2}-1)}}{4C^{*2}} \tag{3.205}$$

式中

$$C^*=\frac{C_L}{C} \tag{3.206}$$

以金属铀为例，其密度为 18.95g/cm$^3$，一维应力波波速为 3012.7m/s，一维应变波波速为 3494.4m/s，剪切波波速为 1867.6m/s。根据式 (3.200) 可以计算出其杨氏模量为

$$E=\rho C^2=172.0\text{GPa} \tag{3.207}$$

根据式 (3.202) 可以得到剪切模量为

$$G=\rho C_s^2=66.1\text{GPa} \tag{3.208}$$

根据式 (3.201) 可以得到 Poisson 比为

$$\nu=\frac{1-C^{*2}+\sqrt{(9C^{*2}-1)(C^{*2}-1)}}{4C^{*2}}=0.30 \tag{3.209}$$

事实上，对于各向同性线弹性材料而言，由于杨氏模量、Poisson 比和剪切模量之间满足

$$G=\frac{E}{2(1+\nu)} \tag{3.210}$$

因此，只需要测得一维应力波、一维应变波和剪切波中任何两个波的波速，即可求出杨氏模量、Poisson 比和剪切模量。

## 3.3　连续介质运动经典坐标构架与波速描述

对比 3.1 节和 3.2 节以及第 1 章、第 2 章不难发现，3.1 节和 3.2 节中坐标符号为大写的 $X$、$Y$ 和 $Z$，而第 1 章和第 2 章的对应为小写的 $x$、$y$ 和 $z$，这并不是笔误造成的不统一，而且因为其代表的意义并不相同；前者代表的是物质坐标、后者代表的是空间坐标；其对应的坐标构架不同。容易知道，任何物体在任一特定时刻所占的空间区域是确定的，即全部质点在此空间区域内的位置与排列形式是确定的，此时物体结构中质点空间组成称为物体在此时刻的构形。构形分为初始构形 (或称参考构形) 和瞬时构形两种：前者是指在初始时刻物体的构形，通常是指未变形的物体的构形；后者是指在任意时刻物体对应的构形。连续介质力学的主要目的在于建立各种物质的力学模型和把各种物质的本构关系用数学形式确定下来，并在给定的初始条件和边界条件下求出问题的解答，因此，构形及其坐标的数学描述是其核心基础之一。

### 3.3.1　Lagrange 坐标系

理论上讲，如果我们能够确定物体中每个质点的物理量及其演化特征，我们就能够给出问题的确定解，这是解决问题的最简单典型的思路。如同，国家为了方便对公民生产、生活活动进行服务和管理，此时每个“公民”就是“国家”这个“物体”的“质点”，掌握每个公民“质点”的“物理量”即生产、生活等信息及其随时间推移而变化的信息，就能够“表征”这个整体“国家”的发展动态，容易知道，此时首要任务就是找出一个能够唯一确定每个公民“质点”的方法或标准，这就相当于物体构形中质点的确定首先需要确定一个坐标系，基于这个“坐标系”就可以给每个公民“质点”一个“坐标”，即身份证号。然而，由于每个“公民”在不同时间对应的活动地点可能不同，例如，小学期间在湖北、大学期间可能在安徽，这种“坐标系”的选取必须排除时间和空间两个因素中的一个因素干扰，我们的身份证号的确定正是排除时间这一因素的影响，取每个公民“质点”出生时间对应的地点即初始构形中的“坐标”来唯一确定公民“质点”；每个公民在社会活动中这个“坐标”是终身不变的，国家也可以通过这个坐标对应的信息来确定该公民的社会生活情况。这种解决问题的方法简单地来讲，就是初始构形为参考，在空间上确定物体中每个质点的坐标，且在问题分析过程中，该质点的坐标始终保持不变，我们通过追踪该质点物理量的演变来分析与解决问题；这种坐标称为 Lagrange 坐标，对应的坐标系称为 Lagrange 坐标系。由于这种坐标自确定之后贯穿整个问题的分析过程，一直与物体质点“绑”在一起，所以也通常称为物质坐标。

以一维杆压缩和拉伸为例，设杆初始长度为 5(在此不取单位)，如图 3.15 所示。在初始 $t=0$ 时刻，杆中质点 $A$ 和 $B$ 的坐标分别为 $X=1$ 和 $X=2$；为了与后面的 Euler 坐标区分，Lagrange 坐标以大写的 $X$、$Y$ 和 $Z$ 表示，通常简称为 L 氏坐标或物质坐标 (在此说明，下同)。

在初始 $t=0$ 时刻，杆中 $OA$ 段长度为 1，$AB$ 段长度为 1。设在 $t=t_1$ 时刻杆受到轴向拉力使其均匀伸长至 7.5；此时杆中 $OA$ 段的长度相应伸长为 1.5，$AB$ 段长度也伸长为 1.5。设在 $t=t_2$ 时刻杆受到轴向压力使其均匀缩短到 4，此时杆中 $OA$ 段的长度相应缩短为 0.8，$AB$ 段长度也缩短为 0.8。

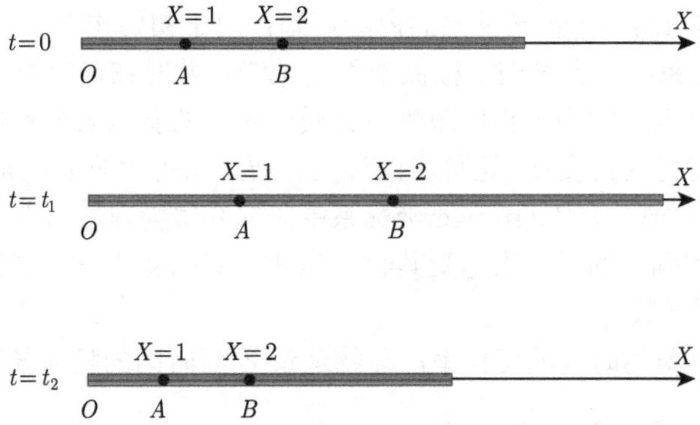

图 3.15 一维杆轴向变形中质点的 Lagrange 坐标

而在 Lagrange 坐标系中，$A$ 与 $B$ 质点处的坐标在拉伸或压缩过程中一直保持不变，即在变形过程中：

$$\begin{cases} X_A \equiv 1 \\ X_B \equiv 1 \end{cases} \quad \text{且} \quad \begin{cases} |AB| = |X_B - X_A| \equiv 1 \\ |AO| = |X_A - X_O| \equiv 1 \end{cases} \tag{3.211}$$

这是因为 L 氏坐标只是质点在初始时刻或参考时刻对应的坐标，与时间 $t$ 无关，与材料的变形情况也无关。

以杆的二维复杂变形为例，如图 3.16 所示，设杆中四个质点 $A$、$B$、$C$ 和 $D$ 在初始时刻的 L 氏坐标分别为 (1，1)、(2，1)、(1，0) 和 (2，0)。

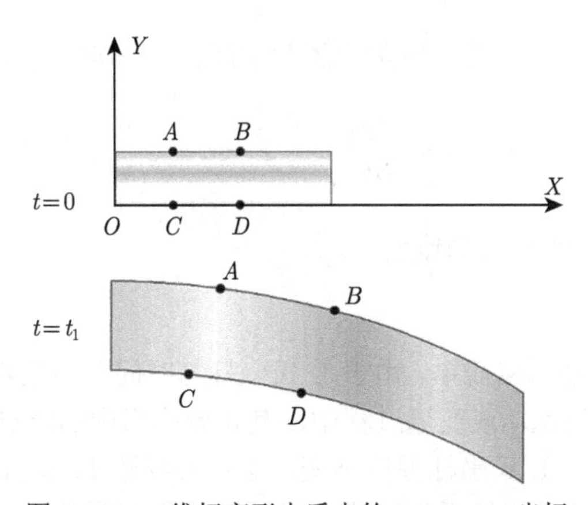


图 3.16 二维杆变形中质点的 Lagrange 坐标

当杆在受到复杂荷载下发生复合变形时，四个质点 $A$、$B$、$C$ 和 $D$ 的空间位置均发生变化，但它们对应的 L 氏坐标仍分别为 (1，1)、(2，1)、(1，0) 和 (2，0)，并没有发生变化。在三维空间中也是如此，无论材料如何变形、质点空间位置如何变化，其质点对应的 L 氏坐标在变形过程中一直保持不变。

以一维条件下的力学问题为例，在 Lagrange 坐标系中，介质中任意质点任意时刻对应的物理量 $\phi$ 均可写为

$$\phi = F(X, t) \tag{3.212}$$

从式 (3.212) 和 Lagrange 坐标系的内涵可知：对于初始构形中的任意特定质点而言，其在 Lagrange 坐标系中任意时刻坐标保持不变 ($X$)，此时在研究介质中各质点物理量随时间变化而演化的问题，相当于我们跟随着介质中确定的质点来观察物体的运动，研究给定质点上各物理量随时间的变化；这种方法称为介质运动规律的 Lagrange 描述 (简称 L 氏描述) 或物质描述。同理，在 Lagrange 坐标系中研究介质物理量 $\phi$ 随时间的变化率，也相当于我们跟随介质中确定的质点来感受其物理量随时间的变化率，这种导数称为物理量 $\phi$ 的随体导数 (或物质导数)。

此时，质点物理量随时间的变化率，即物理量 $\phi$ 对时间的随体导数为

$$\frac{\mathrm{d}\phi}{\mathrm{d}t}=\left.\frac{\partial F\left(X,t\right)}{\partial X}\right|_{t}\cdot\frac{\partial X}{\partial t}+\left.\frac{\partial F\left(X,t\right)}{\partial t}\right|_{X} \tag{3.213}$$

式中，下标 $t$ 和 $X$ 分别表示固定时间 $t$ 和固定质点 L 氏坐标 $X$ 时的对应量；事实上，在微积分求导的链式法则中也蕴含这种意义，只是为了更容易理解，在此强调，下同。

容易知道，在 Lagrange 坐标系中，质点的坐标并不随时间变化而变化，因此，式 (3.213) 右端第一项恒为零，式 (3.213) 简化为

$$\dot{\phi}=\frac{\mathrm{d}\phi}{\mathrm{d}t}=\left.\frac{\partial F\left(X,t\right)}{\partial t}\right|_{X} \tag{3.214}$$

也就是说，在 Lagrange 坐标系中或 L 氏描述下，任意物理量 $\phi$ 随体导数皆等于其对时间 $t$ 的偏导数。

如果取 $\phi$ 为质点对应在任意 $t$ 时刻的瞬时空间位置 $x$ 时，$\phi=x$，则可以得到

$$\dot{x}=v=\left.\frac{\partial x}{\partial t}\right|_{X}\qquad \ddot{x}=a=\left.\frac{\partial^2 x}{\partial t^2}\right|_{X} \tag{3.215}$$

即可以给出质点 $X$ 的速度 $v$ 与加速度 $a$。

### 3.3.2 Euler 坐标系

物理问题的 L 氏描述思路简单，由于 L 氏坐标与时间并不耦合，因此在推导过程中形式较简单。然而，在材料运动或变形过程中，其初始构形中的质点随着时间的推移其空间位置可能出现变化，而其 L 氏坐标保持不变，这势必导致 Lagrange 坐标系随着时间的变化而变化，大多数情况下其坐标系为曲线坐标系，对于大变形如流体运动问题而言，其计算极为复杂。例如，当研究我国近 5 年内人口流动情况时，利用 “L 氏思想” 就是追踪每个人在近 5 年的轨迹，从而通过建模给出人口流动情况与规律；容易知道，这种任务只能由国家统筹并设立专业团队进行统计与分析，任务量极其庞大，而且很难准确地完成；如果换一个思路：每个省市县甚至乡镇村定期统计其居住人口，再将不同时期全国人口分别放在整个国家这个 “场” 层次进行分析，较容易给出较准确的人口流动规律，并能够较准确地给出其流动趋势图。又如，对全国各城市进行天气预报，需要掌握各地的气象变化，此时，无论从硬件条件还是软件条件上，我们不可能对每个气象云进行追踪；当前最准确可行的方法就是在各地布置监测站，实时监测各区域的气象图，再利用大型计算中心将所有

数据进行统计并分析其气象“场”及其演化趋势，从而进行天气预测。这两个问题中目标质点流动性皆很大，且各质点随着时间的变化其空间变化趋势紊乱，在 Lagrange 坐标系中对问题进行 L 氏描述和计算极为困难，因此，此时我们可以“锁定”空间，利用“场”论相关方法，对问题进行描述与分析；这种“固定”空间以瞬时构形为对象的坐标系称为 Euler 坐标系；对应的坐标称为 Euler 坐标 (简称为 E 氏坐标) 或空间坐标；在固定空间点上观察介质的运动，研究给定空间点上不同时刻 $t$ 到达该空间坐标 $x$ 的不同质点上各物理量随时间的变化，而把物理量视为 E 氏坐标 $x$ 和时间 $t$ 的函数：

$$\phi = f(x, t) \tag{3.216}$$

这种方法称为 Euler 描述 (简称 E 氏描述) 或空间描述。为了与 Lagrange 坐标区分，Euler 坐标以小写的 $x$、$y$ 和 $z$ 表示。

与 Lagrange 坐标系中不同时刻质点的坐标不变而坐标系变化不同，Euler 坐标系中不同时刻坐标系不变而质点对应的坐标却变化。同上，以长为 5 的一维杆的轴向变形为例，如图 3.17 所示，在初始 $t=0$ 时刻，杆中质点 $A$ 和 $B$ 的 E 氏坐标分别为 $x_A=1$ 和 $x_B=2$。

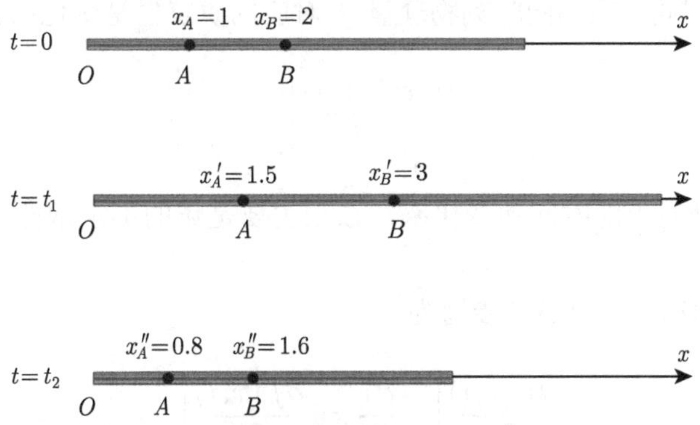

图 3.17 一维杆轴向变形中质点的 Euler 坐标

设在 $t=t_1$ 时刻杆受到轴向拉力使其均匀伸长至 7.5，此时杆中 $OA$ 段的长度相应伸长为 1.5，$AB$ 段长度也伸长为 1.5，此时质点 $A$ 和 $B$ 的 E 氏坐标就分别变为 $x'_A=1.5$ 和 $x'_B=3$，设在 $t=t_2$ 时刻杆受到轴向压力使其均匀缩短到 4，此时杆中 $OA$ 段的长度相应缩短为 0.8，$AB$ 段长度也缩短为 0.8。此时质点 $A$ 和 $B$ 的 E 氏坐标就分别变为 $x''_A=0.8$ 和 $x''_B=1.6$。这说明在杆变形过程中，同一个质点的 E 氏坐标一直在变化，即对于特定的质点而言，其 E 氏坐标也是时间的函数：

$$x = x(X, t) \tag{3.217}$$

换个角度看，容易知道，对于相同的 E 氏坐标而言，不同时刻对应的介质质点是不一定相同的。此时质点对应物理量的随体导数即为

$$\frac{\mathrm{d}\phi}{\mathrm{d}t} = \left.\frac{\partial f(x,t)}{\partial x}\right|_t \cdot \frac{\partial x}{\partial t} + \left.\frac{\partial f(x,t)}{\partial t}\right|_x \tag{3.218}$$

特殊情况下，对于均匀场即任意特定时刻介质构形中不同空间位置对应的质点物理量相同，式 (3.218) 才有

$$\frac{\mathrm{d}\phi}{\mathrm{d}t}=\left.\frac{\partial f(x,t)}{\partial x}\right|_t\cdot\frac{\partial x}{\partial t}+\left.\frac{\partial f(x,t)}{\partial t}\right|_x=\left.\frac{\partial f(x,t)}{\partial t}\right|_x \tag{3.219}$$

对于大多数不均匀场而言，由于

$$\left.\frac{\partial f(x,t)}{\partial x}\right|_t\neq 0 \tag{3.220}$$

因而

$$\frac{\mathrm{d}\phi}{\mathrm{d}t}=\left.\frac{\partial f(x,t)}{\partial x}\right|_t\cdot\frac{\partial x}{\partial t}+\left.\frac{\partial f(x,t)}{\partial t}\right|_x\neq\left.\frac{\partial f(x,t)}{\partial t}\right|_x \tag{3.221}$$

即在 E 氏坐标系中，质点物理量 $f$ 的随体导数通常并不等于其对时间的偏导数。容易知道，式 (3.221) 中右端物理量 $f$ 对时间 $t$ 偏导数的物理意义是特定 E 氏坐标质点的物理量 $f$ 随时间 $t$ 的变化率，而在 E 氏描述中特定 E 氏坐标处的质点在不同时刻不一定相同或通常是在变化的，因此，在不同时刻物理量 $f$ 对应的质点也是变化的。偏导数

$$\left.\frac{\partial f(x,t)}{\partial t}\right|_x \tag{3.222}$$

代表 E 氏坐标 $x$ 处质点随时间的变化率，该项主要是场的不定常性引起的，常称为局部导数。

式 (3.221) 中间第一项可进一步写为

$$\left.\frac{\partial f(x,t)}{\partial x}\right|_t\cdot\frac{\partial x}{\partial t}=\left.\frac{\partial f(x,t)}{\partial x}\right|_t\cdot v \tag{3.223}$$

式中，$v$ 表示 $t$ 时刻 E 氏坐标 $x$ 处对应质点的瞬时速度。容易看出，其中

$$\left.\frac{\partial f(x,t)}{\partial x}\right|_t \tag{3.224}$$

表示特定时刻物理量随空间坐标的变化而变化，其主要是场的不均匀性引起的；因此，式 (3.223) 即表示质点物理量在该不均匀场中的变化量以质点速度 $v$ 迁移而引起的量，常称为迁移导数。通过式 (3.221) 容易看出，在 E 氏坐标系中，任意物理量的随体导数等于其迁移导数和局部导数之和。

如果取 $\phi$ 物理量为瞬时构形中 E 氏坐标 $x$ 处的质点速度，$\phi=v$，则可得到

$$a=\dot{v}=\left.\frac{\partial v}{\partial x}\right|_t\cdot v+\left.\frac{\partial v}{\partial t}\right|_x \tag{3.225}$$

式中，右端第一项为迁移加速度；第二项为局部加速度。

### 3.3.3 Lagrange 坐标与 Euler 坐标的转换

对比 Lagrange 坐标系和 Euler 坐标系，容易发现：首先，相对于 Euler 坐标系和物理问题的 E 氏描述中，物理量随时间的变化率既需要考虑物理量随时间的变化率还需要考虑其梯度与质点速度，Lagrange 坐标系和物理问题的 L 氏描述思路更加简单，只需要考虑该物理量对时间的偏导即可，推导过程与形式简单；其次，相对于 Lagrange 坐标系和物理问题的 L 氏描述中坐标系随着物体而变形，Euler 坐标系和物理问题的 E 氏描述中坐标系保持不变，对于大变形问题而言，其计算更加容易。因此，对于小变形问题如固体力学中，采用 Lagrange 坐标和 L 氏描述较多；对于流体力学问题，由于其变形大且复杂，采用 Euler 坐标系和 E 氏描述较多。事实上，在连续介质力学中，物理问题的 L 氏描述和 E 氏描述皆具有各自的优缺点，很多物理问题在不同阶段既涉及小变形问题也涉及大变形问题，仅仅用某一种坐标系可能都不是最优选择，此时可以同时采用两种坐标系对问题在不同情况下分别进行 L 氏描述和 E 氏描述，在很大程度上可以更快、更准确地给出问题的解；此时问题的分析过程势必涉及两种坐标系中不同描述形式的转换问题。

以一维杆的轴向拉伸和压缩问题为例，如图 3.18 所示，设在初始 $t=0$ 时刻，两种坐标系的坐标对应相同，即

$$X = x\left(X, 0\right) \tag{3.226}$$

或

$$x = X\left(x, 0\right) \tag{3.227}$$

式 (3.226) 表示初始 $t=0$ 时刻某质点的 L 氏坐标 $X$ 与此时刻该质点的 E 氏坐标 $x$ 相等；式 (3.227) 表示初始 $t=0$ 时刻某空间位置 $x$ 处的 E 氏坐标与该空间此时刻对应质点的 L 氏坐标相等。

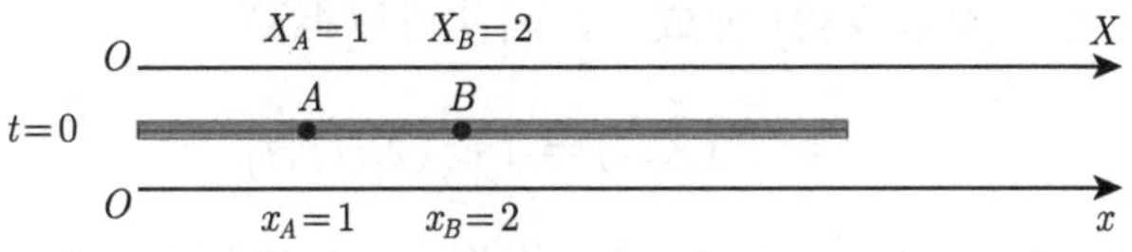

图 3.18 一维杆轴向变形初始时刻 L 氏坐标和 E 氏坐标

设在 $t$ 时刻，一维杆由于受到轴向均匀拉伸作用伸长了 50%，此时杆中质点 $A$ 和 $B$ 对应的空间位置也相应地发生改变，如图 3.19 所示，其对应的 L 氏坐标和 E 氏坐标分别为

$$\left\{\begin{array}{l} X_A = 1 \\ X_B = 2 \end{array}\right., \quad \left\{\begin{array}{l} x_A = 1.5 \\ x_B = 3 \end{array}\right. \tag{3.228}$$

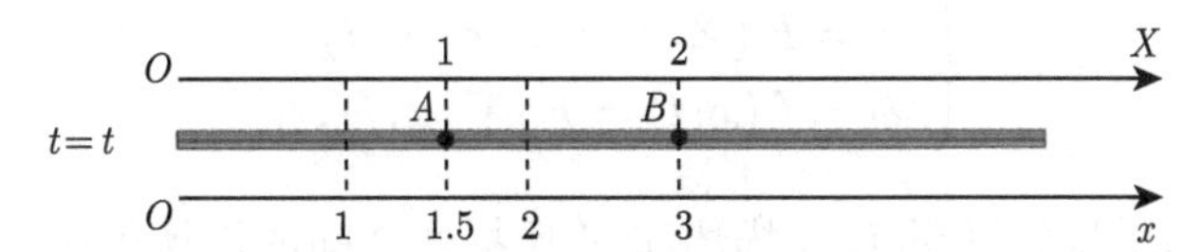

图 3.19 一维杆轴向变形任意时刻 L 氏坐标和 E 氏坐标

容易看出，此时 Lagrange 坐标系与 Euler 坐标系不再相同，由于杆的伸长，Lagrange 坐标系也相应地伸长。此时刻质点 $A$ 和质点 $B$ 物理量 $\phi$ 的 L 氏描述可写为

$$\begin{cases} \phi_A = F(X_A, t) = F(X_A = 1, t) \\ \phi_B = F(X_B, t) = F(X_B = 2, t) \end{cases} \tag{3.229}$$

同时，此时刻质点 $A$ 和质点 $B$ 物理量 $\phi$ 的 E 氏描述可写为

$$\begin{cases} \phi_A = f(x_A, t) = F(x_A = 1.5, t) \\ \phi_B = f(x_B, t) = F(x_B = 3, t) \end{cases} \tag{3.230}$$

式中，

$$\begin{cases} x_A = x(X_A = 1, t) \\ x_B = x(X_B = 2, t) \end{cases} \tag{3.231}$$

即 $x_A$ 表示 L 氏坐标为 $X_A = 1$ 的质点 $A$ 在 $t$ 时刻的 E 氏坐标，$x_B$ 表示 L 氏坐标为 $X_B = 2$ 的质点 $B$ 在 $t$ 时刻的 E 氏坐标；也就是说，给定某质点在初始时刻的空间坐标 (从式 (3.226) 可知，此时的空间坐标等于其 L 氏坐标)，我们对应可以找到其在任意 $t$ 时刻的空间坐标。

容易看出，式 (3.229) 和式 (3.230) 只是基于不同坐标系的不同描述，其本质皆是质点 $A$ 和质点 $B$ 某物理量在此时刻的值，因此有

$$\begin{cases} \phi_A = F(X_A, t) = f[x(X_A, t), t] \\ \phi_B = F(X_B, t) = f[x(X_B, t), t] \end{cases} \tag{3.232}$$

对于杆中任意质点，式 (3.232) 皆成立，因此可以得到

$$\phi = F(X, t) = f[x(X, t), t] \tag{3.233}$$

同理，如果知道 $t$ 时刻某质点的 E 氏坐标为 $x$，也可以唯一确定其对应的质点 L 氏坐标：

$$X = X(x, t) \tag{3.234}$$

也就是说，$t$ 时刻 E 氏坐标为 $x$ 的某质点物理量 $\phi$ 对应 L 氏坐标为 $X(x, t)$ 的质点的物理量，即

$$\phi = f(x, t) = F[X(x, t), t] \tag{3.235}$$

以上结论容易将其推广至二维和三维情况，其形式基本一致，皆可写为

$$\begin{cases} \phi = F(\boldsymbol{X}, t) = f[\boldsymbol{x}(\boldsymbol{X}, t), t] \\ \phi = f(\boldsymbol{x}, t) = F[\boldsymbol{X}(\boldsymbol{x}, t), t] \end{cases} \tag{3.236}$$

式 (3.236) 即为质量物理量 L 氏描述和 E 氏描述之间的转换表达式，在很多问题的分析和推导过程中可以利用式 (3.236) 对其进行坐标转换。

**例 3.4** 利用坐标转换求解质点 L 氏坐标与 E 氏坐标之间的关系。

同上，以一维杆为例，同时在 L 氏坐标系和 E 氏坐标系中分析，以杆轴分别作为两个坐标系中的 $X$ 轴和 $x$ 轴，将质点在 L 氏坐标系中和 E 氏坐标系中的坐标分别记为 $X$ 和 $x$，如图 3.20 所示。设在初始时刻 L 氏坐标系与 E 氏坐标系重合，即

$$\left\{\begin{array}{l} X = x(0) \\ x = X(0) \end{array}\right. \tag{3.237}$$

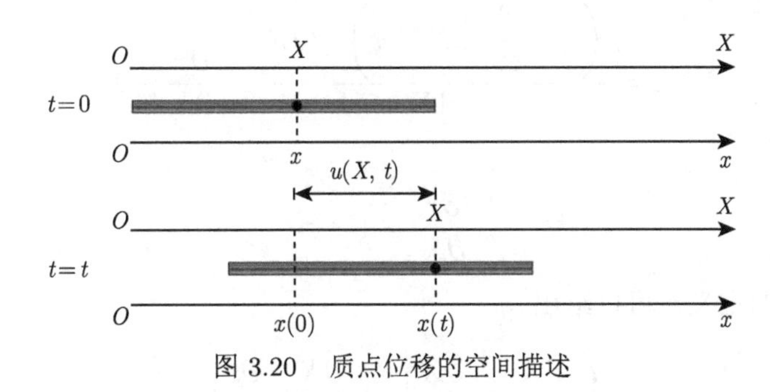


图 3.20 质点位移的空间描述

在 $t$ 时刻，质点 $X$ 的空间位移为 $u$，则可以给出质点 $X$ 运动规律的 L 氏描述：

$$x(X,t) = x(X,0) + u(X,t) = X + u(X,t) \tag{3.238}$$

同理，也容易给出质点 $X$ 运动规律的 E 氏描述：

$$X(x,t) = x - u(x,t) \tag{3.239}$$

式 (3.239) 对时间 $x(X,t)$ 求导，即可得到

$$\left.\frac{\partial x}{\partial t}\right|_X = \left.\frac{\partial X}{\partial t}\right|_X + \left.\frac{\partial u}{\partial t}\right|_X = \left.\frac{\partial u}{\partial t}\right|_X = v \tag{3.240}$$

式中，$v$ 为质点速度。

设在 $t$ 时刻，质点 $X$ 的 E 氏坐标为 $x$，根据 Taylor 级数展开即可给出质点 $X+\mathrm{d}X$ 的 E 氏坐标为

$$x(X+\mathrm{d}X) = x + \frac{\partial x}{\partial X}\mathrm{d}X + o(\mathrm{d}X) \tag{3.241}$$

忽略高阶小量后有

$$x(X+\mathrm{d}X) = x + \frac{\partial x}{\partial X}\mathrm{d}X \tag{3.242}$$

如图 3.21 所示。

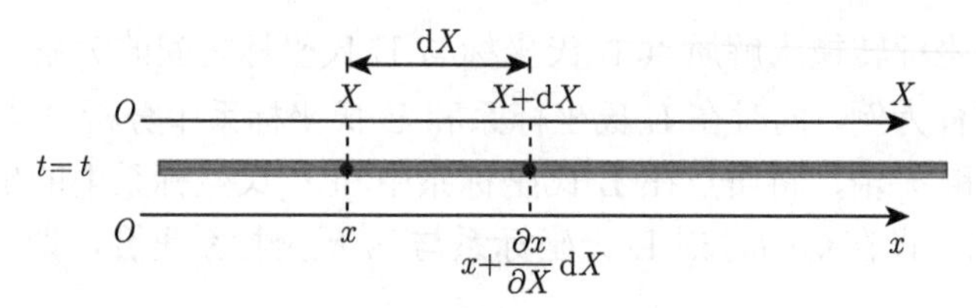


图 3.21　一维杆变形的 L 氏与 E 氏描述

因此，我们可以给出此微元的轴线应变为

$$\varepsilon=\frac{\left(x+\dfrac{\partial x}{\partial X}\mathrm{d}X-x\right)-\mathrm{d}X}{\mathrm{d}X}=\frac{\partial x}{\partial X}-1 \tag{3.243}$$

即

$$\frac{\partial x}{\partial X}=1+\varepsilon \tag{3.244}$$

根据全导数的定义，可以给出

$$\begin{cases}\dfrac{\mathrm{d}X}{\mathrm{d}t}=\left.\dfrac{\partial X}{\partial t}\right|_x+\left.\dfrac{\partial X}{\partial x}\right|_t\left.\dfrac{\partial x}{\partial t}\right|_X\\[2ex]\dfrac{\mathrm{d}X}{\mathrm{d}X}=\left.\dfrac{\partial X}{\partial x}\right|_t\left.\dfrac{\partial x}{\partial X}\right|_t\end{cases} \tag{3.245}$$

结合式 (3.241) 和式 (3.245)，并考虑到

$$\begin{cases}\dfrac{\mathrm{d}X}{\mathrm{d}t}=0\\[2ex]\dfrac{\mathrm{d}X}{\mathrm{d}X}=1\end{cases} \tag{3.246}$$

可以得到

$$\begin{cases}\left.\dfrac{\partial X}{\partial t}\right|_x+v\cdot\left.\dfrac{\partial X}{\partial x}\right|_t=0\\[2ex]\left.\dfrac{\partial X}{\partial x}\right|_t(1+\varepsilon)=1\end{cases} \tag{3.247}$$

即

$$\begin{cases}\left.\dfrac{\partial X}{\partial t}\right|_x=\dfrac{-v}{1+\varepsilon}\\[2ex]\left.\dfrac{\partial X}{\partial x}\right|_t=\dfrac{1}{1+\varepsilon}\end{cases} \tag{3.248}$$

### 3.3.4　物质波速与空间波速

容易看出，以上所给出的纵波波速和横波波速属于材料的固有属性，是指扰动在介质中的传播速度；结合以上 Lagrange 坐标系和 Euler 坐标系的对比可知，以上声速的推导是

在 Lagrange 坐标系中完成的，也就是说，声速是应力波传播速度的 L 氏描述，即声速是应力波传播的 L 氏波速或称为物质波速。理论上，对于特定条件下的特定介质而言，物质波速是常值，它与坐标系的选取无关；这并不难理解。例如，现在有一排工人站成一条直线搬运砖头，在物质坐标系中，我们将第一个工人定义为 $X=1$，第二个工人定义为 $X=2$，等等，以此类推，第 $n$ 个工人定义为 $X=n$；容易知道，这些命名其实就是指其 L 氏坐标；初始时刻，所有工人皆是休息状态即可视为理论上的自然松弛静止状态，当第一个工人将砖头传递到第二个工人，第二个工人即进入工作状态，因此，我们可以将“砖头”视为“扰动信号”，设工人传递“砖头”的速度是近似相同的，此时“砖头”的传递速度即为物质波速或声速，如果 $t$ 秒钟内，“砖头”从 $X=n$ 工人传递到 $X=n+k$ 工人，其声速即为

$$C=\frac{(n+k)-n}{t}=\frac{k}{t} \tag{3.249}$$

例如，1s 内，“砖头”从 $X=1$ 工人传递到 $X=5$ 工人，其声速即为 4m/s；这种传递速度并不随着观察者的改变而变化：观察者静止站在旁边看，它的传递速度是 4m/s；观察者骑着自行车匀速运动来观察，其传递速度也是 4m/s；坐在高速行驶的高铁上观看，其传递速度还是 4m/s；或者把这些工人放在高速列车上，让他们把“砖头”从车尾利用相同的方式“搬运”到车头，虽然每个工人和“砖头”皆是高速运动的，但其传递速度仍是 4m/s。传递“砖头”的工人间距稍微加大一些，其传递速度也是如此；靠近一点还是如此。也就是说，观察坐标系的改变和“介质”变形并不影响声速值，它只与“介质”中传递“扰动信号”的“快慢”相关。“砖头”的传递即类似波的传播，“第一块砖头”的物质坐标即为扰动的最前沿，在它前方，工人还是处于自然休息状态，其后方工人处于“被扰动”的工作状态，这就类似于存在一个界面，这个界面把受扰动的介质与未受扰动的介质分开，广义地来讲，就是新的扰动介质与旧的扰动介质的分界面，我们把它称为波阵面。

容易看出，Lagrange 坐标系中，波阵面的运动速度即为物质波速或声速。以一维线弹性杆中应力波传播为例，设 $t$ 时刻波阵面到达 L 氏坐标为 $X$ 的杆截面，则波阵面运动规律的 L 氏描述 (L 氏波阵面) 可写为

$$\left\{\begin{array}{l}X=X_w(t)\\t=t_w(X)\end{array}\right. \tag{3.250}$$

式中，$X_w(t)$ 和 $t_w(X)$ 分别表示波阵面上的位移和时间参数。式 (3.250) 的物理意义是：对于特定介质而言，波阵面对应的 L 氏坐标只是时间的函数，即时间是确定波阵面 L 氏坐标的唯一因素，特定时间对应的波阵面 L 氏坐标是特定的，不同时间对应的波阵面 L 氏坐标必定不同；反之，波阵面 L 氏坐标也是确定时间的唯一因素，波阵面在不同 L 氏坐标时对应的时间必定不同。因此，波阵面 L 氏坐标 $X_w$ 对时间 $t$ 的导数和时间 $t_w$ 对波阵面 L 氏坐标 $X$ 的导数皆为全导数。根据定义可以求出 L 氏波速或物质波速为

$$C=\frac{\mathrm{d}X_w(t)}{\mathrm{d}t} \tag{3.251}$$

式 (3.251) 表明：物质波速表示单位时间内波阵面所经过的距离在初始构形中的长度，在一定程度上反映了波阵面所经过的物质量的多少。

这里特别需要注意和再次强调的是，物质波速 $C$ 是指应力波在介质中的传播速度，它是应力扰动信号的传播速度，它与波作为扰动所引起的介质本身的质点速度 $v$ 是完全不同的。例如，横波传播过程中介质质点速度方向与波所传播的方向是垂直的，二者明显不同；对于纵波而言也是如此，虽然其传播方向可能一致也可能相反，但质点速度与物质波速的值一般并不相同。前文的分析表明，在弹性范围内，质点速度 $v$ 与物质波速 $C$ 相互独立，两种互不影响，前者的值一般情况下远小于后者；例如，声音在空气中的传播是一个弹性波的传播过程，其传播速度即为空气介质的声速，在特定温度和气压等条件下，声速是特定的；同时，我们说话和喊叫等声强的大小与所导致的空气介质质点振动速度近似呈正比关系，即喊叫声音越大，振动源质点速度越大；然而，众所周知，并不是声音越大声音传递越快。

然而，虽然介质声速是一个固有属性，其值与坐标系即观察者的运动无关，但波阵面的传播速度却与坐标系相关，即“第一块砖头”在空间中的位置变化即波阵面的空间变化与坐标系相关；对于静止观察者而言，其空间上的速度是 4m/s；对于与“砖头”传递方向相同且以 2m/s 步行的观察者而言，波阵面空间上的速度为 4m/s；对于与“砖头”传递方向相反且以 2m/s 步行的观察者而言，波阵面空间上的速度为 −6m/s；当把这些工人和砖头放在以 50m/s 高速行驶的列车上，且搬运方向与高速列车运动方向相同时，波阵面相对于静止观察者而言空间上的速度为 54m/s。也就是说，波阵面在空间上的速度与观察者的空间状态相关，这种波阵面在空间中的传播速度称为空间波速，本质上其为 Euler 坐标系中的波速，即应力波波速的 E 氏描述；其表达式可写为

$$c = \frac{\mathrm{d}x_w(t)}{\mathrm{d}t} \tag{3.252}$$

式中，$c$ 表示空间波速；$x_w(t)$ 表示波阵面的空间位置 $x_w$。

根据以上 Lagrange 坐标系的部分内容可知，在 Lagrange 坐标系中，质点 $X$ 对应的空间位置 $x$ 可以描述为

$$x = x(X, t) \tag{3.253}$$

因此，波阵面的空间位置 $x_w$ 可以表达为

$$x_w = x(X_w, t) \tag{3.254}$$

式 (3.254) 的物理意义是：在 $t$ 时刻波阵面到达质点 $X = X_w$ 处，该质点对应的空间位置 $x_w$ 即为波阵面的空间位置。结合式 (3.250)，式 (3.254) 可写为

$$x_w = x[X_w(t), t] = x'(t) \tag{3.255}$$

因此，一维杆中应力波的空间波速可具体表达为

$$c = \frac{\mathrm{d}x_w(t)}{\mathrm{d}t} = \left.\frac{\partial x}{\partial t}\right|_{X_w} + \left.\frac{\partial x}{\partial X_w}\right|_t \cdot \frac{\mathrm{d}X_w}{\mathrm{d}t} = \left.\frac{\partial x}{\partial t}\right|_{X_w} + \left.\frac{\partial x}{\partial X_w}\right|_t \cdot C \tag{3.256}$$

式 (3.256) 中右端第一项表示站在波阵面所在特定质点 $X = X_w$ 上感受到的其空间位置的移动速度，容易知道，该项即为质点运动速度：

$$v = \left.\frac{\partial x}{\partial t}\right|_{X_w} \tag{3.257}$$

根据第 1 章中 Lagrange 坐标与 Euler 坐标转换的推导结论，可知式 (3.256) 中右端第二项内：

$$\left.\frac{\partial x}{\partial X_w}\right|_t = 1 + \varepsilon \tag{3.258}$$

因此，式 (3.256) 最终可写为

$$c = v + C\,(1 + \varepsilon) \tag{3.259}$$

式 (3.259) 即为一维杆中应力波传播的空间波速 $c$ 与物质波速 $C$ 之间的关系。该式表明：与物质波速不同，空间波速与质点的运动速度 $v$ 相关，同时也与介质的应变状态相关。该结论与上文中“砖头”的搬运实例分析结果完全一致；这也说明，物质波速即声速是材料的弹性参数，是材料的一个固有属性，但空间波速却不是材料本身的属性。式 (3.259) 的物理意义也是很清楚的：物质波速 $C$ 的值等于单位时间内波所走过的一段杆在初始构形中的长度值，具有工程应变 $\varepsilon$ 的该段杆在瞬时构形中的当前长度值为 $C(1+\varepsilon)$，再加上质点本身单位时间内所移动的距离值为 $v$，即得波在单位时间内所走过的空间距离即空间波速 $c$。其中

$$c^* = C\,(1 + \varepsilon) = c - v \tag{3.260}$$

表示波相对于介质质点的波速，称为局部波速，它与介质的物质波速一样，完全由介质的性质决定。

# 第 4 章　一维线弹性杆中波阵面守恒条件与特征线

复杂应力状态下三维应力波的传播与演化非常复杂，一般很难给出精确的解析解；甚至对于大多数二维问题而言，也是如此。幸运的是，很多情况下，一维应力波传播与演化的很多结论和规律具有很好的普适性，能够相对准确地表征二维或三维情况下的对应规律与内涵，对很多科学或工程问题具有重要的指导价值。利用一维应力波理论结合数值仿真方法特别是特征线方法，能够解决相当多更加复杂的科学或工程问题。

## 4.1　一维应力波传播的特征线与 Riemann 不变量

在 1.3 节中我们利用解微分方程和 Fourier 变换方法，根据级数思路对波动方程进行分解和变换，从而对一维波动方程进行求解，给出的一维波动方程的通解和初值问题的解。然而，该方法物理意义并不明显，解题过程稍显复杂。这里我们对一维波动方程的求解给出第二种方法，其主要思路是：经过某种变换使得方程简化成一阶拟线性偏微分方程或一阶拟线性方程组，再进一步分析。也就是说，波动方程的求解最终可能会转换为一阶拟线性方程或一阶拟线性方程组的求解。

### 4.1.1　一维波动方程初值问题的特征线解

现在考虑一个一般的一阶偏微分方程：

$$\varPhi_1 \frac{\partial u}{\partial t} + \varPhi_2 \frac{\partial u}{\partial X} + \varPhi_3 = 0 \tag{4.1}$$

式中

$$\begin{cases} u = u\left(X, t\right) \\ \varPhi_1 = \varPhi_1\left(X, t, u\right) \\ \varPhi_2 = \varPhi_2\left(X, t, u\right) \\ \varPhi_3 = \varPhi_3\left(X, t, u\right) \end{cases} \tag{4.2}$$

根据全导数的定义及其与偏导数的函数关系，容易知道：

$$\frac{\mathrm{d}u}{\mathrm{d}t} = \frac{\partial u}{\partial t} + \frac{\mathrm{d}X}{\mathrm{d}t}\frac{\partial u}{\partial X} \tag{4.3}$$

结合式 (4.3)，式 (4.1) 可以写为

$$\varPhi_1 \frac{\partial u}{\partial t} + \varPhi_1 \frac{\mathrm{d}X}{\mathrm{d}t}\frac{\partial u}{\partial X} - \varPhi_1 \frac{\mathrm{d}X}{\mathrm{d}t}\frac{\partial u}{\partial X} + \varPhi_2 \frac{\partial u}{\partial X} + \varPhi_3 = 0 \tag{4.4}$$

简化后有

$$\varPhi_1 \frac{\mathrm{d}u}{\mathrm{d}t} + \left(\varPhi_2 - \varPhi_1 \frac{\mathrm{d}X}{\mathrm{d}t}\right)\frac{\partial u}{\partial X} + \varPhi_3 = 0 \tag{4.5}$$

或

$$\frac{\mathrm{d}u}{\mathrm{d}t}+\left(\frac{\varPhi_2}{\varPhi_1}-\frac{\mathrm{d}X}{\mathrm{d}t}\right)\frac{\partial u}{\partial X}+\frac{\varPhi_3}{\varPhi_1}=0\,(\varPhi_1\neq 0) \tag{4.6}$$

若式 (4.6) 中

$$\frac{\mathrm{d}X}{\mathrm{d}t}\equiv\frac{\varPhi_2}{\varPhi_1} \tag{4.7}$$

则式 (4.6) 即可简化为常微分方程：

$$\frac{\mathrm{d}u}{\mathrm{d}t}=-\frac{\varPhi_3}{\varPhi_1} \tag{4.8}$$

根据式 (4.8) 容易给出变量 $u=u(X,t)$ 的解析解。从数学意义上看，以上的分析表明式 (4.1) 一阶偏微分方程可以等效为常微分方程组：

$$\begin{cases}\dfrac{\mathrm{d}X}{\mathrm{d}t}\equiv\dfrac{\varPhi_2}{\varPhi_1}\\[2mm]\dfrac{\mathrm{d}u}{\mathrm{d}t}=-\dfrac{\varPhi_3}{\varPhi_1}\end{cases} \tag{4.9}$$

容易看出，在 $XOY$ 平面内，式 (4.7) 积分后代表一条曲线。式 (4.9) 意味着满足式 (4.1) 的变量 $u=u(X,t)$ 在 $XOY$ 平面中方程 (4.7) 的积分曲线上恒满足常微分方程 (4.8)。方程 (4.7) 称为偏微分方程 (4.1) 的特征方程或特征关系，方程 (4.7) 的积分曲线称为特征曲线或简称为特征线。以上求解偏微分方程的方法称为特征线法，它是一种基于特征理论的求解双曲型偏微分方程组的近似方法，也是当前求解此类方程的一种基本方法。特征线虽然在数学上是一个抽象的概念，但在物理上特别是应力波传播问题中其意义非常清楚，特征线法是定性分析应力波传播与演化或对应力波传播问题进行数值计算的重要方法之一。

下面我们利用以上思路给出一维波动方程的通解。已知一维线弹性介质中纵波和横波传播的波动方程为

$$\frac{\partial^2 u}{\partial t^2}=C^2\frac{\partial^2 u}{\partial X^2}\Leftrightarrow\frac{\partial^2 u}{\partial t^2}-C^2\frac{\partial^2 u}{\partial X^2}=0 \tag{4.10}$$

式中，对于纵波而言

$$C=\sqrt{\frac{E}{\rho}} \tag{4.11}$$

对于横波 (纯扭转波和纯剪切波) 而言

$$C=\sqrt{\frac{G}{\rho}} \tag{4.12}$$

式 (4.10) 是一个典型的二阶偏微分方程，式 (4.12) 可以写为

$$\left(\frac{\partial}{\partial t}+C\frac{\partial}{\partial X}\right)\left(\frac{\partial u}{\partial t}-C\frac{\partial u}{\partial X}\right)=0 \tag{4.13}$$

或

$$\left(\frac{\partial}{\partial t}-C\frac{\partial}{\partial X}\right)\left(\frac{\partial u}{\partial t}+C\frac{\partial u}{\partial X}\right)=0 \tag{4.14}$$

令

$$\varpi\left(X,t\right)=\frac{\partial u}{\partial t}-C\frac{\partial u}{\partial X} \tag{4.15}$$

则式 (4.13) 可以写为

$$\frac{\partial \varpi}{\partial t}+C\frac{\partial \varpi}{\partial X}=0 \tag{4.16}$$

以上即为一阶偏微分方程组，参考前面一维偏微分方程的特征线解法，式 (4.16) 可以进一步写为

$$\frac{\partial \varpi}{\partial t}+\frac{\partial \varpi}{\partial X}\frac{\mathrm{d}X}{\mathrm{d}t}+C\frac{\partial \varpi}{\partial X}-\frac{\partial \varpi}{\partial X}\frac{\mathrm{d}X}{\mathrm{d}t}=0 \tag{4.17}$$

可简化为

$$\frac{\mathrm{d}\varpi}{\mathrm{d}t}+\left(C-\frac{\mathrm{d}X}{\mathrm{d}t}\right)\frac{\partial \varpi}{\partial X}=0 \tag{4.18}$$

式 (4.18) 可以写为如下常微分方程组：

$$\begin{cases}\dfrac{\mathrm{d}X}{\mathrm{d}t}=C\\ \dfrac{\mathrm{d}\varpi}{\mathrm{d}t}=0\end{cases} \tag{4.19}$$

式中

$$\frac{\mathrm{d}X}{\mathrm{d}t}=C \tag{4.20}$$

为一维波动方程 (4.10) 的特征方程，对其积分即可得到

$$X=Ct+K \tag{4.21}$$

式中，$K$ 为积分常量。式 (4.21) 即为一维波动方程 (4.10) 的特征线，容易看出，此特征线为直线，而且为一簇平行的直线。式 (4.19) 表明，在 $XOY$ 平面，每条特征线上的物理量 $\varpi$ 保持不变；如图 4.1 所示，根据特征线上物理量不变这一特征，我们可以给出此种情况下任意时刻时一维杆中物理量 $\varpi\left(X,t\right)$ 为

$$\varpi\left(X,t\right)=\varpi\left(X-Ct,0\right)=\varpi_0\left(X-Ct\right) \tag{4.22}$$

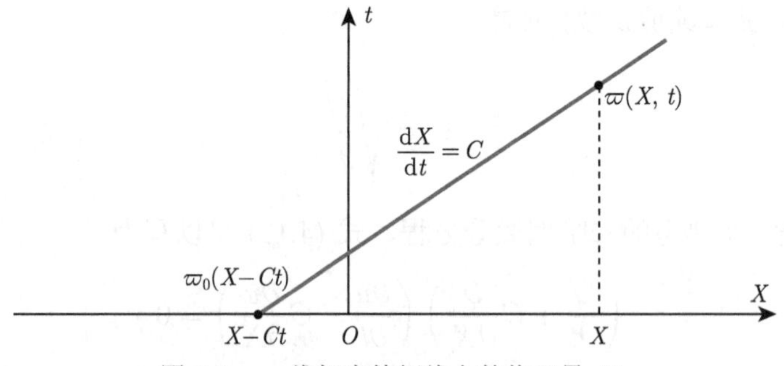


图 4.1　一维杆中特征线上的物理量 (I)

同理，令

$$\vartheta(X,t)=\frac{\partial u}{\partial t}+C\frac{\partial u}{\partial X} \tag{4.23}$$

则式 (4.14) 可以写为

$$\frac{\partial \vartheta}{\partial t}-C\frac{\partial \vartheta}{\partial X}=0 \tag{4.24}$$

式 (4.24) 同样可以进一步写为

$$\frac{\partial \vartheta}{\partial t}+\frac{\partial \vartheta}{\partial X}\frac{\mathrm{d}X}{\mathrm{d}t}-\frac{\partial \vartheta}{\partial X}\frac{\mathrm{d}X}{\mathrm{d}t}-C\frac{\partial \vartheta}{\partial X}=0 \tag{4.25}$$

可简化为

$$\frac{\mathrm{d}\vartheta}{\mathrm{d}t}-\left(C+\frac{\mathrm{d}X}{\mathrm{d}t}\right)\frac{\partial \vartheta}{\partial X}=0 \tag{4.26}$$

式 (4.26) 可以写为如下常微分方程组：

$$\begin{cases}\dfrac{\mathrm{d}X}{\mathrm{d}t}=-C\\ \dfrac{\mathrm{d}\vartheta}{\mathrm{d}t}=0\end{cases} \tag{4.27}$$

式中

$$\frac{\mathrm{d}X}{\mathrm{d}t}=-C \tag{4.28}$$

为一维波动方程 (4.10) 的另一个特征方程，对其积分即可得到

$$X=-Ct+K' \tag{4.29}$$

式中，$K'$ 为积分常量。式 (4.29) 也为一维波动方程的特征线，容易看出，此特征线也为一簇平行的直线。式 (4.27) 表明，在 $XOY$ 平面，每条特征线上的物理量 $\vartheta$ 保持不变；如图 4.2 所示，根据特征线上物理量不变这一特征，我们可以给出此情况下任意时刻时一维杆中物理量 $\vartheta(X,t)$ 为

$$\vartheta(X,t)=\vartheta(X+Ct,0)=\vartheta_0(X+Ct) \tag{4.30}$$

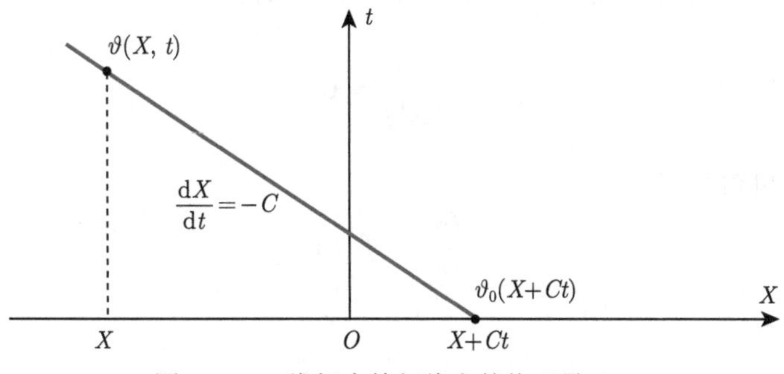


图 4.2 一维杆中特征线上的物理量 (Ⅱ)

式 (4.30) 表明，一维波动方程 (4.10) 存在两个特征方程

$$\frac{\mathrm{d}X}{\mathrm{d}t} = \pm C \tag{4.31}$$

对应的也有两组特征线：

$$\begin{cases} X = Ct + K \\ X = -Ct + K' \end{cases} \tag{4.32}$$

参考此两组特征线，引入特征线坐标：

$$\begin{cases} \xi = X + Ct \\ \eta = X - Ct \end{cases} \tag{4.33}$$

根据复合函数的求导法则，结合式 (4.33) 有

$$\begin{cases} \dfrac{\partial u}{\partial X} = \dfrac{\partial u}{\partial \xi}\dfrac{\partial \xi}{\partial X} + \dfrac{\partial u}{\partial \eta}\dfrac{\partial \eta}{\partial X} = \dfrac{\partial u}{\partial \xi} + \dfrac{\partial u}{\partial \eta} \\ \dfrac{\partial u}{\partial t} = \dfrac{\partial u}{\partial \xi}\dfrac{\partial \xi}{\partial t} + \dfrac{\partial u}{\partial \eta}\dfrac{\partial \eta}{\partial t} = C\left(\dfrac{\partial u}{\partial \xi} - \dfrac{\partial u}{\partial \eta}\right) \end{cases} \tag{4.34}$$

进一步求二次导数，可以得到

$$\begin{cases} \dfrac{\partial^2 u}{\partial X^2} = \dfrac{\partial^2 u}{\partial \xi^2}\dfrac{\partial \xi}{\partial X} + \dfrac{\partial^2 u}{\partial \xi \partial \eta}\dfrac{\partial \eta}{\partial X} + \dfrac{\partial^2 u}{\partial \eta \partial \xi}\dfrac{\partial \xi}{\partial X} + \dfrac{\partial^2 u}{\partial \eta^2}\dfrac{\partial \eta}{\partial X} \\ \dfrac{\partial^2 u}{\partial t^2} = C\left(\dfrac{\partial^2 u}{\partial \xi^2}\dfrac{\partial \xi}{\partial t} + \dfrac{\partial^2 u}{\partial \xi \partial \eta}\dfrac{\partial \eta}{\partial t} - \dfrac{\partial^2 u}{\partial \eta \partial \xi}\dfrac{\partial \xi}{\partial t} - \dfrac{\partial^2 u}{\partial \eta^2}\dfrac{\partial \eta}{\partial t}\right) \end{cases} \tag{4.35}$$

结合式 (4.33) 并简化后有

$$\begin{cases} \dfrac{\partial^2 u}{\partial X^2} = \dfrac{\partial^2 u}{\partial \xi^2} + 2\dfrac{\partial^2 u}{\partial \xi \partial \eta} + \dfrac{\partial^2 u}{\partial \eta^2} \\ \dfrac{\partial^2 u}{\partial t^2} = C^2\left(\dfrac{\partial^2 u}{\partial \xi^2} - 2\dfrac{\partial^2 u}{\partial \xi \partial \eta} + \dfrac{\partial^2 u}{\partial \eta^2}\right) \end{cases} \tag{4.36}$$

将式 (4.36) 代入波动方程 (4.10) 并化简，即可以得到

$$\frac{\partial^2 u}{\partial \xi \partial \eta} = 0 \tag{4.37}$$

对 $\eta$ 进行积分即可得到

$$\frac{\partial u}{\partial \xi} = f(\xi) \tag{4.38}$$

对 $\xi$ 进行积分即有

$$u = \int f(\xi)\,\mathrm{d}\xi + G(\eta) = F(\xi) + G(\eta) \tag{4.39}$$

即

$$u = G(X - Ct) + F(X + Ct) \tag{4.40}$$

容易发现，式 (4.40) 与 1.3.3 节所给出的结果本质上是完全相同的。

式 (4.40) 所示一维波动方程解的具体函数形式与边界条件密切相关。以两端为无限长的弦振动方程的初值问题为例，其波动方程为

$$\frac{\partial^2 u}{\partial t^2} = C^2 \frac{\partial^2 u}{\partial X^2} \tag{4.41}$$

式中，自变量的取值范围为 $-\infty < X < +\infty$，$t > 0$。

设其初值条件为

$$\begin{cases} u(X, 0) = \phi(X) \\ \left.\dfrac{\partial u}{\partial t}\right|_{(X,0)} = \psi(X) \end{cases} \tag{4.42}$$

将式 (4.40) 代入式 (4.42)，有

$$G(X) + F(X) = \phi(X) \tag{4.43}$$

$$C[F'(X) - G'(X)] = \psi(X) \tag{4.44}$$

式 (4.44) 对 $X$ 进行积分，可以得到

$$F(X) - G(X) = \frac{1}{C} \cdot \int_{X_0}^{X} \psi(\zeta)\,\mathrm{d}\zeta + \varPsi \tag{4.45}$$

式中, $\varPsi$ 为积分常数；$X_0$ 为任意质点坐标。联立式 (4.45) 和式 (4.43) 即可得到

$$F(X) = \frac{1}{2}\phi(X) + \frac{1}{2C} \cdot \int_{X_0}^{X} \psi(\zeta)\,\mathrm{d}\zeta + \frac{\varPsi}{2} \tag{4.46}$$

$$G(X) = \frac{1}{2}\phi(X) - \frac{1}{2C} \cdot \int_{X_0}^{X} \psi(\zeta)\,\mathrm{d}\zeta - \frac{\varPsi}{2} \tag{4.47}$$

将式 (4.46) 和式 (4.47) 代入式 (4.40)，可以得到考虑初值条件 (4.42) 时一维波动方程的特解：

$$u = \frac{1}{2}[\phi(X + Ct) + \phi(X - Ct)] + \frac{1}{2C} \cdot \int_{X-Ct}^{X+Ct} \psi(\zeta)\,\mathrm{d}\zeta \tag{4.48}$$

式 (4.48) 即为 d'Alembert 公式，或称为初值问题 (4.42) 的 d'Alembert 解。

若初始条件中只有初始位移而不存在初始速度或不考虑初始速度，即

$$\begin{cases} u(X, 0) = \phi(X) \\ \left.\dfrac{\partial u}{\partial t}\right|_{(X,0)} = \psi(X) \equiv 0 \end{cases} \tag{4.49}$$

则 d'Alembert 解可简化为

$$u(X,t) = \frac{1}{2}\left[\phi(X+Ct) + \phi(X-Ct)\right] \tag{4.50}$$

式 (4.50) 可以视为：任意质点 $X$ 在任意时刻 $t$ 的位移 $u(X,t)$ 为两个在初始时刻质点 $X+Ct$ 和 $X-Ct$ 处对应位移 $\phi(X+Ct)$ 和 $\phi(X-Ct)$ 线性叠加。其物理意义为：任意质点 $X$ 在任意时刻 $t$ 的位移 $u(X,\,t)$ 是由从质点 $X-Ct$ 出发的右行波 $\phi(X-Ct)/2$ 和从质点 $X+Ct$ 出发的形状相同的左行波 $\phi(X+Ct)/2$ 线性叠加而引起的，如图 4.3 所示。

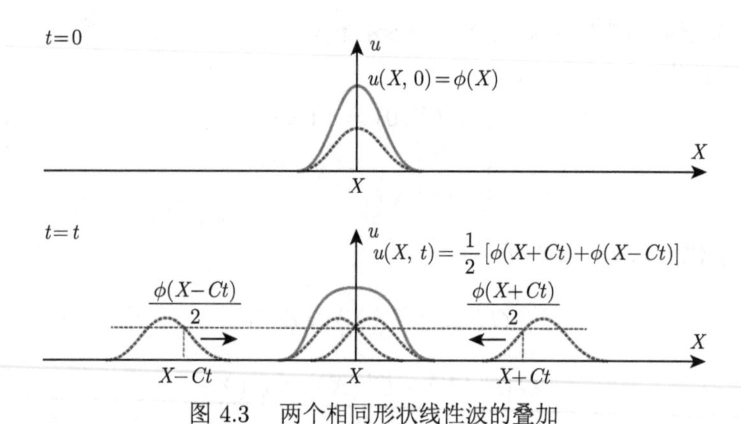


图 4.3　两个相同形状线性波的叠加

从图 4.3 可以看出，在 $t$ 时刻质点 $X$ 处的位移 $u(X,\,t)$ 是由初始时刻质点 $X-Ct$ 处的位移与质点 $X+Ct$ 处的位移的线性叠加。如果换一种角度看，我们可以将此问题视为：在初始时刻的两个相同的波 $\phi(X)/2$ 是重叠的，在 $t>0$ 时分别向左方和右方以速度 $C$ 进行传播，如图 4.4 所示。

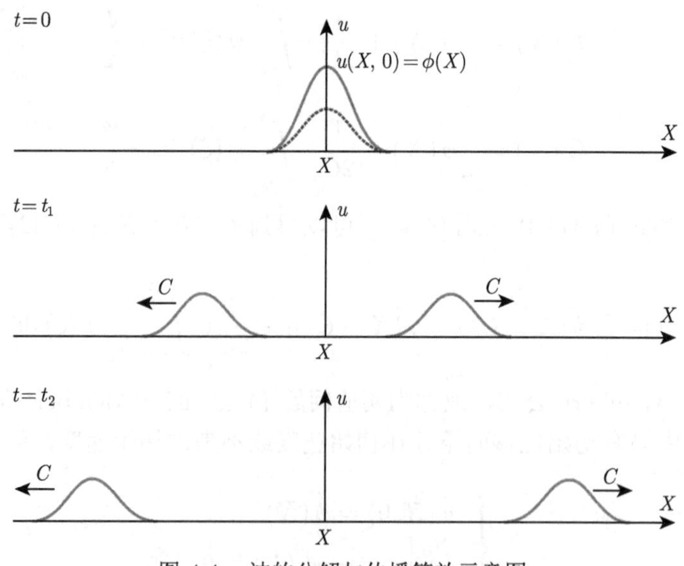


图 4.4　波的分解与传播等效示意图

若初始条件中无初始位移而只有初始速度，即类似于图 4.5 所示情况，一个宽 $2a$ 的二维弹体以速度 $V_0$ 垂直低速撞击线弹性弦。

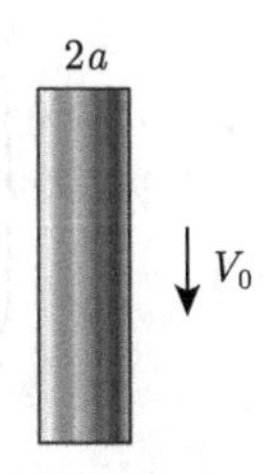


图 4.5 二维弹体对无限线弹性弦的低速撞击问题

此时有

$$\begin{cases} u(X,0) \equiv 0 \\ \left.\dfrac{\partial u}{\partial t}\right|_{(X,0)} = \psi(X) \end{cases} \tag{4.51}$$

且

$$\psi(X) = \begin{cases} 0, & |X| > a \\ V_0, & |X| \leqslant a \end{cases} \tag{4.52}$$

则 d'Alembert 解可简化为

$$u = \frac{1}{2C} \cdot \int_{X-Ct}^{X+Ct} \psi(\zeta)\,\mathrm{d}\zeta = \frac{1}{2C} \cdot \left[\int_{-a}^{X+Ct} \psi(\zeta)\,\mathrm{d}\zeta - \int_{-a}^{X-Ct} \psi(\zeta)\,\mathrm{d}\zeta\right] \tag{4.53}$$

令

$$\Gamma(x) = \frac{1}{C} \cdot \int_{-a}^{x} \psi(\zeta)\,\mathrm{d}\zeta \tag{4.54}$$

则式 (4.53) 可写为

$$u(X,t) = \frac{\Gamma(X+Ct) - \Gamma(X-Ct)}{2} \tag{4.55}$$

式中

$$\Gamma(X) = \begin{cases} 0, & X < -a \\ \dfrac{V_0}{C}(X+a), & -a \leqslant X < a \\ \dfrac{2aV_0}{C}, & X \geqslant a \end{cases} \tag{4.56}$$

参考以上分析，从式 (4.55) 也可以看出，此时任意质点 $X$ 处在 $t$ 时刻的位移 $u(X,t)$ 也可以视为两个波的代数叠加而引起的；或弹体低速撞击无限线弹性弦时，会产生两个波速相同的波，其分别向左传播和向右传播。

### 4.1.2　一般特征线与 Riemann 不变量

前面利用特征线法对一维波动方程进行求解，给出一维波动方程可以简化为以下两个常微分方程：

$$\left\{\begin{array}{l}\dfrac{\mathrm{d}X}{\mathrm{d}t}=C\\ \dfrac{\mathrm{d}\varpi}{\mathrm{d}t}=0\end{array}\right. \quad 和 \quad \left\{\begin{array}{l}\dfrac{\mathrm{d}X}{\mathrm{d}t}=-C\\ \dfrac{\mathrm{d}\vartheta}{\mathrm{d}t}=0\end{array}\right. \tag{4.57}$$

式 (4.57) 表明：在特征线

$$\frac{\mathrm{d}X}{\mathrm{d}t}=C \tag{4.58}$$

量 $\varpi$ 总是保持不变，即 $\varpi$ 为常数。在特征线

$$\frac{\mathrm{d}X}{\mathrm{d}t}=-C \tag{4.59}$$

量 $\vartheta$ 总是保持不变，即 $\vartheta$ 为常数。我们称量 $\varpi$ 和量 $\vartheta$ 为 Riemann 不变量。

从 3.3 节的分析可知，一维杆中材料的声速为

$$C=\frac{\mathrm{d}X_w(t)}{\mathrm{d}t} \tag{4.60}$$

对比式 (4.58)~ 式 (4.60)，容易看出，特征线

$$\frac{\mathrm{d}X}{\mathrm{d}t}=\pm C \tag{4.61}$$

对应的物理意义即为波阵面向右或向左传播的运动迹线，也可以视为分别携带特定物理量 $\varpi$ 和 $\vartheta$ 的运动迹线；而 Riemann 不变量 $\varpi$ 和 $\vartheta$ 的物理意义为：在向右传播和向左传播过程中，波阵面上对应的物理量 $\varpi$ 和 $\vartheta$ 保持不变。

而 4.1.1 节波动方程的求解中，物理量 $\varpi$ 和 $\vartheta$ 表达式分别为

$$\left\{\begin{array}{l}\varpi(X,t)=\dfrac{\partial u}{\partial t}-C\dfrac{\partial u}{\partial X}\\ \vartheta(X,t)=\dfrac{\partial u}{\partial t}+C\dfrac{\partial u}{\partial X}\end{array}\right. \tag{4.62}$$

根据连续条件并结合第 3 章中相关推导结果，可知

$$\left\{\begin{array}{l}\dfrac{\partial u}{\partial t}=v\\ \dfrac{\partial u}{\partial X}=\dfrac{\partial x}{\partial X}-1=\varepsilon\end{array}\right. \tag{4.63}$$

将式 (4.63) 代入式 (4.62)，即有

$$\left\{\begin{array}{l}\varpi(X,t)=v-C\varepsilon\\ \vartheta(X,t)=v+C\varepsilon\end{array}\right. \tag{4.64}$$

即在右行波波阵面上 $v-C\varepsilon$ 保持不变，左行波波阵面上 $v+C\varepsilon$ 保持不变；由于式 (4.64) 根据连续条件推导而出，因此式 (4.64) 可以视为波阵面上的连续条件。

以上的分析是从波动方程出发，利用特征线法等数学方法进行求解的，其中式 (4.62) 是在解方程过程中人为假设得到的，因此量 $\varpi$ 和 $\vartheta$ 物理意义不明显；事实上，我们通过一维线弹性杆中应力波传播连续条件也可以给出相同的结论。

根据 3.3 节中知识可知，采用 L 氏描述时，对任意物理量 $f$ 可有

$$f=f\left(X,t\right) \tag{4.65}$$

如果我们站在波阵面上看各物理量，即坐标系建立在波阵面上并随着波阵面一起运动，此时将非定常运动转化为定常运动，可以得到

$$f=f\left[X_w\left(t\right),t\right]\equiv f_w\left(t\right) \tag{4.66}$$

和

$$f=f\left[X,t_w\left(X\right)\right]\equiv f_w\left(X\right) \tag{4.67}$$

式中，函数 $f_w\left(t\right)$ 表示波阵面上物理量 $f$ 在 $t$ 时刻的值，称为物理量 $f$ 的随波时间函数；函数 $f_w\left(X\right)$ 表示波阵面传播到质点 $X$ 处时物理量 $f$ 的值，称为物理量 $f$ 的随波场 L 氏函数。

根据式 (4.66)，可以得到物理量 $f$ 的随波时间导数和随波场 L 氏梯度 (或随波场物质导数) 为

$$\frac{\mathrm{d}f_w\left(t\right)}{\mathrm{d}t}=\left.\frac{\partial f}{\partial t}\right|_X+\left.\frac{\partial f}{\partial X}\right|_t\cdot\frac{\mathrm{d}X_w}{\mathrm{d}t}=\left.\frac{\partial f}{\partial t}\right|_X+C\cdot\left.\frac{\partial f}{\partial X}\right|_t \tag{4.68}$$

同理，根据式 (4.67) 可以得到

$$\frac{\mathrm{d}f_w\left(X\right)}{\mathrm{d}X}=\left.\frac{\partial f}{\partial X}\right|_t+\left.\frac{\partial f}{\partial t}\right|_X\cdot\frac{\mathrm{d}t_w}{\mathrm{d}X}=\left.\frac{\partial f}{\partial X}\right|_t+\frac{1}{C}\cdot\left.\frac{\partial f}{\partial t}\right|_X \tag{4.69}$$

类似地，波阵面的 E 氏描述即为

$$\begin{cases} x=x_w\left(t\right)\\ t=t_w\left(x\right)\end{cases} \tag{4.70}$$

对于任意一个物理量 $f$，我们可以给出其 E 氏描述

$$f=f\left(x,t\right) \tag{4.71}$$

如果站在波阵面上看物理量的演化，结合式 (4.70) 可以得到

$$f=f\left[x_w\left(t\right),t\right]\equiv f_w\left(t\right) \tag{4.72}$$

和

$$f=f\left[x,t_w\left(x\right)\right]\equiv f_w\left(x\right) \tag{4.73}$$

式中，函数 $f_w(t)$ 表示波阵面上物理量 $f$ 在 $t$ 时刻的值，称为物理量 $f$ 的随波时间函数，它与式 (4.66) 中的函数 $f_w(t)$ 是完全相同的；函数 $f_w(x)$ 表示波阵面传播至 E 氏坐标 $x$ 处时物理量 $f$ 的值，称为物理量 $f$ 的随波场 E 氏函数。

根据式 (4.72) 和式 (4.73)，可以得到物理量 $f$ 的随波时间导数和随波场 E 氏梯度 (或随波场物质导数) 分别为

$$\frac{\mathrm{d}f_w(t)}{\mathrm{d}t}=\left.\frac{\partial f}{\partial t}\right|_x+\left.\frac{\partial f}{\partial x}\right|_t\cdot\frac{\mathrm{d}x_w}{\mathrm{d}t}=\left.\frac{\partial f}{\partial t}\right|_x+c\cdot\left.\frac{\partial f}{\partial x}\right|_t \tag{4.74}$$

和

$$\frac{\mathrm{d}f_w(x)}{\mathrm{d}x}=\left.\frac{\partial f}{\partial x}\right|_t+\left.\frac{\partial f}{\partial t}\right|_x\cdot\frac{\mathrm{d}t_w}{\mathrm{d}x}=\left.\frac{\partial f}{\partial x}\right|_t+\frac{1}{c}\cdot\left.\frac{\partial f}{\partial t}\right|_x \tag{4.75}$$

根据式 (4.68)，考虑波阵面的位移 $u$ 这一物理量，对于右行波

$$\frac{\mathrm{d}X_w}{\mathrm{d}t}=C \tag{4.76}$$

而言，有

$$\frac{\mathrm{d}u_w(t)}{\mathrm{d}t}=\left.\frac{\partial u}{\partial t}\right|_X+C\cdot\left.\frac{\partial u}{\partial X}\right|_t \tag{4.77}$$

对于左行波

$$\frac{\mathrm{d}X_w}{\mathrm{d}t}=-C \tag{4.78}$$

而言，有

$$\frac{\mathrm{d}u_w(t)}{\mathrm{d}t}=\left.\frac{\partial u}{\partial t}\right|_X-C\cdot\left.\frac{\partial u}{\partial X}\right|_t \tag{4.79}$$

对比式 (4.62) 和式 (4.76)、式 (4.79)，不难发现，物理量 $\varpi$ 和 $\vartheta$ 的物理意义分别为右行波和左行波波阵面位移 $u$ 的随波时间导数。根据连续条件，我们即可给出，对于右行波而言，波阵面上的连续条件为

$$\frac{\mathrm{d}u_w(t)}{\mathrm{d}t}=v+C\varepsilon \tag{4.80}$$

对于左行波而言，波阵面上的连续条件为

$$\frac{\mathrm{d}u_w(t)}{\mathrm{d}t}=v-C\varepsilon \tag{4.81}$$

根据式 (4.66)，可以给出

$$x_w(t)=X_w(t)+u_w(t) \tag{4.82}$$

即

$$u_w(t)=x_w(t)-X_w(t) \tag{4.83}$$

因此其随波时间导数为

$$\frac{\mathrm{d}u_w(t)}{\mathrm{d}t}=\frac{\mathrm{d}\left[x_w(t)-X_w(t)\right]}{\mathrm{d}t}=\frac{\mathrm{d}x_w(t)}{\mathrm{d}t}-\frac{\mathrm{d}X_w(t)}{\mathrm{d}t} \tag{4.84}$$

因而，式 (4.80) 和式 (4.81) 可进一步分别写为

$$\begin{cases}\dfrac{\mathrm{d}x_w(t)}{\mathrm{d}t}-\dfrac{\mathrm{d}X_w(t)}{\mathrm{d}t}=v+C\varepsilon\\ \dfrac{\mathrm{d}X_w(t)}{\mathrm{d}t}=C\end{cases}\quad(\text{右行波}) \tag{4.85}$$

和

$$\begin{cases}\dfrac{\mathrm{d}x_w(t)}{\mathrm{d}t}-\dfrac{\mathrm{d}X_w(t)}{\mathrm{d}t}=v-C\varepsilon\\ \dfrac{\mathrm{d}X_w(t)}{\mathrm{d}t}=-C\end{cases}\quad(\text{左行波}) \tag{4.86}$$

结合右行波和左行波 L 氏波速的定义式 (4.76) 和式 (4.78)，可以发现式 (4.85) 和式 (4.86) 简化后分别为

$$c=v+C(1+\varepsilon)\quad(\text{右行波}) \tag{4.87}$$

和

$$c=v-C(1+\varepsilon)\quad(\text{左行波}) \tag{4.88}$$

对于 3.3.4 小节中一维线弹性杆中应力波传播的问题而言，即有式 (4.87) 成立。对比式 (4.87) 和 3.3.4 小节中对应结论可以发现两式完全相同，因此可以认为，根据一维线弹性杆中应力波传播连续条件给出的一维波动方程，Riemann 不变量对应的物理问题即为应力波传播空间声速与物质声速之间的关系。

在 3.2 节中根据动量定理，给出了一维杆中纵波传播的运动方程为

$$\left(\sigma+\frac{\partial\sigma}{\partial X}\mathrm{d}X\right)-\sigma\cdot\delta A=(\rho\mathrm{d}X\cdot\delta A)\cdot\frac{\partial v}{\partial t} \tag{4.89}$$

式中，$v$ 为质点速度。式 (4.89) 简化后有

$$\frac{\partial v}{\partial t}-\frac{1}{\rho}\frac{\partial\sigma}{\partial X}=0 \tag{4.90}$$

或

$$\frac{\partial\sigma}{\partial X}-\rho\frac{\partial v}{\partial t}=0 \tag{4.91}$$

根据第 3 章所推导出的几何条件和质点速度表达式，有

$$\begin{cases}\varepsilon=\dfrac{\partial x}{\partial X}-1\\ v=\dfrac{\partial x}{\partial t}\end{cases} \tag{4.92}$$

根据式 (4.92) 即可给出几何相容条件：

$$\frac{\partial \varepsilon}{\partial t}-\frac{\partial v}{\partial X}=0 \tag{4.93}$$

考虑应变率无关材料，其在一维应力条件下的本构方程可以写为

$$\sigma=\sigma(\varepsilon) \quad \text{或} \quad \varepsilon=\varepsilon(\sigma) \tag{4.94}$$

即

$$\frac{\partial \sigma}{\partial t}=\frac{\partial \sigma}{\partial \varepsilon}\frac{\partial \varepsilon}{\partial t} \tag{4.95}$$

或

$$\frac{\partial \varepsilon}{\partial t}=\frac{\partial \varepsilon}{\partial \sigma}\frac{\partial \sigma}{\partial t} \tag{4.96}$$

将式 (4.96) 代入式 (4.93) 即可得到

$$\frac{\partial \sigma}{\partial t}-\frac{\partial \sigma}{\partial \varepsilon}\frac{\partial v}{\partial X}=0 \tag{4.97}$$

或

$$\frac{\partial \varepsilon}{\partial \sigma}\frac{\partial \sigma}{\partial t}-\frac{\partial v}{\partial X}=0 \tag{4.98}$$

令

$$C^{2}(\sigma)=\frac{1}{\rho}\frac{\mathrm{d}\sigma}{\mathrm{d}\varepsilon} \tag{4.99}$$

此时，式 (4.97) 即可写为

$$\frac{\partial \sigma}{\partial t}-\rho C^{2}\frac{\partial v}{\partial X}=0 \tag{4.100}$$

联立式 (4.90) 和式 (4.100)，即可以根据动量守恒条件、连续方程和本构方程，得到一维杆中纵波传播且以 $v$ 和 $\sigma$ 为基本未知量的控制方程组：

$$\begin{cases} \dfrac{\partial v}{\partial t}-\dfrac{1}{\rho}\dfrac{\partial \sigma}{\partial X}=0 \\ \dfrac{\partial \sigma}{\partial t}-\rho C^{2}\dfrac{\partial v}{\partial X}=0 \end{cases} \tag{4.101}$$

式 (4.101) 所示方程组为一阶拟线性偏微分方程组，如果写为矩阵形式即可以得到如下方程：

$$\frac{\partial \boldsymbol{W}}{\partial t}+\boldsymbol{B}\cdot\frac{\partial \boldsymbol{W}}{\partial X}=\boldsymbol{O} \tag{4.102}$$

式中

$$\boldsymbol{W}=\begin{bmatrix} v \\ \sigma \end{bmatrix}, \quad \boldsymbol{B}=\begin{bmatrix} 0 & -\dfrac{1}{\rho} \\ -\rho C^{2} & 0 \end{bmatrix}, \quad \boldsymbol{O}=\begin{bmatrix} 0 \\ 0 \end{bmatrix} \tag{4.103}$$

参考 4.1.1 节中一阶偏微分方程的特征线推导方法，矩阵 $\boldsymbol{W}$ 沿曲线 $X = X(t)$ 的全导数可写为

$$\frac{\mathrm{d}\boldsymbol{W}}{\mathrm{d}t} = \frac{\partial \boldsymbol{W}}{\partial t} + \frac{\mathrm{d}X}{\mathrm{d}t}\frac{\partial \boldsymbol{W}}{\partial X} \tag{4.104}$$

将其代入式 (4.100) 可以得到

$$\frac{\mathrm{d}\boldsymbol{W}}{\mathrm{d}t} - \frac{\mathrm{d}X}{\mathrm{d}t}\frac{\partial \boldsymbol{W}}{\partial X} + \boldsymbol{B}\cdot\frac{\partial \boldsymbol{W}}{\partial X} = \boldsymbol{O} \tag{4.105}$$

对式 (4.105) 两端同时左点乘一个非零矢量：

$$\boldsymbol{l} = \begin{bmatrix} l_1 & l_2 \end{bmatrix} \tag{4.106}$$

即可以将此一阶拟线性偏微分方程转换为方程：

$$\boldsymbol{l}\cdot\frac{\mathrm{d}\boldsymbol{W}}{\mathrm{d}t} - \boldsymbol{l}\cdot\frac{\mathrm{d}X}{\mathrm{d}t}\frac{\partial \boldsymbol{W}}{\partial X} + \boldsymbol{l}\cdot\boldsymbol{B}\cdot\frac{\partial \boldsymbol{W}}{\partial X} = 0 \tag{4.107}$$

即

$$\boldsymbol{l}\cdot\frac{\mathrm{d}\boldsymbol{W}}{\mathrm{d}t} + \left(\boldsymbol{l}\cdot\boldsymbol{B} - \boldsymbol{l}\cdot\frac{\mathrm{d}X}{\mathrm{d}t}\right)\cdot\frac{\partial \boldsymbol{W}}{\partial X} = 0 \tag{4.108}$$

设有

$$\boldsymbol{l}\cdot\boldsymbol{B} - \boldsymbol{l}\cdot\frac{\mathrm{d}X}{\mathrm{d}t} = \boldsymbol{O} \tag{4.109}$$

或

$$\boldsymbol{l}\cdot\left(\boldsymbol{B} - \boldsymbol{I}\cdot\frac{\mathrm{d}X}{\mathrm{d}t}\right) = \boldsymbol{O} \tag{4.110}$$

式中

$$\boldsymbol{I} = \begin{bmatrix} 1 & 0 \\ 0 & 1 \end{bmatrix} \tag{4.111}$$

令

$$\frac{\mathrm{d}X}{\mathrm{d}t} = \lambda \tag{4.112}$$

式中，$\lambda$ 为一个标量值。式 (4.110) 可简化为

$$\boldsymbol{l}\cdot(\boldsymbol{B} - \lambda\boldsymbol{I}) = \boldsymbol{O} \tag{4.113}$$

根据高等数学中矩阵相关知识可知，式 (4.113) 中 $\lambda$ 是二阶矩阵 $\boldsymbol{B}$ 的特征值，因此，一般把式 (4.112) 称为特征方向或特征线，把 $\boldsymbol{l}$ 称为与特征值 $\lambda$ 相对应的二阶张量 $\boldsymbol{B}$ 的左特征矢量；这在某种程度上从数学上解释了前面波动方程的求解过程中将式 (4.112) 所示曲线称为特征线的原因。

从式 (4.113) 容易看出，在满足该式所示条件的方向上，应力波传播的控制方程即式 (4.108) 一阶拟线性偏微分方程可简化为只含有全导数的方程组：

$$\boldsymbol{l}\cdot\frac{\mathrm{d}\boldsymbol{W}}{\mathrm{d}t}=0 \tag{4.114}$$

式 (4.114) 一般称为沿特征方向 $\mathrm{d}X/\mathrm{d}t=\lambda$ 上的特征关系。

对于式 (4.113) 而言，存在非零矢量 $\boldsymbol{l}$ 的充要条件就是满足以下特征方程：

$$\|\boldsymbol{B}-\lambda\boldsymbol{I}\|=0 \tag{4.115}$$

将式 (4.113) 代入式 (4.115)，可以得到

$$\left\|\begin{array}{cc}-\lambda & -\dfrac{1}{\rho}\\ -\rho C^2 & -\lambda\end{array}\right\|=0\Rightarrow\lambda^2-C^2=0 \tag{4.116}$$

即存在两个特征值和特征方向：

$$\frac{\mathrm{d}X}{\mathrm{d}t}=\lambda_1=C\quad 和\quad\frac{\mathrm{d}X}{\mathrm{d}t}=\lambda_2=-C \tag{4.117}$$

这与前面波动方程推导过程中所给出的两个特征线完全一致，其代表的物理意义也完全相同。

将式 (4.103) 代入式 (4.113)，可以得到

$$\boldsymbol{l}\cdot\left[\begin{array}{cc}-\lambda & -\dfrac{1}{\rho}\\ -\rho C^2 & -\lambda\end{array}\right]=\left[\begin{array}{cc}l_1 & l_2\end{array}\right]\left[\begin{array}{cc}-\lambda & -\dfrac{1}{\rho}\\ -\rho C^2 & -\lambda\end{array}\right]=\left[\begin{array}{cc}0 & 0\end{array}\right] \tag{4.118}$$

即有以下方程组成立：

$$\left\{\begin{array}{l}\lambda l_1+\rho C^2 l_2=0\\ \dfrac{1}{\rho}l_1+\lambda l_2=0\end{array}\right. \tag{4.119}$$

由于

$$C^2=\lambda^2 \tag{4.120}$$

所以式 (4.119) 即为

$$\left\{\begin{array}{l}\lambda l_1+\rho\lambda^2 l_2=0\\ \dfrac{1}{\rho}l_1+\lambda l_2=0\end{array}\right. \tag{4.121}$$

容易发现，以上方程组中两个方程并不是独立的，两个方程是相同的，然而，这并不影响我们的求解，根据矢量的性质，我们可以假设 $l_2=1$，此时则有 $l_1=-\rho\lambda$，即

$$\boldsymbol{l}=\left[\begin{array}{cc}-\rho\lambda & 1\end{array}\right] \tag{4.122}$$

因此，对于两个特征值而言，其对应的特征矢量分别为

$$\boldsymbol{l}_1 = \begin{bmatrix} -\rho C & 1 \end{bmatrix} \quad 和 \quad \boldsymbol{l}_2 = \begin{bmatrix} \rho C & 1 \end{bmatrix} \tag{4.123}$$

将式 (4.123) 和式 (4.103) 代入特征关系式 (4.114)，可以得到两个特征方向上的特征关系。在沿着右特征线或特征方向

$$\frac{\mathrm{d}X}{\mathrm{d}t} = C \tag{4.124}$$

上，有

$$-\rho C \frac{\mathrm{d}v}{\mathrm{d}t} + \frac{\mathrm{d}\sigma}{\mathrm{d}t} = 0 \tag{4.125}$$

在沿着左特征线或特征方向

$$\frac{\mathrm{d}X}{\mathrm{d}t} = -C \tag{4.126}$$

上，有

$$\rho C \frac{\mathrm{d}v}{\mathrm{d}t} + \frac{\mathrm{d}\sigma}{\mathrm{d}t} = 0 \tag{4.127}$$

式 (4.127) 即我们以质点速度 $v$ 和应力 $\sigma$ 为基本未知量时的特征关系，称为状态平面 $v-\sigma$ 上的特征关系。

以上两个特征线上的特征关系也可以写为

$$\mathrm{d}v - \frac{\mathrm{d}\sigma}{\rho C} = 0 \quad \left(沿特征线\ \frac{\mathrm{d}X}{\mathrm{d}t} = C\right) \tag{4.128}$$

$$\mathrm{d}v + \frac{\mathrm{d}\sigma}{\rho C} = 0 \quad \left(沿特征线\ \frac{\mathrm{d}X}{\mathrm{d}t} = -C\right) \tag{4.129}$$

若定义

$$\mathrm{d}\phi = \frac{\mathrm{d}\sigma}{\rho C(\sigma)} \quad 即 \quad \phi = \int_0^{\sigma} \frac{\mathrm{d}\sigma}{\rho C(\sigma)} \tag{4.130}$$

和

$$\begin{cases} R_1 = v - \phi \\ R_2 = v + \phi \end{cases} \tag{4.131}$$

则有

$$\begin{cases} \mathrm{d}R_1 = \mathrm{d}v - \mathrm{d}\phi \\ \mathrm{d}R_2 = \mathrm{d}v + \mathrm{d}\phi \end{cases} \tag{4.132}$$

此时，两个特征线上的特征关系即可写为

$$\mathrm{d}R_1 = 0 \quad \left(沿特征线\ \frac{\mathrm{d}X}{\mathrm{d}t} = C\right) \tag{4.133}$$

$$\mathrm{d}R_2 = 0 \quad \left(\text{沿特征线 } \frac{\mathrm{d}X}{\mathrm{d}t} = -C\right) \tag{4.134}$$

式 (4.133) 和式 (4.134) 则是状态平面 $R_1$-$R_2$ 上的特征关系。其物理意义是：沿着任何一条右行特征线 $\mathrm{d}X/\mathrm{d}t = C$，物理量 $R_1$ 的值为常数；同样，沿着任何一条左行特征线 $\mathrm{d}X/\mathrm{d}t = -C$，物理量 $R_2$ 的值也为常数；我们通常将两个物理量也称为 Riemann 不变量。同前面分析结论，特征值 $\mathrm{d}X/\mathrm{d}t = \pm C$ 的物理意义为波阵面的运动迹线，式 (4.133) 和式 (4.134) 表示在特征线可视为传播特定物理量 $R_1$ ($R_2$) 的波阵面迹线。参考以上考虑一维杆中连续条件所给出的 Riemann 不变量的物理意义，可以看出，式 (4.133) 和式 (4.134) 所给出的两个 Riemann 不变量是在动量守恒条件下得到的，也就是说，该两个量的物理意义可以在某种程度上认为是：根据波阵面上的动量守恒条件，一维应力波在传播过程中，波阵面上始终满足对应的 Riemann 不变量保持恒定；即向右传播的波阵面和向左传播的波阵面上，有

$$\mathrm{d}\sigma = \rho C \mathrm{d}v \quad (\text{右行波波阵面上}) \tag{4.135}$$

$$\mathrm{d}\sigma = -\rho C \mathrm{d}v \quad (\text{左行波波阵面上}) \tag{4.136}$$

特别地，对于线弹性材料而言，声速 $C$ 与应力状态 $\sigma$、质点速度 $v$ 是解耦的，是一个材料常数；此时式 (4.135) 和式 (4.136) 可进一步简化为

$$\sigma = \rho C v \quad (\text{右行波波阵面上}) \tag{4.137}$$

$$\sigma = -\rho C v \quad (\text{左行波波阵面上}) \tag{4.138}$$

式 (4.137) 和式 (4.138) 的物理意义非常明显，后面内容中会进一步分析。

同理，容易推导出，如果我们以 $v$ 和 $\varepsilon$ 为基本未知量，则可以得到以下控制方程组

$$\left\{\begin{aligned} &\frac{\partial v}{\partial t} - C^2 \frac{\partial \varepsilon}{\partial X} = 0 \\ &\frac{\partial \varepsilon}{\partial t} - \frac{\partial v}{\partial X} = 0 \end{aligned}\right. \tag{4.139}$$

式 (4.139) 也可以写为如下矩阵形式：

$$\frac{\partial \boldsymbol{W}}{\partial t} + \boldsymbol{B} \cdot \frac{\partial \boldsymbol{W}}{\partial X} = \boldsymbol{O} \tag{4.140}$$

式中

$$\boldsymbol{W} = \begin{bmatrix} v \\ \varepsilon \end{bmatrix}, \quad \boldsymbol{B} = \begin{bmatrix} 0 & -C^2 \\ -1 & 0 \end{bmatrix}, \quad \boldsymbol{O} = \begin{bmatrix} 0 \\ 0 \end{bmatrix} \tag{4.141}$$

同理我们可以给出其特征方程为

$$\left\| \begin{matrix} -\lambda & -C^2 \\ -1 & -\lambda \end{matrix} \right\| = 0 \Rightarrow \lambda^2 - C^2 = 0 \tag{4.142}$$

即存在两个特征值和特征方向：

$$\frac{\mathrm{d}X}{\mathrm{d}t}=\lambda_1=C \quad \text{和} \quad \frac{\mathrm{d}X}{\mathrm{d}t}=\lambda_2=-C \tag{4.143}$$

这与前面对应的特征值完全相同，因此它们的特征线是相同的。此时，根据

$$\boldsymbol{l}\cdot(\boldsymbol{B}-\lambda\boldsymbol{I})=\boldsymbol{O} \tag{4.144}$$

可以得到

$$\boldsymbol{l}\cdot\begin{bmatrix}-\lambda & -C^2\\ -1 & -\lambda\end{bmatrix}=\begin{bmatrix}l_1 & l_2\end{bmatrix}\begin{bmatrix}-\lambda & -C^2\\ -1 & -\lambda\end{bmatrix}=\begin{bmatrix}0 & 0\end{bmatrix} \tag{4.145}$$

即

$$\lambda l_1+l_2=0 \tag{4.146}$$

根据矢量的性质，我们可以假设 $l_1=1$，此时则有 $l_2=-\lambda$，即

$$\boldsymbol{l}=\begin{bmatrix}1 & -\lambda\end{bmatrix} \tag{4.147}$$

因此，对于两个特征值而言，其对应的特征矢量分别为

$$\boldsymbol{l}_1=\begin{bmatrix}1 & -C\end{bmatrix} \quad \text{和} \quad \boldsymbol{l}_2=\begin{bmatrix}1 & C\end{bmatrix} \tag{4.148}$$

由此我们可以得到两个特征方向上的特征关系。在沿着特征线或特征方向

$$\frac{\mathrm{d}X}{\mathrm{d}t}=C \tag{4.149}$$

上，有

$$\frac{\mathrm{d}v}{\mathrm{d}t}-C\frac{\mathrm{d}\varepsilon}{\mathrm{d}t}=0 \tag{4.150}$$

在沿着特征线或特征方向

$$\frac{\mathrm{d}X}{\mathrm{d}t}=-C \tag{4.151}$$

上，有

$$\frac{\mathrm{d}v}{\mathrm{d}t}+C\frac{\mathrm{d}\varepsilon}{\mathrm{d}t}=0 \tag{4.152}$$

式 (4.152) 即我们以质点速度 $v$ 和应变状态 $\varepsilon$ 为基本未知量时的特征关系，称为状态平面 $v$-$\varepsilon$ 上的特征关系。

以上两个特征线上的特征关系也可以写为

$$\mathrm{d}v-C\mathrm{d}\varepsilon=0 \quad \left(\text{沿特征线 } \frac{\mathrm{d}X}{\mathrm{d}t}=C\right) \tag{4.153}$$

$$\mathrm{d}v + C\mathrm{d}\varepsilon = 0 \quad \left(\text{沿特征线 } \frac{\mathrm{d}X}{\mathrm{d}t} = -C\right) \tag{4.154}$$

若定义：

$$\mathrm{d}\phi = C\mathrm{d}\varepsilon \quad \text{即} \quad \phi = \int_0^{\varepsilon} C\mathrm{d}\varepsilon \tag{4.155}$$

和

$$\begin{cases} R_1 = v - \phi \\ R_2 = v + \phi \end{cases} \tag{4.156}$$

则有

$$\begin{cases} \mathrm{d}R_1 = \mathrm{d}v - \mathrm{d}\phi \\ \mathrm{d}R_2 = \mathrm{d}v + \mathrm{d}\phi \end{cases} \tag{4.157}$$

此时，两个特征线上的特征关系即可写为

$$\mathrm{d}R_1 = 0 \quad \left(\text{沿特征线 } \frac{\mathrm{d}X}{\mathrm{d}t} = C\right) \tag{4.158}$$

$$\mathrm{d}R_2 = 0 \quad \left(\text{沿特征线 } \frac{\mathrm{d}X}{\mathrm{d}t} = -C\right) \tag{4.159}$$

即向右传播的波阵面和向左传播的波阵面上，有

$$\mathrm{d}v = C\mathrm{d}\varepsilon \quad (\text{右行波波阵面上}) \tag{4.160}$$

$$\mathrm{d}v = -C\mathrm{d}\varepsilon \quad (\text{左行波波阵面上}) \tag{4.161}$$

特别地，对于线弹性材料而言，声速 $C$ 与应变状态 $\varepsilon$、质点速度 $v$ 是解耦的，是一个材料常数；此时式 (4.160) 和式 (4.161) 可进一步简化为：

$$v = C\varepsilon \quad (\text{右行波波阵面上}) \tag{4.162}$$

$$v = -C\varepsilon \quad (\text{左行波波阵面上}) \tag{4.163}$$

式 (4.162) 和式 (4.163) 的物理意义也非常明显，后面内容中会进一步分析。

### 4.1.3　一维杆中的简单波特征线解

设有一维杆中存在一个右行简单波，其传播的物理平面图如图 4.6 所示，物理平面图即为描述波阵面在介质中不同时刻的空间位置的平面图，即 $X$-$t$ 平面图。图中 $AB$ 表示杆中应力波最前面的波阵面的迹线，其前方即图中曲线 $AB$ 的下方为均匀区即波阵面前方未被应力波 $AB$ 扰动的区域。

点 $M(X_M,\ t_M)$ 为简单波区即波阵面后方被应力波 $AB$ 所扰动介质中的一点，根据 4.1.2 节所讲述的特征线理论可知，经过此点同时存在一个左行特征线和一个右行特征线两条特征线，分别如图中曲线 $MM'$ 和 $MM''$ 所示；其中点 $M'$ 是均匀区中的某一点，点 $M''$ 是简单波区中的某一点。

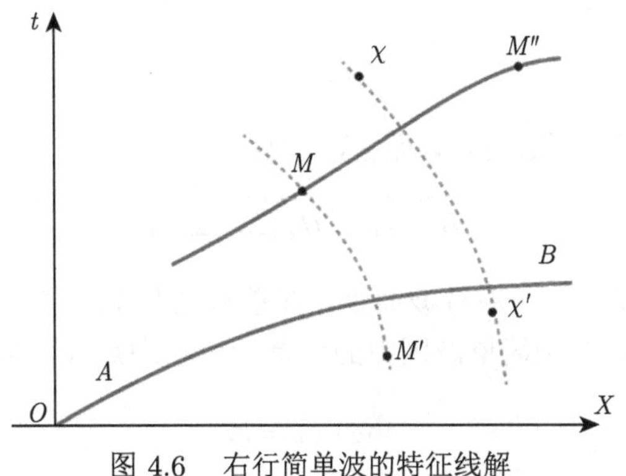


图 4.6 右行简单波的特征线解

根据 4.1.2 节中 Riemann 不变量的推导结论，对于左行特征线 $MM'$ 上任意点，皆有

$$\mathrm{d}R_2=\mathrm{d}v+\mathrm{d}\phi=\mathrm{d}v+\frac{\mathrm{d}\sigma}{\rho C}\equiv 0 \tag{4.164}$$

即在对于左行特征线 $MM'$ 上任意点，皆有

$$R_2=v+\int_0^{\sigma}\frac{\mathrm{d}\sigma}{\rho C}\equiv\mathbb{R} \tag{4.165}$$

式 (4.165) 的物理意义是：对于任意一条特定的左行特征线而言，Riemann 不变量 $R_2$ 与特征线上状态点位置无关，无论是简单波区还是均匀区，其皆是一个“绝对”的常数，即式中 $\mathbb{R}$ 对于特定左行特征线而言是一个“绝对”常数。

在左行特征线上，状态点 $M$ 和 $M'$ 对应的 Riemann 不变量分别为

$$R_2(M)=v(M)+\phi(M)=v(M)+\int_0^{\sigma(M)}\frac{\mathrm{d}\sigma}{\rho C} \tag{4.166}$$

$$R_2(M')=v(M')+\phi(M')=v(M')+\int_0^{\sigma(M')}\frac{\mathrm{d}\sigma}{\rho C} \tag{4.167}$$

根据式 (4.164) 有

$$R_2(M)=R_2(M')\equiv\mathbb{R} \tag{4.168}$$

由于状态点 $M'$ 是均匀区中的某一点，也就是说，式 (4.168) 说明：Riemann 不变量 $R_2$ 值完全由此简单波区前方均匀区的状态所决定，即对于任意一个简单波区中的状态点 $\chi$ 而言，都可以在前方的均匀区中找到对应的状态点 $\chi'$，使得它们的 Riemann 不变量 $R_2$ 值相等：

$$R_2(\chi)=R_2(\chi')\equiv\mathbb{R}' \tag{4.169}$$

式中，$\mathbb{R}'$ 表示该左行特征线对应的 Riemann 不变量 $R_2$ 值。而前方均匀区中状态与初始条件相关，对于任意特定情况而言，均匀区中任意状态点 $\chi'$，恒有

$$R_2(\chi')\equiv R_2(M') \tag{4.170}$$

即

$$\mathbb{R}' \equiv \mathbb{R} \tag{4.171}$$

因此，对于简单波区中任意状态点 $\chi$ 而言，皆有

$$R_2(\chi) \equiv R_2(M) \equiv \mathbb{R} \tag{4.172}$$

式 (4.172) 的物理意义是，对于右行波而言，简单波区和均匀区任意状态点的 Riemann 不变量 $R_2$ 值应该相同，即对于简单波区中的任意一个状态点 $\chi$，都满足

$$R_2(\chi) \equiv \mathbb{R} \tag{4.173}$$

式 (4.173) 说明右行波简单波区中任意状态点 $M$ 对应的质点速度 $v(M)$ 与应力 $\sigma(M)$ 之间满足相同的关系：

$$v(M) + \int_0^{\sigma(M)} \frac{\mathrm{d}\sigma}{\rho C} = \mathbb{R} \tag{4.174}$$

在状态平面 $v$-$\sigma$ 上，它是一条通过均匀区中初始状态点的曲线。特别地，当考虑介质的均匀区处于自然静止松弛状态，即对于均匀区中任意一点 $M_0$，皆有

$$\begin{cases} v(M_0) = 0 \\ \sigma(M_0) = 0 \end{cases} \tag{4.175}$$

即有 $\mathbb{R} = 0$，因此可以得到

$$v(M) + \int_0^{\sigma(M)} \frac{\mathrm{d}\sigma}{\rho C} = 0 \Leftrightarrow v = -\int_0^{\sigma} \frac{\mathrm{d}\sigma}{\rho C} \tag{4.176}$$

式 (4.176) 的物理意义是：当从一个自然静止的杆左端通过一系列右行简单波的作用使得杆中的应力达到 $\sigma$ 时所需要对杆施加向左的拉伸质点速度为 $-v$；这与前面利用跨过右行波波阵面上的动量守恒条件并积分后得出的结论完全一致。

对于通过简单波区中的状态点 $M$ 而言，其右行特征线上对应的 Riemann 不变量满足

$$R_1(M) = v(M) - \phi(M) = v(M) - \int_0^{\sigma(M)} \frac{\mathrm{d}\sigma}{\rho C} = \Re \tag{4.177}$$

从图 4.6 可以看出，对于右行特征线而言，其通过状态点 $M$ 的特征线并不一定跨过前方波阵面到达均匀区，因此 $\Re$ 在整个简单波区内并不一定为常量，只是在此条右行特征线上保持常量，对于不同的右行特征线而言，其值并不一定相同。

假设通过右行简单波区中任意一个状态点的右行特征线为迹线 $r$，则有

$$R_1(r) = v(r) - \int_0^{\sigma(r)} \frac{\mathrm{d}\sigma}{\rho C} = \Re(r) \tag{4.178}$$

对于任意特定的右行特征线 $r$ 而言，$\Re$ 为常数；即 $\Re$ 只是右行特征线 $r$ 的函数，不同特征线其 Riemann 不变量 $R_1$ 值并不一定相等。因此，我们可以将右行简单波区中各个右行特征线视为传播不同 Riemann 不变量 $R_1 = \Re(r)$ 的波阵面迹线。

对于右行简单波区中任意右行特征线上的任一状态点而言，根据式 (4.176) 容易知道

$$v\left(r\right)+\int_{0}^{\sigma(r)}\frac{\mathrm{d}\sigma}{\rho C}=0 \tag{4.179}$$

联立式 (4.178) 和式 (4.179)，可以得到对于任意特定的右行特征线而言，皆有

$$\begin{cases} v\left(r\right)\equiv\text{const} \\ \sigma\left(r\right)\equiv\text{const} \end{cases} \tag{4.180}$$

也就是说，右行简单波区中任意一个状态点的质点速度 $v$ 与应力 $\sigma$ 只是右行特征线 $r$ 的函数，即

$$\begin{cases} v=v\left(r\right) \\ \sigma=\sigma\left(r\right) \end{cases} \tag{4.181}$$

式 (4.181) 即表明：对于同一条右行特征线而言，其迹线上的各状态点对应的状态量 $(v,\sigma)$ 应该相同。因此，在此迹线上的状态量可写为

$$\begin{cases} v=v\left(r_M\right) \\ \sigma=\sigma\left(r_M\right) \end{cases} \tag{4.182}$$

由于波速 $C$ 是由杆材料的本构关系所决定应力状态的函数，结合式 (4.181)，即有

$$C=C\left(\sigma\right)=C\left[\sigma\left(r\right)\right]=C\left(r\right) \tag{4.183}$$

即杆中的波速 $C$ 也是右行特征线 $r$ 的函数。式 (4.183) 意味着：对于沿着任意一条特定右行特征线 $r$ 而言，其斜率

$$\frac{\mathrm{d}X}{\mathrm{d}t}=C\left(r\right)\equiv\mathbb{Z}\left(r\right) \tag{4.184}$$

式中，$\mathbb{Z}$ 在特定的右行特征线上为一个常数。也就是说，在右行简单波区内，每一条右行特征线都必然是斜率为 $C(r)$ 的直线，不同的右行特征线其斜率不一定相同。因此，图 4.6 中右行简单波区内右行特征线应该可确定为一组斜率不一定相同的直线，如图 4.7 所示。

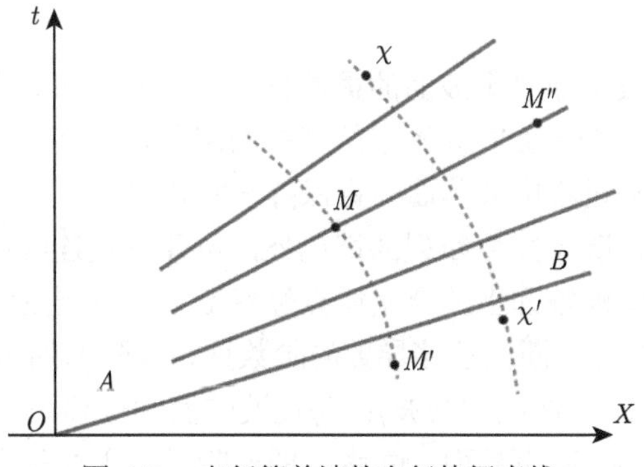


图 4.7 右行简单波的右行特征直线

而对于此时的左行特征线而言，其上的状态点对应的右行特征线不断变化，也就是说其斜率不尽相同，因此其特征线并不一定是直线。事实上，在右行简单波区中右行特征线代表了右行简单波阵面的迹线；而左行特征线只有数学上的意义，并不具有实际的物理意义。

同理，对于左行简单波而言，利用上面的分析方法，很容易得到

$$v(M) - \int_0^{\sigma(M)} \frac{\mathrm{d}\sigma}{\rho C} = 0 \Leftrightarrow v = \int_0^{\sigma} \frac{\mathrm{d}\sigma}{\rho C} \tag{4.185}$$

和

$$\frac{\mathrm{d}X}{\mathrm{d}t} = -C(r) \tag{4.186}$$

此时，其左行特征线必然是斜率为 $-C(r)$ 的直线，读者试推导之。

# 4.2　一维线弹性波波阵面上守恒条件

材料中应力扰动的脉冲传播存在很多波面，而最前方的波面把受扰动的介质与未受扰动的介质分开，广义地来讲，就是新的扰动介质与旧的扰动介质的分界面，我们把它称为波阵面，如图 4.8 所示。

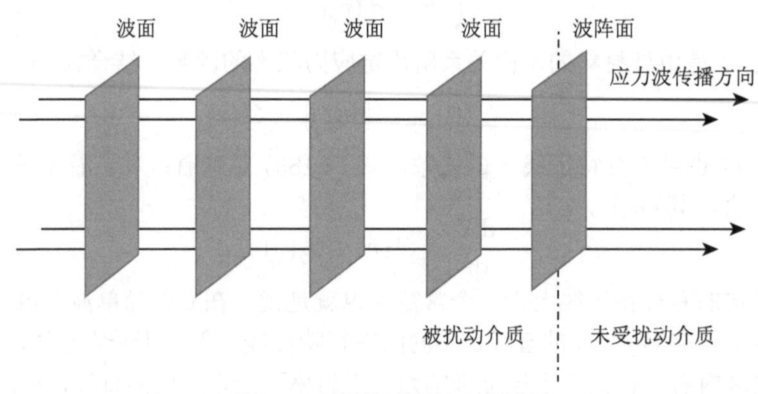


图 4.8　平面波波面与波阵面

也就是说，波阵面是此波形成多个波面的最前方一个波面。在数学上，我们把波阵面视为一个奇异面，当跨过这个奇异面时介质中的某些物理量发生某种间断。波阵面不一定是平面，但在一维杆中，传播过程中波阵面一直保持平面状态。

在连续介质力学中，除了发生断裂的情况外，位移总是连续的；基于连续介质力学框架上的应力波传播过程中波阵面上的介质质点位移 $u$ 也必定连续。我们将跨过这种“具有导数间断”的奇异面时发生间断的位移导数的阶数称为波阵面的阶。

(1) 一阶间断波 (强间断波或冲击波)：跨过波阵面时位移 $u$ 本身保持连续而其一阶导数发生间断的波阵面称为一阶奇异面。位移 $u$ 的一阶导数主要是介质的质点速度 $v$ 和应变 $\varepsilon$：

$$\begin{cases} v = \dfrac{\partial u}{\partial t} \\ \varepsilon = \dfrac{\partial u}{\partial X} \end{cases} \tag{4.187}$$

因此跨过一阶奇异面时介质的质点速度 $v$、应变 $\varepsilon$ 会发生间断；而且应力 $\sigma=\sigma(\varepsilon)$ 会由于应变 $\varepsilon$ 跨波阵面间断而发生间断，这三个量是波阵面传播中最受关注的产生间断的物理量；所以习惯上人们把这种波称为强间断波或冲击波 (激波)。

(2) 二阶间断波 (弱间断波或连续波)：跨过波阵面时位移 $u$ 本身及其一阶导数 (质点速度 $v$ 和应变 $\varepsilon$) 保持连续而其二阶导数发生间断的波阵面称为二阶奇异面。位移的二阶导数主要包括介质的质点加速度 $a$、应变率 $\dot{\varepsilon}$ 和应变梯度 $\nabla\varepsilon$：

$$\begin{cases} a=\dfrac{\partial v}{\partial t}=\dfrac{\partial^2 u}{\partial t^2} \\ \dot{\varepsilon}=\dfrac{\partial \varepsilon}{\partial t}=\dfrac{\partial^2 u}{\partial X\partial t} \\ \nabla\varepsilon=\dfrac{\partial^2 u}{\partial X^2} \end{cases} \tag{4.188}$$

因此跨过二阶奇异面时介质的质点加速度 $a$ 等量会发生间断，而质点速度 $v$、应变 $\varepsilon$、应力 $\sigma$ 等则保持连续，所以习惯上人们把这种波称为弱间断波；由于发生间断的量是质点加速度 $a$，所以人们又把这种波称为加速度波；这类应力波的波剖面是连续的，因此一般也称为连续波。

(3) 高阶间断波 (广义加速度波)：以此类推，跨过奇异面时位移 $u$ 本身以及直至其 $n-1$ 阶导数都连续而其 $n$ 阶导数发生间断的波阵面称为 $n$ 阶奇异面，习惯上，人们又把这种光滑性更好的连续波称为广义的加速度波，因为跨过这种奇异面时发生间断的量是介质的某阶质点加速度。

### 4.2.1 波阵面上的连续方程

前面研究表明，波动方程的特征线为

$$\frac{\mathrm{d}X}{\mathrm{d}t}=\pm C \tag{4.189}$$

式中，$C$ 为波速。式 (4.189) 分别代表右行波和左行波波阵面的运动迹线；对于一维杆中应力波的向右传播而言，左行波解只具有数学意义，其物理意义不明显，此时波阵面的运动迹线即右特征线只有

$$\frac{\mathrm{d}X}{\mathrm{d}t}=\frac{\mathrm{d}X_w}{\mathrm{d}t}=C \tag{4.190}$$

一般将 $X$-$t$ 平面称为物理平面，在物理平面上波阵面运动规律的 L 氏描述即 L 氏波阵面 $X=X_w(t)$ 如图 4.9 中的曲线所示；需要说明的是：对于一般情况，介质中应力波传播的速度与介质瞬时应力或应变状态相关，即 $C=C(\sigma)$ 或 $C=C(\varepsilon)$，特殊情况下其为常数，如线弹性介质中应力波传播速度为常量。

图中记号 “+” 和 “−” 分别表示波阵面紧前方和紧后方的两个相邻质点；上标 “+” 和 “−” 的物理量分别表示波阵面紧前方和紧后方的两个相邻质点上的对应物理量。

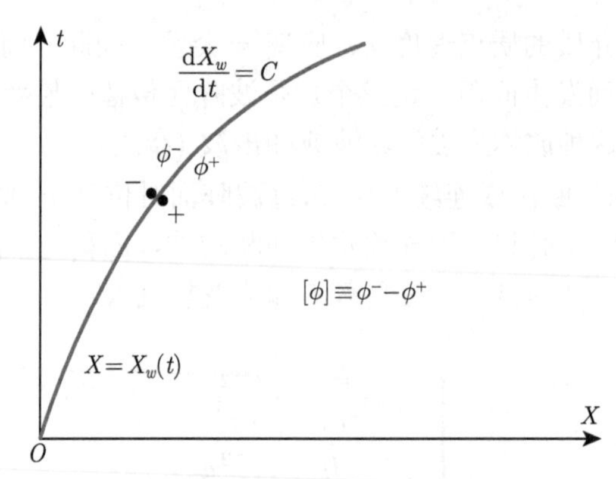


图 4.9　物理平面中波阵面迹线示意图

根据 3.3.4 节知识可以给出图 4.9 所示右行波波阵面的紧前方和紧后方质点上物理量 $f$ 的随波导数分别为

$$\frac{\mathrm{d}f_w^+}{\mathrm{d}t} = \left.\frac{\partial f}{\partial t}\right|_X^+ + C\cdot\left.\frac{\partial f}{\partial X}\right|_t^+ \tag{4.191}$$

$$\frac{\mathrm{d}f_w^-}{\mathrm{d}t} = \left.\frac{\partial f}{\partial t}\right|_X^- + C\cdot\left.\frac{\partial f}{\partial X}\right|_t^- \tag{4.192}$$

将式 (4.192) 减去式 (4.191)，可以得到

$$\frac{\mathrm{d}\,[f_w]}{\mathrm{d}t} = \left.\left[\frac{\partial f}{\partial t}\right]\right|_X + C\cdot\left.\left[\frac{\partial f}{\partial X}\right]\right|_t \tag{4.193}$$

式中，符号 [ ] 表示波阵面紧后方的物理量减去紧前方的物理量，如

$$[\phi] \equiv \phi^- - \phi^+ \tag{4.194}$$

表示物理量 $\phi$ 由波阵面的紧前方跨至波阵面的紧后方时的跳跃量。当物理量 $\phi$ 在波阵面上连续时，$[\phi]=0$；当其在波阵面上间断时，$[\phi]\neq 0$，此时 $[\phi]$ 即是以物理量 $\phi$ 所表达的间断波强度。

式 (4.193) 将以物理量 $f$ 所量度的间断波的强度 $[f_w]$ 随时间的变化率 $\mathrm{d}\,[f_w]/\mathrm{d}t$ 与量 $f$ 两个偏导数的跳跃量 $\partial f/\partial t$ 和 $\partial f/\partial X$ 联系了起来。

当物理量 $f$ 本身连续时，即

$$[f_w] \equiv 0 \Rightarrow \frac{\mathrm{d}\,[f_w]}{\mathrm{d}t} \equiv 0 \tag{4.195}$$

若其一阶导数在波阵面上间断，则根据式 (4.193) 有

$$\left.\left[\frac{\partial f}{\partial t}\right]\right|_X = -\,C\cdot\left.\left[\frac{\partial f}{\partial X}\right]\right|_t \tag{4.196}$$

这就是著名的 Maxwell 定理。

取式 (4.196) 中物理量 $f$ 为介质中质点 $X$ 的位移 $u$，根据位移单值连续条件和式 (4.196)，可以得到

$$\left[\frac{\partial u}{\partial t}\right]\bigg|_X = -C\cdot\left[\frac{\partial u}{\partial X}\right]\bigg|_t \tag{4.197}$$

简化后有

$$[v] = -C\,[\varepsilon] \tag{4.198}$$

得出式 (4.198) 的物理依据是波阵面上的位移连续条件。对于一阶间断波即冲击波而言，式 (4.198) 即为应力波波阵面上的位移连续条件或运动学相容条件。式 (4.198) 的意义是把跨过冲击波波阵面时质点速度的跳跃量 $[v]$ 和工程应变的跳跃量 $[\varepsilon]$ 联系起来。在一维杆内波动条件下，位移单值连续的条件是和物质既不产生也不消灭的质量守恒条件相等价的，故式 (4.198) 也是质量守恒的一种反映。在三维波动的情况下，位移连续条件所包含的内容比质量守恒条件更为丰富，后者只是前者的一个推论而已。

对于左行波而言，由于

$$\frac{\mathrm{d}X_w}{\mathrm{d}t} = -C \tag{4.199}$$

式 (4.191) 和式 (4.192) 即为

$$\begin{cases}\dfrac{\mathrm{d}f_w^+}{\mathrm{d}t} = \dfrac{\partial f}{\partial t}\bigg|_X^+ - C\cdot\dfrac{\partial f}{\partial X}\bigg|_t^+ \\[2ex] \dfrac{\mathrm{d}f_w^-}{\mathrm{d}t} = \dfrac{\partial f}{\partial t}\bigg|_X^- - C\cdot\dfrac{\partial f}{\partial X}\bigg|_t^-\end{cases} \tag{4.200}$$

根据连续条件和几何相容关系，类似地可以得到

$$[v] = C\,[\varepsilon] \tag{4.201}$$

事实上，我们根据波阵面上的连续条件所给出右行波波阵面上的 Riemann 不变量，得到了空间波速与物质波速之间的关系：

$$c = v + C\,(1+\varepsilon) \tag{4.202}$$

需要注意的是，L 氏波速和 E 氏波速之间的关系即式 (4.251) 既适用于波阵面的紧前方，也适用于波阵面的紧后方。无论是在 L 氏坐标系中还是 E 氏坐标系中，波阵面紧前方与紧后方质点坐标都是相同的，因此无论我们站在波阵面的紧前方前进或者站在波阵面的紧后方前进，所测得的 L 氏波速和 E 氏波速显然都是一样的，即 $C$ 和 $c$ 都是跨波连续的，它们的跳跃量或间断量为零：

$$[C] = [c] \equiv 0 \tag{4.203}$$

但是波阵面紧前方的质点速度 $v$、应变 $\varepsilon$、应力 $\sigma$ 等物理量则可能发生跳跃和间断，故相对波速 $c^*$ 跨过波阵面时也可能发生跳跃和间断，这就是冲击波的情况。

如果把式 (4.202) 分别应用于冲击波波阵面的紧后方和紧前方并相减，可有

$$[c] = [v] + [C(1+\varepsilon)] \Rightarrow 0 = [v] + C[\varepsilon] \tag{4.204}$$

即

$$[v] = -C[\varepsilon] \tag{4.205}$$

可以看出，式 (4.205) 与式 (4.198) 完全相同。

同理，对于左行波而言，波阵面上 Riemann 不变量给出：

$$c = v - C(1+\varepsilon) \tag{4.206}$$

同上，可以给出

$$[c] = [v] - [C(1+\varepsilon)] \Rightarrow 0 = [v] - C[\varepsilon] \tag{4.207}$$

即

$$[v] = C[\varepsilon] \tag{4.208}$$

可以看出，式 (4.208) 与式 (4.201) 完全相同。

以上对比分析进一步说明，对于一维应力波而言，根据连续条件所推导出的 Riemann 不变量所蕴含的物理意义即为波阵面上的质量守恒条件。

(1) 一阶间断线弹波连续方程：一维线弹性介质中，一阶间断波波阵面上的连续方程为

$$[v] = -C[\varepsilon] \quad (\text{右行波}) \tag{4.209}$$

或

$$[v] = C[\varepsilon] \quad (\text{左行波}) \tag{4.210}$$

在波的传播过程中，无论纵波还是横波，其质点的速度与波速不一定相同，两者之间的物理意义完全不同，数值上也基本不相同；应力波波阵面上的连续条件形式简单，但是给出了两者的函数关系，这使得我们通过测量其中一个量而推导出另一个量变得可能，因而其在实际中的应用非常广泛。以一维线弹性杆中应力波的传播为例，我们很难直接测量或极难准确测量应力波传播过程中质点的速度 $v$，而在很多情况下我们需要给出该物理量，如后面内容中分离式 Hopkinson 压杆理论分析和数据处理；波阵面上的连续条件使得我们通过测量应变 $\varepsilon$ 可以直接计算出其对应的质点速度 $v$，而应变 $\varepsilon$ 的测量就非常简单了。

当应力波是二阶间断波或高阶间断波时，有

$$\begin{cases} [v] \equiv 0 \\ [\varepsilon] \equiv 0 \end{cases} \tag{4.211}$$

容易看出，以上所给出右行波和左行波波阵面上的连续条件式 (4.209) 和式 (4.210) 恒成立，因此此连续条件没有实用价值，严格来讲并不是有效的连续条件。

以二阶间断波为例，已知右行波波阵面上的物理量一阶偏导数的随波导数为

$$\left\{\begin{array}{l}\dfrac{\mathrm{d}}{\mathrm{d}t}\left(\dfrac{\partial f_w}{\partial t}\right)=\left.\left(\dfrac{\partial^2 f}{\partial t^2}\right)\right|_X+C\cdot\left.\dfrac{\partial^2 f}{\partial X\partial t}\right|_t\\ \dfrac{\mathrm{d}}{\mathrm{d}t}\left(\dfrac{\partial f_w}{\partial X}\right)=\left.\left(\dfrac{\partial^2 f}{\partial X\partial t}\right)\right|_X+C\cdot\left.\left(\dfrac{\partial^2 f}{\partial X^2}\right)\right|_t\end{array}\right. \tag{4.212}$$

将之分别用于波阵面紧前方和波阵面紧后方，再对应相减，可以得到

$$\left\{\begin{array}{l}\dfrac{\mathrm{d}}{\mathrm{d}t}\left[\dfrac{\partial f_w}{\partial t}\right]=\left.\left[\dfrac{\partial^2 f}{\partial t^2}\right]\right|_X+C\cdot\left.\left[\dfrac{\partial^2 f}{\partial X\partial t}\right]\right|_t\\ \dfrac{\mathrm{d}}{\mathrm{d}t}\left[\dfrac{\partial f_w}{\partial X}\right]=\left.\left[\dfrac{\partial^2 f}{\partial X\partial t}\right]\right|_X+C\cdot\left.\left[\dfrac{\partial^2 f}{\partial X^2}\right]\right|_t\end{array}\right. \tag{4.213}$$

对于一阶连续物理量 $f$ 而言，有

$$\left\{\begin{array}{l}\left[\dfrac{\partial f_w}{\partial X}\right]\equiv 0\\ \left[\dfrac{\partial f_w}{\partial t}\right]\equiv 0\end{array}\right. \tag{4.214}$$

此时，式 (4.213) 即为

$$\left\{\begin{array}{l}0=\left.\left[\dfrac{\partial^2 f}{\partial t^2}\right]\right|_X+C\cdot\left.\left[\dfrac{\partial^2 f}{\partial X\partial t}\right]\right|_t\\ 0=\left.\left[\dfrac{\partial^2 f}{\partial X\partial t}\right]\right|_X+C\cdot\left.\left[\dfrac{\partial^2 f}{\partial X^2}\right]\right|_t\end{array}\right. \tag{4.215}$$

简化后有

$$\left.\left[\dfrac{\partial^2 f}{\partial t^2}\right]\right|_X=C^2\cdot\left.\left[\dfrac{\partial^2 f}{\partial X^2}\right]\right|_t \tag{4.216}$$

类似地，对于左行波而言，有

$$\left\{\begin{array}{l}\dfrac{\mathrm{d}}{\mathrm{d}t}\left(\dfrac{\partial f_w}{\partial t}\right)=\left.\left(\dfrac{\partial^2 f}{\partial t^2}\right)\right|_X-C\cdot\left.\dfrac{\partial^2 f}{\partial X\partial t}\right|_t\\ \dfrac{\mathrm{d}}{\mathrm{d}t}\left(\dfrac{\partial f_w}{\partial X}\right)=\left.\left(\dfrac{\partial^2 f}{\partial X\partial t}\right)\right|_X-C\cdot\left.\left(\dfrac{\partial^2 f}{\partial X^2}\right)\right|_t\end{array}\right. \tag{4.217}$$

和

$$\left\{\begin{array}{l}\dfrac{\mathrm{d}}{\mathrm{d}t}\left[\dfrac{\partial f_w}{\partial t}\right]=\left.\left[\dfrac{\partial^2 f}{\partial t^2}\right]\right|_X-C\cdot\left.\left[\dfrac{\partial^2 f}{\partial X\partial t}\right]\right|_t\\ \dfrac{\mathrm{d}}{\mathrm{d}t}\left[\dfrac{\partial f_w}{\partial X}\right]=\left.\left[\dfrac{\partial^2 f}{\partial X\partial t}\right]\right|_X-C\cdot\left.\left[\dfrac{\partial^2 f}{\partial X^2}\right]\right|_t\end{array}\right. \tag{4.218}$$

对于一阶连续物理量 $f$ 而言，也可以得到

$$\left[\frac{\partial^2 f}{\partial t^2}\right]\bigg|_X = C^2 \cdot \left[\frac{\partial^2 f}{\partial X^2}\right]\bigg|_t \tag{4.219}$$

因此，对于二阶间断左行波和右行波而言，式 (4.219) 皆成立。若式 (4.219) 中物理量 $f$ 为介质中质点位移 $u$，则可以得到二阶间断面即弱间断面上的位移连续条件。

(2) 二阶间断线弹性波连续方程：一维线弹性介质中，无论左行波还是右行波，二阶间断波波阵面上的连续方程皆为

$$\left[\frac{\partial^2 u}{\partial t^2}\right]\bigg|_X = C^2 \cdot \left[\frac{\partial^2 u}{\partial X^2}\right]\bigg|_t \tag{4.220}$$

或

$$\left[\frac{\partial v}{\partial t}\right]\bigg|_X = C^2 \cdot \left[\frac{\partial \varepsilon}{\partial X}\right]\bigg|_t \tag{4.221}$$

同理我们可以推导出更高阶间断波阵面上的位移连续条件。

### 4.2.2 波阵面上的运动方程

如同前面分析，对于一维杆中应力波的传播而言，其位移连续关系是质量守恒定律的体现；同时，在杆中介质的运动还需满足动量守恒定律。以图 4.10 所示一维杆中一阶间断波即冲击波的传播为例，设介质的密度和杆的截面积分别为 $\rho$(对于弹性波而言，设压力相对较小，波阵面前方和后方介质密度变化忽略不计) 和 $A$，假设一维杆中应力波波阵面为一个厚度为 $\delta X$ 且无限薄 $\delta X\rightarrow 0$ 的微元，微元运动方向即为应力波的传播方向，如图 4.10 所示。

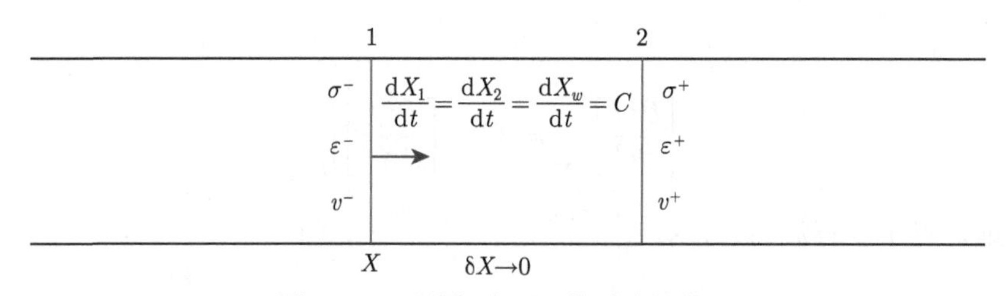


图 4.10 一维杆中开口体系动量定理

图中，界面 1 坐标为 $X_1$，则界面 2 坐标为 $X_2 = X_1 + \delta X$。前面内容对闭口体系中动量定理概念进行了介绍，原则上讲，在动量定理的 L 氏描述一般利用闭口体系进行分析；然而，本问题中虽然利用 L 氏坐标进行分析，但是站在波阵面上对问题进行分析，波阵面对应的物质坐标不断变化，波阵面内的介质也随之变化，此时利用开口体系的动量定理更为简单。开口体系是指在运动过程中体系是“开放的”，存在质量流入或流出，即存在动量流入或流出；此时动量定理可描述为：体系在单位时间内动变化率等于动量的纯流入率和外力之和。

如图 4.10 所示微元开口体系在单位时间内的动量变化率为

$$\frac{\rho A\cdot\delta X\cdot \mathrm{d}v_w\left(X,t\right)}{\mathrm{d}t}=\rho A\cdot\delta X\cdot\frac{\mathrm{d}v_w}{\mathrm{d}t}\tag{4.222}$$

界面 1 左侧介质中的应力为 $\sigma^-$ 和质点速度为 $v^-$，界面 2 右侧介质中的应力和质点速度分别为 $\sigma^+$ 和 $v^+$，可以计算出微元开口体系所受外力的矢量和 (不考虑体力) 为

$$\sigma^+A-\sigma^-A=A\left(\sigma^+-\sigma^-\right)\tag{4.223}$$

当波阵面向前方运动时，外界在单位时间内向体系的动量纯流入率为

$$\frac{\rho A\cdot\mathrm{d}X_2\cdot v^+}{\mathrm{d}t}-\frac{\rho A\cdot\mathrm{d}X_1\cdot v^-}{\mathrm{d}t}=\rho A\cdot\left(\frac{\mathrm{d}X_2}{\mathrm{d}t}\cdot v^+-\frac{\mathrm{d}X_1}{\mathrm{d}t}\cdot v^-\right)\tag{4.224}$$

根据开口体系的动量定理，可以得到方程：

$$\rho A\cdot\delta X\cdot\frac{\mathrm{d}v_w}{\mathrm{d}t}=A\left(\sigma^+-\sigma^-\right)+\rho A\cdot\left(\frac{\mathrm{d}X_2}{\mathrm{d}t}\cdot v^+-\frac{\mathrm{d}X_1}{\mathrm{d}t}\cdot v^-\right)\tag{4.225}$$

对于一维杆而言，在应力波传播过程中截面积始终相等，即有

$$\rho\delta X\frac{\mathrm{d}v\left(X,t\right)}{\mathrm{d}t}=\left(\sigma^+-\sigma^-\right)+\rho\frac{\mathrm{d}X_2}{\mathrm{d}t}v^+-\rho\frac{\mathrm{d}X_1}{\mathrm{d}t}v^-\tag{4.226}$$

式 (4.226) 即为一维杆中一阶间断波传播的动量方程，也可以认为是其动量守恒方程。当我们把此微元开口体系附着在无限薄的波阵面上时，即认为此微元长度 $\delta X\to 0$ 无限小，以至于可认为

$$\frac{\mathrm{d}X_1}{\mathrm{d}t}=\frac{\mathrm{d}X_2}{\mathrm{d}t}=\frac{\mathrm{d}X_w}{\mathrm{d}t}=C\tag{4.227}$$

则有

$$\rho\delta X\frac{\mathrm{d}v\left(X,t\right)}{\mathrm{d}t}=\left(\sigma^+-\sigma^-\right)+\rho C\left(v^+-v^-\right)\tag{4.228}$$

或

$$-\rho\delta X\frac{\mathrm{d}v\left(X,t\right)}{\mathrm{d}t}=[\sigma]+\rho C\,[v]\tag{4.229}$$

容易看出，左端项相对于右端两项而言是高阶无穷小量，忽略无穷小量，即可以得到

$$0=[\sigma]+\rho C\,[v]\tag{4.230}$$

即

$$[\sigma]=-\rho C\,[v]\tag{4.231}$$

式 (4.231) 成立的物理基础是附着在一阶间断波波阵面上无限薄层的动量守恒条件，故将其称为一阶间断波波阵面上的动量守恒条件或动力学相容条件。式 (4.231) 的意义在于它把跨越一阶间断波波阵面时的应力跳跃量与质点速度跳跃量联系起来。

以上分析过程是针对右行波开展的，对于左行波而言，其推导过程基本相同，考虑到取 $C$ 为波速的绝对值 (波速作为一个介质材料参数，通常取为绝对值，下同)，对于左行波而言，应有

$$\frac{\mathrm{d}X_1}{\mathrm{d}t}=\frac{\mathrm{d}X_2}{\mathrm{d}t}=\frac{\mathrm{d}X_w}{\mathrm{d}t}=-C \tag{4.232}$$

此时有

$$\rho\delta X\frac{\mathrm{d}v\left(X,t\right)}{\mathrm{d}t}=\left(\sigma^+-\sigma^-\right)-\rho C\left(v^+-v^-\right) \tag{4.233}$$

即

$$[\sigma]=\rho C\left[v\right] \tag{4.234}$$

式 (4.234) 即为左行波波阵面上的动量守恒条件或运动方程。

一阶间断线弹波运动方程：一维线弹性介质中，一阶间断波波阵面上的连续方程为

$$[\sigma]=-\rho C\left[v\right]\quad(\text{右行波}) \tag{4.235}$$

或

$$[\sigma]=\rho C\left[v\right]\quad(\text{左行波}) \tag{4.236}$$

思考 1：试用闭口体系动量定理推导波阵面上的动量守恒条件

从前面对闭口体系与开口体系的分析可知，闭口体系在运动中无动量的输入输出，而由于波阵面的运动势必导致波阵面对应的微元体中存在动量的流入和流出，因此如果采用波阵面所在微元体系作为研究对象，则不适用于闭口体系动量方程的推导。

如图 4.11 所示，设在 $\mathrm{d}t$ 时间内波阵面从 $X$ 处传播到 $X+\mathrm{d}X$ 处，如果以此长度为 $\mathrm{d}X$ 的一段杆作为一个体系，可知在 $\mathrm{d}t$ 运动时间内该体系相对“封闭”，可以视为一个闭口体系。

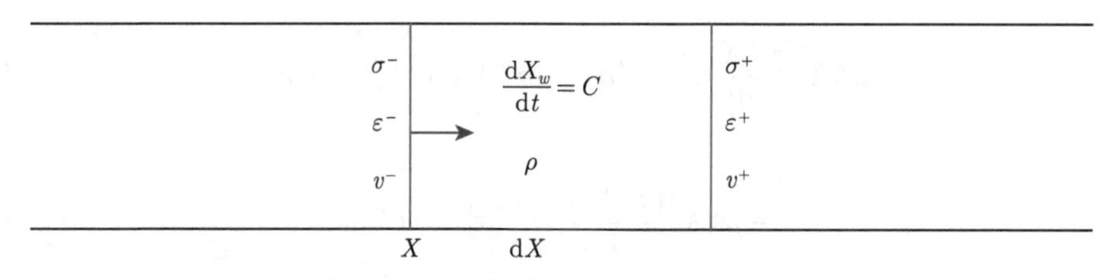


图 4.11　一维杆中闭口体系动量定理

在不考虑体力的前提下，此时该闭口体系所承受的外力和为

$$\sum F=\sigma^+A-\sigma^-A=\left(\sigma^+-\sigma^-\right)A \tag{4.237}$$

闭口体系在单位时间内的动量变化率为

$$\Delta M=\frac{\rho A\cdot\mathrm{d}X\cdot v^- -\rho A\cdot\mathrm{d}X\cdot v^+}{\mathrm{d}t}=\rho A\cdot\frac{\mathrm{d}X}{\mathrm{d}t}\cdot\left(v^- -v^+\right) \tag{4.238}$$

根据闭口体系的动量定理，可以得到

$$\rho A \cdot \frac{\mathrm{d}X}{\mathrm{d}t} \cdot \left(v^{-} - v^{+}\right) = \left(\sigma^{+} - \sigma^{-}\right) A \tag{4.239}$$

即

$$[\sigma] = -\rho C [v] \tag{4.240}$$

同理，式 (4.240) 是针对右行波而言的，对于左行波而言，从式 (4.239) 容易得到

$$[\sigma] = \rho C [v] \tag{4.241}$$

式 (4.240) 和式 (4.241) 与上文中开口体系所推导出波阵面上的动量守恒方程对应一致。

结合一维杆中一阶间断右行波波阵面上的连续方程式 (4.209) 和运动方程式 (4.240)，可以给出跨过右行波波阵面应力跳跃量 $[\sigma]$ 与应变跳跃量 $[\varepsilon]$ 之间的关系：

$$[\sigma] = \rho C^2 [\varepsilon] \tag{4.242}$$

容易发现，对于左行波而言，结合式 (4.210) 和式 (4.241)，也可以给出与式 (4.242) 完全一致的形式。

推论：一维线弹性介质中，无论左行波还是右行波，一阶间断波波阵面上的应力跳跃量与应变跳跃量之间的关系满足

$$[\sigma] = \rho C^2 [\varepsilon] \tag{4.243}$$

因此，无论左行波还是右行波，对于一维杆中一阶间断波而言，可以根据跨过波阵面应力跳跃量 $[\sigma]$ 与应变跳跃量 $[\varepsilon]$ 给出相同的波速方程：

$$C = \sqrt{\frac{[\sigma]}{\rho [\varepsilon]}} \tag{4.244}$$

以上的推导是针对应力 $\sigma$、质点速度 $v$ 和应变 $\varepsilon$ 有强间断的一阶间断波即冲击波而言的，对于二阶及以上间断波而言不全适用；因为对于二阶和更高阶间断波而言，与以上连续条件类似，此时跨过波阵面的应力跳跃量 $[\sigma]$ 和质点速度跳跃量 $[v]$ 皆为 0，因此以上波阵面上的运动方程恒成立；式 (4.244) 也无意义。

以二阶间断波即加速度波为例，如图 4.11 所示，此时由于波阵面紧前方和紧后方位移 $u$ 的一阶导数 $v$、$\varepsilon$ 及其相关参数如 $\sigma$ 满足连续的条件，即

$$\begin{cases} \sigma^{-} = \sigma^{+} \\ \varepsilon^{-} = \varepsilon^{+} \\ v^{-} = v^{+} \end{cases} \tag{4.245}$$

因此，此时求解有效的运动方程就必须考虑位移 $u$ 二阶动量，如图 4.12 所示。

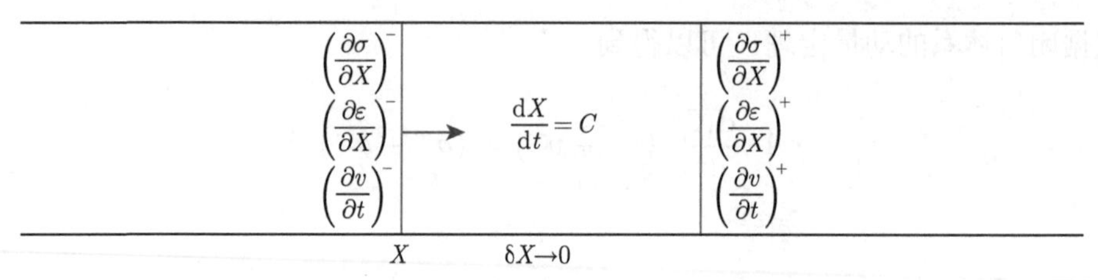


图 4.12　一维杆中二阶间断波开口体系动量定理

同上开口体系的分析，将波阵面附在一维杆中无限短 $\delta X \to 0$ 微元上。设波阵面紧后方和紧前方位移 $u$ 的二阶导数即加速度分别为

$$\begin{cases} \left(\dfrac{\partial^2 u}{\partial t^2}\right)^- = \left(\dfrac{\partial v}{\partial t}\right)^- \\ \left(\dfrac{\partial^2 u}{\partial t^2}\right)^+ = \left(\dfrac{\partial v}{\partial t}\right)^+ \end{cases} \tag{4.246}$$

根据前面一维杆中纵波传播的动量守恒条件推导结论可知：

$$\rho\frac{\partial^2 u}{\partial t^2} = \frac{\partial\sigma}{\partial X} \tag{4.247}$$

将之应用在波阵面紧后方和紧前方，即可得到

$$\begin{cases} \left(\dfrac{\partial\sigma}{\partial X}\right)^+ = \rho\left(\dfrac{\partial v}{\partial t}\right)^+ \\ \left(\dfrac{\partial\sigma}{\partial X}\right)^- = \rho\left(\dfrac{\partial v}{\partial t}\right)^- \end{cases} \tag{4.248}$$

式 (4.248) 中的两式相减，即可得到

$$\left[\frac{\partial\sigma}{\partial X}\right] = \rho\left[\frac{\partial v}{\partial t}\right] \tag{4.249}$$

式 (4.249) 即二阶间断波即加速度波波阵面上的动力学相容条件，是其动量守恒条件的体现。

二阶间断线弹波运动方程：一维线弹性介质中，无论左行波还是右行波，二阶间断波波阵面上的运动方程皆为

$$\left[\frac{\partial\sigma}{\partial X}\right] = \rho\left[\frac{\partial v}{\partial t}\right] \tag{4.250}$$

结合一维杆中二阶间断波波阵面上的连续方程 (4.221) 和运动方程 (4.249)，可以给出跨过波阵面应力梯度跳跃量 $[\sigma]$ 与应变梯度跳跃量 $[\varepsilon]$ 之间的关系：

$$\left[\frac{\partial\sigma}{\partial X}\right] = \rho C^2 \cdot \left[\frac{\partial\varepsilon}{\partial X}\right] \tag{4.251}$$

推论：一维线弹性介质中，无论左行波还是右行波，二阶间断波波阵面上的应力跳跃量与应变跳跃量之间的关系满足

$$\left[\frac{\partial\sigma}{\partial X}\right]=\rho C^2\cdot\left[\frac{\partial\varepsilon}{\partial X}\right] \tag{4.252}$$

由式 (4.252) 可以给出二阶间断波即加速度波波速绝对值的表达式：

$$C=\sqrt{\frac{\left[\dfrac{\partial\sigma}{\partial X}\right]}{\rho\left[\dfrac{\partial\varepsilon}{\partial X}\right]}} \tag{4.253}$$

前面的推导过程可以看出，波阵面上位移连续条件 (运动学相容条件) 和动量守恒条件 (动力学相容条件) 与介质材料物理力学性能无关，对于任意连续介质中一维杆中应力波的传播都成立；但波速 $C$ 却与介质材料的物理力学性能有关。

前面的推导给出一维杆中一阶间断波 (冲击波或激波) 和二阶间断波 (加速度波或连续波) 的波速为

$$\begin{cases} C=\sqrt{\dfrac{[\sigma]}{\rho\,[\varepsilon]}} \\ C=\sqrt{\dfrac{\left[\dfrac{\partial\sigma}{\partial X}\right]}{\rho\left[\dfrac{\partial\varepsilon}{\partial X}\right]}} \end{cases} \tag{4.254}$$

一般来讲，$[\sigma]\sim[\varepsilon]$ 之间的关系与 $[\partial\sigma/\partial X]\sim[\partial\varepsilon/\partial X]$ 之间的关系是不同的，因此一般情况下冲击波波速与加速度波波速不同。

如介质材料的应力应变关系与应变率无关，即 $\sigma=\sigma(\varepsilon)$，应力只是应变的单值连续函数，则有

$$\left[\frac{\partial\sigma}{\partial X}\right]=\frac{\mathrm{d}\sigma}{\mathrm{d}\varepsilon}\left[\frac{\partial\varepsilon}{\partial X}\right] \tag{4.255}$$

此时，式 (4.253) 可以简化为

$$C=\sqrt{\frac{\mathrm{d}\sigma}{\rho\mathrm{d}\varepsilon}} \tag{4.256}$$

式 (4.256) 即为应变率无关材料中加速度波波速的求解公式。也可以用另一种较简单的近似方法求解：类似求曲线积分的思路，将二阶间断波看成是由无穷多个增量无限小的一阶间断波 (增量波) 依次构成的，此时跨过每一个增量波的扰动量可由其微分表达，根据一阶间断波相关分析结果，可以给出其运动学相容条件和动力学相容条件分别为

$$\mathrm{d}v=\mp C\mathrm{d}\varepsilon \tag{4.257}$$

$$d\sigma = \mp\rho C dv \tag{4.258}$$

根据式 (4.257) 和式 (4.258) 同样可以求出二阶间断波波速为

$$C = \sqrt{\frac{d\sigma}{\rho d\varepsilon}} \tag{4.259}$$

式 (4.259) 与式 (4.256) 一致。

此时式 (4.254) 可进一步写为

$$\begin{cases} C = \sqrt{\dfrac{[\sigma]}{\rho[\varepsilon]}} \\ C = \sqrt{\dfrac{d\sigma}{\rho d\varepsilon}} \end{cases} \tag{4.260}$$

从式 (4.260) 所示一阶间断波和二阶间断波 (为更容易了解其物理意义，后面分别称为冲击波和连续波) 的波速求解表达式可以看出，两者所代表的含义是不同的。

以图 4.13 所示应力应变关系材料为例，容易看出，该材料是一种典型的递增强化材料。

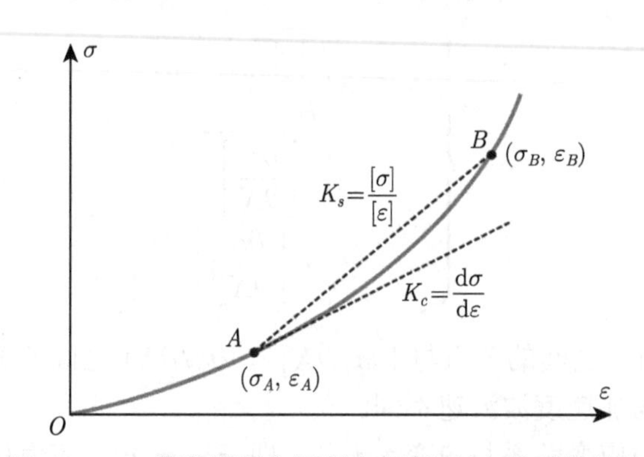


图 4.13　一维递增强化杆中冲击波波速与连续波波速

设波阵面前方材料状态参数为 $(\sigma_A, \varepsilon_A)$，冲击波传播过后其状态跳跃到 $(\sigma_B, \varepsilon_B)$；冲击波应力强度为

$$[\sigma] = \sigma_B - \sigma_A \tag{4.261}$$

冲击波波速为

$$C = \sqrt{\frac{[\sigma]}{\rho[\varepsilon]}} = \sqrt{\frac{K_s}{\rho}} \tag{4.262}$$

式中

$$K_s = \frac{[\sigma]}{[\varepsilon]} \tag{4.263}$$

为图 4.13 所示 $AB$ 连线的斜率。

而当一个连续波传播到 $A$ 点后，由于其一阶连续性，其应力和应变保持连续而不会发生跳跃，其波速为

$$C=\sqrt{\frac{\mathrm{d}\sigma}{\rho\mathrm{d}\varepsilon}}=\sqrt{\frac{K_c}{\rho}} \tag{4.264}$$

式中

$$K_c=\frac{\mathrm{d}\sigma}{\mathrm{d}\varepsilon} \tag{4.265}$$

为图 4.13 所示应力应变曲线上 $A$ 点对应切线的斜率。

从式 (4.262)～ 式 (4.265) 可以看出，冲击波波速是连接冲击波初态点 $A$ 和终态点 $B$ 的弦线斜率所确定，一般成此弦线为瑞利弦线或激波弦；而连续波波速是由切线斜率决定的。

以如图 4.13 所示的应变递增硬化材料为例，设有两个一维杆，其材料相同，分别在两杆左侧输入一个强度为 $\sigma_B-\sigma_A$ 的冲击波和连续波，即

$$\begin{cases}[\sigma]=\sigma_B-\sigma_A\\ \displaystyle\int\mathrm{d}\sigma=\sigma_B-\sigma_A\end{cases} \tag{4.266}$$

式 (4.266) 表示，通过一个强度为 $[\sigma]$ 的冲击波和无数个增量波形成的连续波来实现材料中状态从 $A$ 点增加到 $B$ 点。

从图中可以看出，直线 $AB$ 的斜率与 $A$ 点的切线斜率并不相同，而且随着冲击波强度 $[\sigma]$ 的增加，$B$ 点上移，激波弦的斜率逐渐增多，对应的冲击波波速也增大；而对于加速度波而言，其波速随着波阵面前方状态应变量的增大而增大，因此，该连续波中各增量波随着其波阵面前方的应力或应变的增大而增大，在此材料中意味着该连续波中增量波波速逐渐增大。整体来讲，在前期冲击波波速大于连续波波速，但随着应变的增大，连续波波速逐渐增大，逐渐接近后超过冲击波波速。

对于应力波在一维应变递减硬化材料杆中的传播而言，其冲击波波速与连续波波速的变化关系相反，开始时连续波波速大于冲击波波速，随着应变的增加，连续波波速逐渐减小并接近后被冲击波波速超过，如图 4.14 所示。

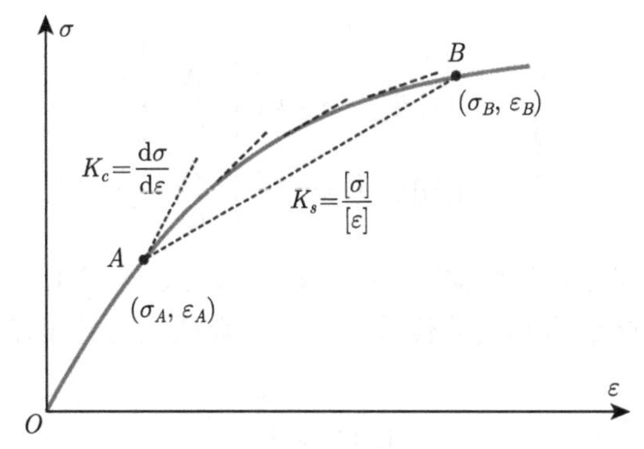


图 4.14　一维递减强化杆中冲击波波速与连续波波速

对于一维线性硬化材料杆而言，冲击波波速和连续波波速始终相等且为常值，即

$$\frac{[\sigma]}{[\varepsilon]} = \frac{\mathrm{d}\sigma}{\mathrm{d}\varepsilon} = K \tag{4.267}$$

即有

$$C = \sqrt{\frac{K}{\rho}} \tag{4.268}$$

总结前面的分析，可以给出一阶间断波 (冲击波) 和二阶间断波 (连续波) 波阵面上的动量守恒条件分别为

$$\text{右行波：}\begin{cases} [\sigma] = -\rho\dfrac{\mathrm{d}X_w}{\mathrm{d}t}[v] = -\rho C[v] \\ \mathrm{d}\sigma = -\rho\dfrac{\mathrm{d}X_w}{\mathrm{d}t}\mathrm{d}v = -\rho C\mathrm{d}v \end{cases} \tag{4.269}$$

和

$$\text{左行波：}\begin{cases} [\sigma] = -\rho\dfrac{\mathrm{d}X_w}{\mathrm{d}t}[v] = \rho C[v] \\ \mathrm{d}\sigma = -\rho\dfrac{\mathrm{d}X_w}{\mathrm{d}t}\mathrm{d}v = \rho C\mathrm{d}v \end{cases} \tag{4.270}$$

从式 (4.269) 和式 (4.270) 可以看到，无论左行波还是右行波，皆有

$$\begin{cases} [\sigma] = -\rho\dfrac{\mathrm{d}X_w}{\mathrm{d}t}[v] \\ \mathrm{d}\sigma = -\rho\dfrac{\mathrm{d}X_w}{\mathrm{d}t}\mathrm{d}v \end{cases} \tag{4.271}$$

需要说明的是：前面的分析和公式推导中应力皆以拉为正、以压为负，这点在前面内容中也已做说明，后面内容除冲击波和爆轰波等部分内容特别指出并说明外，应力符号皆如此定义。对于压缩波而言，由于

$$\begin{cases} [\sigma] < 0 \\ \mathrm{d}\sigma < 0 \end{cases} \tag{4.272}$$

因此

$$\begin{cases} \mathrm{sign}\,([v]) = \mathrm{sign}\left(\left[\dfrac{\mathrm{d}X_w}{\mathrm{d}t}\right]\right) \\ \mathrm{sign}\,(\mathrm{d}v) = \mathrm{sign}\left(\left[\dfrac{\mathrm{d}X_w}{\mathrm{d}t}\right]\right) \end{cases} \tag{4.273}$$

式中，sign 函数表示取符号，其结果为 “+” 或 “−”。式 (4.273) 的物理意义是：无论左行波还是右行波，压缩波必然引起沿波传播方向上的介质质点速度增加。同理，对于拉伸波而言，由于

$$\begin{cases} [\sigma] > 0 \\ \mathrm{d}\sigma > 0 \end{cases} \tag{4.274}$$

因此

$$\begin{cases} \operatorname{sign}([v]) = -\operatorname{sign}\left(\left[\dfrac{\mathrm{d}X_w}{\mathrm{d}t}\right]\right) \\ \operatorname{sign}(\mathrm{d}v) = -\operatorname{sign}\left(\left[\dfrac{\mathrm{d}X_w}{\mathrm{d}t}\right]\right) \end{cases} \tag{4.275}$$

式 (4.275) 的物理意义是：无论左行波还是右行波，拉伸波必然引起沿波传播相反方向上的介质质点速度增加，即沿波传播方向上的介质质点速度减少。这也就是应力波波阵面上的动量守恒条件的第一层物理意义。需要再次说明的是：波是一种扰动即介质状态的改变，所以判断一个波是压缩波还是拉伸波不是由介质处于压缩状态还是拉伸状态来决定的，而是由其状态改变的方向来决定的，例如将处于较大压缩状态的介质改变为处于较小压缩状态的波，尽管介质的前后状态都是压缩，但这样一个波仍是拉伸波；同样将介质由较大拉伸状态改变为较小拉伸状态的波则是压缩波。

另外，从式 (4.269) 和式 (4.270) 也可以看出，以 $C$ 表示 L 氏波速的绝对值，则对于左行或右行冲击波和连续波而言，分别有

$$\begin{cases} \rho C = \left|\dfrac{[\sigma]}{[v]}\right| \\ \rho C = \left|\dfrac{\mathrm{d}\sigma}{\mathrm{d}v}\right| \end{cases} \tag{4.276}$$

式 (4.276) 意味着，从绝对值意义上讲，一维杆中纵波所引起的应力增量和质点速度增量之比 $|[\sigma]/[v]|$ 或 $|\mathrm{d}\sigma/\mathrm{d}v|$ 恰等于量 $\rho C$，这与电学中加于元件两端的电压和所通过的电流之比恰等于元件的电阻是类似的，故在波动力学中将量 $\rho C$ 称为介质的波阻抗 (冲击波波阻抗或连续波波阻抗)。式 (4.276) 说明，波阻抗是为使介质产生单位质点速度增量所需要加给介质的扰动应力增量。定性地说，波阻抗是介质在波作用下所显现的 “软” 或 “硬” 特性的一种反映，即波阻抗较大时材料显得较 “硬”，反之则较 “软”。这就是应力波波阵面上动量守恒条件的第二层物理意义。

由于

$$\frac{\mathrm{d}X_w}{\mathrm{d}t} = C \Rightarrow \rho C = \frac{\rho \cdot \mathrm{d}X_w}{\mathrm{d}t} \tag{4.277}$$

式 (4.277) 意味着波阻抗 $\rho C$ 的另一种物理解释，即它表示单位面积的波阵面在单位时间内所扫过的介质的质量。在以后讲解波在两种介质交界面的透反射问题时，我们将会知道，波阻抗对透反射波的性质和强弱有着重要的影响。

### 4.2.3 波阵面上的能量方程

质量守恒条件、动量守恒条件和能量守恒条件是连续介质力学中的三个基本条件，前面对前两者进行了推导，并给出了其运动学相容条件和动力学相容条件，本节对波阵面上的能量守恒条件进行分析。在此，将采用闭口体系的观点来加以推导和说明。对于闭口体系而言，其动能守恒定律或热力学第一定律可表达为：单位时间内，闭口体系能量 (包含动能和内能) 增加量等于外部对体系所做的功和纯供热之和。对于波阵面上的能量守恒条件

即可表达为

$$\mathrm{d}U + \mathrm{d}K = \mathrm{d}W + \mathrm{d}Q \tag{4.278}$$

式中，$\mathrm{d}U$ 和 $\mathrm{d}K$ 分别表示在任意时间间隔 $\mathrm{d}t$ 内闭口体系内能的增加量和动能的增加量；$\mathrm{d}W$ 和 $\mathrm{d}Q$ 分别表示外部在 $\mathrm{d}t$ 时间内对闭口体系所做的功和纯供热。

在应力波的传播过程中，由于波动过程极快，外部供热效应通常来不及影响波动过程，所以可以近似地认为波动过程是绝热的，即所谓的绝热冲击波或绝热连续波，此时，外部对系统的纯供热：

$$\mathrm{d}Q \equiv 0 \tag{4.279}$$

式 (4.278) 即可简化为

$$\mathrm{d}U + \mathrm{d}K = \mathrm{d}W \tag{4.280}$$

一般而言，对于不太剧烈的连续波，可视为可逆的绝热等熵过程；而对于较剧烈的强间断冲击波，则可视为绝热熵增过程。

以如图 4.15 所示的一维杆右行冲击波为例，设杆的截面积为 $A$、密度为 $\rho$，在杆中存在一个向右传播且 L 氏波速为 $C$ 的冲击波，其波阵面在 $t$ 时刻时到达 L 氏坐标为 $X$ 处 (界面 1 处)，此时界面 1 紧后方的工程应力、工程应变、质点速度和比内能分别为 $\sigma^-$、$\varepsilon^-$、$v^-$ 和 $u^-$，紧前方的工程应力、工程应变、质点速度和比内能分别为 $\sigma^+$、$\varepsilon^+$、$v^+$ 和 $u^+$；在 $t+\mathrm{d}t$ 时刻波阵面到达 L 氏坐标为 $X+C\mathrm{d}t$ 处 (界面 2 处)，此时界面 2 处紧后方的工程应力、工程应变、质点速度和比内能也分别为 $\sigma^-$、$\varepsilon^-$、$v^-$ 和 $u^-$，紧前方的工程应力、工程应变、质点速度和比内能也分别为 $\sigma^+$、$\varepsilon^+$、$v^+$ 和 $u^+$；以界面 1 和界面 2 之间所包含的区域为闭口体系进行研究。

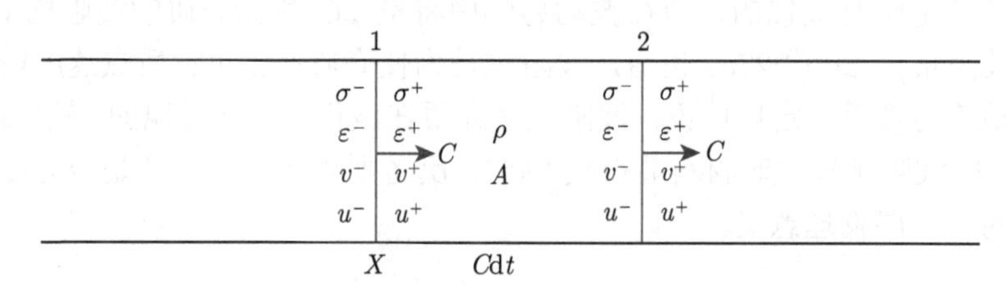


图 4.15　一维杆 L 氏描述闭口体系中冲击波能量守恒条件

根据图 4.15 可以得到冲击波传播过程中，$\mathrm{d}t$ 时间内，此微元闭口体系能量的增加量为

$$\mathrm{d}U = \rho AC\mathrm{d}t\left(u^- - u^+\right) = \rho AC\mathrm{d}t\left[u\right] \tag{4.281}$$

闭口体系动能的增加量为

$$\mathrm{d}K = \rho A\cdot C\mathrm{d}t\cdot\left[\frac{\left(v^-\right)^2}{2} - \frac{\left(v^+\right)^2}{2}\right] = \frac{1}{2}\rho A\cdot C\mathrm{d}t\cdot\left[v^2\right] \tag{4.282}$$

外部对闭口体系所做的功为

$$\mathrm{d}W = A\sigma^+\cdot v^+\mathrm{d}t - A\sigma^-\cdot v^-\mathrm{d}t = -A\mathrm{d}t\left[\sigma v\right] \tag{4.283}$$

将式 (4.281) ~ 式 (4.283) 代入波阵面上的能量守恒条件 (4.280)，即有

$$\rho AC\mathrm{d}t\,[u] + \frac{1}{2}\rho A \cdot C\mathrm{d}t \cdot \left[v^2\right] = -A\mathrm{d}t\,[\sigma v] \tag{4.284}$$

简化后有

$$-[\sigma v] = \frac{1}{2}\rho C\left[v^2\right] + \rho C\,[u] \tag{4.285}$$

式 (4.285) 即为单位时间内冲击波扫过的一维杆中闭口体系的能量守恒条件。

前面根据一维杆中波阵面上的动量守恒定律，建立了右行冲击波波阵面紧前方和紧后方应力跳跃量与质点速度跳跃量之间的关系：

$$[\sigma] = -\rho C\,[v] \tag{4.286}$$

参考式 (4.286) 形式，可以对式 (4.285) 中左端项进行拆解：

$$[\sigma v] = \sigma^- v^- - \sigma^+ v^+ = \sigma^- v^- - \sigma^- v^+ + \sigma^- v^+ - \sigma^+ v^+ = \sigma^-\,[v] + [\sigma]\,v^+ \tag{4.287}$$

或

$$[\sigma v] = \sigma^- v^- - \sigma^+ v^+ = \sigma^- v^- - \sigma^+ v^- + \sigma^+ v^- - \sigma^+ v^+ = [\sigma]\,v^- + \sigma^+\,[v] \tag{4.288}$$

式 (4.287) 和式 (4.288) 相加后求平均值，即有

$$[\sigma v] = \frac{1}{2}[\sigma]\left(v^+ + v^-\right) + \frac{1}{2}\left(\sigma^+ + \sigma^-\right)[v] \tag{4.289}$$

式 (4.289) 的物理意义是：外面力对上述闭口体系的功率可以分解为两项，其中第一项表示冲击波前后方的不均衡面力在前后方平均速度上的刚度功率，第二项则表示冲击波前后方的均衡面力在前后方速度差上所产生的变形功率。

将式 (4.287) 代入冲击波波阵面上的动量守恒条件 (4.286)，可以得到

$$\frac{1}{2}[\sigma]\left(v^+ + v^-\right) = -\frac{1}{2}\rho C\,[v]\left(v^+ + v^-\right) = -\frac{1}{2}\rho C\left(v^- - v^+\right)\left(v^- + v^+\right) \tag{4.290}$$

即

$$\frac{1}{2}[\sigma]\left(v^+ + v^-\right) = -\frac{1}{2}\rho C\left[v^2\right] \tag{4.291}$$

式 (4.291) 的物理意义是：冲击波前后方的不均衡面力在前后方平均速度上的刚度功率恰恰等于该闭口体系内单位体积介质动能增加率，这是动能守恒定律在冲击波波阵面上的体现。

将式 (4.288) 和式 (4.291) 代入冲击波波阵面上的能量守恒条件 (即式 (4.285))，则有

$$\frac{1}{2}\rho C\left[v^2\right] - \frac{1}{2}\left(\sigma^+ + \sigma^-\right)[v] = \frac{1}{2}\rho C\left[v^2\right] + \rho C\,[u] \tag{4.292}$$

简化后有

$$\rho C\,[u] = -\frac{1}{2}\left(\sigma^+ + \sigma^-\right)[v] \tag{4.293}$$

式 (4.293) 的物理意义是：闭口体系内单位体积介质内能的增加率等于冲击波前后方的均衡面力在前后方速度差上所产生的变形功率，即在纯力学情况下，材料的内能就是其应力变形功转化来的应变能。

以上的推导和论述过程，实际上是把冲击波波阵面上的能量守恒条件 (4.285) 分解成了动能守恒条件式 (4.291) 和内能守恒条件式 (4.293)。

利用冲击波波阵面上的位移连续条件，式 (4.293) 可以进一步写为

$$\rho C\left[u\right]=\frac{1}{2}C\left(\sigma^{+}+\sigma^{-}\right)\left[\varepsilon\right] \tag{4.294}$$

即

$$\rho\left[u\right]=\frac{1}{2}\left(\sigma^{-}+\sigma^{+}\right)\left(\varepsilon^{-}-\varepsilon^{+}\right) \tag{4.295}$$

式 (4.295) 即为一维杆中冲击波波阵面上的内能守恒方程的另一种形式，其右端恰恰是材料应力应变曲线上连接冲击波紧前方状态 $A\left(\sigma^{+},\varepsilon^{+}\right)$ 和紧后方状态 $B\left(\sigma^{-},\varepsilon^{-}\right)$ 的所谓激波弦之下的梯形 $AA'B'B$ 的面积，如图 4.16 和图 4.17 所示。

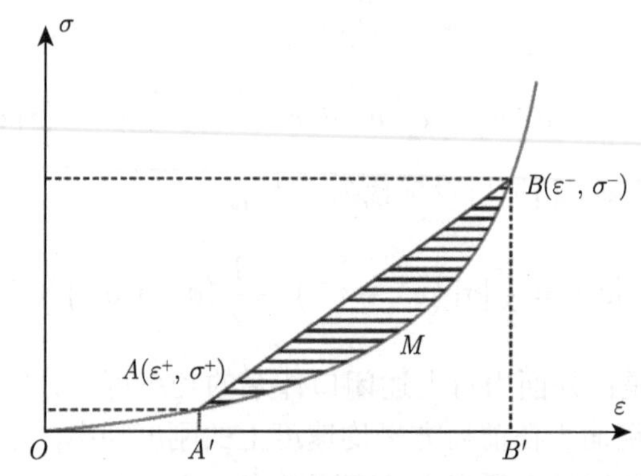


图 4.16　递增硬化材料加载冲击波的非负内耗散

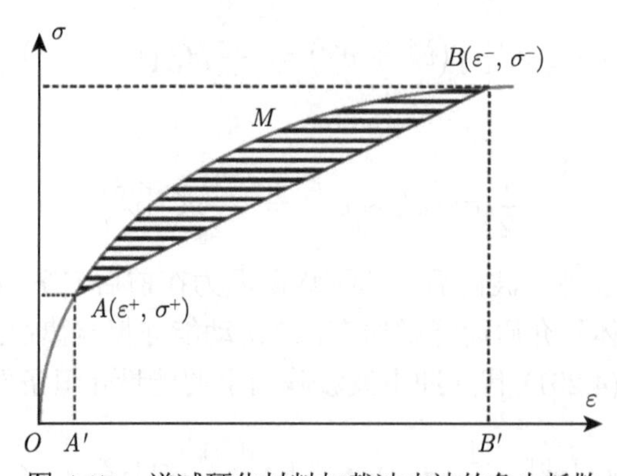


图 4.17　递减硬化材料加载冲击波的负内耗散

结合式 (4.295) 和图 4.16，可以看出图 4.16 中冲击波所扫过的单位初始体积一维杆的内能增加应该等于梯形 $AA'B'B$ 的面积。而从材料力学角度看，应力应变曲线下面的曲线多边

形 $AMBB'A'$ 的面积代表的是一维杆材料由初态 $A$ 过渡到终态 $B$ 时应力的变形功，即纯力学情况下材料应变能的增加。

当一维杆材料是递增硬化材料时，如图 4.16 所示，可以发现

$$S_{AA'B'B} > S_{AMBB'A'} \tag{4.296}$$

这意味着，冲击波过后一维杆中材料的内能增加大于其应变能 (即 “冷能”) 的增加，其多出的面积如图 4.16 中弓形阴影面积所示，这部分能量将是纯力学应变能之外的所谓 “热能”。这是由于冲击波波阵面上速度梯度过大，原本在应变率无关理论中已近似忽略的固体内黏滞性质又变得显著起来，从而造成了内摩擦效应及大变形晶格位错滑移所生成的，它们将转化为热而耗散掉，并引起介质的熵增。这说明冲击波波阵面上物理量的跳跃过程虽然是绝热的，却不是等熵的，而是一个因冲击波形成而产生额外熵增的过程，称为冲击绝热过程，这个过程符合热力学第二定律关于内耗散永远非负的结论；因此，可以认为在递增硬化材料中是可以存在稳定传播的加载冲击波的。

反之，如果一维杆材料是递减硬化材料，如图 4.17 所示，其中

$$S_{AA'B'B} < S_{AMBB'A'} \tag{4.297}$$

则冲击波所引起的材料总内能增加会小于其作为内能一部分的应变能的增加，这是不可能稳定存在的。

这说明冲击波所提供的内能增加不足以在保证其应变能增加的同时还留有非负的热耗散，这不符合热力学第二定律关于内耗散永远非负的论断，故在递减硬化材料中是不可能存在稳定传播的加载冲击波的，或者说加载冲击波一定会立即转化为连续波。容易理解，对于卸载冲击波，则会有相反的结论。

## 4.3 简单波传播的特征线图解法

图解法是一维应力波传播和相互作用相关问题分析最重要且常用的方法之一，特别对于应力波相关问题的定性分析而言，该方法简单且实用。应力波传播图解法也是基于波阵面上的质量、动量和能量守恒等定理发展的，一般而言，根据变量特征，应力波传播图常用的有三个：$X$-$t$ 物理平面图、$v$-$\sigma$ 状态平面图和 $v$-$\varepsilon$ 状态平面图，根据各平面图上变量之间的特征关系，对应力波传播过程中物理量的物理规律进行分析。

### 4.3.1 一维杆中应力波传播的物理平面图

图解法是进行应力波传播定性分析的一种非常重要的手段，它具有直观易懂且相对准确等优点。如图 4.18(a) 所示一维线弹性杆，杆的杨氏模量为 $E$，密度为 $\rho$；设杆原本处于静止松弛状态，在初始时刻杆左端施加一个强间断的加载脉冲，峰值应力为 $\sigma_0$，如图 4.18(b) 所示。

此时，一维杆中会产生一个强间断波，且在此理想条件下只有一个波面向右传播，此波面即为波阵面，根据 4.1 节简单波特征线解分析可知，对于此右行波而言，只有右行特

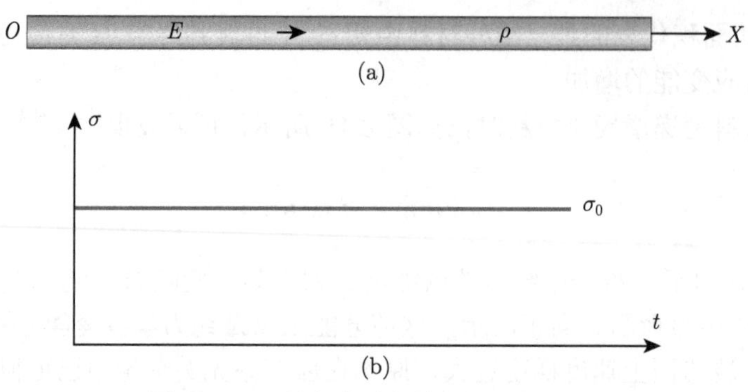


图 4.18　一维杆左端初始强间断加载波

征线具有物理意义，结合特征线的物理意义可知，其代表波阵面在空间位置上的运动轨迹，即波阵面对应的物质坐标满足

$$\frac{\mathrm{d}X}{\mathrm{d}t}=C \tag{4.298}$$

式中，$C$ 为杆材料声速即一维纵波波速，对于线弹性材料而言，其为常值：

$$C=\sqrt{\frac{E}{\rho}} \tag{4.299}$$

式 (4.298) 在平面上代表一条斜率为 $C$ 的直线，如图 4.19 所示。图中显示波阵面在 $t_1$ 时刻到达质点 $X_1$ 处、在 $t_2$ 时刻到达质点 $X_2$ 处，而在 $t_2$ 时刻到达质点 $X_3$ 处。为了与杆中应力波波阵面物质坐标对应，一般把 $X$ 作为横坐标、把 $t$ 作为纵坐标，如图 4.19 所示；该平面中波阵面的传播位置和时间特征比较明显，一般称为物理平面图。

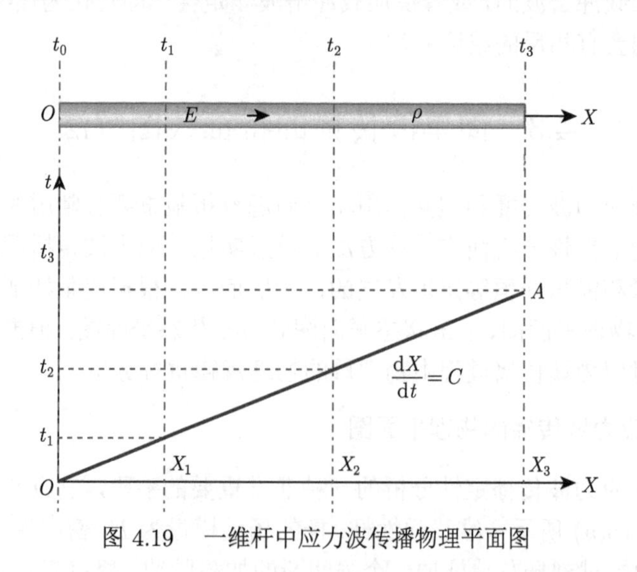


图 4.19　一维杆中应力波传播物理平面图

需要注意的是，由于横纵坐标的定义，图中波阵面的运动迹线 $OA$ 的斜率为

$$\frac{\mathrm{d}t}{\mathrm{d}X}=\frac{1}{C} \tag{4.300}$$

即为声速的倒数，因此斜率越大即越陡表示声速越小，反之亦然。在一维线弹性杆中，由于特征线为直线，从图 4.19 中看出，波阵面在 $t_2$ 时刻从杆左端到达右端，因此，容易给出杆材料的一维声速为

$$C = \frac{X_3}{t_3} = \frac{X_2}{t_2} = \frac{X_1}{t_1} \tag{4.301}$$

从图 4.18 可以看出，杆左端 $X = 0$ 的初始条件应力脉冲图与物理平面图共有一个时间轴 $t$，而且加载端有 $X = 0$，因此，在很多情况下为了更直观地分析应力波传播问题，将图 4.18 和图 4.19 组合在同一张图中，如图 4.20 所示。

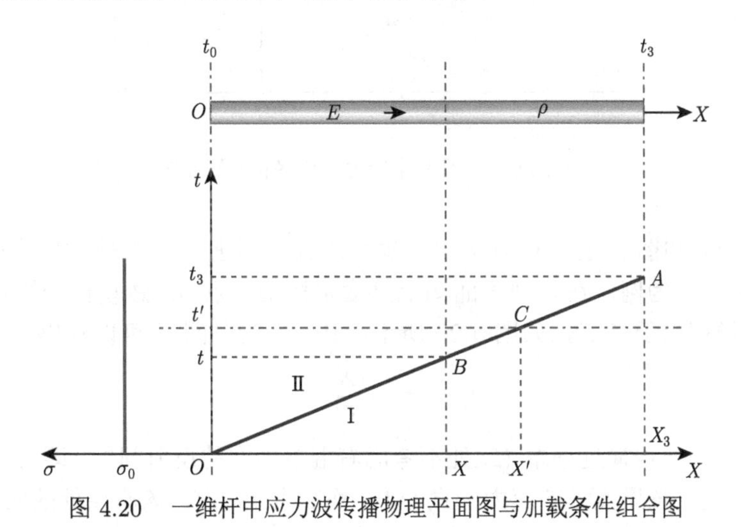

图 4.20 一维杆中应力波传播物理平面图与加载条件组合图

### 4.3.2 一维杆中应力波传播的状态平面图

图 4.20 中 $XOA$ 区间 I 为波阵面前方未扰动区域，由于初始状态时杆处于静止松弛状态，因此此区间内应力 $\sigma_1$ 和质点速度 $v_1$ 为

$$\begin{cases} \sigma_1 = 0 \\ v_1 = 0 \end{cases} \tag{4.302}$$

图 4.20 中 $XOA$ 区间 II 为波阵面后方扰动区域，设其应力和质点速度分别为 $\sigma_2$ 和 $v_2$。根据一阶间断右行波波阵面上的运动方程可知，对于右行波而言，有

$$\sigma_2 - \sigma_1 = -\rho C\left(v_2 - v_1\right) \tag{4.303}$$

结合式 (4.302) 和边界条件 $\sigma_2 = \sigma_0$，有

$$\begin{cases} \sigma_2 = \sigma_0 \\ v_2 = -\dfrac{\sigma_2}{\rho C} \end{cases} \tag{4.304}$$

因此，可知该间断波的应力强度为

$$[\sigma] = \sigma_2 - \sigma_1 = \sigma_0 \tag{4.305}$$

式 (4.303) 所示波阵面上的动量守恒方程明显表示 $\sigma$-$v$ 平面上的一条起点为 $O(\sigma_1, v_1)$、终点为 $A(\sigma_2, v_2)$ 的直线段，如图 4.21 所示。图 4.21 中坐标点代表介质某一质点的瞬时应力和瞬时质点速度状态，因此将其称为 $\sigma$-$v$ 状态平面图。

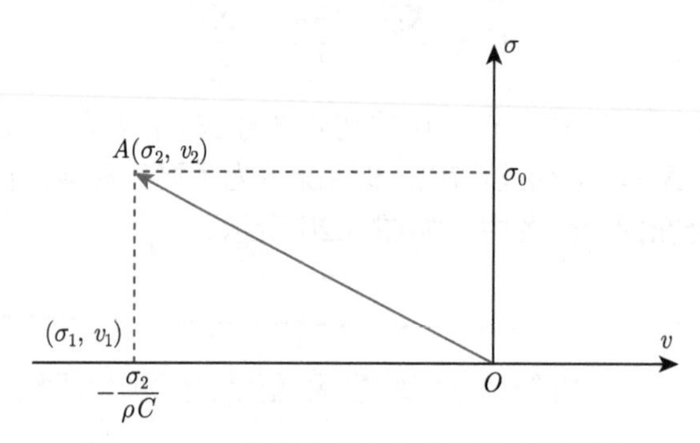


图 4.21 一维杆中应力波传播状态平面图

根据图 4.20 和图 4.21，可以给出一维杆中任意界面即质点处的应力时程曲线，以图 4.20 中质点 $X$ 为例，在物理平面图上过横坐标轴上点 $X$ 做垂直于横坐标轴的直线，与右行波特征线相交于点 $B$，如图 4.20 所示，其对应的时间 $t'$ 可以求出

$$t' = \frac{X}{C} \tag{4.306}$$

因此，在应力波传播过程中 (此处不考虑右端自由面的反射问题) 即 $0 < t < t_3$ 区间内：前期 $[0, t)$ 内，该质点处的应力一直为 0；而在 $[t, t_3]$ 内，该质点处的应力状态跳跃到 $\sigma_0$ 并一直保持该值。因此，该质点处的应力时程曲线如图 4.22 所示。

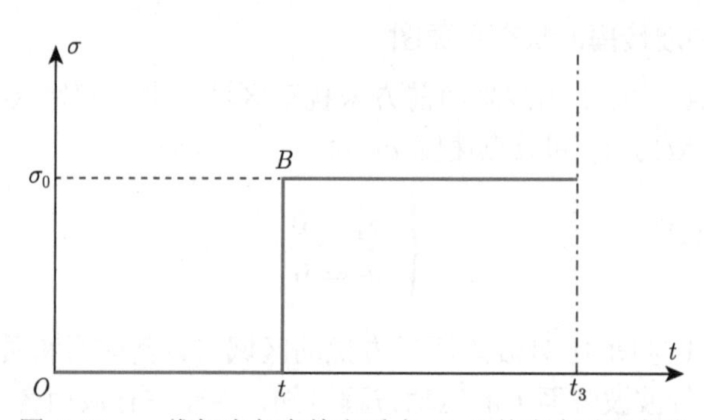


图 4.22 一维杆中任意特定质点 $X$ 处的应力时程曲线

类似地，也可以根据图 4.20 和图 4.21 给出任意特定时刻杆中各质点的应力状态，以 $t'$ 时刻为例，做水平直线 $t = t'$，与右行波特征线相交于点 $C$，如图 4.20 所示；容易求出该交点对应的质点物质坐标为

$$X' = Ct' \tag{4.307}$$

因此，在 $0 < X < X_3$ 区间内，杆中应力分布如图 4.23 所示。

从图中可以看出，在此时刻杆质点 $C$ 左侧区间 $[0, X']$ 内所有质点的应力均为 $\sigma_0$；在杆靠 $C$ 右侧区间 $(X', X_3]$ 内所有质点的应力均为 0。

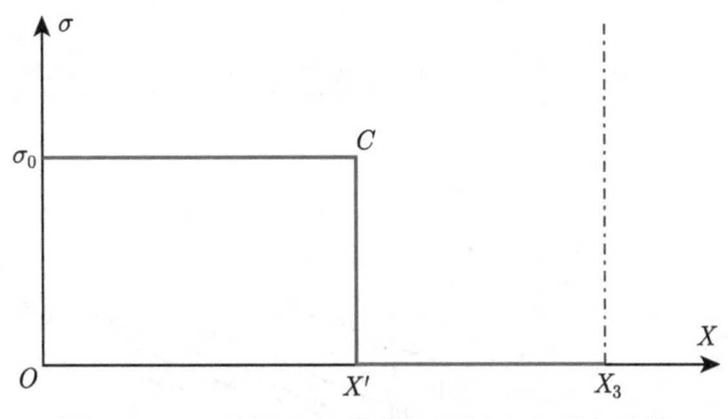


图 4.23 一维杆中任意特定时刻应力分布曲线

从以上分析可以看出，利用物理平面图和状态平面图，可以给出或推导出波阵面的传播特征与速度、不同时刻不同质点的应力状态和速度状态等。不过，以上分析中左端施加的应力是最简单的一种形式，实际情况一般复杂许多；然而事实上其分析过程与方法基本一致。设在初始时刻一维线弹性杆左端施加的应力脉冲波形如图 4.24(a) 所示。

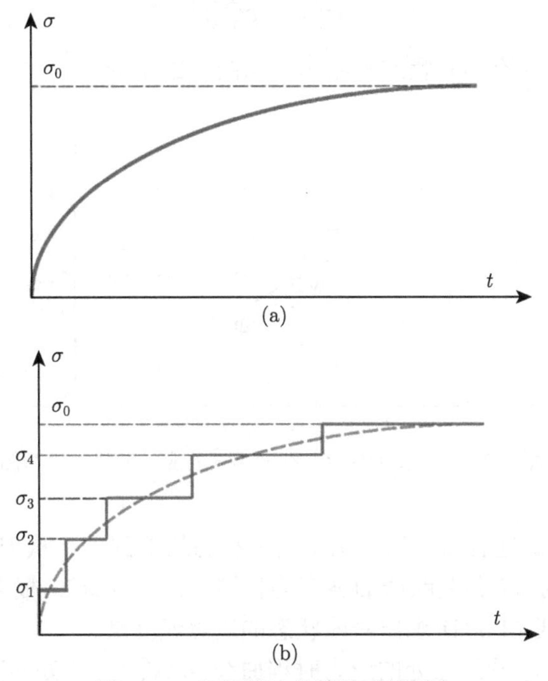


图 4.24 加载脉冲的等效增量组合

此时可以类似积分求解的原理，将图 4.24(a) 所示光滑应力脉冲等效为多个增量微间断波的组合，如图 4.24(b) 所示，可以看出，划分得越密集、增量波增量越小，等效增量波组合就越接近实际光滑脉冲曲线。此时，可以基于以上单个强间断脉冲加载问题的分析过程，给出其物理平面图，如图 4.25 所示。对于线弹性材料而言，右行特征线的斜率均相同，即图 4.25 中右行特征线均相互平行。

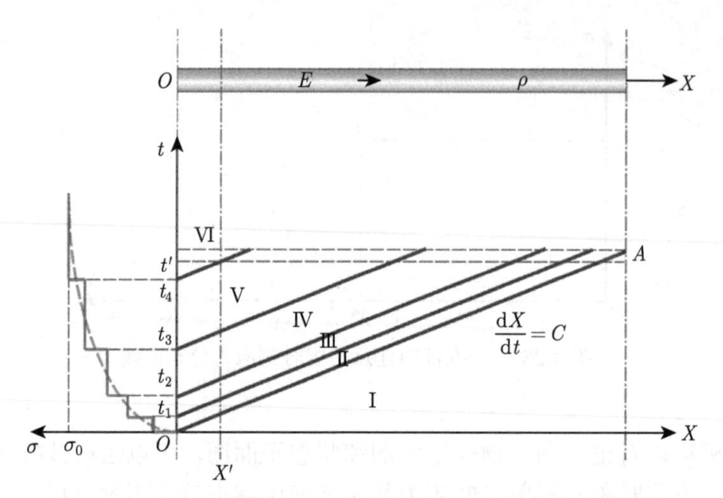

图 4.25　复杂加载脉冲在一维杆的应力波传播的物理平面图

同上，根据一维杆中应力波传播的特征线解和波阵面上的动量守恒条件，有

$$[\sigma] = -\rho C\,[v] \tag{4.308}$$

也可以给出图 4.25 对应的 $\sigma$-$v$ 状态平面图，如图 4.26 所示。

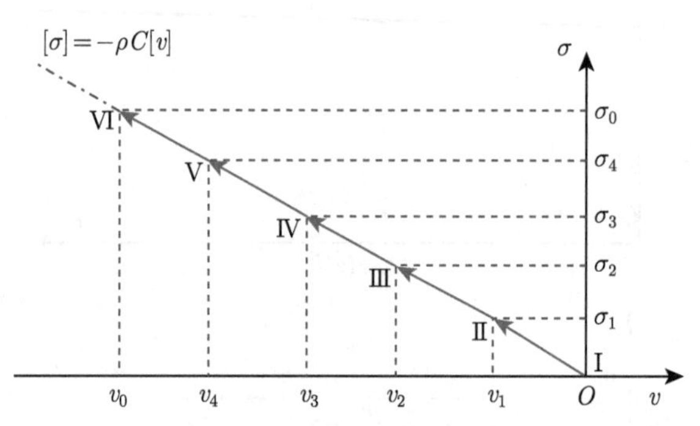

图 4.26　复杂加载脉冲在一维杆的应力波状态平面图

从图 4.26 可以明确地看出，该状态平面上状态从 I 到 II、从 II 到 III、从 III 到 IV、从 IV 到 V 及从 V 到 VI 其跳跃线的斜率均相同，皆为 $-\rho C$，根据初始加载条件对应的应力状态，可以利用式 (4.308) 求出对应状态的质点速度量。

同样，也可以给出不同质点处的应力时程曲线，以质点 $X'$ 处为例，如图 4.25 所示；此时根据图 4.26 可以给出此质点处的应力时程曲线如图 4.27 所示。

容易看出，其应力时程曲线与等效后的加载脉冲曲线完全一致，如同曲线积分方法一样，如取时间增量为无穷小，即将入射光滑应力脉冲等效为无限多个无穷小增量波的组合，此时图 4.27 所给出的结果应该是一条与入射脉冲曲线完全一致的应力曲线；这也说明了在一维线弹性杆应力波传播的稳定性。

类似地可以给出图 4.25 中任意特定时刻杆中的应力分布，以 $t'$ 时刻为例，可以给出此时杆中的应力分布图，如图 4.28 所示。

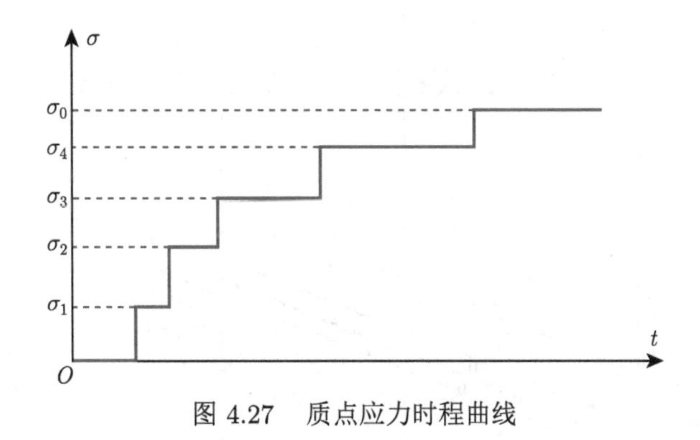

图 4.27 质点应力时程曲线

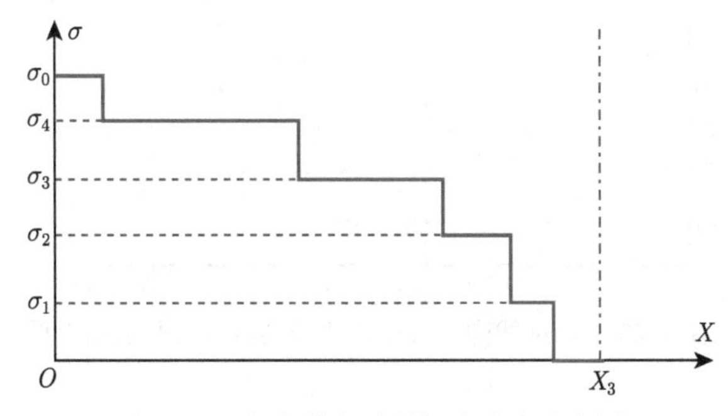

图 4.28 任意特定时刻杆中应力分布图

同理，若增量考虑得足够小，图 4.28 中应力分布线应该逐渐光滑。

在实际应用过程中，将图 4.25、图 4.27 和图 4.28 进一步组合，会更为直观，如图 4.29 所示。从图中可以看出物理平面图与初始加载条件、杆中应力分布图以及质点应力时程曲线是相互关联的，利用此种方法，可以更容易、更准确地给出各个质点或各个时刻的相关应力状态，结合上面的状态平面图，即可以较准确较方便地给出应力波传播相关参数与特征。

以上所示物理平面图和状态平面图的绘制是基于波阵面的动量守恒条件和特征线物理意义与理论之上的，虽然简单但能够直观准确地分析应力波传播与演化规律，是应力波传播特别是一维应力波传播最常用的分析工具之一。以上是针对右行波加载波传播进行分析的，对于卸载波和左行波而言，其基本原理和作图方法基本一致，在此不再详述，读者可试完成。

### 4.3.3 一维非线弹性杆中应力波传播的物理平面图

线弹性材料是一种最理想的弹性材料，不过虽然简单但对于大多数金属材料和很多其他常用材料而言，该假设是合理且相对准确的。对于此类材料，根据 4.3.1 节和 4.3.2 节的物理平面图和一维简单波的特征线特征，很容易给出其在不同时刻的应力值，如图 4.30 所示。以右行波为例，在 $0 \leqslant t \leqslant t_3$ 时刻内 (即应力波未在右端产生反射)，由于在此类材料中，右行特征线：

$$\frac{\mathrm{d}X}{\mathrm{d}t} = C\left(r\right) \equiv C \tag{4.309}$$

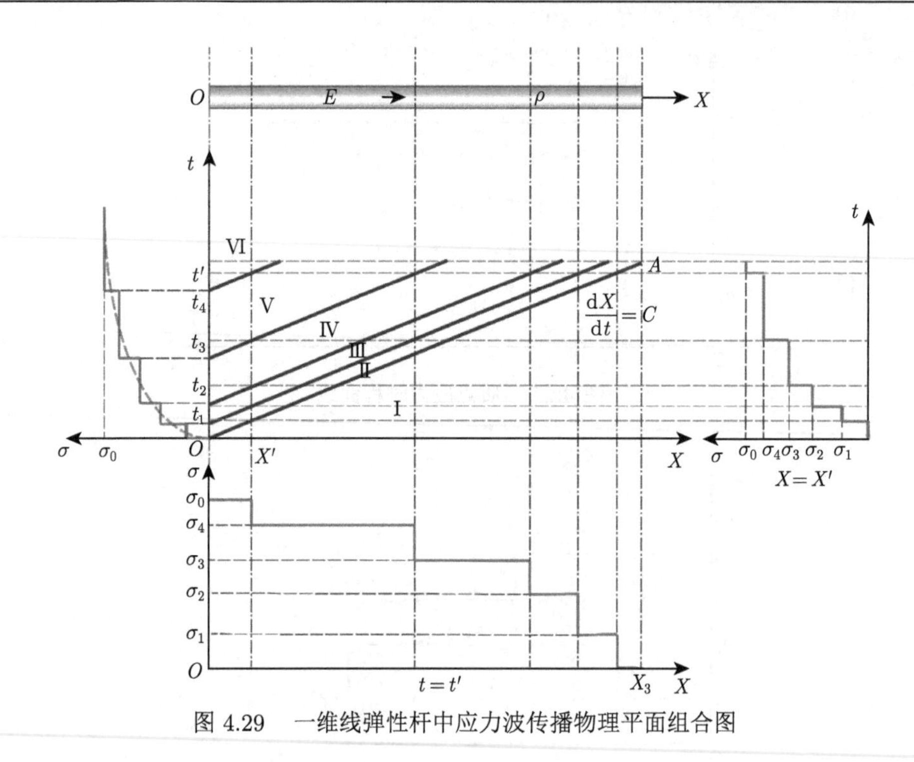


图 4.29 一维线弹性杆中应力波传播物理平面组合图

因此，在任意时刻，特定材料对应的右行特征线的斜率完全一致；对于杆中任意一个质点 $X_M$ 而言，在任意特定时刻 $t_M$，在物理平面上能够唯一地确定一个点 $M$，如图 4.30 所示。

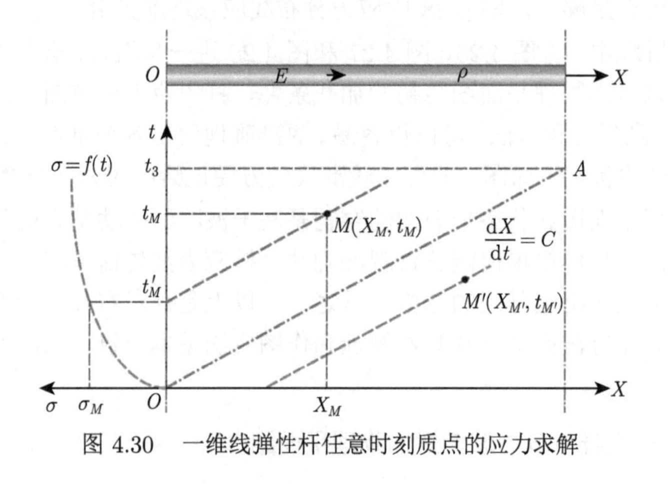


图 4.30 一维线弹性杆任意时刻质点的应力求解

过该点的右行特征线斜率是确定的，因此可以唯一地确定一条特征线经过该点并与纵坐标轴相交于点 $(0, t'_M)$，然而，根据杆左端的应力脉冲加载曲线：

$$\sigma = f(t) \tag{4.310}$$

可以确定此处对应的应力为 $\sigma_M$；而根据 4.1 节中右行特征线上应力与质点速度不变特征，即可以给出质点 $X_M$ 在 $t_M$ 时刻的应力为

$$\sigma(M) = f(t_M) = \sigma_M \tag{4.311}$$

根据波阵面上的动量守恒条件，即可以给出其质点速度。

而在图 4.29 所示物理平面上直线 $OA$ 以下的区间内任意一个物理点 $M'(X_{M'}, t_{M'})$，同样也可以绘制出通过该点的特征线，然而，从图 4.29 可以看出，在 $0 \leqslant t \leqslant t_3$ 时间区间内，该特征线与纵坐标轴并无交点，而是与横坐标轴有交点，这说明此时波阵面在 $t_M$ 时刻并未到达质点 $X_{M'}$，因此此时刻该质点保持未扰动状态，若初始时刻该杆处于自然静止松弛状态，即有

$$\sigma(M') = 0 \tag{4.312}$$

这也说明图 4.30 中直线 $OA$ 以下的区间均为未扰动区间。

然而，当材料为非线性介质时，材料中的声速：

$$C = C(\sigma) \neq \text{const} \tag{4.313}$$

此时，图 4.30 中不同应力状态处特征线的斜率并不相同；从 4.3.1 节中分析结论可知，虽然对于任意特定的特征线而言，有

$$\begin{cases} \sigma(r) \equiv \text{const} \\ v(r) \equiv \text{const} \end{cases} \tag{4.314}$$

也就是说，对于不同特征线而言其斜率可能不同，但对于沿着任意一条特定右行特征线 $r$ 而言，其斜率

$$\frac{\mathrm{d}X}{\mathrm{d}t} = C(r) \equiv \text{const} \tag{4.315}$$

即任意一条特征线皆为直线。

设一维材料为递增强化弹性材料，其应力应变关系见图 4.31。

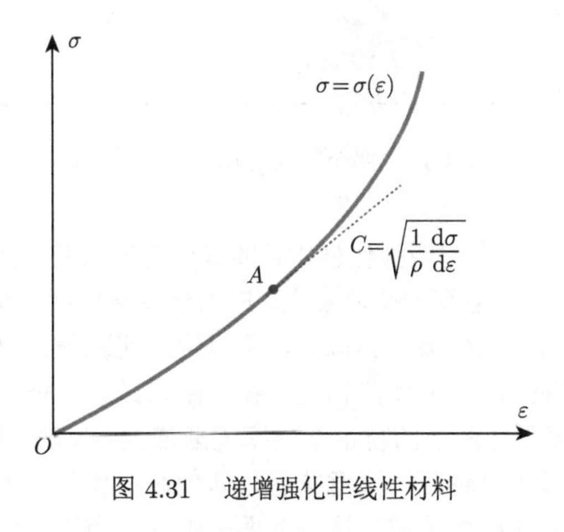


图 4.31 递增强化非线性材料

根据一维杆中材料纵波波速计算表达式

$$C = \sqrt{\frac{1}{\rho}\frac{\mathrm{d}\sigma}{\mathrm{d}\varepsilon}} \tag{4.316}$$

可知，随着杆中质点应力的增大，其一维纵波波速也逐渐增大；体现在物理平面图上，其特征线的斜率就逐渐减小，见图 4.32。

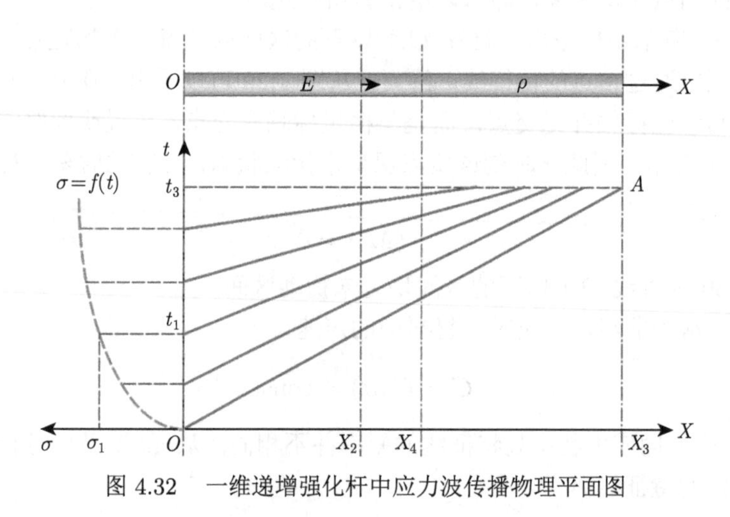


图 4.32　一维递增强化杆中应力波传播物理平面图

从图 4.32 可以看出，随着加载脉冲对应的应力值越大，其应力波波速越大，物理平面上特征线的斜率对应越小。此时，分别取 $X = X_2$ 和 $X = X_4$ 两个质点的应力时程曲线可以得到图 4.33。

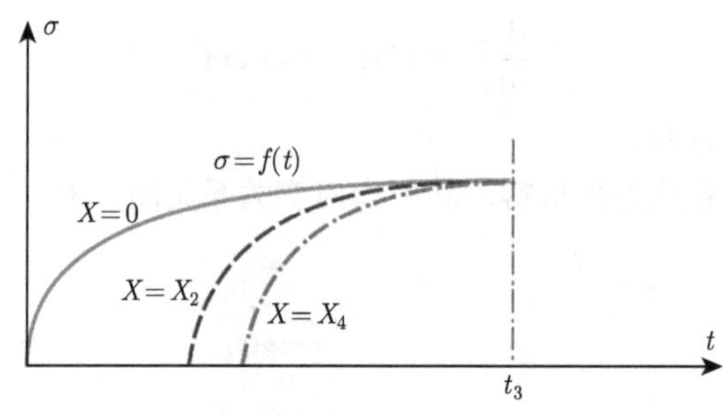


图 4.33　两个质点上的应力时程曲线

从图 4.33 可以看出，一维递增强化杆中，随着应力波从左端到右端的传播，应力波波形越加陡峭；若杆足够长，总会有一个质点上，应力波会从连续增量波转换为强间断波，从而以强间断波即冲击波的形式传播。类似地，可以给出递减强化材料中应力波传播问题的物理平面图，图 4.32 和图 4.33 中规律相反，在一维递减强化杆中，随着应力的增大，其纵波波速逐渐减小，物理平面图上的特征线斜率逐渐增大；反映在图 4.33 即为随着应力波在杆中的传播应力波波形越来越缓，其意味着，即使左端加载波为强间断冲击波，随着应力波的传播也逐渐弱化为连续增量波。这与前面一维杆应力波传播波阵面上能量守恒条件中所推导的结果基本一致，即递增强化材料中能够稳定传播冲击波，而递减强化材料中则不能稳定传播冲击波。

# 第 5 章 一维线弹性波在交界面上的透反射

我们常将沿着一个方向朝着前方均匀区中传播的应力波称为简单波，本章主要针对线弹性介质中一维简单波在交界面上的透反射问题进行分析推导。交界面上的透反射现象是应力波传播中非常重要且在实际工程问题中影响最大的现象之一，这些现象一般无法利用经典力学进行分析和说明，而其在日常生活、各类工程和国防军事上却非常常见，甚至在很多情况下该现象是关键影响因素之一，如碎甲弹的原理、分层阻尼防护原理等；因此界面上应力波传播的规律与机理是非常重要的动力学问题之一，了解和掌握应力波在界面上的透反射特征具有非常重要的理论意义和工程实用价值。

## 5.1 一维线弹性波在两种材料交界面上的透反射问题

考虑一个长度为 $l_0$ 的线弹性细长杆，假设该弹性杆在初始时刻时处于自然松弛静止状态，即初始应力和质点速度皆为零：

$$\begin{cases} \sigma_0 = 0 \\ v_0 = 0 \end{cases} \tag{5.1}$$

杆材料波阻抗的密度、杨氏模量和声速分别为 $\rho$、$E$ 和 $C$，如图 5.1 所示。在初始 $t = 0$ 时刻有两个强间断弹性波分别从杆的左端和右端向对方方向传播，两脉冲加载波的强度分别为 $\sigma_1 \neq 0$ 和 $\sigma_2 \neq 0$。

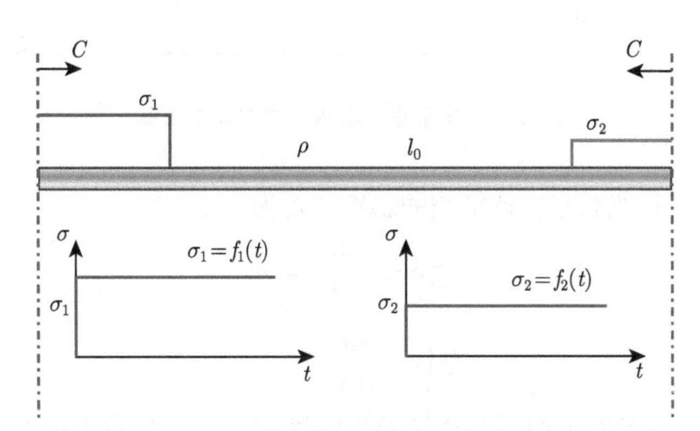


图 5.1 一维线弹性杆两端间断波加载

根据 3.2.2 节的推导结论可知，两个弹性间断纵波在一维杆中传播的波速值皆为

$$C = \sqrt{\frac{E}{\rho}} \tag{5.2}$$

只是速度方向不同。可以计算出，当

$$t = \frac{l_0}{2C} \tag{5.3}$$

时，两波相遇，见图 5.2。

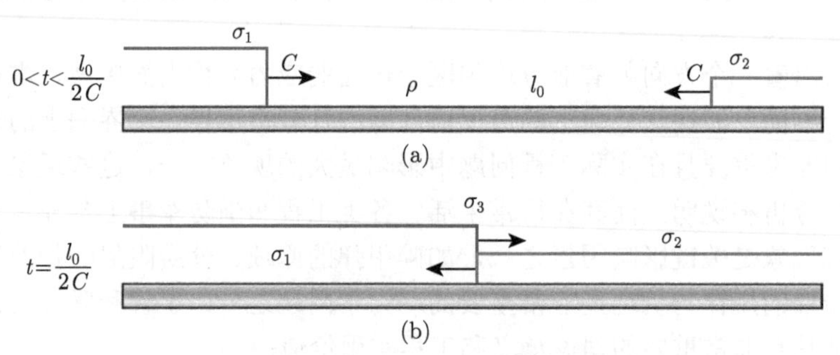


图 5.2　一维线弹性杆中两个相向间断波相遇与叠加

设两波相遇并叠加瞬间的应力为 $\sigma_3$，并假设相遇后会继续向右和向左传播间断波，容易知道，如果存在向右和向左传播的应力波，其纵波波速值仍皆为 $C$。根据 4.3 节的方法，可以绘制出其应力波传播的物理平面图，见图 5.3。

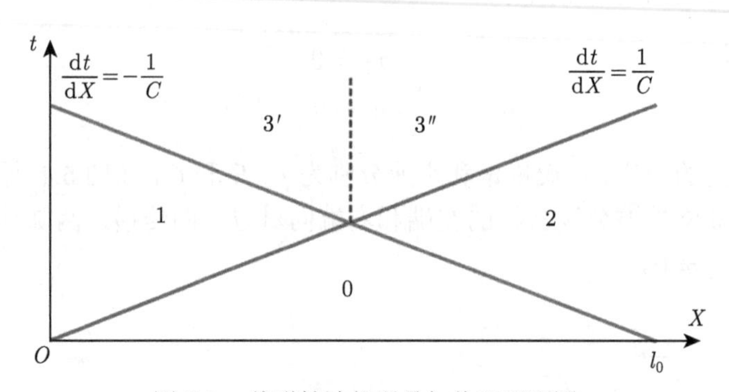


图 5.3　线弹性波相遇叠加物理平面图

图 5.3 中右行特征线和左行特征线的斜率分别为

$$\text{右行：}\frac{\mathrm{d}t}{\mathrm{d}X} = \frac{1}{C} \tag{5.4}$$

$$\text{左行：}\frac{\mathrm{d}t}{\mathrm{d}X} = -\frac{1}{C} \tag{5.5}$$

如图 5.3 所示，设从左端向右端传播的弹性波 (右行波) 波阵面前方应力和质点速度为初始状态 0，其后方状态为 1，所对应的值分别为 $\sigma_1$ 和 $v_1$；从右端向左端传播的弹性波波阵面前方应力和质点速度也为初始状态 0，其后方状态为 2，所对应的值分别为 $\sigma_2$ 和 $v_2$；根据右行波和左行波波阵面上的动量守恒条件，可有

$$\begin{cases} \sigma_1 - \sigma_0 = -\rho C\left(v_1 - v_0\right) \\ \sigma_2 - \sigma_0 = \rho C\left(v_2 - v_0\right) \end{cases} \tag{5.6}$$

考虑到初始条件：

$$\begin{cases} \sigma_0 = 0 \\ v_0 = 0 \end{cases} \tag{5.7}$$

则式 (5.6) 可简化为

$$\begin{cases} \sigma_1 = -\rho C v_1 \\ \sigma_2 = \rho C v_2 \end{cases} \tag{5.8}$$

其中，初始加载脉冲峰值应力 $\sigma_1$ 和 $\sigma_2$ 为已知量。因此通过式 (5.8) 可计算出两波相遇前，右行波和左行波波阵面后方质点速度分别为

$$\begin{cases} v_1 = -\dfrac{\sigma_1}{\rho C} \\ v_2 = \dfrac{\sigma_2}{\rho C} \end{cases} \tag{5.9}$$

设两波相遇后即 $t > l_0/(2C)$，同时向右和向左继续传播应力波，其杆左端左行波波阵面后方的状态量为 $3'(\sigma_{3'}, v_{3'})$、右端右行波波阵面后方的状态量为 $3''(\sigma_{3''}, v_{3''})$，见图 5.3。在没有考虑断裂行为前提下，根据连续条件必有

$$v_3' = v_3'' \tag{5.10}$$

否则会出现质量的无故增多 ($v_3' < v_3''$) 或无故减少 ($v_3' > v_3''$)。而且，根据平衡条件，必有

$$\sigma_3' = \sigma_3'' \tag{5.11}$$

否则此界面在该瞬间不平衡，会在同一时间向两端传播应力波直到平衡。可以不考虑过程，只考虑结果的状态量，即达到平衡后的量，此时式 (5.11) 必成立，如图 5.4 所示，两波波阵面后方应力相同。

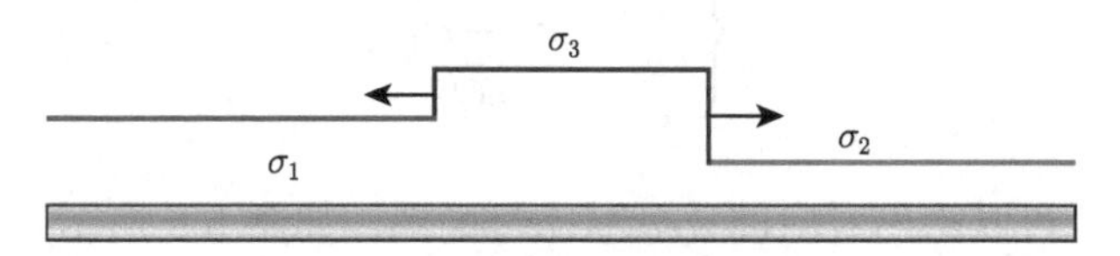


图 5.4 波阵面后方应力平衡

这意味着：两波相遇后，无论向左还是同时向右传播的应力波波阵面后方的应力与质点速度状态完全相同。即图 5.3 可以进一步确定为图 5.5。

杆左端在此左行波的扰动下，其状态从 1 到 3，根据左行波波阵面动量守恒条件有

$$\sigma_3 - \sigma_1 = \rho C (v_3 - v_1) \tag{5.12}$$

杆右端在此右行波的扰动下，其状态从 2 到 3，根据右行波波阵面上的动量守恒条件有

$$\sigma_3 - \sigma_2 = -\rho C (v_3 - v_2) \tag{5.13}$$

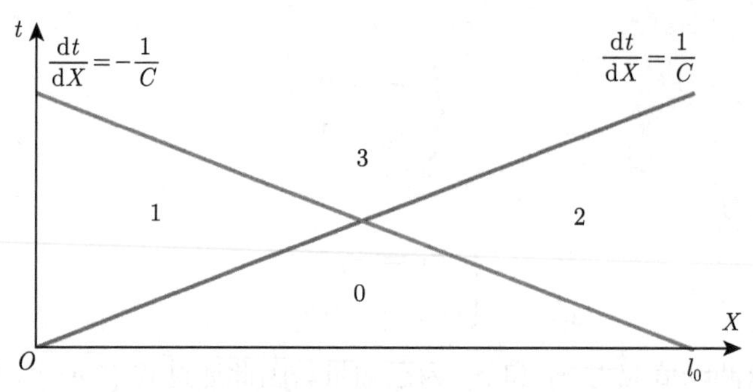


图 5.5　线弹性波相遇叠加后实际物理平面图

联立式 (5.12) 和图 5.13，并结合式 (5.8)，即可得到

$$\begin{cases} \sigma_3 = \sigma_1 + \sigma_2 \\ v_3 = v_1 + v_2 \end{cases} \tag{5.14}$$

由于 $\sigma_1 \neq 0$ 和 $\sigma_2 \neq 0$，因此 $\sigma_3 \neq \sigma_1$ 且 $\sigma_3 \neq \sigma_2$，这说明在两波相遇后确实同时向左和向右传播应力波，上述假设是正确的。式 (5.14) 的物理意义如下。

线弹性波叠加原理：对于同一个杆中两个线弹性波的相互作用问题，其结果可由两个应力波分别单独传播时的结果叠加 (代数和) 而计算出，满足线性叠加原理。这是由于线弹性材料中弹性波的控制方程是线性的。

事实上，无论强间断波还是弱间断波，无论加载波还是卸载波，无论弹性波、弹塑性波还是流体介质中的波，其基本原则同样是适用的。

结合式 (5.9) 和式 (5.14) 即可得到状态 3 对应质点和速度的具体表达式：

$$\begin{cases} \sigma_3 = \sigma_1 + \sigma_2 \\ v_3 = \dfrac{\sigma_2 - \sigma_1}{\rho C} \end{cases} \tag{5.15}$$

同 4.3 节方法，可以给出对应的 $\sigma$-$v$ 状态平面图，如图 5.6 所示。

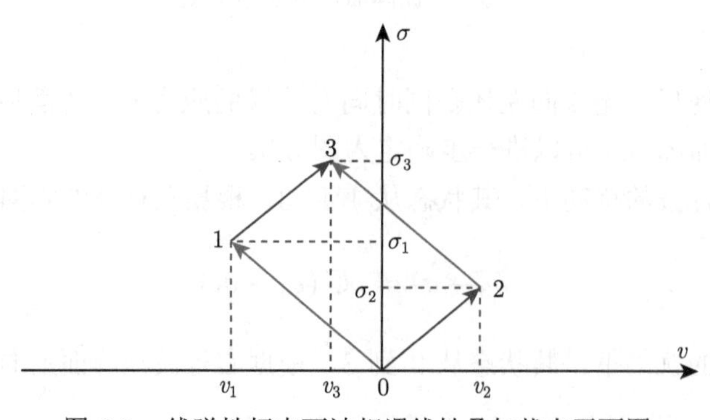


图 5.6　线弹性杆中两波相遇线性叠加状态平面图

### 5.1.1 弹性波在交界面上透反射与波阻抗

如图 5.7 所示一维线弹性杆，杆中包含两种材料的介质 (一个杆中两种介质无论拉压始终粘在一起) 或由两个不同介质一维杆同轴对接在一起且在整个传播过程中入射波为恒压缩应力脉冲 (两个杆始终保持紧密接触而不会分离)，设两种介质皆为线弹性材料，应力波为沿着轴线从介质 1 到介质 2 传播的纵波，两种材料的密度和弹性声速分别为 $\rho_1$、$C_1$ 和 $\rho_2$、$C_2$。

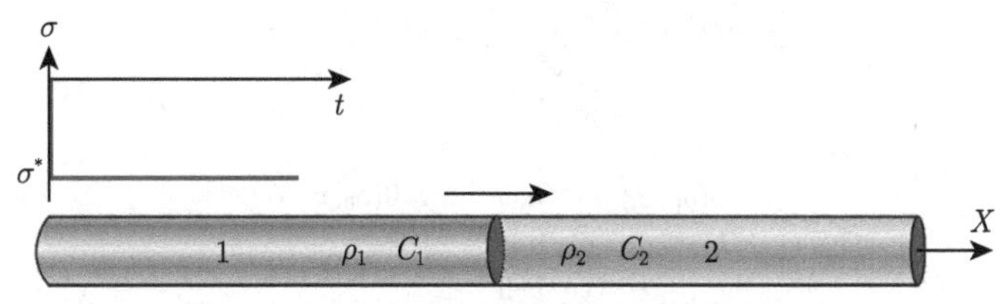


图 5.7 弹性波在两种材料一维杆中的传播

设在初始 $t=0$ 时刻，杆左端施加了一个强度为 $\sigma^*$ 的强间断压缩脉冲，如图 5.7 所示。此时会在杆介质 1 中产生一个右行线弹性纵波，其波速为 $C_1$，如物理平面图 5.8 中所示特征线 $OA$。设初始时刻杆中的状态为 $0\,(\sigma_0, v_0)$，且设初始时刻杆材料处于自然松弛静止状态，即

$$\left\{\begin{array}{l}\sigma_0=0\\ v_0=0\end{array}\right. \tag{5.16}$$

设介质 1 中波阵面后方应力状态 $1\,(\sigma_1, v_1)$，根据波阵面上的动量守恒条件和初始条件有

$$\left\{\begin{array}{l}\sigma_1-\sigma_0=-\rho_1 C_1\left(v_1-v_0\right)\\ \sigma_1=\sigma^*\end{array}\right. \tag{5.17}$$

即有

$$\left\{\begin{array}{l}\sigma_1=\sigma^*\\ v_1=-\dfrac{\sigma^*}{\rho_1 C_1}\end{array}\right. \tag{5.18}$$

当应力波到达两个介质的交界点，即图 5.8 物理平面图中点 $A$ 时，假设与同一种介质中应力传播相同，有且仅有一个右行应力波继续向介质 2 中传播，传播速度为 $C_2$，其特征线如图 5.8 所示直线 $AB$。

设介质 2 中应力波传播波阵面后方介质状态为 $2\,(\sigma_2, v_2)$，则根据右行波波阵面上动量守恒条件、界面上的应力平衡条件和初始条件有

$$\left\{\begin{array}{l}\sigma_2-\sigma_0=-\rho_2 C_2\left(v_2-v_0\right)\\ \sigma_2=\sigma_1=\sigma^*\end{array}\right. \tag{5.19}$$

即有

$$\left\{\begin{array}{l}\sigma_2=\sigma^*\\ v_2=-\dfrac{\sigma^*}{\rho_2 C_2}\end{array}\right. \tag{5.20}$$

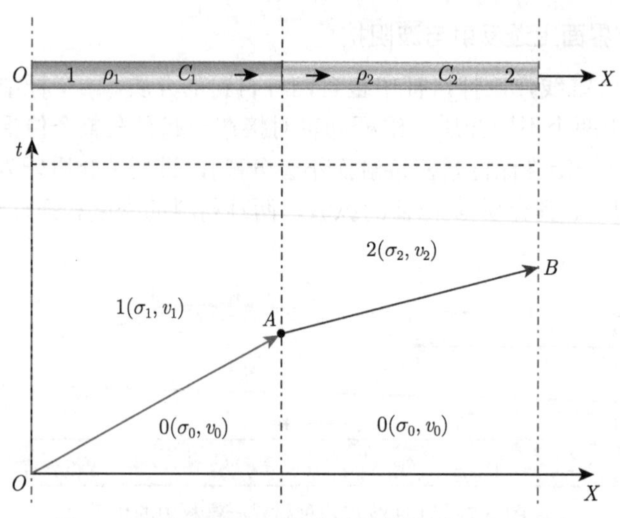


图 5.8 强间断波在两种介质中的传播物理平面图

对比式 (5.18) 和式 (5.20) 可以看出，当考虑应力平衡条件时，即交界面两端应力相等条件下，交界面两端的速度差为

$$v_1 - v_2 = \frac{\sigma^*}{\rho_2 C_2} - \frac{\sigma^*}{\rho_1 C_1} = \frac{\sigma^*}{\rho_1 C_1 \rho_2 C_2} (\rho_1 C_1 - \rho_2 C_2) \tag{5.21}$$

当 $\rho_1 C_1 = \rho_2 C_2$ 时，有

$$v_1 - v_2 \equiv 0 \tag{5.22}$$

即交界面两端满足连续条件，以上假设是合理的。其物理意义如下。

交界面上弹性波透反射性质 1：当交界面两侧介质的波阻抗相等时，应力波从介质 1 到达交界面瞬间只会产生一个透射波继续向介质 2 中传播，而不会产生任何反射波。

需要注意的是，这个条件是波阻抗相等，并不是要求介质 1 和介质 2 材料必须完全相同。

而当 $\rho_1 C_1 \neq \rho_2 C_2$ 时，有

$$v_1 - v_2 = (\rho_1 C_1 - \rho_2 C_2) \neq 0 \tag{5.23}$$

即表明交界面两端并不满足连续条件，这是不合理的，因此该问题条件已说明两种介质已知保持结合在一起的状态。而如果首先考虑连续条件，则式 (5.19) 应写为

$$\begin{cases} \sigma_2 - \sigma_0 = -\rho_2 C_2 (v_2 - v_0) \\ v_2 = v_1 = -\dfrac{\sigma^*}{\rho_1 C_1} \end{cases} \tag{5.24}$$

即有

$$\begin{cases} \sigma_2 = \dfrac{\rho_2 C_2}{\rho_1 C_1} \sigma^* \\ v_2 = -\dfrac{\sigma^*}{\rho_1 C_1} \end{cases} \tag{5.25}$$

此时

$$\sigma_2 = \frac{\rho_2 C_2}{\rho_1 C_1}\sigma^* \neq \sigma_1 \tag{5.26}$$

即不满足应力平衡条件。换个角度看，就是从状态 1 到状态 2 存在一个应力或质点速度跳跃，或者说可能存在另一个波，而且由于此时介质 2 中不可能同时出现第二个透射波，因此，只可能在交界面处在传播一个右行透射波的同时会向介质 1 中传播一个波，即反射波 $AC$。

交界面上弹性波透反射性质 2：当交界面两侧介质的波阻抗不相等时，应力波从介质 1 到达交界面瞬间必会同时产生一个继续向介质 2 中传播的透射波和一个向介质 1 中反方向传播的反射波。

此时应力波传播的物理平面图见图 5.9。

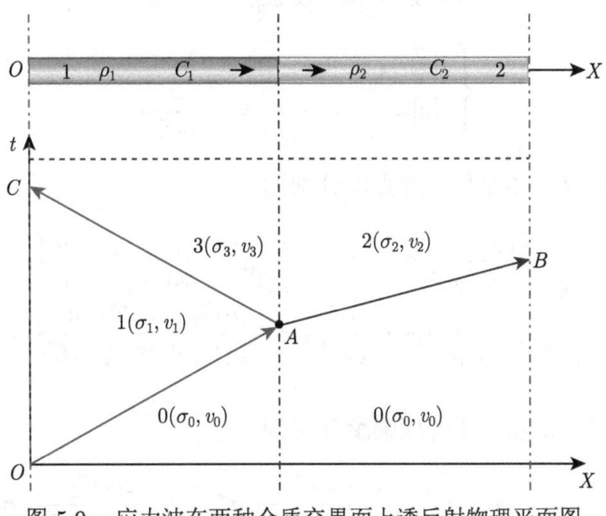


图 5.9　应力波在两种介质交界面上透反射物理平面图

设介质 1 中反射波波阵面后方介质状态为 $3(\sigma_3, v_3)$；根据交界面出的应力平衡条件和连续条件，可有

$$\begin{cases} \sigma_2 \equiv \sigma_3 \\ v_2 \equiv v_3 \end{cases} \tag{5.27}$$

此时，根据介质 1 中波阵面 $OA(0\sim1)$ 上的动量守恒条件和初始加载条件，可有

$$\begin{cases} \sigma_1 - \sigma_0 = -\rho_1 C_1 (v_1 - v_0) \\ \sigma_1 = \sigma^* \end{cases} \tag{5.28}$$

即有

$$\begin{cases} \sigma_1 = \sigma^* \\ v_1 = -\dfrac{\sigma^*}{\rho_1 C_1} \end{cases} \tag{5.29}$$

根据介质 2 中右行波波阵面 $AB(0\sim2)$ 上的动量守恒条件，可有

$$\sigma_2-\sigma_0=-\rho_2C_2\left(v_2-v_0\right) \tag{5.30}$$

根据介质 1 中左行波波阵面 $AC(1\sim3)$ 上的动量守恒条件，可有

$$\sigma_3-\sigma_1=\rho_1C_1\left(v_3-v_1\right) \tag{5.31}$$

联立式 (5.30) 和式 (5.31) 并结合式 (5.27)、式 (5.29)，可以计算出：

$$\left\{\begin{array}{l}\sigma_3=\sigma_2=\dfrac{2\rho_2C_2}{\rho_1C_1+\rho_2C_2}\sigma^* \\ v_3=v_2=-\dfrac{2\sigma^*}{\rho_1C_1+\rho_2C_2}\end{array}\right. \tag{5.32}$$

可以给出入射波 $OA(0\sim1)$ 的应力强度和速度强度分别为

$$\left\{\begin{array}{l}[\sigma]_{OA}=\sigma_1-\sigma_0=\sigma^* \\ [v]_{OA}=v_1-v_0=-\dfrac{\sigma^*}{\rho_1C_1}\end{array}\right. \tag{5.33}$$

反射波 $AC(1\sim3)$ 的应力强度和速度强度分别为

$$\left\{\begin{array}{l}[\sigma]_{AC}=\sigma_3-\sigma_1=\dfrac{2\rho_2C_2}{\rho_1C_1+\rho_2C_2}\sigma^*-\sigma^*=\dfrac{\rho_2C_2-\rho_1C_1}{\rho_1C_1+\rho_2C_2}\sigma^*=\dfrac{\rho_2C_2-\rho_1C_1}{\rho_1C_1+\rho_2C_2}[\sigma]_{OA} \\ [v]_{AC}=v_3-v_1=-\dfrac{2\sigma^*}{\rho_1C_1+\rho_2C_2}+\dfrac{\sigma^*}{\rho_1C_1}=-\dfrac{\rho_1C_1-\rho_2C_2}{\rho_1C_1+\rho_2C_2}\dfrac{\sigma^*}{\rho_1C_1}=\dfrac{\rho_1C_1-\rho_2C_2}{\rho_1C_1+\rho_2C_2}[v]_{OA}\end{array}\right. \tag{5.34}$$

透射波 $AB(1\sim2)$ 的应力强度和速度强度分别为

$$\left\{\begin{array}{l}[\sigma]_{AB}=\sigma_2-\sigma_0=\dfrac{2\rho_2C_2}{\rho_1C_1+\rho_2C_2}\sigma^*=\dfrac{2\rho_2C_2}{\rho_1C_1+\rho_2C_2}[\sigma]_{OA} \\ [v]_{AB}=v_2-\sigma_0=-\dfrac{2\sigma^*}{\rho_1C_1+\rho_2C_2}=\dfrac{2\rho_1C_1}{\rho_1C_1+\rho_2C_2}[v]_{OA}\end{array}\right. \tag{5.35}$$

交界面上弹性波透反射性质 3：当弹性波到达交界面瞬间同时产生一个继续向介质 2 中传播的透射波和一个向介质 1 中反方向传播的反射波时，反射波与入射波的应力强度和速度强度之比为

$$\left\{\begin{array}{l}\dfrac{[\sigma]_{\text{reflect}}}{[\sigma]_{\text{incident}}}=\dfrac{\rho_2C_2-\rho_1C_1}{\rho_1C_1+\rho_2C_2} \\ \dfrac{[v]_{\text{reflect}}}{[v]_{\text{incident}}}=\dfrac{\rho_1C_1-\rho_2C_2}{\rho_1C_1+\rho_2C_2}\end{array}\right. \tag{5.36}$$

透射波与入射波的应力强度和速度强度之比为

$$\left\{\begin{array}{l}\dfrac{[\sigma]_{\text{transmit}}}{[\sigma]_{\text{incident}}}=\dfrac{2\rho_2C_2}{\rho_1C_1+\rho_2C_2} \\ \dfrac{[v]_{\text{transmit}}}{[v]_{\text{incident}}}=\dfrac{2\rho_1C_1}{\rho_1C_1+\rho_2C_2}\end{array}\right. \tag{5.37}$$

特别地，当两种介质波阻抗相等 $\rho_1 C_1 = \rho_2 C_2$ 时，根据式 (5.33)，可以得到反射波强度为

$$\begin{cases} [\sigma]_{AC} = \dfrac{\rho_2 C_2 - \rho_1 C_1}{\rho_1 C_1 + \rho_2 C_2} [\sigma]_{OA} \equiv 0 \\ [v]_{AC} = \dfrac{\rho_1 C_1 - \rho_2 C_2}{\rho_1 C_1 + \rho_2 C_2} [v]_{OA} \equiv 0 \end{cases} \tag{5.38}$$

从式 (5.38) 可以看出，当介质 1 和介质 2 的波阻抗相等即 $\rho_1 C_1 = \rho_2 C_2$ 时，状态 1 和状态 3 的应力和质点速度量完全相等即 $(\sigma_1, v_1) = (\sigma_3, v_3)$，也就是说，在介质 1 中从状态 1 到状态 3 并不存在跳跃，严格来讲，不存在应力和质点速度扰动，其内涵是反射波 $AC$ 并不存在；同时，更可以得到介质 1 和介质 2 应力波跳跃量此时皆为 (0~1)。式 (5.38) 的物理意义是：当两种介质波阻抗匹配即波阻抗相等时，应力波到达交界面后有且仅有透射波继续传播，而不存在反射波；这个结论与前面对应结论完全一致。其意味着：广义上讲，对于应力波的传播而言，只要交界面两端介质波阻抗相等，就可以将其视为一种材料。

### 5.1.2 交界面两侧介质波阻抗比不匹配时透反射问题

若定义一个无量纲参数波阻抗比：

$$k = \frac{\rho_2 C_2}{\rho_1 C_1} \tag{5.39}$$

此时，状态点 1、状态点 2 和状态点 3 对应的应力和质点速度可以简化写为

$$\begin{cases} \sigma_1 = \sigma^* \\ v_1 = -\dfrac{\sigma^*}{\rho_1 C_1} \end{cases} \quad 和 \quad \begin{cases} \sigma_3 = \sigma_2 = \dfrac{2k}{1+k}\sigma^* \\ v_3 = v_2 = -\dfrac{2}{1+k}\dfrac{\sigma^*}{\rho_1 C_1} \end{cases} \tag{5.40}$$

对应的反射波和透射波强度分别为

$$\begin{cases} [\sigma]_{AC} = \dfrac{k-1}{k+1} [\sigma]_{OA} \\ [v]_{AC} = \dfrac{1-k}{k+1} [v]_{OA} \end{cases} \quad 和 \quad \begin{cases} [\sigma]_{AB} = \dfrac{2k}{k+1} [\sigma]_{OA} \\ [v]_{AB} = \dfrac{2}{k+1} [v]_{OA} \end{cases} \tag{5.41}$$

当 $k = 1$ 时，同前面分析，交界面上无反射波而只存在与入射波相同强度的透射波。

#### 1. 波阻抗比大于 1 时交界面上弹性波的透反射特征

当 $k > 1$ 时，图 5.9 对应的状态平面图如图 5.10 所示；由于本书中应力的定义是以拉为正，因此对于压缩波而言，应力为负值，其状态点也必然在横坐标轴以下。

图中 01、02 和 13 分别为式 (5.28) 第一式、式 (5.30) 和式 (5.31)，其斜率分别为 $-\rho_1 C_1$、$-\rho_2 C_2$ 和 $\rho_1 C_1$。如果定义 $F_\sigma$、$F_v$、$T_\sigma$ 和 $T_v$ 分别为应力反射系数、质点速度反射系数、应力透射系数和质点速度透射系数：

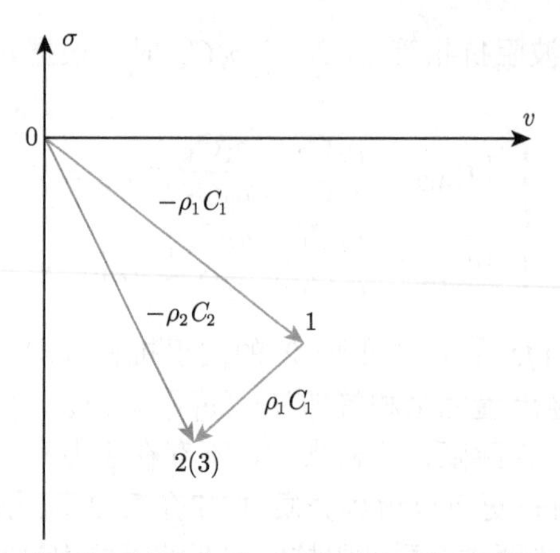


图 5.10 波阻抗比大于 1 交界面上应力波透反射状态平面图

$$\begin{cases} F_\sigma = \dfrac{\sigma_2 - \sigma_1}{\sigma_1 - \sigma_0} \\ F_v = \dfrac{v_2 - v_1}{v_1 - v_0} \end{cases} \quad 和 \quad \begin{cases} T_\sigma = \dfrac{\sigma_2 - \sigma_0}{\sigma_1 - \sigma_0} \\ T_v = \dfrac{v_2 - v_0}{v_1 - v_0} \end{cases} \tag{5.42}$$

则可根据式 (5.41) 分别求出其值：

$$\begin{cases} F_\sigma = \dfrac{k-1}{k+1} \\ F_v = -\dfrac{k-1}{k+1} \end{cases} \quad 和 \quad \begin{cases} T_\sigma = \dfrac{2k}{k+1} \\ T_v = \dfrac{2}{k+1} \end{cases} \tag{5.43}$$

当 $k > 1$ 时，可知

$$\begin{cases} 0 < F_\sigma \leqslant 1 \\ F_v < 0 \end{cases} \tag{5.44}$$

和

$$\begin{cases} 1 < T_\sigma \leqslant 2 \\ 0 < T_v < 1 \end{cases} \tag{5.45}$$

式 (5.44) 意味着：在一维杆中，当应力波从低波阻抗介质传递到高波阻抗介质时，在两种材料介质的交界面会同时产生一个透射波和入射波；对于反射波而言，其应力与入射波同号而质点速度与入射波异号。如状态平面图 5.10 所示，其物理意义是：当入射波为压缩波时，反射波必为压缩波；入射波为拉伸波时，其反射波必为拉伸波。同时，反射发生后波阵面后方应力为

$$|\sigma_3| = \frac{2k}{k+1}|\sigma^*| > |\sigma^*| \quad 或 \quad \left|\frac{\sigma_3}{\sigma^*}\right| = \frac{2k}{k+1} > 1 \tag{5.46}$$

其值大于入射波强度，而且随着波阻抗比的增大而增加；事实上，这种现象在很多时候都能观察到。另外，反射波使得波阵面后方质点速度却有所减小：

$$|v_3| = \frac{2}{k+1}|v_1| < |v_1| \quad 或 \quad \left|\frac{v_3}{v_1}\right| = \frac{2}{k+1} < 1 \tag{5.47}$$

式 (5.45) 意味着：在一维杆中，当应力波从低波阻抗介质传递到高波阻抗介质时，透射波强度值总是大于入射波强度但小于入射波强度值的 2 倍，且透射波与入射波永远同号，即当入射波为压缩波时，透射波必为压缩波；入射波为拉伸波时，其透射波必为拉伸波。而且，透射波波阵面后方质点速度与入射波后方质点速度同号，但其值小于后者。

交界面上弹性波透反射性质 4：对于交界面两侧入射方介质的波阻抗小于透射方介质的波阻抗情况：当入射波为压缩波时，反射波必为压缩波；入射波为拉伸波时，其反射波必为拉伸波。但透射波始终与入射波同号，即当入射波为压缩波时，透射波必为压缩波；入射波为拉伸波时，其透射波必为拉伸波。

当介质 2 的波阻抗远大于介质 1 的波阻抗时，可以视两种介质波阻抗比 $k$ 为无穷大，此时介质 2 可视为刚壁 (即 $\rho_2 C_2 \to \infty$)，此类问题就转变成一种常用的特例：刚壁上的透反射问题，其交界面上的透反射状态平面图见图 5.11。

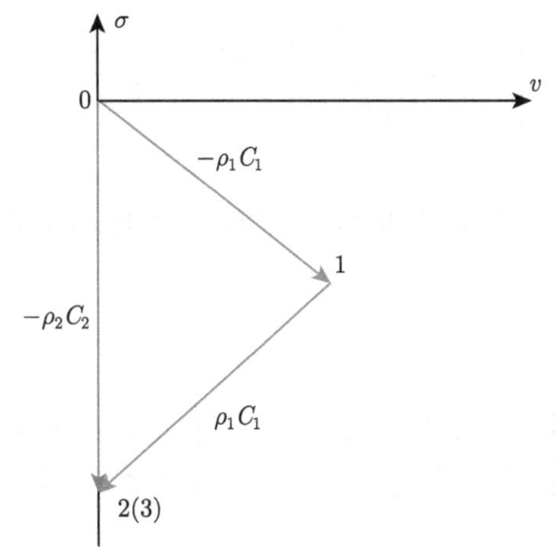


图 5.11 应力波在刚壁上的透反射状态平面图

根据式 (5.43) 可有

$$\left\{\begin{array}{l} F_\sigma = 1 \\ F_v = -1 \end{array}\right. \quad 和 \quad \left\{\begin{array}{l} T_\sigma = 2 \\ T_v = 0 \end{array}\right. \tag{5.48}$$

即

$$\left\{\begin{array}{l} \sigma_2 - \sigma_0 = 2(\sigma_1 - \sigma_0) \\ v_2 - v_1 = -(v_1 - v_0) \end{array}\right. \tag{5.49}$$

式 (5.49) 的物理意义很明显。

交界面上弹性波透反射性质 4 推论：对于弹性波而言，在刚壁上反射时应力加倍、质点速度反号，也就是说，应力波在刚壁上反射时对质点速度而言，反射波可视为入射波的倒像，而对应力而言反射波可视为入射波的正像；此现象常称为刚壁反射的“镜像法则”。

### 2. 波阻抗比小于 1 时交界面上弹性波的透反射特征

当材料由“硬”介质到“软”介质传播即 $k<1$ 时，应力波传播的状态平面图如图 5.12 所示。从应力增量的角度上看，反射波 1~3 和入射波 0~1 方向相反，透射波 0~2 与入射波 0~1 方向一致；从质点速度增量的角度上，反射波 1~3 和入射波 0~1 方向一致，都会导致质点速度的正跳跃，透射波 0~2 与入射波 0~1 方向也是一致的。

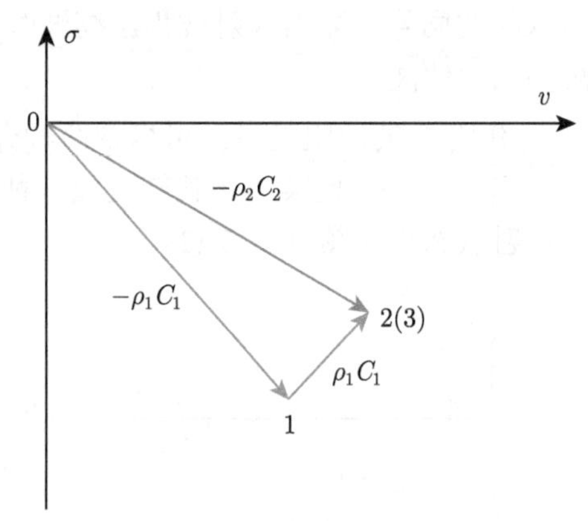


图 5.12　弹性波在由“硬”到“软”介质中传播状态平面图

根据式 (5.43) 可以得到

$$\begin{cases} -1<F_\sigma<0 \\ F_v>0 \end{cases} \quad 和 \quad \begin{cases} 0<T_\sigma<1 \\ 1<T_v\leqslant 2 \end{cases} \tag{5.50}$$

式 (5.50) 的物理意义是：在一维杆中，当应力波从高波阻抗介质传递到低波阻抗介质时，在两种材料介质的交界面会同时产生一个透射波和入射波；对于反射波而言，其应力与入射波异号而质点速度与入射波同号，即反射波使得介质 1 中质点速度进一步增大而应力却有所减小；对于透射波而言，其无论应力还是质点速度都与入射波同号，而且透射波质点速度大于入射波，透射波使得介质 2 中产生应力且质点速度也增大。

交界面上弹性波透反射性质 5：对于交界面两侧入射方介质的波阻抗大于透射方介质的波阻抗情况：当入射波为压缩波时，反射波必为拉伸波；入射波为拉伸波时，其反射波必为压缩波。但透射波始终与入射波同号，即当入射波为压缩波时，透射波必为压缩波；入射波为拉伸波时，其透射波必为拉伸波。

特别地，当介质 2 波阻抗远小于介质 1 时，如介质 2 为空气或真空，此时波阻抗比 $k$ 接近于 0 时，此时介质 2 可视为自由面，此类问题就转变成一种常用的特例：自由面上的透反射问题。

根据式 (5.43) 可有

$$\begin{cases} F_\sigma=-1 \\ F_v=1 \end{cases} \quad 和 \quad \begin{cases} T_\sigma=0 \\ T_v=2 \end{cases} \tag{5.51}$$

即

$$\begin{cases}\sigma_2-\sigma_1=-(\sigma_1-\sigma_0)\\ v_2-v_0=2(v_1-v_0)\end{cases} \tag{5.52}$$

式 (5.52) 说明：应力波在自由面上反射时质点速度加倍、应力反号，也就是说，波在自由面上反射时对应力而言，反射波可视为入射波的倒像，而对质点速度而言反射波可视为入射波的正像；其状态平面图见图 5.13。

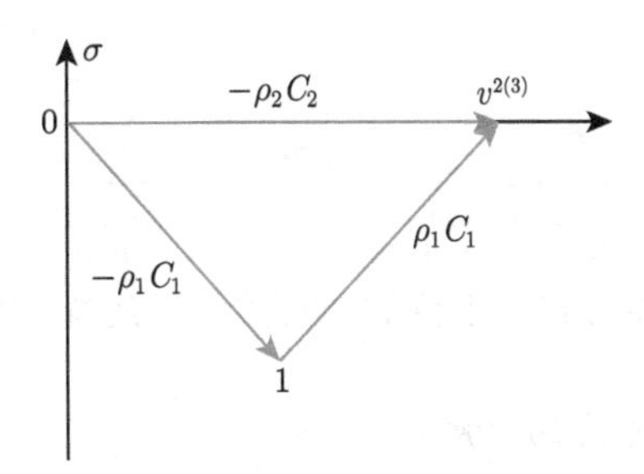


图 5.13 应力波在自由面上的透反射状态平面图

交界面上弹性波透反射性质 5 推论：对于弹性波而言，在自由面上反射时质点速度加倍、应力反号，也就是说，应力波在自由面上反射时对应力而言，反射波可视为入射波的倒像，而对质点速度而言反射波可视为入射波的正像；此现象常称为自由面反射的“镜像法则”。

根据式 (5.43) 和图 5.10、图 5.12 可以看出：首先，无论从应力还是以质点速度角度来观察问题，也无论两种材料的波阻抗哪个大哪个小，透射波永远都是与入射波同号的；其次，当介质 2 的波阻抗比介质 1 的波阻抗大时，从应力增量角度观察问题入射波是与反射波同号的，而当介质 2 的波阻抗比介质 1 的波阻抗小时，从应力增量角度观察问题入射波则是与反射波异号的。需要说明的是，这里所得出的关于对透射波、反射波与入射波强度间符号关系的结论不仅适用于线弹性波，对一般的非线性材料也是适用的，只不过对非线性材料而言，无论冲击波还是连续波，材料的波阻抗都不再是常数而是与应力状态和波的强度有关的量，同时透射波、反射波与入射波强度间的定量关系也将更加复杂。

式 (5.45) 和式 (5.48) 分别称为线弹性波在刚壁上和在自由面上反射时的“镜像法则”。尽管我们只给出了单加载强间断波的镜像法则，但是由于任意形状的应力波可以看成一系列增量波的累加，而线弹性波的相互作用是满足线性叠加原理的，故弹性波在刚壁上和自由面上反射的镜像法则对任何形状的波都是成立的。这使我们可以很方便地作出弹性波在刚壁或自由面上反射后所形成的合成应力波形或质点速度波形。

### 5.1.3 多层线弹性介质中应力波的传播问题

如图 5.14 所示，当一维杆由 $n$ 种不同介质组合而成，其密度分别为 $\rho_1,\rho_2,\rho_3,\cdots,\rho_{n-1}$ 和 $\rho_n$，一维弹性声速分别为 $C_1,C_2,C_3,\cdots,C_{n-1}$ 和 $C_n$；则其波阻抗分别为 $\rho_1C_1,\rho_2C_2$,

$\rho_3 C_3, \cdots, \rho_{n-1} C_{n-1}$ 和 $\rho_n C_n$。参考前面内容，令波阻抗比为

$$k_{n-1} = \frac{\rho_n C_n}{\rho_{n-1} C_{n-1}} \tag{5.53}$$

若在初始时刻在杆左端施加一个强度为 $\sigma^*$ 的强间断压缩加载波，则会在杆中向右传播线弹性波。

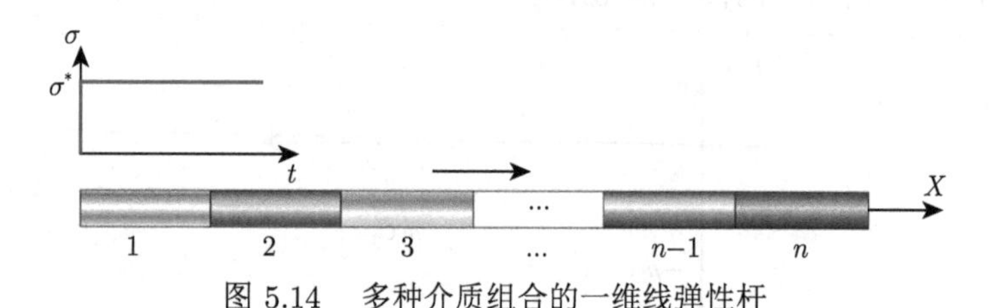


图 5.14 多种介质组合的一维线弹性杆

1. 波阻抗递增结构中应力波的“放大”效应

设弹性波传播方向上交界面后方介质的波阻抗总是大于前方介质的波阻抗，即

$$k_m = \frac{\rho_{m+1} C_{m+1}}{\rho_m C_m} > 1, \quad m = 1, 2, 3, \cdots, n-1 \tag{5.54}$$

此类结构常称为波阻抗递增结构。以 5 种介质组合而成的波阻抗递增结构为例，应力波传播的物理平面图见图 5.15。

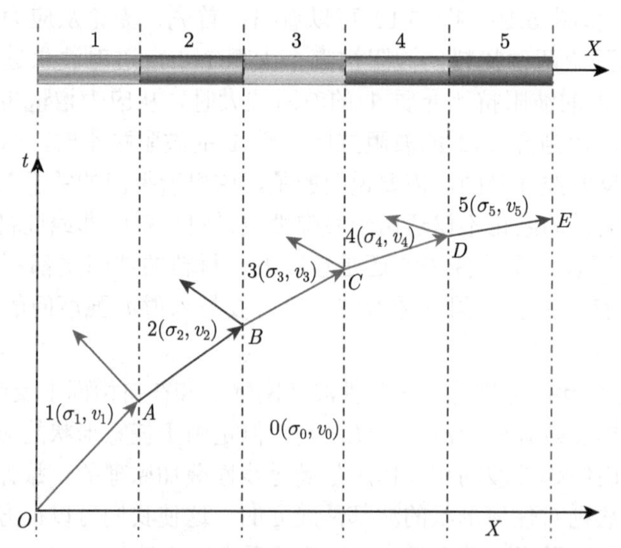


图 5.15 应力波在 5 种波阻抗递增一维杆中的传播物理平面图

需要说明的是：波阻抗递增并不代表声速递增，它还与介质密度相关，因此在物理平面图中，声速并不一定是递增的，即特征线斜率并不一定是递减的，只是为了更加直观，图中假设声速是递增的。

在这里我们不考虑交界面处的二次透反射问题和自由面的反射问题，并设杆中介质初始状态为自由松弛静止状态。根据式 (5.41) 可以得到图 5.15 中状态点对应的应力为

$$\begin{cases} \sigma_2 = \dfrac{2k_1}{k_1+1}\sigma^* \\ \sigma_3 = \dfrac{2k_2}{k_2+1}\sigma_2 = \dfrac{2k_1}{k_1+1}\cdot\dfrac{2k_2}{k_2+1}\sigma^* \\ \sigma_4 = \dfrac{2k_3}{k_3+1}\sigma_3 = \dfrac{2k_1}{k_1+1}\cdot\dfrac{2k_2}{k_2+1}\cdot\dfrac{2k_3}{k_3+1}\sigma^* \\ \sigma_5 = \dfrac{2k_4}{k_4+1}\sigma_4 = \dfrac{2k_1}{k_1+1}\cdot\dfrac{2k_2}{k_2+1}\cdot\dfrac{2k_3}{k_3+1}\cdot\dfrac{2k_4}{k_4+1}\sigma^* \end{cases} \tag{5.55}$$

考虑到条件式 (5.54)，容易看出

$$|\sigma_5| > |\sigma_4| > |\sigma_3| > |\sigma_2| > |\sigma_1| = |\sigma^*| \tag{5.56}$$

式 (5.56) 表明，应力波在波阻抗递增复合结构中传播，其应力强度不断放大，即波阻抗梯度结构起到应力“放大镜”的作用；其状态平面图见图 5.16。

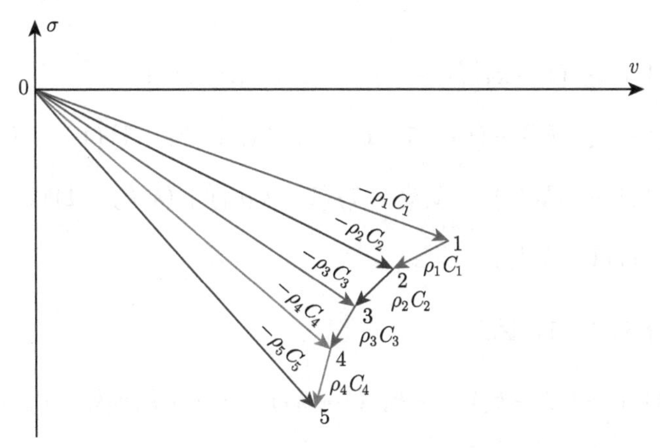


图 5.16 应力波在 5 种波阻抗递增一维杆中的传播状态平面图

设应力透射系数为

$$T_{\sigma m} = \frac{\sigma_{m+1}}{\sigma_m} \tag{5.57}$$

则结合式 (5.43)、式 (5.53) 和式 (5.57)，可以得到

$$T_{\sigma m} = \frac{2k_m}{k_m+1} \tag{5.58}$$

而总等效透射系数为

$$T_\sigma = \frac{\sigma_5}{\sigma_1} = \frac{2k_1}{k_1+1}\cdot\frac{2k_2}{k_2+1}\cdot\frac{2k_3}{k_3+1}\cdot\frac{2k_4}{k_4+1} = T_{\sigma m}\cdot T_{\sigma 2}\cdot T_{\sigma 3}\cdot T_{\sigma 4} \tag{5.59}$$

可以更具体地写为

$$T_{\sigma}=\frac{\sigma_5}{\sigma_1}=\frac{2\rho_2C_2}{\rho_1C_1+\rho_2C_2}\cdot\frac{2\rho_3C_3}{\rho_2C_2+\rho_3C_3}\cdot\frac{2\rho_4C_4}{\rho_3C_3+\rho_4C_4}\cdot\frac{2\rho_5C_5}{\rho_4C_4+\rho_5C_5}\tag{5.60}$$

若没有中间的各个介质，直接将介质 1 与介质 5 组合形成复合材料杆，则透射系数为

$$T'_{\sigma}=\frac{\sigma_5}{\sigma_1}=\frac{2k}{k+1}=\frac{2\rho_5C_5}{\rho_1C_1+\rho_5C_5}\tag{5.61}$$

将式 (5.60) 和式 (5.61) 进行对比，求其商有

$$\frac{T_{\sigma}}{T'_{\sigma}}=\frac{\dfrac{2\rho_2C_2}{\rho_1C_1+\rho_2C_2}\cdot\dfrac{2\rho_3C_3}{\rho_2C_2+\rho_3C_3}\cdot\dfrac{2\rho_4C_4}{\rho_3C_3+\rho_4C_4}\cdot\dfrac{2\rho_5C_5}{\rho_4C_4+\rho_5C_5}}{\dfrac{2\rho_5C_5}{\rho_1C_1+\rho_5C_5}}\tag{5.62}$$

即

$$\frac{T_{\sigma}}{T'_{\sigma}}=\frac{8\left(1+k_1k_2k_3k_4\right)}{\left(1+k_1\right)\left(1+k_2\right)\left(1+k_3\right)\left(1+k_4\right)}\tag{5.63}$$

而

$$\begin{aligned}&\left(1+k_1\right)\left(1+k_2\right)\left(1+k_3\right)\left(1+k_4\right)-8\left(1+k_1k_2k_3k_4\right)\\=&\left(k_1-1\right)\left(1-k_2k_3k_4\right)+\left(k_2-1\right)\left(1-k_1k_3k_4\right)+\left(k_3-1\right)\left(1-k_1k_2k_4\right)\\&+\left(k_4-1\right)\left(1-k_1k_2k_3\right)+\left(k_1k_2-1\right)\left(1-k_3k_4\right)+\left(k_1k_3-1\right)\left(1-k_2k_4\right)\\&+\left(k_1k_4-1\right)\left(1-k_2k_3\right)\end{aligned}\tag{5.64}$$

根据式 (5.54) 又有 $k_m>1$，因此

$$\left(1+k_1\right)\left(1+k_2\right)\left(1+k_3\right)\left(1+k_4\right)-8\left(1+k_1k_2k_3k_4\right)<0\tag{5.65}$$

即

$$\frac{T_{\sigma}}{T'_{\sigma}}=\frac{8\left(1+k_1k_2k_3k_4\right)}{\left(1+k_1\right)\left(1+k_2\right)\left(1+k_3\right)\left(1+k_4\right)}>1\tag{5.66}$$

式 (5.66) 意味着：波阻抗梯度结构应力波“放大”效果强于只由首尾两种介质直接组合的结构的应力波“放大”效果。这点从状态平面图能够更加直观地看出，见图 5.17。

图中状态点 5 表示波阻抗梯度结构中介质 5 中第一个透射波过后的质点状态，$5'$ 表示直接将介质 1 与介质 5 组合时介质 5 中第一个透射波过后的质点状态。

从图 5.17 容易看出

$$|\sigma_5|>|\sigma'_5|\tag{5.67}$$

即波阻抗递增结构的应力透射系数明显较大，这与以上理论推导结论完全一致。

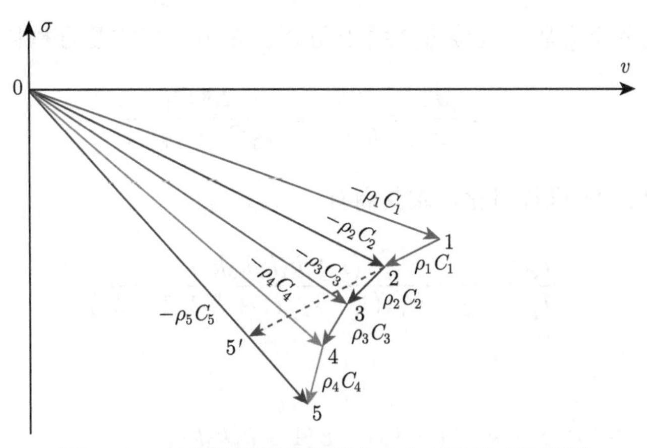


图 5.17 波阻抗梯度结构应力放大对比状态平面图

2. 波阻抗递减结构中应力波的“缩小”效应

设后方介质的波阻抗总是小于前方介质的波阻抗，即

$$k_m = \frac{\rho_{m+1}C_{m+1}}{\rho_m C_m} < 1, \quad m = 1, 2, 3, \cdots, n-1 \tag{5.68}$$

同上，在这里我们不考虑交界面处的二次透反射问题和自由面的反射问题，并设杆中介质初始状态为自由松弛静止状态。参考图 5.15 并根据式 (5.41) 可以得到图中状态点对应的应力表达式也为式 (5.55)。根据式 (5.68) 可知，此种条件下，有

$$|\sigma_5| < |\sigma_4| < |\sigma_3| < |\sigma_2| < |\sigma_1| = |\sigma^*| \tag{5.69}$$

式 (5.69) 表明，应力波在波阻抗递减复合结构中传播，其应力强度不断缩小，即波阻抗梯度结构起到应力“缩小镜”的作用；其状态平面图见图 5.18。

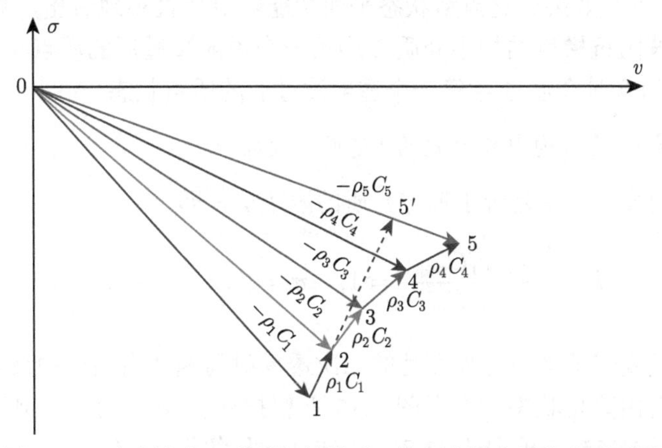


图 5.18 应力波在 5 种波阻抗递减一维杆中的传播状态平面图

此时梯度结构的总应力透射系数为

$$T_\sigma = \frac{\sigma_5}{\sigma_1} = \frac{2\rho_2C_2}{\rho_1C_1+\rho_2C_2} \cdot \frac{2\rho_3C_3}{\rho_2C_2+\rho_3C_3} \cdot \frac{2\rho_4C_4}{\rho_3C_3+\rho_4C_4} \cdot \frac{2\rho_5C_5}{\rho_4C_4+\rho_5C_5} \tag{5.70}$$

若没有中间的各个介质，直接将介质 1 与介质 5 组合形成复合材料杆，则透射系数为

$$T'_{\sigma}=\frac{\sigma_5}{\sigma_1}=\frac{2k}{k+1}=\frac{2\rho_5 C_5}{\rho_1 C_1+\rho_5 C_5} \tag{5.71}$$

将式 (5.70) 和式 (5.71) 进行对比，求其商有

$$\frac{T_{\sigma}}{T'_{\sigma}}=\frac{8\left(1+k_1k_2k_3k_4\right)}{\left(1+k_1\right)\left(1+k_2\right)\left(1+k_3\right)\left(1+k_4\right)} \tag{5.72}$$

而

$$\begin{aligned}&\left(1+k_1\right)\left(1+k_2\right)\left(1+k_3\right)\left(1+k_4\right)-8\left(1+k_1k_2k_3k_4\right)\\=&\left(k_1-1\right)\left(1-k_2k_3k_4\right)+\left(k_2-1\right)\left(1-k_1k_3k_4\right)+\left(k_3-1\right)\left(1-k_1k_2k_4\right)\\&+\left(k_4-1\right)\left(1-k_1k_2k_3\right)+\left(k_1k_2-1\right)\left(1-k_3k_4\right)+\left(k_1k_3-1\right)\left(1-k_2k_4\right)\\&+\left(k_1k_4-1\right)\left(1-k_2k_3\right)\end{aligned} \tag{5.73}$$

根据式 (5.68) 又有 $k_m<1$，因此

$$\left(1+k_1\right)\left(1+k_2\right)\left(1+k_3\right)\left(1+k_4\right)-8\left(1+k_1k_2k_3k_4\right)<0 \tag{5.74}$$

即

$$\frac{T_{\sigma}}{T'_{\sigma}}=\frac{8\left(1+k_1k_2k_3k_4\right)}{\left(1+k_1\right)\left(1+k_2\right)\left(1+k_3\right)\left(1+k_4\right)}>1 \tag{5.75}$$

式 (5.75) 意味着：波阻抗梯度结构应力波“缩小”效果弱于只由首尾两种介质直接组合的结构的应力波“缩小”效果。这点从状态平面图能够更加直观地看出，见图 5.18；图 5.18 中状态点 5 表示波阻抗梯度结构中介质 5 中第一个透射波过后的质点状态，$5'$ 表示直接将介质 1 与介质 5 组合时介质 5 中第一个透射波过后的质点状态。

3. 波阻抗不变多层结构中应力波的“透明”效应

设后方介质的波阻抗总是等于前方介质的波阻抗，即

$$k_m=\frac{\rho_{m+1}C_{m+1}}{\rho_m C_m}=1,\quad m=1,2,3,\cdots,n-1 \tag{5.76}$$

同上，在这里我们不考虑交界面处的二次透反射问题和自由面的反射问题，并设杆中介质初始状态为自由静止状态。参考图 5.15 并根据式 (5.41) 可以得到图中状态点对应的应力表达式也为式 (5.55)。根据式 (5.76) 可知，此种条件下, 有

$$|\sigma_5|\equiv|\sigma_4|\equiv|\sigma_3|\equiv|\sigma_2|\equiv|\sigma_1|=|\sigma^*| \tag{5.77}$$

质点速度值也是如此，这表明：多层结构中，即使介质不同，只要其波阻抗相同，对于应力波传播而言，可以将其视为同一种材料。

# 5.2 一维线弹性杆中脉冲波传播的透反射

前面所述杆中加载条件均为一个强间断加载波，这是一个理想条件，一般而言完整的加载脉冲包含加载部分和卸载部分两个部分。同时考虑加载应力波和卸载应力波时，线弹性杆中应力波状态可能较为复杂，但其控制方程并没有增加，因此其求解过程与方法基本一致。常用的加载脉冲一般有矩形脉冲、梯形脉冲、三角形脉冲和指数形脉冲，如图 5.19 所示。

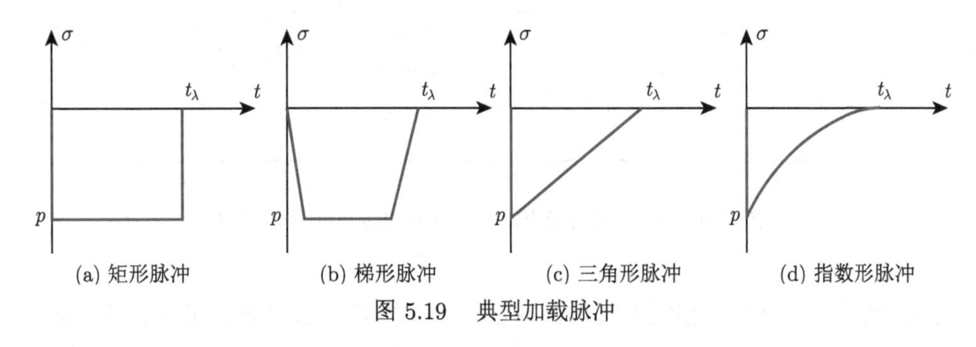


图 5.19 典型加载脉冲

### 5.2.1 有限长杆中不同波长矩形脉冲的传播与演化

以最简单的矩形脉冲为例，我们可以将矩形脉冲视为两个强间断波的组合，即前方加载强间断波和后方卸载强间断波，这两个强间断波的强度值相同。设矩形脉冲为压缩脉冲，其压缩峰值强度为 $p$，脉冲时长为 $t_\lambda$，见图 5.19 中矩形脉冲；设杆初始状态为自然松弛状态，即

$$\begin{cases} \sigma_0 = 0 \\ v_0 = 0 \end{cases} \tag{5.78}$$

设一维线弹性杆杆长为 $L$，密度和声速分别为 $\rho$ 和 $C$，可以给出在杆中应力波从最左端传播到最右端传播一次耗时 $t_L$ 为

$$t_L = \frac{L}{C} \tag{5.79}$$

1. 波长相对极小时矩形脉冲的传播与演化

当 $t_L \gg t_\lambda$ 时，即相对于杆长而言，波长小得多，此时脉冲波在杆中的传播物理平面图见图 5.20。

根据右行波波阵面上运动方程，有

$$\begin{cases} \sigma_1 - \sigma_0 = -\rho C \left(v_1 - v_0\right) \\ \sigma_1 - \sigma_0 = p \end{cases} \tag{5.80}$$

式 (5.80) 结合初始条件式 (5.78)，可以给出状态 1 对应的量：

$$\begin{cases} \sigma_1 = p \\ v_1 = -\dfrac{p}{\rho C} \end{cases} \tag{5.81}$$

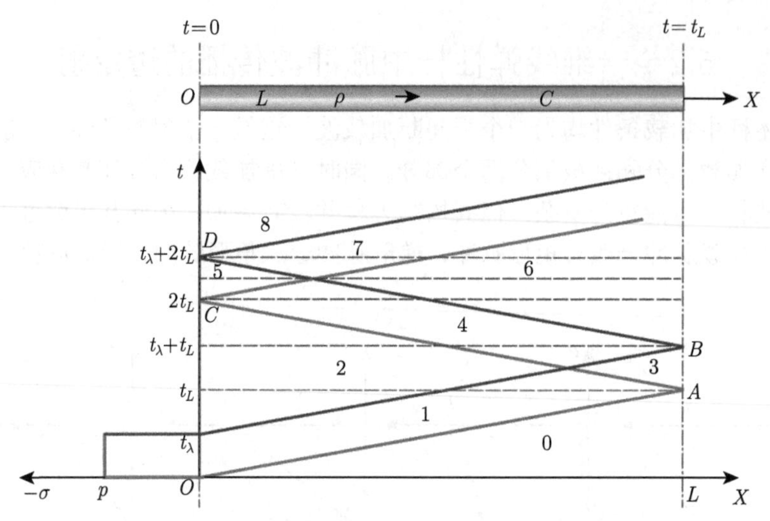

图 5.20　波长相对极小时矩形脉冲的传播物理平面图

同理，结合式 (5.81)，根据左行波波阵面上运动方程和边界条件可以计算出状态 3 对应的量：

$$\begin{cases} \sigma_3 - \sigma_1 = \rho C\left(v_3 - v_1\right) \\ \sigma_3 = 0 \end{cases} \Rightarrow \begin{cases} \sigma_3 = 0 \\ v_3 = -\dfrac{2p}{\rho C} \end{cases} \tag{5.82}$$

根据右行波波阵面上动量守恒条件和初始条件，并结合式 (5.81)，有

$$\begin{cases} \sigma_2 - \sigma_1 = -\rho C\left(v_2 - v_1\right) \\ \sigma_1 - \sigma_2 = p \end{cases} \Rightarrow \begin{cases} \sigma_2 = 0 \\ v_2 = 0 \end{cases} \tag{5.83}$$

分别根据右行波和左行波波阵面上的动量守恒条件，以及连续条件，可有

$$\begin{cases} \sigma_4 - \sigma_2 = \rho C\left(v_4 - v_2\right) \\ \sigma_4 - \sigma_3 = -\rho C\left(v_4 - v_3\right) \end{cases} \tag{5.84}$$

结合式 (5.82) 和式 (5.83)，可以得到

$$\begin{cases} \sigma_4 = -p \\ v_4 = -\dfrac{p}{\rho C} \end{cases} \tag{5.85}$$

根据右行波波阵面上动量守恒条件和边界条件，并结合式 (5.85)，有

$$\begin{cases} \sigma_5 - \sigma_4 = -\rho C\left(v_5 - v_4\right) \\ \sigma_5 = 0 \end{cases} \Rightarrow \begin{cases} \sigma_5 = 0 \\ v_5 = -\dfrac{2p}{\rho C} \end{cases} \tag{5.86}$$

根据左行波波阵面上动量守恒条件和边界条件，并结合式 (5.85)，有

$$\begin{cases} \sigma_6 - \sigma_4 = \rho C \left(v_6 - v_4\right) \\ \sigma_6 = 0 \end{cases} \Rightarrow \begin{cases} \sigma_6 = 0 \\ v_6 = 0 \end{cases} \tag{5.87}$$

分别根据右行波和左行波波阵面上的动量守恒条件，以及连续条件，并结合式 (5.86) 和式 (5.87) 可有

$$\begin{cases} \sigma_7 - \sigma_5 = \rho C \left(v_7 - v_5\right) \\ \sigma_7 - \sigma_6 = -\rho C \left(v_7 - v_6\right) \end{cases} \Rightarrow \begin{cases} \sigma_7 = p \\ v_7 = -\dfrac{p}{\rho C} \end{cases} \tag{5.88}$$

根据右行波波阵面上动量守恒条件和边界条件，并结合式 (5.88)，有

$$\begin{cases} \sigma_8 - \sigma_7 = -\rho C \left(v_8 - v_7\right) \\ \sigma_8 = 0 \end{cases} \Rightarrow \begin{cases} \sigma_8 = 0 \\ v_8 = 0 \end{cases} \tag{5.89}$$

依次类推，可以求出后续杆中应力波在不同时刻的状态量，在此不作详述，读者试推之。

从以上的分析可以看出，矩形脉冲在该线弹性杆中的传播呈周期振荡运动，其振荡周期为 $2t_L$，从图 5.20 也可以看出，在时间段 $[t_\lambda, t_\lambda + nt_L]\,(n \geqslant 1)$ 内应力波的运动规律与时间段 $[t_\lambda, t_\lambda + t_L]$ 内对应一致；因此我们可以通过分析时间段 $[0, t_\lambda + t_L]$ 内应力波的传播规律即可知整个传播时间内杆中应力波的演化规律。

结合以上推导结果和图 5.20 所示物理平面图我们也可以给出应力波在杆中的传播过程，在时间段 $[0, t_\lambda + t_L]$ 内，矩形脉冲应力波传播可以分为 7 个阶段。

第一个阶段，$0 \leqslant t \leqslant t_L$，此阶段内杆中只有强间断加载波，而且自左端杆中矩形波波长 $\lambda$ 随着时间逐渐增大，即

$$\lambda = C \cdot t \tag{5.90}$$

见图 5.21。

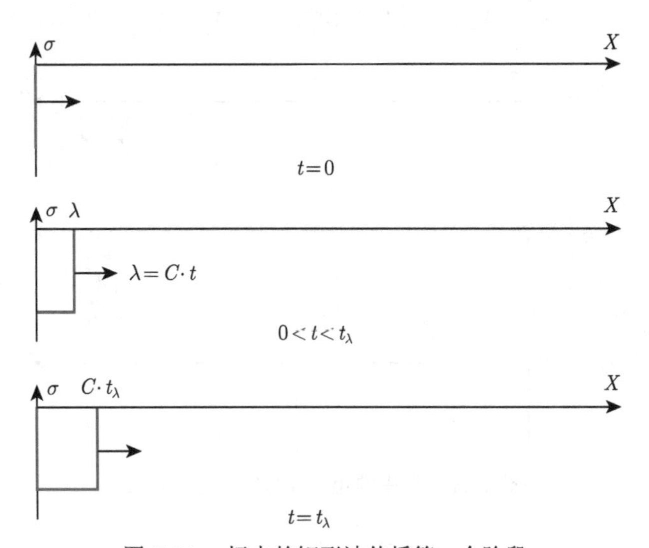


图 5.21　杆中的矩形波传播第一个阶段

第二个阶段，$t_\lambda \leqslant t \leqslant t_L$，此阶段内完整的矩形脉冲波在杆中向右以速度 $C$ 传播，其波形与入射波形完全相同，见图 5.22；在 $t = t_L$ 时刻脉冲波加载波阵面达到杆的右端面上。

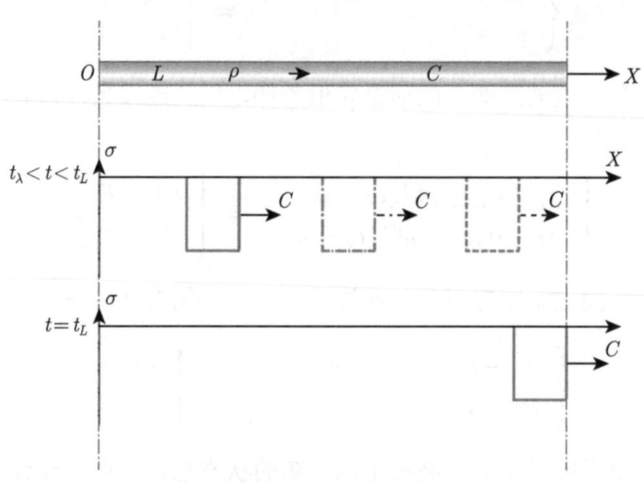


图 5.22　杆中的矩形波传播第二个阶段

第三个阶段，如图 5.20 所示，在 $t_L \leqslant t \leqslant t_L + t_\lambda/2$ 时间段内，杆右端附近区域内矩形脉冲波波长逐渐减小，其中矩形脉冲波卸载间断波阵面以速度 $C$ 向右传播，而根据弹性波在自由面上反射的“镜像法则”，加载间断波阵面以速度 $C$ 向左传播。当 $t = t_L$ 时，脉冲矩形波波长为 $\lambda = Ct_\lambda$，即等于入射波波长；当 $t = t_L + \Delta t$，其中 $0 < \Delta t < t_\lambda/2$ 时，矩形脉冲波卸载间断波距离右端面的距离为 $C(t_\lambda - \Delta t)$，而加载间断波距离右端面的距离为 $C\Delta t$，因此，此时脉冲波波长为 $\lambda = C(t_\lambda - 2\Delta t)$；如图 5.23 所示，在 $t = t_L + t_\lambda/2$ 瞬间，杆中不存在任何应力波。

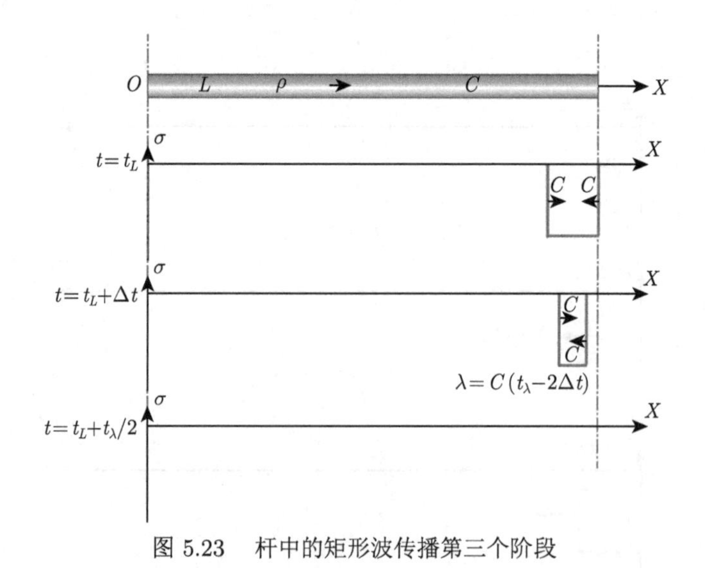


图 5.23　杆中的矩形波传播第三个阶段

第四个阶段，如图 5.20 所示，在 $t_L + t_\lambda/2 < t \leqslant t_L + t_\lambda$ 时间段内，此时自距离杆右

端面 $\lambda = Ct_\lambda/2$ 处，杆中瞬间产生一个强度为 $|p|$ 的拉伸矩形脉冲波，而且以距离杆右端面 $Ct_\lambda/2$ 处质点为中心，两个波阵面均以速度 $C$ 分别向左和向右运动；直到 $t = t_L + t_\lambda$ 时，矩形脉冲波的波长 $\lambda = Ct_\lambda$ 为止；如图 5.24 所示。

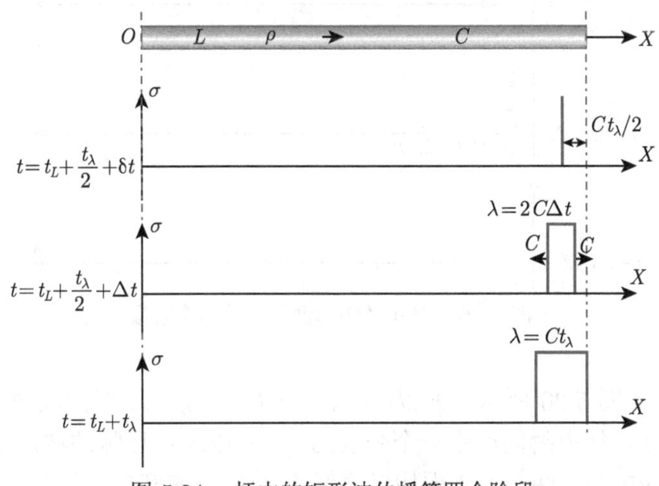


图 5.24 杆中的矩形波传播第四个阶段

第五个阶段，如图 5.20 所示，在 $t_L + t_\lambda < t \leqslant 2t_L$ 时间段内，杆中波长为 $\lambda = Ct_\lambda$ 的矩形拉伸脉冲波自杆右端以速度 $C$ 向杆左端传播，到 $t = 2t_L$ 时刻脉冲波拉伸波阵面到达杆左端，见图 5.25。

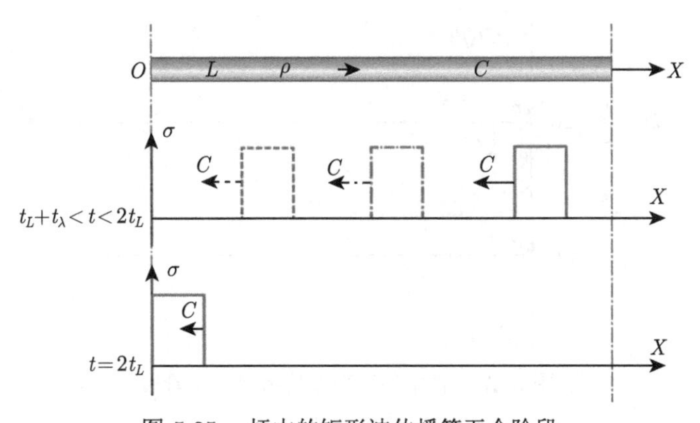


图 5.25 杆中的矩形波传播第五个阶段

第六个阶段，如图 5.20 所示，在 $2t_L < t \leqslant 2t_L + t_\lambda/2$ 时间段内，杆左端附近区域内矩形脉冲波波长逐渐减小，其中矩形脉冲波后方卸载间断波阵面以速度 $C$ 继续向左传播，而前方加载间断波阵面却以速度 $C$ 向右传播。当 $t = 2t_L$ 时，脉冲矩形波波长为 $\lambda = Ct_\lambda$，即等于入射波波长；当 $t = 2t_L + \Delta t$，其中 $0 < \Delta t < t_\lambda/2$ 时，矩形脉冲波卸载间断波距离左端面的距离为 $C(t_\lambda - \Delta t)$，而加载间断波距离左端面的距离为 $C\Delta t$，因此，此时脉冲波波长为 $\lambda = C(t_\lambda - 2\Delta t)$；如图 5.26 所示，在 $t = 2t_L + t_\lambda/2$ 瞬间，杆中不存在任何应力波。

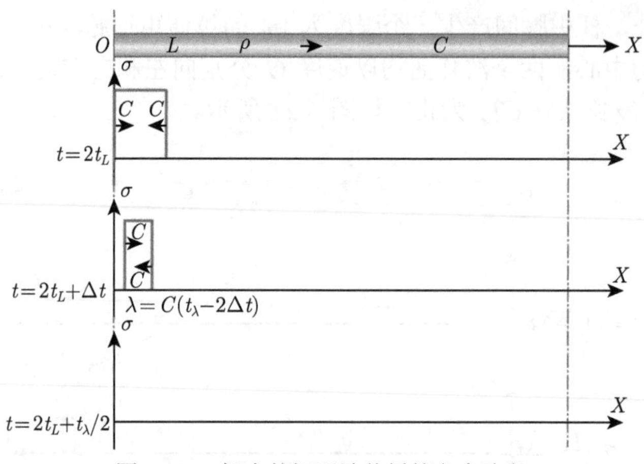


图 5.26　杆中的矩形波传播第六个阶段

第七个阶段，如图 5.20 所示，在 $2t_L + t_\lambda/2 < t \leqslant 2t_L + t_\lambda$ 时间段内，此时自距离杆左端面 $\lambda = Ct_\lambda/2$ 处，杆中瞬间产生一个强度为 $|p|$ 的压缩矩形脉冲波，而且以距离杆左端面 $Ct_\lambda/2$ 处质点为中心，两个波阵面均以速度 $C$ 分别向左和向右运动；直到 $t = 2t_L + t_\lambda$ 时，矩形脉冲波的波长 $\lambda = Ct_\lambda$ 为止；见图 5.27。

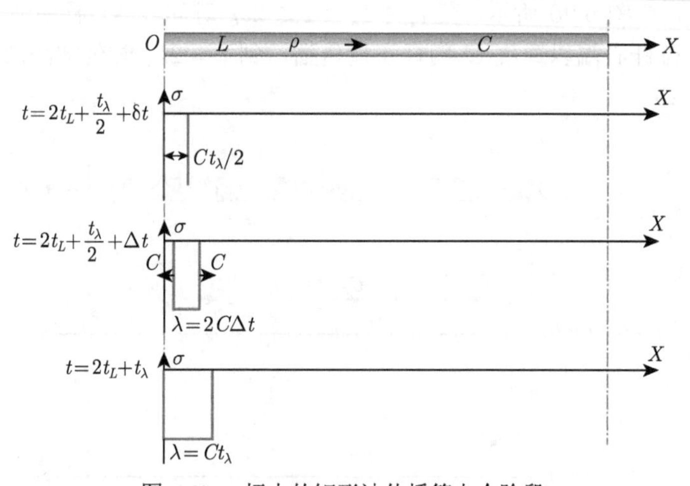


图 5.27　杆中的矩形波传播第七个阶段

之后，应力波在重复以上第二个阶段到第七个阶段中特征周期性运动，在此不再赘述，读者可以试分析之。

2. 波长小于杆长但大于后者的一半时矩形脉冲的传播与演化

当 $t_L/2 < t_\lambda < t_L$ 时，即相对于杆长而言，波长较小但相差不多，此时脉冲波在杆中的传播物理平面图见图 5.28。

此种情况下，杆中应力波的传播也可以同上分为七个阶段，其特征与上一种情况类似，读者试分析之。

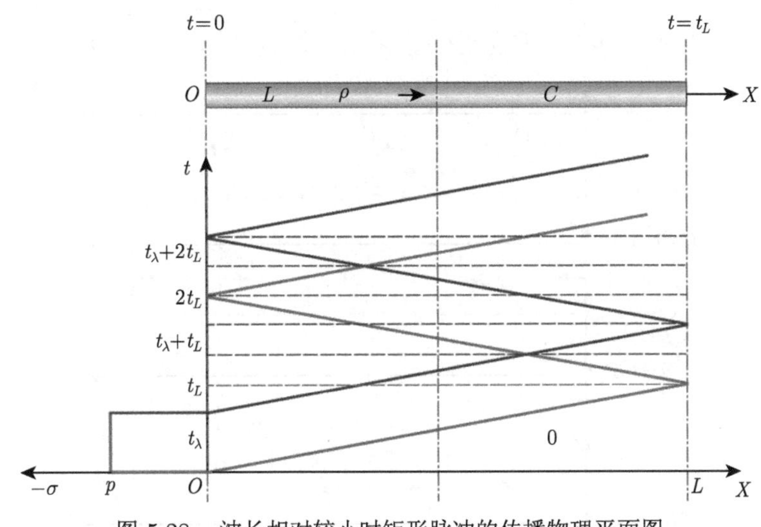

图 5.28 波长相对较小时矩形脉冲的传播物理平面图

### 3. 波长等于杆长时矩形脉冲的传播与演化

当 $t_\lambda = t_L$ 时，即波长正好等于杆长，此时脉冲波在杆中的传播物理平面图见图 5.29。

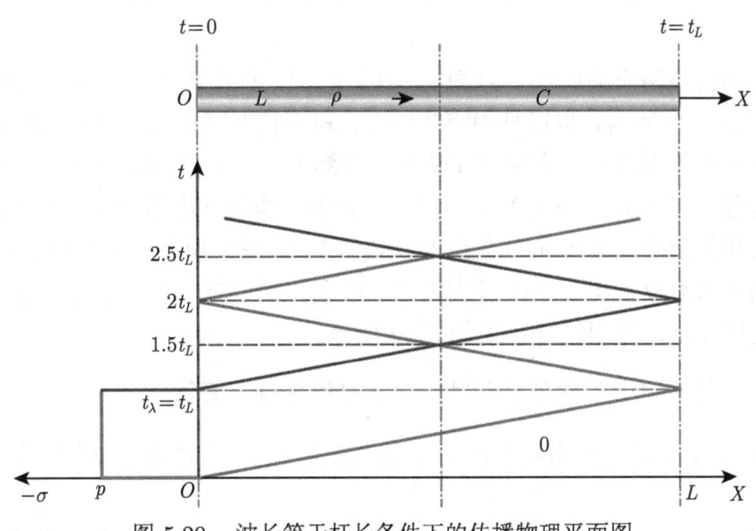

图 5.29 波长等于杆长条件下的传播物理平面图

此时，第一个阶段，当 $t < t_L$ 时，杆中只有压缩加载脉冲波阵面传播，其传播方向向右，传播速度为 $C$；直到 $t = t_L$ 时，杆中所有质点的应力均为 $-\sigma$，此时矩形脉冲波的两个波阵面分别在杆的最左端和最右端，杆中无波阵面，见图 5.30。

第二个阶段，在 $t_L < t \leqslant 1.5t_L$ 区间内，左端的波阵面以速度 $C$ 向右传播、右端的波阵面以速度 $C$ 向左传播，矩形压缩脉冲波的中心始终在杆中心处，直到 $t = 1.5t_L$ 时刻杆中质点均不受任何应力作用，即杆中无应力。

第三个阶段，在 $1.5t_L < t \leqslant 2t_L$ 区间内，杆中点瞬间产生矩形拉伸脉冲波，并同时向

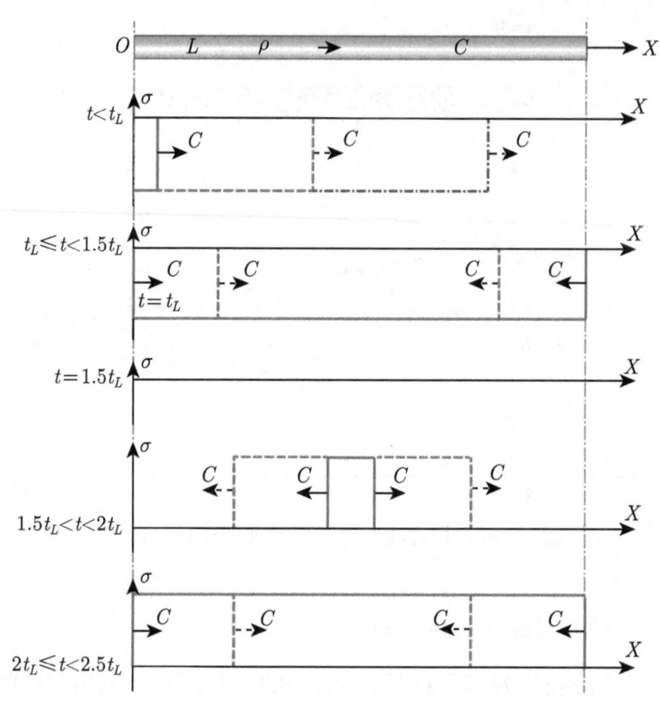


图 5.30　波长等于杆长时杆中的应力波传播示意图

杆左端和杆右端传播两个波阵面，直到 $t = 2t_L$ 时刻，杆中所有质点的应力均为 $\sigma$。之后，在 $2t_L < t \leqslant 2.5t_L$ 区间内，也以杆中点为中心，矩形拉伸脉冲波的两个波阵面均以速度 $C$ 分别从杆左端向右传播或从杆右端向左传播，直到 $t = 2.5t_L$ 时刻，杆中无应力。

第四个阶段，在 $2.5t_L < t \leqslant 3t_L$ 区间内，杆中点瞬间产生矩形压缩脉冲波，并同时向杆左端和杆右端传播两个波阵面，直到 $t = 3t_L$ 时刻，杆中所有质点的应力均为 $-\sigma$。

然后，循环重复以上第二个阶段到第四个阶段，即以杆中点为中心，杆中应力波一直拉伸和压缩交错振荡，无限循环；如图 5.30 所示。

4. 波长大于杆长但小于两倍杆长时矩形脉冲的传播与演化

当 $t_L < t_\lambda < 2t_L$ 时，即相对于杆长而言，波长稍大，此时脉冲波在杆中的传播物理平面图见图 5.31。

此时，杆中应力波的传播与演化与上一种情况相似，只是杆中应力波振荡中心在中心区附近移动，具体方法参考前面分析，读者试分析之。

5. 波长等于两倍杆长时矩形脉冲的传播与演化

当 $t_\lambda = 2t_L$ 时，即波长等于杆长的两倍，此时脉冲波在杆中的传播物理平面图见图 5.32。

第一个阶段，当 $t \leqslant t_L$ 时，自杆左端向右传播一个压缩加载波 $OA(0\sim1)$，此时，杆中只有压缩加载脉冲波阵面传播，其传播方向向右，传播速度为 $C$；根据右行波波阵面上运动方程，有

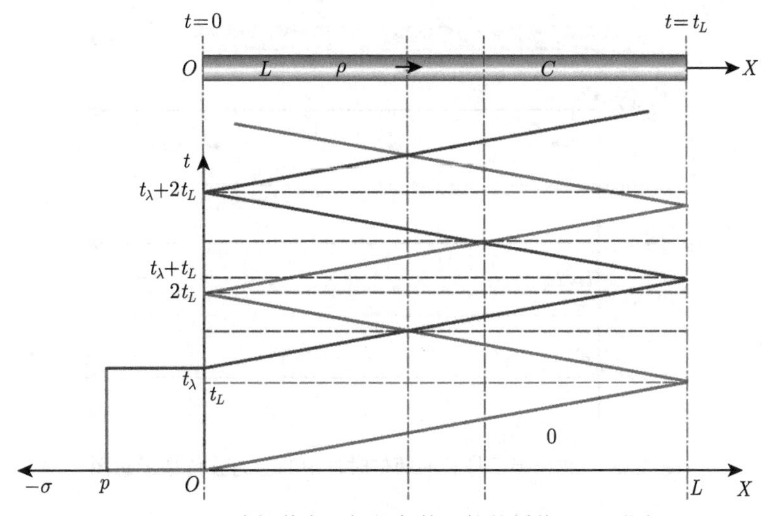

图 5.31 波长稍大于杆长条件下的传播物理平面图

$$\begin{cases} \sigma_1 - \sigma_0 = -\rho C (v_1 - v_0) \\ \sigma_1 - \sigma_0 = p \end{cases} \tag{5.91}$$

式 (5.91) 结合初始条件式 (5.78)，可以给出状态 1 对应的量：

$$\begin{cases} \sigma_1 = p \\ v_1 = -\dfrac{p}{\rho C} \end{cases} \tag{5.92}$$

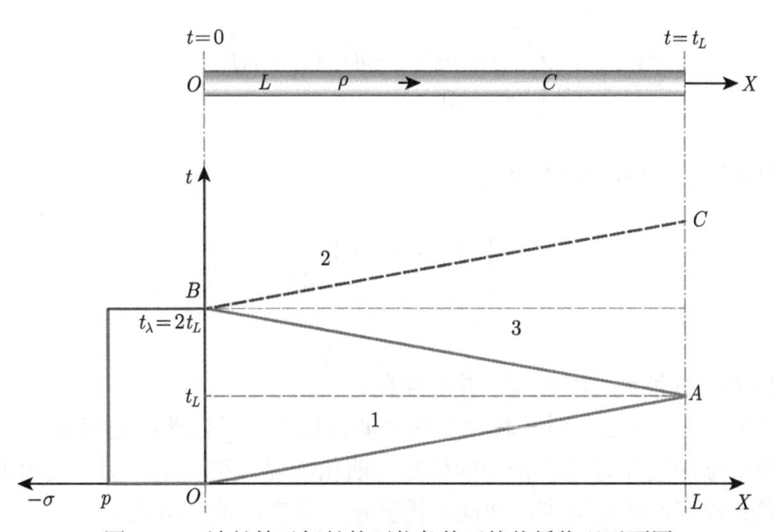

图 5.32 波长等于杆长的两倍条件下的传播物理平面图

直到 $t = t_L$ 时，杆中所有质点的应力均为 $-\sigma$，此时矩形脉冲波的压缩加载波波阵面在杆的最右端，杆中无波阵面，见图 5.33。

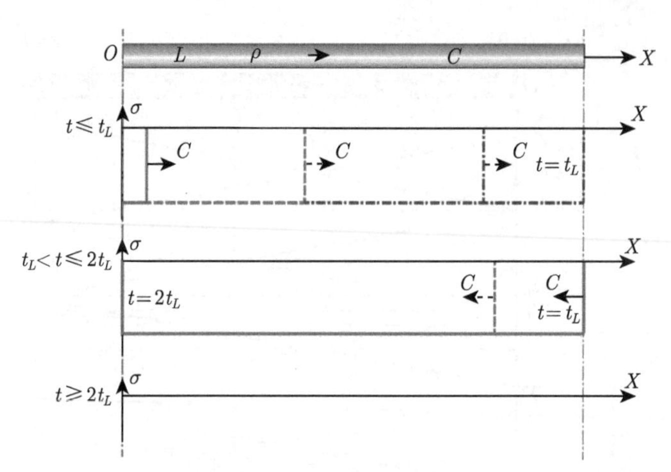


图 5.33　波长等于杆长的两倍时杆中的应力波传播示意图

第二个阶段，在 $t_L < t \leqslant 2t_L$ 区间内，根据弹性波在自由面上反射的“镜像法则”，右端的波阵面以速度 $C$ 向左传播，根据左行波波阵面上运动方程和边界条件可以计算出状态 3 对应的量：

$$\begin{cases} \sigma_3 - \sigma_1 = \rho C(v_3 - v_1) \\ \sigma_3 = 0 \end{cases} \Rightarrow \begin{cases} \sigma_3 = 0 \\ v_3 = -\dfrac{2p}{\rho C} \end{cases} \tag{5.93}$$

直到 $t = 2t_L$ 时刻杆中质点均不受任何应力作用，即杆中无应力。设在 $t = 2t_L$ 时刻，杆右端卸载波与左行反射波叠加从而向右传播一个弹性波 $BC(3\sim2)$，此时有边界条件 $\sigma_2 = 0$，根据右行波的运动方程，有

$$\begin{cases} \sigma_2 - \sigma_3 = -\rho C(v_2 - v_3) \\ \sigma_2 = 0 \end{cases} \tag{5.94}$$

结合式 (5.94) 和式 (5.93)，即可求出

$$\begin{cases} \sigma_2 = \sigma_3 = 0 \\ v_2 = v_3 = -\dfrac{2p}{\rho C} \end{cases} \tag{5.95}$$

式 (5.95) 意味着，弹性波 $BC(3\sim2)$ 并不存在。

第三个阶段，在 $t \geqslant 2t_L$ 时，杆中无应力波传播而处于自然松弛状态。

以上是矩形脉冲波在有限长杆中的传播与演化情况，事实上，对于其他波形，以上分析方法和步骤并没有本质的区别，在此不再赘述，读者可试分析之。

### 5.2.2　一维强弹性波在自由面反射特征与层裂行为

一般而言，一个压力脉冲由脉冲头部的压缩加载波及随后的卸载波波阵面共同组成。从上面交界面应力波的透反射理论分析可知，压缩加载脉冲到达杆或板的自由面时，会在

自由面邻近区域反射等量的卸载波，这些卸载波再与入射压力加载波随后的卸载波相互作用，会在自由面附近区域形成拉伸应力。

参考 5.2.1 节中的分析，当 $t_\lambda = 2nt_L + t'$ ($n$ 为非负整数，$0 < t' < 2t_L$) 时，此时弹性波在杆中的传播与反射问题可以分为两个部分。第一部分：此时弹性波的透反射物理平面图类似图 5.32，具体来讲，时间段 $[2kt_L, (2k+2)t_L]$ 内杆内弹性波的传播与 $[0, 2t_L\ ]$ 完全一致，其应力演化参考图 5.33。容易看出，此种情况下，当入射波为压缩脉冲时，在时间段 $[0, (2n{+}2)t_L\ ]$ 内，杆中应力只能为零或压缩状态。第二部分：在时间段 $(2nt_L, 2nt_L + t']$ 内，此时弹性波的传播物理平面图和杆中应力波传播应力状态图可以参考 5.2.1 节中所述情况。从中可以看出，若 $t' \neq 0$，则杆中必会出现拉伸应力存在的情况。

当拉伸应力满足某材料的动态断裂准则时，会在此区域产生裂纹或孔洞，一旦裂纹或孔洞发展到一个极限值，就会使得此局域材料脱落分离，这种由压力脉冲在自由表面反射所造成背面的动态断裂现象称为层裂或崩落现象，分出的裂片称为层裂片或痂片；一般来讲，这些层裂片具有较高的动量，有着强大的破坏力。需要注意的是，当自由面出现层裂时，层裂片飞离，就会在脱落面同时形成新自由表面，继续入射的压力脉冲就将在此新自由表面上反射，从而可能造成第二层层裂；以此类推，在一定条件下可形成多层层裂，产生一系列的多层层裂片。

当然，层裂的形成条件中，拉伸应力只是一个前提，最后还是取决于是否满足动态断裂准则，具体来讲就是压力脉冲在自由表面反射后形成了足以满足动态断裂准则的拉应力，因此，压力脉冲的强度和形状对于能否形成层裂、在什么位置形成层裂、层裂片厚度是多少以及形成几层层裂等具有直接的影响。大多数工程材料往往能承受相当强的压应力波而不至破坏，但不能承受同样强度的拉应力波，如混凝土、岩石、陶瓷甚至金属材料，这些常用的工程材料在强爆炸或冲击载荷下常常会存在层裂行为，这种现象有时会干扰或损坏正常生产行为，例如，煤矿生产过程中强爆炸冲击会使得巷道顶板或侧边岩石或混凝土出现动态崩落行为而严重影响巷道的支护；又如，碎甲弹在传统防护装甲表面的爆炸会使得内部表面产生大量高速层裂片从而导致内部人员的伤亡、强爆炸荷载使得人防工程中巷道或工事顶板产生内部员工的伤亡或设备的损坏，等等，这类问题无论在民用工业上还是军事工程或武器装备上数不胜数；但是反过来，这种行为是有规律的，我们也可以利用层裂行为和规律来达到目标，如碎甲弹的制造、利用层裂试验来测试材料的动态拉伸强度等。

1. 矩形入射波问题

为方便起见，这里我们以 $p = -\sigma$ 表示压应力，考虑在一维杆中存在一个矩形入射波，该加载波具有一个明显特征，如图 5.34 所示，该波开始突加至峰值 $p_m$，在保持一段时间后突然卸载。设矩形波脉冲的波长为 $\lambda$。先考虑加载脉冲波长远小于杆长的情况，由 5.1.2 节的分析可知，对于压缩脉冲在自由面的反射问题，根据“镜像法则”，将反射脉冲作为入射脉冲的镜面倒像 (应力) 或镜面正像 (质点速度)，并以叠加原理作出任意时刻杆中的应力剖面如图 5.34 所示。

图 5.34 中是矩形压应力脉冲在自由面上反射的五个典型时刻下的应力波示意图，图中虚线表示实际并不存在的波形，只是辅助分析用；而实线表示实际的弹性波。

第一张图表示矩形脉冲接近自由面，此时整个杆中无拉应力区域。

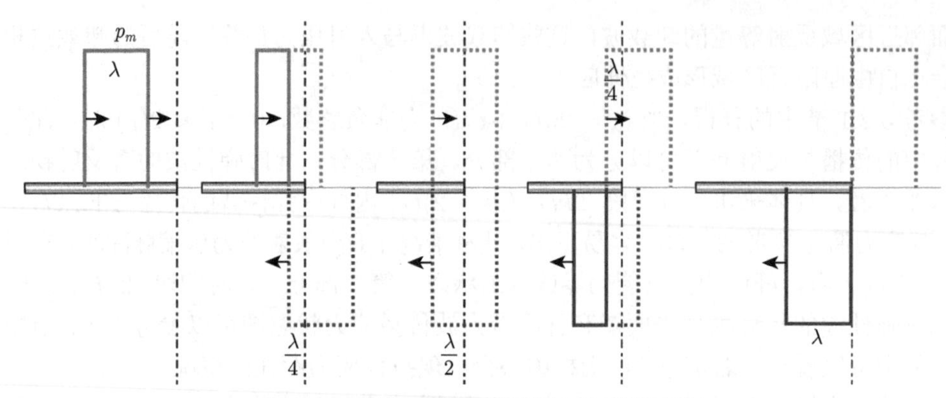


图 5.34　矩形脉冲在自由面上的反射问题

第二张图表示入射矩形脉冲的 1/4 被反射，即波长为 $\lambda/4$ 的入射压应力脉冲被反射为波长为 $\lambda/4$ 的反射卸载波，同时，反射的卸载波与入射波中接近自由面的 $\lambda/4$ 部分出现应力叠加，入射加载波被卸载波卸载使得其应力合力为零，入射波转化成波长为 $\lambda/2$ 的矩形脉冲了。

第三张图表示入射矩形脉冲的 1/2 被反射，同第二张图中的分析，此时入射加载波被反射卸载波完全卸载，杆中自由面附近的应力为 0，需要说明的是，虽然此区域内应力为零，与杆中初始状态应力相同，但自由面附近的 $\lambda/2$ 区域内质点速度并不为零，而是加载波阵面后方质点速度的 2 倍。

第四张图表示入射矩形脉冲的 3/4 被反射，根据“镜像法则”可知反射的卸载波波长为 $3\lambda/4$，其中在自由面端部 $\lambda/4$ 区域入射加载波被反射卸载波完全卸载，使得此区域应力为 0，反射波为一个波长为 $\lambda/2$ 的拉应力波。

第五张图表示入射加载波完全被反射成波长为 $\lambda$ 的拉应力波，反射波向左传播。

从以上分析可以看出，自由面反射后介质中出现了拉应力区，层裂的本质是压缩加载波在自由面反射产生的卸载波与入射的卸载波相遇使材料出现二次卸载导致材料中出现拉应力。对于入射矩形脉冲的情况，所产生的最大拉应力恰等于入射压缩脉冲峰值，即 $|\sigma_m| = p_m$，且首先出现此拉应力的截面在一维杆中距离自由面 $\lambda/2$ 处，故若取材料的断裂准则为最大拉应力瞬时断裂准则：

$$|\sigma_m| \geqslant \sigma_c \tag{5.96}$$

即如果拉应力超过了材料的破坏应力即会出现层裂，则在一维杆中距离自由面 $\lambda/2$ 处发生层裂，层裂的厚度为

$$\delta = \frac{\lambda}{2} \tag{5.97}$$

根据动量守恒条件可知：层裂片脱离并飞出时的全部动量 $\rho v\delta$ 是由入射脉冲头部到达断裂面至其尾部离开此面整个时间间隔 $\lambda/C$ 内，入射压力施加到此面上的冲量 $p_m\lambda/C$ 转化而来。由此，可以求出层裂片飞出的速度：

$$v = \frac{p_m\lambda/C}{\rho\delta} = \frac{2p_m}{\rho C} = 2\frac{p_m}{\rho C} = 2v_0 \tag{5.98}$$

式中，$v_0$ 表示入射波质点速度，式 (5.98) 即表示层裂片飞出的速度等于一维杆中入射波质点速度的两倍。另外，从图 5.34 中可以看出，对于矩形入射脉冲而言，无论其幅值多大，也不会发生两层或多层层裂的现象。

2. 三角形入射波问题

与矩形脉冲不同，如果入射波是三角形脉冲，则脉冲在自由面发生反射初始阶段就发生入射卸载波与反射卸载波的相互作用而形成拉应力，如图 5.35 所示。图中显示三角形脉冲在自由面发生反射的五个典型时刻：入射波到达自由面附近；少量入射波被反射形成卸载波并在其与入射加载波的相互作用下形成宽度为 $\delta$ 的左行拉应力波；入射波一半被反射，反射卸载波与入射波相互作用下形成波长为 $\lambda/2$ 的左行拉应力波；入射波全部被发射成波长为 $\lambda$ 的反射左行拉应力波。

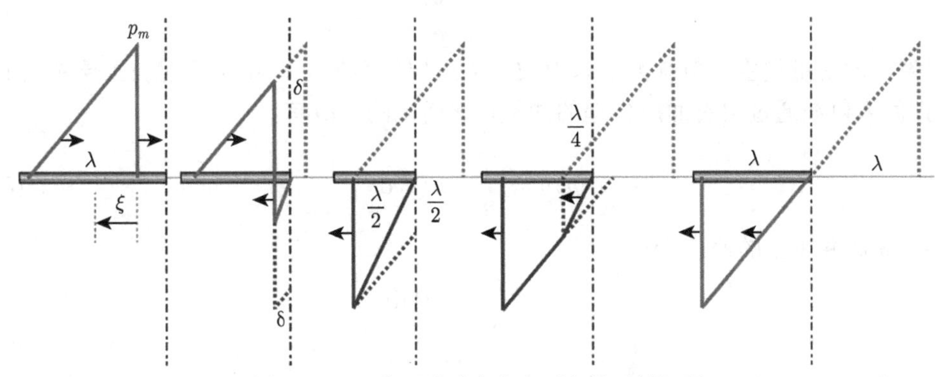


图 5.35 三角形脉冲在自由面上的反射问题

为定量分析波的相互作用，我们定义一个入射加载波所在位置为参考点，如图 5.35 中第一张图所示，参考点左端距离参考点 $\xi$ 处的压应力幅值为 $p(\xi)$，对于三角形波而言，可有

$$p(\xi) = p_m\left(1 - \frac{\xi}{\lambda}\right), \quad 0 \leqslant \xi \leqslant \lambda \tag{5.99}$$

根据式 (5.99) 我们可以给出此一维杆中任意一个截面的应力时程曲线。以任一截面为例，可将入射加载波阵面 (为通俗起见，后面称为波头) 到达该截面的时刻设为初始时刻 $t=0$，则在 $t=t$ 时刻其相对坐标为 $\xi = Ct$，因而，我们可以得到此截面上压应力时程曲线为

$$p(t) = p_m\left(1 - \frac{Ct}{\lambda}\right) \tag{5.100}$$

如果我们取材料的断裂准则为最大拉应力瞬时断裂准则，并设 $p_m > \sigma_c$，则在某一时刻一维杆中会发生层裂。而且根据图 5.35 可知，发生层裂的地方一定在反射卸载波的波头上，因为该处的拉应力最大。如图 5.35 中第二张图所示，设在距离自由面 $\delta$ 处初次出现层裂现象，则层裂片厚度为 $\delta$，此时卸载波波头的拉应力值为 $p = p_m$，而根据式 (5.100) 可以得到此波头对应入射波压应力值 $p(2\delta/C)$，因此，我们可以给出此时卸载波波头与入射波相

互作用下截面上的拉应力值：

$$\sigma(\delta) = p_m - p_m\left(1 - \frac{2\delta}{\lambda}\right) = p_m\frac{2\delta}{\lambda} \tag{5.101}$$

从式 (5.101) 可以看出，随着 $\delta$ 的增大，其拉应力值逐渐增大，直到 $\sigma(\delta) = \sigma_c$ 时开始出现层裂，由此我们可以计算出首次层裂发生的位置及首次层裂片的厚度：

$$\delta = \frac{\lambda}{2}\frac{\sigma_c}{p_m} \tag{5.102}$$

式 (5.102) 说明，当入射脉冲峰值 $p_m = \sigma_c$ 时，飞片的厚度同以上所分析的矩形脉冲类似 $\delta = \lambda/2$；另外，从式 (5.102) 也可以看出，随着入射波斜率的增大 (通俗地讲就是越陡)，即 $p_m/\lambda$ 值越大，层裂片厚度越小即越薄。首次发生层裂的时间为从入射波波头到达自由面开始后的时刻：

$$t = \frac{\lambda}{2C}\frac{\sigma_c}{p_m} \tag{5.103}$$

层裂片的动量是由入射脉冲从入射波头到达层裂面的 $t = 0$ 至反射波到层裂面的 $t = 2\delta/C$ 期间入射波通过层裂面所传递的冲量转化而来的，故有

$$\rho\delta v = \int_0^{\frac{2\delta}{C}} p(t)\,\mathrm{d}t \tag{5.104}$$

即层裂片脱离并飞出的速度为

$$v = \frac{\displaystyle\int_0^{\frac{2\delta}{C}} p(t)\,\mathrm{d}t}{\rho\delta} \tag{5.105}$$

结合式 (5.100) 和式 (5.105)，我们可以给出一维杆中三角形脉冲在自由面反射时首次层裂片的速度：

$$v = \frac{2p_m\left(1 - \dfrac{\delta}{\lambda}\right)}{\rho C} = \frac{2p_m - \sigma_c}{\rho C} \tag{5.106}$$

式 (5.106) 说明，对于同一种材料而言，三角形脉冲峰值越大，其层裂片飞出的速度越大，与层裂片的厚度不同，其飞出速度与入射波三角形斜率 (陡度) 无关，而只与脉冲峰值强度相关。

当 $p_m = \sigma_c$ 时，层裂发生的时间为 $t = \lambda/(2C)$，此时全部脉冲能量都转化为层裂片的动量，其飞出速度为 $v = \sigma_c/(\rho C)$，是相同波长和相等峰值压应力矩形脉冲在自由面反射所产生层裂片速度的一半。

当 $\sigma_c < p_m < 2\sigma_c$ 时，首次层裂后，层裂面形成了一个新的自由面，后方的三角形脉冲在新自由面也会再次发生反射，但由于后方三角形脉冲峰值 $p'_m = (p_m - \sigma_c) < 2\sigma_c$，因此不能产生二次层裂现象。

当 $2\sigma_c \leqslant p_m < 3\sigma_c$ 时，首次层裂后，后方的三角形脉冲峰值 $p'_m = (p_m - \sigma_c) \geqslant \sigma_c$，此时，后方的三角形脉冲在首次层裂面再次发生反射并产生层裂，二次层裂片的厚度为

$$\delta_2 = \frac{\lambda - 2\delta}{2}\frac{\sigma_c}{p_m - \sigma_c} = \frac{\lambda - \lambda\dfrac{\sigma_c}{p_m}}{2}\frac{\sigma_c}{p_m - \sigma_c} = \frac{\lambda}{2}\frac{\sigma_c}{p_m} = \delta \tag{5.107}$$

参考式 (5.106)，可以求出二次层裂片的速度为

$$v_2 = \frac{2\left(p_m - \sigma_c\right)\left(1 - \dfrac{\delta_2}{\lambda - 2\delta_2}\right)}{\rho C} = \frac{2p_m - 3\sigma_c}{\rho C} = \frac{2\left(p_m - \sigma_c\right) - \sigma_c}{\rho C} < v \tag{5.108}$$

由式 (5.108) 可以看出，发生二次层裂的条件是三角形脉冲幅值不小于材料最大拉应力瞬间断裂强度的 2 倍，二次层裂片厚度与首次层裂片厚度相同，只是层裂片飞出的速度较首次层裂片小。

同理,当 $n\sigma_c \leqslant p_m < (n+1)\sigma_c$ 且 $n \geqslant 3$ 时,三角形脉冲峰值为 $p'_m = p_m-(n-1)\sigma_c \geqslant \sigma_c$，即发生 $n-1$ 次层裂后方脉冲峰值依然达到材料最大拉应力瞬间断裂强度，会产生第 $n$ 次层裂，从上面的分析我们可以设前 $n-1$ 次每次层裂片厚度均为 $\delta = \lambda\sigma_c/(2p_m)$，则第 $n$ 次层裂片的厚度为

$$\delta_n = \frac{\lambda_{n-1} - 2\delta_{n-1}}{2}\frac{\sigma_c}{p_m - (n-1)\sigma_c} = \frac{\lambda - 2(n-1)\delta}{2}\frac{\sigma_c}{p_m - (n-1)\sigma_c} = \frac{\lambda}{2}\frac{\sigma_c}{p_m} = \delta \tag{5.109}$$

式 (5.109) 说明，第 $n$ 次层裂片的厚度依然与之前每次层裂片厚度一致，也就是说对于三角形脉冲，无论其幅值多大，产生层裂后层裂片的厚度均相等。第 $n$ 次层裂时层裂片的速度为

$$v_n = \frac{2\left[p_m - (n-1)\sigma_c\right] - \sigma_c}{\rho C} = v_{n-1} - \frac{2\sigma_c}{\rho C} = v - \frac{2(n-1)\sigma_c}{\rho C} \tag{5.110}$$

式 (5.110) 说明，发生多次层裂后，其层裂片的速度是递减的，其递减的幅度为 $2\sigma_c/(\rho C)$。

3. 指数形式入射波问题

从上面的推导来看，对于三角形脉冲而言，由于入射波卸载段斜率一致，其层裂片厚度一致、速度按照等量递减；在工程实际中，爆炸波常常以指数衰减，利用三角形入射波简化分析能够得到具有一定参考价值的定性和稍显粗糙的定量结论，但实际上还是有些特征不能捕捉到，现在我们对一维杆中入射波为指数脉冲时的层裂情况进行分析。

类似于三角形脉冲相关分析，如图 5.36 所示指数脉冲可以写为

$$p(\xi) = p_m \exp\left(-\frac{\xi}{C\tau}\right), \quad 0 \leqslant \xi \leqslant \lambda \quad 或 \quad p(t) = p_m \exp\left(-\frac{t}{\tau}\right) \tag{5.111}$$

式中，$\tau$ 是时间常数，它具有与时间相同的量纲。同样使用材料的最大拉应力瞬时断裂准则，可以得到

$$\sigma(\delta_1) = p_m - p_m \exp\left(-\frac{2\delta_1}{C\tau}\right) = \sigma_c \tag{5.112}$$

根据式 (5.112) 可以求出首次层裂片的厚度为

$$\delta_1 = \frac{C\tau}{2}\ln\left(\frac{p_m}{p_m - \sigma_c}\right) \tag{5.113}$$

同三角形脉冲分析，我们可以得到首次层裂片的飞出速度为

$$v_1=\frac{\displaystyle\int_0^{2\delta_1/C}p\left(t\right)\mathrm{d}t}{\rho\delta_1}=\frac{2\sigma_c}{\rho C\ln\left[p_m/(p_m-\sigma_c)\right]} \tag{5.114}$$

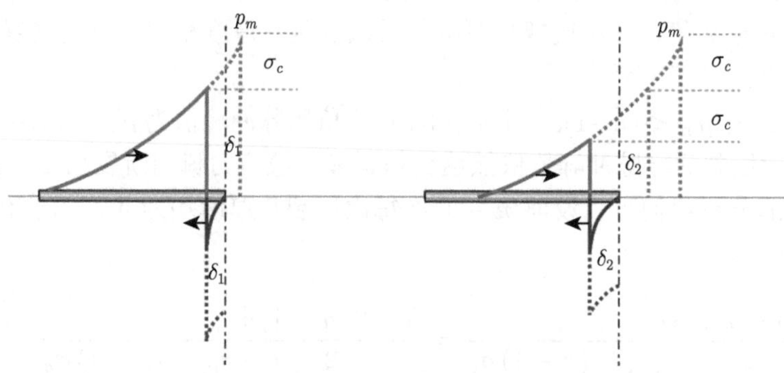


图 5.36　指数脉冲在自由面上的反射问题

当 $2\sigma_c\leqslant p_m<3\sigma_c$ 时，首次层裂后，后方的三角形脉冲峰值 $p'_m=(p_m-\sigma_c)\geqslant\sigma_c$，此时，后方的三角形脉冲在首次层裂面再次发生反射并产生层裂，结合式 (5.113)，可以计算出二次层裂片的厚度为

$$\delta_2\doteq\frac{C\tau}{2}\ln\left(\frac{p_m-\sigma_c}{p_m-2\sigma_c}\right)>\delta_1 \tag{5.115}$$

参考式 (5.106)，可以求出二次层裂片的速度为

$$v_2=\frac{2\sigma_c}{\rho C\ln\left[(p_m-\sigma_c)/(p_m-2\sigma_c)\right]}<v_1 \tag{5.116}$$

式 (5.115) 说明，二次层裂片厚度比首次层裂片大，以此类推，当指数脉冲幅值足够大时，会产生多次层裂，而且层裂片厚度越来越大；式 (5.116) 说明，与三角形脉冲不同，指数脉冲虽然二次层裂片速度小于首次层裂片速度，但在多次层裂时，每一次层裂片速度并不是以恒定速度递减的。

以上的研究是基于弹性波一维理论的基础上完成的，其未考虑几何上的二维效应和材料的弹塑性效应，实际情况复杂得多，但在原理上它们是相同的，这些结论在很多时候能够给实际工程提供理论支撑。在很多时候，工程材料的拉伸强度远小于其压缩强度，如混凝土、岩石、陶瓷等脆性材料，强压力动载作用到此类材料中时，如果遇到自由面很容易发生层裂现象，这些高速破片会给自由面方向空间造成很大的伤害，如人防工程中顶板结构、地铁防爆室、煤矿井下巷道等。由上面的分析可知，最基本的办法有两种：减小入射压应力波波幅和增大材料的抗拉强度。前者就是采用新型材料或结构实现阻尼和削波；后者就是对材料进行改性，如利用钢纤维混凝土替代混凝土等。即使如钢这样的金属材料而言，在复合应力条件下能够承受较高的压应力却容易在相对较低的拉应力作用下出现层裂

现象，这在装甲车辆含坦克承受爆炸冲击作用下的层裂造成内部人员伤亡和设备毁坏这一现象就能明显看出，因此我们一般也是采用与上面类似的方式来改进装甲车辆的防护结构。

由式 (5.115) 可知，对于指数脉冲而言，如果出现多次层裂，层裂片的厚度越来越大，这与实际情况不符，其主要原因是以上所引用的最大拉应力瞬时断裂准则 (5.96) 不准确 (特别是软材料) 而造成的。一般而言，除了理想晶体的理论强度外，工程材料的断裂实际上不是瞬时发生的，而是一个有限速度发展的过程。特别在高应变率下，更呈现明显的断裂滞后现象，表现为临界应力随着载荷作用持续的增加而降低。这说明材料断裂的发生，不仅与作用在其上的应力值有关，还与应力作用的持续时间或者应力 (应变) 率有关。因此，这时我们应该采用有时间效应的损伤积累准则。常用的有 Tuler 和 Butcher 在 1986 年提出的损伤累积准则：

$$\int_0^t [\sigma(t) - \sigma_0]^\gamma \, \mathrm{d}t = K \tag{5.117}$$

式中，$\sigma_0$、$\gamma$ 和 $K$ 为材料常数，$\sigma_0$ 称为材料出现损伤的门槛应力，即当材料某处的拉应力 $\sigma(t)$ 超过其门槛应力 $\sigma_0$ 时，此处即会产生损伤；材料在 $\mathrm{d}t$ 时间内所产生的损伤以超应力的 $\gamma$ 次幂和 $\mathrm{d}t$ 乘积所表达的唯象量 $[\sigma(t)-\sigma_0]^\gamma \mathrm{d}t$ 来表征，而当此处在某时刻 $t$ 时其损伤的累积值达到 $K$ 时，材料即发生层裂。当然还有一些更严格准确的理论，其主要涉及材料的动态断裂准则相关知识，而在应力波知识方面与以上分析基本一致，因而在此不做详述。

### 5.2.3 两层介质中一维线弹性矩形脉冲的传播

如图 5.37 所示，设两个一维线弹性杆紧密结合，杆 1 的介质密度和声速分别为 $\rho_1$ 和 $C_1$，长度为 $l_1$，介质 2 的密度和声速分别为 $\rho_2$ 和 $C_2$，已知两杆波阻抗不同，在初始 $t=0$ 时刻在杆 1 左端突然施加一个矩形压缩脉冲，脉冲强度为 $p$，入射波波长为 $\lambda$。

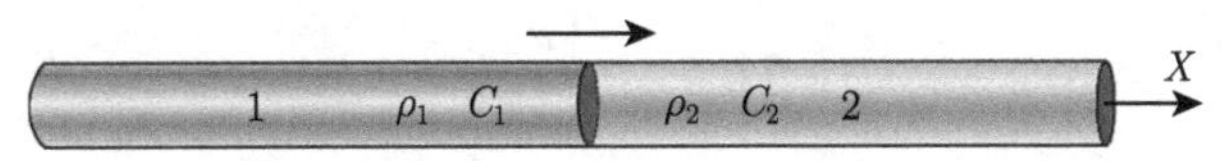


图 5.37 矩形脉冲波在两种材料一维杆中的传播

假设杆 2 的长度极大，从而可以不考虑此杆中应力波的反射问题。先考虑简单情况，设杆 1 的长度为

$$l_1 = \frac{\lambda}{2} \tag{5.118}$$

设两杆在初始皆处于自然松弛静止状态，即应力与速度初始条件皆为零。自 $t=0$ 时刻从杆 1 左端向右端传播一个强间断加载波 $OA(0\sim1)$，其应力强度为

$$[\sigma]_{0\sim1} = \sigma_1 - \sigma_0 = -p \tag{5.119}$$

根据右行波波阵面上的运动方程可以给出其速度强度为

$$[v]_{0\sim1} = v_1 - v_0 = \frac{p}{\rho_1 C_1} \tag{5.120}$$

但应力波到达杆 1 与杆 2 的交界面上瞬间，会同时反射和透射一个应力波，物理平面图如图 5.38 所示。

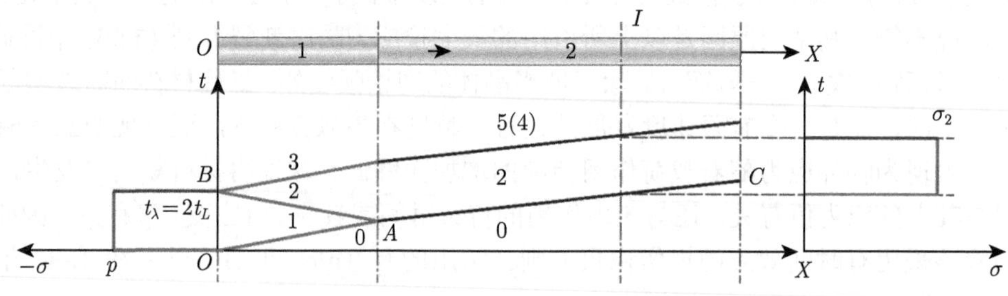


图 5.38　$k>1$ 时两层杆中应力波的传播

根据交界面上弹性波的透反射性质以及式 (5.119) 和式 (5.120) 可以计算出，反射波与透射波的强度分别为

$$\begin{cases}[\sigma]_{1\sim2}=\dfrac{k-1}{k+1}[\sigma]_{0\sim1}=\dfrac{1-k}{k+1}p\\[v]_{1\sim2}=\dfrac{1-k}{k+1}[v]_{0\sim1}=\dfrac{1-k}{k+1}\dfrac{p}{\rho_1C_1}\end{cases} \text{和} \begin{cases}[\sigma]_{0\sim2}=\dfrac{2k}{k+1}[\sigma]_{0\sim1}=\dfrac{-2kp}{k+1}\\[v]_{0\sim2}=\dfrac{2}{k+1}[v]_{0\sim1}=\dfrac{2}{k+1}\dfrac{p}{\rho_1C_1}\end{cases} \tag{5.121}$$

式中，$k$ 为波阻抗比

$$k=\frac{\rho_2C_2}{\rho_1C_1} \tag{5.122}$$

从式 (5.121) 可以得到此时交界面受力为

$$\sigma_2=\frac{-2kp}{k+1}<0 \tag{5.123}$$

即两杆之间还是处于紧密压缩状态，并没有分离，式 (5.123) 中透反射给出的结果是准确的。同时可以给出

$$v_2=\frac{2}{k+1}\frac{p}{\rho_1C_1} \tag{5.124}$$

反射波 1~2 到达杆 1 左端会反射一个应力波，与脉冲波的卸载强间断波叠加，自左端向右端传播一个应力波 2~3，根据右行波波阵面上的运动方程，并结合边界条件，可以给出

$$\begin{cases}\sigma_3-\sigma_2=-\rho_1C_1(v_3-v_2)\\\sigma_3=0\end{cases} \tag{5.125}$$

结合式 (5.125) 和式 (5.121)，可以得到

$$\begin{cases}\sigma_3=0\\v_3=\dfrac{1-k}{k+1}\dfrac{2p}{\rho_1C_1}\end{cases} \tag{5.126}$$

应力波 2~3 到达杆 1 和杆 2 的交界面上，也会同时产生一个反射波和透射波，根据交界面上应力波的透反射性质，可以给出

$$\begin{cases} [\sigma]_{3\sim4} = \dfrac{k-1}{k+1}[\sigma]_{2\sim3} = \dfrac{k-1}{k+1}\dfrac{2kp}{k+1} \\ [v]_{3\sim4} = \dfrac{1-k}{k+1}[v]_{2\sim3} = \dfrac{k-1}{(k+1)^2}\dfrac{2kp}{\rho_1 C_1} \end{cases} \quad 和 \quad \begin{cases} [\sigma]_{2\sim4} = \dfrac{2k}{k+1}[\sigma]_{2\sim3} = \dfrac{2k}{k+1}\dfrac{2kp}{k+1} \\ [v]_{2\sim4} = \dfrac{2}{k+1}[v]_{2\sim3} = -\dfrac{2}{(k+1)^2}\dfrac{2kp}{\rho_1 C_1} \end{cases} \tag{5.127}$$

根据式 (5.127) 可以求出

$$\sigma_4 = \frac{k-1}{k+1}\frac{2kp}{k+1} \tag{5.128}$$

当 $k>1$ 时，式 (5.128) 对应的值大于零，即交界面受到拉力，这与条件不符。这种情况意味着当应力波 3~4 到达交界面的瞬间，两杆分离，此种情况下，式 (5.126) 并不成立。即应力波 3~4 到达交界面上并没有产生反射波，如图 5.38 所示。然而，虽然两杆分离，但式 (5.123) 也成立，因此杆 2 左端会产生一个向右传播的卸载波 2~5，且

$$\sigma_5 = 0 \tag{5.129}$$

根据右行波波阵面上的运动方程，可以得到

$$\begin{cases} \sigma_5 - \sigma_2 = -\rho_2 C_2 (v_5 - v_2) \\ \sigma_5 = 0 \end{cases} \tag{5.130}$$

即有

$$v_5 = 0 \tag{5.131}$$

从式 (5.131) 和式 (5.126) 也可以看出，当 $k>1$ 时，有

$$v_3 = \frac{1-k}{k+1}\frac{2p}{\rho_1 C_1} < 0 = v_5 \tag{5.132}$$

这也意味着两杆确实在分离。

以上分析表明，矩形压缩应力波脉冲从低波阻抗杆向高波阻抗杆传播的情况下，当脉冲波长等于杆长的 2 倍时，在经历 $3l_1/C_1$ 时间后，杆 2 逐渐静止，杆 1 反弹。此时，透射杆中截面 I 处的输出应力波波形见图 5.38。从图中可以看出，杆 2 中透射的应力波也是一个矩形脉冲波，其应力峰值为

$$\sigma_t = \sigma_2 = \frac{-2kp}{k+1} < 0 \tag{5.133}$$

也是一个压缩脉冲波，其强度

$$|\sigma_t| = \frac{2kp}{k+1} > p \tag{5.134}$$

大于入射波。这意味着当透射杆 2 的波阻抗大于入射杆 1 的波阻抗时，出现应力波放大效应；透射应力波脉冲的波长为

$$\lambda_t = C_2\frac{2l_1}{C_1} = \frac{2C_2}{C_1}l_1 \tag{5.135}$$

当 $k<1$ 时，式 (5.128) 对应的值小于零，即交界面还是处于压缩状态，因此式 (5.127) 是合理存在的。此时，根据式 (5.127) 可以给出状态点 4 的状态量：

$$\begin{cases} \sigma_4 = \dfrac{k-1}{k+1}\dfrac{2kp}{k+1} \\ v_4 = \dfrac{1-k}{(k+1)^2}\dfrac{2p}{\rho_1 C_1} \end{cases} \tag{5.136}$$

反射波 3~4 到达杆 1 左端自由面会反射一个应力波，根据自由面应力波反射的“镜像法则”，可以得到

$$\begin{cases} [\sigma]_{4\sim5} = -[\sigma]_{3\sim4} = \dfrac{1-k}{k+1}\dfrac{2kp}{k+1} \\ [v]_{4\sim5} = [v]_{3\sim4} = \dfrac{k-1}{(k+1)^2}\dfrac{2p}{\rho_1 C_1} \end{cases} \tag{5.137}$$

结合边界条件，即可以得到

$$\begin{cases} \sigma_5 = 0 \\ v_5 = \left(\dfrac{k-1}{k+1}\right)^2 \dfrac{2p}{\rho_1 C_1} \end{cases} \tag{5.138}$$

设应力波 4~5 到达交界面上瞬间会反射应力波 5~6 并透射应力波 4~6，根据交界面上应力波的透反射性质可以得到

$$\begin{cases} [\sigma]_{5\sim6} = \dfrac{k-1}{k+1}[\sigma]_{4\sim5} = -\left(\dfrac{k-1}{k+1}\right)^2 \dfrac{2kp}{k+1} \\ [v]_{5\sim6} = \dfrac{1-k}{k+1}[v]_{4\sim5} = -\dfrac{(k-1)^2}{(k+1)^3}\dfrac{2kp}{\rho_1 C_1} \end{cases}$$

和

$$\begin{cases} [\sigma]_{4\sim6} = \dfrac{2k}{k+1}[\sigma]_{4\sim5} = \dfrac{2k(1-k)}{(k+1)^2}\dfrac{2kp}{k+1} \\ [v]_{4\sim6} = \dfrac{2}{k+1}[v]_{4\sim5} = \dfrac{k-1}{(k+1)^3}\dfrac{4kp}{\rho_1 C_1} \end{cases} \tag{5.139}$$

根据式 (5.139) 可以解出

$$\begin{cases} \sigma_6 = -\left(\dfrac{k-1}{k+1}\right)^2 \dfrac{2kp}{k+1} \\ v_6 = \dfrac{(k-1)^2}{(k+1)^3}\dfrac{2p}{\rho_1 C_1} \end{cases} \tag{5.140}$$

此时交界面仍处于压缩状态，因此，式 (5.139) 是存在且准确的。因此，杆 1 中还存在进一步透反射行为，见图 5.39。

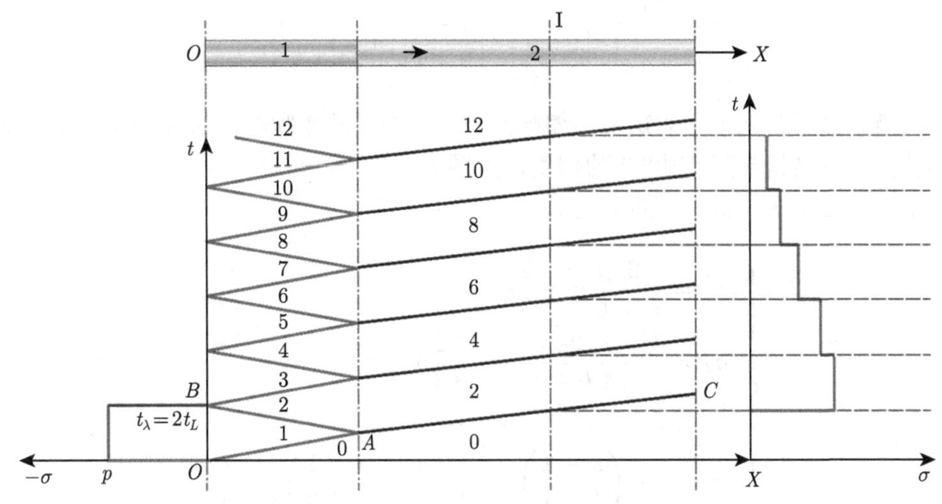


图 5.39　$k<1$ 时两层杆中应力波的传播

类似地，可以求出状态点 7 和状态点 8 对应的应力和质点速度值：

$$\begin{cases} [\sigma]_{6\sim7} = -[\sigma]_{5\sim6} = \left(\dfrac{k-1}{k+1}\right)^2 \dfrac{2kp}{k+1} \\ [v]_{6\sim7} = [v]_{5\sim6} = -\dfrac{(k-1)^2}{(k+1)^3}\dfrac{2kp}{\rho_1 C_1} \end{cases} \Rightarrow \begin{cases} \sigma_7 = 0 \\ v_7 = \left(\dfrac{1-k}{k+1}\right)^3 \dfrac{2p}{\rho_1 C_1} \end{cases} \tag{5.141}$$

和

$$\begin{cases} [\sigma]_{7\sim8} = \dfrac{k-1}{k+1}[\sigma]_{6\sim7} = \left(\dfrac{k-1}{k+1}\right)^3 \dfrac{2kp}{k+1} \\ [v]_{7\sim8} = \dfrac{1-k}{k+1}[v]_{6\sim7} = \dfrac{(k-1)^3}{(k+1)^4}\dfrac{2kp}{\rho_1 C_1} \end{cases} \Rightarrow \begin{cases} \sigma_8 = \left(\dfrac{k-1}{k+1}\right)^3 \dfrac{2kp}{k+1} \\ v_8 = \dfrac{(1-k)^3}{(k+1)^4}\dfrac{2p}{\rho_1 C_1} \end{cases} \tag{5.142}$$

从式 (5.142) 可以看出

$$\sigma_8 = \left(\frac{k-1}{k+1}\right)^3 \frac{2kp}{k+1} < 0 \tag{5.143}$$

交界面受到的应力还是压力，交界面还是紧密结合的。对比式 (5.143)、式 (5.140) 和式 (5.136) 可以推导下一次交界面上的应力应为

$$\sigma_{10} = -\left(\frac{k-1}{k+1}\right)^4 \frac{2kp}{k+1} < 0 \tag{5.144}$$

依次类推，当杆 2 中应力波没有在其右端反射并影响到左端交界面时，交界面上的应力恒为压力，即两杆一直紧密结合；但交界面压力的大小逐渐减小，$n+1(n>2)$ 次应力波到达交界面瞬间交界面的压力与第 $n$ 次压力大小满足

$$\left|\sigma|_{2n+2}\right| = \left|\frac{k-1}{k+1}\right| \left|\sigma|_{2n}\right| \tag{5.145}$$

此时透射波形就从单一的矩形压缩脉冲改变为递减的宽脉冲，而且最大峰值也小于入射压力值，即该结构起到“削波”的作用，见图 5.39。

以 $k = 1/2$ 为例，此时根据以上分析结论可知

$$\begin{cases} \sigma_2 = \dfrac{-2kp}{k+1} = -\dfrac{2}{3}p \\ \sigma_4 = \dfrac{k-1}{k+1}\dfrac{2kp}{k+1} = -\dfrac{1}{3}\dfrac{2}{3}p \\ \quad\vdots \\ \sigma_{2n} = -\left(\dfrac{k-1}{k+1}\right)^{n-1}\dfrac{2kp}{k+1} = -\left(\dfrac{1}{3}\right)^{n-1}\dfrac{2}{3}p \end{cases} \tag{5.146}$$

定义无量纲时间和无量纲应力量：

$$\begin{cases} \bar{\sigma} = \dfrac{\sigma}{-p} \\ \bar{t} = \dfrac{t}{2l_1/C_1} \end{cases} \tag{5.147}$$

根据式 (5.146)，即可以绘制出透射杆即杆 2 截面 I 上的应力波与入射脉冲对比图，如图 5.40 所示。

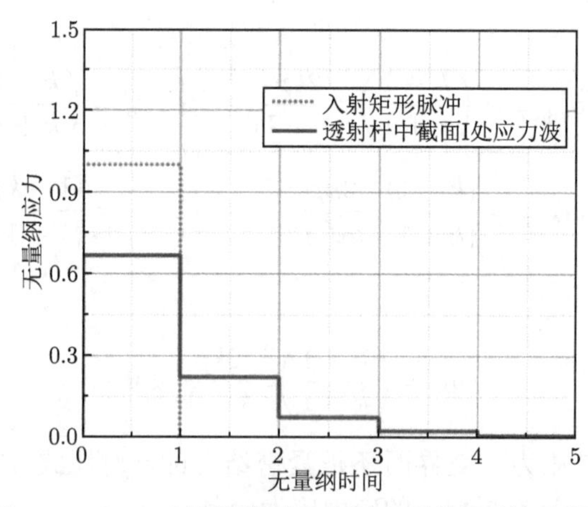


图 5.40 $k < 1$ 时两层杆中入射波与透射波对比示意图

图 5.40 中为更好地对比此结构的削波效果，忽略应力波从杆 1 左端到达杆 2 截面 I 所需要的时间，即将两个应力波头部对齐。

当入射脉冲波为其他波形或脉冲波波长取其他值时，甚至需要考虑透射杆的长度即考虑其中应力波在右端自由面的反射并与左端入射波相互作用，该问题变得更为烦琐，但其基本思路和方法并没有不同，读者可以针对具体情况分析之，在此不做赘述。

# 5.3　一维矩形波在三层线弹性材料中的传播与演化

5.2.1 节和 5.2.2 节主要考虑一维线弹性波在同一个杆中的传播问题，而工程上很多结构是分层结构，其中应力波传播情况更为复杂；5.1 节中考虑并讨论了单一强间断加载波在双层和多次介质中的传播问题，但并没有考虑应力波脉冲后方紧随的卸载波和应力波在交界面的透反射叠加问题。5.2.3 节针对几种典型情况，以矩形弹性脉冲入射波为例，开展了双层杆中应力波传播与演化问题分析。事实上，一维应力与一维应变假设下所得出的相关结论一致，此时也适用于不同材料分层板结构中弹性波的传播问题。这里我们对三层杆中应力波的传播进行初步讨论，为了更好地对应实际工程问题，假设多层材料间不能传递拉伸应力 (注意不是不能传递拉伸波，它们的区别在前面已经说明)，即压缩时多层材料之间是保持完美接触的，而在拉伸时材料之间瞬间分离。

当组合结构为三个共轴的一维线弹性杆时，就不考虑最左端和最右端的自由面上还存在两个交界面。设初始时刻三杆处于自由松弛静止状态，三杆之间紧密接触但没有粘接，交界面不能承受拉力的作用，否则会分离。为了简化问题的分析，假设最左端的杆 1 和最右端的杆 3 无限长，即不考虑此两杆中应力波在自由面上的反射问题，设中间的杆 2 长度为 $l$，入射波从杆 1 左端往杆 3 方向传播，设入射波为矩形压缩脉冲，其波长为 $\lambda$。

### 5.3.1　夹心结构中矩形脉冲的传播——杆 1 和杆 3 介质相同

考虑杆 1 和杆 3 介质相同的情况，如图 5.41 所示。设此两杆的介质密度为 $\rho_1$、声速为 $C_1$，设杆 2 的介质密度为 $\rho_2$、声速为 $C_2$，且有

$$\rho_1 C_1 \neq \rho_2 C_2 \tag{5.148}$$

这种情况虽然简单但却常见，如层状结构中经常在两种相同材料中放入夹心层，或者两层结构中存在薄粘接层。

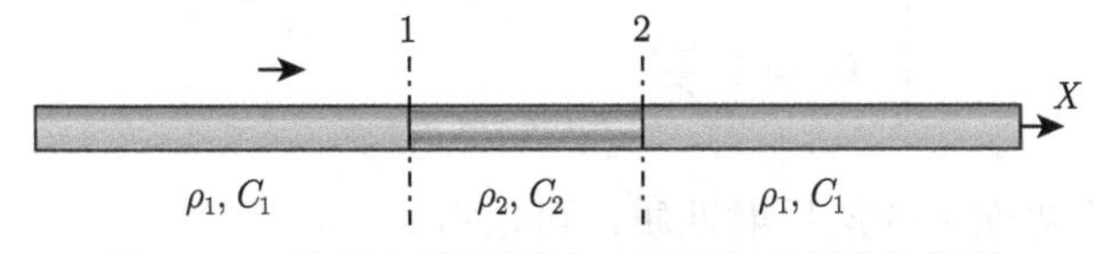


图 5.41　头尾介质相同时三层杆中应力波的传播

设三杆在初始条件下皆处于自然松弛静止状态；入射波为矩形压缩脉冲，其峰值为 $-p$，即

$$\sigma_m = -p \tag{5.149}$$

即入射波应力强度为

$$[\sigma]_{\text{incident}} = \sigma_1 - \sigma_0 = \sigma_1 = \sigma_m = -p \tag{5.150}$$

首先，考虑中间层很薄的情况，即入射矩形脉冲的波长 $\lambda$ 远远大于中间层厚度 $l$；可以暂时不考虑入射卸载波的影响，只考虑入射加载强间断波的影响，假设交界面 1 和交界面

2 始终紧密接触而没有分离 (这里只是假设，具体需要根据计算结果分析)，其物理平面图如图 5.42 所示。作为简化分析，这里只分析杆中的应力分布与演化，而不考虑质点速度。

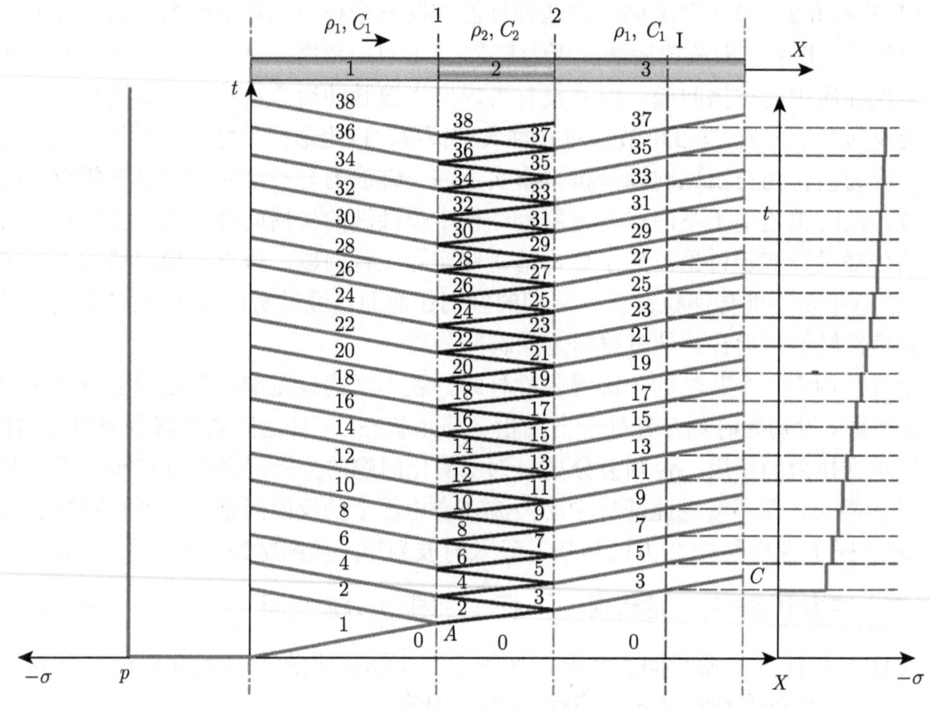


图 5.42 头尾介质相同时三层杆中应力波的传播物理平面图

图中交界面 1 和交界面 2 两端介质的波阻抗比分别为

$$\begin{cases} k_1 = \dfrac{\rho_2 C_2}{\rho_1 C_1} = k \\[2ex] k_2 = \dfrac{\rho_1 C_1}{\rho_2 C_2} \end{cases} \Rightarrow k_2 = \frac{1}{k_1} = \frac{1}{k} \tag{5.151}$$

根据弹性波在交界面上的透反射性质，可以得到

$$\begin{cases} [\sigma]_{1\sim 2} = \dfrac{k-1}{k+1}[\sigma]_{0\sim 1} = \dfrac{k-1}{k+1}(-p) \\[2ex] [\sigma]_{0\sim 2} = \dfrac{2k}{k+1}[\sigma]_{0\sim 1} = \dfrac{2k}{k+1}(-p) \end{cases} \tag{5.152}$$

和

$$\begin{cases} [\sigma]_{2\sim 3} = \dfrac{1/(k-1)}{1/(k+1)}[\sigma]_{0\sim 2} = \dfrac{1-k}{k+1}\dfrac{k}{k+1}(-2p) \\[2ex] [\sigma]_{0\sim 3} = \dfrac{2/k}{1/(k+1)}[\sigma]_{0\sim 2} = \dfrac{2}{k+1}\dfrac{k}{k+1}(-2p) \end{cases} \tag{5.153}$$

同理，可以给出

$$
\begin{cases}
[\sigma]_{3\sim4}=\dfrac{1/k-1}{1/k+1}[\sigma]_{2\sim3}=\dfrac{1-k}{1+k}[\sigma]_{2\sim3}=\left(\dfrac{1-k}{1+k}\right)^2[\sigma]_{0\sim2}=\left(\dfrac{1-k}{1+k}\right)^2\dfrac{2k}{k+1}(-p)\\
[\sigma]_{4\sim5}=\dfrac{1/k-1}{1/k+1}[\sigma]_{3\sim4}=\dfrac{1-k}{1+k}[\sigma]_{3\sim4}=\left(\dfrac{1-k}{1+k}\right)^3[\sigma]_{0\sim2}=\left(\dfrac{1-k}{1+k}\right)^3\dfrac{2k}{k+1}(-p)\\
\qquad\vdots\\
[\sigma]_{36\sim37}=\dfrac{1/k-1}{1/k+1}[\sigma]_{35\sim36}=\dfrac{1-k}{1+k}[\sigma]_{35\sim36}=\left(\dfrac{1-k}{1+k}\right)^{35}[\sigma]_{0\sim2}=\left(\dfrac{1-k}{1+k}\right)^{35}\dfrac{2k}{k+1}(-p)
\end{cases}
\tag{5.154}
$$

根据以上公式，可以求出

$$
\sigma_{37}=[\sigma]_{36\sim37}+[\sigma]_{35\sim36}+\cdots+[\sigma]_{2\sim3}+\sigma_2=\left[1-\left(\frac{1-k}{1+k}\right)^{36}\right](-p) \tag{5.155}
$$

同时也可以给出

$$
\sigma_n=\left[1-\left(\frac{1-k}{1+k}\right)^{n-1}\right](-p),\quad n\geqslant1 \tag{5.156}
$$

当波阻抗比 $k<1$，即中间层为较“软”材料时，此时有

$$
0<\frac{1-k}{k+1}<1 \tag{5.157}
$$

交界面 1 和交界面 2 两端介质始终紧密接触，三杆之间应力状态为压力，其透射杆即杆 3 的截面 I 上的压力时程曲线示意图见图 5.42。

以 $k=1/2$ 为例，定义无量纲时间和无量纲应力量：

$$
\begin{cases}
\bar{\sigma}=\dfrac{\sigma}{-p}\\
\bar{t}=\dfrac{t}{2l_1/C_1}
\end{cases}
\tag{5.158}
$$

根据以上分析结果，在杆 3 中截面 I 上，有

$$
\begin{cases}
\bar{\sigma}_3=\dfrac{4}{3}\dfrac{2}{3}\\
\bar{\sigma}_4=1-\left(\dfrac{1}{3}\right)^3\\
\qquad\vdots\\
\bar{\sigma}_n=1-\left(\dfrac{1-k}{1+k}\right)^{n-1}=1-\left(\dfrac{1}{3}\right)^{n-1}
\end{cases}
\tag{5.159}
$$

若不考虑应力波从杆 1 左端传播到杆 3 截面 I 处所需的时间，将入射矩形脉冲波与杆 3 截面 I 上的应力波头部对齐，根据式 (5.159)，可以绘制出其应力波波形图，如图 5.43 所示。

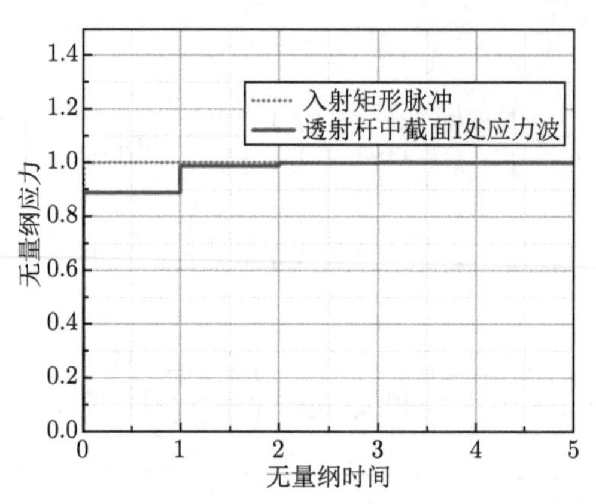


图 5.43　头尾介质相同时三层杆中入射波与透射波对比图

若波阻抗比 $k>1$，则

$$-1<\frac{1-k}{k+1}<0 \tag{5.160}$$

此时，有

$$\left\{\begin{array}{l}\sigma_{2m+1}=\left[1-\left(\dfrac{1-k}{1+k}\right)^{2m}\right](-p)<0\\ \sigma_{2m+2}=\left[1-\left(\dfrac{1-k}{1+k}\right)^{2m+1}\right](-p)=\left[1+\left|\dfrac{1-k}{1+k}\right|\left(\dfrac{1-k}{1+k}\right)^{2m}\right](-p)<0\end{array}\right. \tag{5.161}$$

式中，$m$ 为非负整数。式 (5.161) 表明，此时两个交界面上始终处于压缩状态，即并没有分离，图 5.42 所示应力波透反射示意图是合理的；通过式 (5.161) 与图 5.42 可以看出，对于透射杆即杆 3 中截面 I 而言，其应力时程曲线也如图 5.43 所示。

以 $k=2$ 为例，同上定义无量纲时间和无量纲应力量，将入射矩形脉冲波与杆 3 截面 I 上的应力波头部对齐，根据式 (5.161)，可以绘制出其应力波波形图与 $k=1/2$ 时的情况完全一致，如图 5.42 所示。

若入射矩形脉冲波的波长 $\lambda$ 明显大于中间杆即杆 2 的长度，且满足

$$\lambda=\frac{20C_1l}{C_2} \tag{5.162}$$

卸载波强度为

$$[\sigma]'=\sigma_{20\sim20^*}=\sigma_{20^*}-\sigma_{20}=p \tag{5.163}$$

此时，杆中应力波传播的物理平面图见图 5.44。

容易看出，在卸载波未到达交界面时，此时杆中的应力 $\sigma_1\sim\sigma_{21}$ 与上一种情况所给出的结果完全一致，即

$$\sigma_n=\left[1-\left(\frac{1-k}{1+k}\right)^{n-1}\right](-p),\quad 1\leqslant n\leqslant 21 \tag{5.164}$$

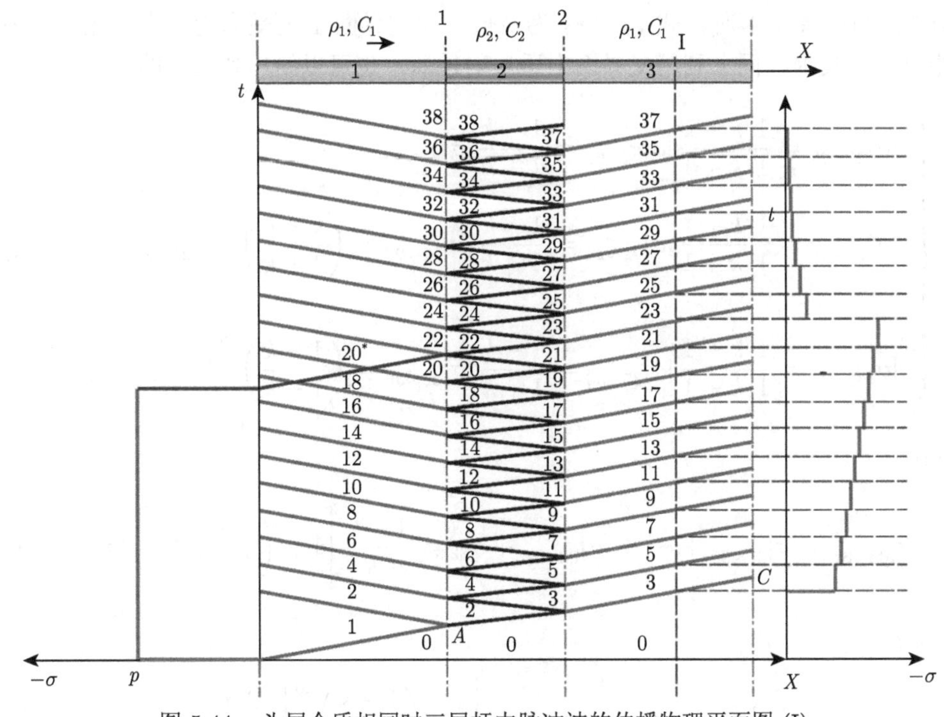


图 5.44 头尾介质相同时三层杆中脉冲波的传播物理平面图 (I)

结合式 (5.164) 和式 (5.163)，即可给出

$$\sigma_{20^*} = p + \sigma_{20} = p + \left[1 - \left(\frac{1-k}{1+k}\right)^{19}\right](-p) = \left(\frac{1-k}{1+k}\right)^{19} p \tag{5.165}$$

强间断右行波 20~20* 和强间断左行波 20~21 同时到达交界面 1，根据右行波和左行波波阵面上的运动方程，可以得到

$$\begin{cases} \sigma_{20^*} - \sigma_{20} = -\rho_1 C_1 (v_{20^*} - v_{20}) \\ \sigma_{22} - \sigma_{20^*} = \rho_1 C_1 (v_{22} - v_{20^*}) \\ \sigma_{22} - \sigma_{21} = -\rho_2 C_2 (v_{22} - v_{21}) \\ \sigma_{21} - \sigma_{20} = \rho_2 C_2 (v_{21} - v_{20}) \end{cases} \Rightarrow \begin{cases} \sigma_{22} + \sigma_{20} - 2\sigma_{20^*} = \rho_1 C_1 (v_{22} - v_{20}) \\ 2\sigma_{21} - \sigma_{22} - \sigma_{20} = \rho_2 C_2 (v_{22} - v_{20}) \end{cases} \tag{5.166}$$

式 (5.166) 可以简化为

$$(k+1)\,\sigma_{22} = 2\sigma_{21} - (k+1)\,\sigma_{20} + 2k\sigma_{20^*} \tag{5.167}$$

结合式 (5.164) 和式 (5.165)，根据式 (5.167) 可以得到

$$\sigma_{22} = \frac{1-k}{1+k}\left[1 - \left(\frac{1-k}{1+k}\right)^{20}\right](-p) \tag{5.168}$$

当波阻抗比 $k<1$ 时，式 (5.168) 为负值，即交界面 1 处受力为压力。之后应力波在杆 2 中继续透反射，同上利用交界面上透反射性质，也可以给出各应力的解。

$$\left\{\begin{array}{l}[\sigma]_{22\sim23}=\dfrac{1/k-1}{1/k+1}[\sigma]_{21\sim22}=\dfrac{1-k}{1+k}[\sigma]_{21\sim22}\\[\sigma]_{23\sim24}=\dfrac{1/k-1}{1/k+1}[\sigma]_{22\sim23}=\dfrac{1-k}{1+k}[\sigma]_{22\sim23}=\left(\dfrac{1-k}{1+k}\right)^{2}[\sigma]_{21\sim22}\\\qquad\vdots\\[\sigma]_{36\sim37}=\dfrac{1/k-1}{1/k+1}[\sigma]_{35\sim36}=\dfrac{1-k}{1+k}[\sigma]_{35\sim36}=\left(\dfrac{1-k}{1+k}\right)^{15}[\sigma]_{21\sim22}\end{array}\right. \tag{5.169}$$

可以求出

$$\sigma_{37}=[\sigma]_{36\sim37}+[\sigma]_{35\sim36}+\cdots+[\sigma]_{22\sim23}+\sigma_{22}=\frac{1-k}{2k}\left[1-\left(\frac{1-k}{1+k}\right)^{15}\right][\sigma]_{21\sim22}+\sigma_{22} \tag{5.170}$$

由于

$$[\sigma]_{21\sim22}=\sigma_{22}-\sigma_{21}=\left[1-\left(\frac{1-k}{1+k}\right)^{20}\right]\frac{2kp}{1+k} \tag{5.171}$$

将其代入式 (5.170) 可以给出

$$\sigma_{37}=\left[1-\left(\frac{1-k}{1+k}\right)^{20}\right]\left(\frac{1-k}{1+k}\right)^{16}(-p) \tag{5.172}$$

同理，可以给出

$$\sigma_{22+n}=\left[1-\left(\frac{1-k}{1+k}\right)^{20}\right]\left(\frac{1-k}{1+k}\right)^{n+1}(-p),\quad n\geqslant 1 \tag{5.173}$$

以 $k=1/2$ 为例，同上定义无量纲时间和无量纲应力量，有

$$\left\{\begin{array}{l}\bar{\sigma}_{n}=1-\left(\dfrac{1-k}{1+k}\right)^{n-1}=1-\left(\dfrac{1}{3}\right)^{n-1},\quad 3\leqslant n\leqslant 21\\\bar{\sigma}_{22+m}=\left[1-\left(\dfrac{1-k}{1+k}\right)^{20}\right]\left(\dfrac{1-k}{1+k}\right)^{m+1}=\left[1-\left(\dfrac{1}{3}\right)^{20}\right]\left(\dfrac{1}{3}\right)^{m+1},\quad m\geqslant 1\end{array}\right. \tag{5.174}$$

若不考虑应力波从杆 1 左端传播到杆 3 截面 I 处所需的时间，将入射矩形脉冲波与杆 3 截面 I 上的应力波头部对齐，根据式 (5.174)，可以绘制出其应力波波形图，如图 5.45 所示。

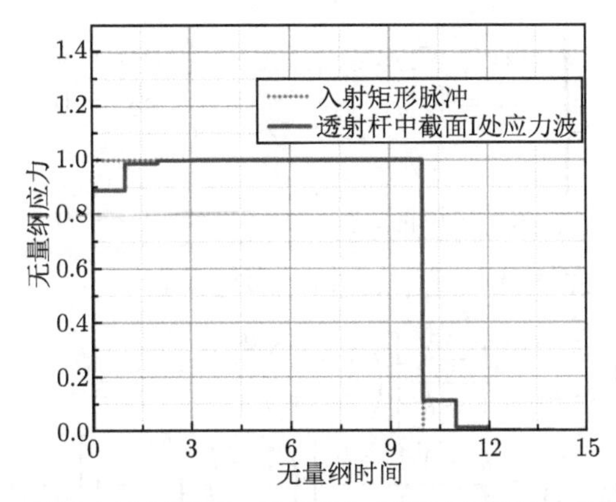


图 5.45 头尾介质相同时三层杆中入射脉冲与透射波对比图（I）

当波阻抗比 $k>1$ 时，式 (5.173) 为正值，即交界面 1 处受力为拉力，这与条件不符，因此会瞬间分离；此时必有

$$\sigma_{22}=0 \tag{5.175}$$

且之后杆 2 左端即为自由面；此时右行波应力强度为

$$[\sigma]_{21\sim22}=\sigma_{22}-\sigma_{21}=\left[\left(\frac{1-k}{1+k}\right)^{20}-1\right](-p) \tag{5.176}$$

同上，此时有

$$\left\{\begin{array}{l}
[\sigma]_{22\sim23}=\dfrac{1/k-1}{1/k+1}[\sigma]_{21\sim22}=\dfrac{1-k}{1+k}[\sigma]_{21\sim22}\\
[\sigma]_{24\sim25}=\dfrac{1/k-1}{1/k+1}[\sigma]_{23\sim24}=\dfrac{1-k}{1+k}[\sigma]_{23\sim24}\\
\qquad\vdots\\
[\sigma]_{36\sim37}=\dfrac{1/k-1}{1/k+1}[\sigma]_{35\sim36}=\dfrac{1-k}{1+k}[\sigma]_{35\sim36}
\end{array}\right. \tag{5.177}$$

另外，根据自由面上的透反射“镜像法则”，有

$$\left\{\begin{array}{l}
[\sigma]_{23\sim24}=-[\sigma]_{22\sim23}\\
[\sigma]_{25\sim26}=-[\sigma]_{24\sim25}\\
\qquad\vdots\\
[\sigma]_{35\sim36}=-[\sigma]_{34\sim35}
\end{array}\right. \tag{5.178}$$

可以求出

$$\sigma_{37}=[\sigma]_{36\sim37}+[\sigma]_{35\sim36}+\cdots+[\sigma]_{22\sim23}+\sigma_{22}=[\sigma]_{36\sim37} \tag{5.179}$$

进一步可以给出

$$\begin{cases} \sigma_{23} = [\sigma]_{22\sim 23} \\ \sigma_{25} = [\sigma]_{24\sim 25} \\ \quad\vdots \\ \sigma_{37} = [\sigma]_{36\sim 37} \end{cases} \text{和} \begin{cases} \sigma_{22} = 0 \\ \sigma_{24} = 0 \\ \quad\vdots \\ \sigma_{36} = 0 \end{cases} \tag{5.180}$$

将式 (5.180)、式 (5.178) 代入式 (5.177)，即可得到

$$\begin{cases} \sigma_{23} = \dfrac{1-k}{1+k}[\sigma]_{21\sim 22} = \dfrac{1-k}{1+k}\left[\left(\dfrac{1-k}{1+k}\right)^{20} - 1\right](-p) \\ \sigma_{25} = \dfrac{k-1}{1+k}[\sigma]_{22\sim 23} = \dfrac{k-1}{1+k}\dfrac{1-k}{1+k}\left[\left(\dfrac{1-k}{1+k}\right)^{20} - 1\right](-p) \\ \quad\vdots \\ \sigma_{37} = \left(\dfrac{k-1}{1+k}\right)^{7}[\sigma]_{22\sim 23} = \left(\dfrac{k-1}{1+k}\right)^{7}\dfrac{1-k}{1+k}\left[\left(\dfrac{1-k}{1+k}\right)^{20} - 1\right](-p) \end{cases} \tag{5.181}$$

即

$$\sigma_{23+2m} = \left(\frac{k-1}{1+k}\right)^{m}\frac{1-k}{1+k}\left[\left(\frac{1-k}{1+k}\right)^{20} - 1\right](-p) \tag{5.182}$$

从而可以给出透射杆即杆 3 中截面 I 处的应力波，见图 5.46。

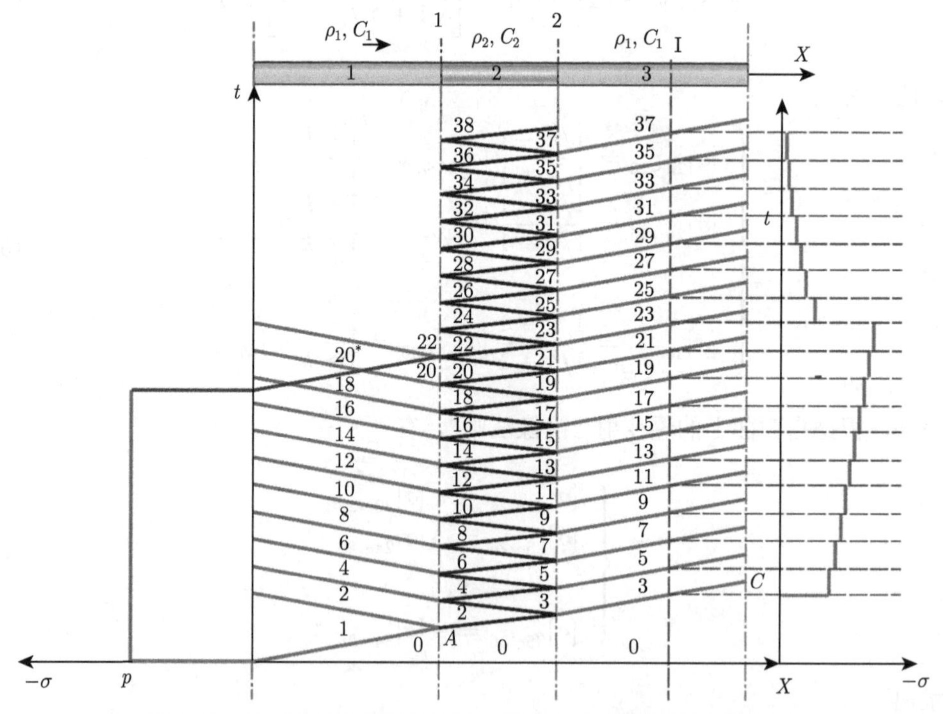


图 5.46　头尾介质相同时三层杆中脉冲波的传播物理平面图 (Ⅱ)

以 $k = 2$ 为例，同上定义无量纲时间和无量纲应力量，有

$$\left\{\begin{array}{l}\bar{\sigma}_n = 1 - \left(\dfrac{1-k}{1+k}\right)^{n-1} = 1 - \left(\dfrac{1}{3}\right)^{n-1}, \quad 3 \leqslant n \leqslant 21 \\ \bar{\sigma}_{23+2m} = \left(\dfrac{k-1}{1+k}\right)^{m} \dfrac{1-k}{1+k}\left[\left(\dfrac{1-k}{1+k}\right)^{20} - 1\right] = \left(\dfrac{1}{3}\right)^{m+1}\left[1 - \left(\dfrac{1}{3}\right)^{20}\right], \quad m \geqslant 1\end{array}\right. \tag{5.183}$$

若不考虑应力波从杆 1 左端传播到杆 3 截面 I 处所需的时间，将入射矩形脉冲波与杆 3 截面 I 上的应力波头部对齐，根据式 (5.183)，可以绘制出其应力波波形图，如图 5.47 所示。

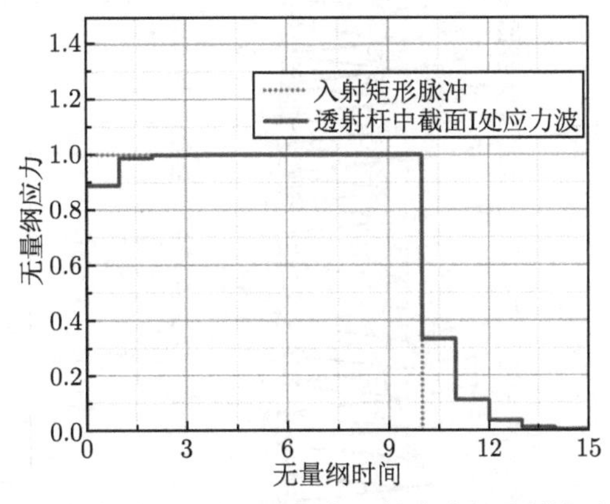


图 5.47　头尾介质相同时三层杆中入射脉冲与透射波对比图 (Ⅱ)

其他情况下，虽然分析更为烦琐，但基本思路与方法完全一致，读者可视具体情况试推导之。

### 5.3.2　波阻抗递增结构中矩形脉冲的传播

若三杆的波阻抗均不相同，如图 5.48 所示，同上，设入射杆即杆 1 和透射杆即杆 3 长度相对中间杆即杆 2 而言大得多，不考虑应力波在杆 1 左端和杆 3 右端自由面上的反射问题；设三杆初始皆处于自然松弛静止状态，即初始应力和初始质点速度皆为零。

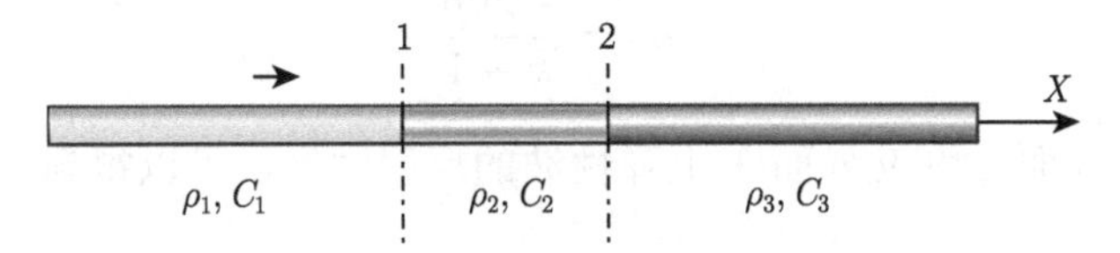


图 5.48　三层不同波阻抗一维杆截面透反射问题

设三杆的波阻抗分别为 $\rho_1 C_1$、$\rho_2 C_2$ 和 $\rho_3 C_3$，且有

$$\rho_1 C_1 < \rho_2 C_2 < \rho_3 C_3 \tag{5.184}$$

和

$$k_1 = k_2 = k \tag{5.185}$$

式中，波阻抗比为

$$k_1 = \frac{\rho_2 C_2}{\rho_1 C_1}, \quad k_2 = \frac{\rho_3 C_3}{\rho_2 C_2} \tag{5.186}$$

先考虑入射矩形脉冲波长远大于中间杆的长度，即暂不考虑脉冲卸载波的影响，只视为一个强度为 $p$ 的强间断压缩波的入射问题；应力波的透反射示意图见图 5.49。

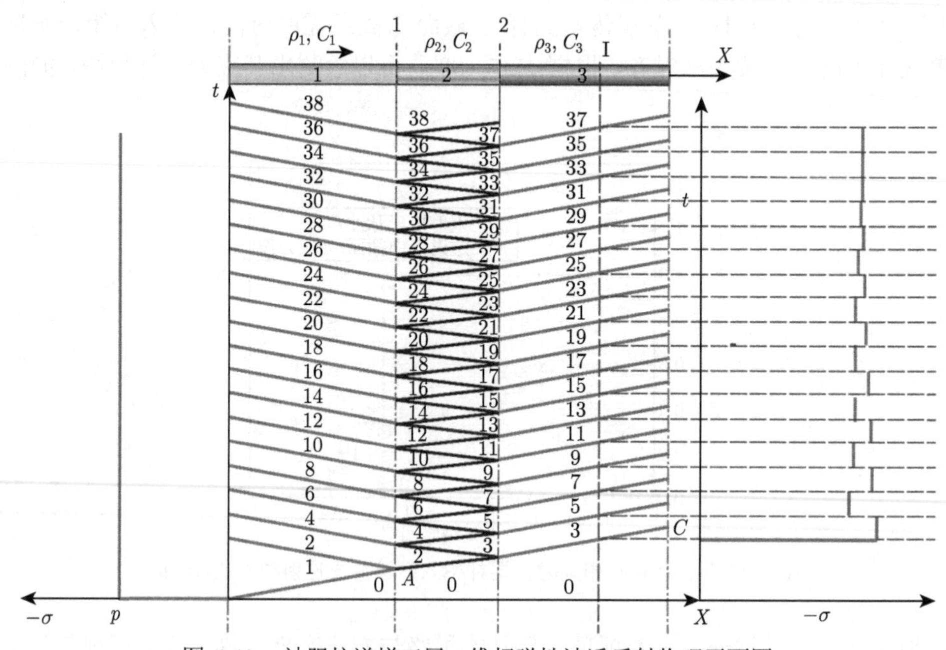


图 5.49　波阻抗递增三层一维杆弹性波透反射物理平面图

根据交界面上的透射性质，可以得到

$$[\sigma]_{0\sim2} = \frac{2k}{k+1}[\sigma]_{0\sim1} = \frac{-2kp}{k+1} \tag{5.187}$$

即

$$\sigma_2 = \frac{-2kp}{k+1} \tag{5.188}$$

进一步利用交界面 2 和交界面 1 上弹性波的反射性质，可以得到

$$\left\{\begin{array}{l} [\sigma]_{2\sim3} = \dfrac{k-1}{k+1}[\sigma]_{0\sim2} = \dfrac{k-1}{k+1}\sigma_2 \\ [\sigma]_{4\sim5} = \dfrac{k-1}{k+1}[\sigma]_{3\sim4} \\ \quad\vdots \\ [\sigma]_{36\sim37} = \dfrac{k-1}{k+1}[\sigma]_{35\sim36} \end{array}\right. \quad \text{和} \quad \left\{\begin{array}{l} [\sigma]_{3\sim4} = \dfrac{1/k-1}{1/k+1}[\sigma]_{2\sim3} = \dfrac{1-k}{k+1}[\sigma]_{2\sim3} \\ [\sigma]_{5\sim6} = \dfrac{1-k}{k+1}[\sigma]_{4\sim5} \\ \quad\vdots \\ [\sigma]_{35\sim36} = \dfrac{1-k}{k+1}[\sigma]_{34\sim35} \end{array}\right. \tag{5.189}$$

联立式 (5.189) 中两个方程组，即有

$$\begin{cases} [\sigma]_{2\sim3} = \dfrac{k-1}{k+1}[\sigma]_{0\sim2} = \dfrac{k-1}{k+1}\sigma_2 \\ [\sigma]_{3\sim4} = -\dfrac{k-1}{k+1}[\sigma]_{2\sim3} = -\left(\dfrac{k-1}{k+1}\right)^2\sigma_2 \\ [\sigma]_{4\sim5} = \dfrac{k-1}{k+1}[\sigma]_{3\sim4} = -\left(\dfrac{k-1}{k+1}\right)^3\sigma_2 \\ \quad\vdots \\ [\sigma]_{36\sim37} = \dfrac{k-1}{k+1}[\sigma]_{35\sim36} = -\left(\dfrac{k-1}{k+1}\right)^{35}\sigma_2 \end{cases} \tag{5.190}$$

或

$$\begin{cases} [\sigma]_{4n+2\sim4n+3} = \dfrac{k-1}{k+1}[\sigma]_{35\sim36} = \left(\dfrac{k-1}{k+1}\right)^{4n+1}\sigma_2 \\ [\sigma]_{4n+3\sim4n+4} = \dfrac{k-1}{k+1}[\sigma]_{35\sim36} = -\left(\dfrac{k-1}{k+1}\right)^{4n+2}\sigma_2 \\ [\sigma]_{4n+4\sim4n+5} = \dfrac{k-1}{k+1}[\sigma]_{35\sim36} = -\left(\dfrac{k-1}{k+1}\right)^{4n+3}\sigma_2 \\ [\sigma]_{4n+5\sim4n+6} = \dfrac{k-1}{k+1}[\sigma]_{35\sim36} = \left(\dfrac{k-1}{k+1}\right)^{4n+4}\sigma_2 \end{cases}, \quad n \geqslant 0 \tag{5.191}$$

如令

$$F = \frac{k-1}{k+1} \tag{5.192}$$

则式 (5.191) 可以简写为

$$\begin{cases} [\sigma]_{4n+2\sim4n+3} = F^{4n+1}\sigma_2 \\ [\sigma]_{4n+4\sim4n+5} = -F^{4n+3}\sigma_2 \end{cases} \quad 和 \quad \begin{cases} [\sigma]_{4n+3\sim4n+4} = -F^{4n+2}\sigma_2 \\ [\sigma]_{4n+5\sim4n+6} = F^{4n+4}\sigma_2 \end{cases}, \quad n \geqslant 0 \tag{5.193}$$

根据式 (5.193) 可以计算出

$$\begin{cases} \sigma_3 = (1+F)\,\sigma_2 \\ \sigma_5 = \left(1-F^2+F-F^3\right)\sigma_2 = (1+F)\left(1-F^2\right)\sigma_2 \\ \sigma_7 = \left(1-F^2+F^4+F-F^3+F^5\right)\sigma_2 = (1+F)\left(1-F^2+F^4\right)\sigma_2 \\ \sigma_9 = \left(1-F^2+F^4-F^6+F-F^3+F^5-F^7\right)\sigma_2 = (1+F)\left(1-F^2+F^4-F^6\right)\sigma_2 \\ \quad\vdots \\ \sigma_{2n+1} = (1+F)\,\dfrac{1-\left(-F^2\right)^n}{1+F^2}\sigma_2 \end{cases} \tag{5.194}$$

和

$$\begin{cases}\sigma_4 = \left(1 - F^2 + F\right)\sigma_2 = \left[(1+F) - F^2\right]\sigma_2 \\ \sigma_6 = \left(1 - F^2 + F^4 + F - F^3\right)\sigma_2 = \left[(1+F)\left(1 - F^2\right) + F^4\right]\sigma_2 \\ \sigma_8 = \left(1 - F^2 + F^4 - F^6 + F - F^3 + F^5\right)\sigma_2 = \left[(1+F)\left(1 - F^2 + F^4\right) - F^6\right]\sigma_2 \\ \quad\vdots \\ \sigma_{2n} = \left[(1+F)\dfrac{1 - \left(-F^2\right)^{n-1}}{1+F^2} + \left(-F^2\right)^{n-1}\right]\sigma_2 \end{cases} \tag{5.195}$$

通过式 (5.194) 和式 (5.195)，可以计算出

$$\begin{cases}\sigma_{2n} < 0 \\ \sigma_{2n+1} < 0\end{cases} \tag{5.196}$$

即交界面 1 和交界面 2 始终处于压缩状态。

根据式 (5.194) 也可以绘制出杆 3 截面 I 处的应力波示意图，如图 5.49 所示。以 $k=2$ 为例，可以求出

$$F = \frac{k-1}{k+1} = \frac{1}{3} \tag{5.197}$$

同上定义无量纲时间和无量纲应力量，有

$$\begin{cases}\bar{\sigma}_2 = \dfrac{2k}{k+1} = \dfrac{4}{3} \\ \bar{\sigma}_{2n} = \left[(1+F)\dfrac{1 - \left(-F^2\right)^{n-1}}{1+F^2} + \left(-F^2\right)^{n-1}\right]\bar{\sigma}_2 = \dfrac{4}{3}\left\{\dfrac{6}{5}\left[1 - \left(-\dfrac{1}{9}\right)^{n-1}\right] + \left(-\dfrac{1}{9}\right)^{n-1}\right\} \\ \bar{\sigma}_{2n+1} = (1+F)\dfrac{1 - \left(-F^2\right)^{n}}{1+F^2}\bar{\sigma}_2 = \dfrac{8}{5}\left[1 - \left(-\dfrac{1}{9}\right)^{n}\right]\end{cases} \tag{5.198}$$

若不考虑应力波从杆 1 左端传播到杆 3 截面 I 处所需的时间，将入射矩形脉冲波与杆 3 截面 I 上的应力波头部对齐，根据式 (5.198)，可以绘制出其应力波波形图。容易知道，如不考虑应力波到达前的部分，杆 3 截面 I 处的应力波应与交界面 1 处的应力波完全相同。根据式 (5.198) 可以绘制出交界面 1 上的应力波，同上，从应力到达交界面时开始绘制，将其应力波波头与入射波波头对齐，即可得到应力波波形图。如图 5.50(a) 和图 5.50(b) 所示。

从式 (5.195) 可以看出，交界面 1 上的压力随着应力波的透反射呈上下波动变化状态，但整体上呈增加趋势，当弹性波在杆 2 中反射次数足够多时，交界面 1 上的应力趋于

$$\sigma_{2n}(\infty) = \frac{-2k^2 p}{k^2+1} \tag{5.199}$$

从式 (5.194) 可以看出，交界面 2 上的压力也呈上下波动变化状态，但整体上呈下降趋势，当弹性波在杆 2 中反射次数足够多时，交界面 2 上的应力趋于

$$\sigma_{2n+1}(\infty) = \frac{-2k^2 p}{k^2+1} \tag{5.200}$$

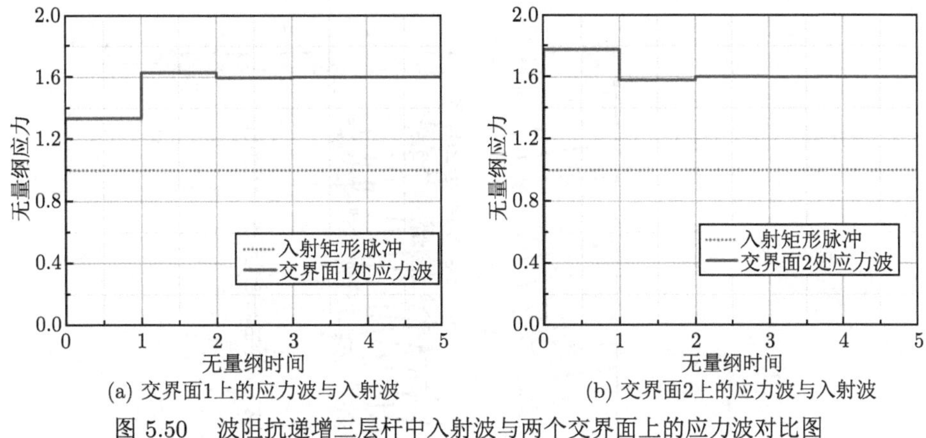


(a) 交界面1上的应力波与入射波　　(b) 交界面2上的应力波与入射波

图 5.50　波阻抗递增三层杆中入射波与两个交界面上的应力波对比图

对比式 (5.199) 和式 (5.200)，不难发现，当杆 2 中应力波发射次数很多时，杆中应力逐渐趋于平稳均匀。

若考虑入射脉冲卸载间断波的影响，且入射矩形脉冲波的波长 $\lambda$ 明显大于中间杆即杆 2 的长度，并满足

$$\lambda = \frac{20C_1 l}{C_2} \tag{5.201}$$

卸载波强度为

$$[\sigma]' = \sigma_{20\sim20^*} = \sigma_{20^*} - \sigma_{20} = p \tag{5.202}$$

此时，杆中应力波传播的物理平面图见图 5.51。容易看出，在卸载波未到达交界面时，杆中的应力 $\sigma_1 \sim \sigma_{21}$ 与上一种情况所给出的结果完全一致。结合式 (5.202) 和式 (5.195)，即可给出

$$\sigma_{20^*} = p + \sigma_{20} = \frac{F^{20} - F^{18} - 2}{1 + F^2} Fp \tag{5.203}$$

强间断右行波 20~20* 和强间断左行波 20~21 同时到达交界面 1，根据右行波和左行波波阵面上的运动方程，可以得到

$$\begin{cases} \sigma_{20^*} - \sigma_{20} = -\rho_1 C_1 (v_{20^*} - v_{20}) \\ \sigma_{22} - \sigma_{20^*} = \rho_1 C_1 (v_{22} - v_{20^*}) \\ \sigma_{22} - \sigma_{21} = -\rho_2 C_2 (v_{22} - v_{21}) \\ \sigma_{21} - \sigma_{20} = \rho_2 C_2 (v_{21} - v_{20}) \end{cases} \Rightarrow \begin{cases} \sigma_{22} + \sigma_{20} - 2\sigma_{20*} = \rho_1 C_1 (v_{22} - v_{20}) \\ 2\sigma_{21} - \sigma_{22} - \sigma_{20} = \rho_2 C_2 (v_{22} - v_{20}) \end{cases} \tag{5.204}$$

式 (5.204) 可以简化为

$$(k+1)\,\sigma_{22} = 2\sigma_{21} - (k+1)\,\sigma_{20} + 2k\sigma_{20^*} \tag{5.205}$$

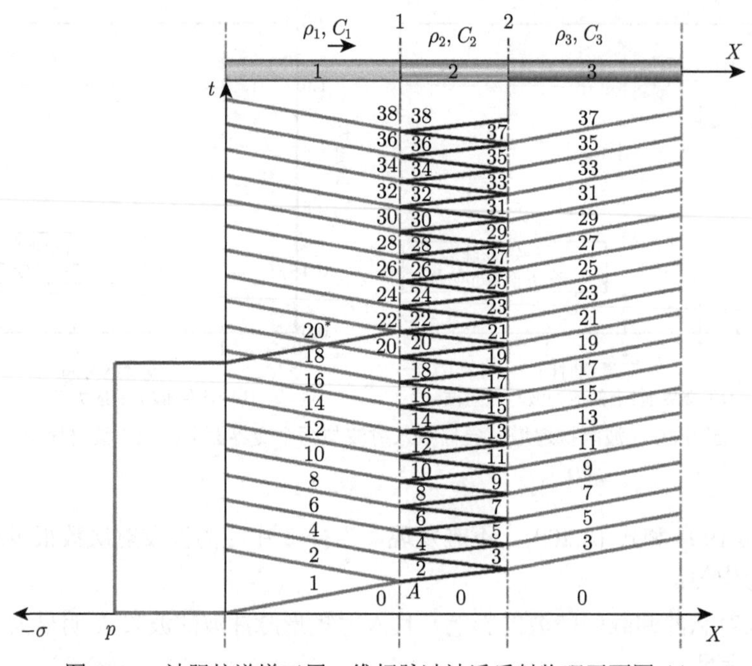


图 5.51　波阻抗递增三层一维杆脉冲波透反射物理平面图 (I)

由此可以得到

$$\sigma_{22} = 2\frac{\sigma_{21} + k\sigma_{20^*}}{k+1} - \sigma_{20} = -\frac{\left(1-F^{20}\right)F\left(1-F\right)\left(1+F\right)}{1+F^2}p < 0 \tag{5.206}$$

这说明交界面 1 上承受的应力为压力，两者还是保持紧密接触，能够实现应力波的透反射；根据以上公式可以进一步给出应力波 21~22 的应力强度：

$$[\sigma_{21\sim22}] = \left(1-F^{20}\right)\left(1+F\right)p \tag{5.207}$$

根据交界面上的透反射性质，可以得到

$$[\sigma]_{22\sim23} = \frac{k-1}{k+1}[\sigma]_{21\sim22} = F\left(1-F^{20}\right)\left(1+F\right)p \tag{5.208}$$

即可得到

$$\sigma_{23} = \frac{F^2\left(1-F^{20}\right)\left(1+F\right)^2}{1+F^2}p > 0 \tag{5.209}$$

即表示该应力为拉力，其意味着此时交界面 2 上的应力为拉力，这与条件不符，即杆 2 和杆 3 在应力波 21~22 到达交界面 2 的瞬间就分离了。因此此后杆 3 中截面 I 处应力为零；即

$$\sigma_{23} = 0 \tag{5.210}$$

且

$$[\sigma]_{22\sim23} = \frac{\left(1-F^{20}\right)F\left(1-F\right)\left(1+F\right)}{1+F^2}p \tag{5.211}$$

由此可以给出此种情况下三杆中应力波传播的物理平面图，见图 5.52。

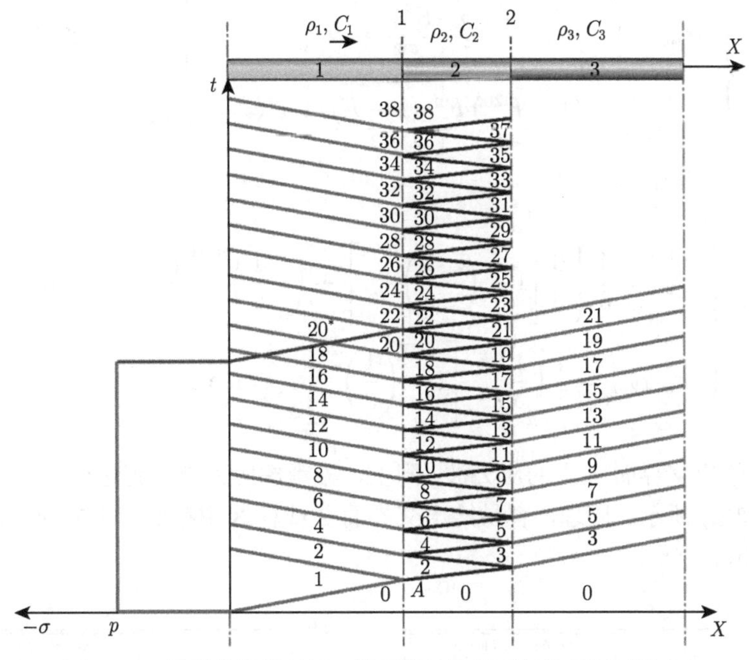


图 5.52 波阻抗递增三层一维杆脉冲波透反射物理平面图 (Ⅱ)

根据交界面 1 上的反射性质和右端自由面上反射的“镜像法则”，可有

$$\begin{cases} [\sigma]_{23\sim24} = -\dfrac{k-1}{k+1}[\sigma]_{22\sim23} = -\dfrac{(1-F^{20})F^2(1-F)(1+F)}{1+F^2}p \\ [\sigma]_{24\sim25} = -[\sigma]_{23\sim24} = \dfrac{(1-F^{20})F^2(1-F)(1+F)}{1+F^2}p \\ [\sigma]_{25\sim26} = -\dfrac{k-1}{k+1}[\sigma]_{24\sim25} = -\dfrac{(1-F^{20})F^3(1-F)(1+F)}{1+F^2}p \end{cases} \tag{5.212}$$

即可得到

$$\begin{cases} \sigma_{24} = -\dfrac{(1-F^{20})F^2(1-F)(1+F)}{1+F^2}p \\ \sigma_{26} = -\dfrac{(1-F^{20})F^3(1-F)(1+F)}{1+F^2}p \\ \quad\vdots \\ \sigma_{20+2m} = -\dfrac{(1-F^{20})F^m(1-F)(1+F)}{1+F^2}p \end{cases}, \quad m \geqslant 2 \tag{5.213}$$

以 $k=2$ 为例，在卸载波未到达交界面时，杆中的应力 $\sigma_1 \sim \sigma_{21}$ 与上一种情况所给出

的结果完全一致，即在交界面 1 上的应力为

$$\begin{cases} \bar{\sigma}_{2n} = \left[(1+F)\dfrac{1-\left(-F^2\right)^{n-1}}{1+F^2} + \left(-F^2\right)^{n-1}\right]\bar{\sigma}_2, & n \leqslant 10 \\ \bar{\sigma}_{20+2m} = \dfrac{\left(1-F^{20}\right)F^m(1-F)(1+F)}{1+F^2}, & m \geqslant 1 \end{cases} \tag{5.214}$$

即

$$\begin{cases} \bar{\sigma}_{2n} = \dfrac{4}{3}\left\{\dfrac{6}{5}\left[1-\left(-\dfrac{1}{9}\right)^{n-1}\right] + \left(-\dfrac{1}{9}\right)^{n-1}\right\}, & n \leqslant 10 \\ \bar{\sigma}_{20+2m} = \dfrac{4}{5}\left(\dfrac{1}{3}\right)^m\left[1-\left(\dfrac{1}{3}\right)^{20}\right], & m \geqslant 1 \end{cases} \tag{5.215}$$

由此可以给出交界面 1 上的应力波 (同上，不考虑应力脉冲到达交界面 1 所需要的时间)，如图 5.53(a) 所示。同理，容易给出交界面 2 或杆 3 中截面 I 上的应力波波形图，如图 5.53(b) 所示。

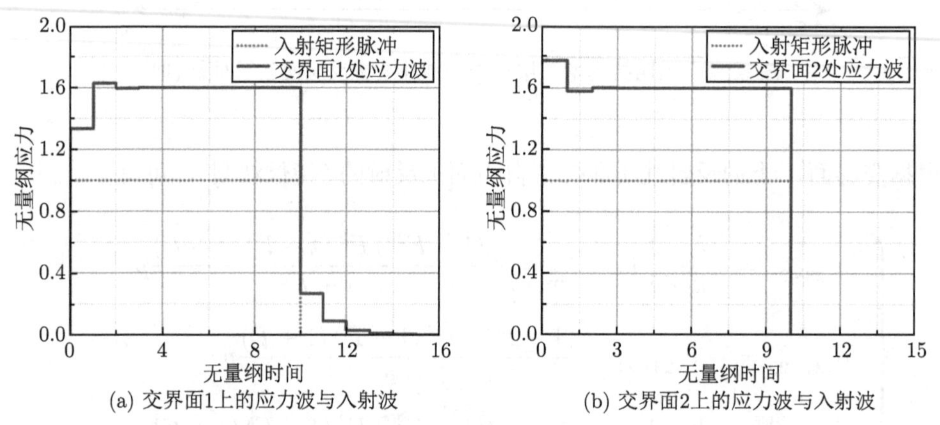

(a) 交界面1上的应力波与入射波　　(b) 交界面2上的应力波与入射波

图 5.53　波阻抗递增三层杆中入射脉冲波与两个交界面上的应力波对比图

### 5.3.3　波阻抗递减结构中矩形脉冲的传播

其他条件同上，设三杆的波阻抗满足

$$\rho_1 C_1 > \rho_2 C_2 > \rho_3 C_3 \tag{5.216}$$

和

$$k_1 = k_2 = k < 1 \tag{5.217}$$

应力波的透反射示意图参考图 5.51。根据交界面上的透射性质，参考以上波阻抗递增情况下的分析结果，可以得到

$$\sigma_2 = \frac{-2kp}{k+1} \tag{5.218}$$

和

$$\begin{cases} \sigma_{2n} = \left[ (1+F)\dfrac{1-\left(-F^2\right)^{n-1}}{1+F^2} + \left(-F^2\right)^{n-1} \right] \sigma_2 \\ \sigma_{2n+1} = (1+F)\dfrac{1-\left(-F^2\right)^{n}}{1+F^2}\sigma_2 \end{cases} \tag{5.219}$$

可以给出

$$\sigma_4 = \left[ (1+F) - F^2 \right] \sigma_2 = \frac{(k+2)^2 - 5}{(k+1)^2} \tag{5.220}$$

当

$$k < \sqrt{5} - 2 \tag{5.221}$$

时，杆 1 和杆 2 分离，此时应力波传播物理平面图见图 5.54。

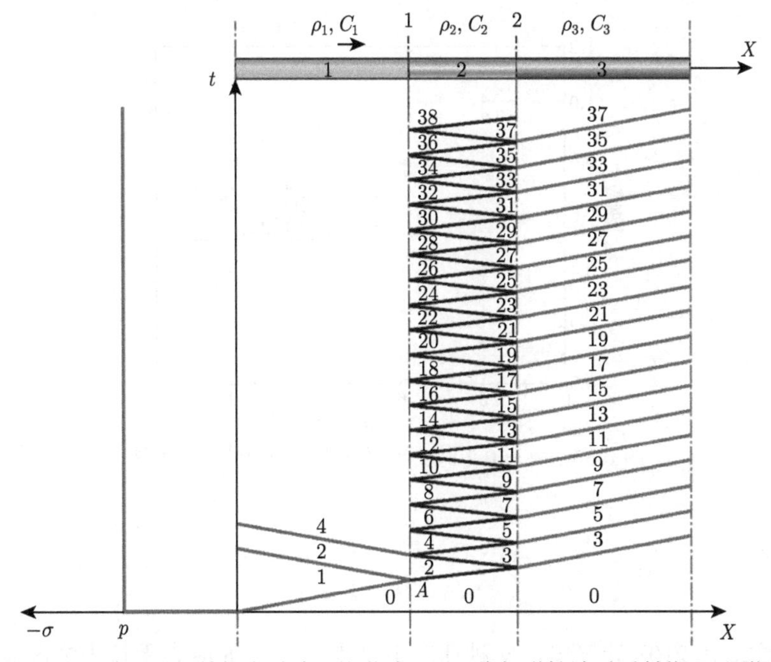


图 5.54 波阻抗相差较大时波阻抗递减三层一维杆弹性波透反射物理平面图

此时有

$$\sigma_{2n} = 0, \quad n \geqslant 2 \tag{5.222}$$

和

$$[\sigma]_{3\sim4} = -(1+F)\,\sigma_2 \tag{5.223}$$

根据交界面 2 上应力波的反射性质与杆 2 左端自由面上反射的“镜像法则”，可以得到

$$
\begin{cases}
[\sigma]_{4\sim5} = \dfrac{k-1}{k+1}[\sigma]_{3\sim4} = -F(1+F)\sigma_2 \\
[\sigma]_{5\sim6} = -[\sigma]_{4\sim5} = F(1+F)\sigma_2 \\
[\sigma]_{6\sim7} = \dfrac{k-1}{k+1}[\sigma]_{5\sim6} = F^2(1+F)\sigma_2 \\
[\sigma]_{7\sim8} = -[\sigma]_{6\sim7} = -F^2(1+F)\sigma_2
\end{cases}
\tag{5.224}
$$

从而可以计算出

$$
\begin{cases}
\bar{\sigma}_3 = (1+F)\bar{\sigma}_2 \\
\bar{\sigma}_5 = -F(1+F)\bar{\sigma}_2 \\
\qquad \vdots \\
\bar{\sigma}_{2n+1} = (-F)^{n-1}(1+F)\bar{\sigma}_2
\end{cases}
\tag{5.225}
$$

以 $k=0.2$ 为例，此时 $F=-2/3$，从而可以计算交界面 2 上不同时刻的无量纲应力，进而可以给出交界面 2 或杆 3 中截面 I 上的应力波波形图，如图 5.55 所示。

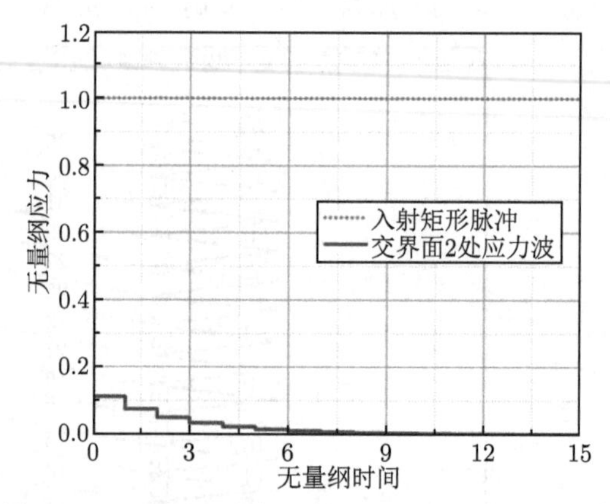


图 5.55 $k=0.2$ 时交界面 2 上的应力波与入射波

当

$$
\sqrt{5}-2 \leqslant k < 1 \tag{5.226}
$$

时，可以根据式 (5.219) 计算出，此种情况下交界面 1 上的应力无拉力情况发生。此时有

$$
\begin{cases}
\sigma_{2n} = \left[(1+F)\dfrac{1-(-F^2)^{n-1}}{1+F^2} + (-F^2)^{n-1}\right]\sigma_2 \\
\sigma_{2n+1} = (1+F)\dfrac{1-(-F^2)^n}{1+F^2}\sigma_2
\end{cases}
\tag{5.227}
$$

以 $k$= 1/2 为例，根据式 (5.227) 可以给出交界面 2 上或杆 3 中截面 I 上的应力波波形，如图 5.56 所示。

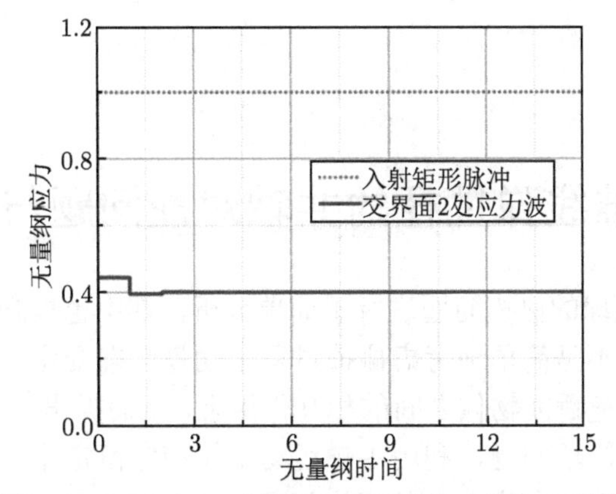


图 5.56 $k = 1/2$ 时交界面 2 上的应力波与入射波

考虑脉冲卸载波的计算分析过程与以上两种情况无本质上的区别，在此不做赘述，读者可试分析推导之。

# 第 6 章　一维线弹性杆的共轴对撞问题与 SHPB 原理

在第 1 章中对弹性球的碰撞问题进行了简单分析，其中也提到牛顿对于碰撞问题最关键的创新性成果：他并不是简单地考虑碰撞过程中动量状态变化，而是将注意力集中到更深层次的碰撞本质即碰撞瞬间物体之间的相互作用上，从而提出“力”的概念，进而给出牛顿三大定律。对于很多简单问题，利用牛顿运动定律和守恒定律，可以给出撞击问题的相关解析解；但如同第 3 章中稍微复杂的撞击问题，或考虑撞击到分离时间或更复杂的撞击塑性变形问题等情况时，经典力学很难给出准确的解析解。此时，势必需要从撞击问题更深更细观层次上揭示撞击过程中物体内部和物体之间的应力演化，从而给出精确或相对精确的解析解。

## 6.1　相同材料一维线弹性杆的共轴对撞

对于一般金属等固体材料，其弹性阶段皆近似为线性阶段，即具有线弹性特征，在弹性阶段，其应力 $\sigma$ 与应变 $\varepsilon$ 满足线性正比关系：

$$\sigma = E \cdot \varepsilon \quad \text{或} \quad E = \frac{\sigma}{\varepsilon} \tag{6.1}$$

对于一般金属材料和多数固体材料的弹性阶段而言，式 (6.1) 所给出的规律在准静态材料单轴压缩或单轴拉伸试验中经常被验证是足够准确的；式中弹性系数常称为杨氏模量，以上规律其实就是我们在中学时所学过的 Hooke 定律的另一种更加普适的形式。这与我们中学所学弹簧在弹性变形阶段的 Hooke 定律从内涵上基本一致：

$$F = k \cdot \frac{\Delta l}{L} \tag{6.2}$$

式中，$\Delta l/L$ 即等效为工程应变；$k$ 为弹性系数，其物理意义与杨氏模量基本一致，只是量纲不同；力 $F$ 对应应力$\sigma$，对于固定截面积而言，其代表的物理意义也近似。

### 6.1.1　理想一维弹簧的共轴对撞过程分析

对于一般固体材料而言，其杨氏模量非常大，使得第 3 章中弹性球撞击产生“力”的扰动信号传播非常快，只有传播距离非常大时我们才能直观地感觉到其“存在”传播过程。如果以弹性系数小得多的弹簧来代替弹性球，其撞击过程则更为直观，如图 6.1 所示。

设整个撞击过程中弹簧皆处于其弹性工作范围内，设一个弹簧以速度 $v$ 水平共轴正撞击另一个完全相同且静止的弹簧。在 $t = 0$ 时刻两个弹簧接触，根据连续性条件可知，接触瞬间弹簧 1 不可能穿透弹簧 2 继续按照原来的速度 $v$ 向右运动，因此弹簧 1 右端速度 $v_{1\mathrm{r}}$ 逐渐下降而弹簧 2 左端的速度 $v_{2\mathrm{l}}$ 增加，根据质量守恒定律，在弹簧 1 对弹簧 2 撞击

加载过程有

$$v_{1r} = v_{2l} \tag{6.3}$$

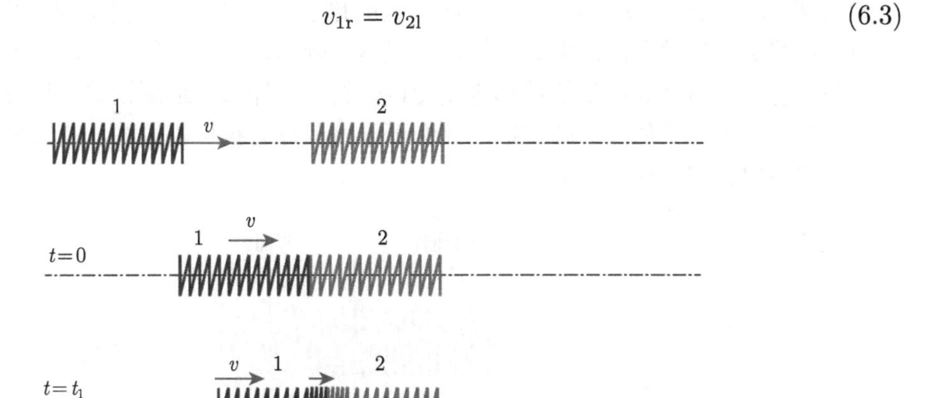


图 6.1 两个完全相同的弹簧共轴正撞击初期

由于两个弹簧完全相同，撞击瞬间即开始从交界面处分别向弹簧 1 和弹簧 2 传播两个速度相同方向不同的纵波。从中学的知识和 3.2.2 节中弹性材料中纵波波速推导可知，这种纵波传播速度只与弹簧本身的物理力学性能相关，在弹性范围内与加载条件无关，也就是图 6.2 中界面 1 和界面 2 的移动速度相对交界面的速度相等。

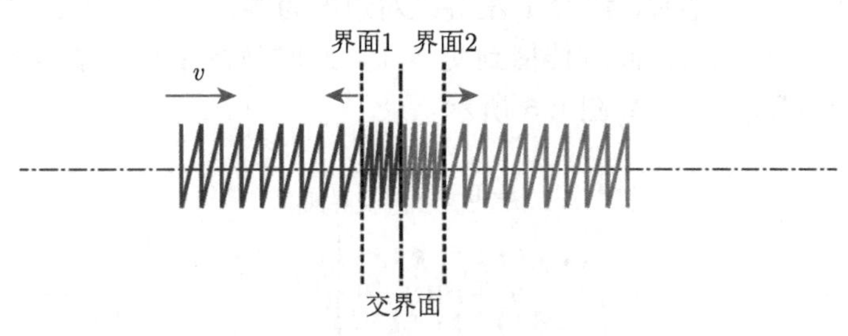


图 6.2 撞击初期纵波的产生与传播

假设撞击后交界面两端力短时间内就达到平衡，此时根据动量守恒定律可知，此时交界面向右移动的速度为 $v/2$，弹簧 1 左端纵波未到达区域继续以速度 $v$ 向右运动、弹簧 2 右端纵波未到达区域继续保持静止，因此，两个弹簧继续压缩直至纵波到达两个弹簧的另一端，容易知道，理论上纵波同时到达另一端，如图 6.3 所示。

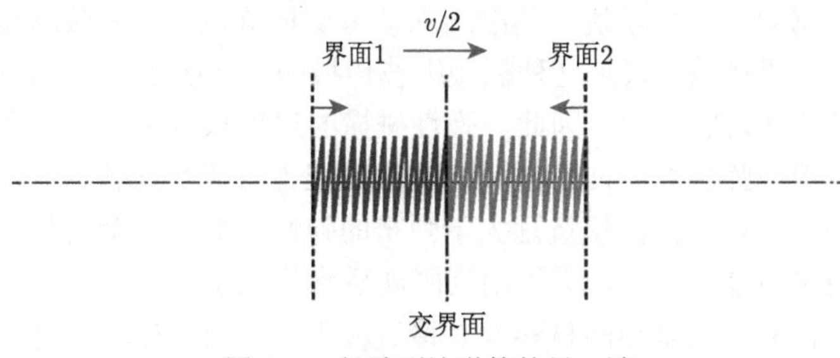


图 6.3 纵波到达弹簧的另一端

此瞬间两弹簧中所有质点速度均相同，根据动量守恒方程容易计算出，此时两弹簧均匀地匀速向右以速度 $v/2$ 运动。而在两弹簧的自由端，端面的一侧受到弹簧的压缩力、另一侧并不受力，即端面两侧受力不均匀，根据牛顿运动定律可知，此时在弹簧自由面势必会产生加速度，该加速产生的质点速度使得弹簧从压缩状态逐渐松缓，这种松缓界面也会像压缩时一样向弹簧的另一端传播，我们可以将其称为拉伸机械波，其传播的速度理论上与压缩状态时相同，见图 6.4。

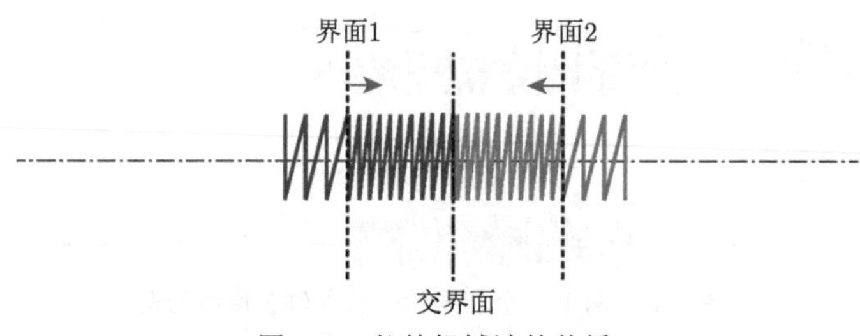


图 6.4　拉伸机械波的传播

两弹簧自由面的这种加速运动直到界面两端不受力时停止，需要说明的是，以弹簧 1 为例，虽然左端自由端由于合力向左，从而产生向左的加速度和速度，但由于其原本并不是静止的，而是向右以速度 $v/2$ 运动，因此在加速过程中其质点还是向右运动。当自由面端弹簧完全松弛即受力为零时，弹簧 1 左端绝对速度为零，而弹簧 2 右端绝对速度却为 $v$。同压缩时一样，拉伸机械波也同时传播到交界面，此时弹簧 1 所有质点绝对速度为 0，而弹簧 2 所有质点速度均为 $v$，如图 6.5 所示。

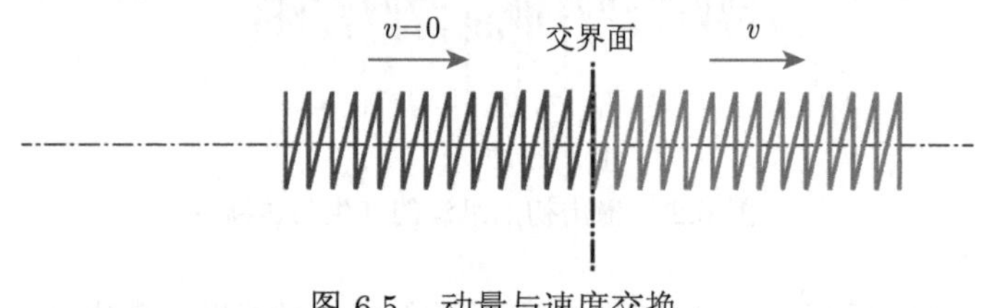


图 6.5　动量与速度交换

也就是说，此时弹簧 2 速度为 $v$，撞击弹簧 1 与被撞击弹簧 2 实现速度交换和动量交换。以上对弹簧撞击行为中如何实现速度交换和动量交换的准细观过程 (这里准细观不一定指空间，也包含时间上的更小一个量级) 进行分析，从中可以看出，该过程中界面的传播涉及机械波的传播问题，可以说，其准细观动量交换就是一个机械纵波的交换过程，涉及压缩机械波和拉伸机械波，只是这种机械纵波传播的是 “应力” 这个信号，这种传播 “应力” 信号的机械纵波称为应力波，因此，弹性碰撞的过程从更小的量级上看就是应力波的传播过程。对于一般线弹性材料而言，其弹性阶段应力与应变也满足类似的线性关系，与弹簧不同的是，固体材料的杨氏模量远大于弹簧的弹性系数，甚至高数个数量级，因此弹性球的碰撞应力波传播过程极短，无法用肉眼观察到其现象。

在很多情况下，应力波是在两材料的对撞过程中产生的，如杆弹对靶板的撞击等，研究弹性波的相互作用对于理解弹性波理论和工程应用过程中波动分析具有重要的意义。本节以两个等截面且共轴的细长弹性杆相互对撞为例，介绍此类情况下弹性波的传播和相互作用问题。

### 6.1.2 两个一维线弹性杆的共轴对撞问题

设两个截面积完全相同的细长杆 1 和 2，其波阻抗均为$\rho C$，假设两杆初始时刻均处于自然松弛状态即初始应力皆为 0，即两杆无预应力 (该假设只是为了问题分析过程中方程形式更加简洁易懂，并不对推导过程和结论有实质性的影响，读者可试之)，两杆分别以速度 $v_1$ 和 $v_2$ 共轴对撞，其中应有 $v_1 > v_2$，否则无法产生碰撞，如图 6.6 (a) 所示。

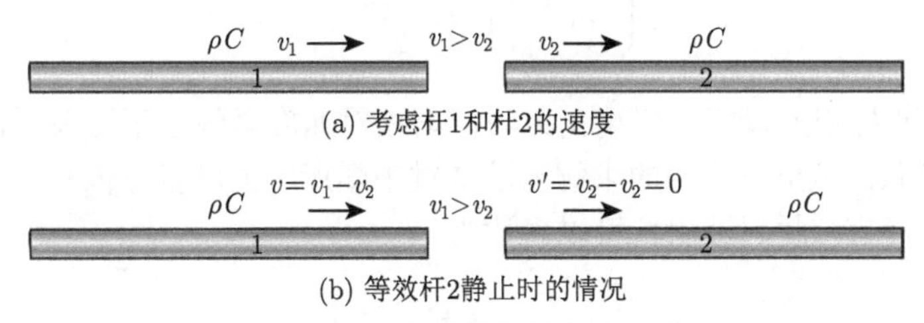


图 6.6 细长弹性杆的共轴对撞

若我们站在向右以 $v_2$ 匀速运动的坐标上看该问题，该问题即为杆 1 以 $v = v_1 - v_2$ 的速度向右匀速运动、杆 2 保持静止的问题，如图 6.6 (b) 所示。由于参考坐标为匀速运动，因此在这两种情况下分析问题，其结论在本质上是完全相同的。因此，该问题可简化为杆 1 以 $v_0$ 匀速向右运动，在 $t = 0$ 时刻撞上与之共轴且完全相同的自然松弛静止的杆 2。当两杆相撞瞬间会在杆 1 中产生一个向左传播的弹性波和在杆 2 中产生一个向右传播的弹性波，如图 6.7 所示。

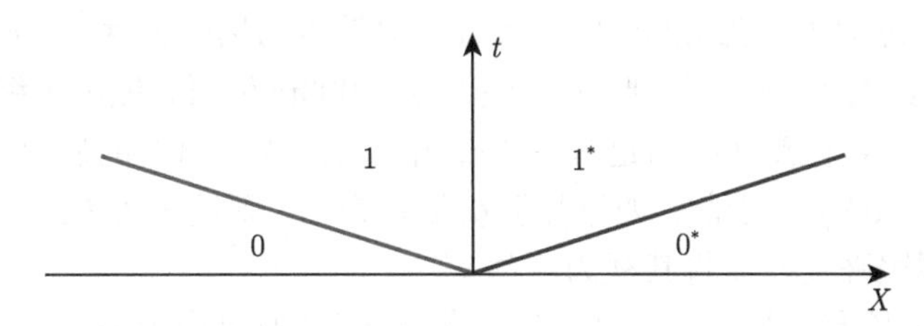


图 6.7 弹性杆共轴对撞瞬间应力波传播物理平面图

根据初始条件有

$$\left\{\begin{array}{l}\sigma_0 = 0\\ v_0 = v_0\end{array}\right. \quad 和 \quad \left\{\begin{array}{l}\sigma_{0^*} = 0\\ v_{0^*} = 0\end{array}\right. \tag{6.4}$$

根据左行波和右行波波阵面上的动量守恒条件，结合式 (6.4) 所示初始条件，可以给出两个强间断应力波的运动方程：

$$\left\{\begin{array}{l}[\sigma]_{0\sim1} = \rho C\,[v]_{0\sim1}\\ [\sigma]_{0^*\sim1^*} = -\rho C\,[v]_{0^*\sim1^*}\end{array}\right. \Rightarrow \left\{\begin{array}{l}\sigma_1 = \rho C\,(v_1 - v_0)\\ \sigma_{1^*} = -\rho C v_{1^*}\end{array}\right. \tag{6.5}$$

此时两杆保持接触状态，因此接触面上应满足连续条件：

$$\begin{cases} \sigma_1 = \sigma_{1^*} \\ v_1 = v_{1^*} \end{cases} \tag{6.6}$$

联立式 (6.5) 和式 (6.6)，可以得到

$$\begin{cases} \sigma_1 = \sigma_{1^*} = -\dfrac{\rho C v_0}{2} \\ v_1 = v_{1^*} = \dfrac{v_0}{2} \end{cases} \tag{6.7}$$

式 (6.7) 表明，两杆相撞瞬间，杆端受力与撞击相对速度呈线性正比关系，与材料波阻抗也呈线性正比关系。该撞击应力的求解无法通过中学所学的动量守恒和机械能守恒联立给出。对于一维杆而言，材料波阻抗可以表达为

$$\rho C = \rho\sqrt{\frac{E}{\rho}} = \sqrt{E\rho} \tag{6.8}$$

因此，当两个相同一维线弹性杆共轴相撞时，其撞击瞬间的交界面受力为

$$\sigma = -\frac{1}{2}\sqrt{E\rho}v_0 \tag{6.9}$$

其与密度、杨氏模量、相对撞击速度呈正比关系。以钢杆为例，杨氏模量为 210GPa，密度为 7.8g/cm$^3$，当撞击速度为 10m/s 时，撞击瞬间交界面压缩应力约为 202MPa；当撞击速度为 20m/s 时，压缩应力约为 405MPa，接近一般软钢的屈服强度；当撞击速度为 100m/s 时，撞击压缩应力约为 2GPa；同理，撞击速度为 1000m/s 时，撞击压缩应力约为 20GPa。从这些估算可以看出，在高速撞击过程中，撞击压力远大于材料的屈服强度，以射流为例，其撞击速度大于 6000m/s，因此，如果弹靶材料皆为钢，则撞击压力约 120GPa，此时完全可以忽略材料的屈服强度，而将其视为流体。

若杆 1 与杆 2 长度相等，皆为 $L$，则在 $t = L/C$ 时刻应力波同时到达杆 1 左端和杆 2 的右端，如图 6.8 所示，此时应力波会在自由面上反射。

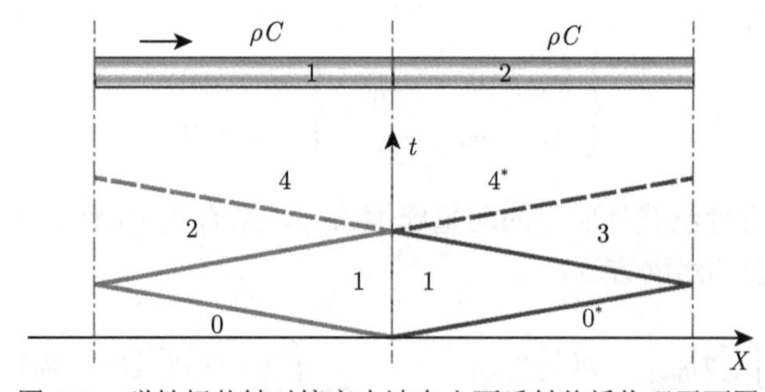


图 6.8　弹性杆共轴对撞应力波自由面反射传播物理平面图

根据应力波在自由面的反射“镜像法则”，可以得到

$$\left\{\begin{array}{l}[\sigma]_{1\sim2}=-[\sigma]_{0\sim1}\\ [v]_{1\sim2}=[v]_{0\sim1}\end{array}\right. \quad 和 \quad \left\{\begin{array}{l}[\sigma]_{1\sim3}=-[\sigma]_{0^*\sim1}\\ [v]_{1\sim3}=[v]_{0^*\sim1}\end{array}\right. \tag{6.10}$$

结合式 (6.10)、式 (6.7)、初始条件式 (6.4) 和边界条件，可以得到

$$\left\{\begin{array}{l}\sigma_2=0\\ v_2=0\end{array}\right. \quad 和 \quad \left\{\begin{array}{l}\sigma_3=0\\ v_3=v_0\end{array}\right. \tag{6.11}$$

假设反射波 1~2 和反射波 1~3 到达交界面后会进一步发生透射和反射行为，根据交界面上弹性波的透反射性质，有

$$\left\{\begin{array}{l}\sigma_4-\sigma_2=\rho C\left(v_4-v_2\right)\\ \sigma_{4^*}-\sigma_3=-\rho C\left(v_{4^*}-v_3\right)\end{array}\right. \Rightarrow \left\{\begin{array}{l}\sigma_4=\rho C v_4\\ \sigma_{4^*}=-\rho C\left(v_{4^*}-v_0\right)\end{array}\right. \tag{6.12}$$

结合连续条件和应力平衡条件可以计算出

$$\left\{\begin{array}{l}\sigma_4=\rho C\dfrac{v_0}{2}>0\\ v_4=v_{4^*}=\dfrac{v_0}{2}\end{array}\right. \tag{6.13}$$

即此时杆 1 和杆 2 的交界面上应力为拉应力，而事实上，两杆之间并未粘接无法承受拉应力；也就是说，交界面在拉应力作用下会分离。因此图 6.8 中虚线所示应力波并不存在，在应力波 1~2 和应力波 1~3 到达交界面瞬间两杆分离，分离后，杆 1 静止，杆 2 以速度 $v_0$ 匀速向右运动，即杆 1 与杆 2 实现速度交换，这与中学时期利用动量守恒条件与机械能守恒条件联立推导的结果完全相同。

同时，可以计算出，当

$$t=\frac{2L}{C} \tag{6.14}$$

时，两杆分离。

设杆 1 的长度为 $L$，而杆 2 的长度为 $L/2$，其他条件同上，此时必有

$$\left\{\begin{array}{l}\sigma_1=-\dfrac{\rho C v_0}{2}\\ v_1=\dfrac{v_0}{2}\end{array}\right., \quad \left\{\begin{array}{l}\sigma_2=0\\ v_2=0\end{array}\right., \quad \left\{\begin{array}{l}\sigma_3=0\\ v_3=v_0\end{array}\right. \tag{6.15}$$

根据右行波和左行波波阵面上的运动方程，有

$$\left\{\begin{array}{l}\sigma_4-\sigma_2=\rho C\left(v_4-v_2\right)\\ \sigma_4-\sigma_3=-\rho C\left(v_4-v_3\right)\end{array}\right. \Rightarrow \left\{\begin{array}{l}\sigma_4=\dfrac{\rho C v_0}{2}>0\\ v_4=\dfrac{v_0}{2}\end{array}\right. \tag{6.16}$$

式 (6.16) 意味着应力波 3~4 到达交界面瞬间两杆分离，此时两杆中的应力波传播物理平面图见图 6.9。

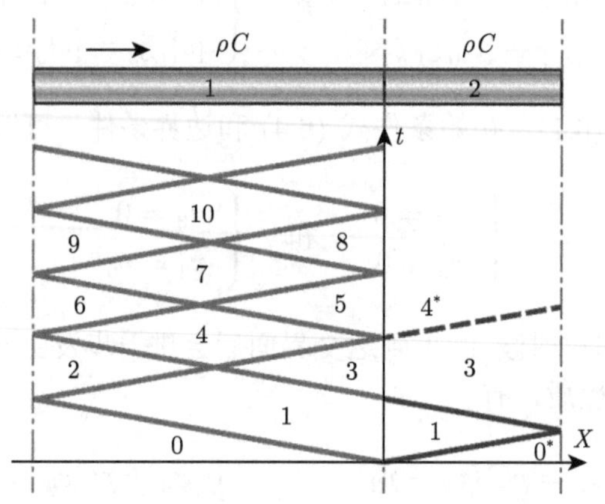


图 6.9 杆 1 为杆 2 长度 2 倍传播物理平面图

设有应力波 3~4 到达交界面上瞬间有部分应力波透射到杆 2，则由于之后杆 2 左端为自由面，必有

$$\sigma_{4^*}=0 \tag{6.17}$$

即

$$[\sigma]_{3\sim4^*}=0 \tag{6.18}$$

这意味着假设中的应力波 3~4* 并不存在，应力波 3~4 在杆 1 的右端自由面完全反射回杆 1 中，且杆 2 中此时无任何应力波存在，且其速度为 $v_0$。根据自由面反射“镜像法则”，可以得到

$$\begin{cases}\sigma_5-\sigma_4=-(\sigma_4-\sigma_3)\\ v_5-v_4=v_4-v_3\end{cases}\Rightarrow\begin{cases}\sigma_5=0\\ v_5=0\end{cases}\quad 和 \quad\begin{cases}\sigma_6-\sigma_4=-(\sigma_4-\sigma_2)\\ v_6-v_4=v_4-v_2\end{cases}\Rightarrow\begin{cases}\sigma_6=0\\ v_6=v_0\end{cases} \tag{6.19}$$

类似地，可以求出

$$\begin{cases}\sigma_7-\sigma_5=-\rho C\left(v_7-v_5\right)\\ \sigma_7-\sigma_6=\rho C\left(v_7-v_6\right)\end{cases}\Rightarrow\begin{cases}\sigma_7=-\dfrac{\rho C v_0}{2}\\ v_7=\dfrac{v_0}{2}\end{cases} \tag{6.20}$$

同理，可以求出之后的应力波在杆 1 中往返运动，压缩波过后就是拉伸波，这种运动类似弹簧在向右运动时内部还在不断振动时的情况。

设杆 1 的长度为 $L$，而杆 2 的长度为 $2L$，其他条件同上，此时必有

$$\begin{cases}\sigma_1=-\dfrac{\rho C v_0}{2}\\ v_1=\dfrac{v_0}{2}\end{cases},\quad\begin{cases}\sigma_2=0\\ v_2=0\end{cases},\quad\begin{cases}\sigma_3=0\\ v_3=v_0\end{cases},\quad\begin{cases}\sigma_4=\dfrac{\rho C v_0}{2}\\ v_4=\dfrac{v_0}{2}\end{cases} \tag{6.21}$$

因此当应力波 2~4 到达交界面瞬间两杆分离，同上情况通过假设也可以得知，此时杆 1 中并不存在任何应力波，其应力波传播的物理平面图见图 6.10。此时杆 2 两端皆为自由面，应力波在杆 2 中往返运动，同上一起向右运动；而杆 1 保持静止。

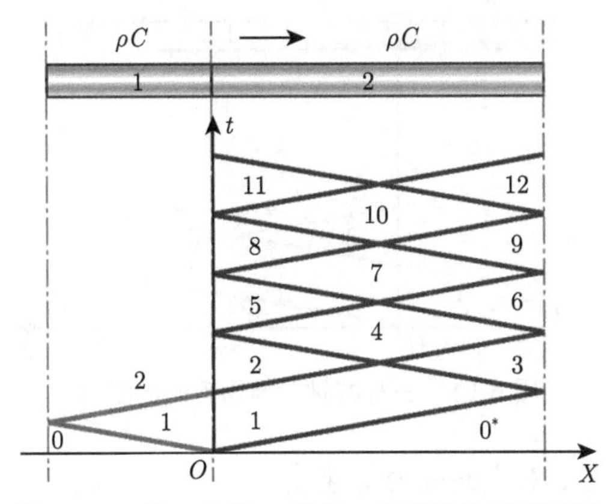


图 6.10 杆 1 为杆 2 长度一半传播物理平面图

根据图 6.9 和图 6.10 可以看出，以上两种情况，杆 1 与杆 2 的分离时间为

$$t = 2\frac{\max(L_1, L_2)}{C} \tag{6.22}$$

式中，$L_1$ 和 $L_2$ 分别表示两杆的长度；$\max(\cdot)$ 函数表示取两杆长度的最大值。式 (6.22) 表明，两个材料相同的一维线弹性杆共轴对撞，两杆分离时间为应力波在较长的一杆中往返一次所需时间；即决定分离时间的是较长杆的长度。而两杆分析后在较长杆中形成的应力波波长应为

$$\lambda = 2 \cdot \min(L_1, L_2) \tag{6.23}$$

即波长为短杆长度的两倍。

式 (6.23) 所给出的结论对于其他杆长比例情况也是适用的，但其前提条件两杆皆为一维线弹性杆且材料相同，而且两杆共轴对撞。

### 6.1.3 多个一维线弹性杆的共轴对撞问题

以上是两杆的撞击情况，如果考虑如图 6.11 所示三杆撞击的情况，以上分析方法也是适用的，事实上，其分析方法和思路本质上是完全相同的。

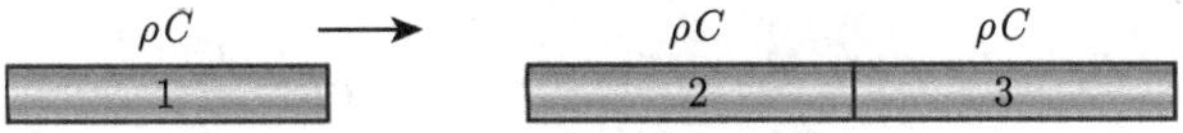

ρC ρC ρC

1 2 3

图 6.11 三杆共轴对撞示意图

设杆 2 和杆 3 紧密接触，但并没有粘接，即两者的交界面不能承受拉伸应力的作用，否则两者分离。设三个完全相同长度为 $L$ 的一维杆初始处于自然松弛状态并共轴，且杆 2 与杆 3 在初始处于静止状态，杆 1 以 $v$ 向右匀速运动；在 $t = 0$ 时刻撞击上杆 2 的左端。

设三杆的波阻抗均为 $\rho C$，则在撞击瞬间会从杆 1 和杆 2 的交界面分别向杆 1 向左传播和向杆 2 向右传播强间断压缩波，如图 6.12 所示。

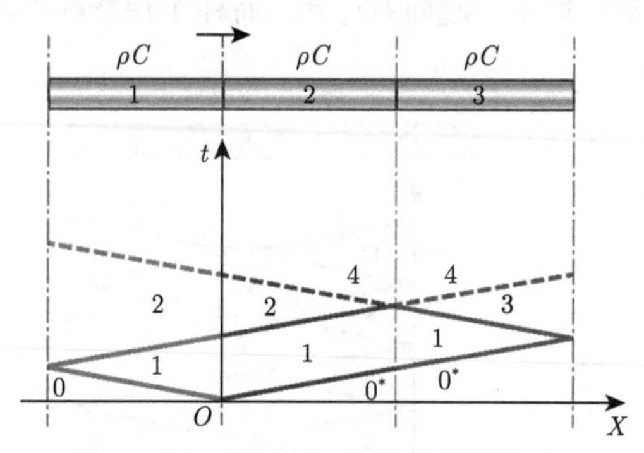


图 6.12 三杆共轴对撞物理平面图 (I)

同上可以求出状态点 1 对应的应力与速度：

$$\begin{cases} \sigma_1 = -\dfrac{\rho C v_0}{2} \\ v_1 = \dfrac{v_0}{2} \end{cases} \tag{6.24}$$

根据应力波在自由面的反射 “镜像法则”，可以得到

$$\begin{cases} [\sigma]_{1\sim 2} = -[\sigma]_{0\sim 1} \\ [v]_{1\sim 2} = [v]_{0\sim 1} \end{cases} \quad 和 \quad \begin{cases} [\sigma]_{1\sim 3} = -[\sigma]_{0^*\sim 1} \\ [v]_{1\sim 3} = [v]_{0^*\sim 1} \end{cases} \tag{6.25}$$

结合式 (6.25)、式 (6.7)、初始条件式 (6.4) 和边界条件，可以得到

$$\begin{cases} \sigma_2 = 0 \\ v_2 = 0 \end{cases} \quad 和 \quad \begin{cases} \sigma_3 = 0 \\ v_3 = v_0 \end{cases} \tag{6.26}$$

设应力波 1~2 到达杆 2 与杆 3 的交界面、应力波 1~3 到达杆 2 与杆 3 的交界面后，分别向杆 3 或杆 2 中透射应力波 3~4 和应力波 2~4，如图 6.12 所示；则根据交界面上应力波的透反射性质，有

$$\begin{cases} \sigma_4 - \sigma_3 = -\rho C\left(v_4 - v_3\right) \\ \sigma_4 - \sigma_2 = \rho C\left(v_4 - v_2\right) \end{cases} \Rightarrow \begin{cases} \sigma_4 = \dfrac{\rho C v_0}{2} > 0 \\ v_4 = \dfrac{v_0}{2} \end{cases} \tag{6.27}$$

此时杆 2 与杆 3 应在应力波到达瞬间分离，即应力波 1~2 和应力波 1~3 无法在交界面进行透射。设应力波 1~3 到达交界面瞬间两杆分离，但会分别产生反射波 3~4，如图 6.12 中虚线所示，根据边界条件可知必有

$$\sigma_4 = 0 \tag{6.28}$$

因此，应力波 3~4 的应力强度即为

$$[\sigma]_{3\sim4} = 0 \tag{6.29}$$

式 (6.29) 表明应力波 3~4 并不存在。同理，应力波 2~5 也并不存在，因此该问题的应力波传播物理平面图如图 6.13 所示。由图可知，三个完全相同的杆撞击后，在撞击发生时刻起经过时间：

$$t = \frac{3L}{C} \tag{6.30}$$

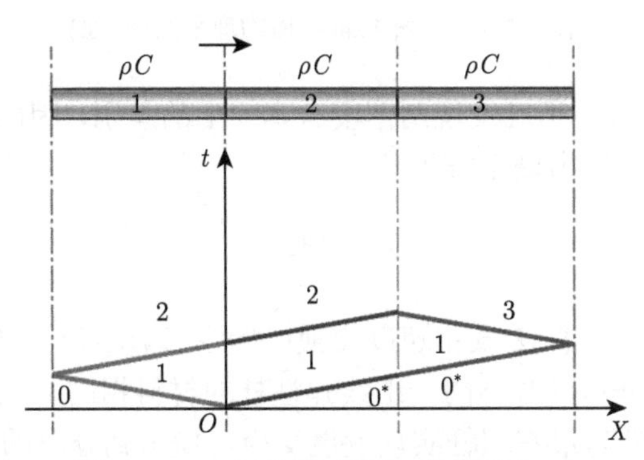


图 6.13 三杆共轴对撞物理平面图 (Ⅱ)

后三杆中应力完全均匀，皆不存在应力波传播行为；此时杆 1 与杆 2 静止，杆 3 以速度 $v$ 向右匀速运动。考虑初始条件中杆 1 以速度 $v$ 向右匀速运动、杆 2 与杆 3 静止，对比撞击后杆 1 与杆 2 静止，杆 3 以速度 $v$ 向右匀速运动，可以看出杆 1 与杆 2 出现动量交换或速度交换行为。对于 $n$ 个完全相同的一维线弹性杆共轴对撞问题而言，以上方法也容易给出类似结论，即在经过

$$t = \frac{nL}{C} \tag{6.31}$$

时间后杆 1 到杆 $(n-1)$ 静止，杆 $n$ 以速度 $v$ 向右匀速运动，如图 6.14 所示；即最右端的杆与撞击杆实现速度交换，这与牛顿摆的试验结果完全一致，也解释了牛顿摆的试验原理。

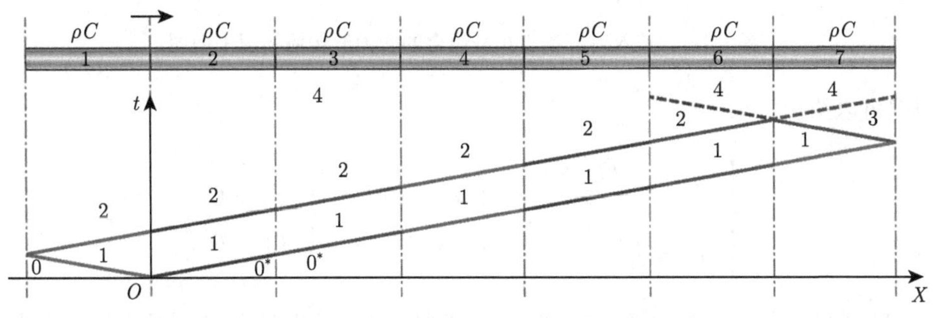


图 6.14 7 个完全相同的一维线弹性杆共轴对撞物理平面图

以上三杆共轴对撞问题中，若杆 1 与杆 2 完全相同，杆 3 其他条件与杆 1 相同但长度不同，此时其应力波传播物理平面图见图 6.15。

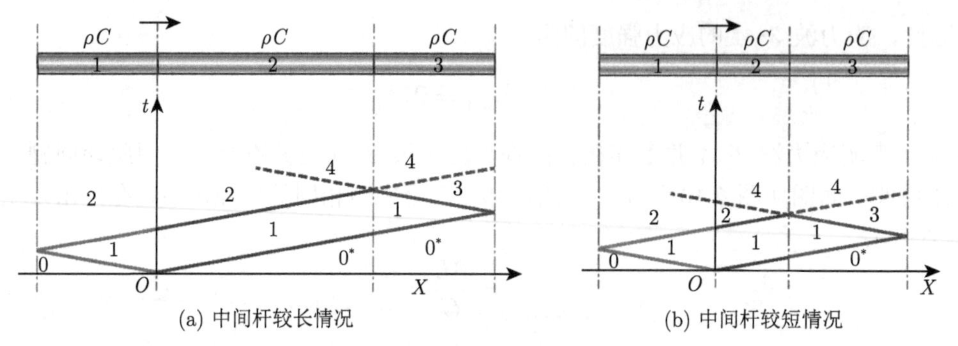


图 6.15　三杆共轴对撞物理平面图 (Ⅲ)

对比图 6.15 和图 6.12，不难发现两图没有本质上的差别，因此应力波传播的控制方程并无不同，因此也可以计算出撞击发生

$$t=\frac{L_{\text{total}}}{C} \tag{6.32}$$

时间后，最左端杆 3 与初始杆 2 发生速度交换；始终 $L_{\text{total}}$ 为三杆的总长。

综上多杆对撞问题可知，若不同一维线弹性杆的材料相同，只要入射杆与最右端杆长度相同，则对撞后入射杆与最右端杆实现速度交换，撞击到分离的时间见式 (6.32)。

若入射杆即杆 1 长度是杆 2 的 2 倍，而杆 2、杆 3、杆 4 和杆 5 完全相同均为 $L$，所有杆材料相同，如图 6.16 所示。

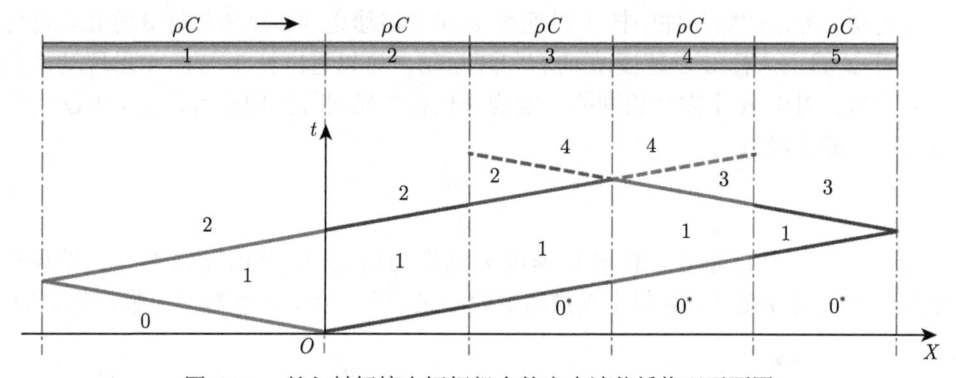


图 6.16　长入射杆撞击短杆组合的应力波传播物理平面图

同理可以给出

$$\begin{cases}\sigma_1=-\dfrac{\rho C v_0}{2}\\ v_1=\dfrac{v_0}{2}\end{cases},\quad \begin{cases}\sigma_2=0\\ v_2=0\end{cases},\quad \begin{cases}\sigma_3=0\\ v_3=v_0\end{cases} \tag{6.33}$$

类似地，通过假设应力波 3~4 和应力波 2~4 成立，可以求出状态点 4 对应的应力为零，即这两个应力波并不存在。即对撞发生

$$t=\frac{L_{\text{total}}}{C} \tag{6.34}$$

时间后，杆 3 与杆 4 分离，同上杆 4 和杆 5 紧密接触着一起以速度 $v$ 匀速向右运动。即入射杆 1 与最右端两杆实现速度交换，且最右端两杆长度之和与杆 1 相等。

类似以上分析可知：其一，这种交换与杆 2 与杆 3 的长度无关，也就是说，并不需要杆 2 与杆 3 的长度相等，也不需要此两杆长度与其他杆相等；其二，杆 4 与杆 5 的长度相等也并不是必要条件，只要两杆长度之和与入射杆杆 1 相等即可；其三，杆 1 并不限制于只是一个杆，入射杆是多个杆紧密接触的杆以相同入射速度撞击也行，可以是一个，也可以是两个、三个、…… 、$n$ 个，只要其长度之和与图 6.16 所示杆 1 的长度相等即可；其四，杆 4 和杆 5 也是如此，可以不仅仅只要两个杆，如三个、四个、…… 、$n$ 个，只要这些杆的长度和与图 6.16 中最右端两杆长度之和相等即可。总而言之，只要入射杆或入射多杆组合的长度和等于被撞击的杆组合中最右端的 $n$ 杆长度和，则撞击后入射杆或入射杆组合静止，最右端的 $n$ 杆组合与入射杆组合实现速度交换；这与牛顿摆的试验结果完全一致。

考虑入射杆为三杆时的情况，如图 6.17 所示，设五杆完全相同，杆 1、杆 2 和杆 3 紧密结合都皆处于自然松弛状态并以速度 $v$ 向右匀速运动，在 $t = 0$ 时刻此三杆共轴撞上处于自然松弛静止且紧密结合的杆 4 和杆 5 的组合。

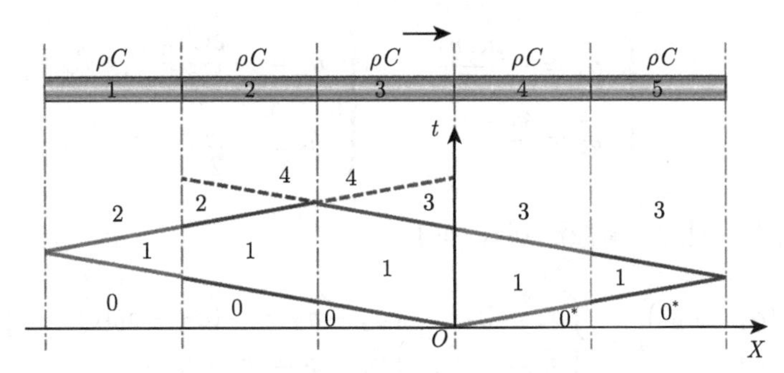


图 6.17 多杆组合撞击的应力波传播物理平面图

同理可以给出

$$\begin{cases}\sigma_1 = -\dfrac{\rho C v_0}{2} \\ v_1 = \dfrac{v_0}{2}\end{cases}, \quad \begin{cases}\sigma_2 = 0 \\ v_2 = 0\end{cases}, \quad \begin{cases}\sigma_3 = 0 \\ v_3 = v_0\end{cases} \tag{6.35}$$

类似地可知应力波 2~4 和应力波 3~4 并不存在，因此撞击发生

$$t = \frac{L_{\text{total}}}{C} \tag{6.36}$$

时间后，杆 1 和杆 2 静止，杆 3、杆 4 和杆 5 以速度 $v$ 向右匀速运动，即杆 3 运动状态不变，杆 1、杆 2 与杆 4、杆 5 实现速度交换。

以上几种情况中右端一维杆保持自然静止状态，只要右端存在撞击杆；现考虑一维杆组合左侧和右侧同时存在撞击行为时的情况，如图 6.18 所示。

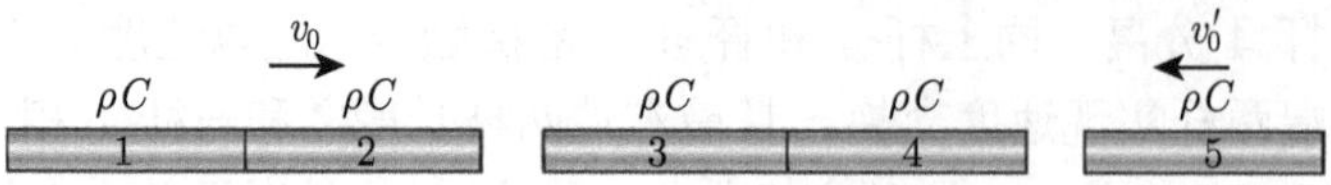

$v_0$ $v_0'$
$\rho C$ $\rho C$ $\rho C$ $\rho C$ $\rho C$
1 2 3 4 5

图 6.18 多杆组合两侧共轴对撞示意图

该问题的初始条件为

$$\begin{cases} \sigma_{0^*} = 0 \\ v_{0^*} = v_0 \end{cases}, \quad \begin{cases} \sigma_0 = 0 \\ v_0 = 0 \end{cases}, \quad \begin{cases} \sigma_{0^{**}} = 0 \\ v_{0^{**}} = -v_0' \end{cases} \tag{6.37}$$

设在 $t$= 0 时刻，杆 1 和杆 2 撞上杆 3 的同时，杆 5 也撞上杆 4，如图 6.19 所示，此时根据应力波波阵面上的运动方程与交界面上的连续条件，可以给出

$$\begin{cases} \sigma_1 - \sigma_{0^*} = \rho C (v_1 - v_{0^*}) \\ \sigma_1 - \sigma_0 = -\rho C (v_1 - v_0) \end{cases}, \quad \begin{cases} \sigma_2 - \sigma_{0^{**}} = -\rho C (v_2 - v_{0^{**}}) \\ \sigma_2 - \sigma_0 = \rho C (v_2 - v_0) \end{cases} \tag{6.38}$$

结合初始条件即可计算出

$$\begin{cases} \sigma_1 = -\dfrac{\rho C v_0}{2} \\ v_1 = \dfrac{v_0}{2} \end{cases}, \quad \begin{cases} \sigma_2 = -\dfrac{\rho C v_0'}{2} \\ v_2 = -\dfrac{v_0'}{2} \end{cases} \tag{6.39}$$

根据自由面上反射的“镜像法则”，可有

$$\begin{cases} \sigma_4 - \sigma_1 = -(\sigma_1 - \sigma_{0^*}) \\ v_4 - v_1 = v_1 - v_{0^*} \end{cases} \Rightarrow \begin{cases} \sigma_4 = 0 \\ v_4 = 0 \end{cases}, \quad \begin{cases} \sigma_3 - \sigma_2 = -(\sigma_2 - \sigma_{0^{**}}) \\ v_3 - v_2 = v_2 - v_{0^{**}} \end{cases} \Rightarrow \begin{cases} \sigma_3 = 0 \\ v_3 = 0 \end{cases} \tag{6.40}$$

根据波阵面上的运动方程，可得到

$$\begin{cases} \sigma_5 - \sigma_1 = \rho C (v_5 - v_1) \\ \sigma_5 - \sigma_2 = -\rho C (v_5 - v_2) \end{cases} \Rightarrow \begin{cases} \sigma_5 = -\dfrac{\rho C (v_0 + v_0')}{2} \\ v_5 = \dfrac{v_0 - v_0'}{2} \end{cases} \tag{6.41}$$

和

$$\begin{cases} \sigma_7 - \sigma_5 = \rho C (v_7 - v_5) \\ \sigma_7 - \sigma_3 = -\rho C (v_7 - v_3) \end{cases} \Rightarrow \begin{cases} \sigma_7 = -\rho C v_0 \\ v_7 = v_0 \end{cases} \tag{6.42}$$

同理，可以求出

$$\begin{cases} \sigma_6 = -\dfrac{\rho C v_0'}{2} \\ v_6 = -\dfrac{v_0'}{2} \end{cases}, \quad \begin{cases} \sigma_8 = 0 \\ v_8 = v_0 \end{cases}, \quad \begin{cases} \sigma_9 = 0 \\ v_9 = 0 \end{cases} \tag{6.43}$$

设应力波 7~9 和应力波 7~8 同时到达交界面上时还会产生应力波 9~10 和应力波 8~10，如应力波传播物理平面图 6.19 中虚线所示。

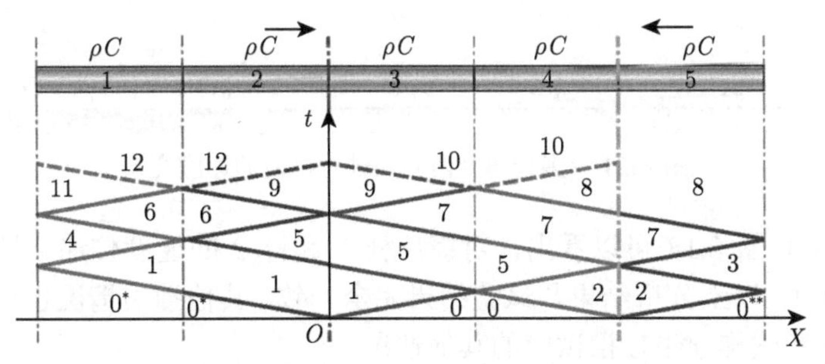


图 6.19 多杆组合两侧共轴对撞应力波传播物理平面图 (I)

根据波阵面上的运动方程，可以给出

$$\begin{cases} \sigma_{10} - \sigma_9 = \rho C \left( v_{10} - v_9 \right) \\ \sigma_{10} - \sigma_8 = -\rho C \left( v_{10} - v_8 \right) \end{cases} \Rightarrow \begin{cases} \sigma_{10} = \dfrac{\rho C v_0}{2} > 0 \\ v_{10} = \dfrac{v_0}{2} \end{cases} \tag{6.44}$$

式 (6.44) 表明：若应力波 8~10 和应力波 9~10 存在，则杆 3 和杆 4 的交界面上应力为拉力，这不符合条件要求，即应力波 7~9 和应力波 7~8 到达交界面瞬间，杆 3 和杆 4 分离；且应力波 8~10 和应力波 9~10 并不存在，但应力波 7~9 和应力波 7~8 到达交界面瞬间由于两杆分离，可能分别存在自由面上的反射波 9~10 和反射波 8~ 10′。容易计算出，此时状态点 10 和状态点 10′ 的应力均为零，与状态点 9 和状态点 8 应力相等，因此反射波 9~10 和反射波 8~ 10′ 也并不存在。

同理，可以计算出

$$\begin{cases} \sigma_{11} = 0 \\ v_{11} = -v_0' \end{cases}, \quad \begin{cases} \sigma_{12} = \dfrac{\rho C v_0'}{2} > 0 \\ v_{12} = -\dfrac{v_0'}{2} \end{cases} \tag{6.45}$$

式 (6.45) 表明，应力波 11~12 和应力波 9~12 也不存在，应力波 6~11 和应力波 6~9 到达交界面后，杆 1 与杆 2 分离。此时杆组合中应力波传播物理平面图应为图 6.20。

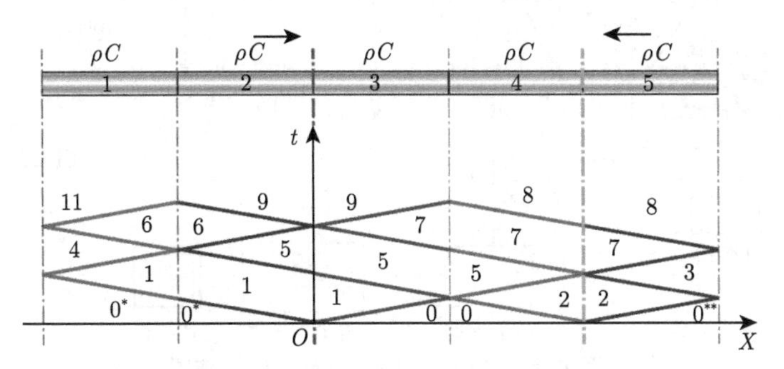


图 6.20 多杆组合两侧共轴对撞应力波传播物理平面图 (Ⅱ)

式 (6.45) 和以上分析表明，撞击后所有杆中皆不再存在应力波传播，即应力皆均匀化了；而且杆 4 和杆 5 一起以速度 $v_0$ 向右运动、杆 1 以速度 $v_0'$ 向左运动；如图 6.21 所示。

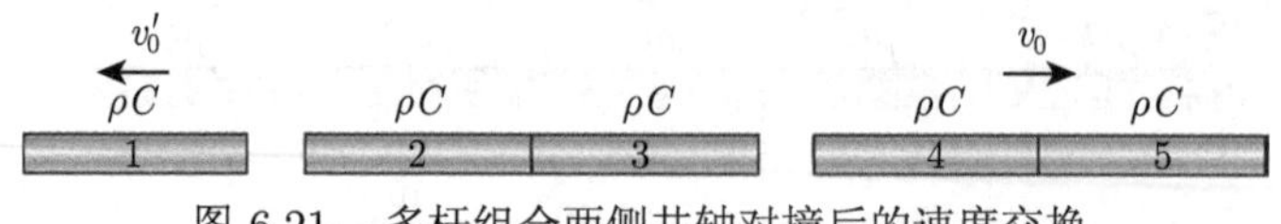


图 6.21 多杆组合两侧共轴对撞后的速度交换

对比图 6.21 和图 6.18 可以看出，对撞后杆 1 和杆 2 的速度传递给杆 4 和杆 5，杆 5 的速度传递给杆 1。以上分析结果与试验结果完全一致，其他撞击情况也可以类似分析，在此不做赘述，读者试推导牛顿摆试验的其他情况。

## 6.2 分离式 Hopkinson 压杆基本理论

材料的动态力学性能和行为与准静态下不尽一致，在很多情况下甚至差别很大，研究材料及其机构在动态荷载下的动力学行为，材料的动态力学性能必不可少。对材料的准静态力学性能的测试装置当前较为成熟，以压缩性能试验为例，随着技术的进步，动态试验平台也被生产和使用，然而，其试验范围有限，其测试材料应变率一般小于 100/s。对于更高应变率下材料的动态压缩行为试验而言，利用传统的压力试验系统很难实现：首先，应变率大意味着加载速度大，而利用液压系统实现高速加载是非常难的；其次，传统的压头质量很大，加载时间也长，在高速加载过程中的能量过大，其可操作性和安全性值得怀疑。理论上讲，随着加载速度的增加，材料屈服和破坏时间就较短，此时我们完全可以通过较短时间的加载实现材料的动态压缩试验，即通过脉冲加载实现材料的短时间动态加载。分离式 Hopkinson 压杆装置即是利用这一原理实现材料动态加载过程的当前国际应用最广泛的试验装置。

早期 (1914 年) Hopkinson 发明这一装置的作用主要是利用波动力学理论测量爆炸或子弹射击杆弹时的应力时程曲线，后来 (1949 年) Kolsky 利用 Hopkinson 压杆产生脉冲压缩波特性设计出一套可以用于测量材料动态压缩行为的装置，即当前应用最广泛的分离式 Hopkinson 压杆装置 (简称 SHPB 装置)，如图 6.22 所示。

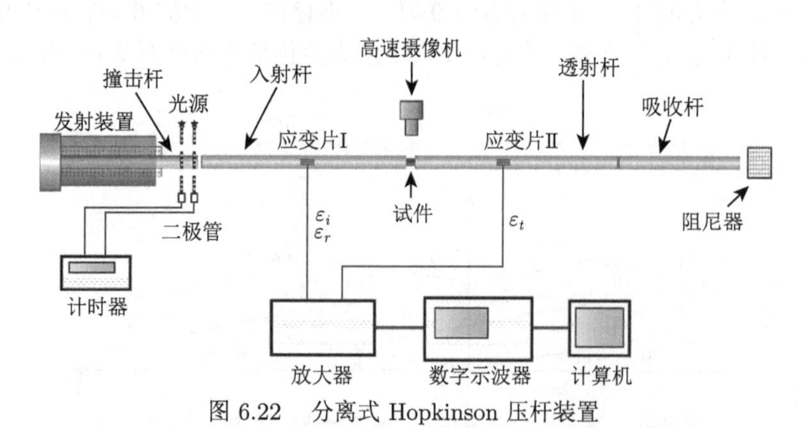


图 6.22 分离式 Hopkinson 压杆装置

传统的分离式 Hopkinson 压杆装置包括发射装置、撞击杆、入射杆、透射杆和吸收杆，试件置于入射杆和透射杆之间。需要注意的是，材料的应变率效应与结构惯性效应很难区分，甚至在某种意义上无法完全区分，这主要依赖于我们研究的尺度和要求；同时，应变率传播问题和材料的动态本构问题也是一个“狗咬尾巴”的问题，这些问题在很多相关文献中都讨论过，如王礼立教授的《应力波基础》一书中就进行了简要的讨论，在此不做赘述。在分析分离式 Hopkinson 压杆的试验原理和数据处理方法之前，我们对几个基本问题进行强调说明：第一，分离式 Hopkinson 压杆测试的对象是材料，因此我们必须保证测试的对象具有材料的特征，而不是结构特征明显，起码在测试尺度上测试对象以材料特征为主，这对金属材料而言一般都成立，但对复合材料而言包括混凝土类材料就不一定满足；第二，分离式 Hopkinson 压杆测试技术是建立在一维杆理论框架上发展的，因此我们在最大限度上接近这一假设，也就是说，装置中应力波关键传播路径是在细长杆中完成，这就要求撞击杆、入射杆和透射杆的长径比足够大、杆身足够平直，而且，即使不考虑杆中应力波的弥散效应和测试应变片的宽度并假设一切测试手段都完美，根据图 6.22 可知，我们只利用一个应变片测量入射波和透射波，必须将它们分离，因此，入射杆长度必须大于撞击杆的 2 倍以上；第三，试验测试方法是基于弹性波理论之上的，因此我们必须保证撞击杆、入射杆和透射杆中无塑性变形，根据 6.1 节的理论可知，撞击杆的入射速度 $v$ 与杆材料的单轴屈服强度 $Y$ 满足关系：

$$v < \frac{2Y}{\rho C} \tag{6.46}$$

且试件如果直接与入射杆、透射杆相接触其屈服强度必须小于杆材料的单轴屈服强度。

### 6.2.1 SHPB 试验的基本假设与数据分析方法

实际上，SHPB 试验中试件截面尺寸小于杆的尺寸，但却共轴，如图 6.23 所示；不同截面共轴对撞的问题在后面内容再行讨论，在此先考虑最理想的情况，即试件尺寸与杆截面完全相同且一直共轴，如图 6.24 所示，试件两端杆材料与截面尺寸完全相同。根据 6.1 节中两个同种材料一维线弹性杆共轴对撞下问题的分析结论可知，在不考虑应力波在杆中的弥散等效应时，理想情况下，入射波波长是撞击杆长度的 2 倍；而一般情况下，撞击杆长度远远大于试件的长度，前者比后者大两个数量级。

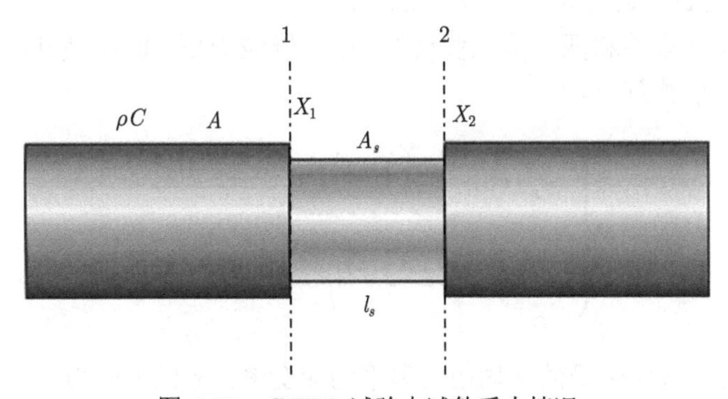


图 6.23 SHPB 试验中试件受力情况

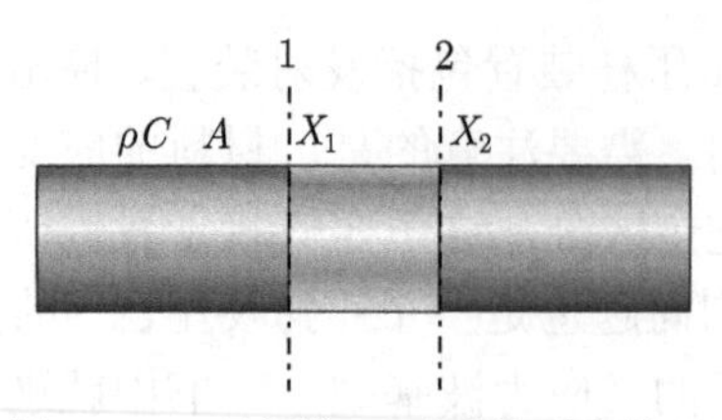


图 6.24　理想情况下试件受力情况

从 5.3 节中入射杆与透射杆材料相同情况的分析可知，应力波到达交界面 $X_1$ 后，入射杆中的应力为

$$\sigma_n = [\sigma]_{n-1\sim n} + [\sigma]_{n-2\sim n-1} + \cdots + [\sigma]_{1\sim 2} + [\sigma]_{0\sim 1} \tag{6.47}$$

式中，$[\sigma]_{0\sim 1}$ 为入射波；$[\sigma]_{n-1\sim n}$ 等为反射波。式 (6.47) 即表明入射杆中应力强度$\sigma_{IB}$应为

$$\sigma_{IB} = [\sigma]_R + [\sigma]_I \tag{6.48}$$

式中，$[\sigma]_I$ 表示入射波；$[\sigma]_R$ 表示反射波。需要说明的是，入射波与反射波可能并不是单一的强间断波，实际上，它们都是一系列增量波的组合，因此，写为以下形式更为科学：

$$\sigma_{IB} = \sum [\sigma]_R + \sum [\sigma]_I \tag{6.49}$$

只是通常情况下，为简便起见常写为式 (6.48) 所示形式。对于透射杆中的应力$\sigma_{TB}$ 类似地可以表达为

$$\sigma_{TB} = \sum [\sigma]_T \tag{6.50}$$

即根据交界面上应力波的透反射定律，可以给出

$$\begin{cases} \sigma(X_1,t) = \sigma_I(X_1,t) + \sigma_R(X_1,t) \\ \sigma(X_2,t) = \sigma_T(X_2,t) \end{cases}, \quad \begin{cases} v(X_1,t) = v_I(X_1,t) + v_R(X_1,t) \\ v(X_2,t) = v_T(X_2,t) \end{cases} \tag{6.51}$$

式中，$\sigma_I$ 和 $v_I$ 分别表示入射波应力和质点速度；$\sigma_R$ 和 $v_R$ 分别表示反射波应力和质点速度；$\sigma_T$ 和 $v_T$ 分别表示透射波应力和质点速度。

在满足以上基本条件和两个基本假设：杆中一维波 (或平面波) 假设和试件中应力均匀假设的基础上，可以得到

$$\begin{cases} \sigma_s(t) = \dfrac{[\sigma(X_2,t) + \sigma(X_1,t)]A}{2A_s} \\ \dot{\varepsilon}_s(t) = \dfrac{v(X_2,t) - v(X_1,t)}{l_s} \end{cases} \tag{6.52}$$

式中，$\sigma_s$ 和 $\dot{\varepsilon}_s$ 代表试件所受的平均应力和平均应变率；$\sigma$ 代表应力；$v$ 代表质点速度；$A$ 和 $A_s$ 分别代表杆和试件的截面积；$l_s$ 代表试件的长度。将式 (6.51) 代入式 (6.52)，即可

得到

$$\begin{cases} \sigma_s(t) = \dfrac{[\sigma_T(X_2,t) + \sigma_I(X_1,t) + \sigma_R(X_1,t)]\,A}{2A_s} \\ \dot{\varepsilon}_s(t) = \dfrac{v_T(X_2,t) - [v_I(X_1,t) + v_R(X_1,t)]}{l_s} \end{cases} \tag{6.53}$$

将应变率对时间求积分，即可得到

$$\varepsilon_s(t) = \int_0^t \dot{\varepsilon}_s(t)\,\mathrm{d}t = \frac{1}{l_s}\int_0^t [v_T(X_2,t) - v_I(X_1,t) - v_R(X_1,t)]\,\mathrm{d}t \tag{6.54}$$

理论上讲，当应力波跨过截面不同的交界面时，会在交界面两侧一定区间内产生应力波紊流，此时为测量到理想的波形，我们一般在距离交界面一定距离进行测量，同时，由于分解入射波和反射波的需要，我们也需要将测量点放置于距离交界面一定距离的地方，假设其坐标分别为 $X_I$ 和 $X_T$，如图 6.25 所示。

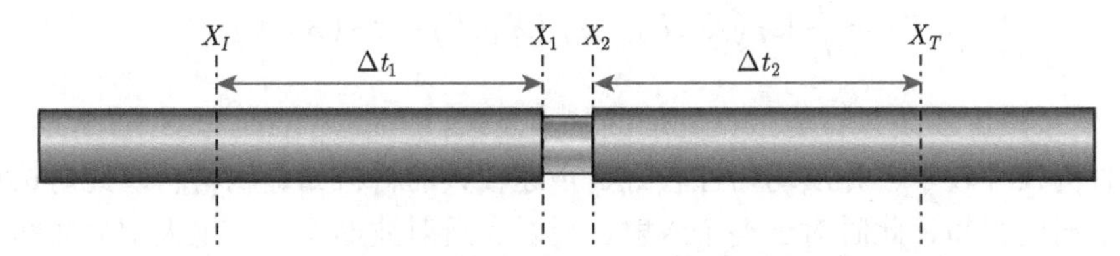


图 6.25　SHPB 试验中入射杆和透射波波形测量示意图

图中应力波从界面 $X_I$ 到界面 $X_1$ 传播时间为 $\Delta t_1$，应力波从界面 $X_2$ 到界面 $X_T$ 的传播时间为 $\Delta t_2$，则有

$$\begin{cases} \sigma_I(X_1,t) = \sigma_I(X_I,t-\Delta t_1) \\ \sigma_R(X_1,t) = \sigma_R(X_I,t+\Delta t_1) \\ \sigma_T(X_2,t) = \sigma_T(X_T,t+\Delta t_2) \end{cases} \tag{6.55}$$

因此，可以得到试件的平均应力为

$$\sigma_s(t) = \frac{A}{A_s}\frac{[\sigma_T(X_T,t+\Delta t_2) + \sigma_I(X_I,t-\Delta t_1) + \sigma_R(X_I,t+\Delta t_1)]}{2} \tag{6.56}$$

如果杆中任何时刻材料都处于弹性状态，杆材料为线弹性材料，杨氏模量为 $E$，则式 (6.56) 可写为

$$\sigma_s(t) = \frac{EA}{2A_s}[\varepsilon_T(X_T,t+\Delta t_2) + \varepsilon_I(X_I,t-\Delta t_1) + \varepsilon_R(X_I,t+\Delta t_1)] \tag{6.57}$$

式中，$\varepsilon_T$、$\varepsilon_I$ 和$\varepsilon_R$ 分别表示在界面 $X_T$ 所测得的透射波引起的应变和界面 $X_I$ 所测得的入射波引起的应变与反射波引起应变。

同理，利用应力波波阵面上的连续方程为

$$[v] = \mp C[\varepsilon] \tag{6.58}$$

可以得到试件平均应变率与测点应变之间的关系：

$$\dot{\varepsilon}_s(t) = \frac{C}{l_s}\left[\varepsilon_I(X_I, t-\Delta t_1) - \varepsilon_T(X_T, t+\Delta t_2) - \varepsilon_R(X_I, t+\Delta t_1)\right] \tag{6.59}$$

从式 (6.57)、式 (6.54) 和式 (6.59) 可以看出，在杆中一维平面弹性波和试件中应力均匀两个基本假设的基础上，我们通过测量如图 6.25 所示入射杆和透射杆两界面对应的表面处的应变信号$\varepsilon(t)$ 就可以计算出试件的平均应力、应变和应变率，从而获取某应变率下的应力应变关系；需要指出的是，在计算之前，由于上述三式中对应的时间参数不同需要在时间轴上进行平移对波，之后即可得到

$$\begin{cases} \sigma_s(t') = \dfrac{EA}{2A_s}\left[\varepsilon_T(X_T, t') + \varepsilon_I(X_I, t') + \varepsilon_R(X_I, t')\right] \\ \varepsilon_s(t') = \dfrac{C}{l_s}\displaystyle\int_0^t \left[\varepsilon_I(X_I, t') - \varepsilon_T(X_T, t') - \varepsilon_R(X_I, t')\right]\mathrm{d}t \\ \dot{\varepsilon}_s(t') = \dfrac{C}{l_s}\left[\varepsilon_I(X_I, t') - \varepsilon_T(X_T, t') - \varepsilon_R(X_I, t')\right] \end{cases} \tag{6.60}$$

式 (6.60) 即为 SHPB 装置试验数据处理的基本公式。

当试件为尺寸较小、介质均匀性较好、声速较大的材料如金属材料，此时试件达到应力均匀所需时间很短，此时对于整个入射、反射和透射波形而言，绝大部分时间内试件应力达到了均匀，因此可以认为

$$\varepsilon_I(X_I, t') + \varepsilon_R(X_I, t') = \varepsilon_T(X_T, t') \tag{6.61}$$

此时式 (6.60) 就可以简化为

$$\begin{cases} \sigma_s(t') = \dfrac{EA}{A_s}\left[\varepsilon_I(X_I, t') + \varepsilon_R(X_I, t')\right] \\ \varepsilon_s(t') = -\dfrac{2C}{l_s}\displaystyle\int_0^t \varepsilon_R(X_I, t')\,\mathrm{d}t \\ \dot{\varepsilon}_s(t') = -\dfrac{2C}{l_s}\varepsilon_R(X_I, t') \end{cases} \tag{6.62}$$

式 (6.62) 即说明可以只通过入射杆上的应变片测量出入射应变波形和透射应变波形，从而可以计算出试件的压缩应变率以及在此应变率下试件的应力和应变。

同理，若我们测得的透射波信号较好，我们也可以利用式 (6.61) 对式 (6.60) 做进一步简化：

$$\begin{cases} \sigma_s(t') = \dfrac{EA}{A_s}\varepsilon_T(X_T, t') \\ \varepsilon_s(t') = -\dfrac{2C}{l_s}\displaystyle\int_0^t \varepsilon_R(X_I, t')\,\mathrm{d}t \\ \dot{\varepsilon}_s(t') = -\dfrac{2C}{l_s}\varepsilon_R(X_I, t') \end{cases} \tag{6.63}$$

式 (6.63) 说明，我们也可以只通过测量入射杆中的透射应变波形和透射杆中的透射应变波形来计算出试件的加载应变率，并在此基础上求解出试件的应力应变关系；同时也可以看出决定试件应变率计算的量是反射应变波，而决定试件应力强度计算的量是透射应变波。

### 6.2.2 广义波阻抗及 SHPB 中试件受力情况分析

如图 6.23 所示，在实际 SHPB 试验中，试件截面尺寸与杆并不相同，因此，这类杆中应力波的传播严格意义上不属于一维杆中应力波传播的范畴，应力波在交界面的透反射情况原则上不能够直接应用 5.3 节相关定量表达式。在此，首先考虑相对简单的情况，即两个杆材料一致且同轴但其截面积不同时应力波传播问题，或变截面杆中应力波传播问题。若杆的长度远远大于杆的最大直径，且变截面区间相对于杆的长度而言可以忽略不计，此时可以在做一定假设的基础上利用一维杆波动理论给出相对准确的解析解。

1. 广义波阻抗的概念与应用

如图 6.26 所示细长杆，两杆密度和声速相同，分别为$\rho$ 和 $C$，截面积不相同分别为 $A_1$ 和 $A_2$；考虑一个强度为 $P$ 的压力脉冲在左端面加载。

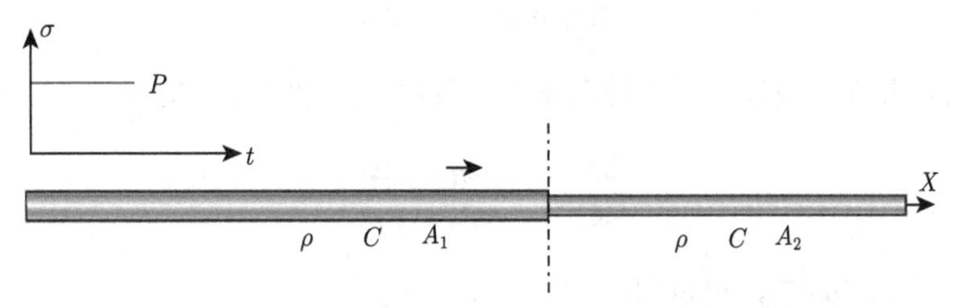


图 6.26 同介质不同直径杆界面处应力波的透反射问题

诸多研究表明，在两杆接触面处介质的受力并不是一维应力状态，其应力状态非常复杂，此时虽然入射杆 (左杆) 与透射杆 (右杆) 介质一致，但根据连续条件和运动方程可知，在入射杆中应存在反射波。随着距离交界面值越大，两杆中应力状态越均匀，可以近似认为其处于一维应力状态。为了利用一维杆中应力波传播理论研究该问题，在此讨论两杆中应力均匀区间的相关问题。如图 6.27 所示，假设两杆分别在交界面距离大于 $l_1$ 和 $l_2$ 的区域达到近似一维应力状态。如果不考虑这两个应力均匀临界面之间应力紊乱区间，而假想：如图 6.27 所示将两杆分别沿着临界面“切开”，将应力“紊乱”区“切掉”，再直接将两杆中应力均匀区“接在一起”；即在测试过程中两个临界面同时放置应变片再将测试结果放入一个坐标系中。

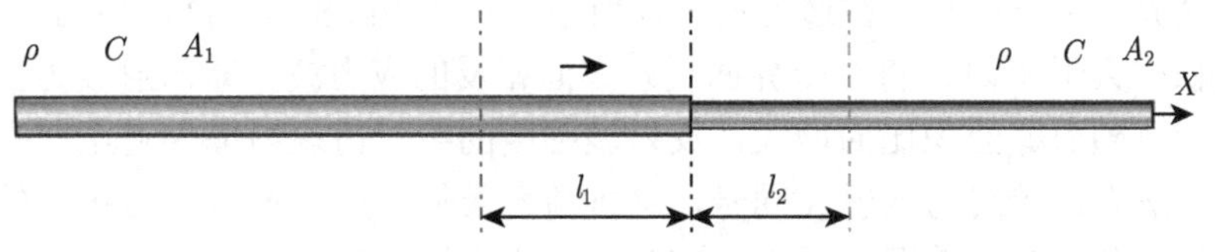


图 6.27 同介质不同直径杆临界面重置假设

以被“切除”的一段杆为研究对象，假设其两端应力瞬间均匀，可以得到

$$\left[\Delta\sigma_I(t)+\Delta\sigma_R\left(t+\frac{2l_1}{C}\right)\right]\cdot A_1=\Delta\sigma_T\left(t+\frac{l_1+l_1}{C}\right)\cdot A_2 \tag{6.64}$$

式中，下标 $I$、$R$ 和 $T$ 分别代表入射波、反射波和透射波上的值。如果将式 (6.64) 中三项应力增量所对应的应力波进行平移，即可得到简化后的表达式：

$$(\Delta\sigma_I+\Delta\sigma_R)\cdot A_1=\Delta\sigma_T\cdot A_2 \tag{6.65}$$

式 (6.65) 对应的物理模型即是：假设应力“紊乱”区应力波传播速度无限快，以至于我们可以在应力波传播的角度上等效为一个“无限薄的交界面”。在此假设的基础上，我们可以得到相应的应力波相关参数的解析解。当然，该假设与实际情况不符，若我们能够对入射波、反射波和透射波在时间轴上进行平移至一个起点上，式 (6.65) 是成立的，由此所给出的解析解也是合理科学且相对准确的。

对于此“无限薄的交界面”而言，根据连续方程，可有

$$\Delta v_I+\Delta v_R=\Delta v_T \tag{6.66}$$

分别根据右行波和左行波波阵面上的动量守恒条件，式 (6.66) 可写为

$$\frac{\Delta\sigma_I}{\rho C}-\frac{\Delta\sigma_R}{\rho C}=\frac{\Delta\sigma_T}{\rho C} \tag{6.67}$$

联立式 (6.65) 和式 (6.67)，可以得到

$$\begin{cases}\Delta\sigma_R=\dfrac{1-A_1/A_2}{1+A_1/A_2}\Delta\sigma_I\\[2ex]\Delta\sigma_T=\dfrac{2A_1/A_2}{1+A_1/A_2}\Delta\sigma_I\end{cases} \tag{6.68}$$

当 $A_1=A_2$ 时，有

$$\begin{cases}\Delta\sigma_R=0\\ \Delta\sigma_T=\Delta\sigma_I\end{cases} \tag{6.69}$$

从式 (6.68) 和式 (6.69) 可以看出：对于同一种材料共轴两细长杆而言，当两杆的截面积相等时，两杆的交界面上不存在反射现象；但当两杆截面积不相等时，即使两杆的波阻抗相等，其交界面上仍同时存在透射波和反射波。从式 (6.68) 同时可以看到：当入射杆与透射杆截面积比大于 1 时，将在交界面反射方向相反的应力波，即入射波为压缩波时将反射拉伸波，而且随着截面积比的增大，反射波强度的绝对值逐渐增大直至其强度与入射波强度接近，而透射波始终与入射波同号，这种情况类似于应力波从波阻抗大的一维杆向波阻抗小的一维杆传播时的情况；反之，则类似于应力波从波阻抗小的一维杆向波阻抗大的一维杆传播时的情况；与同截面积不同波阻抗一维杆交界面上的透反射不同的是，无论哪种情况，其透射波强度都是随着截面积比的增加而增大的。

而当如图 6.28 所示两杆的波阻抗比不一定相同时，设入射杆和透射杆的密度、声速与截面积分别是$\rho_1$、$C_1$、$A_1$ 和$\rho_2$、$C_2$、$A_2$。

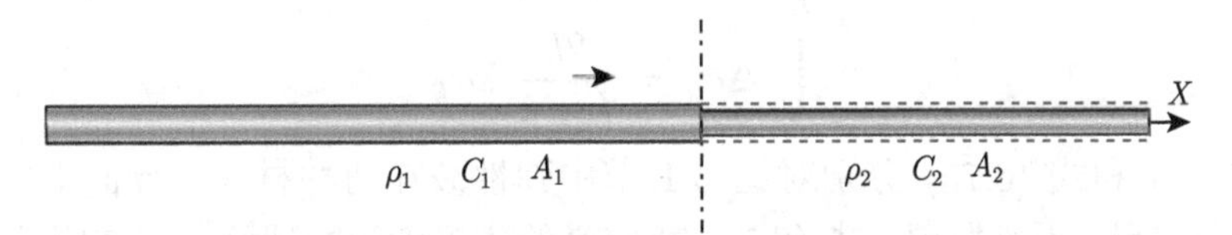


图 6.28 不同介质不同直径杆界面处应力波的透反射问题

此时，式 (6.67) 写为

$$\frac{\Delta\sigma_I}{\rho_1 C_1}-\frac{\Delta\sigma_R}{\rho_1 C_1}=\frac{\Delta\sigma_T}{\rho_2 C_2} \tag{6.70}$$

联立式 (6.65) 和式 (6.70)，可以得到

$$\begin{cases}\Delta\sigma_R=\dfrac{\dfrac{\rho_2 C_2 A_2}{\rho_1 C_1 A_1}-1}{\dfrac{\rho_2 C_2 A_2}{\rho_1 C_1 A_1}+1}\Delta\sigma_I \\ \Delta\sigma_T=\dfrac{2\dfrac{\rho_2 C_2 A_2}{\rho_1 C_1 A_1}}{\dfrac{\rho_2 C_2 A_2}{\rho_1 C_1 A_1}+1}\dfrac{A_1}{A_2}\Delta\sigma_I\end{cases} \tag{6.71}$$

如图 6.28 中虚线框所示，假设有一个虚拟杆与透射杆放置于同一位置，替换当前透射杆，该杆截面积与入射杆相对，波阻抗与截面积的乘积与透射杆相等，即

$$\rho_2 C_2 A_2=\rho' C' A_1 \tag{6.72}$$

则入射杆与虚拟杆交界面上的透反射应力波应力强度为

$$\begin{cases}\Delta\sigma'_R=\dfrac{\dfrac{\rho' C' A_1}{\rho_1 C_1 A_1}-1}{\dfrac{\rho' C' A_2}{\rho_1 C_1 A_1}+1}\Delta\sigma_I=\dfrac{\dfrac{\rho_2 C_2 A_2}{\rho_1 C_1 A_1}-1}{\dfrac{\rho_2 C_2 A_2}{\rho_1 C_1 A_1}+1}\Delta\sigma_I \\ \Delta\sigma'_T=\dfrac{\dfrac{\rho' C' A_1}{\rho_1 C_1 A_1}-1}{\dfrac{\rho' C' A_1}{\rho_1 C_1 A_1}+1}\Delta\sigma_I=\dfrac{2\dfrac{\rho_2 C_2 A_2}{\rho_1 C_1 A_1}}{\dfrac{\rho_2 C_2 A_2}{\rho_1 C_1 A_1}+1}\Delta\sigma_I\end{cases} \tag{6.73}$$

如定义

$$k=\frac{\rho_2 C_2 A_2}{\rho_1 C_1 A_1} \tag{6.74}$$

则式 (6.73) 可简化为

$$\begin{cases} \Delta\sigma'_R = \dfrac{k-1}{k+1}\Delta\sigma_I \\ \Delta\sigma'_T = \dfrac{2k}{k+1}\Delta\sigma_I \end{cases} \tag{6.75}$$

将式 (6.74) 和式 (6.75) 分别对比 5.1 节中弹性波在两种材料交界面上的透反射问题中的对应推导结果，不难发现，式 (6.74) 所定义的值蕴含的物理意义与波阻抗比非常接近，所以，我们在此可定义其为广义波阻抗比，对应地，我们定义参数$\rho CA$ 为广义波阻抗。由此，我们可以给出对应的应力反射系数和应力透射系数：

$$\begin{cases} F_\sigma = \dfrac{k-1}{k+1} \\ T_\sigma = \dfrac{2k}{k+1} \end{cases} \tag{6.76}$$

将虚拟杆上的力等量地施加在透射杆中，式 (6.73) 则可以写为

$$\begin{cases} \Delta\sigma_R = \Delta\sigma'_R = F_\sigma\Delta\sigma_I \\ \Delta\sigma_T = \Delta\sigma'_T\dfrac{A_1}{A_2} = T_\sigma\Delta\sigma_I\dfrac{A_1}{A_2} \end{cases} \tag{6.77}$$

式 (6.77) 的物理意义我们可以这样理解：当两个细长杆广义波阻抗不相等时，应力波到达交界面时会同时产生反射波和透射波，交界面两端应力稳定区间质点速度和杆截面受力 (应力与截面积的乘积) 满足应力波在交界面上的透反射定律；从而，可以视前面等截面两杆之间交界面上应力波的透反射问题为此问题的特例。利用广义波阻抗代替严格意义上的波阻抗，前面章节中应力波在交界面上的透反射与对撞问题相关结论即可推广到此类情况下分析和应用。

2. SHPB 试验中试件两端受力情况分析

若入射杆中的入射波为矩形波 (这是理想情况，一般并不是矩形波)，根据 5.1 节中的分析可知，此时入射波只有一个强间断波，反射波和透射波有很多。参考 5.1.3 节的三杆中入射杆与透射杆材料相同且三杆共轴情况的分析过程与结果，不同之处在于，如图 6.23 所示，此时波阻抗比利用广义波阻抗比代替，即

$$k = \frac{\rho_s C_s A_s}{\rho CA} \tag{6.78}$$

式中，$\rho_s$ 和 $C_s$ 表示试件的密度和声速。同前面分析，不考虑应力紊乱区，将应力稳定区直接等效在交界面上，图 6.23 所示问题即可等效为图 6.29 所示情况。

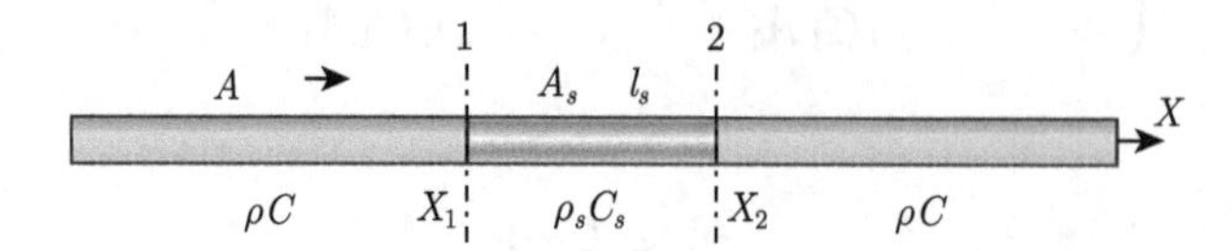


图 6.29　SHPB 试件两端应力波传播等效图

当试件处于弹性阶段时，交界面 $X_1$ 上在入射波反射 $n$ 次后入射杆中的无量纲应力 $\bar{\sigma}_{Rn}$ 和交界面 $X_2$ 上入射波透射 $n$ 次后透射杆中的无量纲应力 $\bar{\sigma}_{Tn}$ 分别为

$$\begin{cases} \bar{\sigma}_{Rn} = \dfrac{\sigma_{Rn}}{\sigma_I} = \dfrac{\sigma_{Rn}}{-p} = 1 - \left(\dfrac{1-k}{1+k}\right)^{2n-1} \\ \bar{\sigma}_{Tn} = \dfrac{\sigma_{Tn}}{\sigma_I} = \dfrac{\sigma_{Tn}}{-p} = 1 - \left(\dfrac{1-k}{1+k}\right)^{2n} \end{cases} \tag{6.79}$$

根据式 (6.79)，可以给出不同透反射次数后入射杆和透射杆中的应力与广义波阻抗比之间的关系，如图 6.30 和图 6.31 所示。

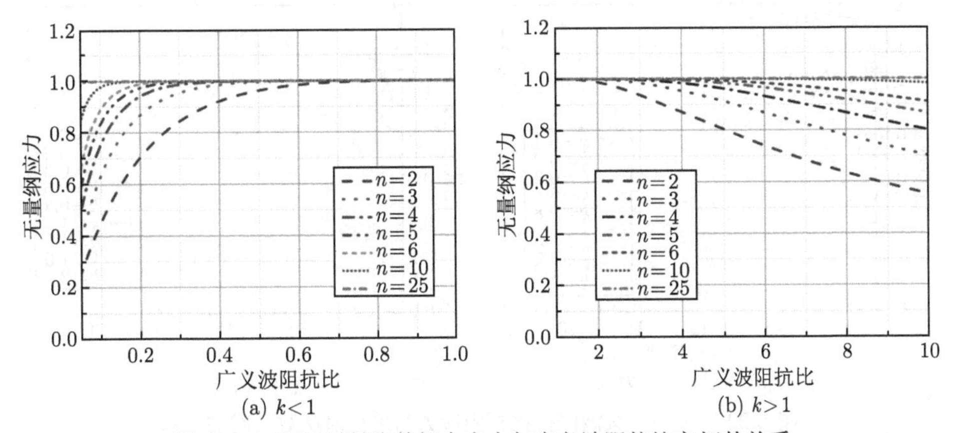


图 6.30 不同反射次数杆中应力与广义波阻抗比之间的关系

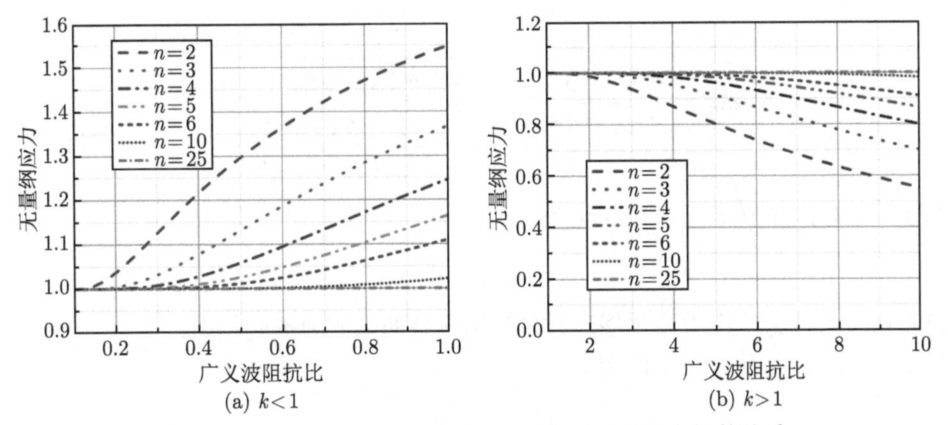


图 6.31 不同透射次数杆中应力与广义波阻抗比之间的关系

图 6.30 中只是为广义波阻抗比由 0.05 增加到 10 时不同反射次数后入射杆中靠近试件均匀应力区域的应力变化情况。从图中可以看出，相同反射次数时，广义波阻抗比偏离 1 越大无量纲应力与入射波强度差别越大；相同广义波阻抗时，反射次数越多，入射杆中的应力越接近入射波强度。图 6.31 中显示不同透射次数透射杆中的应力波变化，对比该图和图 6.30，可以发现它们具有基本相同的规律。

从图 6.30 和图 6.31 中也可以看出，当反射或透射次数为 25 时，广义波阻抗比从 0.05 到 10 变化但入射杆和透射杆中应力皆基本等于入射波的强度。可以计算出，反射和透射 25 次所需要的时间为

$$t = \frac{50l_s}{C_s} \tag{6.80}$$

而且，从图中也可以看出，随着广义波阻抗比越接近 1，入射杆、透射杆和试件达到应力均匀就越快。如图 6.32 所示，相同广义波阻抗比时入射杆和透射杆中的应力随着反射和透射次数的增大逐渐接近入射波强度；而且广义波阻抗比越接近 1 则达到应力基本等于入射波强度的透反射次数越少。

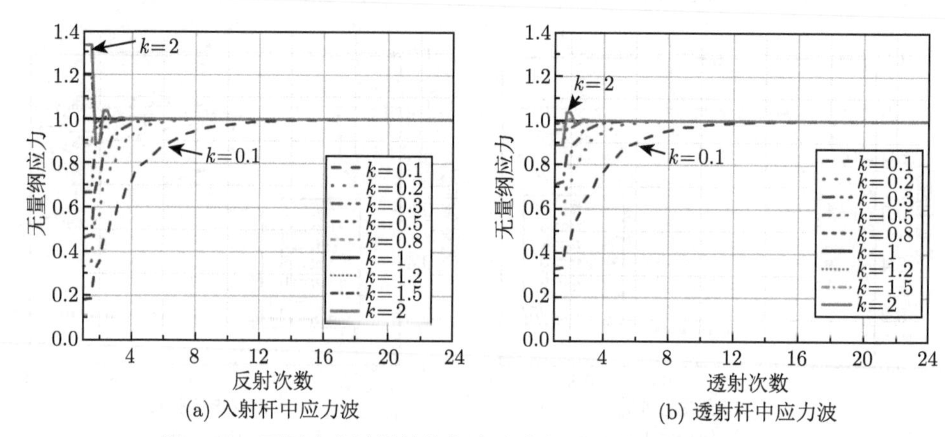


(a) 入射杆中应力波　　(b) 透射杆中应力波

图 6.32　不同广义波阻抗比杆中应力与透反射次数之间的关系

如定义某一时刻试件两端的应力差与其平均应力之比为试件两端的应力相对应力差：

$$\Delta_n = \frac{|\bar{\sigma}_{Rn} - \bar{\sigma}_{Tn}|}{\bar{\sigma}_{Rn} + \bar{\sigma}_{Tn}} = \frac{\dfrac{k}{1+k}\left|\left(\dfrac{1-k}{1+k}\right)^{2n-1}\right|}{1 - \dfrac{1}{1+k}\left(\dfrac{1-k}{1+k}\right)^{2n-1}} \tag{6.81}$$

当 $k=1$ 时，式 (6.81) 可以简化为

$$\Delta_n = 0 \tag{6.82}$$

即并没有透反射行为，应力波传播通过试件后试件两端应力瞬间均匀。

当 $k>1$ 时，式 (6.81) 可以写为

$$\Delta_n = \frac{k}{\left(\dfrac{k+1}{k-1}\right)^{2n-1}(k+1)+1} \tag{6.83}$$

当 $k<1$ 时，式 (6.81) 可以写为

$$\Delta_n = \frac{k}{\left(\dfrac{1+k}{1-k}\right)^{2n-1}(1+k)-1} \tag{6.84}$$

从式 (6.83) 和式 (6.84) 可以看出，当杆与试件广义波阻抗不匹配时，无论广义波阻抗比大于 1 还是广义波阻抗比小于 1，随着透反射次数的增大，试件两端应力相对应力差就越小。如继续定义试件的应力均匀度为

$$\eta_n = (1-\Delta_n)\times 100\% = \left[1-\frac{\dfrac{k}{1+k}\left|\left(\dfrac{1-k}{1+k}\right)^{2n-1}\right|}{1-\dfrac{1}{1+k}\left(\dfrac{1-k}{1+k}\right)^{2n-1}}\right]\times 100\% \tag{6.85}$$

则随着透反射次数的增加，试件应力均匀度逐渐增大，直到基本等于 100%，如图 6.33 所示。

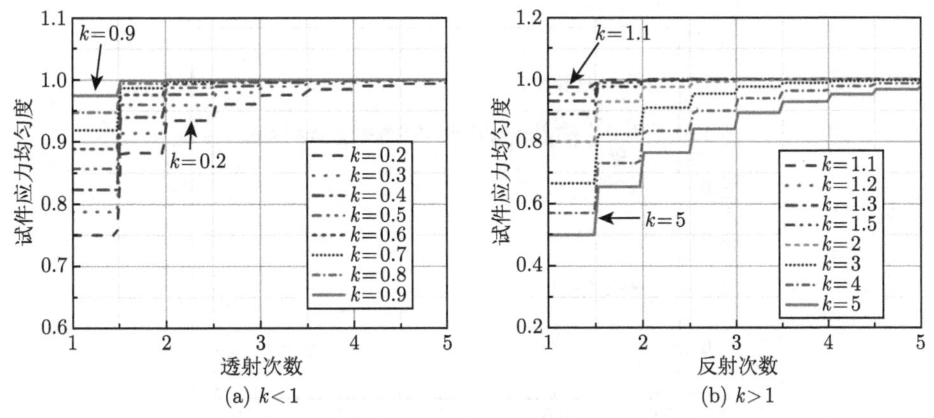


(a) $k<1$ (b) $k>1$

图 6.33 不同广义波阻抗比试件应力均匀度随透反射次数增加而变化的趋势

从图中可以明显看出，中间杆中弹性波反射次数越大应力越均匀，而且杆与试件广义波阻抗比越接近 1，相同透反射次数时应力均匀度越大。因此，在开展 SHPB 试验时，在保证其他重要条件满足的前提下，尽可能选择与试件材料波阻抗较匹配的杆材，而且试件直径与杆直径尽可能相近 (广义波阻抗匹配包含材料波阻抗匹配和截面积匹配两项)。

设达到试件应力均匀度要求需要透反射次数为 $n$，则其对应需要的时间为

$$t=\frac{2nl_s}{C_s} \tag{6.86}$$

实际试验设计过程中，我们可以根据材料的准静态性能试验得到并计算出试件材料的波阻抗$\rho_s C_s$，进而根据杆的波阻抗和两者的截面积比 $A_s/A$，可以计算出试件与杆的广义波阻抗比 $k$。之后，根据试件应力均匀性要求$\eta$，进而利用式 (6.85) 可以求出需要应力波在试件中透反射次数 $n$，并根据试件的长度及其材料的声速，利用式 (6.86) 求出需要达到试件应力均匀度需要的时间 $t$。

### 6.2.3 线弹性杆中应力波传播的弥散效应

以上的研究是在一维应力假设的基础上推导出来的，事实上，基于一维杆中应力波的传播非常具有代表性，适用范围也很广，是波动力学知识里面最基础也是最重要的部分之

一。前面曾对“一维杆”的假设进行了说明，它与真实存在的圆截面长杆有一定的区别，是一种理想的“杆”，它没有径向变形、杆截面在任何情况下都保持平面，一维杆中应力波相关物理量只是轴线坐标 $X$ 或 $x$ 和 $t$ 的函数。然而，在真实世界不可能找到如此理想的“杆”，一般用细长杆替代，但任何真实存在的杆都存在径向尺寸，同时由于一般材料的 Poisson 比皆大于零 ($\nu = 0.0\sim0.5$)，因此，在杆介质受轴线压缩或拉伸过程中，必然会产生径向膨胀或收缩，也就是说杆中介质质点速度不仅有轴向速度也有径向速度分量，这种“弥散”效应在 SHPB 试验中一般称为横向惯性效应。

细长金属杆中弹性波的传播一维理论波形与试验波形如图 6.34 所示，可以看出试验波形与理论波形核心规律一致，说明一维波理论的准确性；但也可以明显看到波的振荡和弥散。

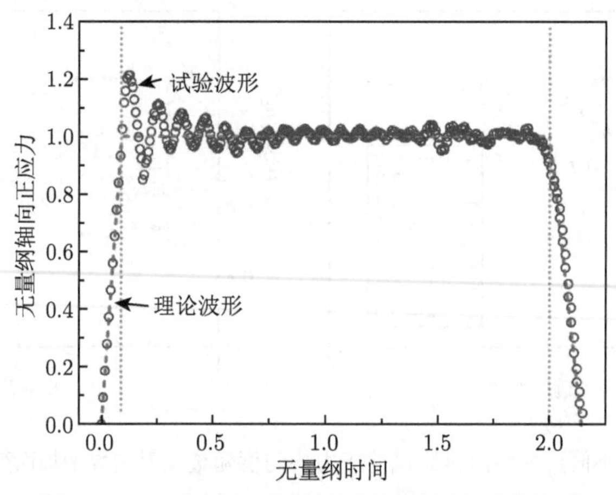


图 6.34 一维杆中理论波形与细长杆中试验波形

前面的研究我们忽略了横向惯性效应对应力波传播的影响，图 6.34 显示的是细长杆中波的传播，此时理论结果并结合滤波分析，能够给出相对准确的解；然而，并不是在所有条件下，理论波形与试验波形都如此吻合，这种一维假设是否合理，所推导出来的结果是否可靠准确以及在何种条件下这些结果是科学且足够准确的，等等，这些问题都需要我们对横向惯性效应的影响进行初步分析。

根据弹性力学知识可知，对于线弹性材料而言，假定杆中介质所受到的轴向应力只与 L 氏坐标 $X$ 和时间 $t$ 相关，杆在轴向应力$\sigma_X(X,\ t)$ 的作用下存在轴线应变的同时由于 Poisson 比大于零也存在径向应变 (L 氏描述)：

$$\begin{cases} \varepsilon_X = \dfrac{\partial u_X}{\partial X} = \dfrac{\sigma_X(X,t)}{E} \\ \varepsilon_Y = \dfrac{\partial u_Y}{\partial Y} = -\nu\varepsilon_X(X,t) \\ \varepsilon_Z = \dfrac{\partial u_Z}{\partial Z} = -\nu\varepsilon_X(X,t) \end{cases} \tag{6.87}$$

式中，$E$ 为杆材料的杨氏模量；$\nu$ 为杆材料的 Poisson 比；$u_X$、$u_Y$ 和 $u_Z$ 分别表示位移在

$X$ 轴、$Y$ 轴和 $Z$ 轴方向的分量。

从式 (6.87) 中第一个表达式可以看出，杆中介质的轴向应变与其轴向应力一致，也只与 L 氏坐标 $X$ 和时间 $t$ 相关，而与 $Y$、$Z$ 坐标无关，因此通过对式 (6.87) 中后两者进行积分可以得到

$$\begin{cases} u_Y = -\nu Y \varepsilon_X = -\nu Y \dfrac{\partial u_X}{\partial X} \\ u_Z = -\nu Y \varepsilon_X = -\nu Z \dfrac{\partial u_X}{\partial X} \end{cases} \tag{6.88}$$

式 (6.88) 积分过程中取杆截面中心点为 $Y$ 轴和 $Z$ 轴的坐标原点。

由式 (6.88) 可以求出杆中质点运动时质点速度的横向分量 $v_Y$、$v_Z$ 分别为

$$\begin{cases} v_Y = \dfrac{\partial u_Y}{\partial t} = -\nu Y \dfrac{\partial \varepsilon_X}{\partial t} = -\nu Y \dfrac{\partial v_X}{\partial X} \\ v_Z = \dfrac{\partial u_Z}{\partial t} = -\nu Z \dfrac{\partial \varepsilon_X}{\partial t} = -\nu Z \dfrac{\partial v_X}{\partial X} \end{cases} \tag{6.89}$$

同理，根据式 (6.89) 我们可以得到质点加速度的横向分量 $a_Y$、$a_Z$：

$$\begin{cases} a_Y = \dfrac{\partial v_Y}{\partial t} = -\nu Y \dfrac{\partial a_X}{\partial X} \\ a_Z = \dfrac{\partial v_Z}{\partial t} = -\nu Z \dfrac{\partial a_X}{\partial X} \end{cases} \tag{6.90}$$

根据式 (6.88)~ 式 (6.90) 可知，随着 L 氏坐标 $Y$ 值和 $Z$ 值的变化，杆中截面上有着非均匀分布的横向质点位移、速度和加速度，这意味着应力波在杆中传播过程中原平截面上存在着非均匀分布的横向应力，从而导致平截面的歪曲。此时，由于杆中质点的横向运动，杆中介质质点的应力状态不再是假设中的一维应力问题，原平截面也不再保持为平截面，此时应力波在杆中的传播问题变成了一个三维问题，对于圆截面杆来讲，至少是一个轴对称的二维问题。

圆杆中线弹性波传播的弥散效应是一个典型的应力波弥散问题，受到广泛关注，通过不同方法，学者们得到了相关的数值解和解析解，其中代表性的解析方法有 Rayleigh-Love 解法和 Pochhammer 解法。

1. Rayleigh-Love 解法

从能量的角度看，横向惯性效应的影响就是横向运动动能的影响；以如图 6.35 所示杆为例，取杆中的长度为 d$X$ 微元进行分析，整个分析过程都在 L 氏坐标构架中完成，为简化方程，此处省略代表 L 氏描述的下标 “$X$”。

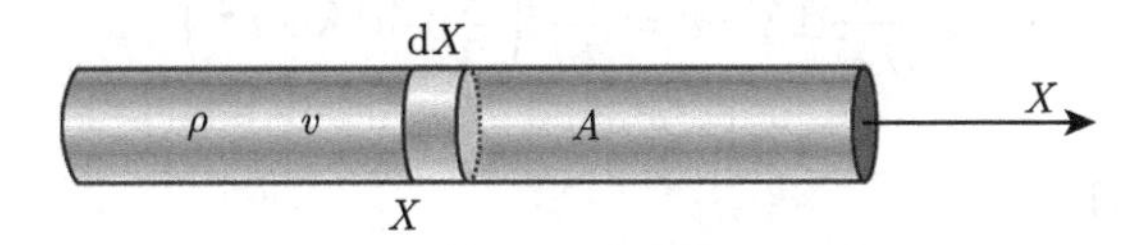


图 6.35 考虑横向惯性效应的杆

图中微元的横向动能为

$$E_{YZ} = \int_A \frac{1}{2}\rho\left(v_Y^2 + v_Z^2\right)\mathrm{d}X\mathrm{d}Y\mathrm{d}Z \tag{6.91}$$

结合式 (6.89)，可以给出杆中单位体积介质的平均横向动能为

$$\frac{1}{A\mathrm{d}X}\int_A \frac{1}{2}\rho\left(v_Y^2 + v_Z^2\right)\mathrm{d}X\mathrm{d}Y\mathrm{d}Z = \frac{1}{2}\rho\nu^2\left(\frac{\partial\varepsilon}{\partial t}\right)^2 \cdot \frac{\displaystyle\int_A \left(Y^2 + Z^2\right)\mathrm{d}Y\mathrm{d}Z}{A} \tag{6.92}$$

令

$$R = \sqrt{\frac{\displaystyle\int_A \left(Y^2 + Z^2\right)\mathrm{d}Y\mathrm{d}Z}{A}} \tag{6.93}$$

可以发现，式 (6.93) 正好是截面对轴向坐标轴 $X$ 轴的惯性半径 (也称回转半径)，此时有

$$\frac{1}{A\mathrm{d}X}\int_A \frac{1}{2}\rho\left(v_Y^2 + v_Z^2\right)\mathrm{d}X\mathrm{d}Y\mathrm{d}Z = \frac{1}{2}\rho\nu^2\left(\frac{\partial\varepsilon}{\partial t}\right)^2 \cdot R^2 \tag{6.94}$$

4.2.3 节中对应力波波阵面能量守恒条件的推导过程中正是只考虑到纵向动能而忽略式 (6.94) 所示横向动能。

如图 6.35 所示，微元左端即质点 $X$ 处的应力为$\sigma$，则根据 Taylor 级数展开微元右端 $X$+d$X$ 处的应力为

$$\sigma_{X+\mathrm{d}X} = \sigma + \frac{\partial\sigma}{\partial X}\mathrm{d}X + o\left(\mathrm{d}X\right) \tag{6.95}$$

式中，$o(\mathrm{d}X)$ 为 $\mathrm{d}X$ 的高阶无穷小。因此，忽略高阶小量后，该微元所受的总应力

$$\Delta\sigma = \left(\sigma + \frac{\partial\sigma}{\partial X}\mathrm{d}X\right) - \sigma = \frac{\partial\sigma}{\partial X}\mathrm{d}X \tag{6.96}$$

从 4.2.3 节中应力波波阵面上的能量守恒方程的分析可知，外面力对上述微元闭口体系的功率可以分解为两项：第一项是前后方的不均衡面力在微元前后方平均速度上的刚度功率；第二项是微元前后方的均衡面力在前后方速度差上所产生的变形功率。

其中，第一项微元前后方的不均衡面力在前后方平均速度上的刚度功率恰恰等于该微元闭口体系的动能增加率。由此，我们可以认为微元轴向面力单位时间内所做的功全部转化为微元的轴线动能的增加，因此可有

$$A\frac{\partial\sigma}{\partial X}\mathrm{d}X \cdot v = \frac{\partial}{\partial t}\left(\frac{1}{2}\rho A\mathrm{d}X \cdot v^2\right) \tag{6.97}$$

式 (6.97) 简化后，即有

$$\frac{\partial\sigma}{\partial X} = \rho \cdot \frac{\partial v}{\partial t} \tag{6.98}$$

式 (6.98) 与微元运动的动量定理内涵正好相同，事实上，它们是同一个表达式。

第二项微元闭口体系内能的增加率等于微元前后方的均衡面力在前后方速度差上所产生的变形功率。在前面的一维杆假设中，我们认为材料的内能就是其应力变形功转化来的应变能；而在考虑介质质点的横向运动的情况下，则可以视作由两部分组成：一部分转化为微元的纵向应变能，参考 4.2.3 节中应力波波阵面上的守恒方程可知，单位体积介质纵向应变能增加率为

$$\frac{\partial}{\partial t}\left(\frac{1}{2}\sigma\varepsilon\right) \tag{6.99}$$

另一部分可近似认为通过横向运动，转化为横向动能，参考式 (6.94)，可以给出单位体积介质横向动能增加率为

$$\frac{\partial}{\partial t}\left[\frac{1}{2}\rho\nu^2\left(\frac{\partial\varepsilon}{\partial t}\right)^2\cdot R^2\right] \tag{6.100}$$

因此，单位体积介质应力变形功应等于式 (6.99) 和式 (6.100) 之和：

$$\sigma\frac{\partial\varepsilon}{\partial t}=\frac{\partial}{\partial t}\left(\frac{1}{2}\sigma\varepsilon\right)+\frac{\partial}{\partial t}\left[\frac{1}{2}\rho\nu^2\left(\frac{\partial\varepsilon}{\partial t}\right)^2\cdot R^2\right] \tag{6.101}$$

对于杨氏模量为 $E$ 的线弹性材料而言，式 (6.101) 可写为

$$\sigma\frac{\partial\varepsilon}{\partial t}=\frac{\partial}{\partial t}\left(\frac{1}{2}E\varepsilon^2\right)+\frac{\partial}{\partial t}\left[\frac{1}{2}\rho\nu^2\left(\frac{\partial\varepsilon}{\partial t}\right)^2\cdot R^2\right] \tag{6.102}$$

式 (6.102) 简化后有

$$\sigma\frac{\partial\varepsilon}{\partial t}=E\varepsilon\frac{\partial\varepsilon}{\partial t}+\rho\nu^2R^2\frac{\partial\varepsilon}{\partial t}\frac{\partial^2\varepsilon}{\partial t^2} \tag{6.103}$$

即

$$\sigma=E\varepsilon+\rho\nu^2R^2\frac{\partial^2\varepsilon}{\partial t^2} \tag{6.104}$$

式 (6.104) 中当我们忽略横向动能即右端第二项时，式 (6.104) 即简化为一维应力状态下的 Hooke 定律。只有当右端第二项极小时才能忽略，而此项中对于一个特定杆径和杆材而言，$\rho\nu^2R^2$ 是常量，也就是说横向惯性所产生的横向动能与轴线应变对时间的二次导数 $\partial^2\varepsilon/\partial t^2$ 成正比，在极限情况下该项可以忽略，而在该值比较显著时，我们就有必要进行横向惯性效应校正了。

根据式 (6.98)，并考虑材料为线弹性介质，有

$$\frac{\partial\sigma}{\partial X}=\rho\cdot\frac{\partial^2u}{\partial t^2} \tag{6.105}$$

对式 (6.104) 求偏导数，可以得到

$$\frac{\partial\sigma}{\partial X}=E\frac{\partial\varepsilon}{\partial X}+\rho\nu^2R^2\frac{\partial^3\varepsilon}{\partial t^2\partial X}=E\frac{\partial^2u}{\partial X^2}+\rho\nu^2R^2\frac{\partial^4u}{\partial t^2\partial X^2} \tag{6.106}$$

结合式 (6.105) 和式 (6.106)，可以得到

$$\rho \frac{\partial^2 u}{\partial t^2} = E \frac{\partial^2 u}{\partial X^2} + \rho \nu^2 R^2 \frac{\partial^4 u}{\partial t^2 \partial X^2} \tag{6.107}$$

即

$$\frac{\partial^2 u}{\partial t^2} - \nu^2 R^2 \frac{\partial^4 u}{\partial t^2 \partial X^2} = \frac{E}{\rho} \frac{\partial^2 u}{\partial X^2} = C^2 \frac{\partial^2 u}{\partial X^2} \tag{6.108}$$

对比式 (6.108) 和一维杆中纵波传播的波动方程可以看出，考虑横向惯性效应后多出了左端第二项，该项就是代表横向惯性效应。因为该项杆中的弹性纵波不再如一维杆假设中的以恒速 $C$ 来传播，而是对不同频率 $f$ 或波长 $\lambda$ 的谐波将以不同的波速 (相速)$C'$ 传播。

参考第 1 章的内容，假设杆中纵波传播的谐波方程为

$$u(X,t) = u_0 \exp\left[\mathrm{i}\left(\omega t - kX\right)\right] \tag{6.109}$$

式中，$\omega = 2\pi f$ 为圆频率；$k = 2\pi/\lambda$ 为波数。

根据式 (6.109) 可以得到

$$\begin{cases} \dfrac{\partial^2 u}{\partial t^2} = -u_0 \omega^2 \cdot \dfrac{\partial^2 \exp\left[\mathrm{i}\left(\omega t - kX\right)\right]}{\partial t^2} \\ \dfrac{\partial^2 u}{\partial X^2} = -u_0 k^2 \cdot \dfrac{\partial^2 \exp\left[\mathrm{i}\left(\omega t - kX\right)\right]}{\partial t^2} \\ \dfrac{\partial^4 u}{\partial t^2 \partial X^2} = u_0 \omega^2 k^2 \cdot \dfrac{\partial^2 \exp\left[\mathrm{i}\left(\omega t - kX\right)\right]}{\partial t^2} \end{cases} \tag{6.110}$$

代入式 (6.108)，可以得到

$$\omega^2 + \nu^2 R^2 \omega^2 k^2 = C^2 k^2 \tag{6.111}$$

由此我们可以得到圆频率为 $\omega = 2\pi f$ 的谐波的相速：

$$C' = \frac{\omega}{k} = \sqrt{\frac{C^2}{1 + \nu^2 R^2 k^2}} \tag{6.112}$$

即

$$\frac{C'}{C} = \frac{\omega}{kC} = \frac{1}{\sqrt{1 + \nu^2 R^2 k^2}} \tag{6.113}$$

或

$$\frac{C'}{C} = \frac{\omega}{kC} = \frac{1}{\sqrt{1 + \nu^2 R^2 \left(\dfrac{2\pi}{\lambda}\right)^2}} = \frac{1}{\sqrt{1 + 4\pi^2 \nu^2 \left(\dfrac{R}{\lambda}\right)^2}} \tag{6.114}$$

对于圆截面杆而言，其截面的回转半径为 $R = r\big/\sqrt{2}$ ($r$ 为圆截面半径)，此时式 (6.114) 可简化为

$$\frac{C'}{C} = \frac{1}{\sqrt{1 + 2\pi^2 \nu^2 \left(\dfrac{r}{\lambda}\right)^2}} \tag{6.115}$$

特别地，对于一般金属材料而言，其 Poisson 比约为 0.29，因此，式 (6.115) 对于一般金属材料而言可具体写为

$$\frac{C'}{C}=\frac{1}{\sqrt{1+1.66\left(\frac{r}{\lambda}\right)^2}} \tag{6.116}$$

图 6.36 为不同 Poisson 比弹性圆截面杆中不同相对半径 $r/\lambda$ 条件下的无量纲波速 $C'/C$ 曲线图。从图中容易看出：第一，杆材料 Poisson 比是影响杆中应力波弥散的最重要因素之一，当不考虑杆材料的 Poisson 比时，应力波传播过程中并没有弥散效应，此时杆中应力波传播特性与一维杆假设时杆中的应力波传播基本一致；第二，杆相对半径相同时，随着材料 Poisson 比的增大，应力波弥散愈加明显；第三，材料的 Poisson 比与相对半径耦合地影响无量纲波速，对于较大 Poisson 比杆材料而言，相对半径对无量纲波速的影响更加明显。

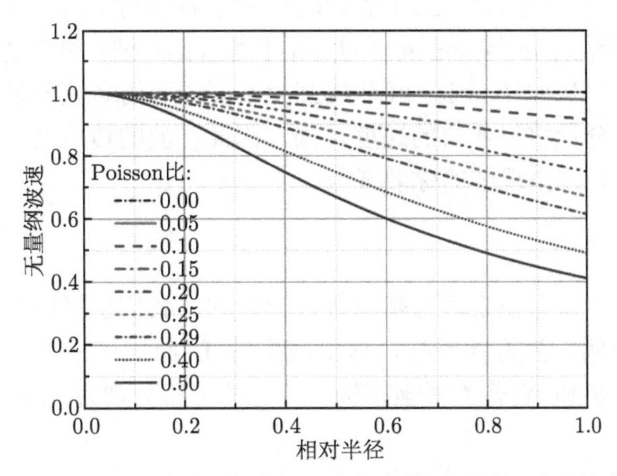


图 6.36 不同 Poisson 比和杆的相对半径条件下无量纲波速的变化趋势

针对典型金属杆材料，参考 (6.116) 式并考虑 $\Phi14.5\text{mm}$ 杆中不同波长弹性波的传播弥散效应，可以得到图 6.37 所示曲线。

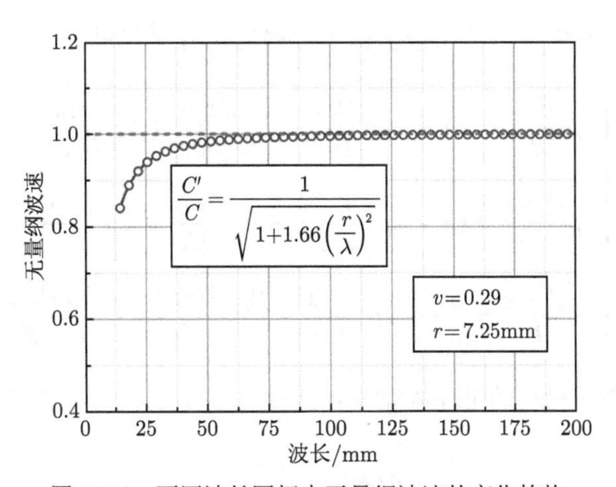


图 6.37 不同波长圆杆中无量纲波速的变化趋势

从图中可以看出，随着波长的增大，其波速逐渐增大；当波长大约 75mm 时，杆中应力波传播过程中的弥散效应可以不予考虑，需要说明的是该波长并不是入射梯形波波长，而是通过 Fourier 变换给出谐波的波长。

当 $\nu^2R^2k^2 \ll 1$ 时，根据 Taylor 级数展开，式 (6.116) 可等效为

$$\frac{C'}{C}=1-\frac{1}{2}\nu^2R^2k^2=1-\frac{1}{2}\nu^2R^2\left(\frac{2\pi}{\lambda}\right)^2 \tag{6.117a}$$

或

$$\frac{C'}{C}=1-2\nu^2\pi^2\left(\frac{R}{\lambda}\right)^2 \tag{6.117b}$$

式 (6.117) 即为通过能量法给出的近似横向惯性效应修正方程，称为 Rayleigh 近似解。该式表明，短波 (高频波) 的传播速度比对应的长波 (低频波) 的传播速度慢。在线弹性范围内，任意波形总可以按照 Fourier 级数展开为不同频率的谐波分量叠加，然而在实际中由于不同频率的谐波分量将以各自的速度传播，因此在波的传播过程中波形不能保持原来形状，必定会分散开来，出现波的弥散现象。

2. Pochhammer 解法

上面的推导是以能量守恒定理为基础进行分析的，我们也可以利用动量守恒定理进行推导。以圆截面杆为例，为方便推导，这里我们的 L 氏描述是在极坐标系下完成的，如图 6.38 所示，取 $r$、$\theta$ 和 $X$ 作为极坐标轴，相应的位移分别为 $u_r$、$u_\theta$ 和 $u_X$。

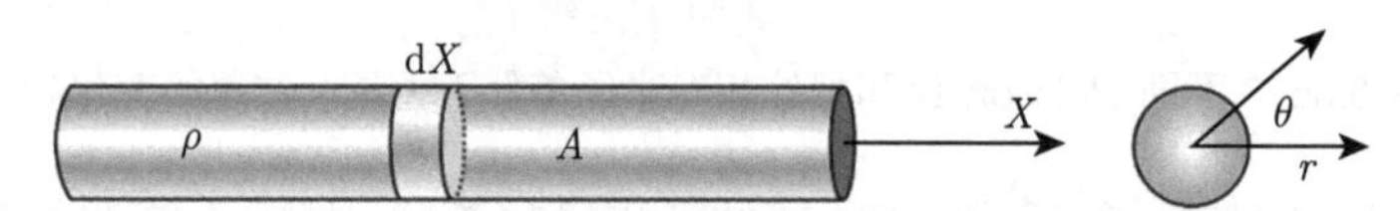


图 6.38 极坐标下圆截面杆中微元的动力学方程

根据动量定理，我们可以给出极坐标下位移的动力学方程：

$$\begin{cases}\rho\dfrac{\partial^2u_r}{\partial t^2}=(\lambda+2\mu)\dfrac{\partial\Delta}{\partial r}-\dfrac{2\mu}{r}\dfrac{\partial\varpi_X}{\partial\theta}+2\mu\dfrac{\partial\varpi_\theta}{\partial X}\\ \rho\dfrac{\partial^2u_\theta}{\partial t^2}=(\lambda+2\mu)\dfrac{1}{r}\dfrac{\partial\Delta}{\partial\theta}-2\mu\dfrac{\partial\varpi_r}{\partial X}+2\mu\dfrac{\partial\varpi_X}{\partial r}\\ \rho\dfrac{\partial^2u_X}{\partial t^2}=(\lambda+2\mu)\dfrac{\partial\Delta}{\partial X}-\dfrac{2\mu}{r}\dfrac{\partial(r\varpi_\theta)}{\partial\theta}+\dfrac{2\mu}{r}\dfrac{\partial\varpi_r}{\partial\theta}\end{cases} \tag{6.118}$$

式中，$\lambda$ 和 $\mu$ 是杆介质材料的 Lamé 常量；$\Delta=\varepsilon_{rr}+\varepsilon_{\theta\theta}+\varepsilon_{XX}$ 表示体应变，其在极坐标中的表达式为

$$\Delta=\frac{1}{r}\frac{\partial(ru_r)}{\partial r}+\frac{1}{r}\frac{\partial u_\theta}{\partial\theta}+\frac{\partial u_X}{\partial X} \tag{6.119}$$

式中，$\varpi_r$、$\varpi_\theta$ 和 $\varpi_X$ 分别为微元旋转变形在 $r$ 轴方向、$rX$ 平面法向方向和 $X$ 轴方向上的分量，它们与位移之间的关系如下：

$$\begin{cases} 2\varpi_r = \dfrac{1}{r}\dfrac{\partial u_X}{\partial \theta} - \dfrac{\partial u_\theta}{\partial X} \\ 2\varpi_\theta = \dfrac{\partial u_r}{\partial X} - \dfrac{\partial u_X}{\partial r} \\ 2\varpi_X = \dfrac{1}{r}\left[\dfrac{\partial (r u_\theta)}{\partial r} - \dfrac{\partial u_r}{\partial \theta}\right] \end{cases} \tag{6.120}$$

这三个量之间恒满足

$$\frac{1}{r}\frac{\partial (r\varpi_r)}{\partial r} + \frac{1}{r}\frac{\partial \varpi_\theta}{\partial \theta} + \frac{\partial \varpi_X}{\partial X} \equiv 0 \tag{6.121}$$

对于圆截面杆中纵波的传播问题而言，从理论上讲该问题可视为轴对称的二维问题，介质中质点在 $\theta$ 方向的位移为零，即 $u_\theta \equiv 0$，每个质点只在 $rX$ 平面上振动。

从式 (6.121) 可知，此种情况下有

$$\varpi_r = \varpi_X \equiv 0 \tag{6.122}$$

因此，对于圆柱杆中纵波传播这一轴对称二维问题，式 (6.118) 可以简化为

$$\begin{cases} \rho\dfrac{\partial^2 u_r}{\partial t^2} = (\lambda + 2\mu)\dfrac{\partial \varDelta}{\partial r} + 2\mu\dfrac{\partial \varpi_\theta}{\partial X} \\ \rho\dfrac{\partial^2 u_X}{\partial t^2} = (\lambda + 2\mu)\dfrac{\partial \varDelta}{\partial X} - \dfrac{2\mu}{r}\dfrac{\partial (r\varpi_\theta)}{\partial r} \end{cases} \tag{6.123}$$

同样，式 (6.119) 和式 (6.120) 分别可以简化为

$$\varDelta = \frac{1}{r}\frac{\partial (r u_r)}{\partial r} + \frac{\partial u_X}{\partial X} \tag{6.124}$$

$$\varpi_\theta = \frac{1}{2}\left(\frac{\partial u_r}{\partial X} - \frac{\partial u_X}{\partial r}\right) \tag{6.125}$$

假设杆中存在一系列谐波沿着杆体传播 (根据 1.3 节中 Fourier 级数分析可知，任意波形总可以按照 Fourier 级数展开为不同频率的谐波分量叠加)，其所产生的位移只是 L 氏坐标 $X$ 和时间 $t$ 的函数，即

$$\begin{cases} u_r = U_r \exp\left[\mathrm{i}\left(\omega t - kX\right)\right] \\ u_X = U_X \exp\left[\mathrm{i}\left(\omega t - kX\right)\right] \end{cases} \tag{6.126}$$

式中，$\omega = 2\pi f$ 为圆频率；$k = 2\pi/\lambda$ 为波数；$f$ 为频率；$\lambda$ 为波长，其相速度 $C'$ 即为 $\omega/k$；$U_r$ 和 $U_X$ 是 L 氏坐标 $r$ 和 $\theta$ 的函数。式 (6.126) 对时间求二阶偏导数，则有

$$\begin{cases} \dfrac{\partial^2 u_r}{\partial t^2} = -U_r \exp\left[\mathrm{i}\left(\omega t - kX\right)\right]\omega^2 = -\omega^2 u_r \\ \dfrac{\partial^2 u_X}{\partial t^2} = -U_X \exp\left[\mathrm{i}\left(\omega t - kX\right)\right]\omega^2 = -\omega^2 u_X \end{cases} \tag{6.127}$$

同时，结合式 (6.126)，根据式 (6.124) 和式 (6.125) 可以得到

$$\left\{\begin{array}{l}\dfrac{\partial \varDelta}{\partial X}=-k\mathrm{i}\varDelta\\[2ex]\dfrac{\partial \varpi_\theta}{\partial X}=-k\mathrm{i}\varpi_\theta\end{array}\right. \tag{6.128}$$

根据式 (6.127) 和式 (6.128)，则式 (6.123) 可以写为

$$\left\{\begin{array}{l}-\rho\omega^2 u_r=(\lambda+2\mu)\dfrac{\partial \varDelta}{\partial r}-2k\mathrm{i}\mu\varpi_\theta\\[2ex]-\rho\omega^2 u_X=-k\mathrm{i}\left(\lambda+2\mu\right)\varDelta-\dfrac{2\mu}{r}\dfrac{\partial\left(r\varpi_\theta\right)}{\partial r}\end{array}\right. \tag{6.129}$$

利用式 (6.124) 和式 (6.125)，对式 (6.129) 分别消去 $\varpi_\theta$ 和 $\varDelta$，则可以得到

$$\left\{\begin{array}{l}\dfrac{\partial^2 \varDelta}{\partial r^2}+\dfrac{1}{r}\dfrac{\partial \varDelta}{\partial r}+\varPsi^2\varDelta=0\\[2ex]\dfrac{\partial^2 \varpi_\theta}{\partial r^2}+\dfrac{1}{r}\dfrac{\partial \varpi_\theta}{\partial r}-\dfrac{\varpi_\theta}{r^2}+\varPhi^2\varpi_\theta=0\end{array}\right. \tag{6.130}$$

式中，$\varPsi$ 和 $\varPhi$ 对于特定的杆介质材料和谐波而言为常数：

$$\left\{\begin{array}{l}\varPsi^2=\dfrac{\rho\omega^2}{\lambda+2\mu}-k^2\\[2ex]\varPhi^2=\dfrac{\rho\omega^2}{\mu}-k^2\end{array}\right. \tag{6.131}$$

式 (6.130) 可以写为

$$\left\{\begin{array}{l}\left(\varPsi r\right)^2\dfrac{\partial^2 \varDelta}{\partial\left(\varPsi r\right)^2}+\left(\varPsi r\right)\dfrac{\partial \varDelta}{\partial\left(\varPsi r\right)}+\left(\varPsi r\right)^2\varDelta=0\\[2ex]\left(\varPhi r\right)^2\dfrac{\partial^2 \varpi_\theta}{\partial\left(\varPhi r\right)^2}+\left(\varPhi r\right)\dfrac{\partial \varpi_\theta}{\partial\left(\varPhi r\right)}+\left[\left(\varPhi r\right)^2-1\right]\varpi_\theta=0\end{array}\right. \tag{6.132}$$

对比 Bessel 方程，我们可知式 (6.132) 中第一式为零阶 Bessel 方程，第二式为一阶 Bessel 方程。根据数学物理方程中 Bessel 方程的解我们可以给出其解为第一类 Bessel 函数，即

$$\left\{\begin{array}{l}\varDelta=KJ_0\left(\varPsi r\right)\\ \varpi_\theta=BJ_1\left(\varPhi r\right)\end{array}\right. \tag{6.133}$$

式中，$K$ 和 $B$ 是 L 氏坐标 $X$ 和时间 $t$ 的函数，与 L 氏坐标 $r$ 无关。

需要注意的是，本推导过程中不考虑 $\varPsi=0$ 或 $\varPhi=0$ 的情况，事实上，这两种情况是特例。

当 $\Psi=0$ 时，即

$$\Psi^2=\frac{\rho\omega^2}{\lambda+2\mu}-k^2=0\Rightarrow C'^2=\frac{\lambda+2\mu}{\rho} \tag{6.134}$$

式 (6.134) 所示波速即为膨胀波 (无旋波或体波) 的波速。

当 $\Phi=0$ 时，有

$$\Phi^2=\frac{\rho\omega^2}{\mu}-k^2=0\Rightarrow C'^2=\frac{\mu}{\rho} \tag{6.135}$$

式 (6.135) 所示波速即为等体积波 (剪切波、畸变波或扭转波) 的波速，扭转波参考 3.2.3 节。

结合式 (6.124)、式 (6.125)、式 (6.126) 和式 (6.133)，可以得到

$$\begin{cases}\Delta=\left(\dfrac{U_r}{r}+\dfrac{\partial U_r}{\partial r}-k\mathrm{i}U_X\right)\exp\left[\mathrm{i}\left(\omega t-kX\right)\right]=KJ_0\left(\Psi r\right)\\ \varpi_\theta=\dfrac{1}{2}\left(-k\mathrm{i}U_r-\dfrac{\partial U_X}{\partial r}\right)\exp\left[\mathrm{i}\left(\omega t-kX\right)\right]=BJ_1\left(\Phi r\right)\end{cases} \tag{6.136}$$

式 (6.136) 有解：

$$\begin{cases}U_r=K'\dfrac{\partial J_0\left(\Psi r\right)}{\partial r}-B'kJ_1\left(\Phi r\right)\\ U_X=-K'\mathrm{i}kJ_0\left(\Psi r\right)+\dfrac{B'\mathrm{i}}{r}\dfrac{\partial\left[rJ_1\left(\Phi r\right)\right]}{\partial r}\end{cases} \tag{6.137}$$

根据极坐标下弹性力学相关知识和式 (6.126)、式 (6.136)，容易得到圆截面杆中微元沿坐标轴 $r$ 方向的应力分量分别为

$$\begin{aligned}\sigma_{rr}&=\lambda\Delta+2\mu\frac{\partial u_r}{\partial r}=\exp\left[\mathrm{i}\left(\omega t-kX\right)\right]\\&\cdot\left[\left(\lambda+2\mu\right)K'\frac{\partial J_0^2\left(\Psi r\right)}{\partial r^2}+\frac{K'\lambda}{r}\frac{\partial J_0\left(\Psi r\right)}{\partial r}-\lambda k^2K'J_0\left(\Psi r\right)-2\mu B'k\frac{\partial J_1\left(\Phi r\right)}{\partial r}\right]\end{aligned} \tag{6.138}$$

$$\begin{aligned}\sigma_{Xr}&=\mu\left(\frac{\partial u_r}{\partial X}+\frac{\partial u_X}{\partial r}\right)=\mu\mathrm{i}\exp\left[\mathrm{i}\left(\omega t-kX\right)\right]\\&\cdot\left\{-2kK'\frac{\partial J_0\left(\Psi r\right)}{\partial r}+\frac{B'}{r^2}\left[r^2\frac{\partial J_1^2\left(\Phi r\right)}{\partial r^2}+r\frac{\partial J_1\left(\Phi r\right)}{\partial r}+\left(r^2k^2-1\right)J_1\left(\Phi r\right)\right]\right\}\end{aligned} \tag{6.139}$$

式 (6.138) 和式 (6.139) 也可写为

$$\begin{aligned}&\sigma_{rr}=\exp[\mathrm{i}\left(\omega t-kX\right)]\\&\cdot\left[\frac{K'\lambda}{r^2}\left(\left(\Psi r\right)^2\frac{\partial J_0^2\left(\Psi r\right)}{\partial\left(\Psi r\right)^2}+\left(\Psi r\right)\frac{\partial J_0\left(\Psi r\right)}{\partial\left(\Psi r\right)}-r^2k^2J_0\left(\Psi r\right)\right)+2\mu K'\frac{\partial J_0^2\left(\Psi r\right)}{\partial r^2}\right.\\&\left.-2\mu B'k\frac{\partial J_1\left(\Phi r\right)}{\partial r}\right]\end{aligned} \tag{6.140}$$

$$\sigma_{Xr}=\mu\left(\frac{\partial u_r}{\partial X}+\frac{\partial u_X}{\partial r}\right)=\mu\mathrm{i}\exp\left[\mathrm{i}\left(\omega t-kX\right)\right]$$
$$\cdot\left\{-2kK'\frac{\partial J_0\left(\Psi r\right)}{\partial r}+\frac{B'}{r^2}\left[\left(\Phi r\right)^2\frac{\partial J_1^2\left(\Phi r\right)}{\partial\left(\Phi r\right)^2}+\left(\Phi r\right)\frac{\partial J_1\left(\Phi r\right)}{\partial\left(\Phi r\right)}+\left(r^2k^2-1\right)J_1\left(\Phi r\right)\right]\right\}\tag{6.141}$$

结合式 (6.132) 和 Bessel 方程，对式 (6.140) 和式 (6.141) 进行简化，可以得到

$$\begin{cases}\sigma_{rr}=2\mu\exp\left[\mathrm{i}\left(\omega t-kX\right)\right]\left\{K'\left[\dfrac{\partial J_0^2\left(\Psi r\right)}{\partial r^2}-\dfrac{\lambda\left(\Psi^2+k^2\right)}{2\mu}J_0\left(\Psi r\right)\right]-B'k\dfrac{\partial J_1\left(\Phi r\right)}{\partial r}\right\}\\ \sigma_{Xr}=\mu\mathrm{i}\exp\left[\mathrm{i}\left(\omega t-kX\right)\right]\left(-2kK'\dfrac{\partial J_0\left(\Psi r\right)}{\partial r}+B'\left(k^2-\Phi^2\right)J_1\left(\Phi r\right)\right)\end{cases}\tag{6.142}$$

根据边界条件对于半径为 $r_0$ 的圆截面杆有 $\sigma_{rr}|_{r=r_0}=0$ 和 $\sigma_{Xr}|_{r=r_0}=0$，根据式 (6.142) 可有

$$\begin{cases}K'\left[\left.\dfrac{\partial J_0^2\left(\Psi r\right)}{\partial r^2}\right|_{r=r_0}-\dfrac{\lambda\left(\Psi^2+k^2\right)}{2\mu}J_0\left(\Psi r_0\right)\right]-B'k\left.\dfrac{\partial J_1\left(\Phi r\right)}{\partial r}\right|_{r=r_0}=0\\ K'\left.\dfrac{\partial J_0\left(\Psi r\right)}{\partial r}\right|_{r=r_0}-B'\dfrac{\left(k^2-\Phi^2\right)}{2k}J_1\left(\Phi r_0\right)=0\end{cases}\tag{6.143}$$

消去式 (6.143) 中的常数 $K'$ 和 $B'$，并结合式 (6.131)，则可以得到

$$2\mu\left[2\mu-\rho\left(\frac{\omega}{k}\right)^2\right]\left.\frac{\partial J_0^2\left(\Psi r\right)}{\partial r^2}\right|_{r=r_0}J_1\left(\Phi r_0\right)-4\mu^2\left.\left(\frac{\partial J_0\left(\Psi r\right)}{\partial r}\frac{\partial J_1\left(\Phi r\right)}{\partial r}\right)\right|_{r=r_0}$$
$$-\lambda\left(\frac{\rho\omega^2}{\lambda+2\mu}\right)\left[2\mu-\rho\left(\frac{\omega}{k}\right)^2\right]J_0\left(\Psi r_0\right)J_1\left(\Phi r_0\right)=0\tag{6.144}$$

根据 Bessel 函数可知

$$\begin{cases}J_0\left(\Psi r\right)=1-\dfrac{1}{4}\left(\Psi r\right)^2+\dfrac{1}{64}\left(\Psi r\right)^4-\cdots\\ J_1\left(\Phi r\right)=\dfrac{1}{2}\left(\Phi r\right)-\dfrac{1}{16}\left(\Phi r\right)^3+\cdots\end{cases}\tag{6.145}$$

当杆的半径相对杆长足够小时，且 $\Psi r_0\ll 1$ 和 $\Phi r_0\ll 1$，忽略高阶小量，只保留 $\Psi r$ 的一阶小量，则可以得到

$$\begin{cases}\left.\dfrac{\partial J_0\left(\Psi r\right)}{\partial r}\right|_{r=r_0}\doteq-\dfrac{1}{2}\Psi^2r_0\\ J_0\left(\Psi r_0\right)\doteq 1\\ \left.\dfrac{\partial J_0^2\left(\Psi r\right)}{\partial r^2}\right|_{r=r_0}\doteq-\dfrac{1}{2}\Psi^2\end{cases}\quad\text{和}\quad\begin{cases}\left.\dfrac{\partial J_1\left(\Phi r\right)}{\partial r}\right|_{r=r_0}\doteq\dfrac{1}{2}\Phi\\ J_1\left(\Phi r_0\right)\doteq\dfrac{1}{2}\Phi r_0\end{cases}\tag{6.146}$$

将式 (6.131) 和式 (6.146) 代入式 (6.144)，我们可以得到杆中谐波传播波速的一阶近似解：

$$C'^2 = \left(\frac{\omega}{k}\right)^2 = \frac{\mu(3\lambda + 2\mu)}{\rho(\lambda + \mu)} = \frac{E}{\rho} = C^2 \tag{6.147}$$

式 (6.147) 即一维杆假设条件下应力波传播速度的表达式。

当我们考虑 $\Psi r$ 更高一阶小量 (二阶) 的情况下，式 (6.146) 则进一步写为

$$\begin{cases} \left.\dfrac{\partial J_0(\Psi r)}{\partial r}\right|_{r=r_0} \doteq -\dfrac{1}{2}\Psi^2 r_0 \\ J_0(\Psi r_0) \doteq 1 - \dfrac{1}{4}\Psi^2 r_0^2 \\ \left.\dfrac{\partial J_0^2(\Psi r)}{\partial r^2}\right|_{r=r_0} \doteq -\dfrac{1}{2}\Psi^2 + \dfrac{3}{16}\Psi^4 r_0^2 \end{cases} \quad \text{和} \quad \begin{cases} \left.\dfrac{\partial J_1(\Phi r)}{\partial r}\right|_{r=r_0} \doteq \dfrac{1}{2}\Phi - \dfrac{3}{16}\Phi^3 r_0^2 \\ J_1(\Phi r_0) \doteq \dfrac{1}{2}\Phi r_0 \end{cases} \tag{6.148}$$

将式 (6.131) 和式 (6.148) 代入式 (6.144)，再结合介质材料弹性系数之间的关系，我们可以得到杆中谐波传播波速的二阶近似解：

$$C'^2 \doteq \frac{E}{\rho}\left(1 - \frac{1}{4}\nu^2 k^2 r_0^2\right)^2 \tag{6.149}$$

即

$$\frac{C'}{C} \doteq 1 - \frac{1}{4}\nu^2 k^2 r_0^2 \tag{6.150}$$

利用波长代替式 (6.150) 中的波数，即可以得到

$$\frac{C'}{C} \doteq 1 - \nu^2 \pi^2 \left(\frac{r_0}{\lambda}\right)^2 \tag{6.151}$$

式 (6.151) 与式 (6.117) 基本一致，需要说明的是，为了与式 (6.117) 方便对比，此处也以 $\lambda$ 代表波长，这与上面推导过程中 $\lambda$ 代表 Lamé 常量不同。

以上两种方法可以给出对于圆截面杆，由于横向惯性效应杆中不同波长谐波以不同速度进行传播，其相速度可以近似表达为

$$\frac{C'}{C} = \frac{1}{\sqrt{1 + 2\pi^2\nu^2\left(\dfrac{r}{\lambda}\right)^2}} \tag{6.152}$$

如定义两个无量纲量——无量纲相速度和无量纲杆半径分别为

$$\begin{cases} \bar{C} = \dfrac{C'}{C} \\ \bar{r} = \dfrac{r}{\lambda} \end{cases} \tag{6.153}$$

则式 (6.152) 可以写为无量纲形式：

$$\bar{C} = \frac{1}{\sqrt{1 + 2\pi^2\nu^2\bar{r}^2}} \tag{6.154}$$

当圆杆的无量纲半径极小时，式 (6.154) 可近似写为以下更易计算的抛物线函数：

$$\bar{C} \doteq 1 - \pi^2\nu^2\bar{r}^2 \tag{6.155}$$

需要说明的是，式 (6.154) 和式 (6.155) 的前提是无量纲半径极小时的情况，在入射波长较小时，式 (6.155) 存在明显误差，如图 6.39 所示。

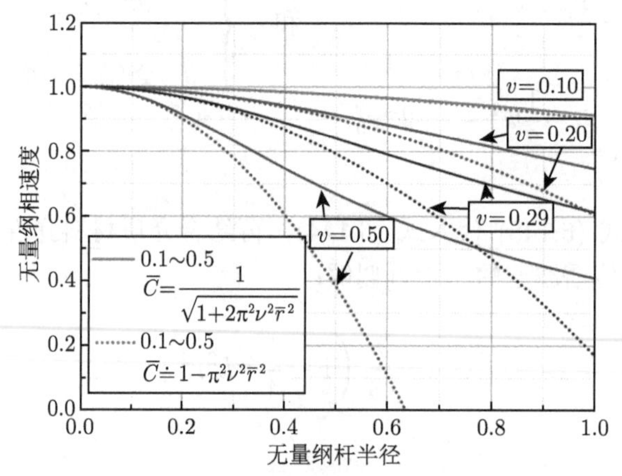


图 6.39　两种表达式在不同无量纲半径时的差别

从图中容易发现，随着无量纲杆半径的增大，式 (6.155) 的误差逐渐增大；也就是说，对于同一种杆径而言随着入射波波长的减小，或同一入射波波长条件下随着杆半径的增大，式 (6.155) 的误差就逐渐增大；反之亦然。而且，随着杆材料 Poisson 比的增大，这种误差会更加放大。对于常用金属材料而言，Poisson 比一般近似为 0.29，从图中可以看出，此时当无量纲杆半径小于 0.2 时，式 (6.154) 和式 (6.155) 可以近似视为相等，这里需要指出，这里的无量纲杆半径中波长是指谐波波长，而不像杆撞击产生的矩形或梯形脉冲的波长；而根据 Fourier 变换可知，矩形脉冲或梯形脉冲等不同波形的脉冲可以分解为无限个不同频率的谐波，因此需要判断高频小波长特别是波长使得无量纲半径大于 0.2 的波组合所起的作用是否可以忽略？如果答案是否定的，建议使用式 (6.154) 进行进一步分析，而不使用式 (6.155)。

根据 Rayleigh-Love 公式可知，当材料 Poisson 比为零时，杆中应力波并不存在弥散效应，因为所有波长的谐波波速均为

$$C' = C = \sqrt{\frac{E}{\rho}} \tag{6.156}$$

如图 6.40 所示仿真计算结果，图中圆杆直径为 14.5mm，杆材料密度为 7.85g/cm$^3$，杨氏模量为 210GPa，Poisson 比为 0，入射应力波波幅为 800MPa。可以看出对于矩形波和梯

形波而言，虽然它们可分解为由不同波长谐波组合而成的复合波，但在杆中的传播过程中并没有呈现弥散特征，即不同波长的分解谐波波速基本相同。

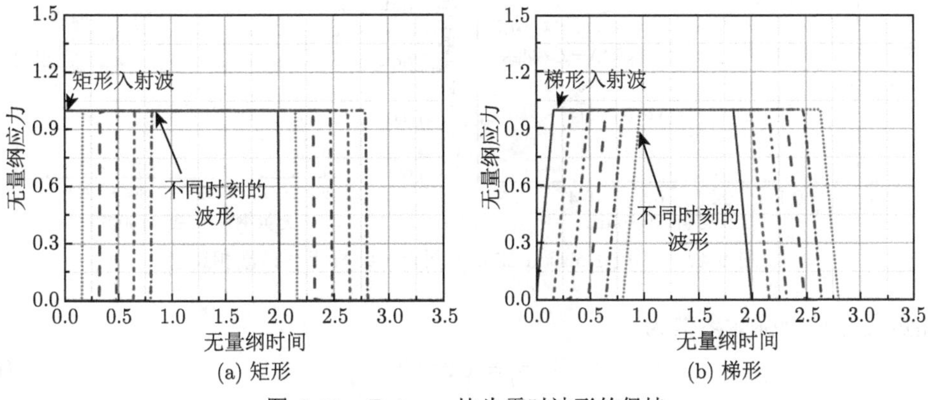


图 6.40 Poisson 比为零时波形的保持

而对于一般材料而言，Poisson 比皆大于零，因此存在不同波长谐波组合的应力波在传播过程中都存在弥散效应；当然，如果入射波只是单一谐波，则不存在波形弥散效应，如图 6.41 所示仿真结果。图中圆杆参数同上图，只是此时 Poisson 比取为 0.3。

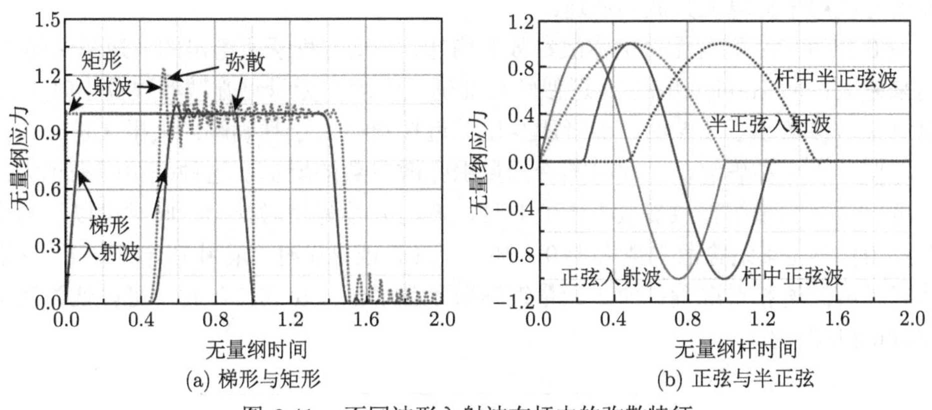


图 6.41 不同波形入射波在杆中的弥散特征

从图 6.41 可以看出，由于复合波能够通过 Fourier 变换展开为不同频率的谐波，因此在杆中传播过程中出现波形弥散效应；而半正弦波和正弦波则并没有明显的弥散效应，只是由于此次无论半正弦波还是正弦波皆为非周期函数，因此在两端间断点附近存在少量弥散特征。开展不同 Poisson 比和不同波长谐波在 14.5mm 长杆中传播的数值仿真计算，可以给出 Poisson 比和波长对波速的影响规律，如图 6.42 所示。

从图 6.42 可以看出，相同波长时随着杆材料 Poisson 比的增加相速度逐渐减小；对于相同 Poisson 比而言，随着波长的减小即无量纲杆半径的增大，相速度逐渐减小。仿真结果与 Rayleigh-Love 解析结果符合性非常好，这说明在计算波长与杆径条件下，Rayleigh-Love 近似解是相对准确的。

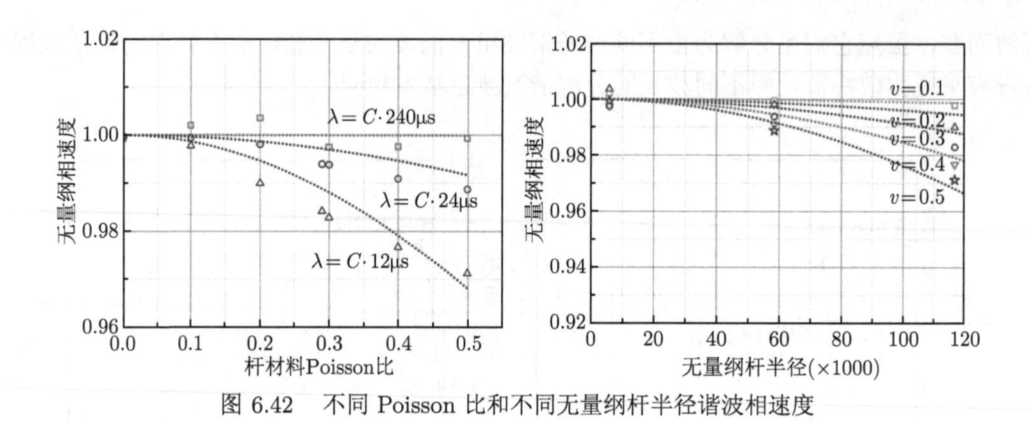


图 6.42　不同 Poisson 比和不同无量纲杆半径谐波相速度

如定义无量纲弥散参数为

$$\bar{\gamma} = \sqrt{2}\pi\nu\bar{r} \tag{6.157}$$

则式 (6.154) 可以进一步简化为

$$\bar{C} = \frac{1}{\sqrt{1+\bar{\gamma}^2}} \tag{6.158}$$

根据波动方程解、Rayleigh-Love 近似解和准确理论解，可以绘制图 6.43 所示三个曲线。从图中可以看出，当无量纲弥散参数很小即入射波长相对很大时，可以利用理想条件下的波动方程解来计算应力波的波速。

由图 6.43 可知：随着无量纲弥散参数的增加，波动方程解所给出的波速越来越不准确，偏差越来越大；而 Rayleigh-Love 近似解与准确理论解在无量纲弥散参数较小时更加接近，在无量纲弥散参数小于 1.5 时，前者所给出的近似解稍大于精确解；大于 1.5 时，前者所给出的近似解小于精确解，且此时随着无量纲弥散参数的增加，这种差距越来越大。一般而言，可以认为无量纲弥散参数小于 0.1 时，波动方程解相对准确，此时可以不考虑波形的弥散行为；当无量纲弥散参数大于 0.1 却小于 1.5 或 2.0 时，采用 Rayleigh-Love 近似解析表达式求解波速相对准确；而当无量纲弥散参数大于 1.5 或 2.0 时，可以认为波速近似等于 Rayleigh 波速。

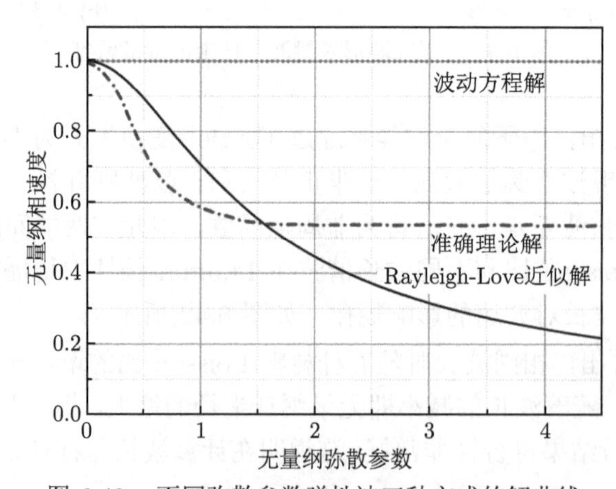


图 6.43　不同弥散参数弹性波三种方式的解曲线

同上，若考虑圆截面细长钢杆中弹性波的传播，杆直径为 14.5mm，Poisson 比为 0.29，材料一维弹性声速为 5172m/s，可以计算出无量纲弥散参数等于 1.5 或 2.0 时，对应入射谐波波长分布为

$$\lambda = \sqrt{2}\pi\nu\frac{r}{\bar{\gamma}} \Rightarrow \begin{cases} \lambda_{1.5} = 6.23\text{mm} \\ \lambda_{2.0} = 4.67\text{mm} \end{cases} \tag{6.159}$$

转换为时间波长即为

$$\begin{cases} \lambda_{1.5} = 1.2\mu\text{s} \\ \lambda_{2.0} = 0.9\mu\text{s} \end{cases} \tag{6.160}$$

即入射谐波的频率分别为

$$\begin{cases} f_{1.5} = 830518\text{Hz} \\ f_{2.0} = 1107357\text{Hz} \end{cases} \tag{6.161}$$

也就是说，频率高于式 (6.161) 的谐波在此杆中的传播可以利用 Rayleigh-Love 近似解进行分析。

## 6.3　不同材料一维线弹性杆的共轴对撞

6.1 节中对相同材料的一维线弹性杆的共轴对撞问题进行了讨论，在实际问题中，这种情况只是特殊条件下才具备的，大多数情况下撞击杆和被撞击杆材料并不相同。

### 6.3.1　波阻抗相同时共轴对撞问题

首先考虑一种相对复杂的条件，共轴对撞的两杆虽然材料不同但波阻抗相同，即

$$\begin{cases} \rho_1 \neq \rho_2 \\ C_1 \neq C_2 \end{cases} \quad 但 \quad \rho_1 C_1 = \rho_2 C_2 = \rho C \tag{6.162}$$

设杆 1 的波阻抗为$\rho_1 C_1$，杆 2 的波阻抗为$\rho_2 C_2$，两者的长度分别为 $L_1$ 和 $L_2$，且在对撞前皆处于自然松弛状态；如图 6.44 所示。在 $t = 0$ 时刻，杆 1 以速度 $v_0$ 匀速向右运动并撞上处于静止状态的共轴杆 2。

图 6.44　两杆材料不同波阻抗相同一维线弹性杆共轴对撞

当两杆相撞瞬间会在杆 1 中产生一个向左传播的弹性波和在杆 2 中产生一个向右传播的弹性波，如图 6.45 所示。根据初始条件：

$$\begin{cases} \sigma_0 = 0 \\ v_0 = v_0 \end{cases} \quad 和 \quad \begin{cases} \sigma_{0^*} = 0 \\ v_{0^*} = 0 \end{cases} \tag{6.163}$$

以及波阵面上的守恒方程和交界面上的连续条件，可以得到

$$\begin{cases}\sigma_1 = \sigma_{1^*} = -\dfrac{\rho C v_0}{2} \\ v_1 = v_{1^*} = \dfrac{v_0}{2}\end{cases} \tag{6.164}$$

式 (6.164) 表明，即使两杆材料不同，只要其波阻抗相同，其碰撞瞬间交界面处的应力质点速度与两杆材料相同情况下完全一致。

只有当

$$\frac{L_1}{C_1} = \frac{L_2}{C_2} \tag{6.165}$$

时，应力波 1~2 和应力波 1~3 才能同时到达交界面，如图 6.45 所示。

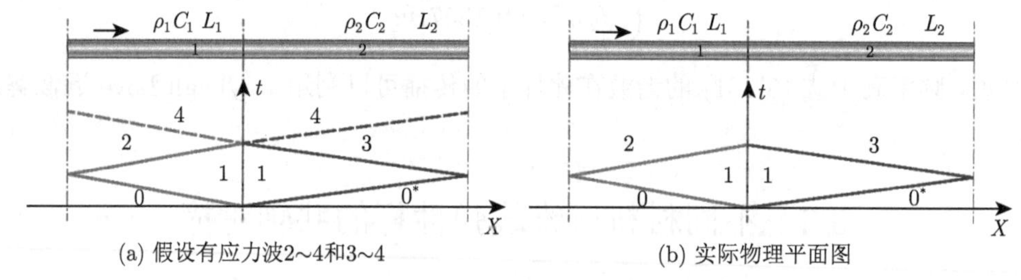


图 6.45　弹性杆共轴对撞应力波传播物理平面图

根据自由面上的反射“镜像法则”可以求出

$$\begin{cases}\sigma_2 = 0 \\ v_2 = 0\end{cases}, \quad \begin{cases}\sigma_3 = 0 \\ v_3 = v_0\end{cases} \tag{6.166}$$

同 6.1 节中两杆共轴对撞问题，假设应力波 1~2 和应力波 1~3 到达交界面后还会进行反射或透射而产生应力波 2~4 和应力波 3~4，如图 6.45 (a) 所示，可以求出状态点 4 的应力为拉力，即两杆会分离，状态点 4 并不成立。因此，该问题中应力波的传播物理平面图应为图 6.45 (b)。

因此，两杆对撞后，杆中皆不存在应力波即杆中应力实现均匀化，入射杆即杆 1 静止，而被撞击杆即杆 2 以与入射速度相同的速度 $v_0$ 向右运动；在此情况下，即使两杆材料不同也能够实现速度交换。事实上，根据式 (6.162) 和式 (6.165) 可知

$$\frac{L_1}{\rho C/\rho_1} = \frac{L_2}{\rho C/\rho_2} \Rightarrow \rho_1 L_1 = \rho_2 L_2 \tag{6.167}$$

考虑到一维杆截面积相等，式 (6.167) 表明两杆材料不同但波阻抗和质量相同，因此能够实现速度交换，这也能够通过动量守恒方程和机械能守恒方程推导出来。

应力波 0~1 和应力波 $0^* \sim 1$ 到达自由面后发生反射分别产生应力波 1~2 和应力波 1~3，若

$$\frac{L_1}{C_1} \neq \frac{L_2}{C_2} \tag{6.168}$$

则应力波 1~2 和应力波 1~3 必定不是同时到达交界面。此时撞击后的情况类似于 6.1.2 节中两杆对撞时长度不等的情况，读者可以试分析之。

### 6.3.2 波阻抗不同时共轴对撞问题

其他条件如图 6.44 所示，当两杆的波阻抗不相等，即

$$\rho_1 C_1 \neq \rho_2 C_2 \tag{6.169}$$

时，设两杆波阻抗比为

$$k = \frac{\rho_2 C_2}{\rho_1 C_1} \neq 1 \tag{6.170}$$

此时两杆中的应力波传播更为复杂，在此分四种情况进行分析。

1. *应力波在两杆中单程传播时间相等*

两杆对撞瞬间会同时向杆 1 和杆 2 中传播应力波，根据波阵面上的运动方程和交界面上的连续条件，可以得到

$$\begin{cases} \sigma_1 - \sigma_0 = \rho_1 C_1 (v_1 - v_0) \\ \sigma_1 - \sigma_{0^*} = -\rho_2 C_2 (v_1 - v_{0^*}) \end{cases} \Rightarrow \begin{cases} \sigma_1 = -\dfrac{\rho_2 C_2 v_0}{k+1} \\ v_1 = \dfrac{v_0}{k+1} \end{cases} \tag{6.171}$$

应力波 0~1 和应力波 $0^* \sim 1$ 到达杆另一端自由面后分别反射应力波 1~2 和应力波 1~3，如图 6.45 所示。由于

$$\frac{L_1}{C_1} = \frac{L_2}{C_2} \tag{6.172}$$

两杆中的应力波皆同时到达另一端的自由面。随后，会在自由面产生反射波，根据自由面上反射“镜像法则”，可以得到

$$\begin{cases} \sigma_2 = 0 \\ v_2 = -\dfrac{k-1}{k+1} v_0 \end{cases}, \quad \begin{cases} \sigma_3 = 0 \\ v_3 = \dfrac{2}{k+1} v_0 \end{cases} \tag{6.173}$$

假设此时两杆中反射波 1~2 和 2~3 到达两杆交界面，两杆仍然紧密接触，则同时会产生反射波和透射波，见图 6.45 (a)，此时有

$$\begin{cases} \sigma_4 - \sigma_2 = \rho_1 C_1 (v_4 - v_2) \\ \sigma_4 - \sigma_3 = -\rho_2 C_2 (v_4 - v_3) \end{cases} \Rightarrow \begin{cases} \sigma_4 = \dfrac{k}{k+1} \rho_1 C_1 v_0 > 0 \\ v_4 = \dfrac{1}{k+1} v_0 \end{cases} \tag{6.174}$$

式 (6.174) 的物理意义是：如果此两杆对撞后会在交界面形成二次透反射现象，则此时两杆交界面两端受到与首次撞击大小相同的拉伸应力；而事实上，此两杆之间交界面并

不能承受拉伸应力，即受到压缩应力时两杆会保持接触，但受到拉伸应力时却会分开；所以，当自由面反射拉伸波到达交界面瞬间由于交界面两端的拉伸应力直接分开形成各自的自由面，而不会产生相互透射的应力波。

假设应力波 1~2 和应力波 1~3 分别在杆 1 和杆 2 的新自由面上反射形成反射波 2~4 和 3~4*，如图 6.46 (a) 所示。

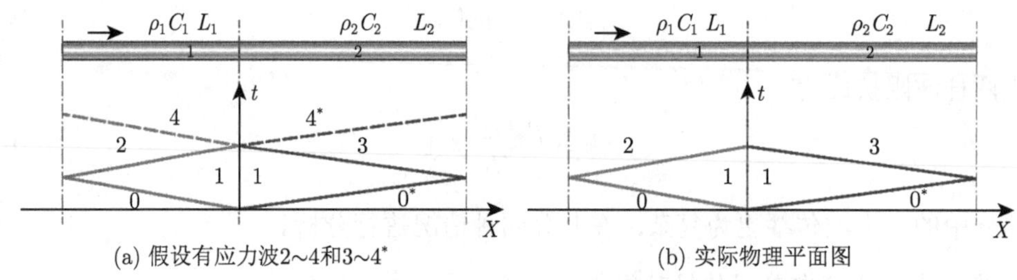


(a) 假设有应力波2~4和3~4*　　(b) 实际物理平面图

图 6.46　不同波阻抗弹性杆共轴对撞应力波传播物理平面图

根据自由面上的边界条件和波阵面上的运动方程：

$$\begin{cases} \sigma_4 - \sigma_2 = \rho_1 C_1 (v_4 - v_2) \\ \sigma_{4'} - \sigma_3 = -\rho_2 C_2 (v_{4'} - v_3) \end{cases} \quad 且 \quad \begin{cases} \sigma_4 = 0 \\ \sigma_{4'} = 0 \end{cases} \tag{6.175}$$

结合式 (6.173)，可以得到状态点 4 和 $4'$ 的量：

$$\begin{cases} \sigma_4 = \sigma_2 \\ v_4 = v_2 \end{cases} \quad 和 \quad \begin{cases} \sigma_{4'} = \sigma_3 \\ v_{4'} = v_3 \end{cases} \tag{6.176}$$

式 (6.176) 显示从状态点 2 到状态点 4 和从状态点 3 到状态点 $4'$ 并没有产生实质上的应力和质点速度变化，这意味着实际上反射应力波 2~4 和 3~$4'$ 并不存在。这说明，应力波 1~2 和应力波 1~3 在原交界面处所形成的各自自由面上也没有产生反射波。

同波阻抗相等时情况类似，当一个细长杆以入射速度 $v_0$ 撞击另一个共轴、波阻抗不相等但应力波在杆中单程使用时间相同的细长杆时，在

$$t = \frac{2L_1}{C_1} = \frac{2L_2}{C_2} \tag{6.177}$$

时间后，两杆分离，撞击杆内无应力，且其速度为 $v_2$，被撞击杆获得撞击杆的入射速度 $v_3$，且杆中无应力。

根据式 (6.173) 可知，当低波阻抗杆撞击高波阻抗杆，即

$$k = \frac{\rho_2 C_2}{\rho_1 C_1} > 1 \tag{6.178}$$

时，有

$$\begin{cases} v_2 = -\dfrac{k-1}{k+1} v_0 < 0 \\ v_3 = \dfrac{2}{k+1} v_0 \end{cases} \tag{6.179}$$

即撞击杆反弹，速度方向与入射方向相反。此时有

$$\rho_2 L_2 = k\rho_1 L_1 > \rho_1 L_1 \tag{6.180}$$

即杆 1 的质量小于杆 2 的质量。反之，当高波阻抗杆撞击低波阻抗杆时，撞击后两杆均向右运动，此时杆 1 的质量大于杆 2 的质量。

2. 应力波在两杆中单程传播时间不相等

可以先考虑

$$\frac{L_1}{C_1} < \frac{L_2}{C_2} < \frac{2L_1}{C_1} \tag{6.181}$$

时的情况。此时杆中透反射物理平面图如图 6.47 所示，此时状态点 1、状态点 2 和状态点 3 对应的应力和质点速度与以上第一种情况相同。即有

$$\begin{cases} \sigma_1 = -\dfrac{\rho_2 C_2 v_0}{k+1} \\ v_1 = \dfrac{v_0}{k+1} \end{cases} \quad \begin{cases} \sigma_2 = 0 \\ v_2 = \dfrac{1-k}{k+1} v_0 \end{cases} \quad \begin{cases} \sigma_3 = 0 \\ v_3 = \dfrac{2v_0}{k+1} \end{cases} \tag{6.182}$$

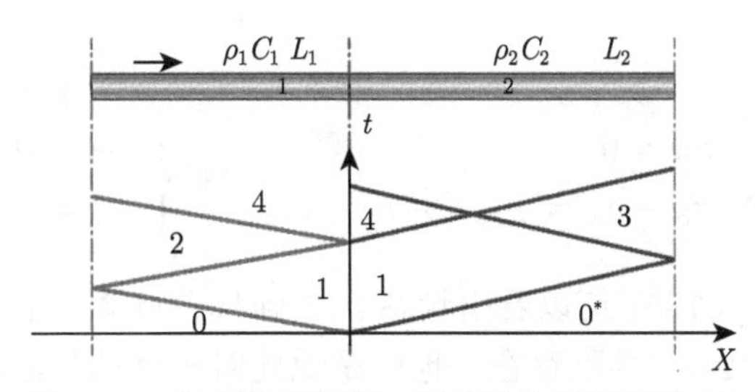


图 6.47 波阻抗不等第一种情况物理平面图 (I)

结合图 6.47，根据连续方程和动量守恒条件，可有

$$\begin{cases} \sigma_4 - \sigma_2 = \rho_1 C_1 (v_4 - v_2) \\ \sigma_4 - \sigma_1 = -\rho_2 C_2 (v_4 - v_1) \end{cases} \Rightarrow \begin{cases} \sigma_4 = \dfrac{k(k-1)}{(k+1)^2} \rho_1 C_1 v_0 \\ v_4 = \dfrac{1-k}{(k+1)^2} v_0 \end{cases} \tag{6.183}$$

当 $k > 1$ 时，从式 (6.183) 可以看出

$$\sigma_4 = \frac{k(k-1)}{(k+1)^2} \rho_1 C_1 v_0 > 0 \quad 且 \quad \sigma_1 = -\frac{k}{k+1} \rho_1 C_1 v_0 < 0 \tag{6.184}$$

也就是此时交界面上承受拉伸应力，对于两杆共轴对撞而言，这是不成立的，因此此时两杆应该是分离状态，然而，在应力波 1~2 到达交界面前，两杆之间受力状态为压力，这意味着两杆在此时应该保持稳定接触；因此，我们可以认为在应力波 1~2 到达交界面瞬间，

也会发生透反射行为，但当交界面上应力为 0 时瞬间分离，此时应力和质点速度不应使用式 (6.183) 计算。也就是说，当应力波 1~2 到达交界面瞬间，两杆分离，杆 1 右端和杆 2 左端成为新的自由面，此时杆 1 中会产生一个自由面上的反射波，杆 2 中会产生一个向右传播的卸载波，如图 6.48 所示。此时即有

$$\left\{\begin{array}{l}\sigma_4=0\\ \sigma_4-\sigma_2=\rho_1C_1\left(v_4-v_2\right)\end{array}\right.\Rightarrow\left\{\begin{array}{l}\sigma_4=0\\ v_4=\dfrac{1-k}{k+1}v_0\end{array}\right. \tag{6.185}$$

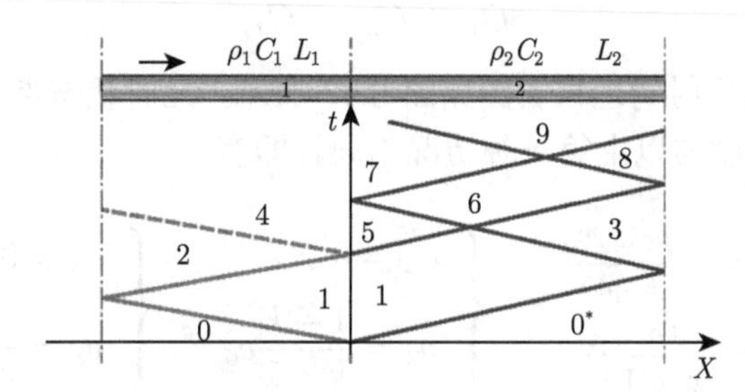


图 6.48　波阻抗不等第二种情况物理平面图 (Ⅱ)

和

$$\left\{\begin{array}{l}\sigma_5=0\\ \sigma_5-\sigma_1=-\rho_2C_2\left(v_5-v_1\right)\end{array}\right.\Rightarrow\left\{\begin{array}{l}\sigma_5=0\\ v_5=0\end{array}\right. \tag{6.186}$$

从式 (6.182) 和式 (6.185) 可以看出状态点 2 到状态点 4 无论应力还是质点速度皆无变化，这意味着应力波 2~4 并不存在，也就是说此时虽然两杆波阻抗不相等，但应力波 1~2 到达交界面后并不存在反射波，只有透射波进入杆 2。

同理，根据波阵面上的运动方程和自由面上应力波反射的 “镜像法则”，可以计算出

$$\left\{\begin{array}{l}\sigma_6=\dfrac{\rho_2C_2v_0}{k+1}\\ v_6=\dfrac{v_0}{k+1}\end{array}\right.,\quad\left\{\begin{array}{l}\sigma_7=0\\ v_7=\dfrac{2v_0}{k+1}\end{array}\right.,\quad\left\{\begin{array}{l}\sigma_8=0\\ v_8=0\end{array}\right.,\quad\left\{\begin{array}{l}\sigma_9=-\dfrac{\rho_2C_2v_0}{k+1}\\ v_9=\dfrac{v_0}{k+1}\end{array}\right. \tag{6.187}$$

对比 6.3.1 节中两杆波阻抗相等时的情况，我们不难发现，两种情况非常类似，杆 1 中应力波皆是在对撞

$$t=\frac{2L_1}{C_1} \tag{6.188}$$

时间后内部应力消失；所有应力波皆在杆 2 内部振荡，即杆 2 在振动中向右运动。

容易看出，对于 $k>1$ 时的情况，此结论对于 $L_2/C_2>L_1C_1$ 的其他情况皆成立。只有当 $k<1$ 时，式 (6.183) 中状态 4 对应的应力才保持为压应力状态，两杆仍保持连接在一起的状态，如图 6.49 所示。此时也有

$$\begin{cases}\sigma_1=-\dfrac{\rho_2C_2v_0}{k+1}\\ v_1=\dfrac{v_0}{k+1}\end{cases},\quad \begin{cases}\sigma_2=0\\ v_2=\dfrac{1-k}{k+1}v_0\end{cases},\quad \begin{cases}\sigma_3=0\\ v_3=\dfrac{2v_0}{k+1}\end{cases},\quad \begin{cases}\sigma_4=\dfrac{k-1}{(k+1)^2}\rho_2C_2v_0\\ v_4=\dfrac{1-k}{(k+1)^2}v_0\end{cases} \tag{6.189}$$

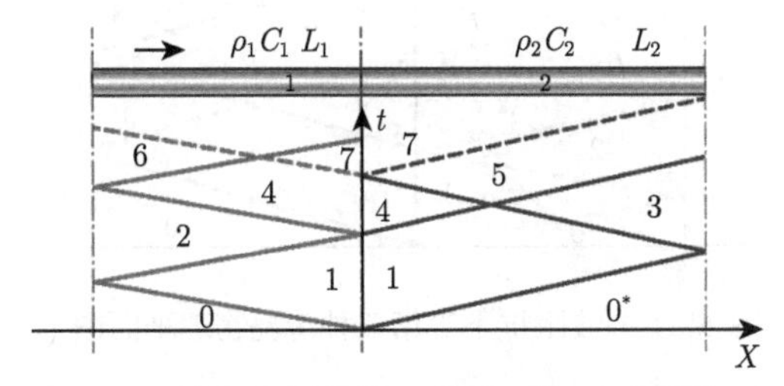

图 6.49 波阻抗不等第二种情况物理平面图 (I)

参考图 6.49，同理可以得到状态 5 和状态 7 对应的应力和质点速度：

$$\begin{cases}\sigma_5=\dfrac{2k\rho_2C_2v_0}{(k+1)^2}\\ v_5=\dfrac{2v_0}{(k+1)^2}\end{cases},\quad \begin{cases}\sigma_7=\dfrac{\rho_2C_2v_0}{k+1}>0\\ v_7=\dfrac{v_0}{k+1}\end{cases} \tag{6.190}$$

同上分析可知，如果我们假设杆 2 中应力波 4~5 到达交界面后进行透反射，则计算出交界面两端承受的应力状态为拉伸应力，这与实际不符，此时两杆是分离状态，因此并不满足连续方程。此时两杆交界面分别成为各自的自由面，即产生一个向杆 1 传播的卸载波和向杆 2 传播的反射波，如物理平面图 6.50 所示。

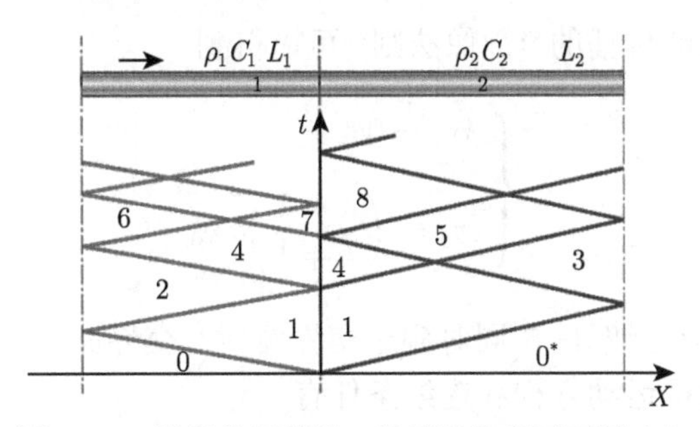

图 6.50 波阻抗不等第二种情况物理平面图 (Ⅱ)

根据波阵面上的运动方程，可以得到

$$\begin{cases}\sigma_7=0\\ v_7=\dfrac{1-k}{k+1}v_0\end{cases},\quad \begin{cases}\sigma_8=0\\ v_8=\dfrac{2v_0}{k+1}\end{cases} \tag{6.191}$$

之后，应力波在杆 1 和杆 2 中往返运动。以上分析表明，在此条件下，两杆撞击

$$t=\frac{2L_2}{C_2} \tag{6.192}$$

时间后两杆分离。

当 $k<1$ 且 $l_2/C_2=2l_1/C_1$ 时，此时两杆中应力波传播物理平面图如图 6.51 所示。

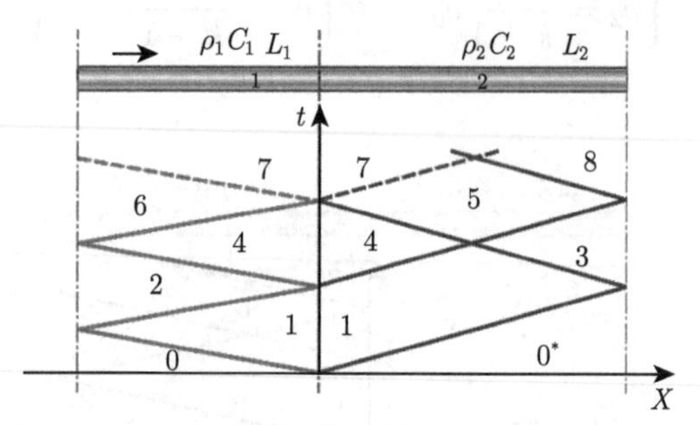


图 6.51 波阻抗不等第三种情况物理平面图 (I)

对比图 6.51 和图 6.49 可以看到，此种条件下的透反射前期状态点 1、状态点 2、状态点 3、状态点 4 和状态点 5 所对应的应力和质点速度值与前面相同，即有

$$
\begin{cases} \sigma_1=-\dfrac{\rho_2C_2v_0}{k+1} \\ v_1=\dfrac{v_0}{k+1} \end{cases},\quad \begin{cases} \sigma_2=0 \\ v_2=\dfrac{1-k}{k+1}v_0 \end{cases},\quad \begin{cases} \sigma_3=0 \\ v_3=\dfrac{2v_0}{k+1} \end{cases}
$$

$$
\begin{cases} \sigma_4=\dfrac{(k-1)\,\rho_2C_2v_0}{(k+1)^2} \\ v_4=\dfrac{1-k}{(k+1)^2}v_0 \end{cases},\quad \begin{cases} \sigma_5=\dfrac{2k\rho_2C_2v_0}{(k+1)^2} \\ v_5=\dfrac{2v_0}{(k+1)^2} \end{cases} \tag{6.193}
$$

根据自由面上应力波传播的“镜像法则”可以得到

$$
\begin{cases} \sigma_6=0 \\ v_6=\left(\dfrac{k-1}{k+1}\right)^2v_0 \end{cases} \tag{6.194}
$$

若应力波 4~6 和应力波 4~5 同时到达交界面后，交界面一直保持紧密接触状态，交界面两端状态相同，根据运动方程和连续条件有

$$
\begin{cases} \sigma_7-\sigma_6=\rho_1C_1\,(v_7-v_6) \\ \sigma_7-\sigma_5=-\rho_2C_2\,(v_7-v_5) \end{cases} \tag{6.195}
$$

我们可以解出状态 7 所对应的应力和质点速度值：

$$
\begin{cases} \sigma_7=\dfrac{-k^3+4k^2+k}{(k+1)^3}\rho_1C_1v_0=\dfrac{5-(k-2)^2}{(k+1)^3}k\rho_1C_1v>0 \\ v_7=\dfrac{3k^2+1}{(k+1)^3}v_0 \end{cases} \tag{6.196}
$$

式 (6.196) 也意味着交界面承受拉伸应力，因此式 (6.196) 所代表的解也不合理，即应力波 4~6 和应力波 4~5 同时到达交界面后两杆分离，交界面两侧并不满足连续条件。此时应力波传播物理平面图应如图 6.52 所示，此时两杆分离，交界面变成两杆的自由面。此时有

$$\begin{cases} \sigma_7 = 0 \\ v_7 = v_6 = \left(\dfrac{k-1}{k+1}\right)^2 v_0 \end{cases}, \quad \begin{cases} \sigma_8 = 0 \\ v_8 = \dfrac{2}{k+1} v_0 \end{cases} \tag{6.197}$$

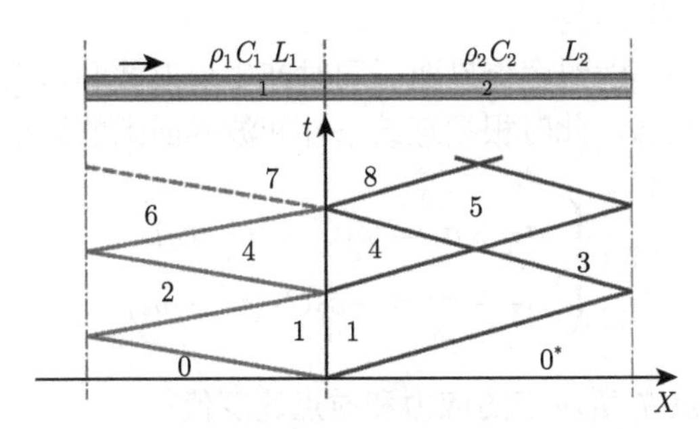


图 6.52　波阻抗不等第三种情况物理平面图 (Ⅱ)

不难看出，状态点 6 中应力和质点速度与状态点 7 中完全相等，这说明，应力波 6~7 并不存在，也就是说应力波 4~6 到达交界面后并没有产生反射波而只产生透射波，且应力波 4~5 到达交界面后也没有产生透射波而只存在反射波。同时我们也可以求出两杆从对撞到分离的时间为

$$t = \frac{2L_2}{C_2} = \frac{4L_1}{C_1} \tag{6.198}$$

以上分析表明，此种情况下两杆撞击后杆 1 和杆 2 均向右运动，但杆 1 中并无应力波即应力均匀，杆 2 中应力波往返运动即处于振动状态。

当 $k < 1$ 且 $2l_1/C_1 < l_2/C_2 < 3l_1/C_1$ 时，杆中应力波传播物理平面图如图 6.53 所示，对比图 6.53 和图 6.52 可以看到，此种条件下的透反射前期状态点 1、状态点 2、状态点 3、状态点 4、状态点 5 和状态点 6 所对应的应力和质点速度值与前面相同。即有

$$\begin{cases} \sigma_1 = -\dfrac{\rho_2 C_2 v_0}{k+1} \\ v_1 = \dfrac{v_0}{k+1} \end{cases}, \quad \begin{cases} \sigma_2 = 0 \\ v_2 = \dfrac{1-k}{k+1} v_0 \end{cases}, \quad \begin{cases} \sigma_3 = 0 \\ v_3 = \dfrac{2v_0}{k+1} \end{cases} \tag{6.199}$$

和

$$\begin{cases} \sigma_4 = \dfrac{(k-1)\rho_2 C_2 v_0}{(k+1)^2} \\ v_4 = \dfrac{1-k}{(k+1)^2} v_0 \end{cases}, \quad \begin{cases} \sigma_5 = \dfrac{2k\rho_2 C_2 v_0}{(k+1)^2} \\ v_5 = \dfrac{2v_0}{(k+1)^2} \end{cases}, \quad \begin{cases} \sigma_6 = 0 \\ v_6 = \left(\dfrac{k-1}{k+1}\right)^2 v_0 \end{cases} \tag{6.200}$$

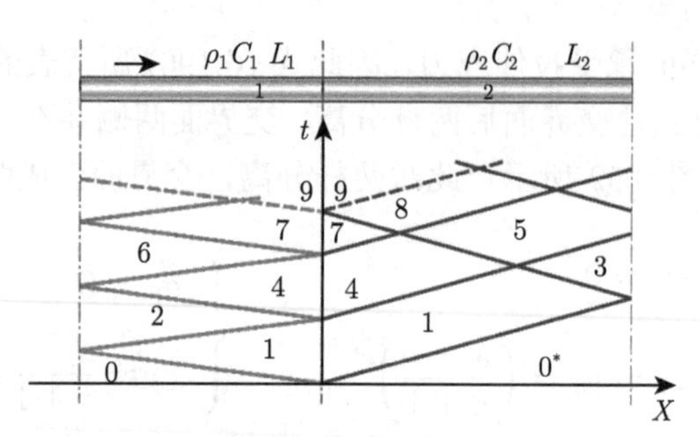


图 6.53　波阻抗不等第四种情况物理平面图 (I)

假设杆 1 中应力波 4~6 到达交界面后同时产生反射波和透射波，且在整个透反射过程中两杆保持紧密接触状态，此时根据连续条件和波阵面上的运动方程有

$$\begin{cases} \sigma_7 - \sigma_6 = \rho_1 C_1 (v_7 - v_6) \\ \sigma_7 - \sigma_4 = -\rho_2 C_2 (v_7 - v_4) \end{cases} \tag{6.201}$$

由此可以求出状态点 7 所对应的应力和质点速度值：

$$\begin{cases} \sigma_7 = -\dfrac{k(k-1)^2}{(k+1)^3} \rho_1 C_1 v_0 \\ v_7 = \dfrac{(k-1)^2}{(k+1)^3} v_0 \end{cases} \tag{6.202}$$

从式 (6.202) 可以看出，计算出的状态 7 所对应的应力为负，即此时两杆之间仍是压缩状态，因此以上假设是正确的。同理，我们可以求出状态 8 对应的应力和质点速度值：

$$\begin{cases} \sigma_8 - \sigma_7 = \rho_2 C_2 (v_8 - v_7) \\ \sigma_8 - \sigma_5 = -\rho_2 C_2 (v_8 - v_5) \end{cases} \Rightarrow \begin{cases} \sigma_8 = \dfrac{4k^2}{(k+1)^3} \rho_1 C_1 v_0 \\ v_8 = \dfrac{2(k^2+1)}{(k+1)^3} v_0 \end{cases} \tag{6.203}$$

在此基础上假设杆 2 中的应力波 7~8 到达交界面后同时产生透射波和反射波，而在整个透反射过程中两杆之间保持紧密接触状态，则有

$$\begin{cases} \sigma_9 - \sigma_7 = \rho_1 C_1 (v_9 - v_7) \\ \sigma_9 - \sigma_8 = -\rho_2 C_2 (v_9 - v_8) \end{cases} \Rightarrow \begin{cases} \sigma_9 = \dfrac{5-(k-2)^2}{(k+1)^3} k \rho_1 C_1 v_0 > 0 \\ v_9 = \dfrac{3k^2+1}{(k+1)^3} v_0 \end{cases} \tag{6.204}$$

式 (6.204) 表示此假设不正确，此时两杆质点并不连续，即应力波 7~8 到达交界面后两杆分离，此时杆中应力波传播物理平面图如图 6.54 所示，根据波阵面上运动方程，可

以得到

$$\begin{cases} \sigma_9 = 0 \\ v_9 = \dfrac{(k-1)^2}{(k+1)^2} v_0 \end{cases}, \quad \begin{cases} \sigma_{10} = 0 \\ v_{10} = \dfrac{2}{k+1} v_0 \end{cases} \tag{6.205}$$

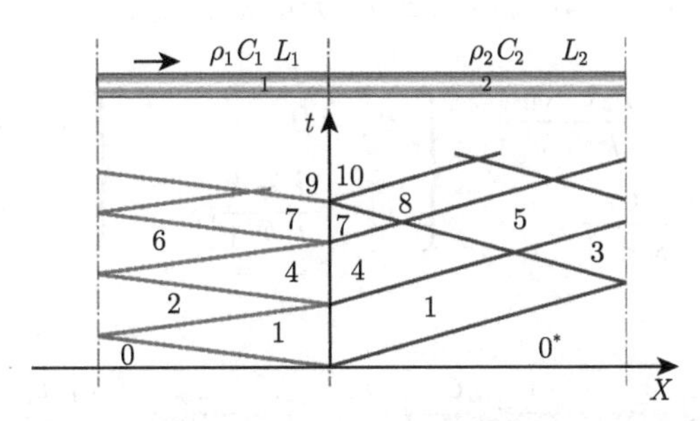


图 6.54 波阻抗不等第四种情况物理平面图 (Ⅱ)

此时距离两杆对撞的时间也为 $t = 2l_2/C_2$。同理，我们也可以推导出 $k < 1$ 且 $l_2/C_2 \geqslant 3l_1/C_1$ 时的情况，读者试推导之。多杆共轴对撞的问题也可以根据以上思路和方法分析和解答，读者也可试推导之。

### 6.3.3 一维线弹性杆共轴对撞的动量守恒与能量守恒条件验证

以上利用应力波知识，给出了两杆或多杆共轴对撞后各自的速度及其分离时间，这些结论中有些可以利用中学所学的宏观动量守恒定律与能量守恒定律联立给出，但大部分结论需利用应力波知识才能给出。

考虑两杆材料相同且质量相同时的情况，此时两杆长度必然相同，根据 6.1.2 节中结论可知撞击后两杆实现速度交换，这必然满足动量守恒定律和动能守恒定律。当两杆材料不同但质量相同时，即

$$\rho_1 L_1 = \rho_2 L_2 \tag{6.206}$$

式 (6.206) 可写为

$$\rho_1 C_1 \cdot \frac{L_1}{C_1} = \rho_2 C_2 \cdot \frac{L_2}{C_2} \tag{6.207}$$

式 (6.207) 可以分两种情况讨论，若两杆材料波阻抗相等，则必有

$$\frac{L_1}{C_1} = \frac{L_2}{C_2} \tag{6.208}$$

此时，根据式 (6.166) 可知两杆撞击后也会实现速度交换。当两杆波阻抗不相等时，设

$$k = \frac{\rho_2 C_2}{\rho_1 C_1} \tag{6.209}$$

若两杆质量相同，则式 (6.207) 可写为

$$\frac{L_1}{C_1} = \frac{k L_2}{C_2} \tag{6.210}$$

首先，当 $k>1$ 时，此时有

$$\frac{L_1}{C_1}>\frac{L_2}{C_2} \tag{6.211}$$

此时两杆撞击过程中应力波传播的物理平面图如图 6.55 (a) 所示。参考 6.3.2 节可知图中状态点 1、状态点 2 和状态点 3 对应的应力与质点速度量分别为

$$\begin{cases}\sigma_1=-\dfrac{\rho_2 C_2 v_0}{k+1}\\ v_1=\dfrac{v_0}{k+1}\end{cases}\quad\begin{cases}\sigma_2=0\\ v_2=\dfrac{1-k}{k+1}v_0\end{cases}\quad\begin{cases}\sigma_3=0\\ v_3=\dfrac{2v_0}{k+1}\end{cases} \tag{6.212}$$

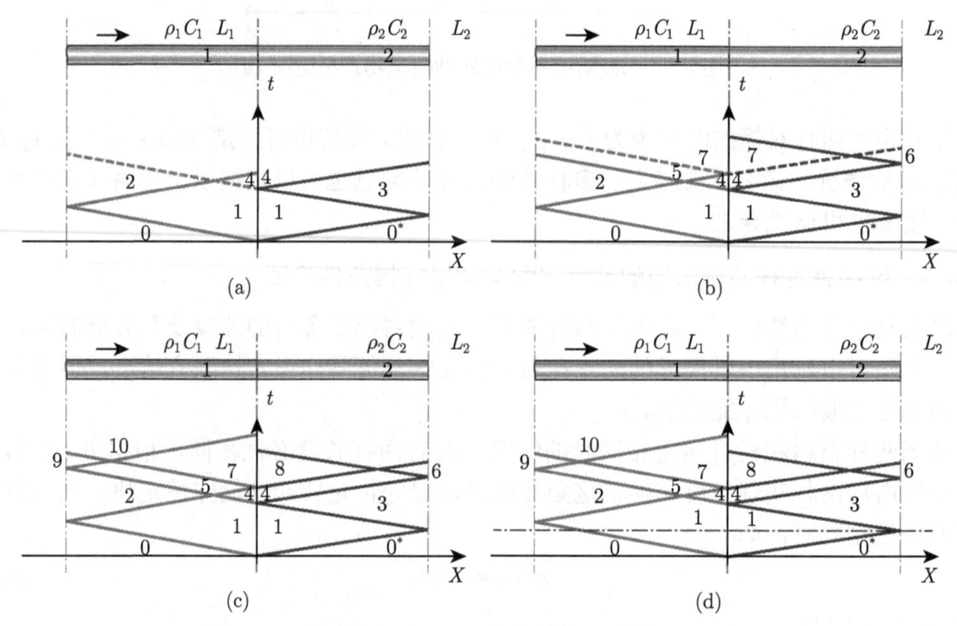


图 6.55　波阻抗比大于 1 两同质量杆对撞物理平面图

设反射波 1~3 到达交界面后会产生一个透射波 1~4 和反射波 3~4，且整个透反射过程中，两杆始终保持紧密接触，根据交界面上的平衡条件与连续条件，以及左行波 1~4 和右行波 3~4 波阵面上的守恒条件，有

$$\begin{cases}\sigma_4-\sigma_1=\rho_1 C_1\left(v_4-v_1\right)\\ \sigma_4-\sigma_3=-\rho_2 C_2\left(v_4-v_3\right)\end{cases}\Rightarrow\begin{cases}\sigma_4=-\dfrac{k-1}{(k+1)^2}\rho_2 C_2 v_0<0\\ v_4=\dfrac{3k+1}{(k+1)^2}v_0\end{cases} \tag{6.213}$$

即此次透反射后两杆之间还是保持压缩状态，以上假设是正确的。

根据杆 1 中应力波波阵面上的运动方程，可以给出状态点 5 中的应力与质点速度量，

如图 6.55(b) 所示：

$$\left\{\begin{array}{l}\sigma_5-\sigma_2=\rho_1 C_1\left(v_5-v_2\right) \\ \sigma_5-\sigma_4=-\rho_1 C_1\left(v_5-v_4\right)\end{array} \Rightarrow\left\{\begin{array}{l}\sigma_5=\dfrac{2 k}{(k+1)^2} \rho_1 C_1 v_0 \\ v_5=\dfrac{2 k+1-k^2}{(k+1)^2} v_0\end{array}\right.\right. \tag{6.214}$$

假设应力波 4~5 到达交界面瞬间发生透反射过程中两杆始终保持紧密接触，进而根据交界面上的应力平衡条件和波阵面上的运动方程，可以得到

$$\left\{\begin{array}{l}\sigma_7-\sigma_5=\rho_1 C_1\left(v_7-v_5\right) \\ \sigma_7-\sigma_4=-\rho_2 C_2\left(v_7-v_4\right)\end{array} \Rightarrow\left\{\begin{array}{l}\sigma_7=\dfrac{\rho_2 C_2 v_0}{k+1}>0 \\ v_7=\dfrac{v_0}{k+1}\end{array}\right.\right. \tag{6.215}$$

因此，以上假设不合理，即透反射过程中两杆会分离，此时应力波的传播物理平面图如图 6.55 (c) 所示，根据边界条件和波阵面上的运动方程有

$$\left\{\begin{array}{l}\sigma_7-\sigma_5=\rho_1 C_1\left(v_7-v_5\right) \\ \sigma_7=0\end{array} \Rightarrow\left\{\begin{array}{l}\sigma_7=0 \\ v_7=\dfrac{1-k}{k+1} v_0\end{array}\right.\right. \tag{6.216}$$

和

$$\left\{\begin{array}{l}\sigma_8-\sigma_4=-\rho_2 C_2\left(v_8-v_4\right) \\ \sigma_8=0\end{array} \Rightarrow\left\{\begin{array}{l}\sigma_8=0 \\ v_8=\dfrac{2}{k+1} v_0\end{array}\right.\right. \tag{6.217}$$

和

$$\left\{\begin{array}{l}\sigma_9-\sigma_5=-\rho_1 C_1\left(v_9-v_5\right) \\ \sigma_9=0\end{array} \Rightarrow\left\{\begin{array}{l}\sigma_9=0 \\ v_9=\dfrac{4 k+1-k^2}{(k+1)^2} v_0\end{array}\right.\right. \tag{6.218}$$

同理，可以计算出状态点 10 对应的应力与质点速度：

$$\left\{\begin{array}{l}\sigma_{10}-\sigma_9=\rho_1 C_1\left(v_{10}-v_9\right) \\ \sigma_{10}-\sigma_7=-\rho_1 C_1\left(v_{10}-v_7\right)\end{array} \Rightarrow\left\{\begin{array}{l}\sigma_{10}=-\dfrac{\rho_1 C_1 v_0}{2} \\ v_{10}=\dfrac{3-k}{2(k+1)} v_0\end{array}\right.\right. \tag{6.219}$$

依次类推，我们可以给出不同时刻两杆中的应力状态与质点速度状态。同理，对于两杆波阻抗比 $k<1$ 时的情况，也容易给出对应的解；在此不作详述，读者可以试推导之。

以上分析表明，当两杆材料不同且波阻抗不同时，即使质量相同两杆共轴对撞后也没有实现速度交换，两杆中应力波一直往返振荡。然而，这并不表明此种撞击不满足动量守恒定律和能量守恒定律，此时这类情况需要更细观的分析。以图 6.55 (d) 为例，在如图中

水平点划线所示对应的某一时刻，此时杆 1 中两个部分的质点速度不同，其中左端单位截面积对应质量为

$$\rho_1\left(L_1-\frac{L_2}{C_2}C_1\right)=\rho_1\left(L_1-\frac{C_1}{C_2}L_2\right) \tag{6.220}$$

的部分质点速度为 $v_0$；同时右端单位截面积对应质量为

$$\rho_1\frac{L_2}{C_2}C_1=\frac{C_1}{C_2}\rho_1 L_2 \tag{6.221}$$

的部分质点速度为 $v_1$。而杆 2 的质点速度均为 $v_1$；此时两杆单位面积上的动量和为

$$\rho_1\left(L_1-\frac{C_1}{C_2}L_2\right)v_0+\left(\frac{C_1}{C_2}\rho_1 L_2+\rho_2 L_2\right)\frac{v_0}{k+1}=\rho_1 L_1 v_0 \tag{6.222}$$

即等于初始动量。

能量守恒方面，杆 1 和杆 2 在撞击后存在内能，因此撞击后的动能和与初始动能并不相等，存在动能与内能的转换，感兴趣的读者可以试分析之。

以上是两杆质量相同时情况的分析，对于质量不同时两杆的撞击分析方法与控制方程并没有本质上的区别，可以用以上类似方法进行推导，读者可以试推之。

# 第 7 章　一维弹塑性杆中简单波的传播与相互作用

前面所述弹簧和球撞击过程中，材料中介质一直处于线弹性状态，当不考虑阻力等条件时，整个撞击过程是一个纯力学过程，满足动量守恒条件和机械能守恒条件。然而，在很多情况下，撞击并不一定总是保持弹性状态。例如，如果将乒乓球从空中自由下落到地板上会弹性反弹，其满足机械能守恒，但如果我们将铅球从空中自由下落到地板会出现完全不同的结果，铅球可能会少许反弹，但其速度远小于撞击地板瞬间的速度，同时，可以发现地板会被砸出一个坑；此时容易看出，从铅球落下到整个撞击过程结束而静止，此时机械能守恒定律并不适用，或者可以说整个过程中机械能并不守恒。又如，前面内容中弹簧撞击的实例，如图 7.1 所示，当 $t=0$ 时刻两弹簧开始接触，设弹簧撞击产生压缩是均匀的，设弹簧中弹性波的传播速度为 $C$，从 6.1.2 节中分析已知撞击交界面附近弹性波传播区域内质点速度为 $v/2$。

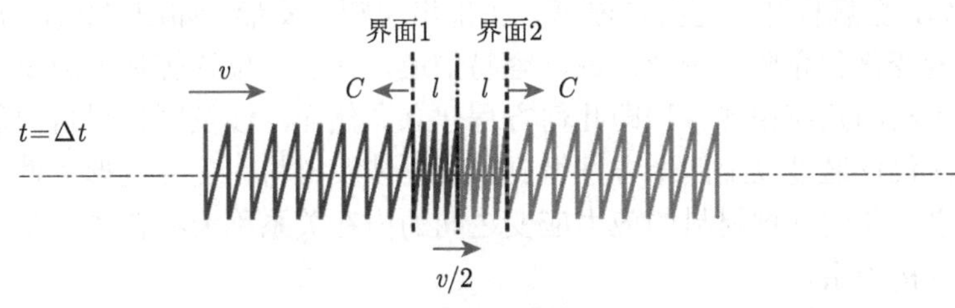


图 7.1　弹簧撞击瞬间产生的力

容易计算出，在 $t=\Delta t$ 时刻，弹性波在弹簧 1 中的近似传播长度 (这个长度是指在原始弹簧中的长度，示意图很难表示这一点，在此给以说明) 为

$$l = C\cdot\Delta t \tag{7.1}$$

以弹簧 1 中压缩段为例，左端的速度为 $v$、右端的速度为 $v/2$，则变形量为

$$\Delta l = \left(v-\frac{v}{2}\right)\cdot\Delta t = \frac{v}{2}\cdot\Delta t \tag{7.2}$$

可以计算出此时接触面的压力约为

$$F = k\cdot\frac{\Delta l}{l} = k\cdot\frac{\dfrac{v}{2}\cdot\Delta t}{C\cdot\Delta t} = \frac{1}{2}\frac{k\cdot v}{C} \tag{7.3}$$

从式 (7.3) 可以看出，由于弹簧中弹性波速 $C$ 和弹性系数 $k$ 均与撞击速度无关，对于弹簧撞击而言，撞击所产生的压力与撞击速度成正比；也就是说，随着速度的增大，其撞击压力会逐渐增大；可以想象到，当速度增大到一定值时，其撞击压力会大于其弹性范围，

此时弹簧的受力与变形就不再满足 Hooke 定律了，弹性碰撞得到的结论也不再适用了，严格来讲此时机械能守恒定律也不再适用于计算撞击过程中的物理量了。事实上，从第 2 章的分析可以看出，弹性固体材料的撞击受力原理也基本一样，也就是说，对于一维弹性杆的撞击而言，其结论也类似。根据材料力学知识容易知道，当压缩应力或拉伸应力大于弹性屈服极限 $Y$ 时，此时材料会产生塑性变形、损伤、破坏或脆性破坏。

## 7.1　固体材料的典型塑性本构关系与屈服准则

从以上章节的分析可知，在不考虑介质的旋转时，连续介质的运动必须满足质量守恒定律、动量守恒定律和能量守恒定律这三大定律。其中，质量守恒方程所给出的连续方程建立了密度与速度之间的联系，动量守恒方程所给出的运动方程建立了密度、速度与受力之间的联系，能量守恒方程所给出的能量方程建立了内能变化与密度、速度及受力之间的联系。

第 1 章中小球的碰撞问题只是理想条件下的碰撞，实际上，小球触地反弹和碰撞问题绝大多数情况远比这种理想条件下复杂得多；例如，金属球从高空坠落在黏土地面时，并没有出现明显的反弹现象或并没有出现对称反弹行为，而是出现如图 7.2 (a) 所示黏土永久变形特征；又如，金属杆弹高速撞击刚壁，头部出现塑性变形，如图 7.2 (b) 所示。这些问题中都出现内能变化和介质的变形问题，容易知道，速度、位移等量与应变之间的联系是根据联系介质运动的几何相容方程即几何方程建立。然而，涉及固体材料内能变化以及应力应变关系无法仅仅通过以上四个方程得到，这里涉及材料在受力变形条件下的应力应变之间的内在联系，我们常把材料的应力应变之间的内在关系称为材料的力学本构关系，或简称为材料的本构关系。

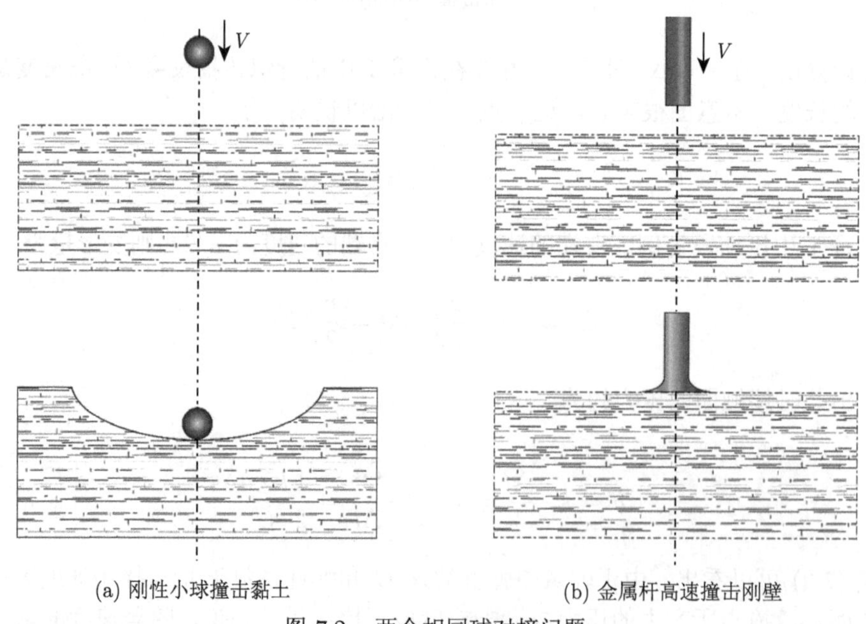


(a) 刚性小球撞击黏土　　(b) 金属杆高速撞击刚壁

图 7.2　两个相同球对撞问题

简单地讲，材料的本构关系一般是指将描述连续介质变形的参量与描述内力的参量联系起来的一组关系式；具体地，指将变形的应变张量与应力张量联系起来的一组关系式。对于不同的物质，在不同的变形条件下有不同的本构关系，也称为不同的本构模型，它是结构或者材料的宏观力学性能的综合反映，也是反映物质宏观性质的数学模型。材料本构关系的数学表示即为本构方程。同上所述，对于涉及连续介质力学的工程问题而言，仅仅根据连续方程、运动方程、能量方程、几何方程甚至动量矩方程不足以构成求解问题的封闭方程组，此时，问题中材料的本构方程是不可或缺的核心方程之一。从材料本构关系的特点来看，可以将材料分为热弹性材料、弹塑性材料、黏弹性材料、黏塑性材料、黏性流体材料等。最熟知的反映纯力学性质的本构关系有 Hooke 定律、牛顿内摩擦定律 (牛顿黏性定律)、Saint-Venant 理想塑性定律等；反映热力学性质的有 Clapeyron 理想气体状态方程、Fourier 热传导方程等。

### 7.1.1 几种典型的材料弹塑性应力应变关系

当不考虑固体材料的黏性效应时，材料的本构方程即可写为

$$\sigma = \sigma(\varepsilon) \tag{7.4}$$

式中，$\sigma(\cdot)$ 表示本构方程函数形式。

从 2.3.1 节的试验曲线和分析可知，无论拉伸加载过程还是压缩加载过程，整个加载区间皆包含弹性加载和塑性加载两个区间，在加载过程中可能存在弹性应变 $\varepsilon^e$ 和塑性应变 $\varepsilon^p$；因此，材料的应变可写为

$$\varepsilon = \varepsilon^e + \varepsilon^p \tag{7.5}$$

式中，上标 $e$ 表示弹性 (elastic)；上标 $p$ 表示塑性 (plastic)；对应的应变分别为弹性应变和塑性应变。这里的应变均指真应变。在弹性阶段，式 (7.5) 即可简化为

$$\varepsilon = \varepsilon^e \tag{7.6}$$

在塑性变形阶段，材料的总应变包含弹性应变 $\varepsilon^e$ 和塑性应变 $\varepsilon^p$；需要说明的是，在塑性阶段不同应变时，对应的弹性应变不一定相同。理论上讲，材料从塑性阶段卸载至完全不受力期间，其卸载路径基本平行于弹性区间卸载路径，见图 7.3。

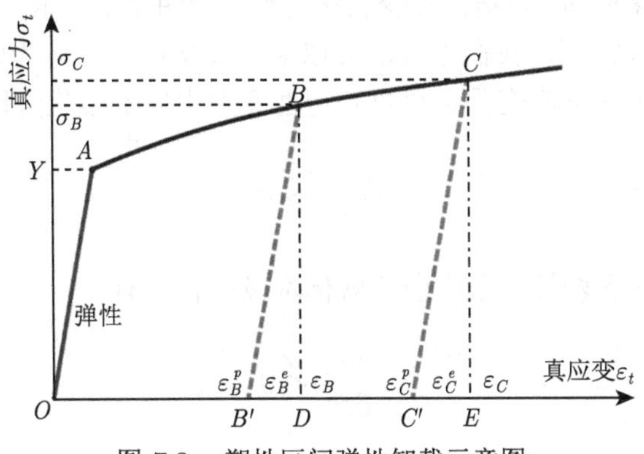


图 7.3 塑性区间弹性卸载示意图

图 7.3 中，塑性区间两个状态点 $B$ 和 $C$ 对应的总应变分别为 $\varepsilon_B$ 和 $\varepsilon_C$、对应的应力分别为 $\sigma_B$ 和 $\sigma_C$。如果分别从两状态点卸载到自然状态，理论上皆会沿着平行于线弹性阶段加载线卸载直到应力为零；此时横坐标轴上 $B'$ 点和 $C'$ 点分别为两状态点卸载到自然状态后对应残余的塑性应变 $\varepsilon_B^p$ 和 $\varepsilon_C^p$，卸载过程中所释放的弹性应变分别为 $\varepsilon_B^e$ 和 $\varepsilon_C^e$。从图 7.3 容易看出

$$\begin{cases} \varepsilon_B = \varepsilon_B^e + \varepsilon_B^p \\ \varepsilon_C = \varepsilon_C^e + \varepsilon_C^p \end{cases} \tag{7.7}$$

同时，对于图 7.3 所示塑性强化材料，由于

$$\sigma_B < \sigma_C \tag{7.8}$$

所以有

$$\begin{cases} \varepsilon_B^e < \varepsilon_C^e \\ \varepsilon_B^p < \varepsilon_C^p \end{cases} \tag{7.9}$$

也就是说，对于一般金属材料，不同塑性状态点对应的弹性应变也不一定相同，考虑到塑性区间弹性卸载直线平行于弹性加载线，因此，可以将不同塑性状态点的应变写为

$$\varepsilon = \frac{\sigma}{E} + \varepsilon^p \tag{7.10}$$

由以上分析可知，在不考虑温度和黏性效应前提下，一般金属材料的本构关系可写为

$$\sigma = \sigma\left(\varepsilon^e, \varepsilon^p\right) \tag{7.11}$$

对于一般材料而言，其塑性变形阶段基本皆呈现非线性特征，即在不同塑性应变时式 (7.11) 的值通常不为常数：

$$\frac{\mathrm{d}\sigma^p}{\mathrm{d}\varepsilon^p} \neq \mathrm{const} \tag{7.12}$$

根据塑性屈服应力随塑性应变增加而变化的特征，可将材料分为塑性应变强化材料 (通常又称为塑性应变硬化材料) 和塑性应变软化材料，如图 7.4 所示；然而，有很多材料在塑性变形阶段兼具这两种特征，我们也可以类似地将其塑性变形分为塑性应变强化阶段和塑性应变软化阶段。对于塑性应变强化材料和塑性变形中应变强化阶段而言，有

$$\frac{\mathrm{d}\sigma^p}{\mathrm{d}\varepsilon^p} > 0 \tag{7.13}$$

对于塑性应变软化材料和塑性变形中应变软化阶段而言，有

$$\frac{\mathrm{d}\sigma^p}{\mathrm{d}\varepsilon^p} < 0 \tag{7.14}$$

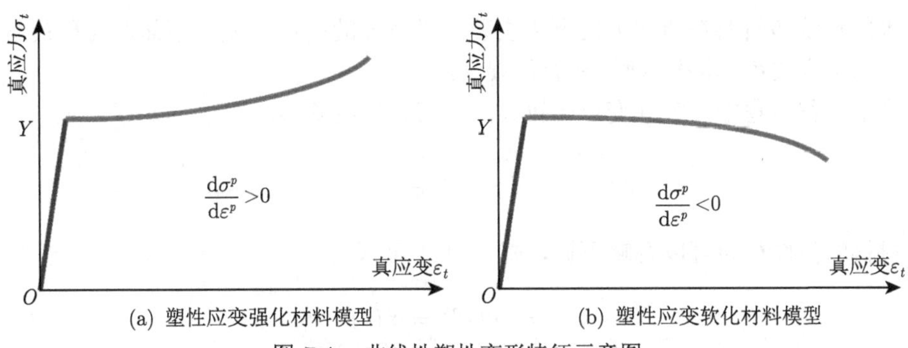

(a) 塑性应变强化材料模型 (b) 塑性应变软化材料模型

图 7.4 非线性塑性变形特征示意图

塑性应变强化材料根据塑性应力随着塑性应变增大而增加的趋势分为递增强化 (或递增硬化) 材料、线性强化 (或线性硬化) 材料、递减强化 (或递减硬化) 材料，其中递增强化材料和递减强化材料如图 7.5 所示。有些塑性应变强化材料兼具这两种或三种材料的特征，我们也可以将其划分为递增强化阶段、线性强化阶段和递减强化阶段。

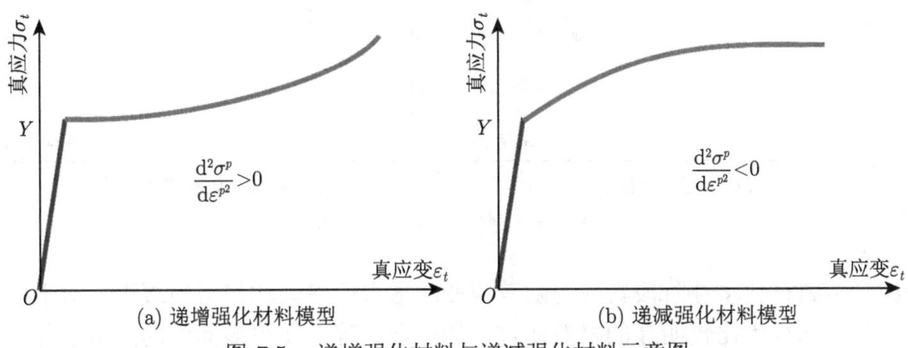

(a) 递增强化材料模型 (b) 递减强化材料模型

图 7.5 递增强化材料与递减强化材料示意图

从图 7.5 容易看出，递增强化材料或塑性应变强化材料的递增强化阶段其塑性阶段满足

$$\frac{d^2\sigma^p}{d\varepsilon^{p^2}} > 0 \tag{7.15}$$

递减强化材料或塑性应变强化材料的递减强化阶段其塑性阶段满足

$$\frac{d^2\sigma^p}{d\varepsilon^{p^2}} < 0 \tag{7.16}$$

容易知道，线性强化材料或塑性应变强化材料的线性强化阶段其塑性阶段满足

$$\frac{d^2\sigma^p}{d\varepsilon^{p^2}} = 0 \tag{7.17}$$

由于塑性变形的非线性函数表达式较为复杂，将其直接应用于实际问题的计算不甚方便，因此，通常根据所研究的问题特征，我们对准静态单轴压缩或准静态单轴拉伸试验所得到的材料真应力真应变 (下面直接简称为应力应变) 关系进行不同程度的简化，从而可以

得到基本能反映该材料在所研究问题中主要力学特征的简化模型，下面对几种最常用的材料简化应力应变关系 (本构模型) 进行简要介绍。

在许多工程问题中，塑性变形比较大，远高于弹性变形，即

$$\varepsilon^p \gg \frac{\sigma}{E} \tag{7.18}$$

此时，材料的弹性行为可以忽略不计，式 (7.11) 可写为

$$\sigma = \sigma\left(\varepsilon^p\right) = \sigma\left(\varepsilon\right) \tag{7.19}$$

该简化模型常称为刚塑性模型。刚塑性模型根据塑性阶段的强化行为特征描述可分为理想刚塑型模型和线性强化刚塑性模型，如图 7.6 所示。

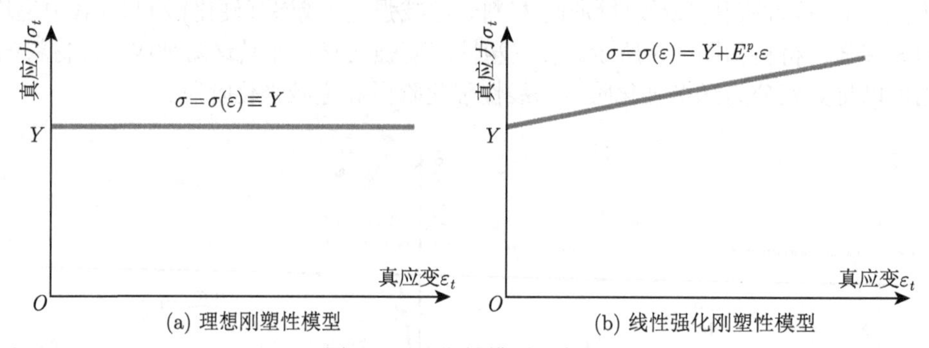


图 7.6 刚塑性模型示意图

考虑到金属材料塑性阶段其应力随着应变的增大而增大的趋势很缓慢，对于塑性强化效应很小且流动行为比较明显的材料而言，如低碳钢等，在很多问题的分析过程中我们可以忽略其塑性强化效应，认为其塑性阶段应力并不随着应变的变化而变化，而保证一个近似恒定值，即

$$\sigma = \sigma\left(\varepsilon\right) \equiv Y \tag{7.20}$$

式中，$Y$ 为屈服强度。该模型常称为理想刚塑性模型，该模型形式简单，在不需要考虑塑性强化性质时对理论的推导极为有利，很多时候能够给出相对准确的解析解。

如果需要考虑塑性阶段的强化效应时，刚塑性模型就相对不甚合适。从诸多金属材料的准静态理想性能试验结果容易发现，其塑性阶段强化效应相对于弹性阶段而言极小，其塑性应力与塑性应变可以近似为线性正比关系，此时有

$$\sigma = \sigma\left(\varepsilon\right) = Y + E^p\varepsilon \quad \text{或} \quad \varepsilon = \frac{\sigma - Y}{E^p} \tag{7.21}$$

式中，$E^p$ 表示塑性强化模量。

而在很多情况下，如考虑弹性波的影响或弹性变形对问题的分析具有重要影响等，弹性阶段就不能忽视，此时的弹塑性模型即如式 (7.11) 所示，类似以上理想刚塑性模型和线性强化刚塑性模型特征，考虑弹性变形时也有两个经典的简化模型：理想弹塑性模型和线性强化弹塑性模型，如图 7.7 所示。

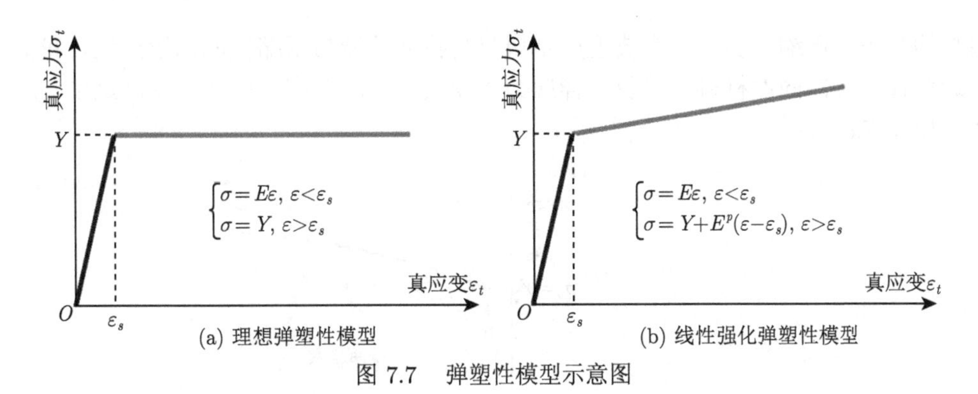

(a) 理想弹塑性模型 (b) 线性强化弹塑性模型

图 7.7 弹塑性模型示意图

当不考虑塑性阶段应变强化效应时，即

$$\begin{cases}\sigma = E\varepsilon, & \varepsilon < \varepsilon_s\\ \sigma = Y, & \varepsilon \geqslant \varepsilon_s\end{cases} \tag{7.22}$$

或

$$\begin{cases}\varepsilon = \dfrac{\sigma}{E}, & \sigma < Y\\ \varepsilon = \varepsilon_s, & \sigma \geqslant Y\end{cases} \tag{7.23}$$

式中，$\varepsilon_s$ 表示弹性极限应变。此类模型考虑到线弹性行为和塑性阶段韧性特征，又相对简单，由于非常方便于理论推导而得到广泛的应用；此类模型称为理想弹塑性模型。

然而，对一些材料而言，其塑性阶段应变硬化效应较明显；后者在爆炸与冲击作用下，我们需要考虑塑性阶段应力波的传播，此时塑性应变强化模量不可忽视。然而，相对于弹性模量，塑性阶段应变硬化效应远小于前者，利用线性模型在很多情况下所给出的结论足够准确，此时，材料的应力应变关系即简化为

$$\begin{cases}\sigma = E\varepsilon, & \varepsilon < \varepsilon_s\\ \sigma = Y + E^p\left(\varepsilon - \varepsilon_s\right), & \varepsilon > \varepsilon_s\end{cases} \tag{7.24}$$

或

$$\begin{cases}\varepsilon = \dfrac{\sigma}{E}, & \sigma < Y\\ \varepsilon = \dfrac{\sigma - Y}{E^p} + \varepsilon_s, & \sigma \geqslant Y\end{cases} \tag{7.25}$$

此模型称为线性强化弹塑性模型，有时也称为双线性模型。

以上四种简化模型是金属材料最典型的简化模型，当然，针对所分析问题的材料特征，材料简化本构模型还有很多，如幂次强化模型、Ramberg-Osgood 模型、黏弹性模型、黏塑性模型、黏弹塑性模型等。

以上四种材料简化本构模型并不区分压缩行为还是拉伸行为，而在实际问题中需要进行区分，此时本构方程中相关量不再是绝对值量，而是代数量，在本书中如无特殊说明，均

假设拉伸为正、压缩为负。通常典型的金属材料拉伸性能与压缩性能比较接近，我们可以将其近似视为各向同性材料，以及拉伸应力应变关系与压缩应力应变关系满足中心对称的关系，如图 7.8 所示。

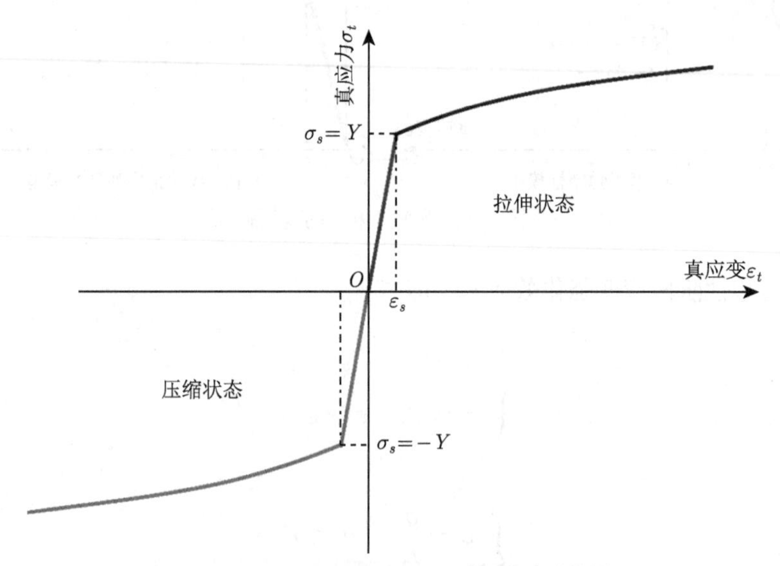


图 7.8　各向同性材料应力应变关系示意图

此时以上四种简化模型可以分别写为下列形式。

理想刚塑性模型：

$$\sigma = \sigma(\varepsilon) \equiv \sigma_s \tag{7.26}$$

式中，$\sigma_s$ 为弹性极限强度或屈服强度，在拉伸应力应变关系中，$\sigma_s = Y$；在压缩应力应变关系中，$\sigma_s = -Y$。

线性强化刚塑性模型：

$$\sigma = \sigma(\varepsilon) = \sigma_s + E^p\varepsilon \quad 或 \quad \varepsilon = \frac{\sigma - \sigma_s}{E^p} \tag{7.27}$$

理想弹塑性模型：

$$\begin{cases} \sigma = E\varepsilon, & |\varepsilon| < |\varepsilon_s| \\ \sigma = \sigma_s, & |\varepsilon| \geqslant |\varepsilon_s| \end{cases} \quad 或 \quad \begin{cases} \varepsilon = \dfrac{\sigma}{E}, & |\sigma| < Y \\ \varepsilon = \varepsilon_s, & |\sigma| \geqslant Y \end{cases} \tag{7.28}$$

线性强化弹塑性模型：

$$\begin{cases} \sigma = E\varepsilon, & |\varepsilon| < |\varepsilon_s| \\ \sigma = \sigma_s + E^p(\varepsilon - \varepsilon_s), & |\varepsilon| > |\varepsilon_s| \end{cases} \quad 或 \quad \begin{cases} \varepsilon = \dfrac{\sigma}{E}, & |\sigma| < Y \\ \varepsilon = \dfrac{\sigma - Y}{E^p} + \varepsilon_s, & |\sigma| \geqslant Y \end{cases} \tag{7.29}$$

以上四种简化模型均对应拉伸或压缩加载阶段的应力应变关系，实际上材料的本构关系还涉及材料的卸载阶段，如定义拉伸行为为加载，则压缩行为为卸载；如图 7.9 所示，当对塑性应变强化材料进行拉伸直至材料的应变达到 $\varepsilon_C$ 时，材料中的应力会按照路径 $O$—$A$—$B$ 到达状态点 $B$；此时如将材料卸载到自然松弛状态 (即弹性应变为 0)，从前面的分析可知，卸载路径为 $B$—$C$；当我们再对该材料进行拉伸时，材料的应力会按照 $C$—$B$ 路径达到屈服点 $B$，也就是说，材料的屈服强度增大了$\sigma_B - Y$，即材料的拉伸弹性屈服强度增大了。

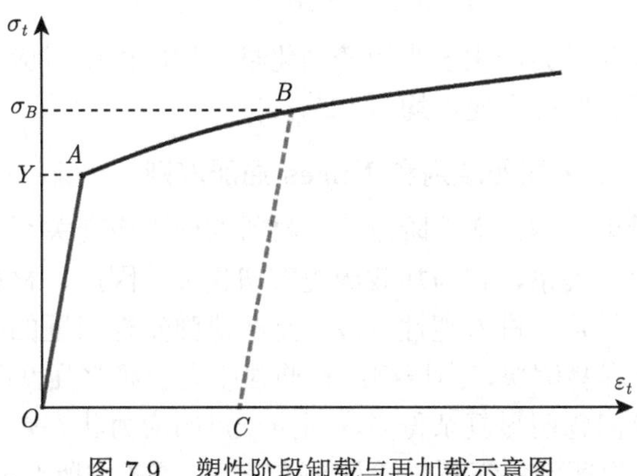


图 7.9 塑性阶段卸载与再加载示意图

如果在以上 $B$—$C$ 卸载路径的基础上继续卸载，即为压缩加载行为，随着卸载应力的增大，材料逐渐从弹性卸载过渡到塑性卸载 (即弹性压缩过渡到塑性压缩)，如图 7.10 所示。

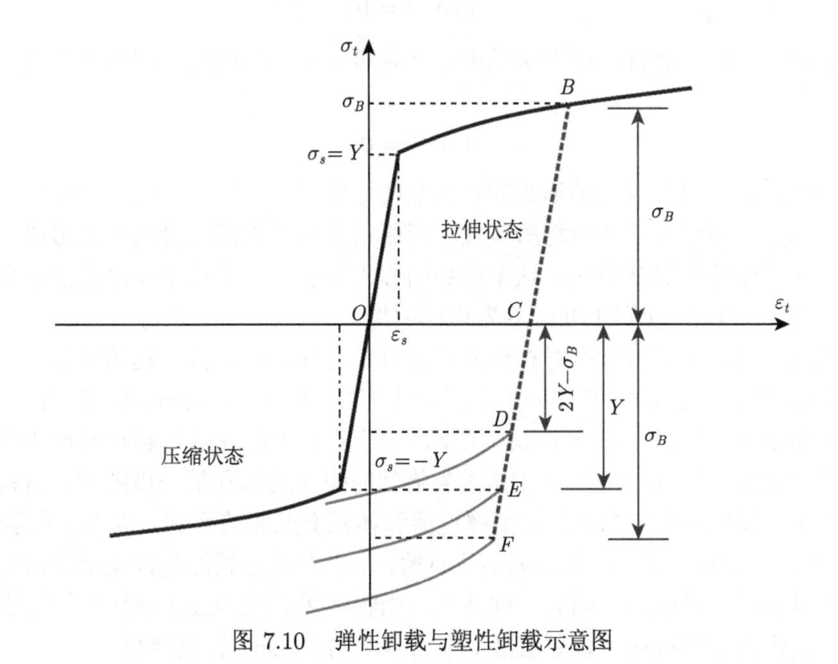


图 7.10 弹性卸载与塑性卸载示意图

一般而言，从塑性加载状态点卸载后，弹性卸载极限屈服强度与初始屈服强度并不相等，即其屈服点并不在图 7.10 中状态点 $E$ 处：

$$\sigma_s \neq -Y \tag{7.30}$$

但一般皆在状态点 $D$ 和状态点 $F$ 之间。如卸载屈服极限状态点处于 $F$ 点：

$$|\sigma_s| = |\sigma_B| \tag{7.31}$$

即加载强化或卸载弹性屈服极限也相应强化，且对应相同，我们称这类材料屈服特征为各向同性强化屈服模型 (或各向同性硬化屈服模型)。如卸载屈服极限状态点处于 $D$ 点：

$$|\sigma_s| + |\sigma_B| = 2Y \tag{7.32}$$

即无论塑性加载或塑性卸载会产生多少应变强化量，屈服面中对应的加载弹性屈服极限与卸载弹性屈服极限数值和保持不变，均为 $2Y$。

### 7.1.2 塑性变形的 Tresca 屈服准则和 Mises 屈服准则

从前面分析可以看出，塑性变形阶段中，材料的应力应变关系一般为非线性的；且应力应变也不存在一一对应关系，它与加载历史密切相关；因此，材料的塑性变形远比弹性变形复杂得多。判断材料是否进入塑性阶段，是解决弹塑性问题的必要前提。在单轴拉伸和压缩行为中，该问题容易解决，当压缩或拉伸强度大于屈服强度即进入塑性阶段；然而，在复杂应力状态下，该问题明显复杂得多，因为一点的应力状态是由六个应力分量所确定的，取任意一个分量作为评判量都不科学且不准确，应该考虑所有分量对材料状态的影响。这种评判材料是否处于塑性状态的标准常称为材料的屈服准则，设一点的应力分量可以写为$\sigma_{ij}$，其中整数 $i$ 和 $j$ 取值为 1~3，则屈服准则可以写为以下形式：

$$f(\sigma_{ij}) = 0 \tag{7.33}$$

对于各向同性材料而言，以上函数中自变量可以进一步简化，即函数只依赖于主应力 $\sigma_i$，即

$$f(\sigma_i) = 0 \tag{7.34}$$

以三个主应力方向为坐标轴形成的几何空间称为应力空间，在应力空间中任意一点代表一个应力状态，在应力空间中将所有代表屈服状态的应力点连接起来就形成一个曲面即为区分弹性区和塑性区的分界面，这个分界面称为屈服面，而这个屈服面的数学描述即为屈服函数 (或屈服方程) 或屈服准则 (或屈服条件)。

过去数百年内，许多力学家对材料的屈服机理进行讨论分析。起初科学家认为材料进入塑性状态是由最大主应力 (Galileo) 或最大主应变 (Saint-Venant) 引起的；这些结论明显与试验结果不同，例如，在静水压所用下，主应力和主应变远远超过其屈服应力，材料并未进入塑性状态；其后，Beltrami 认为当物体的弹性能达到某一极限值时材料便进入塑性状态，这个结果也没有考虑形状改变弹性能和体积变形能的区别，也不甚科学。1864 年法国工程师 Tresca 开展了大量的金属挤压试验，从中发现金属的塑性变形是由剪切应力引起金属中晶体滑移而形成的；因此，他认为：当物体所受到的最大剪切应力达到某一极限值时，材料便进入塑性状态；该屈服准则即为著名的 Tresca 屈服准则。

材料 Tresca 屈服准则的数学描述即为

$$\left\{\begin{array}{l} |\sigma_1 - \sigma_3| = 2k \\ |\sigma_1 - \sigma_2| = 2k \\ |\sigma_2 - \sigma_3| = 2k \end{array}\right. \tag{7.35}$$

或

$$\max\left\{\frac{|\sigma_1-\sigma_3|}{2},\frac{|\sigma_1-\sigma_2|}{2},\frac{|\sigma_2-\sigma_3|}{2}\right\}=k \tag{7.36}$$

式中

$$k=\frac{\sigma_s}{2} \tag{7.37}$$

当材料的应力状态满足以上 3 个方程时，材料即处于塑性状态；这些等式组成的面即为材料的屈服面。Tresca 屈服准则有时也常称为最大剪应力准则，其数学表达式简单，在整个应力状态区间由六个线性表达式构成；而且，其结论与试验结果比较一致，因此得到广泛认可。

材料的变形一般可以分为形状变形和体积变形，而后者主要由静水压而引起，体现在应力空间中，我们也可以将主应力空间中的一点应力状态分解为偏应力和静水压两个部分：

$$\sigma_i=s_i-p \tag{7.38}$$

式中

$$p=-\frac{\sigma_1+\sigma_2+\sigma_3}{3} \tag{7.39}$$

式 (7.38) 和式 (7.39) 中，由于静水压以压为正，而连续介质力学中应力一般以拉为正，因此其符号为负号。

在应力空间中，函数

$$p=-\frac{\sigma_1+\sigma_2+\sigma_3}{3}=0 \tag{7.40}$$

对应的是一个通过原点、与三个主应力轴成等倾角的平面，该平面常称为 $\pi$ 平面。

应力空间中 Tresca 屈服准则对应的屈服面在 $\pi$ 平面上投影如图 7.11 (a) 所示，它由六条首尾相连的直线组成。其形式简单但在六个节点上并不连续；1913 年，von Mises 认为：图中这六个节点的数据是 Tresca 通过试验得到的，但节点之间的直线却是 Tresca 通过假设

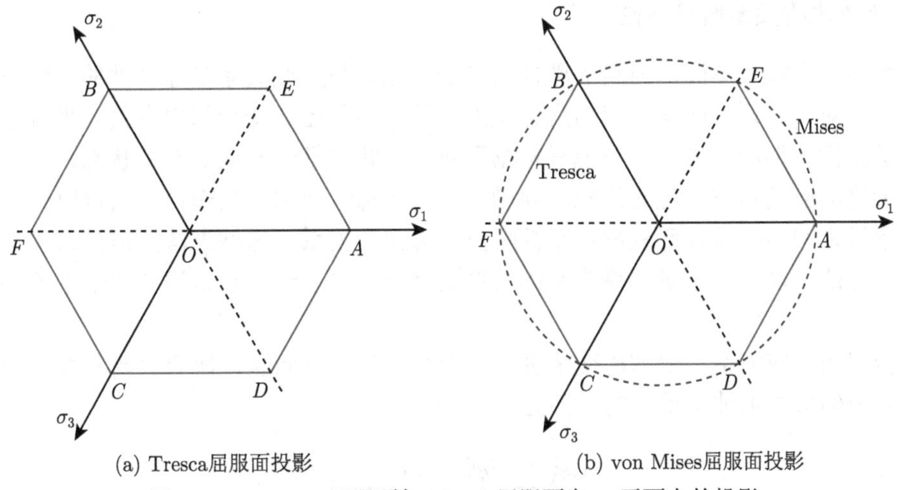


(a) Tresca屈服面投影 (b) von Mises屈服面投影

图 7.11 Tresca 屈服面与 Mises 屈服面在 $\pi$ 平面上的投影

给出的，这种处理虽然简单，但会产生间断点，因此，可以将这六个点通过一个圆进行连接，如图 7.11 (b) 所示。

根据图 7.11，可以给出 Mises 屈服面的数学描述：

$$\left[\sigma_1-\frac{1}{2}(\sigma_2+\sigma_3)\right]^2+\left[\frac{\sqrt{3}}{2}(\sigma_2-\sigma_3)\right]^2=R^2 \tag{7.41}$$

简化后有

$$(\sigma_1-\sigma_2)^2+(\sigma_2-\sigma_3)^2+(\sigma_3-\sigma_1)^2=2R^2 \tag{7.42}$$

式中

$$R=\sigma_s \tag{7.43}$$

之后很多试验结果表明，对于韧性金属而言，Mises 屈服准则更加准确。

苏联力学家提出了一个应力强度或等效应力 $\bar{\sigma}$ 的概念，认为应力强度是表征物理受力程度的一个参量，并定义这个强度：当应力强度 $\bar{\sigma}$ 等于材料单轴拉伸的屈服极限时，材料进入塑性状态，即屈服条件为

$$\bar{\sigma}=\sigma_s \tag{7.44}$$

结合 Mises 屈服准则，可以给出其等效应力表达式为

$$\bar{\sigma}=\frac{1}{\sqrt{2}}\sqrt{(\sigma_1-\sigma_2)^2+(\sigma_2-\sigma_3)^2+(\sigma_3-\sigma_1)^2} \tag{7.45}$$

如果用应力偏量表示，即有

$$\bar{\sigma}=\sqrt{\frac{3}{2}}\sqrt{s_1^2+s_2^2+s_3^2} \tag{7.46}$$

式 (7.45) 和式 (7.46) 所定义的等效应力常称为 Mises 等效应力。

### 7.1.3 塑性本构关系增量理论

与弹性变形阶段不同，材料的塑性变形阶段应力与应变关系是非线性的，应力与应变并没有一一对应关系，应变不仅与应力状态相关，而且还和变形历史有关。也就是说，如果不知道塑性变形的历史，便不能只根据瞬时应力状态唯一地确定应变状态；同样，如果只知道最终的应变状态，也无法唯一地确定应力状态。考虑应变理论，通过研究应力增量与应变增量之间的关系来研究材料塑性阶段应力应变关系，这种方法当前被认为是相对准确科学的方法，以这种增量关系为基础的理论称为增量理论，它是塑性力学中的基本理论之一。

试验表明，应力型指数与应变增量型指数是相等的；而且，研究表明塑性应变增量的主轴和应力偏量的主轴是重合的，因此有

$$\frac{\mathrm{d}e_1^p}{s_1}=\frac{\mathrm{d}e_2^p}{s_2}=\frac{\mathrm{d}e_3^p}{s_3}=\mathrm{d}\lambda \tag{7.47}$$

式中，$e_1$、$e_2$ 和 $e_3$ 分别表示三个主应变偏量；$s_1$、$s_2$ 和 $s_3$ 分别表示三个主应力偏量；$\mathrm{d}\lambda$ 为瞬时非负的比例系数。

假设材料为刚塑性材料，即不考虑材料的弹性应变增量：

$$\mathrm{d}e_{ij} = \mathrm{d}e_{ij}^{p} \tag{7.48}$$

并假设材料塑性不可压，即塑性阶段材料的体应变为零；则有

$$\mathrm{d}e_{ij} = \mathrm{d}\varepsilon_{ij} \tag{7.49}$$

结合式 (7.46)、式 (7.48) 和式 (7.49)，即可得到

$$\mathrm{d}\varepsilon_{ij} = \mathrm{d}\lambda \cdot s_{ij} \tag{7.50}$$

进一步假设材料满足 Mises 屈服准则，结合材料的刚塑性假设，即可知材料的 Mises 等效应力 $\bar{\sigma}$ 与其屈服应力 $\sigma_s$ 相等，即

$$\bar{\sigma} = \sigma_s \tag{7.51}$$

根据材料的等效应变定义，可以得到等效应变增量为

$$\mathrm{d}\bar{\varepsilon} = \sqrt{\frac{2}{9}\left[(\mathrm{d}\varepsilon_1 - \mathrm{d}\varepsilon_2)^2 + (\mathrm{d}\varepsilon_2 - \mathrm{d}\varepsilon_3)^2 + (\mathrm{d}\varepsilon_3 - \mathrm{d}\varepsilon_1)^2\right]} \tag{7.52}$$

将式 (7.50) 代入式 (7.52)，即可以得到

$$\mathrm{d}\bar{\varepsilon} = \sqrt{\frac{2}{9}(\mathrm{d}\lambda)^2\left[(\sigma_1 - \sigma_2)^2 + (\sigma_2 - \sigma_3)^2 + (\sigma_3 - \sigma_1)^2\right]} \tag{7.53}$$

结合式 (7.45) 中 Mises 等效应力的定义，即可得到

$$\mathrm{d}\bar{\varepsilon} = \frac{2}{3}\mathrm{d}\lambda \cdot \bar{\sigma} \tag{7.54}$$

以上即为 Levy-Mises 本构方程或 Levy-Mises 流动法则。在塑性大变形问题中，与塑性应变增量相比，弹性应变增量相对小得多而可以忽略，此时利用 Levy-Mises 流动法则是科学的且相对准确的；然而，在一些问题中需要考虑弹性应变，此时 Levy-Mises 流动法则需要进一步完善。若需要考虑弹性应变增量，则有

$$\mathrm{d}e_{ij} = \mathrm{d}e_{ij}^{e} + \mathrm{d}e_{ij}^{p} \tag{7.55}$$

式中，上标 $e$ 表示弹性量；上标 $p$ 表示塑性量。

根据 Hooke 定律可知

$$\mathrm{d}e_{ij}^{e} = \frac{\mathrm{d}s_{ij}}{2G} \tag{7.56}$$

根据 Levy-Mises 流动法则，有

$$\mathrm{d}e_{ij}^{p} = \mathrm{d}\lambda \cdot s_{ij} \tag{7.57}$$

将式 (7.56) 和式 (7.57) 代入式 (7.55)，即可得到

$$\mathrm{d}e_{ij} = \frac{\mathrm{d}s_{ij}}{2G} + \mathrm{d}\lambda \cdot s_{ij} \tag{7.58}$$

根据 Mises 屈服准则有

$$(s_{11} - s_{22})^2 + (s_{22} - s_{33})^2 + (s_{33} - s_{22})^2 + 6\left(s_{12}^2 + s_{23}^2 + s_{31}^2\right) = 2\sigma_s^2 \tag{7.59}$$

展开后可以得到

$$s_{11}^2 + s_{22}^2 + s_{33}^2 - s_{11}s_{22} - s_{22}s_{33} - s_{33}s_{11} + 3\left(s_{12}^2 + s_{23}^2 + s_{31}^2\right) = \sigma_s^2 \tag{7.60}$$

考虑到

$$s_{11} + s_{22} + s_{33} \equiv 0 \tag{7.61}$$

式 (7.60) 即可简化为

$$s_{11}^2 + s_{22}^2 + s_{33}^2 + 2\left(s_{12}^2 + s_{23}^2 + s_{31}^2\right) = \frac{2}{3}\sigma_s \tag{7.62}$$

对式 (7.62) 进行微分，可以得到

$$s_{11}\mathrm{d}s_{11} + s_{22}\mathrm{d}s_{22} + s_{33}\mathrm{d}s_{33} + 2\left(s_{12}\mathrm{d}s_{12} + s_{23}\mathrm{d}s_{23} + s_{31}\mathrm{d}s_{31}\right) = 0 \tag{7.63}$$

根据式 (7.58)，可以得到

$$\left\{\begin{array}{l} s_{11}\mathrm{d}e_{11} = \dfrac{s_{11}\mathrm{d}s_{11}}{2G} + \mathrm{d}\lambda \cdot s_{11}^2 \\ s_{22}\mathrm{d}e_{22} = \dfrac{s_{22}\mathrm{d}s_{22}}{2G} + \mathrm{d}\lambda \cdot s_{22}^2 \\ s_{33}\mathrm{d}e_{33} = \dfrac{s_{33}\mathrm{d}s_{33}}{2G} + \mathrm{d}\lambda \cdot s_{33}^2 \end{array}\right., \quad \left\{\begin{array}{l} s_{12}\mathrm{d}e_{12} = \dfrac{s_{12}\mathrm{d}s_{12}}{2G} + \mathrm{d}\lambda \cdot s_{12}^2 \\ s_{23}\mathrm{d}e_{23} = \dfrac{s_{23}\mathrm{d}s_{23}}{2G} + \mathrm{d}\lambda \cdot s_{23}^2 \\ s_{31}\mathrm{d}e_{31} = \dfrac{s_{31}\mathrm{d}s_{31}}{2G} + \mathrm{d}\lambda \cdot s_{31}^2 \end{array}\right. \tag{7.64}$$

将式 (7.64) 中六式相加，即左右三式各自相加，可以得到

$$s_{11}\mathrm{d}e_{11} + s_{22}\mathrm{d}e_{22} + s_{33}\mathrm{d}e_{33} = \frac{s_{11}\mathrm{d}s_{11} + s_{22}\mathrm{d}s_{22} + s_{33}\mathrm{d}s_{33}}{2G} + \mathrm{d}\lambda \cdot \left(s_{11}^2 + s_{22}^2 + s_{33}^2\right) \tag{7.65}$$

和

$$s_{12}\mathrm{d}e_{12} + s_{23}\mathrm{d}e_{23} + s_{31}\mathrm{d}e_{31} = \frac{s_{12}\mathrm{d}s_{12} + s_{23}\mathrm{d}s_{23} + s_{31}\mathrm{d}s_{31}}{2G} + \mathrm{d}\lambda \cdot \left(s_{12}^2 + s_{23}^2 + s_{31}^2\right) \tag{7.66}$$

式 (7.65) 加上式 (7.66) 的两倍，结合式 (7.62) 和式 (7.63)，可有

$$s_{11}\mathrm{d}e_{11} + s_{22}\mathrm{d}e_{22} + s_{33}\mathrm{d}e_{33} + s_{12}\mathrm{d}e_{12} + s_{23}\mathrm{d}e_{23} + s_{31}\mathrm{d}e_{31} = \frac{2}{3}\mathrm{d}\lambda \cdot \sigma_s^2 \tag{7.67}$$

式中，左端物理意义相对明显，可以定义为塑性功增量 $\mathrm{d}W$，因此，由式 (7.67) 可以得到

$$\mathrm{d}\lambda = \frac{3\mathrm{d}W}{2\sigma_s^2} \tag{7.68}$$

因此，式 (7.58) 可以写为

$$\mathrm{d}e_{ij} = \frac{\mathrm{d}s_{ij}}{2G} + \frac{3\mathrm{d}W}{2\sigma_s^2} \cdot s_{ij} \tag{7.69}$$

式 (7.69) 皆为 Prandtl-Reuss 本构方程或 Prandtl-Reuss 流动法则。相对于 Levy-Mises 流动法则而言，Prandtl-Reuss 流动法则考虑弹性应变增量的影响，更加普适；然而，相对于前者，后者形式复杂得多，很难给出问题的解析解。

## 7.2 一维杆中弹塑性波传播“双波结构”

第 5 章和第 6 章对一维杆中弹性波的传播及其相互作用进行了讨论，其中的许多分析方法和结论对于应力波理论而言都是非常基本和重要的。从以上结论可以知道，当脉冲荷载较大或撞击速度较大时，杆中的应力峰值大于其屈服强度，此时杆中传播的应力波就不再是单纯的弹性波，而存在由于塑性扰动而产生的塑性波，也就是说此时一维杆中弹性波和塑性波并存，而出现弹塑性波传播和相互作用。对于传统的线弹性材料而言，材料的加载和卸载皆遵循同一个线性应力应变关系，在热力学上是一个可逆过程，因此加载波和卸载波并无本质上的区别，而且其波速也相同。因此，在一维杆中弹性波内容的讨论过程中我们并没有限制两波到底是加载波还是卸载波。而当我们讨论弹塑性波时，问题就明显复杂多了，首先，弹塑性应力应变关系一般皆是非线性的，这时波的叠加原理不再适用；其次，由于弹塑性材料塑性加载和卸载路径一般不相同，在热力学上也是不可逆的，因此在分析过程中必须明确区分应力波到底是加载波还是卸载波。

严格意义上讲，应力波对介质的干扰和影响是极其快速的，在此快速的应力扰动过程中，介质中的粒子来不及与周围介质粒子进行热量的交换，因此，从本质上讲波动过程是热力学上的绝热过程：状态变化较平缓的增量波属于可逆的绝热过程即等熵过程；而状态变化十分剧烈的冲击波则属于不可逆的绝热过程即绝热熵增过程。所以在波传播中所应用的本构关系应该是材料的动态本构关系，因为在动态加卸载时材料来不及与外界进行热量交换，过程是绝热的；而准静态的材料本构关系实际上则是等温本构关系，因为在慢速加载条件下材料可以通过热量交换而保持与环境温度的一致。

### 7.2.1 一维杆中材料本构关系对应力波传播的影响

以右行强间断波和增量波为例，其在波阵面上的连续方程和运动方程分别为

$$\begin{cases} [v] = -C\,[\varepsilon] \\ [\sigma] = -\rho C\,[v] \end{cases} \tag{7.70}$$

和

$$\begin{cases} \mathrm{d}v = -C\mathrm{d}\varepsilon \\ \mathrm{d}\sigma = -\rho C\mathrm{d}v \end{cases} \tag{7.71}$$

其波速的求解表达式分别为

$$C = \sqrt{\frac{[\sigma]}{\rho\,[\varepsilon]}} \quad 和 \quad C = \sqrt{\frac{\mathrm{d}\sigma}{\rho\mathrm{d}\varepsilon}} \tag{7.72}$$

从第 4 章的相关公式的推导和分析过程可知，式 (7.70)、式 (7.71) 和式 (7.72) 并没有涉及材料本构，其推导结果与材料本构关系的具体形式无关，也就是说它是对任何材料都成立的。

以递增硬化弹性材料应力应变曲线与波速为例，如图 7.12 所示，假设冲击波波阵面前方的应力与应变分别为 $\sigma^+$ 和 $\varepsilon^+$，后方的应力与应变分别为 $\sigma^-$ 和 $\varepsilon^-$，根据式 (7.72) 中第一式可以计算出此时材料中的强间断波波速为

$$C = \sqrt{\frac{[\sigma]}{\rho\,[\varepsilon]}} = \sqrt{\frac{1}{\rho}\frac{\sigma^- - \sigma^+}{\varepsilon^- - \varepsilon^+}} \tag{7.73}$$

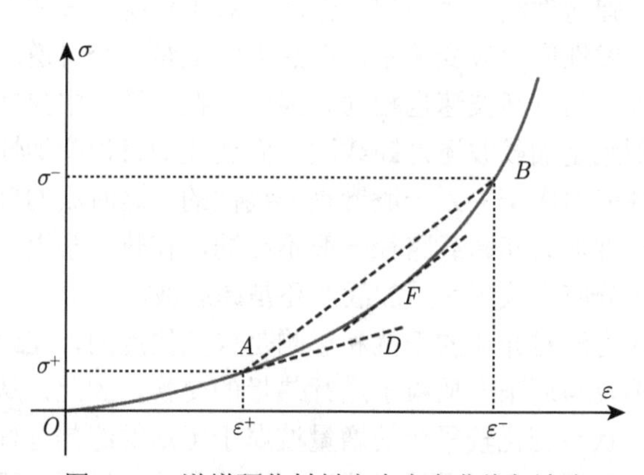


图 7.12 递增硬化材料应力应变曲线与波速

式 (7.73) 中显示冲击波波速与图 7.12 所示应力应变曲线中割线 $AB$ 的斜率的平方根呈正比关系，该割线弦 $AB$ 我们常将其称为激波弦或 Rayleigh 线。而对于增量波而言，由于波阵面前后方应力连续，其增量波速与当前状态点切线斜率 $\mathrm{d}\sigma/\mathrm{d}\varepsilon$ 的平方根成正比，如图中直线 $AD$ 所示。

因此，可以看出，对于具体问题，式 (7.72) 形式虽然与材料本构关系无关，但无论材料中的强间断波波速还是增量波波速，其所得出的具体结果却与材料的应力应变关系即材料的本构关系紧密相关。

对于图 7.12 所示递增硬化弹性材料，有 $\mathrm{d}^2\sigma/\mathrm{d}\varepsilon^2 > 0$，即应力应变关系的斜率 $\mathrm{d}\sigma/\mathrm{d}\varepsilon$ 随着应力水平的提高而变大，从图 7.12 可以看出，在此材料中强间断波波速与增量波波速并

没有确定的关系，在 $AB$ 区间内，在应力水平较低区域 $AF$，强间断波波速大于增量波波速，但增量波波速随着应力增大而增大，使得在后期 $FB$ 区间强间断波波速小于增量波波速。

如果在材料中存在一个增量波，则增量波的波速 $C$ 随着材料中的应力的增加而增大。以如图 7.13 所示应力波剖面为例，当 $t = t_0$ 时刻应力波为一个轴对称波，由于增量波波速与应力成正比，高应力水平区域的增量波波速大于低应力水平的值；当 $t = t_1 > t_0$ 时刻应力波加载波头相对于上一时刻变得“陡峭”，而卸载波就相应地变得“平缓”；当时间到达 $t = t_2 > t_1$ 时刻，加载波头相对上一时刻更为“陡峭”，而卸载波则进一步“平缓”。以此类推，随着时间的推移，总会在后面的某一时刻加载波头接近于垂直状态，这意味着在这种材料中即使是增量波也必将在某一时刻转化为冲击波；故在递增硬化材料中能够稳定地传播冲击波。

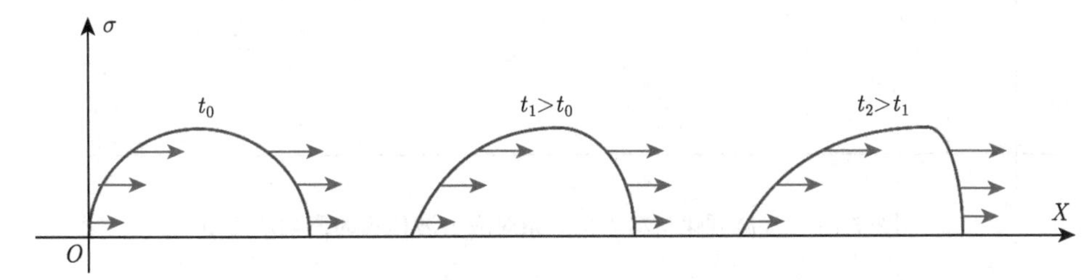


图 7.13　递增硬化材料本构关系对应力波传播的影响示意图

当材料为线弹性材料时，即

$$\frac{\mathrm{d}^2\sigma}{\mathrm{d}\varepsilon^2} = 0 \tag{7.74}$$

此时相关结论就容易得到，可参考第 4 章的分析。此时有

$$C = \sqrt{\frac{[\sigma]}{\rho[\varepsilon]}} = \sqrt{\frac{\mathrm{d}\sigma}{\rho\mathrm{d}\varepsilon}} = \sqrt{\frac{E}{\rho}} \tag{7.75}$$

当材料应力应变曲线如图 7.14 所示递减硬化材料，有 $\mathrm{d}^2\sigma/\mathrm{d}\varepsilon^2 < 0$，即应力应变关系的斜率 $\mathrm{d}\sigma/\mathrm{d}\varepsilon$ 随着应力水平的提高而减小，从图 7.14 可以看出，与递增硬化材料正好相

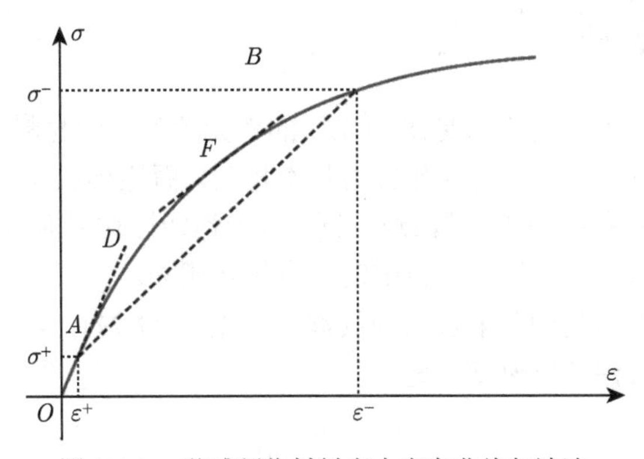


图 7.14　递减硬化材料应力应变曲线与波速

反，在应力水平较低的 $AF$ 区间，冲击波波速小于增量波波速；但增量波波速随着应力增大而减小，使得在后期 $FB$ 区间，冲击波波速大于增量波波速。

如果在材料中存在一个冲击波，以如图 7.15 所示应力波剖面为例，当 $t=t_0$ 时刻应力波为三角形冲击波，由于增量波的波速 $C$ 随着材料中的应力的增加而减小，高应力水平区域的增量波速小于低应力水平的值；当 $t=t_1>t_0$ 时刻应力波加载波头相对于上一时刻变得“平缓”，而卸载波就相应地变得“陡峭”；当时间到达 $t=t_2>t_1$ 时刻，加载波头相对上一时刻更为“平缓”，而卸载波则进一步“陡峭”。以此类推，加载冲击波逐渐转化为增量波，而卸载增量波逐渐转化为冲击波；故在递减硬化材料中无法稳定地传播加载冲击波。

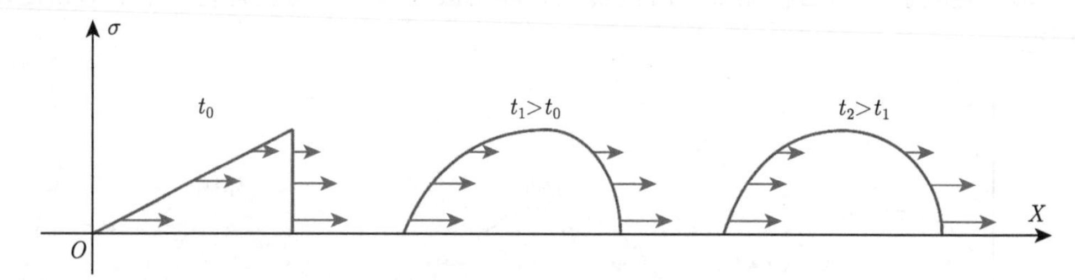


图 7.15 递减硬化材料本构关系对应力波传播的影响示意图

对于弹塑性波而言，以右行波为例，设在一维弹塑性杆左端存在一个右行强间断入射波或右行连续入射波 (一般可以看成无数多个小增量波的叠加)，根据波阵面上连续方程和运动方程，有式 (7.70) 和式 (7.71) 成立，进而可以给出式 (7.72)。

假设材料的本构方程满足

$$\varepsilon=\varepsilon\left(\sigma\right) \tag{7.76}$$

且应力波前方的初始状态为 $(\sigma_0,v_0,\varepsilon_0)$，则有

$$\begin{cases} C=\sqrt{\dfrac{[\sigma]}{\rho\,[\varepsilon]}}=\sqrt{\dfrac{\sigma-\sigma_0}{\rho\left(\varepsilon-\varepsilon_0\right)}}=\sqrt{\dfrac{\sigma-\sigma_0}{\rho\left[\varepsilon\left(\sigma\right)-\varepsilon\left(\sigma_0\right)\right]}}\equiv C\left(\sigma,\sigma_0\right) \\ C=\sqrt{\dfrac{\mathrm{d}\sigma}{\rho\mathrm{d}\varepsilon}}\equiv C\left(\sigma\right) \end{cases} \tag{7.77}$$

式 (7.77) 物理意义是：对于满足式 (7.76) 的率无关弹塑性材料而言，其材料中的强间断波波速与当前应力状态和波前方初始应力状态相关，而连续波速只与当前应力状态相关；另外，与线弹性材料中弹性波的传播波速不同，对于弹塑性材料而言，特别是塑性阶段，其应力波波速并不是恒值，而一般与材料中的应力状态相关。

设在一维弹塑性杆材料中入射波为连续波，根据式 (7.77)，我们可以根据右行增量波波阵面上的动量守恒条件给出速度增量：

$$\mathrm{d}v=-\frac{\mathrm{d}\sigma}{\rho C\left(\sigma\right)} \tag{7.78}$$

式 (7.78) 说明对于弹塑性杆中应力波而言，其速度增量与当前材料中的应力状态相关。由此可以给出当前材料中的质点速度为

$$v = v_0 - \int_{\sigma_0}^{\sigma} \frac{\mathrm{d}\sigma}{\rho C(\sigma)} \equiv \phi(\sigma, \sigma_0) \tag{7.79}$$

式 (7.79) 称为材料的右行连续波动态响应曲线，它的物理含义是：对一个初始状态为 $(\sigma_0, v_0)$ 的一维弹塑性杆而言，当左端入射连续波时，要使杆的应力达到$\sigma$ 其质点速度应达到 $v = v_0 - \phi(\sigma, \sigma_0)$，显然它是由材料的应力应变关系所决定的，是材料本身动态性能的一种反映。

同理，如果一维弹塑性杆的入射波是强间断波，则有

$$v = v_0 - \frac{\sigma - \sigma_0}{\rho C(\sigma, \sigma_0)} \equiv \varPhi(\sigma, \sigma_0) \tag{7.80}$$

式 (7.80) 称为材料的右行强间断波动态响应曲线 (或 $\sigma$ - $v$ 平面上的 Hugoniot 曲线)，它的物理含义是：对一个初始状态为 $(\sigma_0, v_0)$ 的一维弹塑性杆而言，当左端入射强间断波时，要使杆的应力达到 $\sigma$ 其质点速度应达到 $v = v_0 - \varPhi(\sigma, \sigma_0)$，显然它也是由材料的应力应变关系所决定的，也是材料本身动态性能的一种反映。

### 7.2.2 一维杆中弹塑性双波结构

我们常把沿着一个方向向前方均匀区中传播而不受干扰的波，称为简单波；一维杆中弹塑性应力波即为典型的简单波。根据 4.3 节分析可知，其扰动线的微分方程应为

$$\frac{\mathrm{d}X}{\mathrm{d}t} = C(\sigma) = \mathrm{const} \tag{7.81}$$

即任何一个波阵面上的状态在传播过程中不受干扰，所以其应力状态将保持不变，因而其对应的波速在传播过程中也保持不变，故在物理平面 $X$-$t$ 上简单波的每一条扰动线均为直线。特别地，对于弹塑性材料而言，其在弹性阶段和塑性阶段的微分方程分别可写为

$$\left\{\begin{aligned} &\frac{\mathrm{d}X}{\mathrm{d}t} = C_e \\ &\frac{\mathrm{d}X}{\mathrm{d}t} = C_p(\sigma) \end{aligned}\right. \tag{7.82}$$

式中，$C_e$ 表示线弹性材料弹性波波速；$C_p$ 表示塑性波波速。式 (7.82) 只是式 (7.81) 的一个特例，而对于非线性弹塑性材料而言，弹性阶段的应力波波速也是应力状态的函数，此时只能写成式 (7.81) 所示形式。

假设简单波扰动方程在物理平面上的某一参考状态点为 $(X_0, t_0)$，对式 (7.81) 进行积分，可得

$$X - X_0 = C(\sigma)(t - t_0) \tag{7.83}$$

式 (7.83) 即为简单波波阵面的方程。它的物理意义是：$t_0$ 时刻波阵面 $X_0$ 处的应力$\sigma$ 将在 $t$ 时刻到达粒子 $X$ 处。

如图 7.16 所示，设在杆左端存在一个时程曲线为 $\sigma = f(\tau)$ 的应力加载波，设一维杆左端的应力初始边界条件为

$$\sigma|_{X_0=0} = f(\tau_0) \tag{7.84}$$

式中，$\tau_0$ 表示时间；$X_0 = 0$ 表示参考状态点为杆左端处的状态点；$f(\tau_0)$ 表示杆左端在$\tau_0$时刻的应力值。此时的参考状态点物理平面上的坐标为 $(0, \tau_0)$。对于任意一个状态点 $(X, t)$，我们可以求出该应力在 $X = 0$ 处对应的时刻：

$$\tau_0 = t - \frac{X}{C(\sigma)} \tag{7.85}$$

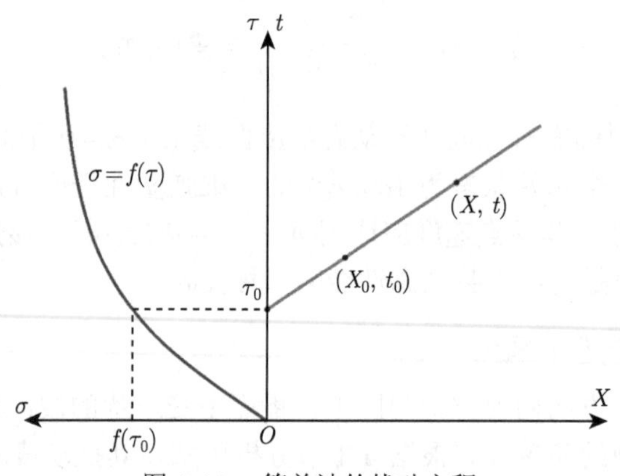


图 7.16　简单波的扰动方程

在同一个简单波波阵面上的应力不变，即如图 7.16 所示物理平面上状态点 $(X, t)$ 对应的应力等于状态点 $(0, t - X/C)$ 对应的应力：

$$\sigma(X,t) = \sigma\left[0, t - \frac{X}{C(\sigma)}\right] \tag{7.86}$$

因此，我们可以根据一维杆左端入射波方程求出点 $(X, t)$ 的应力：

$$\sigma(X,t) = f\left[t - \frac{X}{C(\sigma)}\right] \tag{7.87}$$

式 (7.87) 称为右行简单波的解析表达式。它的物理意义是：边界 $X_0 = 0$ 处$\tau_0$ 时刻的应力 $f(\tau_0)$ 将在 $t - X/C$ 时刻到达质点 $X$ 处。

从式 (7.87) 可以看出，材料的波速是其应力的函数，它由材料的本构关系决定，我们一般可以通过材料的本构方程求出其解 $C(\sigma)$，故对给定的边界应力载荷 $\sigma = f(\tau_0)$，式 (7.87) 就是一个关于函数 $\sigma = \sigma(X,t)$ 的隐式方程。对一般的非线性本构关系，由隐式方程 (7.87) 未必能求出函数 $\sigma = \sigma(X,t)$ 的显式表达式，但对某些特殊的本构形式有时则是可以求出其显式表达式的。例如，对于线弹性材料和线性硬化的弹塑性材料，即可以求出其显式表达式。

根据式 (7.87) 可知，材料的本构方程和应力状态与应力波波速有着密切的关系，对于一般材料而言，其弹性阶段的应力波波速大于塑性应力波波速；因此，当一维杆中传播弹塑性波时，其塑性的应力扰动会落后于弹性的应力扰动，以最简单的线性硬化弹塑性材料为例，在杆中形成所谓的弹塑性“双波结构”。假设材料的杨氏模量为 $E$，塑性阶段 $\mathrm{d}\sigma_p/\mathrm{d}\varepsilon_p = E'$，因此其弹性波波速和塑性波波速分别为

$$\begin{cases} C_e = \sqrt{\dfrac{\mathrm{d}\sigma_e}{\rho\mathrm{d}\varepsilon_e}} = \sqrt{\dfrac{E}{\rho}} \\ C_p = \sqrt{\dfrac{\mathrm{d}\sigma_p}{\rho\mathrm{d}\varepsilon_p}} = \sqrt{\dfrac{E'}{\rho}} \end{cases} \tag{7.88}$$

假设此一维弹塑性杆左端存在一个如图 7.17 所示的加载波 $\sigma = f(\tau)$，当 $\tau = \tau_0$ 时，加载波应力值达到杆的屈服强度 $Y$，即 $Y = f(\tau_0)$。根据加载曲线可知，当 $\tau < \tau_0$ 时，加载波为弹性波，此时向杆中传播弹性加载波；当 $\tau > \tau_0$ 时，加载波为塑性波，此时向杆中传播塑性加载波。

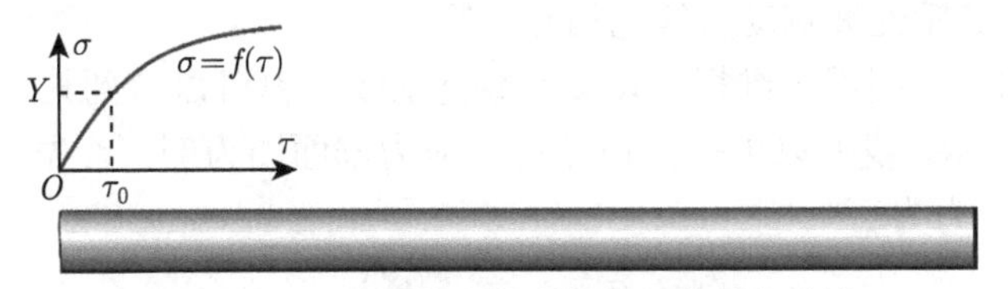


图 7.17　一维线性硬化弹塑性杆左端加载波

结合加载波应力时程曲线和杆中应力波传播物理平面图，对不同时刻杆中的应力状态和应力波传播特征进行分析，在此需要说明的是，这里认为一维杆足够长，不考虑应力波到达右端面后的反射问题，如图 7.18 所示。

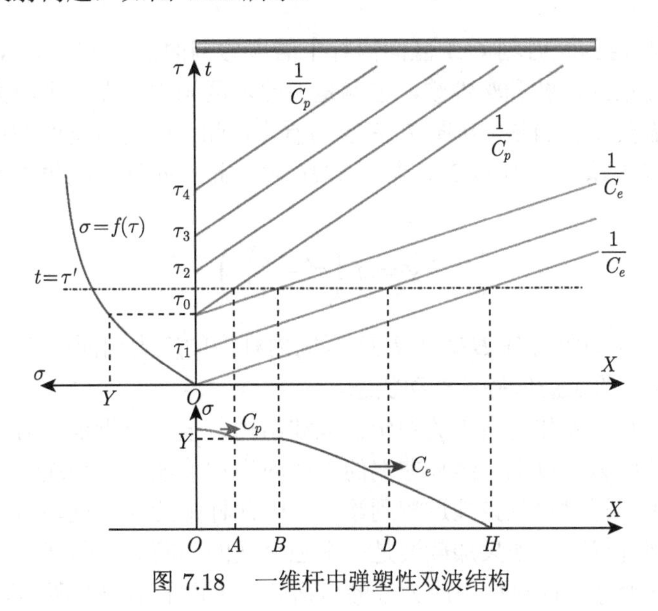


图 7.18　一维杆中弹塑性双波结构

从图 7.18 可以看出，当 $t=0$ 和 $t=\tau_1$ 时，加载波应力强度在材料弹性区间内，因此，此时会向右方杆中传播弹性波，对于线弹性材料而言，其弹性波波速为恒值 $C_e$，在物理平面上体现为发出斜率为 $1/C_e$ 的弹性扰动波直线，如图中所示，此两条扰动线携带的应力分别为 $\sigma=0$ 和 $\sigma=f\,(\tau_1)$；当 $t=\tau_0$ 时，加载波应力强度正好等于材料的屈服强度，此时会向右方杆中传播最后一个弹性波，其携带的应力强度为 $Y$，此时材料达到了其屈服强度进入了塑性变形阶段，因此，它同时会向右方杆中传播第一个塑性波，其携带的强度也等于材料的屈服强度 $Y$，对于物理平面图中就体现为此时同时从点 $(0,\ \tau_0)$ 处发出两条应力波扰动直线，一条为弹性波扰动直线，其斜率为 $1/C_e$，另一条为塑性波扰动曲线，其斜率为 $1/C_p$，两条直线斜率一般不相同，一般由于 $C_e>C_p$，所以 $1/C_e<1/C_p$，即如图 7.18 所示物理平面上塑性波扰动曲线比弹性波扰动曲线“陡峭”些；如此一来，就会在两条直线中形成恒应力区间；当 $t=\tau_2$、$t=\tau_3$ 和 $t=\tau_4$ 时，此时加载波应力强度大于其屈服强度，会向右方杆中传播塑性波，对于线性硬化材料而言，其塑性波波速也为恒值 $C_p$，在物理平面上体现为发出斜率为 $1/C_p$ 的塑性扰动波直线，如图中所示，此三条扰动线携带的应力分别为 $\sigma=f(\tau_2)$、$\sigma=f(\tau_3)$ 和 $\sigma=f(\tau_4)$。从图中可以看出，对于线弹性材料而言，由于其弹性波波速恒定，其扰动直线相互平行；对于线性硬化材料而言，其塑性波波速也是不变的，因此在图中其塑性波扰动直线也相互平行。

在物理平面图中，利用一维杆中弹塑性波扰动线，也可以得到某一时刻杆中的应力剖面图。如图 7.18 所示，我们以 $t=\tau'$ 时刻杆中应力剖面图为例：首先，我们可以求出杆左端即 $X=0$ 处的应力为

$$\sigma|_{X=0}=f\left(\tau'\right) \tag{7.89}$$

当 $0<X\leqslant OA$ 时，此时杆中的扰动波为塑性波，我们可以根据式 (7.87) 求出其应力值：

$$\sigma_X=f\left(\tau'-\frac{X}{C_p}\right) \tag{7.90}$$

利用式 (7.90) 容易得到此时刻 $OA$ 区间内杆中的应力剖面；当 $OA<X\leqslant OB$ 时，此时从左端向右同时传播弹性波和塑性波，也就是说此段区间内存在一个应力平台，其应力均为屈服强度 $Y$，需要注意的是，从图 7.18 容易看出，此平台的宽度即在杆中占用的长度随着时间的推移会越来越大；当 $OB<X\leqslant OH$ 时，此时向杆右端传播弹性扰动波，其应力值为

$$\sigma_X=f\left(\tau'-\frac{X}{C_e}\right) \tag{7.91}$$

利用式 (7.91) 容易得到此时刻 $BD$ 和 $DH$ 区间内杆中的应力剖面；当 $X>OH$ 时，杆中此区间的应力为 0，即还是保持未扰动状态。

以上是典型的线性硬化材料中的弹塑性双波结构，根据分析很容易得到不同时刻、不同位置杆中截面的应力。以上一维杆左端的入射应力加载波是一个连续的增量波形式，在此应力加载波作用下杆材料从弹性过渡到塑性，因此杆中的应力扰动随着时间推移逐渐从弹性扰动过渡到塑性扰动。如果加载波是一个强突跃的间断波，即杆左端材料未经过弹性变形直接产生塑性变形，此时杆中应力波的传播就与上面的情况有所不同了。

同样，以简单的线性硬化弹塑性一维杆中应力波传播为例，如图 7.19 所示。假设入射应力波为 $\sigma = f(\tau)$，但当 $\tau = 0$ 时，其值为

$$\sigma_0 = f(0) > Y \tag{7.92}$$

此时由于初始时刻应力强度 $f(0) > Y$，因此在 $\tau = 0$ 时刻会在杆左端向右方杆中同时传播一个强度为 $[\sigma] = Y$ 的弹性冲击波和强度为 $[\sigma] = f(0) - Y$ 的塑性冲击波；之后，当 $\tau > 0$ 时，同上会向杆中传播塑性波。同样，以 $\tau > \tau'$ 时刻为例，我们可以给出如图 7.19 所示的杆中应力剖面图，从图中可以看到，在界面 $B$ 处和界面 $D$ 处分别存在一个塑性冲击波和弹性冲击波。

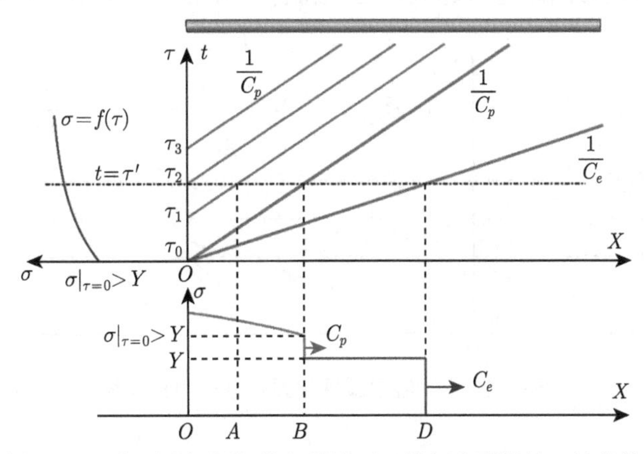


图 7.19 突跃强间断加载入射波下一维杆中弹塑性双波结构

从图 7.18 和图 7.19 都可以看到，无论一维杆左端加载波是连续弹塑性波还是突跃强间断冲击波，杆中都同时存在弹性波和塑性波，一般而言，弹性波由于波速快于塑性波，因此我们一般称此弹性波为弹性前驱波。

上面分析是基于线性硬化弹塑性杆而言的，对于递增硬化弹塑性杆和递减硬化弹塑性杆而言，其分析过程和步骤基本相同。当一维杆材料为递增硬化弹塑性材料时，其弹塑性特征线如图 7.20 所示，从图中可以看出，由于弹性阶段皆为线弹性，其弹性波扰动线斜率为恒值 $1/C_e$，且相互平行，这与线性硬化材料时的情况一致；当杆左端入射波强度大于

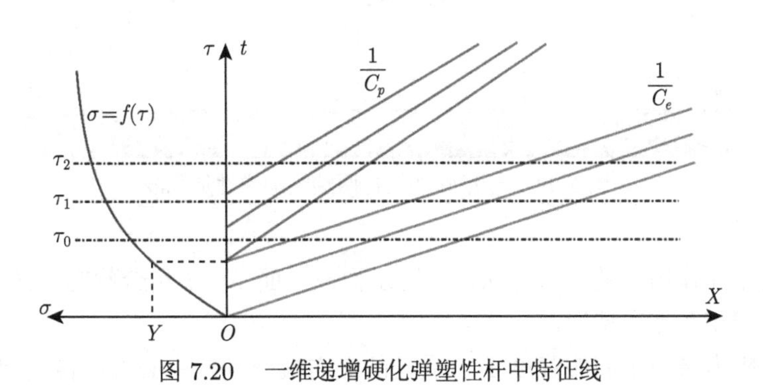


图 7.20 一维递增硬化弹塑性杆中特征线

材料的屈服强度时，此时会向右方杆中传播塑性加载波，但对于递增硬化材料而言，其塑性波波速随着应力的增加而增大，此时塑性波扰动线斜率 $1/C_p$ 则随着应力 (加载时间) 的增加而减小，如图 7.20 所示，随着应力的增加，扰动线逐渐靠拢，也就是说，从时间 $\tau_0$ 到 $\tau_1$ 再到 $\tau_2$，由于每个扰动线上的应力不变，而在杆中 $X$ 轴上的投影间距越来越小，这使得杆中应力波越来越 "陡峭"，直到扰动线相交，此时入射的连续波就演化成冲击波。

当一维杆材料为递减硬化材料时，情况与一维递增硬化杆中弹塑性波传播不同，如图7.21 所示。此时由于材料塑性波波速随着应力的增加而减小，因此，其塑性波扰动线斜率 $1/C_p$ 随着应力的增加而增加，如图中所示，在物理平面图上显示随着应力的增加，塑性波扰动线逐渐发散。也就是说，从时间 $\tau_0$ 到 $\tau_1$ 再到 $\tau_2$，由于每个扰动线上的应力不变，而在杆中 $X$ 轴上的投影间距越来越大，这使得杆中应力波越来越 "平缓"。

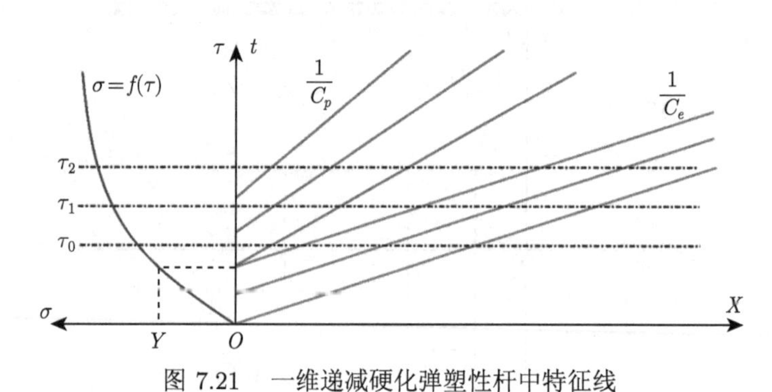


图 7.21　一维递减硬化弹塑性杆中特征线

### 7.2.3　一维强弹性波的非线性叠加特性

第 5 章和第 6 章对杆中弹性波相互作用进行了讨论，对于弹性波而言，由于皆为线性波，其波的相互作用满足线性叠加原理，而对于弹塑性材料而言，由于其非线性特征，使得叠加原理不再适用，此时加载路径就必须考虑了。

如图 7.22 所示，设一维弹塑性杆 $AB$ 初始时处于自然静止状态 ($\sigma_0 = 0, v_0 = 0$)，在 $t = 0$ 时刻杆左端 $A$ 端面上和右端 $B$ 端面上分别突然受到恒值冲击应力分别为$\sigma_1$ 和$\sigma_2$ 的弹性加载波，设杆材料弹性波波速为 $C_e$，塑性波波速为 $C_p$，假设两杆加载冲击应力均小于材料的单轴屈服强度 $Y$，但

$$\sigma_1 + \sigma_2 > Y \tag{7.93}$$

图 7.22　一维弹塑性杆两端突加弹性加载波

同弹性波相互作用中的分析方法，我们以物理平面 $X$ - $t$ 结合状态平面$\sigma$ - $v$ 来研究弹塑性波的传播和相互作用情况。

由于突加应力皆小于屈服强度 $Y$，从杆的左右端分别向中心方向传播弹性加载波，传

播的弹性波波速为 $C_e$；根据弹性波波阵面动量守恒条件和边界条件，可有

$$\begin{cases} \sigma_1 = -\rho C_e v_1 \\ \sigma_2 = \rho C_e v_2 \end{cases} \Rightarrow \begin{cases} v_1 = -\dfrac{\sigma_1}{\rho C_e} \\ v_2 = \dfrac{\sigma_2}{\rho C_e} \end{cases} \tag{7.94}$$

当两个弹性波迎面相遇时，两波会相互作用从而向对方方向继续传播应力波，假设两波相互作用后杆中向对方方向皆只传播弹性波，根据弹性波相互作用结论，很容易得到

$$\begin{cases} \sigma - \sigma_1 = \rho C_e (v - v_1) \\ \sigma - \sigma_2 = -\rho C_e (v - v_2) \end{cases} \Rightarrow \sigma = \sigma_1 + \sigma_2 > Y \tag{7.95}$$

也就是说，此时杆中两波相互作用后应力状态为塑性应力，与弹性波假设不符，因此这两个弹性波迎面相互作用后会产生塑性加载波，根据弹塑性双波结构相关结论可知，此两个弹性加载波迎面相互作用后会产生双波结构且向对方方向继续传播：弹性前驱波和紧随而来的塑性加载波，其在物理平面上的扰动线如图 7.23 所示。

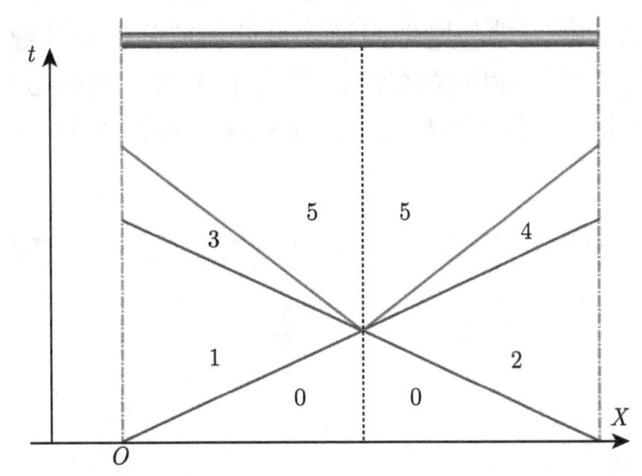


图 7.23 一维弹塑性杆两端突加弹性加载波相互作用物理平面图

根据弹性波波阵面上的动量守恒条件，我们有

$$\begin{cases} \sigma_3 - \sigma_1 = \rho C_e (v_3 - v_1) \\ \sigma_3 = Y \end{cases} \quad 和 \quad \begin{cases} \sigma_4 - \sigma_2 = -\rho C_e (v_4 - v_2) \\ \sigma_4 = Y \end{cases} \tag{7.96}$$

由此可以解得状态点 3 和状态点 4 对应的应力和质点速度值分别为

$$\begin{cases} \sigma_3 = Y \\ v_3 = \dfrac{Y - 2\sigma_1}{\rho C_e} \end{cases} \quad 和 \quad \begin{cases} \sigma_4 = Y \\ v_4 = \dfrac{2\sigma_2 - Y}{\rho C_e} \end{cases} \tag{7.97}$$

弹性前驱波的紧后方分别存在一个塑性加载波 3~5 和 4~5，根据连续方程和动量守恒条件，可有

$$\begin{cases} \sigma_5 - \sigma_3 = \rho C_p (v_5 - v_3) \\ \sigma_5 - \sigma_4 = -\rho C_p (v_5 - v_4) \end{cases} \tag{7.98}$$

由此可以得到这两个弹性加载波迎面相互作用后杆中状态为

$$\begin{cases} \sigma_5 = \dfrac{C_p}{C_e}(\sigma_1 + \sigma_2 - Y) + Y \\ v_5 = \dfrac{\sigma_2 - \sigma_1}{\rho C_e} \end{cases} \tag{7.99}$$

一般来讲，$C_p \neq C_e$，这说明 $\sigma_5 \neq \sigma_1 + \sigma_2$，即此时并不满足类似弹性波相互作用时的线性叠加原理，它的物理意义是：对于非线性波而言，两个波的相互作用并不满足线性波时的线性叠加原理，这是非线性波问题与线性波问题的本质区别。一般来讲，$C_p < C_e$，因此 $\sigma_5 < \sigma_1 + \sigma_2$。从式 (7.99) 也可以看出，质点速度向着加载应力大的方向运动。

当然，弹性波 1~3、2~4 和塑性波 3~5、4~5 到达杆两端自由面后会产生反射卸载波，此时反射波还会与塑性加载波相互作用，这属于弹塑性加载波与卸载波相互作用的内容，本章后面会对此进行分析和讨论。

强弹性加载波在刚壁上的反射就是此类问题的典型实例。设一维线性强化弹塑性杆 $AB$ 初始时处于自然松弛静止状态 $(\sigma_0 = 0, v_0 = 0)$，在 $t = 0$ 时刻杆左端面上突然受到恒值冲击应力$\sigma_1$ 加载波，杆右端与刚壁固连。设杆材料弹性波波速为 $C_1$，塑性波波速为 $C_p$，加载波强度小于材料的单轴屈服强度 $Y$ 但大于 $Y/2$，根据 5.1 节中弹性波在刚壁上的分析结果可以给出完全弹性条件下反射物理平面图，如图 7.24 (a) 所示。

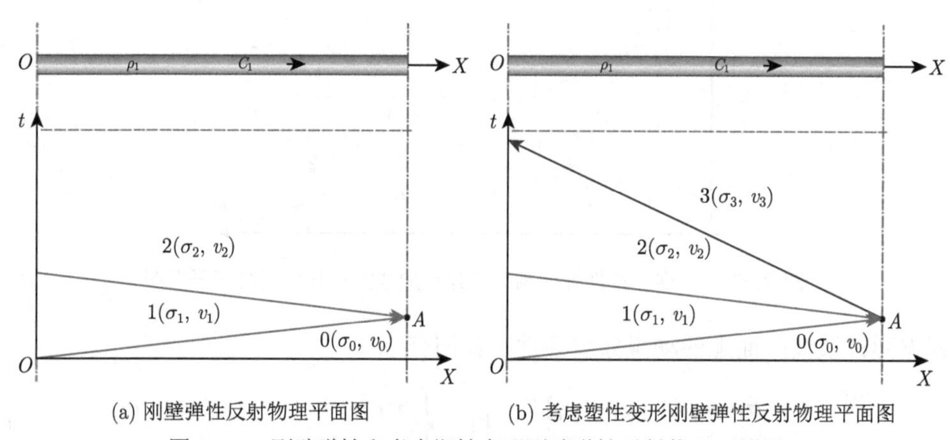


(a) 刚壁弹性反射物理平面图　　(b) 考虑塑性变形刚壁弹性反射物理平面图

图 7.24　刚壁弹性和考虑塑性变形刚壁弹性反射物理平面图

根据 5.1 节中弹性波理论可以求出状态点 2 对应的应力为

$$\sigma_2 = (\sigma_2 - \sigma_1) + (\sigma_1 - \sigma_0) = 2\sigma_1 \tag{7.100}$$

即状态 2 对应的应力大于材料的屈服强度 $Y$，因此必会产生塑性波。假设该材料为线性强化弹塑性材料，则弹性波在刚壁反射后必会存在“双波”结构；此时该问题的应力波在刚壁上反射的物理平面图即为图 7.24 (b)，其中，有边界条件：

$$\begin{cases} \sigma_2 = Y \\ v_3 = 0 \end{cases} \tag{7.101}$$

分别根据弹性波和塑性波波阵面上的动量守恒条件可以给出

$$\begin{cases}\sigma_1 = -\rho_1 C_1 v_1 \\ \sigma_2 - \sigma_1 = \rho_1 C_1 (v_2 - v_1) \\ \sigma_3 - \sigma_2 = \rho_1 C_p (v_3 - v_2)\end{cases} \tag{7.102}$$

结合式 (7.101) 和式 (7.102) 可以得到

$$\sigma_5 = \frac{C_p}{C_1}(2\sigma_1 - Y) + Y < 2\sigma_1 \tag{7.103}$$

式 (7.103) 说明，此种情况下刚壁反射塑性波后方材料内应力虽大于材料的屈服强度但却小于入射波强度的两倍；即此时材料弹性波在刚壁上反射的“镜像法则”不再准确。

## 7.3 一维杆中弹塑性加载波的相互作用

7.2 节的研究表明，我们可以利用一维杆左端的应力加载曲线求出杆中在不同坐标 ($X$, $t$) 处的应力：

$$\sigma(X,t) = f\left[t - \frac{X}{C(\sigma)}\right] \tag{7.104}$$

式 (7.104) 对于非线性塑性材料而言，是一个隐式方程，很难得到准确的解析解，而对于线性强化材料，其塑性波速恒定，此时式 (7.104) 求得其显式表达式。本节以线性强化材料为例 (本节中一维杆材料皆为线性强化材料，后面内容不再强调)，对一维杆中强间断弹塑性加载波的相互作用进行分析和讨论。

### 7.3.1 弹性强间断加载波与塑性强间断加载波的相互作用

如图 7.25 所示，一维线性强化弹塑性杆同时施加两个强间断加载波，其中左端为强度为 $\sigma_L$ 的弹性波，右端加载波强度 $\sigma_R$ 不小于材料的单轴屈服强度 $Y$，已知杆材料的弹性波波速为 $C_e$、塑性波波速为 $C_p$，此时杆中两个加载波的相互作用稍有不同。

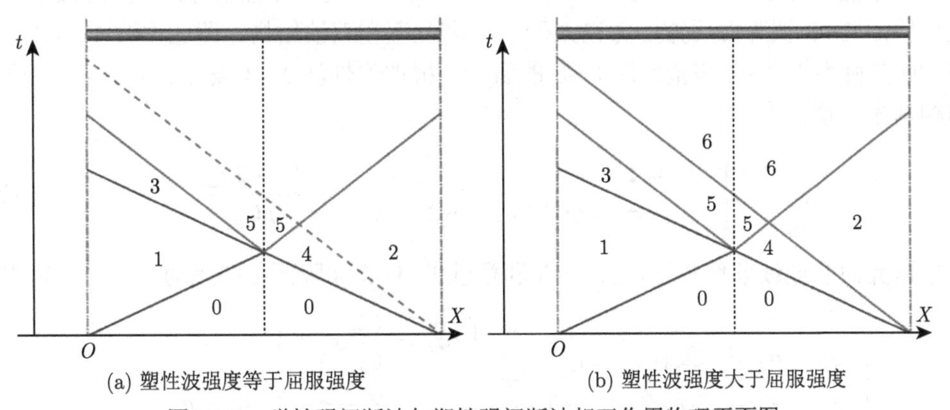


(a) 塑性波强度等于屈服强度　　(b) 塑性波强度大于屈服强度

图 7.25　弹性强间断波与塑性强间断波相互作用物理平面图

1. $\sigma_{\rm L} < Y$ 且 $\sigma_{\rm R} = Y$

由于杆右端强间断加载波强度等于屈服应力，根据一维弹塑性杆中双波结构规律可知，此时杆右端向左端可能同时传播一个弹性前驱波和一个塑性加载波，如图 7.25 (a) 所示，此时根据右行弹性波波阵面上运动方程和边界条件，可以给出状态点 1 对应的应力和质点速度分别为

$$\left\{\begin{array}{l}\sigma_1 = \sigma_{\rm L}\\ \sigma_1 = -\rho C_e v_1\end{array}\right. \Rightarrow \left\{\begin{array}{l}\sigma_1 = \sigma_{\rm L}\\ v_1 = -\dfrac{\sigma_{\rm L}}{\rho C_e}\end{array}\right. \tag{7.105}$$

由于 $\sigma_{\rm R} = Y$，根据杆中弹塑性双波结构理论，假设会同时自杆右端向杆中传播弹性前驱波 0~4 和塑性加载波 4~2，根据边界条件和波阵面上运动方程，可以分别得到两个状态点的量：

$$\left\{\begin{array}{l}\sigma_4 = Y\\ \sigma_4 = \rho C_e v_4\end{array}\right. \Rightarrow v_4 = \frac{Y}{\rho C_e} \tag{7.106}$$

和

$$\left\{\begin{array}{l}\sigma_2 = Y\\ \sigma_2 - \sigma_4 = \rho C_p (v_2 - v_4)\end{array}\right. \Rightarrow v_2 = v_4 = \frac{Y}{\rho C_e} \tag{7.107}$$

从式 (7.106) 和式 (7.107) 容易看出，状态点 2 对应的状态值为 $(Y, Y/(\rho C_e))$ 和状态点 4 对应的值 $(Y, Y/(\rho C_e))$ 相同，也就是说，此时并不存在塑性加载波 4~2。

从图 7.25 (a) 可以看出，加载波 0~1 和加载波 0~4 波速均为 $C_1$，因此会在杆中心处相遇。假设两个加载波相遇后会继续向各自的方向传播，由于两个入射波皆为弹性波，若相互作用后还满足线性叠加条件，即有

$$\left\{\begin{array}{l}\sigma_3 = \sigma_{\rm R} + \sigma_{\rm L} = Y + \sigma_{\rm L} > Y\\ \sigma_5 = \sigma_{\rm R} + \sigma_{\rm L} = Y + \sigma_{\rm L} > Y\end{array}\right. \tag{7.108}$$

此时必存在双波结构，因此线性叠加假设不成立。从图 7.25 (a) 可知，两波相遇并相互作用后，波阵面后方的应力必处于塑性状态，由于状态点 4 的应力值为 $Y$，因此应力波 4~5 必然为一个塑性加载波；而状态点 1 的应力小于 $Y$，即处于弹性状态，根据连续条件可知，两波作用后 1~5 波阵面后方应力也大于 $Y$，因此存在双波结构，即应力波 1~5 并不是一个波，而是弹性波 1~3 和塑性波 3~5 的组合。根据弹性波 1~3 波阵面上的运动方程和双波结构基本性质，有

$$\left\{\begin{array}{l}\sigma_3 = Y\\ \sigma_3 - \sigma_1 = \rho C_e (v_3 - v_1)\end{array}\right. \Rightarrow v_3 = \frac{Y - 2\sigma_{\rm L}}{\rho C_e} \tag{7.109}$$

根据界面的连续条件和塑性波 3~5 和塑性波 4~5 波阵面上的运动方程，可以得到

$$\left\{\begin{array}{l}\sigma_5 - \sigma_3 = \rho C_p (v_5 - v_3)\\ \sigma_5 - \sigma_4 = -\rho C_p (v_5 - v_4)\end{array}\right. \Rightarrow \left\{\begin{array}{l}\sigma_5 = \dfrac{C_p}{C_e}\sigma_{\rm L} + Y\\ v_5 = \dfrac{Y - \sigma_{\rm L}}{\rho C_e} = \dfrac{\sigma_{\rm R} - \sigma_{\rm L}}{\rho C_e}\end{array}\right. \tag{7.110}$$

之后弹性波 1~3 和塑性波 3~5、塑性波 4~5 在杆两端的自由面还会继续发生反射行为，进一步在杆中形成不同类型应力波的相互作用，此方法在后面内容再进行分析。

2. $\sigma_{\mathrm{L}} < Y$ 且 $\sigma_{\mathrm{R}} > Y$

此时，右端入射波应有两个波：弹性波 0~4 和塑性波 4~2。结合以上分析可以给出此种情况下的应力波传播物理平面图，如图 7.25 (a) 所示。同上可以给出状态点 1、状态点 3 和状态点 4 的参数：

$$\begin{cases} \sigma_1 = \sigma_{\mathrm{L}} \\ v_1 = -\dfrac{\sigma_{\mathrm{L}}}{\rho C_e} \end{cases}, \quad \begin{cases} \sigma_3 = Y \\ v_3 = \dfrac{Y - 2\sigma_{\mathrm{L}}}{\rho C_e} \end{cases}, \quad \begin{cases} \sigma_4 = Y \\ v_4 = \dfrac{Y}{\rho C_e} \end{cases} \tag{7.111}$$

根据连续条件和塑性波波阵面上的运动方程，可有

$$\begin{cases} \sigma_5 - \sigma_3 = \rho C_p (v_5 - v_3) \\ \sigma_5 - \sigma_4 = -\rho C_p (v_5 - v_4) \end{cases} \Rightarrow \begin{cases} \sigma_5 = \dfrac{C_p}{C_e}\sigma_{\mathrm{L}} + Y \\ v_5 = \dfrac{Y - \sigma_{\mathrm{L}}}{\rho C_e} \end{cases} \tag{7.112}$$

根据边界条件和左行塑性波 4~2 波阵面上的运动方程可以得到

$$\begin{cases} \sigma_2 = \sigma_{\mathrm{R}} \\ \sigma_2 - \sigma_4 = \rho C_p (v_2 - v_4) \end{cases} \Rightarrow \begin{cases} \sigma_2 = \sigma_{\mathrm{R}} \\ v_2 = \dfrac{\sigma_{\mathrm{R}} - Y}{\rho C_p} + \dfrac{Y}{\rho C_e} \end{cases} \tag{7.113}$$

根据连续条件和右行塑性波 4~5、左行塑性波 4~2 波阵面上的运动方程，可有

$$\begin{cases} \sigma_6 - \sigma_5 = \rho C_p (v_6 - v_5) \\ \sigma_6 - \sigma_2 = -\rho C_p (v_6 - v_2) \end{cases} \tag{7.114}$$

由此，可以求得状态点 6 对应的状态量：

$$\begin{cases} \sigma_6 = \dfrac{C_p}{C_e}\sigma_{\mathrm{L}} + \sigma_{\mathrm{R}} \\ v_6 = \dfrac{\sigma_{\mathrm{R}} - Y}{\rho C_p} + \dfrac{Y - \sigma_{\mathrm{L}}}{\rho C_e} \end{cases} \tag{7.115}$$

容易知道，当左端施加塑性强间断加载波、右端同时加载弹性强间断加载波，此时问题的分析与推导本质上与本例完全相同。

### 7.3.2 两个塑性强间断波的相互作用

当 $\sigma_1 > Y$ 且 $\sigma_2 > Y$ 时，根据弹塑性双波结构理论，杆两端会同时向杆中心位置传播弹性前驱波和塑性加载波，如图 7.26 所示，可知此时 $\sigma_3 = Y$ 和 $\sigma_4 = Y$，根据动量守

恒条件有

$$\begin{cases} \sigma_3 = -\rho C_e v_3 \\ \sigma_4 = \rho C_e v_4 \end{cases} \Rightarrow \begin{cases} v_3 = -\dfrac{Y}{\rho C_e} \\ v_4 = \dfrac{Y}{\rho C_e} \end{cases} \tag{7.116}$$

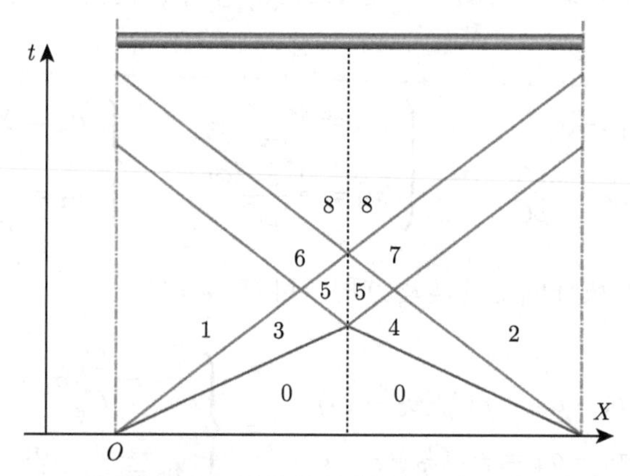


图 7.26　一维弹塑性杆两个塑性加载波迎面相互作用物理平面图

根据边界条件和塑性加载波波阵面上动量守恒条件，有

$$\begin{cases} \sigma_1 - \sigma_3 = -\rho C_p (v_1 - v_3) \\ \sigma_2 - \sigma_4 = \rho C_p (v_2 - v_4) \end{cases} \Rightarrow \begin{cases} v_1 = -\dfrac{\sigma_1 - Y}{\rho C_p} - \dfrac{Y}{\rho C_e} \\ v_2 = \dfrac{\sigma_2 - Y}{\rho C_p} + \dfrac{Y}{\rho C_e} \end{cases} \tag{7.117}$$

根据连续方程和动量守恒条件，有

$$\begin{cases} \sigma_5 - \sigma_3 = \rho C_p (v_5 - v_3) \\ \sigma_5 - \sigma_4 = -\rho C_p (v_5 - v_4) \end{cases} \tag{7.118}$$

求得状态点 5 对应的应力和质点速度为

$$\begin{cases} \sigma_5 = \left(\dfrac{C_p}{C_e} + 1\right) Y \\ v_5 = 0 \end{cases} \tag{7.119}$$

同理，利用塑性加载波阵面上的动量守恒条件，可以分别得到

$$\begin{cases} \sigma_6 - \sigma_1 = \rho C_p (v_6 - v_1) \\ \sigma_6 - \sigma_5 = -\rho C_p (v_6 - v_5) \end{cases} \tag{7.120}$$

$$\begin{cases} \sigma_7 - \sigma_5 = \rho C_p (v_7 - v_5) \\ \sigma_7 - \sigma_2 = -\rho C_p (v_7 - v_2) \end{cases} \tag{7.121}$$

可以得到状态点 6 和状态点 7 对应的应力和质点速度为

$$\begin{cases} \sigma_6 = \dfrac{C_p}{C_e}Y + \sigma_1 \\ v_6 = \dfrac{Y - \sigma_1}{\rho C_p} \end{cases} \qquad \begin{cases} \sigma_7 = \dfrac{C_p}{C_e}Y + \sigma_2 \\ v_7 = \dfrac{\sigma_2 - Y}{\rho C_p} \end{cases} \tag{7.122}$$

根据连续方程和动量守恒条件，可有

$$\begin{cases} \sigma_8 - \sigma_6 = \rho C_p (v_8 - v_6) \\ \sigma_8 - \sigma_7 = -\rho C_p (v_8 - v_7) \end{cases} \tag{7.123}$$

可以求得状态点 8 对应的应力和质点速度值为

$$\begin{cases} \sigma_8 = (\sigma_1 + \sigma_2) + \left(\dfrac{C_p}{C_e} - 1\right) Y \\ v_8 = \dfrac{\sigma_2 - \sigma_1}{\rho C_p} \end{cases} \tag{7.124}$$

### 7.3.3 弹塑性加载波在刚壁上的反射问题

考虑一维杆中两个间隔弹性突加波在刚壁上的反射问题。假设一维弹塑性杆右端与刚壁连接，设杆在初始时刻处于自然状态，即其中应力和质点速度均为 0，如图 7.27 所示，在杆左端突加两个强度分别为 $\sigma_1$ 和 $\sigma_2$，时间间隔为 $\Delta t$ 的弹塑性加载强间断波 (后面简称突加波)，这是典型一维杆中弹塑性加载波在固壁上反射问题。这里我们以 $\sigma_1 < Y$ 且 $\sigma_2 < Y$ 时的情况为例。

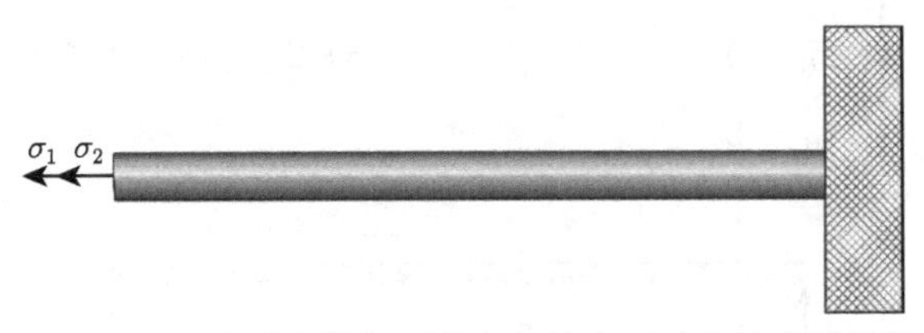


图 7.27 一维弹塑性杆两个突加波在刚壁上的反射问题

1. $\sigma_1 < Y$，$\sigma_2 < Y$ 且 $\sigma_1 + \sigma_2 < Y$

如图 7.27 所示，假设在一维杆左端先有一个强度为 $\sigma_1$ 的弹性突加波，在间隔 $\Delta t$ 时间后，在此基础上又有一个强度为 $\sigma_2$ 的弹性突加波。

已知突加波 0~1 的应力强度为 $\sigma_1$，突加波 1~2 的应力强度为 $\sigma_2$；如 $\sigma_1 + \sigma_2 < Y$，则此时从杆左端陆续向杆右端传播两个弹性突加波，此时根据边界条件和动量守恒条件可有

$$\begin{cases} \sigma_1 = -\rho C_e v_1 \\ \sigma_2 = \sigma_3 - \sigma_1 = -\rho C_e (v_3 - v_1) \end{cases} \tag{7.125}$$

由此可以得出状态点 1 和状态点 3 对应的应力和质点速度分别为

$$\begin{cases} \sigma_1 = \sigma_1 \\ v_1 = -\dfrac{\sigma_1}{\rho C_e} \end{cases} \quad \begin{cases} \sigma_3 = \sigma_1 + \sigma_2 \\ v_3 = -\dfrac{\sigma_1 + \sigma_2}{\rho C_e} \end{cases} \tag{7.126}$$

当弹性突加波 0~1 到达杆右端固壁交界面后，会向左端杆中发射应力波，假设发射应力波也为一个弹性突加波 1~4，根据边界条件和动量守恒条件，可有

$$\begin{cases} v_4 = 0 \\ \sigma_4 - \sigma_1 = \rho C_e (v_4 - v_1) \end{cases} \tag{7.127}$$

可以解得状态点 4 的应力和质点速度值：

$$\begin{cases} \sigma_4 = 2\sigma_1 \\ v_4 = 0 \end{cases} \tag{7.128}$$

(1) 若 $2\sigma_1 < Y$，则以上假设合理，即弹性突加波 0~1 到达固壁后反射波仅为一个弹性突加波。进而，根据连续方程和动量守恒条件可以得到状态点 5 的应力和质点速度值：

$$\begin{cases} \sigma_5 - \sigma_3 = \rho C_e (v_5 - v_3) \\ \sigma_5 - \sigma_4 = -\rho C_e (v_5 - v_4) \end{cases} \Rightarrow \begin{cases} \sigma_5 = 2\sigma_1 + \sigma_2 \\ v_5 = -\dfrac{\sigma_2}{\rho C_e} \end{cases} \tag{7.129}$$

① 若 $2\sigma_1 + \sigma_2 < Y$，则式 (7.129) 成立，此时弹性突加波 4~5 也到达固壁并反射，此时反射波也仅为一个弹性突加波，如图 7.28 所示，即

$$\begin{cases} \sigma_6 - \sigma_5 = \rho C_e (v_6 - v_5) \\ \sigma_6 \leqslant Y \\ v_6 = 0 \end{cases} \Rightarrow 2(\sigma_1 + \sigma_2) \leqslant Y \tag{7.130}$$

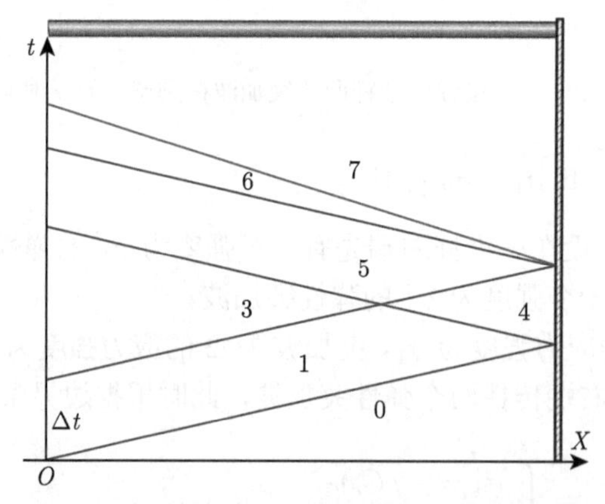


图 7.28　两个弹性突加波在固壁上反射物理平面图 (I)

时，整个杆中应力波的相互作用纯粹就是弹性波相互作用的过程，这在第 5 章已做详细分析，在此不做详述；当 $2(\sigma_1+\sigma_2)>Y$ 时，此时，弹性突加波 4~5 到达固壁后反射一个弹性前驱波和塑性加载波，根据边界条件和动量守恒条件，即有

$$\begin{cases}\sigma_6-\sigma_5=\rho C_e(v_6-v_5)\\ \sigma_6=Y\end{cases}\quad\begin{cases}\sigma_7-\sigma_6=\rho C_p(v_7-v_6)\\ v_7=0\end{cases}\tag{7.131}$$

由此可以解得状态点 6 和状态点 7 对应的应力和质点速度分别为

$$\begin{cases}\sigma_6=Y\\ v_6=\dfrac{Y-2(\sigma_1+\sigma_2)}{\rho C_e}\end{cases}\quad\begin{cases}\sigma_7=\dfrac{C_p}{C_e}[2(\sigma_1+\sigma_2)-Y]+Y\\ v_7=0\end{cases}\tag{7.132}$$

② 若 $2\sigma_1+\sigma_2>Y$，则式 (7.129) 并不成立，也就是说弹性突加波 1~3 和弹性加载波 1~4 相互作用后不仅产生弹性波还产生塑性波，如图 7.29 所示。

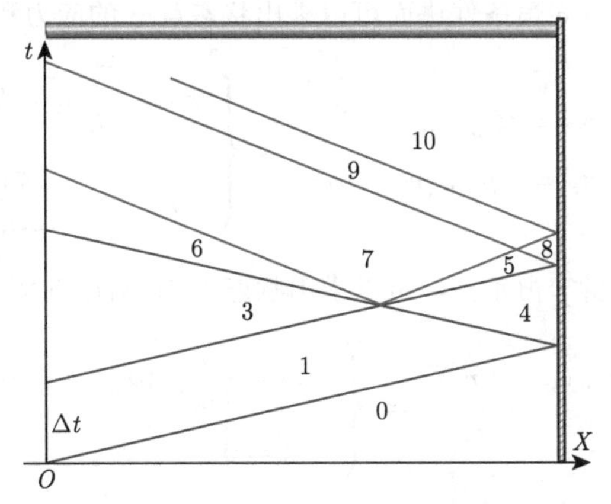


图 7.29 两个弹性突加波在固壁上反射物理平面图 (Ⅱ)

根据边界条件和动量守恒条件分别有

$$\begin{cases}\sigma_5-\sigma_4=-\rho C_e(v_5-v_4)\\ \sigma_5=Y\end{cases}\tag{7.133}$$

$$\begin{cases}\sigma_6-\sigma_3=\rho C_e(v_6-v_3)\\ \sigma_6=Y\end{cases}\tag{7.134}$$

由此可以求得状态点 5 和状态点 6 的应力和质点速度值：

$$\begin{cases}\sigma_5=Y\\ v_5=\dfrac{2\sigma_1-Y}{\rho C_e}\end{cases}\quad\begin{cases}\sigma_6=Y\\ v_6=\dfrac{Y-2(\sigma_1+\sigma_2)}{\rho C_e}\end{cases}\tag{7.135}$$

根据连续方程和动量守恒条件，可以得到

$$\begin{cases} \sigma_7 - \sigma_6 = \rho C_p (v_7 - v_6) \\ \sigma_7 - \sigma_5 = -\rho C_p (v_7 - v_5) \end{cases} \tag{7.136}$$

进而可以求出状态点 7 对应的应力和质点速度为

$$\begin{cases} \sigma_7 = \dfrac{C_p}{C_e}(2\sigma_1 + \sigma_2 - Y) + Y \\ v_7 = -\dfrac{\sigma_2}{\rho C_e} \end{cases} \tag{7.137}$$

根据边界条件和动量守恒条件可以求出状态点 8 的应力和质点速度为

$$\begin{cases} \sigma_8 - \sigma_5 = \rho C_p (v_8 - v_5) \\ v_8 = 0 \end{cases} \Rightarrow \begin{cases} \sigma_8 = \dfrac{C_p}{C_e}(Y - 2\sigma_1) + Y \\ v_8 = 0 \end{cases} \tag{7.138}$$

根据连续方程和动量守恒条件进而可以求出状态点 9 的应力和质点速度：

$$\begin{cases} \sigma_9 - \sigma_7 = \rho C_p (v_9 - v_7) \\ \sigma_9 - \sigma_8 = -\rho C_p (v_9 - v_8) \end{cases} \Rightarrow \begin{cases} \sigma_9 = \dfrac{C_p}{C_e}\sigma_2 + Y \\ v_9 = \dfrac{Y - (2\sigma_1 + \sigma_2)}{\rho C_e} \end{cases} \tag{7.139}$$

根据边界条件和动量守恒条件，可以求出状态点 10 对应的应力和质点速度为

$$\begin{cases} \sigma_{10} - \sigma_9 = \rho C_p (v_{10} - v_9) \\ v_{10} = 0 \end{cases} \Rightarrow \begin{cases} \sigma_{10} = \dfrac{C_p}{C_e}[2(\sigma_1 + \sigma_2) - Y] + Y \\ v_{10} = 0 \end{cases} \tag{7.140}$$

(2) 若 $2\sigma_1 > Y$，则根据式 (7.128) 可知，弹性突加波 0~1 到达固壁后同时反射弹性前驱加载波和塑性加载波，如图 7.30 所示。

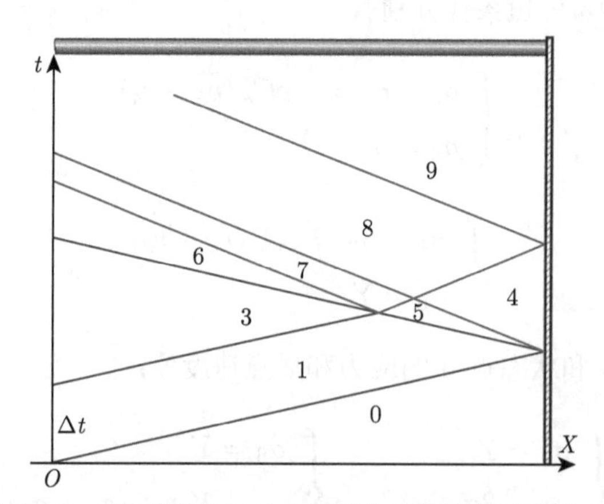


图 7.30　两个弹性突加波在固壁上反射物理平面图 (Ⅲ)

根据边界条件和动量守恒条件分别可以得到状态点 5 和状态点 6 对应的应力和质点速度：

$$\begin{cases} \sigma_5 - \sigma_1 = \rho C_e (v_5 - v_1) \\ \sigma_5 = Y \end{cases} \Rightarrow \begin{cases} \sigma_5 = Y \\ v_5 = \dfrac{Y - 2\sigma_1}{\rho C_e} \end{cases} \tag{7.141}$$

$$\begin{cases} \sigma_6 - \sigma_3 = \rho C_e (v_6 - v_3) \\ \sigma_6 = Y \end{cases} \Rightarrow \begin{cases} \sigma_6 = Y \\ v_6 = \dfrac{Y - 2(\sigma_1 + \sigma_2)}{\rho C_e} \end{cases} \tag{7.142}$$

根据连续方程和动量守恒条件，分别有

$$\begin{cases} \sigma_7 - \sigma_6 = \rho C_p (v_7 - v_6) \\ \sigma_7 - \sigma_5 = -\rho C_p (v_7 - v_5) \end{cases} \tag{7.143}$$

$$\begin{cases} \sigma_8 - \sigma_7 = \rho C_p (v_8 - v_7) \\ \sigma_8 - \sigma_4 = -\rho C_p (v_8 - v_4) \end{cases} \tag{7.144}$$

根据边界条件和动量守恒条件，分别有

$$\begin{cases} \sigma_4 - \sigma_5 = \rho C_p (v_4 - v_5) \\ v_4 = 0 \end{cases} \tag{7.145}$$

$$\begin{cases} \sigma_9 - \sigma_8 = \rho C_p (v_9 - v_8) \\ v_9 = 0 \end{cases} \tag{7.146}$$

联立式 (7.143) ~ 式 (7.146)，分别可以得到状态点 4、状态点 7、状态点 8 和状态点 9 对应的应力和质点速度：

$$\begin{cases} \sigma_7 = \dfrac{C_p}{C_e}\sigma_2 + Y \\ v_7 = \dfrac{Y - (2\sigma_1 + \sigma_2)}{\rho C_e} \end{cases} \quad \begin{cases} \sigma_8 = \dfrac{C_p}{C_e}(2\sigma_1 + \sigma_2 - Y) + Y \\ v_8 = -\dfrac{\sigma_2}{\rho C_e} \end{cases}$$
$$\begin{cases} \sigma_4 = \dfrac{C_p}{C_e}(2\sigma_1 - Y) + Y \\ v_4 = 0 \end{cases} \quad \begin{cases} \sigma_9 = \dfrac{C_p}{C_e}[2(\sigma_1 + \sigma_2) - Y] + Y \\ v_9 = 0 \end{cases} \tag{7.147}$$

2. $\sigma_1 < Y$，$\sigma_2 < Y$ 但 $\sigma_1 + \sigma_2 > Y$

此时一维杆左端第二个弹性突加波会向杆中传播一个弹性前驱波后再传播一个塑性加载波，此时也分两种情况分析。

(1) 若 $2\sigma_1 < Y$，此时第一个弹性突加波 0~1 到达固壁界面上后反射波也仅为一个弹性突加波 1~4，如图 7.31 所示，根据边界条件和动量守恒条件，分别有

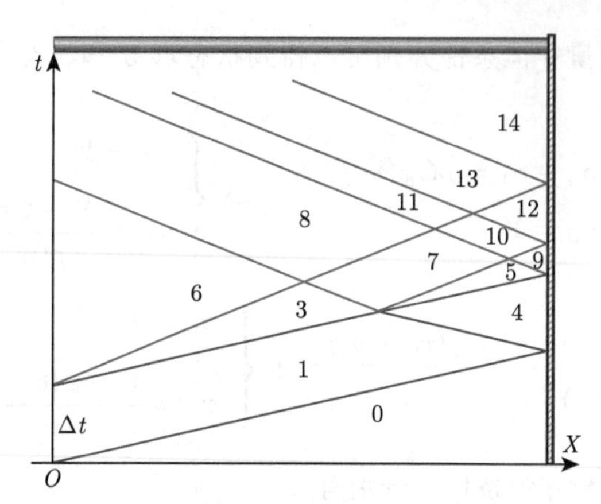


图 7.31　两个弹性突加波在固壁上反射物理平面图 (Ⅳ)

$$\begin{cases} \sigma_1 = -\rho C_e v_1 \\ \sigma_1 = \sigma_1 \end{cases}, \quad \begin{cases} \sigma_6 - \sigma_3 = -\rho C_p (v_6 - v_3) \\ \sigma_6 - \sigma_1 = \sigma_2 \end{cases} \tag{7.148}$$

$$\begin{cases} \sigma_3 - \sigma_1 = -\rho C_e (v_3 - v_1) \\ \sigma_3 = Y \end{cases}, \quad \begin{cases} \sigma_5 - \sigma_4 = -\rho C_e (v_5 - v_4) \\ \sigma_5 = Y \end{cases}, \quad \begin{cases} \sigma_4 - \sigma_1 = \rho C_e (v_4 - v_1) \\ v_4 = 0 \end{cases} \tag{7.149}$$

$$\begin{cases} \sigma_9 - \sigma_5 = \rho C_p (v_9 - v_5) \\ v_9 = 0 \end{cases}, \quad \begin{cases} \sigma_{12} - \sigma_{10} = \rho C_p (v_{12} - v_{10}) \\ v_{12} = 0 \end{cases}, \quad \begin{cases} \sigma_{14} - \sigma_{13} = \rho C_p (v_{14} - v_{13}) \\ v_{14} = 0 \end{cases} \tag{7.150}$$

根据连续方程和动量守恒方程，分别有

$$\begin{cases} \sigma_7 - \sigma_3 = \rho C_p (v_7 - v_3) \\ \sigma_7 - \sigma_5 = -\rho C_p (v_7 - v_5) \end{cases}, \quad \begin{cases} \sigma_8 - \sigma_6 = \rho C_p (v_8 - v_6) \\ \sigma_8 - \sigma_7 = -\rho C_p (v_8 - v_7) \end{cases}$$

$$\begin{cases} \sigma_{10} - \sigma_7 = \rho C_p (v_{10} - v_7) \\ \sigma_{10} - \sigma_9 = -\rho C_p (v_{10} - v_9) \end{cases}, \quad \begin{cases} \sigma_{11} - \sigma_8 = \rho C_p (v_{11} - v_8) \\ \sigma_{11} - \sigma_{10} = -\rho C_p (v_{11} - v_{10}) \end{cases}$$

$$\begin{cases} \sigma_{13} - \sigma_{11} = \rho C_p (v_{13} - v_{11}) \\ \sigma_{13} - \sigma_{12} = -\rho C_p (v_{13} - v_{12}) \end{cases} \tag{7.151}$$

结合式 (7.148) ~ 式 (7.151)，分别可以求出图 7.31 所示状态点 1 到状态点 14 对应的应力和质点速度值。

(2) 若 $2\sigma_1 > Y$，此时第一个弹性突加波 0~1 到达固壁界面后反射波由一个弹性突加波和一个紧随其后的塑性突加波组成，如图 7.32 所示。参考图 7.32，我们根据连续方程、边界条件和动量守恒条件，可以分别求出状态点 1 到状态点 13 对应的应力和质点速度值。

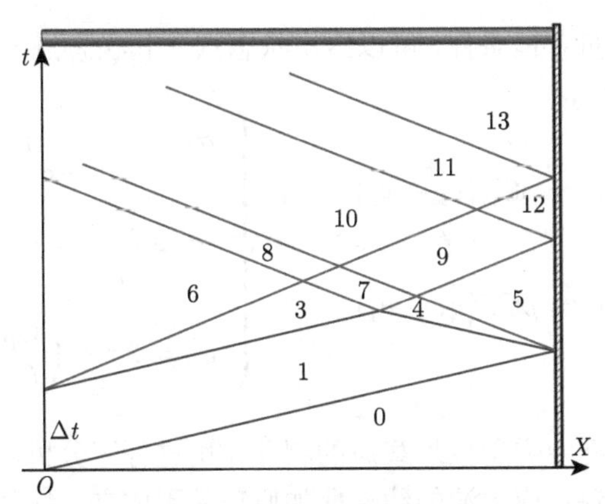


图 7.32 两个弹性突加波在固壁上反射物理平面图 (V)

若两个加载波没有时间间隔，而是一起从左端面出发，一个为弹性突加波，另一个为塑性突加波，简单来讲，就是一个强度为 $\sigma > Y$ 的弹塑性突加波从左端向右端传播，到达固壁上的反射问题。如图 7.33 所示，容易知道，其初始条件和边界条件为

$$\begin{cases} \sigma_1 = Y \\ \sigma_2 = \sigma \\ v_3 = v_5 = 0 \end{cases} \tag{7.152}$$

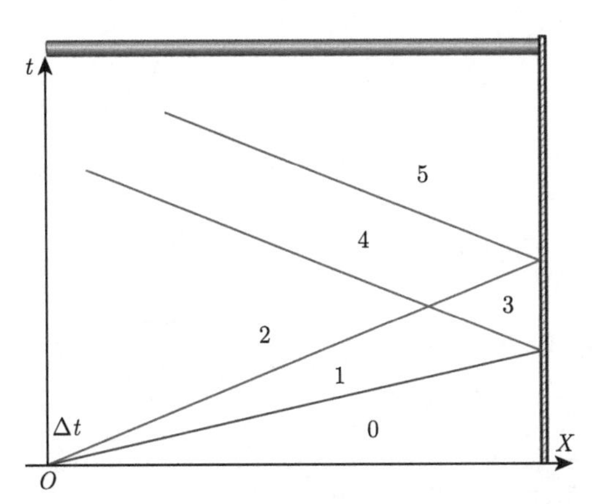


图 7.33 弹塑性加载波在固壁上反射物理平面图

根据动量守恒条件，可以计算出状态点 2 和状态点 3 对应的应力和质点速度为

$$\begin{cases} \sigma_1 = -\rho C_e v_1 \\ \sigma_2 - \sigma_1 = -\rho C_p (v_2 - v_1) \\ \sigma_3 - \sigma_1 = \rho C_p (v_3 - v_1) \end{cases} \Rightarrow \begin{cases} v_1 = -\dfrac{Y}{\rho C_e} \\ v_2 = -\dfrac{\sigma - Y}{\rho C_p} - \dfrac{Y}{\rho C_e} \\ \sigma_3 = \left(1 + \dfrac{C_p}{C_e}\right) Y \end{cases} \tag{7.153}$$

根据连续方程和动量守恒条件，可以给出状态点 4 和状态点 5 对应的应力和质点速度：

$$\left\{\begin{array}{l}\sigma_4-\sigma_2=\rho C_p\left(v_4-v_2\right)\\ \sigma_4-\sigma_3=-\rho C_p\left(v_4-v_3\right)\\ \sigma_5-\sigma_4=\rho C_p\left(v_5-v_4\right)\end{array}\right. \Rightarrow \left\{\begin{array}{l}\sigma_4=\sigma+\dfrac{C_p}{C_e}Y\\ v_4=\dfrac{Y-\sigma}{\rho C_p}\\ \sigma_5=2\sigma+\left(\dfrac{C_p}{C_e}-1\right)Y\end{array}\right. \tag{7.154}$$

上面对一维弹塑性杆中弹塑性加载波的相互作用进行了分析，可以看出，对于存在塑性加载波相互作用的问题，应力波的线性叠加原理并不成立，这体现出非线性波相互作用时的特点。然而，上述的研究过程中，塑性波到达杆两端自由面时会产生卸载波，卸载波与塑性加载波相互作用的问题更为复杂，但更具有代表性；可以说，如果我们只研究弹塑性加载波的相互作用，而不分析卸载波与塑性加载波的相互作用，那么，其与非线性弹性介质中弹性波的相互作用并没有本质上的不同。

# 第 8 章 一维杆中弹塑性波传播应变间断面与内反射

弹塑性材料中应力波传播和相互作用的非线性问题本质主要体现在弹性卸载波与塑性突加波的相互作用，因为只有在这样的问题中，弹塑性材料在由塑性加载转变成弹性卸载时的变形不可逆性才起了决定性的作用。

## 8.1 一维杆中弹性卸载波对塑性突加波的卸载

在实际工程问题中，弹性卸载波对塑性突加波的追赶卸载问题普遍存在，例如，脉冲应力峰值大于材料的屈服强度时强脉冲波在杆中的传播问题。如图 8.1 所示，假设在初始时刻处于自然状态的一维弹塑性杆 (同前面，本节杆材料为线性硬化弹塑性材料且 $C_e \neq C_p$) 左端突然加载一个强度为 $\sigma > Y$ 的塑性强间断突加波，根据弹塑性双波结构理论可知，此时会在杆中从左端向右端传播一个弹性前驱波和塑性突加波；假设该塑性突加波在一维弹塑性杆中传播一段距离后，又有一个弹性卸载波自杆左端向杆中传播，由于弹性卸载波波速大于塑性突加波波速，因此前者在 $A$ 点相遇。

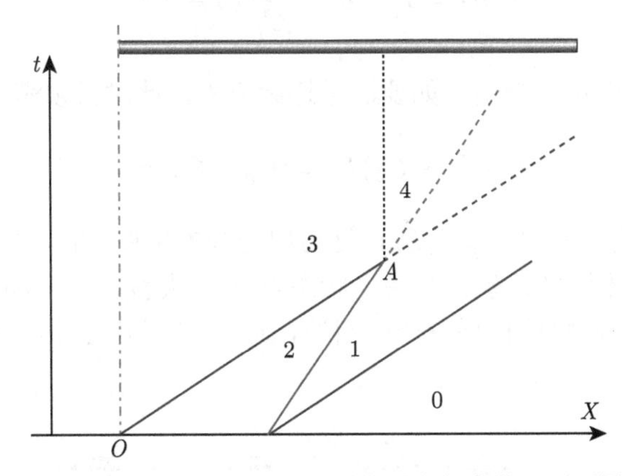


图 8.1 弹性卸载波对塑性突加波的追赶卸载物理平面图 (I)

根据应力波 0~1 和 1~2 波阵面上动量守恒条件和边界条件，可有

$$\begin{cases} Y = -\rho C_e v_1 \\ \sigma - Y = -\rho C_p \left(v_2 - v_1\right) \end{cases} \tag{8.1}$$

由此可以得到状态点 1 和状态点 2 对应的应力和质点速度分别为

$$\begin{cases} \sigma_1 = Y \\ v_1 = -\dfrac{Y}{\rho C_e} \end{cases}, \quad \begin{cases} \sigma_2 = \sigma \\ v_2 = -\dfrac{\sigma - Y}{\rho C_p} - \dfrac{Y}{\rho C_e} \end{cases} \tag{8.2}$$

设弹性卸载波的强度为 $\sigma' = \sigma_3 - \sigma_2 < 0$，根据应力波 2~3 波阵面上的动量守恒条件有

$$\begin{cases} \sigma_3 - \sigma_2 = \sigma' \\ \sigma_3 - \sigma_2 = -\rho C_e (v_3 - v_2) \end{cases} \tag{8.3}$$

由此，可以解得状态点 3 对应的应力和质点速度为

$$\begin{cases} \sigma_3 = \sigma + \sigma' \\ v_3 = -\dfrac{\sigma' + Y}{\rho C_e} - \dfrac{\sigma - Y}{\rho C_p} \end{cases} \tag{8.4}$$

假设当弹性卸载波 2~3 追赶上塑性突加波 1~2 后，即在 $A$ 对应的时刻和位置后，两波相互作用后只产生向右传播的强间断波，由于状态点 1 对应的应力即为材料的屈服强度，因此只可能是塑性突加波或弹性卸载波某一个波。先假设只产生一个向右传播的弹性卸载波，此时根据应力波 1~4 波阵面上的动量守恒条件有

$$\sigma_4 - \sigma_1 = -\rho C_e (v_4 - v_1) \tag{8.5}$$

根据连续方程，可有 $v_4 = v_3$，此时可以得到状态点 4 对应的应力为

$$\sigma_4 = Y + \sigma' + \frac{C_e}{C_p}(\sigma - Y) \tag{8.6}$$

对比式 (8.6) 和式 (8.4) 可以看出，如要满足连续方程，此时必须满足

$$(C_p - C_e) Y = (C_p - C_e) \sigma \tag{8.7}$$

式 (8.7) 的解为 $\sigma = Y$ 或 $C_p = C_e$，这与问题基本条件不符，因此，可以认为，状态点 3 和状态点 4 应该不连续，也就是说，状态点 3 和状态点 4 之间应该还存在强间断波，结合前面分析的结论向右只能传播一个间断波，因此可以判断此波应该是反射波，如图 8.2 所示。

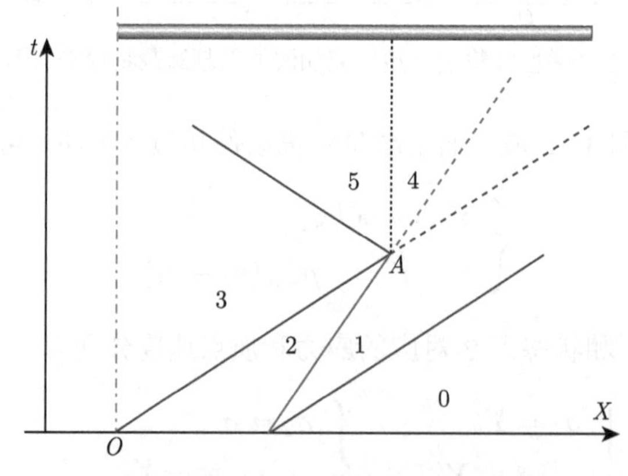


图 8.2　弹性卸载波对塑性突加波的追赶卸载物理平面图 (Ⅱ)

假设弹性卸载波追赶上塑性突加波后，向杆左端和杆右端反射和透射弹性波，根据动量守恒条件可有

$$\begin{cases} \sigma_5 - \sigma_3 = \rho C_e (v_5 - v_3) \\ \sigma_4 - \sigma_1 = -\rho C_e (v_4 - v_1) \end{cases} \tag{8.8}$$

根据连续条件，有

$$\begin{cases} \sigma_5 = \sigma_4 \\ v_5 = v_4 \end{cases} \tag{8.9}$$

由此可以解得状态点 4 和状态点 5 对应的应力和质点速度为

$$\begin{cases} \sigma_5 = \sigma_4 = \dfrac{1}{2}\left[\sigma + 2\sigma' + Y + \dfrac{C_e}{C_p}(\sigma - Y)\right] \\ v_5 = v_4 = \dfrac{1}{2}\left(-\dfrac{\sigma + 2\sigma' + Y}{\rho C_e} - \dfrac{\sigma - Y}{\rho C_p}\right) \end{cases} \tag{8.10}$$

若

$$\sigma_5 = \sigma_4 = \frac{1}{2}\left[\sigma + 2\sigma' + Y + \frac{C_e}{C_p}(\sigma - Y)\right] < Y \tag{8.11}$$

弹性卸载波 $\sigma' = \sigma_3 - \sigma_2 < 0$，式 (8.11) 可表示为

$$-\sigma' = |\sigma'| > \frac{C_e/C_p + 1}{2}(\sigma - Y) \tag{8.12}$$

也就是说，当弹性卸载波的强度足够大，满足式 (8.12) 时，上面的假设成立，此时一维杆中塑性突加波被较“强”弹性卸载波追赶上后衰减为弹性卸载波；反之，则上面的假设不成立，此时塑性突加波被较“弱”弹性卸载波追赶上后依然向右传播塑性突加波。

### 8.1.1 一维杆中弹性卸载波对塑性突加波的追赶卸载

下面我们分别对这两种情况进行分析。

1. “强”弹性卸载波对“弱”塑性突加波的追赶卸载

此时弹性卸载波与塑性突加波的强度满足式 (8.12) 所示关系，由于 $\sigma_4 < Y$，塑性突加波被弹性卸载波追赶上后衰减成为弹性卸载波继续向杆右端传播；同时，由于

$$\sigma_5 = \frac{1}{2}\left[\sigma + 2\sigma' + Y + \frac{C_e}{C_p}(\sigma - Y)\right] = \frac{1}{2}\left[\left(\frac{C_e}{C_p} + 1\right)\sigma + 2\sigma' + \left(\frac{C_e}{C_p} - 1\right)Y\right] \tag{8.13}$$

一般来讲，$C_e > C_p$，因此，由上述分析可知

$$\sigma_5 = \frac{1}{2}\left[\left(\frac{C_e}{C_p} + 1\right)\sigma + 2\sigma' + \left(\frac{C_e}{C_p} - 1\right)Y\right] > \sigma + \sigma' = \sigma_3 \tag{8.14}$$

式 (8.14) 的物理意义是，此时会向左端反射一个强度为 $\sigma_5 - \sigma_3$ 的弹性突加波，如图 8.3 所示。

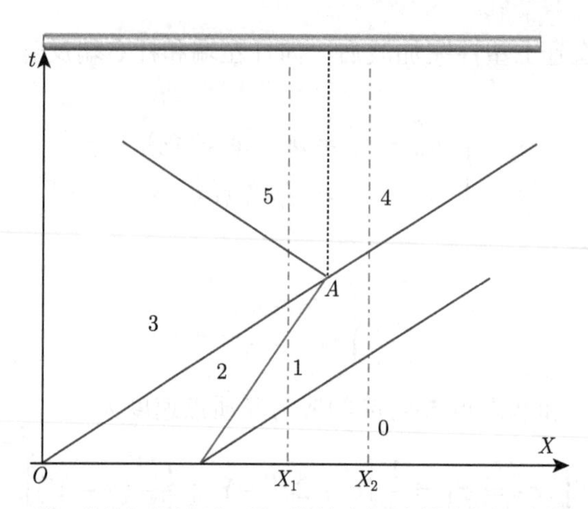


图 8.3　“强” 弹性卸载波对 “弱” 塑性突加波的追赶卸载物理平面图

取如图 8.3 中一维弹塑性杆中两波相遇点 $A$ 前后 L 氏坐标分别为 $X_1$ 和 $X_2$ 处的截面为分析对象，容易看出，杆截面 $X_1$ 上的轴线应力状态路径为 $0 \to 1 \to 2 \to 3 \to 5$，其对应的应力路径在杆材料的应力应变平面上为 $0 \to Y \to \sigma \to \sigma + \sigma' \to \sigma_5$，如图 8.4 所示。而杆截面 $X_2$ 上的轴线应力状态路径为 $0 \to 1 \to 4$，其对应的应力路径在杆材料的应力应变平面上为 $0 \to Y \to \sigma_4$，如图 8.4 所示。对比图 8.3 和图 8.4 可知，当 “强” 弹性卸载波追赶上 “弱” 塑性突加波时，$A$ 点靠右的杆中材料甚至处于弹性阶段而没有到达塑性阶段；而 $A$ 点靠左的杆中材料应力历史中经历了弹性加载和塑性加载以及弹性卸载阶段。因此，虽然在状态平面上状态点 4 和状态点 5 的应力和质点速度相等，但与前面所分析弹性波相互作用不同的是，此时两点实际状态并不相同，从图 8.4 可以看出，此时状态点 5 对应的应变量与状态点 4 不同，后者只有弹性应变，而前者同时存在弹性应变和塑性应变。

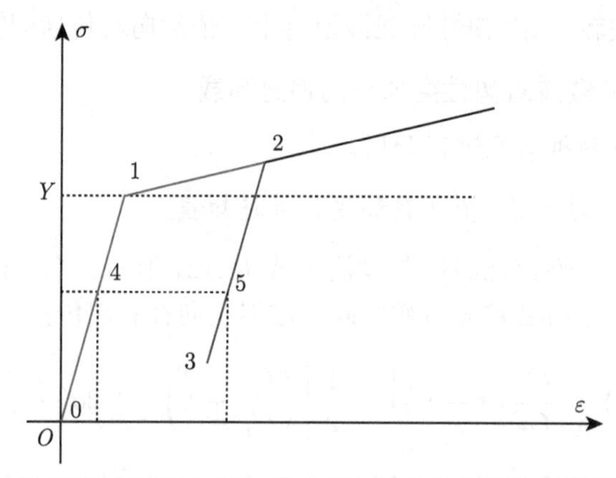


图 8.4　“强” 弹性卸载波对 “弱” 塑性突加波的追赶卸载中截面应力路径图

2. “弱” 弹性卸载波对 “强” 塑性突加波的追赶卸载

当弹性卸载波强度为

$$|\sigma'| = -\sigma' < \frac{C_e/C_p + 1}{2}(\sigma - Y) \tag{8.15}$$

时，有

$$\sigma_5 = \sigma_4 = \frac{1}{2}\left[\sigma + 2\sigma' + Y + \frac{C_e}{C_p}(\sigma - Y)\right] > Y$$

此时塑性突加波 1~2 被后方的弹性卸载波 2~3 追赶上后继续传播的并不是弹性突加波，与假设不符；因此，此时从点 $A$ 对于杆中位置向右方传播的应是塑性突加波 1~4，如图 8.5 所示。

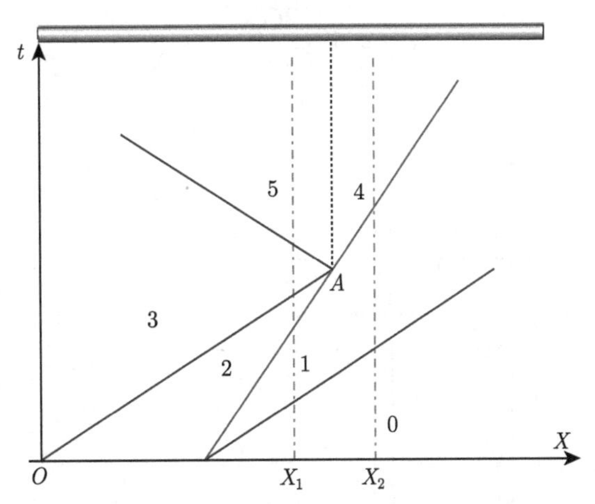


图 8.5 “弱”弹性卸载波对“强”塑性突加波的追赶卸载物理平面图

假设此时会反射一个弹性波 3~5，根据连续方程和动量守恒条件，式 (8.8) 和式 (8.9) 应写为

$$\begin{cases} \sigma_5 - \sigma_3 = \rho C_e (v_5 - v_3) \\ \sigma_4 - \sigma_1 = -\rho C_p (v_4 - v_1) \end{cases}, \quad \begin{cases} \sigma_5 = \sigma_4 \\ v_5 = v_4 \end{cases} \tag{8.16}$$

由此可以得到状态点 4 和状态点 5 的应力和质点速度：

$$\begin{cases} \sigma_5 = \sigma_4 = \sigma + \dfrac{2C_p\sigma'}{C_e + C_p} \\ v_5 = v_4 = -\dfrac{2\sigma'}{\rho C_e + \rho C_p} + \dfrac{Y - \sigma}{\rho C_p} - \dfrac{Y}{\rho C_e} \end{cases} \tag{8.17}$$

根据式 (8.15) 可知，式 (8.17) 中：

$$\sigma_5 = \sigma_4 = \sigma + \frac{2C_p}{C_e + C_p}\sigma' > Y \tag{8.18}$$

此时我们可以在材料的应力应变曲线中描述图 8.5 中截面 $X_2$ 处的应力历史，如图 8.6 中 $0 \to 1 \to 4$ 路径所示，从图中可以看出，从状态点 1 到状态点 4 对于此处截面的历史而言确实是塑性加载，因此，前面认为此塑性突加波被追赶卸载后仍传播新的塑性突加波是合理的。

对于截面 $X_1$ 处材料的应力路径为 $0 \to 1 \to 2 \to 3 \to 5$，如图 8.6 所示。从图中可以看出，首先，从状态点 0 到状态点 1 材料一直处于弹性状态，也就是说突加波 0~1 是弹性突加波；其次，从状态点 1 到状态点 2 材料处于塑性状态，即突加波 1~2 是塑性突加波；然后，从状态点 2 到状态点 3 材料处于弹性卸载阶段，此时材料应处于弹性状态，也就是说，强间断波 2~3 是弹性卸载波；最后，从状态点 3 到状态点 5，材料处于二次加载阶段，此时虽然 $\sigma_5 > Y$，但由于

$$\sigma_5 = \sigma + \frac{2C_p\sigma'}{C_e + C_p} < \sigma \tag{8.19}$$

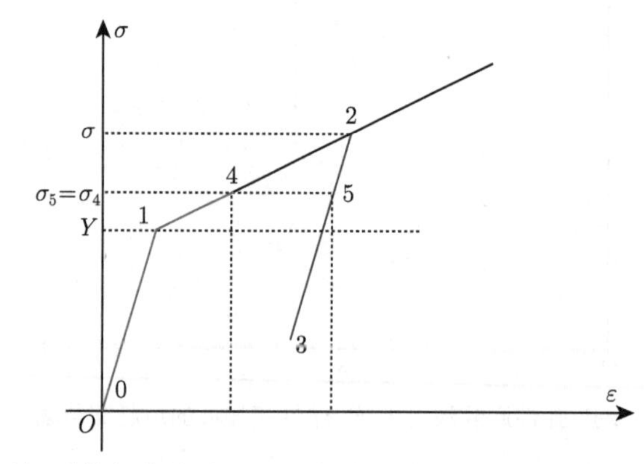


图 8.6　“弱” 弹性卸载波对 “强” 塑性突加波的追赶卸载中截面应力路径图

即小于后继屈服应力，此时截面处应力状态应该一直处于弹性状态，而且

$$\sigma_5 - \sigma_3 > -\frac{C_e - C_p}{C_e + C_p}\sigma' = \frac{C_e - C_p}{C_e + C_p}\left|\sigma'\right| > 0 \tag{8.20}$$

也就是说强间断波 3~5 也是弹性突加波，这与上面的假设相符。

从上面分析可以看出，虽然状态点 4 和状态点 5 对应的应力和质点速度都相等，但与弹性杆中应力波相互作用不同的是，由于应力路径和历史不同，两者对应的状态并不相同，此时状态点 4 虽然与状态点 5 对应的应力相等，但状态点 4 处于塑性状态，而状态点 5 却处于弹性状态。

### 8.1.2　应变间断面的概念与内反射机理

以上对两种情况下弹性卸载波追赶塑性突加波的情况进行了分析，结果表明，虽然在同一个一维杆中，但当两波相遇后竟然会在相遇的截面上同时产生一个反射波和透射波，我们通常将其称为内反射波和内透射波。在 “强” 弹性卸载波对 “弱” 塑性突加波的追赶卸载过程中，如图 8.3 和图 8.4 所示，虽然相遇点 $A$ 对应的杆截面两端应力和质点速度都相同，但由于卸载波 2~3 是从塑性状态突减到弹性状态，并没有像加载时分两个阶段，先从塑性加载路线返回再按照弹性路线返回，而是直接按照弹性卸载曲线返回，这使得两端的应变不同，这种由于应力历史不同，使得两波相遇后在同一杆中由于应变不同而产生的 “内间

断面”，我们将其称为应变间断面。而对于“弱”弹性卸载波对“强”塑性突加波的追赶卸载问题，如图 8.5 和图 8.6 所示，与前一种情况相比较，除了加卸载路径的不同之外，导致 $A$ 点对应界面两端存在应变间断的最主要原因是，材料的屈服强度从初始屈服强度增加到后屈服强度，即此时界面两端材料其他参数相同，但屈服强度不同，从本质上讲就是一个屈服强度间断面，从唯象上看，它也是一类应变间断面。应变间断面是线性强化材料中特有的现象，为区分两类间断面，我们把间断面两端皆处于弹性状态的应变间断面称为第Ⅰ类应变间断面，把一端处于弹性状态而另一端却处于塑性状态的应变间断面称为第Ⅱ类应变间断面。

对于应力波在应变间断面上的透反射问题，第 5 章中弹性波交界面上的透反射定律很难直接应用从而进行定量的描述。下面我们同上对两类间断面上应力波内反射问题进行分析和探讨。

1.“强”弹性卸载波对“弱”塑性突加波的追赶卸载问题

如图 8.7 (a) 所示，假设“强”弹性卸载波追赶上“弱”塑性突加波瞬间，两波相互作用后向右方传播一个弹性卸载波，根据动量守恒条件和牛顿第三定律可有

$$\begin{cases}Y=-\rho C_e v_1\\ \sigma-Y=-\rho C_p\left(v_2-v_1\right)\end{cases},\quad \begin{cases}\sigma_3-\sigma_2=\sigma'\\ \sigma_3-\sigma_2=-\rho C_e\left(v_3-v_2\right)\end{cases},\quad \begin{cases}\sigma_4-\sigma_1=-\rho C_e\left(v_4-v_1\right)\\ \sigma_4=\sigma_3\end{cases} \tag{8.21}$$

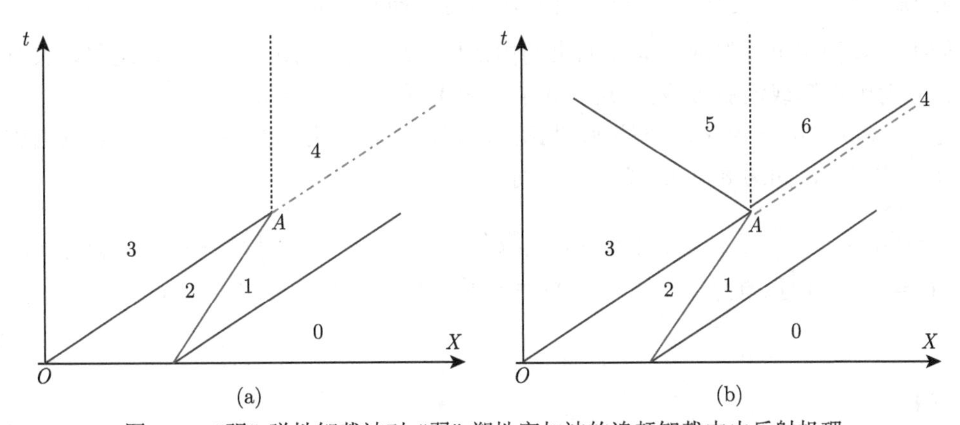


图 8.7 “强”弹性卸载波对“弱”塑性突加波的追赶卸载中内反射机理

由式 (8.21) 可以得到状态点 3 和状态点 4 对应的应力和质点速度为

$$\begin{cases}\sigma_3=\sigma+\sigma'\\ v_3=-\dfrac{\sigma'+Y}{\rho C_e}-\dfrac{\sigma-Y}{\rho C_p}\end{cases},\quad \begin{cases}\sigma_4=\sigma+\sigma'\\ v_4=-\dfrac{\sigma+\sigma'}{\rho C_e}\end{cases} \tag{8.22}$$

从式 (8.22) 可以看出，此时在应变间断面处存在一个速度差：

$$\Delta v=v_4-v_3=\left(\frac{1}{\rho C_p}-\frac{1}{\rho C_e}\right)(\sigma-Y)>0 \tag{8.23}$$

式 (8.23) 意味着在这一瞬间应变间断面上又产生一个拉伸行为，此拉伸行为会产生一对内拉伸即突加波向左右两端传播，如图 8.7 (b) 所示，此拉伸行为瞬时向右传播的强间断波为 4~6，向左传播的强间断波为 3~5，参考本节中对“强”弹性卸载波的定义可知，此一对大小相等、方向相反的应力波应为弹性波，根据连续方程和动量守恒条件有

$$\begin{cases}\sigma_6-\sigma_4=-\rho C_e\left(v_6-v_4\right)\\ \sigma_5-\sigma_3=\rho C_e\left(v_5-v_3\right)\end{cases} \text{且} \quad \begin{cases}\sigma_5=\sigma_6\\ v_5=v_6\end{cases} \tag{8.24}$$

式 (8.24) 可以解得状态点 5 和状态点 6 的应力和质点速度为

$$\begin{cases}\sigma_5=\sigma_6=\dfrac{1}{2}\left[2\sigma'+Y+\sigma+\dfrac{C_e}{C_p}\left(\sigma-Y\right)\right]\\ v_5=v_6=-\dfrac{2\sigma'+Y+\sigma}{2\rho C_e}-\dfrac{\sigma-Y}{2\rho C_p}\end{cases} \tag{8.25}$$

对比式 (8.25) 与式 (8.14) 可以看出，图 8.7 (b) 中状态点 5 的应力和质点速度正好与图 8.3 中所求出的“强”弹性卸载波对“弱”塑性突加波的追赶卸载问题中对应解一致。而向右传播的两个波都是同一时间向右传播，因此出现叠加现象，即应力波 1~4 和 4~6 叠加为应力波 1~6，此时物理平面图就与图 8.3 一致，图 8.7 (b) 中状态点 6 的应力和质点速度正好与图 8.3 中状态点 4 对应的值相等。

2. “弱”弹性卸载波对“强”塑性突加波的追赶卸载问题

同上，我们也可以将应变间断面上的内反射问题进行假想分步分析，这里，又分两种情况：入射弹性卸载波后方应力 $\sigma_3=\sigma+\sigma'<Y$ 和 $\sigma_3=\sigma+\sigma'>Y$。

当 $\sigma_3=\sigma+\sigma'<Y$ 时，假设弹性卸载波追赶上塑性突加波后瞬间会继续向右方传播一个弹性卸载波，如图 8.8 (a) 所示，此时有

$$\begin{cases}Y=-\rho C_e v_1\\ \sigma-Y=-\rho C_p\left(v_2-v_1\right)\end{cases},\quad \begin{cases}\sigma_3-\sigma_2=\sigma'\\ \sigma_3-\sigma_2=-\rho C_e\left(v_3-v_2\right)\end{cases},\quad \begin{cases}\sigma_4-\sigma_1=-\rho C_e\left(v_4-v_1\right)\\ \sigma_4=\sigma_3\end{cases} \tag{8.26}$$

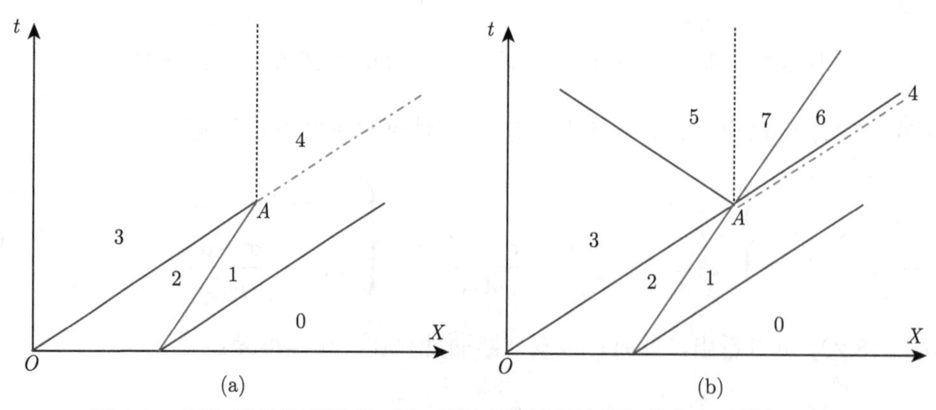


图 8.8 “弱”弹性卸载波对“强”塑性突加波的追赶卸载中内反射机理 (I)

同上可以得到

$$\begin{cases}\sigma_3 = \sigma + \sigma' \\ v_3 = -\dfrac{\sigma' + Y}{\rho C_e} - \dfrac{\sigma - Y}{\rho C_p}\end{cases}, \quad \begin{cases}\sigma_4 = \sigma + \sigma' \\ v_4 = -\dfrac{\sigma + \sigma'}{\rho C_e}\end{cases} \tag{8.27}$$

和

$$\Delta v = v_4 - v_3 = \left(\frac{1}{\rho C_p} - \frac{1}{\rho C_e}\right)(\sigma - Y) > 0 \tag{8.28}$$

即此时自应变间断面向左右两个方向同时传播一对大小相等、方向相反的内拉伸波，参考以上的分析以及本节对“强”塑性突加波的定义可知，此时向左传播的拉伸突加波应为弹性波而向右传播的拉伸突加波应为塑性波，而此瞬间应变间断面右端应力状态为弹性状态，因此同时传播一个弹性突加波 4~6 和塑性突加波 6~7，如图 8.8 (b) 所示，根据连续方程和动量守恒条件有

$$\begin{cases}\sigma_6 - \sigma_4 = -\rho C_e (v_6 - v_4) \\ \sigma_7 - \sigma_6 = -\rho C_p (v_7 - v_6) \\ \sigma_5 - \sigma_3 = \rho C_e (v_5 - v_3)\end{cases} \quad \text{且} \quad \begin{cases}\sigma_5 = \sigma_7 \\ v_5 = v_7 \\ \sigma_6 = Y\end{cases} \tag{8.29}$$

式 (8.29) 可以解得状态点 5、状态点 6 和状态点 7 的应力和质点速度为

$$\begin{cases}\sigma_5 = \sigma_7 = \sigma + \dfrac{2C_p}{C_e + C_p}\sigma' \\ v_5 = v_7 = -\dfrac{2\sigma'}{\rho C_e + \rho C_p} + \dfrac{Y - \sigma}{\rho C_p} - \dfrac{Y}{\rho C_e}\end{cases}, \quad \begin{cases}\sigma_6 = Y \\ v_6 = -\dfrac{Y}{\rho C_e}\end{cases} \tag{8.30}$$

而假设中的弹性卸载波 1~4 和弹性突加波 4~6 同时从 $A$ 点传播，因此两波相互抵消，从而只剩下一个塑性突加波 1~7。对比式 (8.30) 与式 (8.18) 可以看出，图 8.8 (b) 中状态点 5 和状态点 7 的应力和质点速度正好与图 8.5 中所求出的“弱”弹性卸载波对“强”塑性突加波的追赶卸载问题中对应解一致。

当 $\sigma_3 = \sigma + \sigma' > Y$ 时，假设弹性卸载波追赶上塑性突加波后瞬间会继续向右方传播一个塑性突加波，如图 8.9 (a) 所示，此时有

$$\begin{cases}Y = -\rho C_e v_1 \\ \sigma - Y = -\rho C_p (v_2 - v_1)\end{cases}, \quad \begin{cases}\sigma_3 - \sigma_2 = \sigma' \\ \sigma_3 - \sigma_2 = -\rho C_e (v_3 - v_2)\end{cases}, \quad \begin{cases}\sigma_4 - \sigma_1 = -\rho C_p (v_4 - v_1) \\ \sigma_4 = \sigma_3\end{cases} \tag{8.31}$$

由此可以解出状态点 3 和状态点 4 的应力和质点速度值：

$$\begin{cases}\sigma_3 = \sigma + \sigma' \\ v_3 = -\dfrac{\sigma' + Y}{\rho C_e} - \dfrac{\sigma - Y}{\rho C_p}\end{cases}, \quad \begin{cases}\sigma_4 = \sigma + \sigma' \\ v_4 = -\dfrac{\sigma + \sigma' - Y}{\rho C_p} - \dfrac{Y}{\rho C_e}\end{cases} \tag{8.32}$$

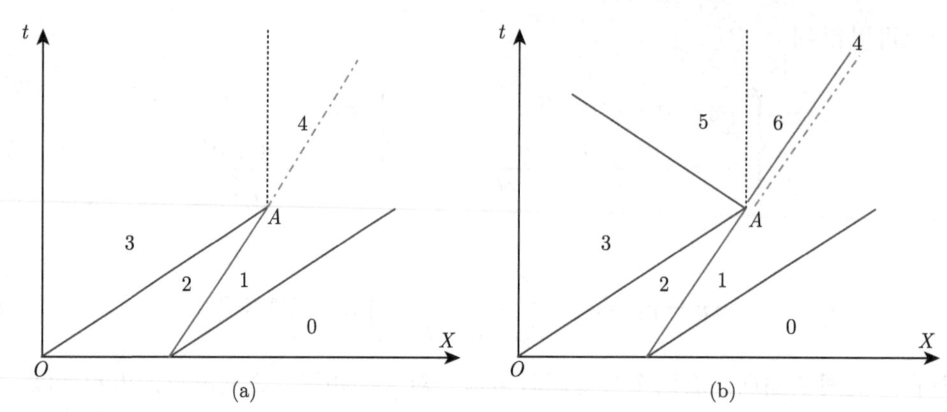


图 8.9　“弱” 弹性卸载波对 “强” 塑性突加波的追赶卸载中内反射机理 (Ⅱ)

由以上分析可以看出，此时在应变间断面上相邻的两点存在速度差：

$$\Delta v = v_4 - v_3 = v_4 = \left(\frac{1}{\rho C_e} - \frac{1}{\rho C_p}\right)\sigma' > 0 \tag{8.33}$$

同理，此瞬间也会向两端同时传播一对大小相等、方向相反的拉伸波，根据两端应力状态可知，向右传播的为塑性突加波 4~6，向左传播的为弹性突加波 3~5，如图 8.9 (b) 所示，根据连续方程和动量守恒条件有

$$\begin{cases} \sigma_6 - \sigma_4 = -\rho C_p\left(v_6 - v_4\right) \\ \sigma_5 - \sigma_3 = \rho C_e\left(v_5 - v_3\right) \end{cases} \quad 且 \quad \begin{cases} \sigma_5 = \sigma_6 \\ v_5 = v_6 \end{cases} \tag{8.34}$$

即有

$$\begin{cases} \sigma_5 = \sigma_6 = \sigma + \dfrac{2C_p}{C_e + C_p}\sigma' \\ v_5 = v_6 = -\dfrac{2\sigma'}{\rho C_e + \rho C_p} + \dfrac{Y - \sigma}{\rho C_p} - \dfrac{Y}{\rho C_e} \end{cases} \tag{8.35}$$

塑性突加波 1~4 和 4~6 同时从应变间断面向右传播，因此相互叠加形成一个塑性突加波 1~6，对比式 (8.35) 与式 (8.18) 可以看出，图 8.9 (b) 中状态点 5 和状态点 6 的应力正好与图 8.5 中所求出的“弱”弹性卸载波对“强”塑性突加波的追赶卸载问题中对应解一致。

### 8.1.3　一维杆中弹性卸载波对塑性突加波的迎面卸载

在弹塑性波在一维杆传播过程中，根据弹性波在界面的透反射规律可知，其弹性前驱波在自由面或低波阻抗材料界面上反射后将会产生弹性卸载波，此弹性卸载波与紧随弹性前驱波而来的塑性突加波迎面相遇，即会产生迎面卸载的问题。当然，在一维弹塑性杆的一端施加弹塑性突加波，另一端施加弹性卸载波也将遇到迎面卸载的问题。

在此，同样以线性硬化材料为例，设在初始处于自然状态的一维弹塑性杆左端施加强度为 $\sigma$ 的塑性突加波，此时会向杆中传播一个弹性突加波和一个塑性突加波，同时在杆的右端施加一个强度为 $|\sigma'| = -\sigma'$ 的弹性卸载波，如图 8.10 所示。

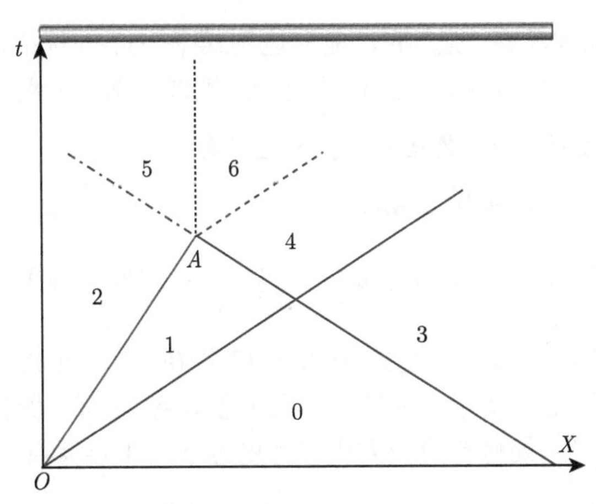


图 8.10　弹性卸载波对塑性突加波的迎面卸载物理平面图

假设塑性突加波 1~2 与弹性卸载波 1~4 在 $A$ 点相遇，之后各自向自身方向传播弹性卸载波 2~5 和弹性突加波 4~6。根据初始条件和弹塑性双波结构特征有

$$\sigma_1 = Y, \quad \sigma_2 = \sigma, \quad \sigma_3 = \sigma' \tag{8.36}$$

根据动量守恒条件有

$$\begin{cases} \sigma_1 = -\rho C_e v_1 \\ \sigma_3 = \rho C_e v_3 \end{cases}, \quad \sigma_2 - \sigma_1 = -\rho C_p (v_2 - v_1), \quad \begin{cases} \sigma_4 - \sigma_1 = \rho C_e (v_4 - v_1) \\ \sigma_4 - \sigma_3 = -\rho C_e (v_4 - v_3) \end{cases} \tag{8.37}$$

根据式 (8.37) 可以得到状态点 1、状态点 2、状态点 3 和状态点 4 对应的应力和质点速度为

$$\begin{cases} \sigma_1 = Y \\ v_1 = -\dfrac{Y}{\rho C_e} \end{cases}, \quad \begin{cases} \sigma_3 = \sigma' \\ v_3 = \dfrac{\sigma'}{\rho C_e} \end{cases}, \quad \begin{cases} \sigma_2 = \sigma \\ v_2 = -\dfrac{\sigma - Y}{\rho C_p} - \dfrac{Y}{\rho C_e} \end{cases}, \quad \begin{cases} \sigma_4 = \sigma' + Y \\ v_4 = \dfrac{\sigma' - Y}{\rho C_e} \end{cases} \tag{8.38}$$

假设向右传播的是弹性突加波而向左传播的是弹性卸载波，此时根据连续方程和动量守恒条件有

$$\begin{cases} \sigma_5 - \sigma_2 = \rho C_e (v_5 - v_2) \\ \sigma_6 - \sigma_4 = -\rho C_e (v_6 - v_4) \end{cases}, \quad \begin{cases} \sigma_5 = \sigma_6 \\ v_5 = v_6 \end{cases} \tag{8.39}$$

可以解出状态 5 和状态 6 对应的应力和质点速度值：

$$\begin{cases} \sigma_5 = \sigma_6 = \sigma' + \dfrac{1}{2}\left[\left(\dfrac{C_e}{C_p} + 1\right)\sigma + \left(1 - \dfrac{C_e}{C_p}\right)Y\right] \\ v_5 = v_6 = \dfrac{2\sigma' - \sigma - Y}{2\rho C_e} - \dfrac{\sigma - Y}{2\rho C_p} \end{cases} \tag{8.40}$$

当 $\sigma_5 = \sigma_6 < Y$ 时上述假设成立，即

$$\sigma' < -\frac{1}{2}\left(\frac{C_e}{C_p} + 1\right)(\sigma - Y) \Leftrightarrow |\sigma'| > \frac{1}{2}\left(\frac{C_e}{C_p} + 1\right)(\sigma - Y) \tag{8.41}$$

也就是说，当弹性卸载波足够“强”时，能够达到式 (8.41) 的标准，弹性卸载波与塑性突加波迎面相遇后会在相遇面向两端分别传播两个弹性波。这里分两种情况进行分析。

1. “强” 弹性卸载波对 “弱” 塑性突加波的迎面卸载

此时弹性卸载波 0~3 的强度应满足

$$|\sigma'| = -(\sigma_3 - \sigma_0) > \frac{1}{2}\left(\frac{C_e}{C_p} + 1\right)(\sigma - Y) \tag{8.42}$$

相关状态点的应力和质点速度见式 (8.38) 和式 (8.40)。在相遇截面两端分别取两个截面 $X_1$ 和 $X_2$，如图 8.11 所示。从图中容易看到，截面 $X_1$ 处材料的受力状态历史为 $0 \to 1 \to 2 \to 5$，截面 $X_2$ 处材料的受力状态历史为 $0 \to 1 \to 4 \to 6$。

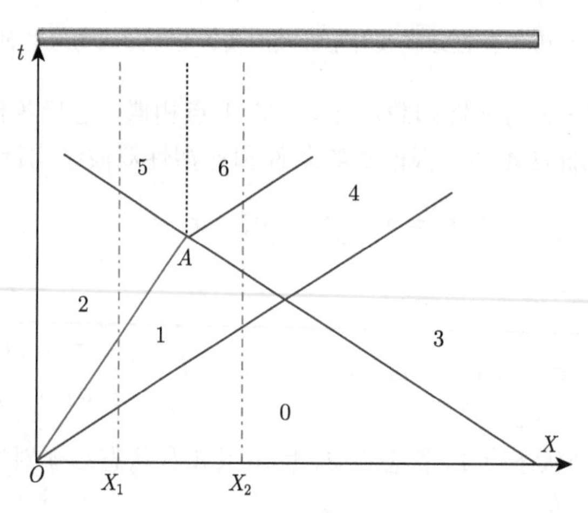


图 8.11 “强” 弹性卸载波对 “弱” 塑性突加波的迎面卸载物理平面图

如果在杆材料的应力应变曲线上分析，可以得到如图 8.12 所示应力路径图。从图中可以看出，虽然状态点 5 和状态点 6 的应力和质点速度相等，但由于加卸载应力路径不同，其应变并不相同，即存在应变间断面，根据 8.1.2 节中定义可知，此应变间断面为第 I 类应变间断面。可以看出弹性卸载波 2~5 的强度与初始弹性卸载波 0~3 的强度为

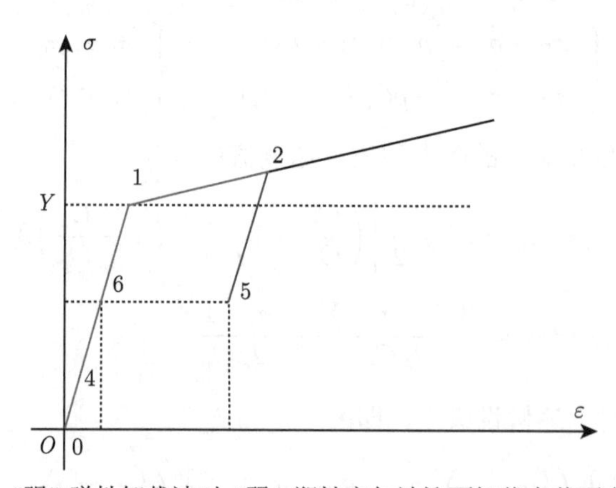


图 8.12 “强” 弹性卸载波对 “弱” 塑性突加波迎面卸载中截面应力路径图

$$\begin{cases} \sigma_5 - \sigma_2 = \sigma' + \dfrac{1}{2}\left(\dfrac{C_e}{C_p} - 1\right)(\sigma - Y) \\ \sigma_3 - \sigma_0 = \sigma' \end{cases} \tag{8.43}$$

结合式 (8.41) 可知

$$|\sigma_5 - \sigma_2| = -(\sigma_5 - \sigma_2) < |\sigma_3 - \sigma_0| \tag{8.44}$$

塑性突加波 1~2 和弹性突加波 4~6 之间的强度关系为

$$\begin{cases} \sigma_6 - \sigma_4 = \dfrac{1}{2}\left(\dfrac{C_e}{C_p} + 1\right)(\sigma - Y) \\ \sigma_2 - \sigma_1 = \sigma - Y \end{cases} \Rightarrow \sigma_6 - \sigma_4 > \sigma_2 - \sigma_1 \tag{8.45}$$

从式 (8.44) 和式 (8.45) 可以看出，塑性突加波与弹性卸载波迎面相遇后并没有像弹性波一样强度保持不变地沿着各自方向传播，而是皆产生类似“折射”现象，其本质还是在应变间断面上分别产生了内反射现象。

为分析此种情况下内反射产生和应变间断面产生的机理，我们假想在塑性突加波 1~2 和弹性卸载波 1~4 相遇瞬间，它们皆如弹性波一样按照原方向强度不变地进行传播，以 $\sigma_7 < Y$ 和 $\sigma_8 < Y$ 时的情况为例，如图 8.13 (a) 所示。

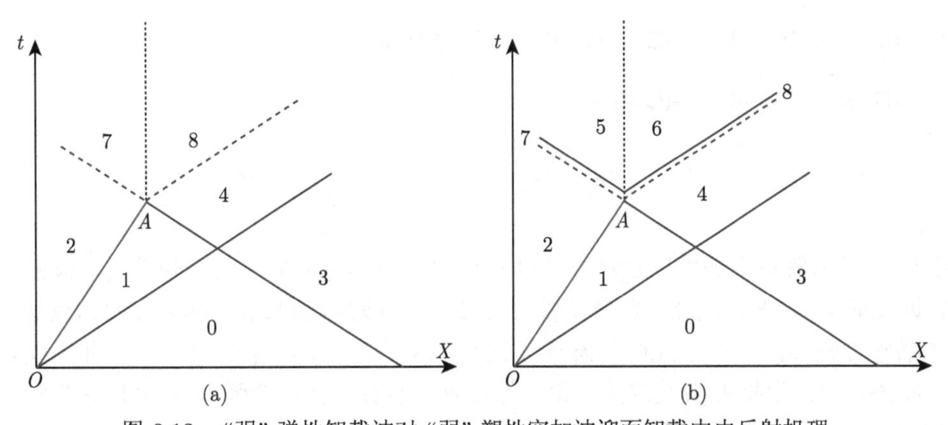


图 8.13 “强” 弹性卸载波对 “弱” 塑性突加波迎面卸载中内反射机理

此时应有

$$\begin{cases} \sigma_7 - \sigma_2 = \sigma' \\ \sigma_7 - \sigma_2 = \rho C_e (v_7 - v_2) \end{cases} \Rightarrow \begin{cases} \sigma_7 = \sigma + \sigma' \\ v_7 = \dfrac{\sigma' - Y}{\rho C_e} - \dfrac{\sigma - Y}{\rho C_p} \end{cases} \tag{8.46}$$

$$\begin{cases} \sigma_8 - \sigma_4 = \sigma + \sigma' \\ \sigma_8 - \sigma_4 = -\rho C_e (v_8 - v_4) \end{cases} \Rightarrow \begin{cases} \sigma_8 = \sigma + \sigma' \\ v_8 = \dfrac{\sigma' - \sigma}{\rho C_e} \end{cases} \tag{8.47}$$

对比式 (8.46) 和式 (8.47) 可以看出，虽然 $\sigma_7=\sigma_8$，但 $v_7\neq v_8$，且

$$\Delta v=v_8-v_7=\left(\frac{1}{\rho C_p}-\frac{1}{\rho C_e}\right)(\sigma-Y)>0 \tag{8.48}$$

也就是说此时突然产生一个瞬间拉应力，从而产生了一对大小相等、方向相反的突加波自应变间断面向两端传播，如图 8.13 (b) 所示，此时，根据连续方程和动量守恒条件，有

$$\begin{cases}\sigma_5-\sigma_7=\rho C_e\left(v_5-v_7\right)\\ \sigma_6-\sigma_8=-\rho C_e\left(v_6-v_8\right)\end{cases},\quad \begin{cases}\sigma_5=\sigma_6\\ v_5=v_6\end{cases} \tag{8.49}$$

由此可以得到状态点 5 和状态点 6 对应的应力和质点速度为

$$\begin{cases}\sigma_5=\sigma_6=\sigma'+\dfrac{1}{2}\left[\left(\dfrac{C_e}{C_p}+1\right)\sigma+\left(1-\dfrac{C_e}{C_p}\right)Y\right]\\ v_5=v_6=\dfrac{2\sigma'-\sigma-Y}{2\rho C_e}-\dfrac{\sigma-Y}{2\rho C_p}\end{cases} \tag{8.50}$$

式 (8.50) 和式 (8.40) 一致，这说明应变间断面的存在，使得应力波到达间断面各自出现内反射和透射行为。

2. “弱” 弹性卸载波对 “强” 塑性突加波的迎面卸载

当弹性卸载波 0~3 的强度满足

$$|\sigma'|=-\left(\sigma_3-\sigma_0\right)<\frac{1}{2}\left(\frac{C_e}{C_p}+1\right)(\sigma-Y) \tag{8.51}$$

时，图 8.11 所示假设中塑性突加波与弹性卸载波迎面相遇后向右传播弹性突加波的假设不成立，即此时 $\sigma_6>Y$，因此，此时塑性突加波 1~2 被弹性卸载波 1~4 迎面卸载后依旧向右方传播塑性突加波，由于此时状态点 4 对应的应力 $\sigma_4=\sigma'+Y<Y$，即此区间材料处于弹性状态，因此根据弹塑性双波理论，此时应该向右传播一个弹性前驱波 4~7 和一个塑性突加波 7~6，如图 8.14 所示。

根据前面分析可知，状态点 1、状态点 2、状态点 3 和状态点 4 对应的应力和质点速度分别为

$$\begin{cases}\sigma_1=Y\\ v_1=-\dfrac{Y}{\rho C_e}\end{cases},\quad \begin{cases}\sigma_2=\sigma\\ v_2=-\dfrac{\sigma-Y}{\rho C_p}-\dfrac{Y}{\rho C_e}\end{cases},\quad \begin{cases}\sigma_3=\sigma'\\ v_3=\dfrac{\sigma'}{\rho C_e}\end{cases},\quad \begin{cases}\sigma_4=\sigma'+Y\\ v_4=\dfrac{\sigma'-Y}{\rho C_e}\end{cases} \tag{8.52}$$

根据边界条件和动量守恒条件可有

$$\sigma_7-\sigma_4=-\rho C_e\left(v_7-v_4\right)\quad 且\quad \sigma_7=Y \tag{8.53}$$

由此可以得到状态点 7 对应的质点速度为

$$v_7 = \frac{2\sigma' - Y}{\rho C_e} \tag{8.54}$$

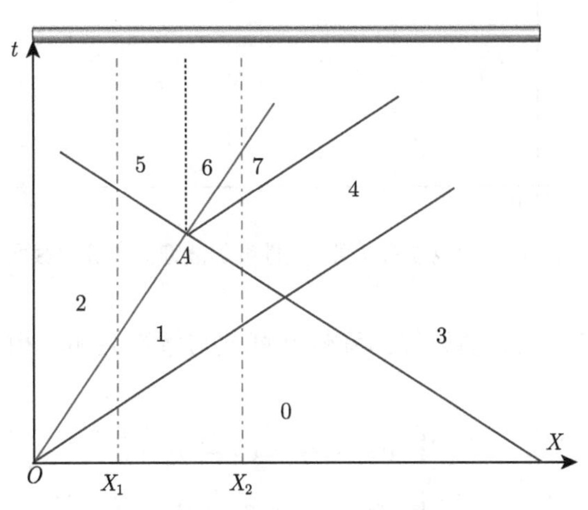


图 8.14 “弱”弹性卸载波对“强”塑性突加波的迎面卸载物理平面图

根据连续方程和动量守恒条件，可以得到

$$\begin{cases} \sigma_5 - \sigma_2 = \rho C_e (v_5 - v_2) \\ \sigma_6 - \sigma_7 = -\rho C_p (v_6 - v_7) \end{cases}, \quad \begin{cases} \sigma_5 = \sigma_6 \\ v_5 = v_6 \end{cases} \tag{8.55}$$

由此，可以给出状态点 5 和状态点 6 对应的应力和质点速度为

$$\begin{cases} \sigma_5 = \sigma_6 = \sigma + \dfrac{2\rho C_p \sigma'}{\rho C_e + \rho C_p} \\ v_5 = v_6 = \left(\dfrac{1}{\rho C_p} - \dfrac{1}{\rho C_e}\right) Y - \dfrac{\sigma}{\rho C_p} + \dfrac{C_p}{C_e} \dfrac{2\sigma'}{\rho C_e + \rho C_p} \end{cases} \tag{8.56}$$

在相遇截面两端分别取两个截面 $X_1$ 和 $X_2$，如图 8.14 所示，从图中容易看到，截面 $X_1$ 处材料的受力状态历史为 $0 \to 1 \to 2 \to 5$，截面 $X_2$ 处材料的受力状态历史为 $0 \to 1 \to 4 \to 7 \to 6$。

如果在杆材料的应力应变曲线上分析，可以得到如图 8.15 所示应力路径图。从图中可以看出，虽然状态点 5 和状态点 6 的应力和质点速度相等，但由于加卸载应力路径不同，其应变和应力状态并不相同，根据 8.1.2 节中定义可知，此应变间断面为第 Ⅱ 类应变间断面；从图中可以看出，虽然原始杆为同一种材料，但右方介质的后继屈服强度大于间断面左方介质的初始屈服强度，使得其屈服强度间断，对于同一个应力值，左方介质处于弹性状态，而右方介质则处于塑性状态。

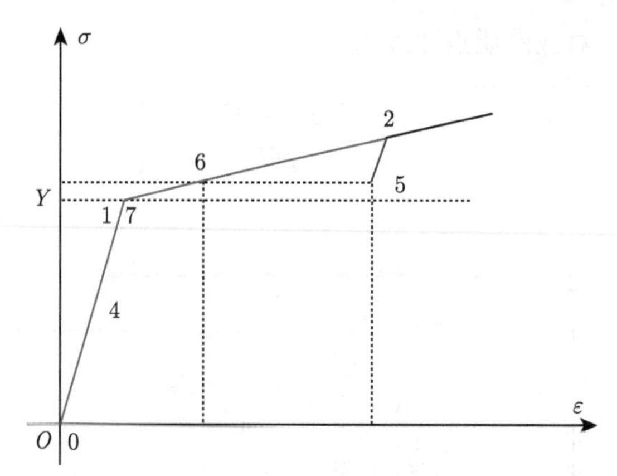


图 8.15　“弱”弹性卸载波对“强”塑性突加波迎面卸载中截面应力路径图

同上一种情况，我们也容易计算出弹性卸载波与塑性突加波相遇前后各自强度的变化情况：

$$\begin{cases} \sigma_5 - \sigma_2 \neq \sigma_4 - \sigma_1 \\ \sigma_6 - \sigma_4 \neq \sigma_2 - \sigma_1 \end{cases} \tag{8.57}$$

也就是说，塑性突加波与弹性卸载波应变间断面上分别产生了内反射现象。

为分析此种情况下内反射和应变间断面产生的机理，假想在塑性突加波 1~2 和弹性卸载波 1~4 相遇瞬间，它们皆如弹性波一样按照原方向强度不变地进行传播，如图 8.16 (a) 所示，参考图 8.15，假设应力波传播过后状态点 8 处于弹性状态，而状态点 9 处于塑性状态。

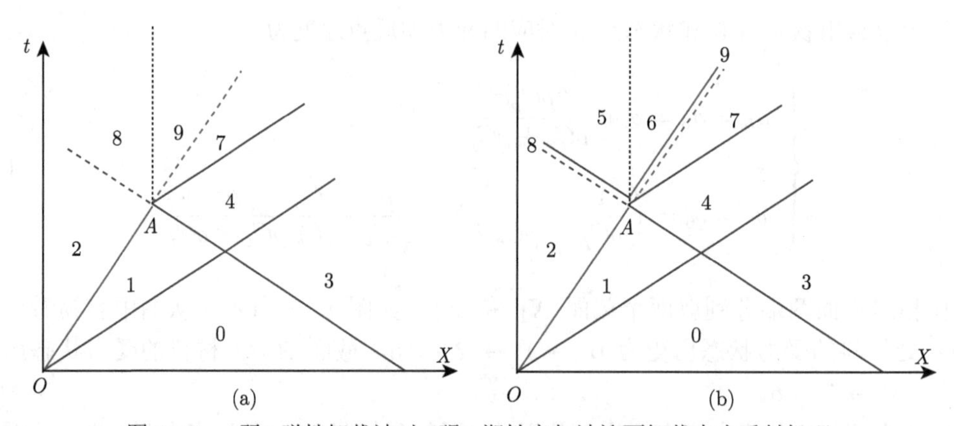


图 8.16　“弱”弹性卸载波对“强”塑性突加波迎面卸载中内反射机理

此时根据以上假设条件和波阵面上的动量守恒条件，应有

$$\begin{cases} \sigma_8 - \sigma_2 = \sigma_4 - \sigma_1 = \rho C_e (v_8 - v_2) \\ \sigma_9 - \sigma_7 = \sigma_2 - \sigma_1 - (\sigma_7 - \sigma_4) = -\rho C_p (v_9 - v_7) \end{cases} \tag{8.58}$$

由此可以得到状态点 8 和状态点 9 对应的应力和质点速度：

$$\begin{cases} \sigma_8 = \sigma + \sigma' \\ v_8 = \dfrac{\sigma' - Y}{\rho C_e} - \dfrac{\sigma - Y}{\rho C_p} \end{cases}, \quad \begin{cases} \sigma_9 = \sigma + \sigma' \\ v_9 = \dfrac{2\sigma' - Y}{\rho C_e} - \dfrac{\sigma + \sigma' - Y}{\rho C_p} \end{cases} \tag{8.59}$$

从式 (8.59) 可以看出状态点 8 和状态点 9 所在区域介质质点速度并不相等，其速度差为

$$\Delta v = v_9 - v_8 = \left(\frac{1}{\rho C_e} - \frac{1}{\rho C_p}\right)\sigma' > 0 \tag{8.60}$$

也就是说，此时由于应变相遇截面受到瞬间拉伸应力，从而产生一对向该间断面两侧同时传播的大小相等、方向相反的应力波，如图 8.16 (b) 所示，此时会产生一个向左传播的弹性突加波 8~5 和向右传播的塑性突加波 9~6，根据连续方程和动量守恒条件，有

$$\begin{cases} \sigma_5 - \sigma_8 = \rho C_e (v_5 - v_8) \\ \sigma_6 - \sigma_9 = -\rho C_p (v_6 - v_9) \end{cases} \quad 且 \quad \begin{cases} \sigma_5 = \sigma_6 \\ v_5 = v_6 \end{cases} \tag{8.61}$$

由此可以解得状态点 5 和状态点 6 对应的应力和质点速度：

$$\begin{cases} \sigma_5 = \sigma_6 = \sigma + \dfrac{2\rho C_p \sigma'}{\rho C_e + \rho C_p} \\ v_5 = v_6 = \left(\dfrac{1}{\rho C_p} - \dfrac{1}{\rho C_e}\right) Y - \dfrac{\sigma}{\rho C_p} + \dfrac{C_p}{C_e}\dfrac{2\sigma'}{\rho C_e + \rho C_p} \end{cases} \tag{8.62}$$

对比式 (8.62) 和式 (8.56)，容易看到两种方法的解一致。这种假想分步法能够让我们对应变间断面上的内反射问题有一个初步的物理认识。

3. 弹塑性突加波在自由面上的反射问题

假设如图 8.17 所示，在初始处于自然状态的一维线性硬化材料弹塑性杆右端突加一个强度为 $\sigma > 0$ 的塑性突加波，根据弹塑性双波理论可知，此时会向右传播一个弹性前驱波 0~1 和一个塑性突加波 1~2，两个波的应力强度分别为

图 8.17 一维弹塑性杆塑性突加波在自由面上的反射问题

$$\begin{cases} \sigma_1 - \sigma_0 = Y \\ \sigma_2 - \sigma_1 = \sigma - Y \end{cases} \tag{8.63}$$

根据动量守恒条件有

$$\begin{cases} \sigma_1 = Y \\ v_1 = -\dfrac{Y}{\rho C_e} \end{cases}, \quad \begin{cases} \sigma_2 = \sigma - Y \\ v_2 = -\dfrac{\sigma - Y}{\rho C_p} - \dfrac{Y}{\rho C_e} \end{cases} \tag{8.64}$$

当弹性前驱波到达自由面后会产生反射应力波 1~3，根据 5.1 节弹性波在自由面上的反射定律可知，反射波应为等量而符号相反的应力波，即反射波应为一个强度为 Y 的弹性卸载波，即

$$\begin{cases} \sigma_3 = 0 \\ v_3 = -\dfrac{2Y}{\rho C_e} \end{cases} \tag{8.65}$$

此时塑性突加波在自由面上的反射问题就转换成弹性卸载波 1~3 对塑性突加波 1~2 的迎面卸载问题了。根据前面分析可知，当

$$Y > \frac{1}{2}\left(\frac{C_e}{C_p}+1\right)(\sigma - Y) \Leftrightarrow \sigma < \left[\frac{2}{(C_e/C_p+1)}+1\right]Y \tag{8.66}$$

时，此问题就是"强"弹性卸载波对"弱"塑性突加波的迎面卸载问题，此时在物理平面上应力波相互作用如图 8.18 所示，两波相遇后分别向应变间断面两端传播弹性波。

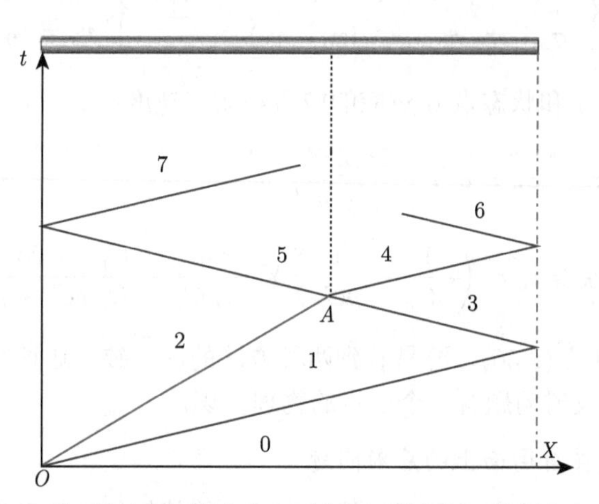


图 8.18　"弱"塑性突加波在自由面上的反射与相互作用物理平面图

根据连续方程和动量守恒条件，可有

$$\begin{cases} \sigma_5 - \sigma_2 = \rho C_e (v_5 - v_2) \\ \sigma_4 - \sigma_3 = -\rho C_e (v_4 - v_3) \end{cases} \tag{8.67}$$

由此，可以计算出状态点 4 和状态点 5 对应的应力和质点速度值：

$$\begin{cases} \sigma_4 = \sigma_5 = \dfrac{1}{2}\left[\left(\dfrac{C_e}{C_p}+1\right)(\sigma - Y) - Y\right] \\ v_4 = v_5 = \dfrac{1}{2}\left(-\dfrac{\sigma + 2Y}{\rho C_e} - \dfrac{\sigma - Y}{\rho C_p}\right) \end{cases} \tag{8.68}$$

此时弹性波 3~4 传到右端自由面上会产生反射波 4~6，以及弹性波 2~5 到达左端自由面上也会产生反射波 5~7，状态点 6 和状态点 7 对应的应力和质点速度值容易利用以上弹性

波理论进行推导。反射波 4~6 和 5~7 到达应变间断面后也可能产生内反射问题，后面的章节将对该问题进行详细讨论。

当

$$\sigma > \left[\frac{2}{(C_e/C_p+1)}+1\right]Y \tag{8.69}$$

时，此问题就是“弱”弹性卸载波对“强”塑性突加波的迎面卸载问题，根据前面相关分析可知，此时在物理平面上应力波相互作用如图 8.19 所示。根据边界条件和动量守恒条件容易得到状态点 1、状态点 2、状态点 3 和状态点 4 对应的应力和质点速度值：

$$\begin{cases}\sigma_1 = Y\\ v_1 = -\dfrac{Y}{\rho C_e}\end{cases},\quad \begin{cases}\sigma_2 = \sigma - Y\\ v_2 = -\dfrac{\sigma - Y}{\rho C_p} - \dfrac{Y}{\rho C_e}\end{cases},\quad \begin{cases}\sigma_3 = 0\\ v_3 = -\dfrac{2Y}{\rho C_e}\end{cases},\quad \begin{cases}\sigma_4 = Y\\ v_4 = -\dfrac{3Y}{\rho C_e}\end{cases} \tag{8.70}$$

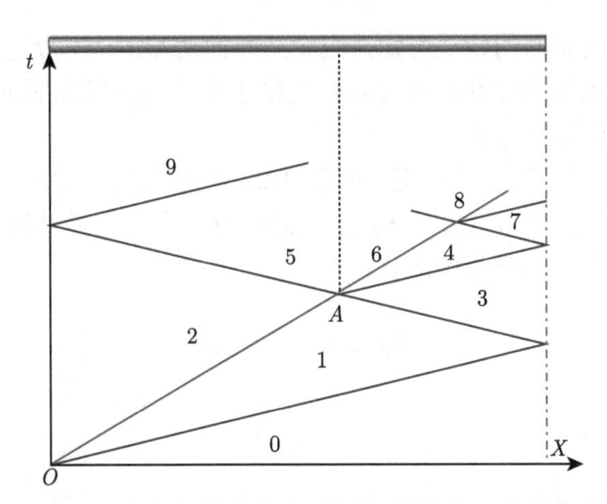


图 8.19 “强”塑性突加波在自由面上的反射与相互作用物理平面图

根据连续方程和动量守恒条件有

$$\begin{cases}\sigma_5 - \sigma_2 = \rho C_e\left(v_5 - v_2\right)\\ \sigma_6 - \sigma_4 = -\rho C_p\left(v_6 - v_4\right)\end{cases} \tag{8.71}$$

由此可以得到状态点 5 和状态 6 对应的应力和质点速度值：

$$\begin{cases}\sigma_5 = \sigma_6 = \sigma + \dfrac{-3C_p}{C_e + C_p}Y\\ v_5 = v_6 = -\dfrac{\sigma - Y}{\rho C_p} - \dfrac{C_p}{C_e}\dfrac{3Y}{\rho C_e + \rho C_p}\end{cases} \tag{8.72}$$

之后，弹性波 2~5 和 3~4 到达左端自由面分别产生反射波 5~9 和 4~7，参考弹性波在自由面的反射问题结论，反射后的弹性波 5~9 到达应变间断面后可能会产生内反射，后面的章节将对该问题进行详述，同时反射的弹性卸载波 4~7 和塑性突加波 4~6 相遇，此问题也属于弹性卸载波对塑性突加波的迎面卸载问题，同上分析结论，以此类推，读者试推导之。

## 8.2　一维杆中应变间断面对应力波传播的影响

由前面分析可知，无论弹性卸载波对塑性突加波的追赶卸载还是弹性卸载波对塑性突加波的迎面卸载，当两波相遇后会产生应变间断面；当两波通过应变间断面后到达前方的交界面如自由面会产生反射波，反射波经过应变间断面后会如何传播？有没有内反射现象？等等，这些问题都需要分析，本节对这类问题进行分析讨论。在此我们分别根据应变间断面的特征分为应力波在第 I 类应变间断面上的传播问题和应力波在第 Ⅱ 类应变间断面上的传播问题两种情况进行分析。

### 8.2.1　弹性波在第 I 类应变间断面上的内透反射

根据第 I 类应变间断面的特征可知，应变间断面两端的应力状态应为弹性状态，因此，我们只需考虑弹性突加波或弹性卸载波入射到第 I 类应变间断面时的情况，这里以弹性突加波入射时的情况为例进行分析。

如图 8.20 所示，设有第 I 类应变间断面 1-2，且左右两端的应力历史中最大应力分布为 $\sigma_{1\max}$ 和 $\sigma_{2\max}$，其满足 $\sigma_{1\max} > \sigma_{2\max}$，此时有一个右行弹性突加波 3~4 从应变间断面左方入射，容易知道，对于此种情况，有

$$\sigma_3 < \sigma_4 < \sigma_{1\max} \tag{8.73}$$

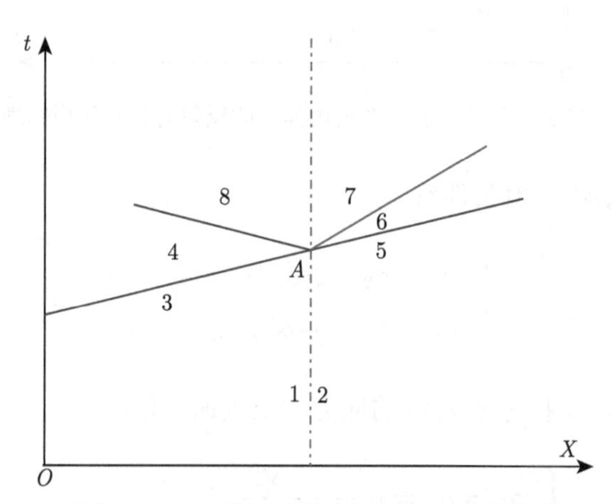


图 8.20　弹性突加波在第 I 类应变间断面上的传播物理平面图

若 $\sigma_4 < \sigma_{2\max}$，则可知当应力波传播到应变间断面右方后，应力波也应为弹性状态；反之，当 $\sigma_4 > \sigma_{2\max}$ 时，如果应力波在应变间断面上没有内透反射行为，直接传播过去，则此时应变间断面右方应力状态为塑性状态；为区分这两种情况，我们称前者为“弱”弹性突加波入射问题，后者为“强”弹性突加波入射问题。

1. “弱” 弹性突加波入射问题

容易知道，此时应变间断面两端在弹性突加波传播过程中一直保持弹性状态，两端材料的波阻抗应该相等，即此时弹性突加波 3~4 直接透射到应变间断面右端且只产生一个弹性突加波 5~6，且两波强度相等。这个容易证明，可以假设会产生一个透射波 5~6 和反射波 4~8，根据动量守恒条件和连续方程可知

$$\begin{cases} \sigma_4 - \sigma_3 = -\rho C_e \left(v_4 - v_3\right) \\ \sigma_6 - \sigma_5 = -\rho C_e \left(v_6 - v_5\right) \\ \sigma_8 - \sigma_4 = \rho C_e \left(v_8 - v_4\right) \end{cases} \quad \text{且} \quad \begin{cases} \sigma_3 = \sigma_5 \\ v_3 = v_5 \end{cases}, \quad \begin{cases} \sigma_6 = \sigma_8 \\ v_6 = v_8 \end{cases} \tag{8.74}$$

式 (8.74) 简化后有

$$\begin{cases} \sigma_6 - \sigma_4 = -\rho C_e \left(v_6 - v_4\right) \\ \sigma_8 - \sigma_4 = \rho C_e \left(v_8 - v_4\right) \end{cases} \quad \text{且} \quad \begin{cases} \sigma_6 = \sigma_8 \\ v_6 = v_8 \end{cases} \tag{8.75}$$

从式 (8.75) 容易得出

$$\begin{cases} \sigma_6 = \sigma_4 = \sigma_8 \\ v_6 = v_4 = v_8 \end{cases} \tag{8.76}$$

式 (8.76) 的物理意义是，反射波 4~8 根本不存在，只有透射波 5~6，且其应力强度 $\sigma_6 - \sigma_5 = \sigma_4 - \sigma_3$。

2. “强” 弹性突加波入射问题

此时弹性突加波 3~4 透射到应变间断面右端会产生塑性波，我们可以认为此时应变间断面左端处于弹性状态，因此其波阻抗为 $\rho C_e$，而应变间断面右端当加载到屈服强度后其波阻抗为 $\rho C_p$，也就是说此类应变间断面两端波阻抗不匹配，从而会同时产生透射波和反射波。

如图 8.20 所示，此时透射波为一个弹性前驱波 5~6 和一个塑性突加波 6~7，反射波为一个弹性波 4~8 (容易知道右端波阻抗小于或等于左端，因此反射波应该为弹性波)，根据边界条件、连续方程和动量守恒条件有

$$\sigma_4 - \sigma_3 = -\rho C_e \left(v_4 - v_3\right)$$

$$\begin{cases} \sigma_6 - \sigma_5 = -\rho C_e \left(v_6 - v_5\right) \\ \sigma_6 = \sigma_{2\max} \end{cases} \quad \text{且} \quad \begin{cases} \sigma_3 = \sigma_5 \\ v_3 = v_5 \end{cases} \tag{8.77}$$

$$\begin{cases} \sigma_7 - \sigma_6 = -\rho C_p \left(v_7 - v_6\right) \\ \sigma_8 - \sigma_4 = \rho C_e \left(v_8 - v_4\right) \end{cases} \quad \text{且} \quad \begin{cases} \sigma_7 = \sigma_8 \\ v_7 = v_8 \end{cases} \tag{8.78}$$

容易解得各状态点对应的应力和质点速度值为

$$\begin{cases}\sigma_6=\sigma_{2\max}\\ v_6=v_3-\dfrac{\sigma_{2\max}-\sigma_3}{\rho C_e}\end{cases},\quad \begin{cases}\sigma_7=\sigma_8=\dfrac{C_e-C_p}{C_e+C_p}\sigma_{2\max}+\dfrac{2C_p}{C_e+C_p}\sigma_4\\ v_7=v_8=\left(1-\dfrac{C_p}{C_e}\right)\dfrac{(\sigma_{2\max}-\sigma_3)}{\rho C_e+\rho C_p}-\dfrac{C_e-C_p}{C_e+C_p}v_3+\dfrac{2C_ev_4}{C_e+C_p}\end{cases} \tag{8.79}$$

从式 (8.79) 可知

$$\sigma_8-\sigma_4=\frac{C_e-C_p}{C_e+C_p}(\sigma_{2\max}-\sigma_4)<0 \tag{8.80}$$

式 (8.80) 的物理意义是，“强” 弹性突加波从左端入射到第 I 类应变间断面上后内反射波为弹性卸载波。同时，也可以看出

$$\frac{\sigma_8-\sigma_4}{\sigma_4-\sigma_3}=\frac{C_p-C_e}{C_e+C_p}\left(\frac{\sigma_4-\sigma_{2\max}}{\sigma_4-\sigma_3}\right)\neq\frac{C_p-C_e}{C_e+C_p} \tag{8.81}$$

也就是说，并不能直接将应变间断面右端波阻抗等效为 $\rho C_p$。事实上，这个问题也很容易理解，我们可以将入射波分解成两个线性波 3~3′ 和 3′ ~4，其中 $\sigma_{3'}=\sigma_{2\max}$，此时前者即类似于 “弱” 弹性突加波，该波到达应变间断面后并不产生内反射，而直接透射过去；此时应变间断面右端介质处于屈服状态，当第二个弹性突加波到达后，右端完全处于塑性状态，其波阻抗为 $\rho C_p$，此时可利用弹性波理论得到

$$\frac{\sigma_8-\sigma_4}{\sigma_4-\sigma_3}=\frac{\sigma_8-\sigma_4}{\sigma_4-\sigma_3'}=\frac{C_p-C_e}{C_e+C_p} \tag{8.82}$$

同理也可以求出透射波应力强度。

### 8.2.2　弹性波在第 Ⅱ 类应变间断面上的内透反射

如图 8.21 所示，对于此第 Ⅱ 类应变间断面，我们考虑应变间断面左端为弹性状态右端为塑性状态时的情况，此时有一个弹性突加波 3~4 到达应变间断面，容易知道，右端的等效波阻抗不大于左端，因此，如果存在反射波，则反射波应该为弹性波。

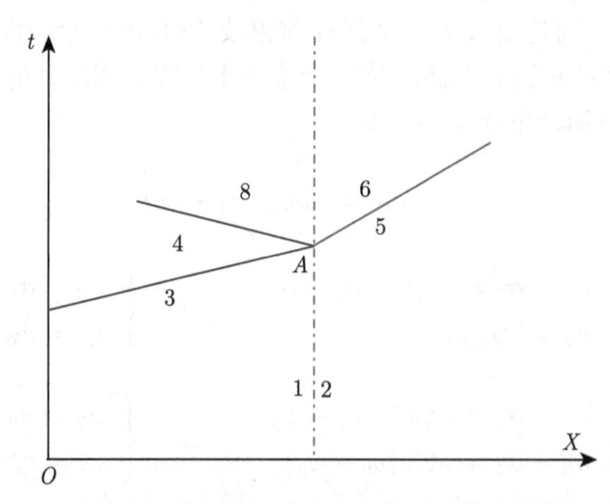


图 8.21　弹性突加波在第 Ⅱ 类应变间断面上的传播物理平面图

根据动量守恒条件和连续方程，可有

$$\begin{cases} \sigma_6 - \sigma_5 = -\rho C_p (v_6 - v_5) \\ \sigma_8 - \sigma_4 = \rho C_e (v_8 - v_4) \end{cases} \quad \text{且} \quad \begin{cases} \sigma_6 = \sigma_8 \\ v_6 = v_8 \end{cases}, \quad \begin{cases} \sigma_3 = \sigma_5 \\ v_3 = v_5 \end{cases} \tag{8.83}$$

可以解得状态点 6 和状态点 8 对应的应力和质点速度值为

$$\begin{cases} \sigma_6 = \sigma_8 = \sigma_3 + \dfrac{2C_p}{C_e + C_p} (\sigma_4 - \sigma_3) \\ v_6 = v_8 = v_4 + \dfrac{C_e - C_p}{C_e + C_p} (v_4 - v_3) \end{cases} \tag{8.84}$$

事实上，以上问题可以等效为弹性波到达波阻抗比小于 1 时交界面上的透反射问题，其结果相同，读者可以试推导之。

## 8.3 一维杆中弹塑性波在两种材料交界面上的透反射问题

第 5 章中我们对弹性波在不同介质交界面上透反射问题进行了详细的推导和说明，结论显示，透射波和反射波的强度主要决定于入射波的强度和交界面两端介质的波阻抗比，其透反射系数与波阻抗比之间满足关系：

$$\begin{cases} T_\sigma = \dfrac{2k}{k+1} \\ T_v = \dfrac{2}{k+1} \end{cases} \quad \text{和} \quad \begin{cases} F_\sigma = \dfrac{k-1}{k+1} \\ F_v = -\dfrac{k-1}{k+1} \end{cases} \tag{8.85}$$

式中，波阻抗比定义为

$$k = \frac{(\rho C_e)_2}{(\rho C_e)_1} \tag{8.86}$$

从 8.2 节的初步分析可以看出，对于一维线性硬化材料弹塑性杆中交界面上的透反射问题，以上结论仍然成立，但相对复杂得多。首先，在弹性阶段材料的波阻抗是恒定的，因此交界面两端的波阻抗比也是确定的，但当材料进入塑性状态时，其等效波阻抗是变化的，以最简单的线性硬化材料为例，此时虽然塑性状态下材料的波阻抗是恒定的，但一般却与材料在弹塑性阶段的波阻抗不相等，也就是说，此时每一个介质都存在两个波阻抗，它们是与介质的应力状态紧密相关的；因此，在研究透反射问题的过程中，我们必须确定介质中的应力状态。

下面我们分弹性突加波在两种交界面上的透反射问题和塑性突加波在两种交界面上的透反射问题两种情况进行讨论。由于两杆之间并无黏结力，无法承受拉伸应力，因此这里只考虑入射波为压缩波的情况。设一维杆初始时刻处于自然状态，介质 1 和介质 2 均为线性硬化材料，其密度、弹性声速、塑性声速和屈服强度分别为 $\rho_1$、$C_{e1}$、$C_{p1}$、$Y_1$ 和 $\rho_2$、$C_{e1}$、$C_{p2}$、$Y_2$，如图 8.22 所示。

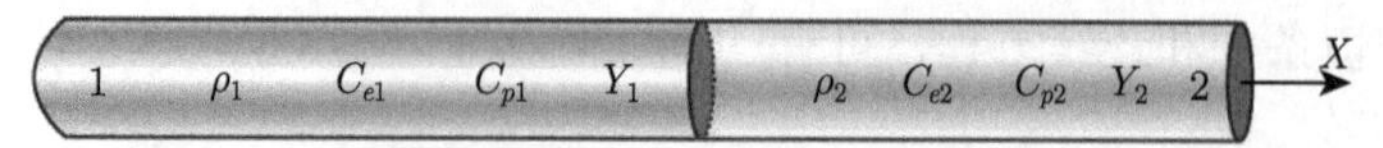


图 8.22　弹塑性突加波在两种弹塑性介质交界面上的透反射

### 8.3.1　弹性突加波在两种弹塑性介质交界面上的透反射

设有一个强度为 $\sigma_I$ 弹性突加波 (压缩波)0~1 自介质 1 向介质 2 中传播，理论上，一般应该产生反射波和透射波，根据透反射波的性质，有以下 4 种可能的情况：透射波和反射波皆为弹性波、透射波为塑性波且反射波为弹性波、透射波为弹性波且反射波为弹塑性双波、透射波和反射波皆为弹塑性双波。下面我们分别对这 4 种情况进行分析。

1. 透射波和反射波皆为弹性波

此时就属于弹性波在两种材料交界面上的透反射问题了，对于线性硬化弹塑性材料而言，其波阻抗分为弹性波阻抗 $\rho C_e$ 和塑性波阻抗 $\rho C_p$ 两种，假设弹性波阻抗比为

$$k_{ee} = \frac{\rho_2 C_{e2}}{\rho_1 C_{e1}} \tag{8.87}$$

根据式 (8.85) 容易计算出透射波后方杆 2 中应力和反射波后方杆 1 中的应力为

$$\sigma_t = \sigma_f = \frac{2k_{ee}}{k_{ee}+1}\sigma_I \tag{8.88}$$

相反地，只有当

$$\begin{cases} \left|\dfrac{2k_{ee}}{k_{ee}+1}\sigma_I\right| \leqslant |Y_1| \\ \left|\dfrac{2k_{ee}}{k_{ee}+1}\sigma_I\right| \leqslant |Y_2| \end{cases} \Rightarrow |\sigma_I| \leqslant \min\left(\left|\frac{Y_1}{2k_{ee}}(k_{ee}+1)\right|, \left|\frac{Y_2}{2k_{ee}}(k_{ee}+1)\right|\right) \tag{8.89}$$

时，透射波和反射波才皆为弹性波。需要说明的是，本节中我们考虑入射波为压缩波时的情况，因此入射波和屈服强度代数值均为负值，即 $\sigma_I < 0$ 且 $Y_1 < 0$，$Y_2 < 0$。

2. 透射波为弹塑性双波且反射波为弹性波

当 $|Y_1| > |Y_2|$ 且 $|(k_{ee}+1)Y_2/(2k_{ee})| < |\sigma_I| < |(k_{ee}+1)Y_1/(2k_{ee})|$ 时，此时透射波为塑性波而反射波为弹性波，如图 8.23 所示。

根据动量守恒条件可有

$$\begin{cases} \sigma_1 = -\rho_1 C_{e1} v_1 \\ \sigma_1 = \sigma_I \end{cases} \Rightarrow \begin{cases} \sigma_1 = \sigma_I \\ v_1 = -\dfrac{\sigma_I}{\rho_1 C_{e1}} \end{cases} \tag{8.90}$$

$$\begin{cases} \sigma_3 = -\rho_2 C_{e2} v_3 \\ \sigma_3 = Y_2 \end{cases} \Rightarrow \begin{cases} \sigma_3 = Y_2 \\ v_3 = -\dfrac{Y_2}{\rho_2 C_{e2}} \end{cases} \tag{8.91}$$

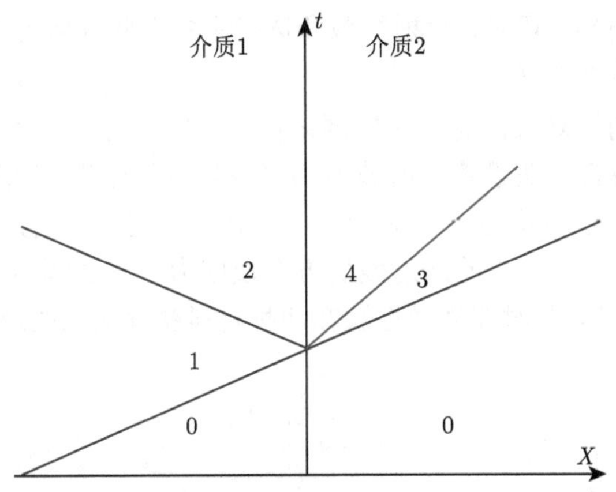


图 8.23 透射波为弹塑性波且反射波为弹性波时透反射物理平面图

再根据连续方程和动量守恒条件，可以得到

$$\begin{cases} \sigma_2 - \sigma_1 = \rho_1 C_{e1} (v_2 - v_1) \\ \sigma_4 - \sigma_3 = -\rho_2 C_{p2} (v_4 - v_3) \end{cases} \quad 和 \quad \begin{cases} \sigma_2 = \sigma_4 \\ v_2 = v_4 \end{cases} \tag{8.92}$$

因此，我们可以得到状态点 2 和状态 4 对应的应力和质点速度值为

$$\begin{cases} \sigma_2 = \sigma_4 = \dfrac{\rho_2 C_{p2}}{\rho_1 C_{e1} + \rho_2 C_{p2}} 2\sigma_I + \dfrac{\rho_1 C_{e1}}{\rho_1 C_{e1} + \rho_2 C_{p2}} (1 - C_{p2}/C_{e2}) Y_2 \\ v_2 = v_4 = \dfrac{(1 - C_{p2}/C_{e2}) Y_2 - 2\sigma_I}{\rho_1 C_{e1} + \rho_2 C_{p2}} \end{cases} \tag{8.93}$$

如令介质 1 对应的弹性波阻抗与介质 2 对应的塑性等效波阻抗之比为

$$k_{ep} = \frac{\rho_2 C_{p2}}{\rho_1 C_{e1}} \tag{8.94}$$

则式 (8.93) 可以简化为

$$\begin{cases} \sigma_2 = \sigma_4 = \dfrac{2k_{ep}}{1 + k_{ep}} \sigma_I + \dfrac{1}{1 + k_{ep}} (1 - C_{p2}/C_{e2}) Y_2 \\ v_2 = v_4 = \dfrac{1}{\rho_1 C_{e1}} \dfrac{(1 - C_{p2}/C_{e2}) Y_2 - 2\sigma_I}{1 + k_{ep}} \end{cases} \tag{8.95}$$

从上面的结果可以得到其应力反射系数和透射系数为

$$\begin{cases} F_\sigma = \dfrac{\sigma_2 - \sigma_1}{\sigma_1 - \sigma_0} = \dfrac{k_{ep} - 1}{k_{ep} + 1} + \dfrac{1 - k_{ep}/k_{ee}}{k_{ep} + 1} \dfrac{Y_2}{\sigma_I} \\ T_\sigma = \dfrac{\sigma_4 - \sigma_0}{\sigma_1 - \sigma_0} = \dfrac{2k_{ep}}{1 + k_{ep}} + \dfrac{1 - k_{ep}/k_{ee}}{k_{ep} + 1} \dfrac{Y_2}{\sigma_I} \end{cases} \tag{8.96}$$

从式 (8.96) 可以看出，其应力反射系数和透射系数在此种情况下不仅与波阻抗比相关，还与介质 2 材料本构参数相关。

上面的解算过程稍显复杂，对于线性硬化材料而言，可以参考弹性波在两种材料交界面上的透反射规律来解答。假设将入射波 0~1 分解为两个同时传播的弹性压缩波 0~$a$ 和 $a$~1，如图 8.24 所示，虚拟状态点 $a$ 对应的应力和质点速度分别为 $\sigma_a$ 和 $v_a$，假设当弹性突加波 0~$a$ 到达交界面所产生的透射波后方介质应力正好达到 $\sigma_3 = Y_2$，根据以上假设，反射波 $a$~$b$ 也为弹性波，此时即为弹性波在两种材料交界面上的透反射问题，此时，波阻抗比为

$$k_{ee} = \frac{\rho_2 C_{e2}}{\rho_1 C_{e1}}$$

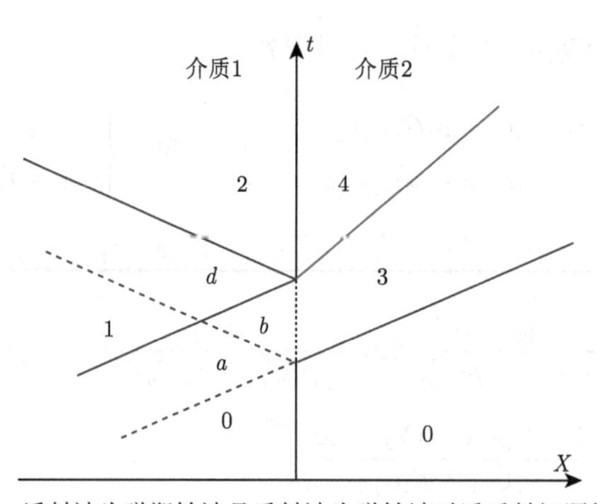


图 8.24　透射波为弹塑性波且反射波为弹性波时透反射问题的分解法

容易得到

$$\begin{cases} \sigma_b - \sigma_a = \dfrac{k_{ee}-1}{k_{ee}+1}\sigma_a \\ \sigma_3 = Y_2 = \dfrac{2k_{ee}}{k_{ee}+1}\sigma_a \end{cases} \Rightarrow \begin{cases} \sigma_a = \dfrac{k_{ee}+1}{2k_{ee}}Y_2 \\ \sigma_b = Y_2 \end{cases} \tag{8.97}$$

同时，又有一个弹性突加波 $b$~$d$ 到达交界面，此时介质 2 已经达到塑性状态，因此此时波阻抗比为

$$k_{ep} = \frac{\rho_2 C_{p2}}{\rho_1 C_{e1}}$$

根据弹性波的线性叠加原理，容易给出虚拟状态点 $d$ 对应的应力为

$$\sigma_d = \sigma_b - \sigma_a + \sigma_1 = \frac{k_{ee}-1}{2k_{ee}}Y_2 + \sigma_I \tag{8.98}$$

此时也可以参考弹性波在交界面上的透反射规律，可以得到

$$\left\{\begin{array}{l}\sigma_2-\sigma_d=\dfrac{k_{ep}-1}{k_{ep}+1}\left(\sigma_d-\sigma_b\right)\\[2ex]\sigma_4-\sigma_3=\dfrac{2k_{ep}}{k_{ep}+1}\left(\sigma_d-\sigma_b\right)\end{array}\right.\Rightarrow\sigma_2=\sigma_4=\frac{2k_{ep}}{k_{ep}+1}\sigma_I+\frac{1-k_{ep}/k_{ee}}{k_{ep}+1}Y_2 \tag{8.99}$$

对比式 (8.99) 与式 (8.95) 可以看出，两者所得到的结果完全一致，同理我们也容易得到其质点速度值。此种方法思路简单，而且求解计算过程也非常简单。

3. 透射波为弹性波且反射波为弹塑性双波

当 $|Y_1|<|Y_2|$ 且 $|(k_{ee}+1)\,Y_2/(2k_{ee})|>|\sigma_I|>|(k_{ee}+1)\,Y_1/(2k_{ee})|$ 时，透射波为弹性波而反射波为弹塑性波，如图 8.25 所示。

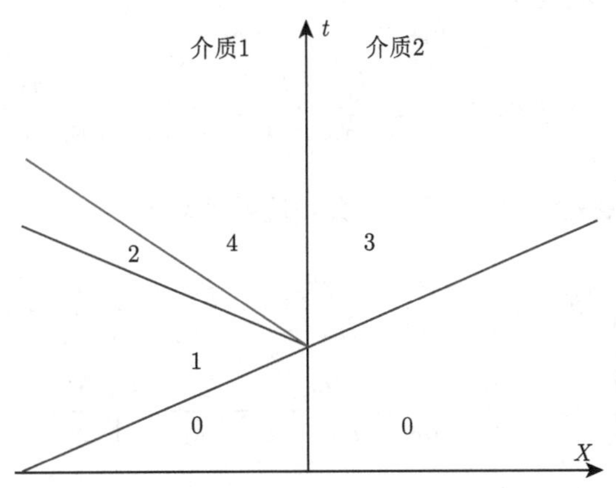


图 8.25 透射波为弹性波且反射波为弹塑性波时透反射物理平面图

根据初始条件和连续方程可知

$$\left\{\begin{array}{l}\sigma_1=\sigma_I\\ \sigma_2=Y_1\end{array}\right.,\quad\left\{\begin{array}{l}\sigma_4=\sigma_3\\ v_4=v_3\end{array}\right. \tag{8.100}$$

根据动量守恒条件有

$$\left\{\begin{array}{l}\sigma_2-\sigma_1=\rho_1C_{e1}\left(v_2-v_1\right)\\[1ex]\sigma_4-\sigma_2=\rho_1C_{p1}\left(v_4-v_2\right)\\[1ex]\sigma_3=-\rho_2C_{e2}v_3\end{array}\right. \tag{8.101}$$

因此，可以得到状态点 2、状态点 3 和状态点 4 对应的应力和质点速度值：

$$\left\{\begin{array}{l}\sigma_2=Y_1\\[1ex]v_2=\dfrac{Y_1-2\sigma_I}{\rho_1C_{e1}}\end{array}\right. \tag{8.102}$$

$$
\begin{cases}
\sigma_3 = \sigma_4 = -\dfrac{\rho_2 C_{e2}}{\rho_1 C_{e1}} \dfrac{(\rho_1 C_{p1} - \rho_1 C_{e1}) Y_1 - 2\rho_1 C_{p1} \sigma_I}{\rho_1 C_{p1} + \rho_2 C_{e2}} \\
v_3 = v_4 = \dfrac{1}{\rho_1 C_{e1}} \dfrac{(\rho_1 C_{p1} - \rho_1 C_{e1}) Y_1 - 2\rho_1 C_{p1} \sigma_I}{\rho_1 C_{p1} + \rho_2 C_{e2}}
\end{cases} \tag{8.103}
$$

如再定义介质 1 塑性状态下的等效波阻抗与介质 2 弹性波阻抗比为

$$
k_{pe} = \frac{\rho_2 C_{e2}}{\rho_1 C_{p1}} \tag{8.104}
$$

则式 (8.103) 可简化为

$$
\begin{cases}
\sigma_3 = \sigma_4 = \dfrac{2k_{ee}}{k_{pe}+1} \sigma_I - \dfrac{k_{ee} - k_{pe}}{k_{pe}+1} Y_1 \\
v_3 = v_4 = \dfrac{1}{\rho_2 C_{e2}} \dfrac{k_{ee} - k_{pe}}{k_{pe}+1} Y_1 - \dfrac{1}{\rho_1 C_{e1}} \dfrac{2\sigma_I}{k_{pe}+1}
\end{cases} \tag{8.105}
$$

此时从上面的结果可以得到其应力反射系数和透射系数为

$$
\begin{cases}
F_\sigma = \dfrac{\sigma_4 - \sigma_1}{\sigma_1 - \sigma_0} = \dfrac{2k_{ee}}{k_{pe}+1} - \dfrac{k_{ee} - k_{pe}}{k_{pe}+1} \dfrac{Y_1}{\sigma_I} - 1 \\
T_\sigma = \dfrac{\sigma_3 - \sigma_0}{\sigma_1 - \sigma_0} = \dfrac{2k_{ee}}{k_{pe}+1} - \dfrac{k_{ee} - k_{pe}}{k_{pe}+1} \dfrac{Y_1}{\sigma_I}
\end{cases} \tag{8.106}
$$

4. 透射波和反射波皆为弹塑性双波

当 $|\sigma_I| > \max\left(\left|(k_{ee}+1) Y_2/(2k_{ee})\right|, \left|(k_{ee}+1) Y_1/(2k_{ee})\right|\right)$ 时，透反射波后方介质 1 和介质 2 中的材料皆处于塑性状态，即反射波和透射波皆为弹塑性波，如图 8.26 所示。

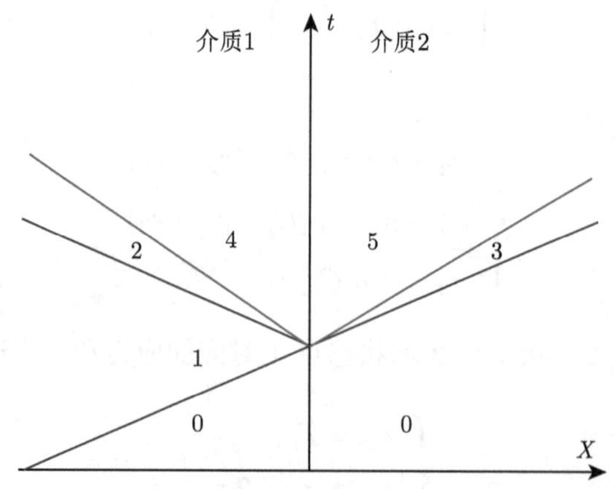


图 8.26　透射波和反射波皆为弹塑性波时透反射物理平面图

根据初始条件和连续方程可知

$$\begin{cases}\sigma_1=\sigma_I\\ \sigma_2=Y_1\\ \sigma_3=Y_2\end{cases},\quad \begin{cases}\sigma_4=\sigma_5\\ v_4=v_5\end{cases} \tag{8.107}$$

根据动量守恒条件可以得到状态点 1、状态点 2 和状态点 3 对应的质点速度值：

$$\begin{cases}\sigma_1=-\rho_1 C_{e1}v_1\\ \sigma_3=-\rho_2 C_{e2}v_3\end{cases}\Rightarrow\begin{cases}v_1=-\dfrac{\sigma_I}{\rho_1 C_{e1}}\\ v_3=-\dfrac{Y_2}{\rho_2 C_{e2}}\end{cases} \tag{8.108}$$

$$\sigma_2-\sigma_1=\rho_1 C_{e1}\left(v_2-v_1\right)\Rightarrow v_2=\frac{Y_1-2\sigma_I}{\rho_1 C_{e1}} \tag{8.109}$$

根据连续方程和动量守恒条件，有

$$\begin{cases}\sigma_4-\sigma_2=\rho_1 C_{p1}\left(v_4-v_2\right)\\ \sigma_5-\sigma_3=-\rho_2 C_{p2}\left(v_5-v_3\right)\end{cases} \tag{8.110}$$

因此，可以解得状态点 4 和状态点 5 对应的应力和质点速度值：

$$\begin{cases}\sigma_4=\sigma_5=\dfrac{\left(\dfrac{\rho_2 C_{p2}}{\rho_1 C_{p1}}-\dfrac{\rho_2 C_{p2}}{\rho_1 C_{e1}}\right)Y_1+\left(1-\dfrac{\rho_2 C_{p2}}{\rho_2 C_{e2}}\right)Y_2+\dfrac{\rho_2 C_{p2}}{\rho_1 C_{e1}}2\sigma_I}{1+\dfrac{\rho_2 C_{p2}}{\rho_1 C_{p1}}}\\ v_4=v_5=\dfrac{\left(\dfrac{\rho_1 C_{p1}}{\rho_1 C_{e1}}-1\right)Y_1+\left(1-\dfrac{\rho_2 C_{p2}}{\rho_2 C_{e2}}\right)Y_2-\dfrac{\rho_1 C_{p1}}{\rho_1 C_{e1}}2\sigma_I}{\rho_1 C_{p1}+\rho_2 C_{p2}}\end{cases} \tag{8.111}$$

如假设介质 1 处于塑性状态与介质 2 处于塑性状态时的波阻抗比为

$$k_{pp}=\frac{\rho_2 C_{p2}}{\rho_1 C_{p1}} \tag{8.112}$$

此时，式 (8.111) 可简化为

$$\begin{cases}\sigma_4=\sigma_5=\dfrac{\left(k_{pp}-k_{ep}\right)Y_1+\left(1-k_{ep}/k_{ee}\right)Y_2}{k_{pp}+1}+\dfrac{2k_{ep}}{k_{pp}+1}\sigma_I\\ v_4=v_5=\dfrac{1}{\rho_1 C_{p1}}\dfrac{\left(k_{ee}/k_{pe}-1\right)Y_1+\left(1-k_{ep}/k_{ee}\right)Y_2}{k_{pp}+1}-\dfrac{2}{\rho_1 C_{e1}}\sigma_I\end{cases} \tag{8.113}$$

特别地，当

$$k_{ee}=k_{ep}=k_{pe}=k_{pp}=0 \tag{8.114}$$

时，即弹性突加波在自由面上的透反射问题，反射卸载波一般为弹性波，如同第 5 章相关内容。

特别地，当

$$k_{ee} = k_{ep} = k_{pe} = k_{pp} = \infty \tag{8.115}$$

时，即为弹性波在刚壁上的透反射问题，对于刚壁而言，其透射波必定为弹性波。当反射波也为弹性波时，情况如同第 1 章中弹性杆中弹性波在固壁上的透反射问题；而当反射波为弹塑性双波时，可以利用式 (8.103) 计算得到

$$\begin{cases} \sigma_3 = \sigma_4 = 2\dfrac{C_{p1}}{C_{e1}}\sigma_I - \left(\dfrac{C_{p1}}{C_{e1}} - 1\right)Y_1 \\ v_3 = v_4 = 0 \end{cases} \tag{8.116}$$

### 8.3.2　塑性突加波在两种弹塑性介质交界面上的透反射

设有一个强度为 $|\sigma_I| > |Y_1|$ 塑性突加波 (压缩波) 自介质 1 向介质 2 中传播，根据弹塑性双波结构理论，可知介质 1 中将产生两个入射波：弹性突加波 0~1 和塑性突加波 1~2。理论上，一般应该产生反射波和透射波，如图 8.27 所示。

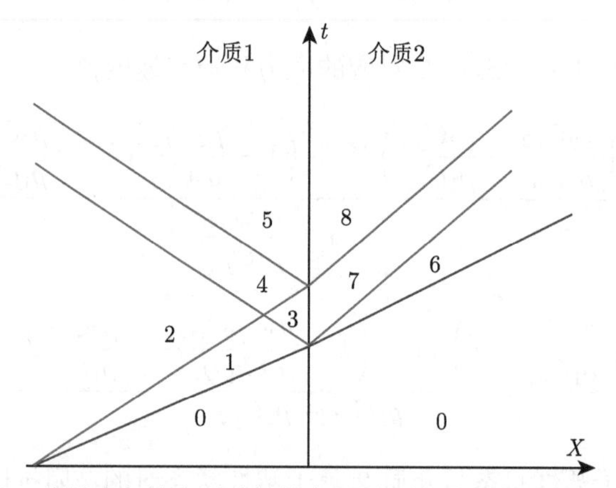


图 8.27　塑性突加波在两种材料交界面上的透反射问题物理平面图

容易知道，其反射波皆为塑性波，其初始条件为

$$\begin{cases} \sigma_1 = Y_1 \\ \sigma_2 = \sigma_I \end{cases} \tag{8.117}$$

根据动量守恒条件，可有

$$\begin{cases} \sigma_1 = -\rho_1 C_{e1} v_1 \\ \sigma_2 - \sigma_1 = -\rho_1 C_{p1}(v_2 - v_1) \end{cases} \Rightarrow \begin{cases} v_1 = -\dfrac{Y_1}{\rho_1 C_{e1}} \\ v_2 = -\dfrac{\sigma_I - Y_1}{\rho_1 C_{p1}} - \dfrac{Y_1}{\rho_1 C_{e1}} \end{cases} \tag{8.118}$$

而其透射波有以下 3 种可能的情况：弹性突加波透射后在介质 2 中只产生弹性波且塑性突加波透射后在介质 2 中也只产生弹性波、弹性突加波透射后在介质 2 中只产生弹性波且塑性突加波透射后在介质 2 中产生弹塑性双波、弹性突加波透射后在介质 2 中产生弹塑性双波。下面我们分别对这 3 种情况进行分析。

1. 透射波为弹性波

如图 8.28 所示，根据连续条件有

$$\begin{cases} \sigma_3 = \sigma_6 \\ v_3 = v_6 \end{cases}, \quad \begin{cases} \sigma_5 = \sigma_7 \\ v_5 = v_7 \end{cases} \tag{8.119}$$

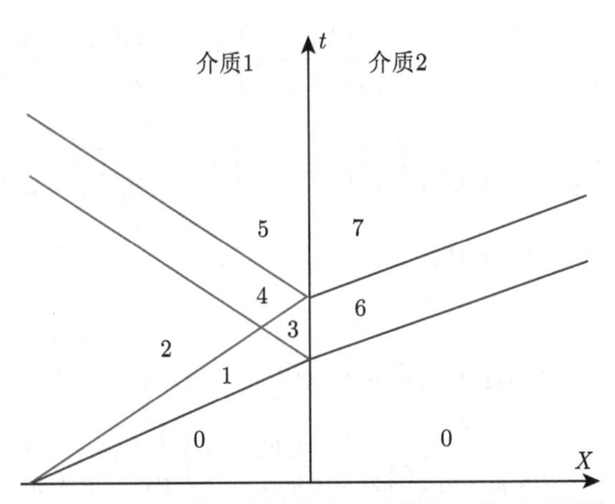


图 8.28 透射波为弹性波时透反射情况物理平面图

根据动量守恒条件有

$$\begin{cases} \sigma_3 - \sigma_1 = \rho_1 C_{p1} (v_3 - v_1) \\ \sigma_6 - \sigma_0 = -\rho_2 C_{e2} (v_6 - v_0) \end{cases} \tag{8.120}$$

$$\begin{cases} \sigma_4 - \sigma_3 = -\rho_1 C_{p1} (v_4 - v_3) \\ \sigma_4 - \sigma_2 = \rho_1 C_{p1} (v_4 - v_2) \end{cases} \tag{8.121}$$

$$\begin{cases} \sigma_5 - \sigma_4 = \rho_1 C_{p1} (v_5 - v_4) \\ \sigma_7 - \sigma_6 = -\rho_2 C_{e2} (v_7 - v_6) \end{cases} \tag{8.122}$$

由此，可以解得状态点 3、状态点 4、状态点 5、状态点 6 和状态点 7 对应的应力和质点速度值：

$$\begin{cases} \sigma_3 = \sigma_6 = \dfrac{\rho_1 C_{p1} + \rho_1 C_{e1}}{\rho_1 C_{p1} + \rho_2 C_{e2}} \dfrac{\rho_2 C_{e2}}{\rho_1 C_{e1}} Y_1 \\ v_3 = v_6 = -\dfrac{\rho_1 C_{p1} + \rho_1 C_{e1}}{\rho_1 C_{p1} + \rho_2 C_{e2}} \dfrac{Y_1}{\rho_1 C_{e1}} \end{cases} \tag{8.123}$$

$$
\begin{cases}
\sigma_4 = \dfrac{\rho_2 C_{e2} - \rho_1 C_{e1}}{\rho_1 C_{p1} + \rho_2 C_{e2}} \dfrac{\rho_1 C_{p1}}{\rho_1 C_{e1}} Y_1 + \sigma_I \\
v_4 = \dfrac{Y_1}{\rho_1 C_{p1} + \rho_2 C_{e2}} \left( \dfrac{\rho_2 C_{e2}}{\rho_1 C_{p1}} - \dfrac{\rho_1 C_{p1}}{\rho_1 C_{e1}} \right) - \dfrac{\sigma_I}{\rho_1 C_{p1}}
\end{cases}
\tag{8.124}
$$

$$
\begin{cases}
\sigma_5 = \sigma_7 = \dfrac{\rho_2 C_{e2}}{\rho_1 C_{p1} + \rho_2 C_{e2}} \left( \dfrac{\rho_1 C_{p1}}{\rho_1 C_{e1}} - 1 \right) Y_1 + \dfrac{2\rho_2 C_{e2}}{\rho_1 C_{p1} + \rho_2 C_{e2}} \sigma_I \\
v_5 = v_7 = \left( 1 - \dfrac{\rho_1 C_{p1}}{\rho_1 C_{e1}} \right) \dfrac{Y_1}{\rho_1 C_{p1} + \rho_2 C_{e2}} - \dfrac{2\sigma_I}{\rho_1 C_{p1} + \rho_2 C_{e2}}
\end{cases}
\tag{8.125}
$$

因此可以分别计算出透射波和入射波强度为

$$
\begin{cases}
\sigma_5 - \sigma_2 = \dfrac{\rho_2 C_{e2}}{\rho_1 C_{p1} + \rho_2 C_{e2}} \left( \dfrac{\rho_1 C_{p1}}{\rho_1 C_{e1}} - 1 \right) Y_1 + \dfrac{\rho_2 C_{e2} - \rho_1 C_{p1}}{\rho_1 C_{p1} + \rho_2 C_{e2}} \sigma_I \\
\sigma_7 - \sigma_0 = \dfrac{\rho_2 C_{e2}}{\rho_1 C_{p1} + \rho_2 C_{e2}} \left( \dfrac{\rho_1 C_{p1}}{\rho_1 C_{e1}} - 1 \right) Y_1 + \dfrac{2\rho_2 C_{e2}}{\rho_1 C_{p1} + \rho_2 C_{e2}} \sigma_I
\end{cases}
\tag{8.126}
$$

此时应力反射系数和透射系数分别为

$$
\begin{cases}
F_\sigma = \dfrac{\sigma_5 - \sigma_2}{\sigma_2 - \sigma_0} = \dfrac{\rho_2 C_{e2}}{\rho_1 C_{p1} + \rho_2 C_{e2}} \left( \dfrac{\rho_1 C_{p1}}{\rho_1 C_{e1}} - 1 \right) \dfrac{Y_1}{\sigma_I} + \dfrac{\rho_2 C_{e2} - \rho_1 C_{p1}}{\rho_1 C_{p1} + \rho_2 C_{e2}} \\
T_\sigma = \dfrac{\sigma_7 - \sigma_0}{\sigma_2 - \sigma_0} = \dfrac{\rho_2 C_{e2}}{\rho_1 C_{p1} + \rho_2 C_{e2}} \left( \dfrac{\rho_1 C_{p1}}{\rho_1 C_{e1}} - 1 \right) \dfrac{Y_1}{\sigma_I} + \dfrac{2\rho_2 C_{e2}}{\rho_1 C_{p1} + \rho_2 C_{e2}}
\end{cases}
\tag{8.127}
$$

特别地，当介质 2 为刚体时，即 $\rho_2 C_{e2} \to \infty$，此问题就变成了弹塑性波在刚壁上的透反射问题，式 (8.127) 可简化为

$$
\begin{cases}
F_\sigma = \dfrac{\sigma_5 - \sigma_2}{\sigma_2 - \sigma_0} = \left( \dfrac{\rho_1 C_{p1}}{\rho_1 C_{e1}} - 1 \right) \dfrac{Y_1}{\sigma_I} + 1 \\
T_\sigma = \dfrac{\sigma_7 - \sigma_0}{\sigma_2 - \sigma_0} = \left( \dfrac{\rho_1 C_{p1}}{\rho_1 C_{e1}} - 1 \right) \dfrac{Y_1}{\sigma_I} + 2
\end{cases}
\tag{8.128}
$$

可以看到，式 (8.125) 所得结果与弹塑性波在刚壁上的透反射问题结果一致。同时，要满足透射波皆为弹性波，必须满足 $|Y_2| \geqslant \max(|\sigma_6|, |\sigma_7|)$，从式 (8.123) 和式 (8.125) 容易计算出

$$
\sigma_7 - \sigma_6 = \frac{2\rho_2 C_{e2}}{\rho_1 C_{p1} + \rho_2 C_{e2}} (\sigma_I - Y_1) > 0
\tag{8.129}
$$

考虑到入射波应力为压缩应力，其代数值为负值，屈服强度也为压缩强度，其代数值也为负值，因此，这种情况的前提条件是入射波强度必须满足

$$
|\sigma_I| \leqslant \frac{1}{2} \left( \frac{\rho_1 C_{p1}}{\rho_2 C_{e2}} + 1 \right) |Y_2| + \frac{1}{2} \left( 1 - \frac{\rho_1 C_{p1}}{\rho_1 C_{e1}} \right) |Y_1|
\tag{8.130}
$$

**2. 塑性突加波透射弹塑性双波**

当

$$|\sigma_I| > \frac{1}{2}\left(\frac{\rho_1 C_{p1}}{\rho_2 C_{e2}} + 1\right)|Y_2| + \frac{1}{2}\left(1 - \frac{\rho_1 C_{p1}}{\rho_1 C_{e1}}\right)|Y_1| \tag{8.131}$$

且

$$|\sigma_6| = \frac{\rho_1 C_{p1} + \rho_1 C_{e1}}{\rho_1 C_{p1} + \rho_2 C_{e2}} \frac{\rho_2 C_{e2}}{\rho_1 C_{e1}} |Y_1| < |Y_2| \tag{8.132}$$

时，弹性突加波 0~1 到达交界面的瞬间，会反射一个塑性波并透射一个弹性波；当塑性突加波 1~2 到达交界面瞬间，会反射一个塑性波并同时透射弹性波和塑性波，如图 8.29 所示。

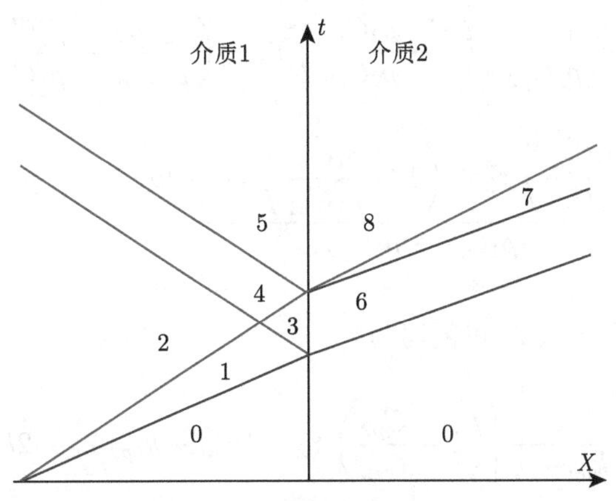


图 8.29 塑性突加波透射弹塑性双波物理平面图

容易知道，图 8.29 中状态点 1、状态点 2、状态点 3、状态点 4 和状态点 6 与上一种情况下对应的应力和质点速度值相同，即有

$$\begin{cases} \sigma_1 = Y_1 \\ v_1 = -\dfrac{Y_1}{\rho_1 C_{e1}} \end{cases}, \quad \begin{cases} \sigma_2 = \sigma_I \\ v_2 = -\dfrac{\sigma_I - Y_1}{\rho_1 C_{p1}} - \dfrac{Y_1}{\rho_1 C_{e1}} \end{cases} \tag{8.133}$$

$$\begin{cases} \sigma_3 = \sigma_6 = \dfrac{\rho_1 C_{p1} + \rho_1 C_{e1}}{\rho_1 C_{p1} + \rho_2 C_{e2}} \dfrac{\rho_2 C_{e2}}{\rho_1 C_{e1}} Y_1 \\ v_3 = v_6 = -\dfrac{\rho_1 C_{p1} + \rho_1 C_{e1}}{\rho_1 C_{p1} + \rho_2 C_{e2}} \dfrac{Y_1}{\rho_1 C_{e1}} \end{cases}, \quad \begin{cases} \sigma_4 = \dfrac{\rho_2 C_{e2} - \rho_1 C_{e1}}{\rho_1 C_{p1} + \rho_2 C_{e2}} \dfrac{\rho_1 C_{p1}}{\rho_1 C_{e1}} Y_1 + \sigma_I \\ v_4 = \dfrac{Y_1}{\rho_1 C_{p1} + \rho_2 C_{e2}} \left(\dfrac{\rho_2 C_{e2}}{\rho_1 C_{p1}} - \dfrac{\rho_1 C_{p1}}{\rho_1 C_{e1}}\right) - \dfrac{\sigma_I}{\rho_1 C_{p1}} \end{cases} \tag{8.134}$$

根据动量守恒条件和初始条件可知

$$\begin{cases} \sigma_7 = Y_2 \\ \sigma_7 - \sigma_6 = -\rho_2 C_{e2}(v_7 - v_6) \end{cases} \Rightarrow v_7 = -\frac{Y_2}{\rho_2 C_{e2}} \tag{8.135}$$

根据连续方程和动量守恒条件，可以有

$$\begin{cases} \sigma_5 - \sigma_4 = \rho_1 C_{p1}(v_5 - v_4) \\ \sigma_8 - \sigma_7 = -\rho_2 C_{p2}(v_8 - v_7) \end{cases} \tag{8.136}$$

由此可以得到状态点 5 和状态点 8 对应的应力和质点速度：

$$\begin{cases} \sigma_5 = \sigma_8 = \dfrac{\rho_1 C_{p1}}{\rho_1 C_{p1} + \rho_2 C_{p2}}\left[\left(1 - \dfrac{\rho_2 C_{p2}}{\rho_2 C_{e2}}\right) Y_2 - \left(\dfrac{\rho_2 C_{p2}}{\rho_1 C_{p1}} - \dfrac{\rho_2 C_{p2}}{\rho_1 C_{e1}}\right) Y_1 + \dfrac{\rho_2 C_{p2}}{\rho_1 C_{p1}} 2\sigma_I\right] \\ v_5 = v_8 = \dfrac{\left(1 - \dfrac{\rho_2 C_{p2}}{\rho_2 C_{e2}}\right) Y_2 + \left(1 - \dfrac{\rho_1 C_{p1}}{\rho_1 C_{e1}}\right) Y_1 - 2\sigma_I}{\rho_1 C_{p1} + \rho_2 C_{p2}} \end{cases} \tag{8.137}$$

将波阻抗比代入后，式 (8.137) 可简写为

$$\begin{cases} \sigma_5 = \sigma_8 = \dfrac{1}{k_{pp} + 1}\left[\left(1 - \dfrac{C_{p2}}{C_{e2}}\right) Y_2 - (k_{pp} - k_{ep}) Y_1 + 2k_{pp}\sigma_I\right] \\ v_5 = v_8 = \dfrac{1}{\rho_1 C_{p1}} \dfrac{\left(1 - \dfrac{C_{p2}}{C_{e2}}\right) Y_2 + \left(1 - \dfrac{C_{p1}}{C_{e1}}\right) Y_1 - 2\sigma_I}{k_{pp} + 1} \end{cases} \tag{8.138}$$

3. 弹性突加波透射弹塑性双波

当

$$|\sigma_I| > \frac{1}{2}\left(\frac{\rho_1 C_{p1}}{\rho_2 C_{e2}} + 1\right)|Y_2| + \frac{1}{2}\left(1 - \frac{\rho_1 C_{p1}}{\rho_1 C_{e1}}\right)|Y_1| \tag{8.139}$$

且

$$\frac{\rho_1 C_{p1} + \rho_1 C_{e1}}{\rho_1 C_{p1} + \rho_2 C_{e2}} \frac{\rho_2 C_{e2}}{\rho_1 C_{e1}} |Y_1| > |Y_2| \tag{8.140}$$

时，弹性突加波 0~1 到达交界面的瞬间，会反射一个塑性波并同时透射弹性波和塑性波；当塑性突加波 1~2 到达交界面瞬间，会反射一个塑性波并同时透射一个塑性波，如图 8.30 所示。

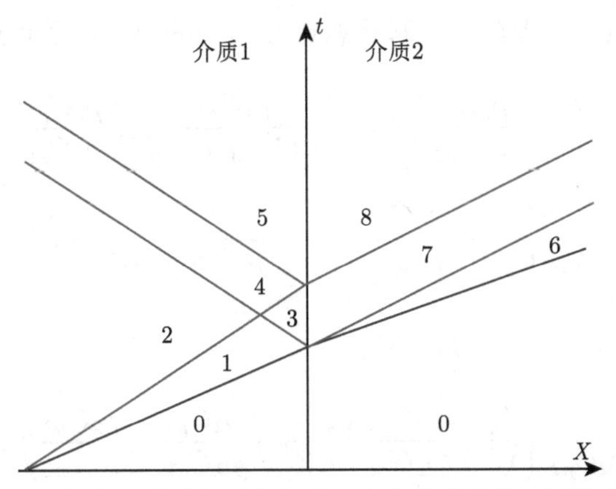


图 8.30　弹性突加波透射后在介质 2 中产生弹塑性双波物理平面图

容易知道，图 8.30 中状态点 1、状态点 2 和状态点 6 的应力和质点速度值分别为

$$\begin{cases}\sigma_1 = Y_1\\ v_1 = -\dfrac{Y_1}{\rho_1 C_{e1}}\end{cases},\quad \begin{cases}\sigma_2 = \sigma_I\\ v_2 = -\dfrac{\sigma_I - Y_1}{\rho_1 C_{p1}} - \dfrac{Y_1}{\rho_1 C_{e1}}\end{cases},\quad \begin{cases}\sigma_6 = Y_2\\ v_6 = -\dfrac{Y_2}{\rho_2 C_{e2}}\end{cases} \tag{8.141}$$

根据动量守恒条件和连续方程，可有

$$\begin{cases}\sigma_3 - \sigma_1 = \rho_1 C_{p1}(v_3 - v_1)\\ \sigma_7 - \sigma_6 = -\rho_2 C_{p2}(v_7 - v_6)\end{cases},\quad \begin{cases}\sigma_3 = \sigma_7\\ v_3 = v_7\end{cases} \tag{8.142}$$

可解得

$$\begin{cases}\sigma_3 = \sigma_7 = \dfrac{\rho_1 C_{p1}}{\rho_1 C_{p1} + \rho_2 C_{p2}}\left(1 - \dfrac{\rho_2 C_{p2}}{\rho_2 C_{e2}}\right) Y_2 + \dfrac{\rho_2 C_{p2}}{\rho_1 C_{p1} + \rho_2 C_{p2}}\left(1 + \dfrac{\rho_1 C_{p1}}{\rho_1 C_{e1}}\right) Y_1\\ v_3 = v_7 = \dfrac{\left(1 - \dfrac{\rho_2 C_{p2}}{\rho_2 C_{e2}}\right) Y_2 - \left(1 + \dfrac{\rho_1 C_{p1}}{\rho_1 C_{e1}}\right) Y_1}{\rho_1 C_{p1} + \rho_2 C_{p2}}\end{cases} \tag{8.143}$$

根据动量守恒条件，可有

$$\begin{cases}\sigma_4 - \sigma_3 = -\rho_1 C_{p1}(v_4 - v_3)\\ \sigma_4 - \sigma_2 = \rho_1 C_{p1}(v_4 - v_2)\end{cases} \tag{8.144}$$

同理，根据动量守恒条件和连续方程，也可有

$$\begin{cases}\sigma_5 - \sigma_4 = \rho_1 C_{p1}(v_5 - v_4)\\ \sigma_8 - \sigma_7 = -\rho_2 C_{p2}(v_8 - v_7)\end{cases},\quad \begin{cases}\sigma_5 = \sigma_8\\ v_5 = v_8\end{cases} \tag{8.145}$$

因此，可以得到状态点 4、状态点 5 和状态点 8 对应的应力和质点速度值：

$$\begin{cases} \sigma_4 = \dfrac{\rho_1 C_{p1}}{\rho_1 C_{p1} + \rho_2 C_{p2}} \left(1 - \dfrac{\rho_2 C_{p2}}{\rho_2 C_{e2}}\right) Y_2 + \dfrac{\rho_1 C_{p1}}{\rho_1 C_{p1} + \rho_2 C_{p2}} \left(\dfrac{\rho_2 C_{p2}}{\rho_1 C_{e1}} - 1\right) Y_1 + \sigma_I \\ v_4 = \dfrac{1}{\rho_1 C_{p1} + \rho_2 C_{p2}} \left(\dfrac{\rho_2 C_{p2}}{\rho_1 C_{p1}} - \dfrac{\rho_1 C_{p1}}{\rho_1 C_{e1}}\right) Y_1 + \dfrac{1}{\rho_1 C_{p1} + \rho_2 C_{p2}} \left(1 - \dfrac{\rho_2 C_{p2}}{\rho_2 C_{e2}}\right) Y_2 - \dfrac{\sigma_I}{\rho_1 C_{p1}} \end{cases} \tag{8.146}$$

$$\begin{cases} \sigma_5 = \sigma_8 = \dfrac{\rho_1 C_{p1}}{\rho_1 C_{p1} + \rho_2 C_{p2}} \left[\left(1 - \dfrac{\rho_2 C_{p2}}{\rho_2 C_{e2}}\right) Y_2 + \left(\dfrac{\rho_2 C_{p2}}{\rho_1 C_{e1}} - \dfrac{\rho_2 C_{p2}}{\rho_1 C_{p1}}\right) Y_1\right] + \dfrac{\rho_2 C_{p2}}{\rho_1 C_{p1} + \rho_2 C_{p2}} 2\sigma_I \\ v_5 = v_8 = \dfrac{\left(1 - \dfrac{\rho_2 C_{p2}}{\rho_2 C_{e2}}\right) Y_2 + \left(1 - \dfrac{\rho_1 C_{p1}}{\rho_1 C_{e1}}\right) Y_1 - 2\sigma_I}{\rho_1 C_{p1} + \rho_2 C_{p2}} \end{cases} \tag{8.147}$$

以上即为弹塑性波在两种材料交界面上透反射问题的几种情况下的解。事实上，我们容易看出，虽然过程看起来复杂，解的形式也很复杂，但其思路非常简单，直接利用波阵面上的动量守恒条件和连续方程即可得到。

# 主要参考文献


陈才生，李刚，周继东，等. 2008. 数学物理方程 [M]. 北京：科学出版社.

杜忠华，高光发，李伟兵. 2017. 撞击动力学 [M]. 北京：北京理工大学出版社.

高光发. 2019. 波动力学基础 [M]. 北京：科学出版社.

高光发. 2020. 量纲分析基础 [M]. 北京：科学出版社.

高光发. 2021. 量纲分析理论与应用 [M]. 北京：科学出版社.

蒋定华. 1987. 数理方程初步 [M]. 北京：中央广播电视大学出版社.

李永池. 2015. 波动力学 [M]. 合肥：中国科学技术大学出版社.

李永池. 2016. 张量初步和近代连续介质力学概论 [M]. 2 版. 合肥：中国科学技术大学出版社.

李永池，张永亮，高光发. 2019. 连续介质力学基础知识及其应用 [M]. 合肥：中国科学技术大学出版社.

考尔斯基 H. 1958. 固体中的应力波 [M]. 王仁，等，译. 北京：科学出版社.

王仁，黄文彬，黄筑平. 1989. 塑性力学引论 (修订版)[M]. 北京：北京大学出版社.

王敏中，王炜，武际可. 2011. 弹性力学教程 (修订版)[M]. 北京：北京大学出版社.

王礼立. 2005. 应力波基础 [M]. 2 版. 北京：国防工业出版社.

王礼立，胡时胜，杨黎明，等. 2017. 材料动力学 [M]. 合肥：中国科学技术大学出版社.

徐秉业，刘信声. 1995. 应用塑性力学 [M]. 北京：清华大学出版社.

杨挺青，罗文波，徐平，等. 2004. 黏弹性理论与应用 [M]. 北京: 科学出版社.

Meyers M A. 2006. 材料的动力学行为 [M]. 张庆明，刘彦，黄风雷，等，译. 北京：国防工业出版社.

Graff K F. 1975. Wave Motion in Elastic Solids[M]. New York: Dover Publications.

Harris J G. 2004. Linear Eelastic Waves[M]. Cambridge: Cambridge University Press.

Mcqueen R G, Marsh S P. 1960. Equation of state for nineteen metallic elements from shock-wave measurements to two megabars[J]. Journal of Applied Physics, 31(7):1253-1269.

Miller G F, Pursey H. 1954. The field and radiation impedance of mechanical radiators on the free surface of a semi-infinite isotropic solid[J]. Proceedings of the Royal Society of London, 223(1155):521-541.